新一代信息技术（人工智能）系列丛书

自主智能无人系统

方 浩　曾宪琳　杨庆凯　陈 杰 ◎ 编著

清华大学出版社
北 京

内 容 简 介

本书以自主智能无人系统为主线，全面系统地介绍了其核心原理、基础知识以及智能算法，主要内容包括无人系统经典模型、无人系统运动控制、机器学习和深度神经网络、智能控制、传感器滤波与智能融合、即时定位与建图、态势智能评估、自主任务分配与行为规划、智能路径规划与轨迹规划、多智能体系统协同控制、多智能体系统协同优化与决策等。

本书可以作为自动化、人工智能、机器人等相关专业的本科生或研究生的教科书，也适合作为自主智能无人系统研究领域科研工作者的参考书。

图书在版编目（CIP）数据

自主智能无人系统 / 方浩等编著. -- 北京 ：清华大学出版社，2025. 4.
(新一代信息技术（人工智能）系列丛书). -- ISBN 978-7-302-68795-5
Ⅰ. TP18
中国国家版本馆 CIP 数据核字第 2025HY1200 号

责任编辑：赵 凯 李 晔
封面设计：杨玉兰
责任校对：韩天竹
责任印制：刘海龙

出版发行：清华大学出版社
网　　　　　址：https://www.tup.com.cn，https://www.wqxuetang.com
地　　　　　址：北京清华大学学研大厦 A 座　　　　邮　　编：100084
社　总　机：010-83470000　　　　邮　购：010-62786544
投稿与读者服务：010-62776969，c-service@tup.tsinghua.edu.cn
质 量 反 馈：010-62772015，zhiliang@tup.tsinghua.edu.cn
课 件 下 载：https://www.tup.com.cn，010-83470236
印 装 者：三河市铭诚印务有限公司
经　　销：全国新华书店
开　　本：210mm×260mm　　　印　张：27.25　　　字　数：646 千字
版　　次：2025 年 6 月第 1 版　　　印　次：2025 年 6 月第 1 次印刷
印　　数：1～1500
定　　价：89.00 元

产品编号：105951-01

主智能无人系统

方　浩　曾宪琳
杨庆品　陈　杰　编著

为了助力教学，本书精心制作了立体化的一系列配套资源，旨在为教师和学生提供更加便捷、高效的学习体验。通过这些资源的结合运用，能够更好地帮助学生理解课程内容，提升学习效果，同时也为教师的教学工作提供有力的支持和辅助。

本书提供的配套资源有知识图谱、教学课件、示范课程视频、实验等内容。

知识图谱

教学课件

示范课程视频

| 第 1 讲 | 第 2 讲 | 第 3 讲 | 第 4 讲 | 第 5 讲 |

实验

实验项目

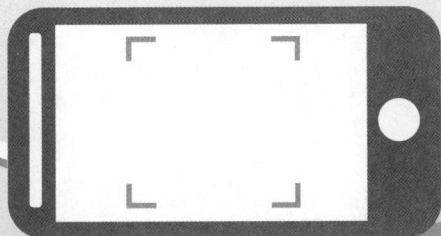

编委会
EDITORIAL COMMITTEE

黄　高	清华大学	魏　磊	清华大学
贾瑾萌	清华大学	魏少军	清华大学
贾庆山	清华大学	吴辉航	清华大学
江　瑞	清华大学	谢　震	清华大学
姜文斌	北京师范大学	杨庆凯	北京理工大学
李志勇	北京外国语大学	杨　旸	新加坡管理大学
易江燕	清华大学	张旭东	清华大学
尹首一	清华大学	张学工	清华大学
于　恒	北京师范大学	张长水	清华大学
曾宪琳	北京理工大学	张　佐	清华大学
张　利	清华大学	赵明国	清华大学
张　鹏	清华大学	郑相涵	福州大学
张晓燕	清华大学	朱　丹	清华大学
张　昕	清华大学	朱　岩	清华大学
张欣然	中央财经大学		

习近平总书记指出："人工智能是引领这一轮科技革命和产业变革的战略性技术,具有溢出带动性很强的'头雁'效应。"人工智能的发展掀开了智能时代的帷幕,并通过赋能技术革命性突破、带动生产要素创新性配置、促进产业深度转型升级,催生新质生产力,是我国实现高水平科技自立自强、推动经济高质量发展、增强国家竞争力的重要战略抓手。

当今世界的竞争说到底是人才竞争,人工智能未来竞争的关键是在人才的培养。与传统学科不同,人工智能具有很强的交叉属性,其诞生之初就是神经科学、计算机科学、数学等领域的交叉,当前日新月异的深度学习、大模型等技术也与各行各业紧密交织,这为人工智能人才的培养提出了更高的要求,迫切需要理学思维与工科实践的深度融合,加快推动交叉领域中创新人才的全面培养。我国人工智能领域的人才培养仍处在发展阶段,人才缺口客观存在。因此,一套理论体系健全、前沿知识集聚、实践案例丰富、发展方向明确的教材,将为我国人工智能教育教学工作开展和人才培养打下基础,也将为更高水平、可持续的新质生产力发展埋下种子。

在教育部"十四五"高等教育教材体系建设工作部署下,新一代信息技术(人工智能)教材体系的建设工作正全面展开。作为最早开展人工智能教学及科研工作的单位之一,清华大学自动化系在该领域的课程建设和人才培养方面积累了深厚的经验,取得了显著的成果。作为领域的排头兵,清华大学自动化系以牵引人工智能核心课程建设、提升领域人才自主培养质量为己任,发掘校内相关院系和国内其他高校的优秀科研、师资力量,联合组建了编写团队,以清晰的理论框架为依据,以前沿的科研知识为核心,以先进的实践案例为示范,以国家的发展政策为导向,编写了本套人工智能教材。

本套教材在编写过程中,以培养有交叉、懂理论、会实践、负责任的人工智能人才为目标,注重基础与前沿相结合、理论与实践相结合、技术与社会相结合。首先,本套教材涵盖了人工智能的经典基础理论、算法和模型,同时也并入和吸纳了大量国内外最新研究成果;其次,在理论知识学习的同时,也设计了与课程配套的实验和项目,提升解决实际问题的综合能力,并围绕产品设计、数字经济、生命健康、金融系统等多个领域,对人工智能的应用实践进行多维阐述和分析。最后,本套教材不仅关注了人工智能的技术发展,也兼顾了人工智能的安全与伦理问题,对于人工智能的内生风险、数据安全、人机关系、权责归属等方面进行了探讨。

我相信，这套人工智能系列教材的出版，将为广大读者特别是高校学生打开人工智能的大门，带领大家在人工智能的无限可能中尽情探索。我也期待广大读者能够充分利用这套教材，不断提升自己的专业素养和创新能力，成为具备"独辟蹊径"能力的创新拔尖人才、具备"领军开拓"能力的战略领军人才、具备"攻坚克难"能力的大国工匠人才，为我国人工智能事业的繁荣发展贡献智慧和力量。

最后，我要感谢所有参与教材编写和审稿工作的专家学者，感谢他们的辛勤付出和无私奉献，为保证本套教材的科学性、严谨性、前瞻性作出了重要贡献。同时，我也要感谢广大读者的信任和支持，希望这套教材能够成为您学习人工智能技术的良师益友，共同推动人工智能事业的发展。

中国人工智能学会理事长

中国工程院院士

戴琼海

2024 年 5 月

自主智能无人系统指的是以无人车、机器人、无人机、无人潜航器，以及信息空间、物理空间与人类活动社会空间相互耦合的信息物理系统等为物理载体，以人工智能和大数据等前沿科技，以及控制科学与工程，计算机科学与技术等学科知识为基础，具备系统设计、任务分配、运动规划、决策和推理能力，能够自主完成复杂任务的无人系统（含无人／有人系统）。自主智能无人系统是无人系统发展的高级阶段，具有自主性、智能性和协作性等特征，其知识体系既体现基础性、技术性，又具备应用需求特性，是研究人工智能的最佳切入点与重要抓手，是服务国计民生的变革性技术，广泛应用于自动驾驶、智慧医疗、国防安全、深空探测以及城市运维管理、智能社会治理等领域，具有重要的现实意义，可满足国家发展重大战略需求。

然而，目前有关自主智能无人系统教材在知识体系架构上缺少对自主性、智能性等理论方法的系统性阐述，亟需一本先进的教材来填补现有教学资源的空白。为此，我根据长期的科研积累、近期的研究成果与实践经验，并参考了有关的重要专著和相关的众多期刊文献编写了这部教材。教材重点聚焦自主智能无人系统的核心原理、基础知识以及智能算法，内容涉及无人系统建模、机器学习、神经网络、智能控制、自主感知与定位、任务规划与运动规划、优化与博弈决策、协同控制与决策等。教材内容既包括无人系统领域内的经典内容，也涵盖了近年来最新、广泛使用的智能化、自主化技术。可直接应用于自主智能无人系统的教学和科研工作。

由于作者经验不足和水平有限，书中难免存在疏漏和不足之处，敬请广大读者批评指正。

陈杰

前言
PREFACE

自主智能无人系统是指以无人车、机器人、无人机、无人潜航器等为物理载体，以人工智能和大数据等前沿技术的交叉融合发展为基础，具备系统设计、任务分配、运动规划、决策和推理能力，能够自主完成复杂任务的无人系统，具有自主性、智能性和协作性等特征。自主智能无人系统是一个新兴的跨学科领域，在自动驾驶、国家安全及国防、深空探索等领域都有广泛的应用，具有重要的现实意义，符合国家发展战略需求。

本书详细介绍了自主智能无人系统的基础知识、控制和感知、自主决策和规划、协同控制与决策的基本理论和方法。首先，介绍了自主智能无人系统的基础知识，包括自主智能无人系统的概念与演化、基本无人系统模型和控制、自主性和人工智能基础；其次，介绍了自主智能无人系统的控制和感知，包括自主智能运动控制和典型应用、传感器滤波与智能融合、自主即时定位与建图、态势智能评估；再次，介绍了无人系统的自主决策和规划，包括自主决策和序列行为规划、路径规划和轨迹规划；最后，介绍了自主智能无人系统的协同控制与决策，包括多智能体协同运动控制、协同路径规划、任务分配、强化学习博弈。

本书可以作为自动化、人工智能、机器人相关专业本科生或研究生的教科书，也可以作为自主智能无人系统研究和教学的参考书。本书的每一章均可独立阅读，讲授或阅读时可以根据具体情况进行选择，而不拘泥于各章的顺序安排。

本书由方浩、曾宪琳、杨庆凯、陈杰撰写，撰写团队已在自主智能无人系统、复杂系统多指标优化与控制、多智能体协同控制方面进行了长期的合作研究。本书撰写得到了国家自然科学基金基础科学中心（62088101）、重点项目（62133002）、优青项目（62222303）、面上项目（62373048）的支持，在此表示衷心感谢。此外，还要感谢研究生柯唯翎、宋怡静、侯洁、王雨蒙、丰雨轩、张心鹜、成子君、王悦、朱奎、阿珠史玛、崔昊、郝思远、工兰、房妍妍、李逸萱、张轩铭在本书的初稿整理过程中所做的贡献。最后，感谢清华大学出版社的赵凯编辑对本书所做的细致工作。

限于笔者的知识水平，书中难免有不妥之处，恳请广大读者不吝批评和指正。

作　者

2025 年 1 月

于北京理工大学

目录
CONTENTS

第 3 章　自主性和人工智能基础 / 58

第1章

自主智能无人系统概述

1.1 引言

在政府和相关机构的倡导扶持下，我国人工智能正从弱智能向强智能稳步前行，逐渐在人工智能前沿研究中占据一席之地。自主智能无人系统是无人系统发展的高级阶段，具有自主性、智能性和协作性等特征，其知识体系既体现基础性、技术性，又具备应用需求特性，是研究人工智能的最佳切入点与重要抓手，是服务国计民生的变革性技术，广泛应用于自动驾驶、智慧医疗、国防安全、深空探测以及城市运维管理、智能社会治理等领域，具有重要的现实意义，可满足国家发展重大战略需求。作为人工智能技术的重要组成部分，自主智能无人系统的研究发展对于推动人工智能技术的创新落地有着举足轻重的作用，其智能化水平的不断提升可以为科技与经济的快速发展注入新的动力。在可预见的未来，自主智能无人系统产业将成为世界经济腾飞的新引擎，引领智能产业与生态的发展。

本章将对自主智能无人系统的概念、组成、发展现状和相关研究成果进行系统阐述：首先介绍无人系统的基本概念，并据此引出自主智能无人系统的基本概念和关键特征，以及其一般的系统组成和模型架构；其次归纳自主智能无人系统的研究和发展现状；最后概述几种典型的自主智能无人系统，包括无人驾驶汽车，无人飞行器和军事机器人等，并简要介绍其技术挑战和解决方案。

1.2 自主智能无人系统的基本概念与内涵

1.2.1 自主智能无人系统的概念

1. 无人系统

无人系统是指具有一定自治能力和自主性，可重复使用并可携带任务载荷完成指定任务的无人控制系统。这些无人系统被定义为人造或非自然系统，即经由人类设计、加工和制造而成的系统，如无人车、无人机、无人艇等，而非自然形成的系统如日月星辰、分子原子等。

无人系统涉及军事和民用的各个领域，其广泛应用于空间探测、深海测绘、极地科考、国防科技等重点科技领域和电力、石油、消防、交通、物流、医疗、城市服务等民用领域。常见的无人系统有陆地上运动的无人驾驶汽车、无人物流车，海洋中活动的水下无人潜航器、无人水面舰艇，以及航空和航天领域的无人机、火箭、卫星等。

无人系统以无人平台操作系统为核心，根据环境感知系统收集的信息和定位系统提供的位置数据，由规划决策系统制定并控制任务，如图 1.1 所示。执行控制系统接收规划决策系统的指令，驱动无人系统的执行器进行相应动作。人机交互系统则允许用户与无人系统进行交互，发送指令和接收状态信息。整个无人系统通过通信设备与外界保持联系，确保信息的实时传递和处理，从而实现无人系统的自主或遥控操作。

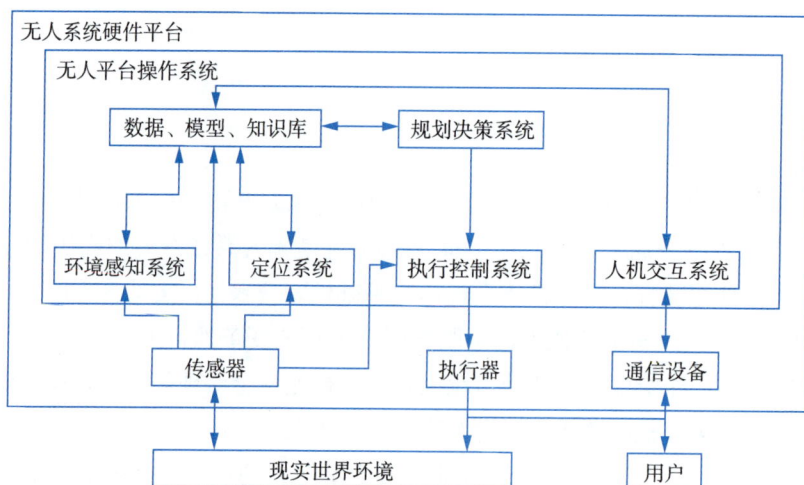

图 1.1　无人系统自主运行框架

无人平台操作系统是一种特殊的软件系统，它负责管理和控制无人系统（如无人机、无人车、无人船等）的运作。这一系统集成了多种功能，包括自主导航、环境感知、任务规划、数据传输与处理，以及与远程操控中心的通信等。其核心目标是在无需人工直接干预的情况下，使无人系统能够高效、准确地完成预定任务。

环境感知系统是一种能够实时收集、处理和理解周围环境信息的系统。其通过集成多种传感器（如摄像头、雷达、超声波传感器等）和数据处理技术，实时捕捉周围环境中的各种信息，进行障碍物检测、目标识别与追踪、三维环境重构以及空间布局的语义分割等任务，以便无人系统能够做出正确的决策和行动。

规划决策系统是一个涉及规划制订任务中多方面决策的综合系统，其核心在于对任务目标、执行策略和资源配置等关键问题进行决策。在目前的无人平台中，规划决策系统主要负责制订从任务规划、全局路径规划到局部路径规划的各种决策，为无人系统的高效运行与任务的成功完成提供了有力保障。

执行控制系统实时监测和分析无人系统的运行状态，根据预设的控制策略将规划决策系统得出的决策结果转换为执行机构的控制指令。因为无人系统在执行任务的过程中存在许多不确定因素，包括外界扰动、模型不确定性，以及工作环境的动态变化等，所以执行控制系统需利用闭环控制技术应对不确定因素的影响，从而实现无人系统的精确、高效和稳定运行。

此外，先进的无人系统操作系统通常还配置有人机交互系统和自学习系统。人机交互系统为无人系统提供与各类用户自主互动的能力，从而使其可以理解人类文字、语音，甚至表情、手势等肢体动作并给予适当的回应。考虑到无人系统在设计阶段无法考虑到全部状况，所以无人系统还须具备自主学习能力，自学习系统可以让无人系统自主演化和更新数据、模型和知识库，保证其在未知动态环境下长期自主运行。

2. 自主智能无人系统

传统意义上的无人系统被认为是"在没有或较少人工参与的情况下，按照规定的程序或指令自动地进行操作或运行的人造系统"，其可在特定态势下执行可靠且可预测的行动。但是随着人工智能、大数据、云计算、5G 等技术的日益成熟，无人控制系统的智能化、自主化、控制精度等各方面能力均快速提升，也由此衍生出了一个新的概念——自主智能无人系统。哲学家们倾向定义自主智能无人系统为一种具有控制、运动、感知、通信、认知等装置的人造物体，有的也许有人类的外貌，有的可能没有。除此之外，一个广泛认同的标准是，自主智能无人系统必须具备一定的自主能力，简单点说，即无人监管下的自主操作能力。这意味着该系统应当具备从外界环境中接收并处理数据的能力，而且具备与所处环境互动的能力。

本书为了便于讨论，将自主智能无人系统定义为"以无人车、机器人、无人机、无人潜航器，以及信息空间、物理空间与人类活动社会空间相互耦合的信息物理系统等为物理载体，以人工智能和大数据等前沿科技，以及控制科学与工程，计算机科学与技术等学科知识为基础，具备系统设计、任务分配、运动规划、决策和推理能力，能够自主完成复杂任务的无人系统（含无人 / 有人系统）"，其可以应对非程序化或非预设态势，具有一定的自主控制和与环境交互的能力。自主智能无人系统搭载先进的传感器如摄像头、雷达等设备来感知复杂环境信息，通过与环境交互进行智能化决策，并使用机械或电子设备来实现自主无人控制。它以其自主智能的特点，为传统的无人控制系统领域带来了一种全新的变革。

自主智能无人系统能模仿人的智能和行为，在复杂多变的未知环境中主动执行预定任务，能通过环境感知、决策规划和协同行动等，有计划、有目的地产生智能行为来适应环境、改变现状，从而完成预定的目标任务。自主智能无人系统的核心是人工智能技术，包括机器学习、进化算法、计算机视觉、自然语言处理等。通过这些技术，自主智能无人系统可以自动识别环境信息，融合知识进行数据分析，自主做出决策并与环境进行交互；同时，自主智能无人系统还需要具备强大的计算能力和存储能力，以便处理大量数据、存储大量模型和算法。因此，与传统的无人控制系统相比，自主智能无人系统能够应对复杂多样的环境，完成更广泛的操作和控制。

1.2.2 自主智能无人系统的研究内容

与传统的无人系统相比,自主智能无人系统的研究内容更加宽泛。自主智能无人系统需要重点突破自主无人系统计算架构、复杂动态场景感知与理解、实时高精度定位与建图、面向复杂环境的自主导航与控制等共性技术,无人机自主控制和汽车无人驾驶等智能控制技术,以及军事机器人、海洋机器人等核心集成技术。自主智能无人系统的相关研究在国内外目前均处于起步阶段,研究需要从基础理论、体系架构、关键技术、开发环境、示范应用等方面开展(见图 1.2)。

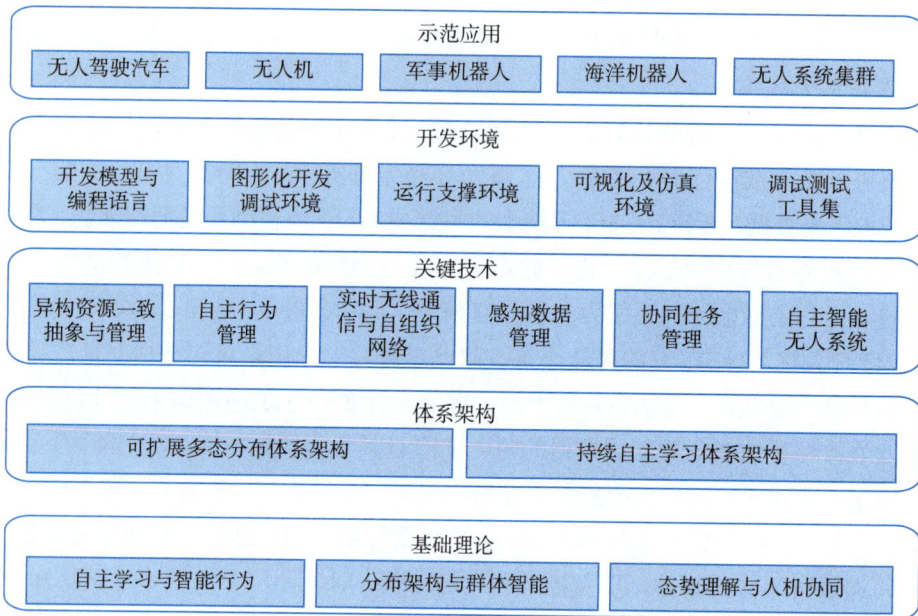

图 1.2 自主智能无人系统研究内容框架

1. 基础理论

自主智能无人系统的基础理论研究应抓住人工智能方法从专家知识/统计学习向集规则、数据和反馈于一体的理论模型发展,智能体行为从单机智能朝多机协作化发展,自主智能无人系统支撑平台由垂直封闭向标准化/模块化/平台化/互联化的趋势,面向自主学习与智能进化、分布架构与群体智能、态势理解与人机协同等科学问题开展基础理论研究。

2. 体系架构

面向自主智能无人系统自主任务决策与自主协同控制等智能行为,结合人工智能和自主智能无人系统发展趋势要求,开展自主智能无人系统体系架构设计,重点围绕持续自主学习范式和可扩展分布体系架构开展研究。

持续自主学习范式中的"学习"是包括人类在内的生物的智能形成和进化的主要途径。要使自主智能无人系统具备可持续自主学习,需要进行以下研究:智能算法集成与自学习网络构建技术,先验知识和因果推理的融合演绎,数据挖掘驱动感知归纳,自主交互规划更新知识策略空间,内隐知识管理与自适应演化机理等。

自主智能无人系统应采用可扩展分布体系架构，以支持系统的标准化、模块化、平台化和互联化。可扩展分布体系架构主要研究包括：可扩展实时分布体系架构，支持语义表达的意图与行为理解机制，异构自主智能无人系统资源通信与管理机制，自主智能无人系统与云计算等基础设施的交互机制，数据与指令的输入输出与应用接口的标准化等。

3. 关键技术

1) 物理域、信息域、认知域、社会域等异构资源的一致抽象与管理

自主智能无人系统是一个复杂且多维度的系统，它同时涉及物理、信息、认知和社会等多个领域。对这些异构资源进行一致的抽象与管理是确保自主智能无人系统高效、稳定和可靠运行的关键。异构资源一致抽象与管理的主要研究包括：基本平台模块、载荷单元以及外部辅助设备等；数据采集与处理、计算存储与备份、通信与网络等信息域资源；知识库构建与更新、模型与方法选择、学习与优化等认知域资源，安全与隐私保护等社会域资源组织和管理。

2) 基于"观察-判断-决定-行动"行为链的自主行为管理

博伊德提出的"观察-判断-决策-行动"（OODA）理论是一种广泛应用的军事战略理论，其基本思想是通过观察、判断、决策和行动的循环过程来指导武装冲突中的行为。基于该行为链刻画的自主智能无人系统及其群体智能自主行为的主要研究包括情景自主感知、评估、行为预测和自学习范式构建、基于大数据与云计算智能决策路径、编队行动/指令智能控制。

3) 实时无线通信与自组织网络

无线通信网络为自主智能无人系统之间，智能体和云中心、边缘中心之间的协同提供了桥梁。通过共享信息、任务协调和协同执行，自主智能无人系统能够高效地完成任务，提高整体效率。实时无线通信与自组织网络的主要研究包括：多智能体系统自主行为的模型和机理、网络拥塞控制、通信接口标准化、多智能体系统自组织网络架构、网络拓扑控制等技术。

4) 感知数据管理

自主智能无人系统需要与环境进行交互、处理感知数据并实现共享。感知数据管理的主要研究包括感知数据形式化抽象、资源和通信约束下可扩展分布式架构、实时多源信息存储和检索、数据同步与融合、可信实时安全机制、云数据管理和优化，以及云计算支持的数据汇聚和知识重构。

5) 协同任务管理

自主智能无人系统需要实现人机交互和多智能体系统之间的自主协同，其主要研究包括多智能体系统自主协同支撑机制、实时自主协同技术、有人-无人联合情景解构技术，复杂耦合时序任务分解和动态分配技术、分布式群轨迹规划与安全协同控制等。

6) 大模型赋能自主智能无人系统

大模型是当下全球科技创新焦点，也是全球人工智能竞赛的主战场。大模型 + 自主智能无人系统迈出了通向通用人工智能的一大步。智能体的进化路径：从独立到协同，从简单任务到复杂时序任务，从静态单一场景到动态联合场景。由于大模型的出现，会促使从语音、视觉、决策、规划、控制等多方面实现同智能体的结合，形成感知、决策、控制闭环。

4. 开发环境

以自主智能无人系统的无人操作系统为平台，以高效开发自主智能无人系统的应用软件为目标，研究自主智能无人系统软件开发模型与编程语言，实现图形化开发环境、可视化交互界面，丰富仿真环境和调试测试工具集，打造跨平台和多语言联合应用开发环境、协调机制和管理工具等。

5. 示范应用

针对无人机、无人驾驶汽车、无人舰艇、自主潜航器等智能体及无人系统集群，开展自主智能无人系统的操作系统示范应用，有效提升智能体的自主作业能力和多智能体系统的自主协同能力。

1.2.3 自主智能无人系统的系统模型

自主智能无人系统的体系架构自上向下可以划分为 4 个层级，分别是自主感知层、协同分析层、态势监督层、智能配置层，如图 1.3 所示。

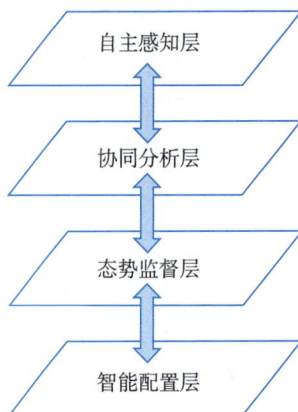

图 1.3 自主智能无人系统的体系架构

1. 自主感知层

作为自主智能无人系统与外界环境的交互层，自主感知层主要负责数据的高质量采集与信息的有效传输共享。例如，通过自主智能体配置的传感器采集数据，并在智能体本地做轻量级的分析来提取特征，之后通过标准化的通信协议将特征传输至能力更强的计算平台。值得一提的是，由于自主智能无人系统对智能分析计算的实时性要求非常高，而原始数据体量巨大、传输成本高，因此需要使用机器学习与统计建模算法将高维的数据流转化为低维可执行的实时信息。与原始数据相比，特征信息维度更小，其经过处理后可以在保留原始数据信息的情况下最大限度地减少传输开销。

2. 协同分析层

通过传感器获取数据后，智能体需要将数据上传至云端和边端进行协同分析处理。云端和边端利用强大的计算和存储能力，对智能体采集的数据进行进一步分析和利用。云端和边端的结合不仅可以高效处理和分析数据，同时还可以实现对智能体的实时控制和调整。

3. 态势监督层

态势监督层综合前两层产生的信息，为用户提供所监控环境和系统自身态势的完整信息。基于学习和推理的预诊断技术，态势监督层将大量多源信息进行分类和聚类，以便进行故障检测、故障分类与性能预测。该层向智能配置层提供维护和配置系统的可执行信息。

4. 智能配置层

根据态势监督层提供的信息，自主智能无人系统控制引擎可以对外界环境和自身的变化进行应激性反馈，进行必要的组件配置和参数调整，从而使系统具备自组织和环境适应能力，保持在可接受的性能范围之内。

下面以无人机为例说明其系统组成架构。无人机是一种典型的自主智能无人系统，主要包括飞行器平台、传输平台、地面站等部分，如图 1.4 所示。飞机控制系统是无人机的"大脑"，能部分甚至完全代替驾驶员控制和稳定飞机的姿态（俯仰、偏航和滚转），并能改善飞行性能的反馈控制系统。它通过接收飞行员的输入或机载电脑的自动控制信号，来控制飞行器各部分的移动，如机翼的升降舵、副翼、方向舵等，从而完成起飞、空中飞行、执行任务和返场回收等整个飞行过程。

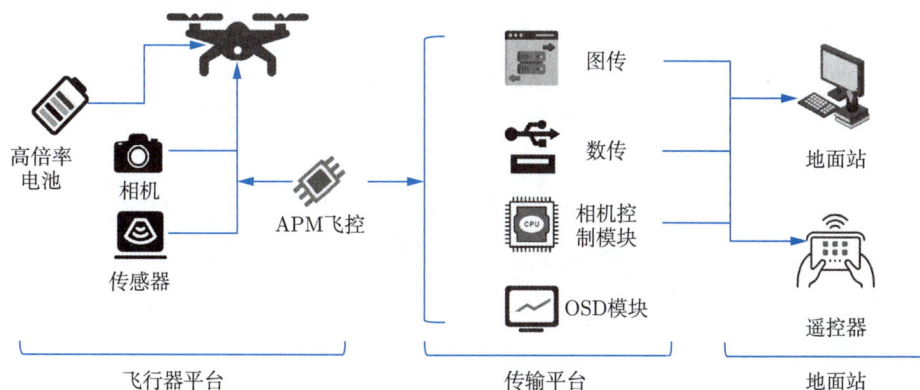

图 1.4　无人机系统组成部件

导航系统是无人机的"眼睛"，用于确定无人机的位置和航向，并引导无人机按照指定航线飞行。无人机导航系统通常包括惯性导航系统、卫星导航系统、组合导航系统、地形辅助导航系统、多普勒导航系统等。惯性导航系统是利用惯性传感器（如陀螺仪和加速度计）来测量无人机的加速度和角速度，从而确定无人机的位置和航向。卫星导航系统是利用 GPS 等卫星信号来确定无人机的位置和航向。组合导航系统结合惯性导航系统和卫星导航系统的优点，以获得更准确的导航信息。地形辅助导航系统利用地形信息来辅助确定无人机的位置和航向。多普勒导航系统利用多普勒效应来测量无人机的速度和航向。

动力系统是无人机起飞、空中飞行、执行任务和返场回收等整个飞行过程的核心驱动部分，对无人机的性能起到决定性作用。无人机的动力系统通常采用锂电池作为动力源，但也有一些采用氢燃料电池的飞行器。锂电池具有高能量密度、长寿命、环保等优点，是当前无人机应用的主流选择。

通信系统（数据链系统）是无人机和控制站之间的桥梁，保证对遥控指令的准确发送、传输和接收。上行通信链路主要负责地面站到无人机的遥控指令的发送和接收。下行通信链路主要负责无人机到地面站的遥测数据、红外或电视图像的发送和接收。普通无人机大多采用定制视距数据链，而中高空、长航时无人机则采用超视距卫星通信数据链。

1.3 自主智能无人系统的特征和性能

自主性和智能性是自主智能无人系统的两大核心特性，而人工智能的各项技术如图像识别、语音交互、智能决策、自动推理及自主学习等则提供了实现与持续优化这两大特性的有效手段。一般来说，自主和智能属于两个不同的概念范畴，自主主要是指系统的行为方式，强调系统或智能体拥有自我管理和控制自身行为的能力。而智能则是完成行为过程的一种特殊能力，指系统或智能体能够模拟人类的智能特征，包括学习能力、推理能力、创造能力和语言理解能力等。

自主和智能之间的关系：自主在前，智能在后；自主依赖智能，智能演化自主，二者相互促进。自主的实现依赖于智能，智能的等级取决于自主权的高低，智能是自主与知识及知识应用的结合体。因此，在自主智能无人系统的设计中应遵循上述自主与智能的关系准则。在构建自主智能无人系统时，应赋予系统足够的自主权限和智能水平，从而使其能够满足人类需求。为了实现自主性，系统需要具备良好的感知能力以及对环境的理解能力，能够进行目标识别、分类和判定，并能妥善应对突发事件或态势。

除了这两个特征之外，自主智能无人系统还具有复杂性、协作性、容错性、可拓展性、适应性、安全性和健壮性特征。本节将对上述特性和性能进行系统阐述。

1.3.1 自主性

1. 自主性定义

在此本书先列举文献中关于自主性概念的若干典型研究，以增进读者对自主性基本概念的理解，然后在给出自主智能无人系统的自主性概念性定义和形式化描述。

Abbess 等认为自主性是智能体在环境约束和自身价值观下的一种决策自由："Autonomy is the freedom to make decisions subject to, and sometimes in spite of, enviromental constraints according to the internal laws end values that govern the autonomous agent." Antsaklis 认为自主是系统在被赋予任务目标和扰动下的自我管理："Autonomous means having the ability and authoriy for self-government. A system is autonomous regarding a set of goals, with respect to a set of measures of intervention（by humans or other systems）." Antsaklis 更进一步指出，自主系统本质上是控制系统："In any autonomous system, the system under consideration always has a set of goals to be achieved autonomously and control mechanisms to achieve them. This implies that every autonomous system is a control system." Zilberstein 认为，如果系统能够在没有人为干预的情况下制定和执行计划，其就能

被视为自主系统："There is no standard definition of autonomy in AI, but generally a system considered autonomous if it can construct and execute a plan to achieve its assigned goals, without human intervention, even when it encounters unexpected events."

上述关于自主性的解释大多从其内部能力出发，即将自主性定义为某种决策和行动的能力。这种定义是绝对的、普适的，但同时也是难以定量说明的。也有学者从人机混合智能角度对自主性采用一种相对便于定量刻画的外部结果定义：人机混合智能系统中人和机器的自主性（决策）空间是指按照有益于人机混合智能系统共同目标为标准，人的直觉智能和 AI 驱动的机器智能可各自进行的决策和行动的范围。类似的，人机混合智能系统的自动化（决策）空间是指按照有益于人机混合智能系统共同目标为标准，确定化智能所进行决策和行动的范围。

对于某个典型的自主智能无人系统而言，自主则代表着不同的内涵。譬如 Bruno Siciliano 在 *The DARPA Urban Challenge* 提到：Intelligent autonomous vehicles not only to travel significant distances in off-road terrain, but also to operate in urban scenarios.

本书对自主智能无人系统的自主性给出如下定义：

> **定义 1.1（自主性）**
>
> 自主智能无人系统基于自身知识和对环境的理解，在人类赋予智能体可进行决策和行动的自主性空间内选择和执行不同动作以实现预期目标。♣

2. 自主能力

一般来说，自主化是指应用传感器和复杂软件，使设备或系统在较长时间内无须其他外部干预就能够独立完成任务，能够在未知环境中自动进行调节，并保持系统良好运转的过程。依据这种思想，自主性又可以划分为 5 方面，分别是感知自主性、决策自主性、行为自主性、交互自主性、学习自主性。

感知自主性：自主智能无人系统可以通过传感器对外部环境进行感知，并根据感知结果自主地进行决策和行为规划。系统可以通过多种传感器（如视觉、听觉、触觉等）获得丰富的环境信息，并进行自主的信息处理和认知。这使得系统能够适应不同的环境条件，包括复杂和动态的环境。

决策自主性：自主智能无人系统具有自主决策的能力，能够根据外部环境和内部状态，自主地做出决策，并执行相应的动作。系统可以通过传感器感知周围的环境信息，通过内部算法和模型进行自主的分析、推理和决策，从而实现对运动行为的控制。

行为自主性：自主智能无人系统可以根据自身的目标和任务，自主地规划和执行运动行为。系统可以通过学习、优化和规划等方法，自主地选择合适的动作、路径和速度，以实现预定的运动目标。系统还能够在面对未知情况时进行自主的调整和适应，以保持运动的稳定性和效果。

交互自主性：自主智能无人系统可以与外部环境和其他实体进行交互，并根据交互结果进行自主决策和行为调整。系统可以通过与用户、其他系统或环境的交互，获取反馈和信息，并在运动过程中做出相应的决策和行为调整。这使得系统能够在实际运动场景中灵活地应对不同的交互情境，实现自主的运动行为。

学习自主性：自主智能无人系统可以通过学习从经验中提取知识和模式，并在后续的运动中应用这些知识和模式。系统可以通过监督学习、强化学习、迁移学习等方法，不断地优化和改进自身的运动行为。这使得系统能够在运动过程中不断适应和改进自身行为，实现运动行为的自主演化。

3. 自主性分级

依据 T. B. Sheridan 对控制系统自主程度的分级，本书对自主智能无人系统的自主级别作出如表 1.1 所示的划分。

表 1.1　自主级别的自主能力

自主级别	自主能力
一级	操作员完成所有工作，智能体不提供帮助
二级	智能体提供一套完整的操作方案集
三级	智能体提供一套完整的操作方案集，并从中推荐几种
四级	智能体提供一套完整的操作方案集，并提供一种合适的选择
五级	智能体提供一套完整的操作方案集，在操作员允许情况下执行一种合适的方案
六级	智能体提供一套完整的操作方案集，自动执行一种合适的方案，但操作员有一定的时间可以拒绝
七级	智能体提供一套完整的操作方案集，自动执行一种合适的方案，必要时通知操作员
八级	智能体提供一套完整的操作方案集，自动执行一种合适的方案，并在操作员询问时通知操作员
九级	智能体提供一套完整的操作方案集，自动执行一种合适的方案，由智能体决定是否通知操作员
十级	智能体自主完成所有工作

如图 1.5 所示是我国首辆月球车——玉兔号，它和着陆器共同组成"嫦娥三号"探测器，可以在凹凸不平、土壤松软的月球表面平稳地行进并完成指定的任务。"玉兔号"月球车可以通过相机"观察"周围环境，对月面障碍进行感知和识别，然后对巡视的路径进行规划。遇到超过 20° 的斜坡、高于 20cm 的石块或直径大于 2m 的撞击坑，能够自主判断并进行安全避让。

图 1.5　"玉兔号"月球车（来自国家国防科工局探月与航天工程中心)

1.3.2 智能性

"智能"的含义很广，对其给出一个完整确切的定义是一件困难的事情，但一般可以这样表述：智能是人类大脑的较高级活动的体现，它至少应具备自动地获取和应用知识的能力、思维与推理的能力、问题求解的能力和自主学习的能力。人工智能（Artificial Intelligence，AI）是计算机学科的一个分支，它企图了解智能的实质，并生产出一种新的能以与人类智能相似的方式做出反应的智能机器。可以设想，未来人工智能带来的科技产品，将会是人类智慧的"容器"。人工智能是对人的意识、思维的信息过程的模拟。人工智能不是人的智能，但能像人那样思考，也可能超过人的智能。

人工智能是自主智能无人系统的重要组成部分，自主智能无人系统获取"智能"的方法有以下 3 种。

（1）人类设计者的知识输入为系统建立一定的专家知识库和推理机制。通过这一方法获取的智能受限于专家知识库，自主智能无人系统难以适应新任务和新环境，不能够实现通用智能。此时自主智能无人系统擅长推理。

（2）自主智能无人系统通过数据驱动进行归纳学习，即从数据中挖掘客观规律。通过这一方法获取的智能依赖于获得的数据以及对数据的标注，难以泛化到标注样本以外的概念和模式。此时自主智能无人系统擅长预测识别。

（3）自主智能无人系统通过与环境的交互以及强化学习的奖励反馈机制，学习经验和知识并更新知识库。此时自主智能无人系统能对未知空间进行探索，但需要对庞大的策略空间进行优化，因此在求解开放空间探索问题时面临巨大挑战。

要想在智能体的智能方面有更多的突破，需要有机协调知识指导、数据驱动和经验学习，获取这 3 种方法各自的优势，建立集三者于一体的框架，形成"知识指导下的演绎推理、数据驱动中的归纳感知、强化学习内的自主演化"的有机融合，如图 1.6 所示。

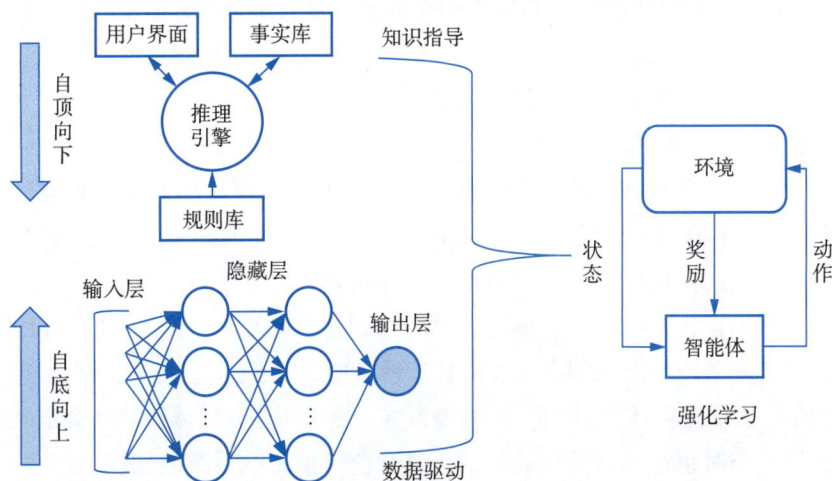

图 1.6 "智能"的获取

1.3.3 复杂性

运动控制在过去常常在理想化的环境中解决，或者使用简化的模型来完成复杂的任务。然而，在现实环境中，实现无人系统自主控制的愿望促使研究人员考虑越来越复杂的系统和场景。同时，新一代人工智能时代的到来引发了复杂系统工作方式的变革，作业任务和环境变得愈发复杂。

目前，学术界并没有给出"复杂性"的严格定义，原因之一是"复杂"带有一定的主观认知，众多学者很难对其达成一致的意见。自主智能无人系统的复杂性体现在 3 方面：

（1）环境复杂性。复杂的环境导致复杂的机制，复杂的机制使得设计控制器变得困难。比如在粗糙的地形上，现有的大多数仿生腿机器人都不具备行走能力。而城市出行场景中，无人驾驶汽车则需要同时考虑周车、行人、地形、天气甚至交通规则等大量信息。环境复杂性还包括各类干扰和噪声、未知及不确定性等。

（2）任务复杂性。智能体运动规划领域的新趋势是研究完成复杂时序任务的计算框架，不同于以往到达单一目标点的任务，这类新框架能解决包含复杂的逻辑和时序约束的高层规划任务，如序列性任务、持续访问任务等，以及这些复杂任务的组合。

（3）系统复杂性。复杂系统不仅体现在其系统构成的复杂性上，如包括多个互相耦合作用的子系统，还体现在系统行为的复杂性上，如对系统初始条件和扰动敏感、自组织涌现、混沌等。在多智能体系统中，信息不完全的情况经常出现，其中智能体的通信是有限的，交互是复杂的。不完整的信息使控制设计问题复杂化，并可能降低整个系统的性能。

1.3.4 协作性

在一般意义上，协作性是指人机交互或者群体智能中的协作。对于人机交互，国际机器人联合会定义了 4 种类型的人机协作。

（1）共同存在：人和机器人存在协作，但工作空间相互隔离开。

（2）顺序协作：人和协作机器人共享工作空间的一部分或全部，但不同时在零件或机器上作业。

（3）共同作业：协作机器人和人同时在同一零件上操作。

（4）响应协作：协作机器人实时响应人的动作实现协作。

当前人机协作的主要形式仍然停留在协作机器人和人共享工作空间，独立地或按顺序地完成任务，实现共同存在或顺序协作。响应协作以人的运动行为为中心，使协作机器人主动协作人类完成种类复杂的操作任务，响应协作对协作机器人与人的共融性提出了较高的要求。

而群体智能中的协作是指多智能体之间通过协调各自的知识、目的、技巧和规划，从而完成各自的任务或者复杂问题的求解。在群体智能系统中，为了达到共同的目标，个体之间必须进行协作和通信。协作是群体智能的一种协调方式，没有协作，群体智能将会退化为纯粹的个体组合，在共同工作时也达不到预期的目的，甚至会严重影响系统的性能。

群体智能有着丰富的内涵和外延，其算法既包括早期基于生物群体特征规律的算法（粒子群优化和蚁群算法等），也包括后期基于网络互联的大规模群体算法（多智能体系统、群智感知和联邦学习等）。这些群体智能算法均蕴含着协作思想，通过不同的协作机制来达到群体智能系统的共同优化目标。这些协作机制都是将个体间的知识进行某种程度的聚合、集成以及推理，把个体的有限智慧耦合汇聚成群体的强大智能。

1.3.5 容错性

容错是指自主智能无人系统对故障的容忍技术，也就是指处于工作状态的智能体中一个或多个关键部分发生故障或差错时，能自动检测与诊断，并能采取相应措施保证智能体维持其规定功能或保持其功能在可接受范围内的技术。

在自主智能系统的运动控制中，由于智能体本身和环境的影响，很容易出现故障和错误。如果没有对这些故障进行有效的控制，将会导致智能体运行不稳定和不可靠。因此，通过引入容错技术，可以使智能体对错误进行自我纠错和恢复。传统的容错控制方法以冗余设计为主。通过硬件的冗余布置、软件的多样化冗余来实现容错。而最新的容错控制方法是主动容错控制方法，其基于故障信息进行控制律的重新调度或重构以实现容错。

对于多智能体系统而言，智能体共同形成合作系统以完成独立或者共同的目标，容错性意味着如果某几个智能体出现了故障，则其他智能体将自主适应新的环境并继续工作，以使整个系统不会陷入故障状态。

1.3.6 安全性和健壮性

合理的判断和决策能力是人类生存及发展的基本能力。在这一认知过程中，人类面临的许多问题都具有不确定性、脆弱性和开放性的特征，因此自主智能无人系统应该能够面对这些挑战，具备"安全"性和"健壮"性。具体而言，自主智能无人系统需要具备以下几方面的能力。

1. 传感器和执行器的可靠性

自主智能无人系统需要依赖传感器和执行器来感知和执行任务。这些组件必须具有高度的可靠性和准确性，以确保系统的稳定性和安全性。

2. 检测和处理异常情况

自主智能无人系统必须能够检测和处理异常情况，例如，传感器故障、执行器故障、环境变化等。这可以通过实时监测系统状态、建立错误检测和纠正机制来实现。

3. 安全措施和预防措施

自主智能无人系统必须具有各种安全措施和预防措施，例如，安全停机、避障和安全保护等。这些措施可以帮助系统在出现故障或意外情况时停止或暂缓其运动。

4. 数据安全和隐私保护

自主智能无人系统在处理数据时必须保护数据的安全性和隐私性。这可以通过加密数据、授权访问和数据备份等方法来实现。

5. 健壮的算法和控制策略

自主智能无人系统的算法和控制策略必须具有健壮性和稳定性，以确保系统在各种情况下的正常运作。这可以通过使用健壮的控制器和优化算法来实现。

1.4 自主智能无人系统的发展与演化

1.4.1 自主智能无人系统的历史与起源

自古以来，人类为了各种目的创造了许多无须人操作的自动系统，包括用于军事指挥的指南车、用于水利灌溉的水转筒车、用于计时的漏壶、自报行车里程的鼓车、检测地震的候风地动仪等。到了近代，人类研发了大量应用于各行各业的无人控制系统，如辅助飞机操控的陀螺自动驾驶仪和辅助产品生产的流水线控制系统等。随着科技的进步，无人系统的技术水平也在逐渐提高，特别是人工智能的飞速发展，促使自主无人系统达到了较高的水平，各种类型的自主智能无人系统相继问世。

自主智能无人系统源于机器人发展的第三阶段，即智能机器人。自从 20 世纪 60 年代末智能机器人出现，自主智能系统对社会发展的贡献就上了一个新的台阶，越来越发挥出巨大作用。例如，以 PUMA 为代表的工业机器人得到广泛应用。iRobot 扫地机器人已经走入千家万户，"勇士号"等火星车帮助人类探索宇宙等。进入 21 世纪以来，自主智能系统的外延进一步扩大。伴随着无人机、自动驾驶汽车、水下自主潜航器、军事机器人、医疗机器人、智能无人工厂等的出现，自主智能无人系统不再是传统认识中的工业机器人，它被赋予了更广泛的内涵。

1.4.2 自主智能无人系统的发展和现状

自主智能无人系统是能够通过先进的技术进行操作或管理而不需要人工干预的人造系统。近年来，人工智能的显著进步使自主智能无人系统达到了更高的水平。与传统自主系统相比，自主智能无人系统的研究内容更加宽泛，各种类型的智能体相继出现，对人类生活和社会产生了显著的影响。

1. 无人驾驶汽车发展和现状

无人驾驶汽车的字面意思是没有人为操控的车辆。通过利用人工智能、通信技术等高科技技术，汽车在无驾驶员的情况下完成驾驶行为。这类汽车主要依赖车载计算机系统以及各种传感器来收集并分析外界环境信息，并且根据环境变化做出相应的驾驶决策和驾驶行为。本书将无人驾驶汽车的发展分为 3 个阶段：遥控时代（20 世纪 20 年代—20 世纪 70 年代），智能时代（20 世纪 70 年代—21 世纪 10 年代）和自主智能时代（21 世纪 10 年代至今）。

1）遥控时代（20 世纪 20 年代—20 世纪 70 年代）

世界上第一辆无人驾驶汽车是由无线电设备公司 Houdina Radio Control 跨界设计的产物，即 1925 年诞生于美国的"美国奇迹"——"无人车"钱德勒。其通过使用无线电设备和信号译码电动机，在无人的情况下实现了方向盘、制动器、加速器等操作，从而实现汽车的"无人"驾驶。虽然其概念更接近于"遥控驾驶"，但是它的出现，将无人驾驶汽车和自动驾驶汽车的概念推向了历史舞台，也激发了人类对无人驾驶技术的想象和探索。

通用汽车公司是无人驾驶汽车研究的先驱之一。早在 1939 年的世界博览会上，通用汽车就描绘了一幅宏大的城市交通自动驾驶场景：在城市有一座"交通管制塔"，通过无线电技术指挥并调度成千上万辆汽车自动行驶。在 20 世纪 50 年代，人们又提出用预设在地板上的导线取代无线电进行无人驾驶。1953 年，美国无线电公司实验室 RCA 成功地将其变成现实。该实验室设计了一辆无人驾驶汽车，通过预铺在地板里的电线进行导航和控制。

2）智能时代（20 世纪 70 年代—21 世纪 10 年代）

在无人驾驶汽车的智能时代，研究者们首先尝试使用视觉设备开发无人驾驶汽车技术。20 世纪 70 年代，日本筑波工程研究实验室开发出了第一个使用摄像头来处理导航信息的无人驾驶汽车。20 世纪 80 年代，卡内基-梅隆大学率先使用神经网络技术来实现汽车方向盘的无人控制。在我国，北京理工大学、国防科技大学等 5 家单位联合研制成功了 ATB-1 无人车，是中国第一辆能够自主行驶的测试样车。20 世纪 90 年代，国防科技大学成功研制出中国第一辆红旗系列无人驾驶汽车。

值得一提的是，美国国防高级研究计划局（Defense Advanced Research Projects Agency, DARPA）在 2004 年、2005 年和 2007 年组织了一系列公开挑战赛。DARPA 挑战赛激发了学界和工业界的热情，并且诞生了斯坦福团队的 Stanley，卡内基-梅隆大学团队的 BOSS 等著名无人驾驶汽车。

3）自主智能时代（21 世纪 10 年代至今）

随着人工智能、云计算、5G 通信等技术的飞速发展，无人驾驶汽车也迎来了自主智能驾驶的时代。

美国是在自动驾驶领域遥遥领先的国家。其诞生了许多著名的自动驾驶公司。Waymo 是 Alphabet 的子公司，已经在超过 25 个城市的道路上行驶了超过 2000 万英里（1 英里 ≈ 1.60934 千米）。另外还在模拟环境中行驶了数百亿英里。同时，Waymo 正在美国经营 L4 级自动驾驶出租车服务，真正地在没有司机的情况下运送乘客。Tesla 自 2014 年起就开始研究自动驾驶系统，其设计的 Autopilot 系统引入 BEV+Transformer 取代传统的 2D+CNN 算法，并以特征级融合取代后融合、自动标注取代人工标注。而传统的汽车巨头通用旗下的 Cruise 公司则获得了白天在旧金山运营一支"小规模"无人驾驶 Robotaxi 车队的许可。并且 Cruise 的业务已经扩展到美国旧金山以外的市场，包括亚利桑那州和得克萨斯州的城市，目前已经行驶了数百万英里的城市里程。

而在国内，百度 Apollo 纯视觉高阶智驾方案可应用于高速、城市、泊车等全域场景，去掉激光雷达也让整车成本更低，提升了市场竞争力。华为发布的高阶智能驾驶系统 HUAWEI ADS 2.0 集成了顶置激光雷达、毫米波雷达、高清摄像头、超声波传感器等多种传感器，可以实现 360° 全方位感知环境，并通过华为鸿蒙操作系统和鲲鹏芯片进行数据处理和决策。HUAWEI ADS 2.0 可以实现 L4 级别的自动驾驶功能，即在特定场景下，无需人工干预，车辆可以自主完成行驶任务，率先实现了不依赖于高精地图的高速、城区高阶智能驾驶。

2. 无人机发展和现状

无人机（Unmanned Aerial Vehicle，UAV）是一种无需人工操作，依靠远程控制或自主程序控制的飞行器。无人机的应用范围非常广泛，例如，在航拍领域，无人机可用于拍摄电影、广告、宣传片、纪录片等；在防务领域，无人机可用于情报侦察、目标定位、战场毁伤评估等；在科学研究领域，无人机可用于环境监测、气候变化研究、地理信息系统建设等；在物流领域，无人机可用于快递、农业物资运输等。

无人机技术的关键问题就是如何赋予其自主管理、自主决策和智能控制的能力。根据无人机的不同控制方式，可将无人机系统的控制方式分成以下 3 类。

1) 远程控制

早期大多数无人机都是需要人类使用遥控器进行远程控制的。无人机远程控制的本质是操作员通过遥控器、无线通信网络或其他技术手段，对无人机进行远程控制和管理，利用预先设定的程序和指令，对无人机进行任务规划和动作执行。同时，基站控制系统也可以实时接收无人机的遥测数据，对其飞行状态进行监控和调整，确保无人机的安全和稳定运行。这种控制涵盖了无人机的飞行路径、速度、高度、方向、载荷等方面的参数设定和操作。

2) 半自主控制

20 世纪 80—90 年代出现的 Pointer 和 Sky Owl 是半自主控制无人机系统发展的开始，其采用了基站导航和预先设定导航程序相结合的控制方式。和无人机的远程控制一样的是，半自主无人机控制拥有对无人机的绝对控制权。但半自主无人机控制方式只在飞行过程中发出一些关键动作的指令，如起飞、着陆等。除此之外，无人机则是按照预先设定的程序进行飞行和执行相关动作。

3) 自主智能控制

21 世纪开始，为了进一步提高无人机的自主程度，美国军事研究实验室对无人机自主控制层级划进行了划分，如图 1.7 所示。

人们希望智能无人机能够实时获取自身健康状况、电池电量、飞行速度等信息，同时通过配备的传感器和摄像头收集周围环境中的各种信息，如地形、天气、目标物的位置等。自主智能无人机需要具备强大的数据分析能力，通过图像识别技术分析拍摄到的照片，识别出目标物体，或者通过气象数据分析出未来的风向、风速等信息。最后，智能无人机则根据预设的程序或者自适应的算法做出相应的自主决策和自主控制，例如，调整飞行路径以避免潜在的危险。具备了上述能力的智能无人机才能够在复杂的环境中独立完成任务，提高其自主性和实用性。

世界上第一台全自主控制的无人机是法国 Lehmann Aviation 公司设计的 LA100。除此之外，Lehmann Aviation 还推出了一系列特殊型号的 L-A 系列无人机。例如，专门绘制精准地图和用于监测农作物生长状况的 LA500。在中国，大疆无人机推出的 Mavic3 系列在机身上配置了多个广视角视觉传感器，再配合高性能视觉计算引擎，可以精确探测各个方向上的障碍物，还能主动规划安全路线，从而实现全向避障。

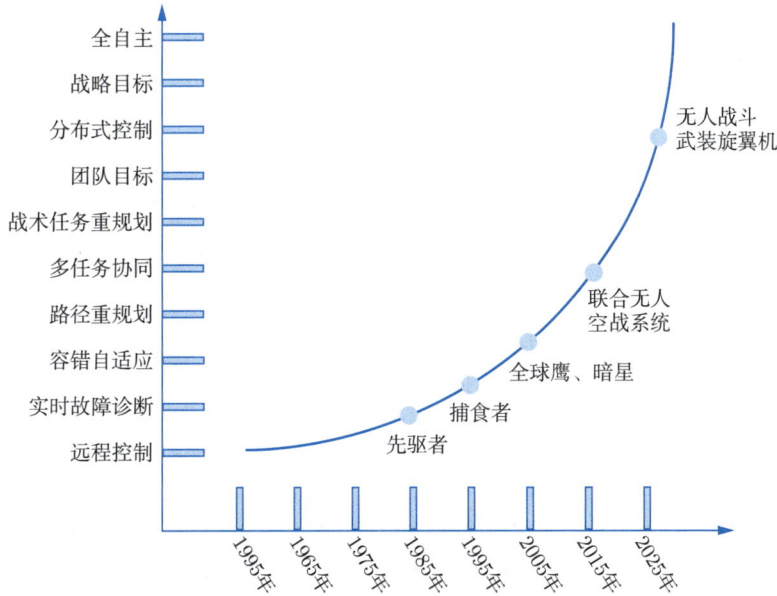

图 1.7 无人机自主控制层级

3. 军事机器人发展和现状

当前主要军事大国都加紧了对军事机器人的研究，下面主要介绍几个主要国家的发展状况。

1）美国军事机器人

美国作为世界第一军事强国，也是最早研发和使用军事机器人的国家之一。2005 年 3 月，美军在伊拉克战场上投放了 18 个代号为"剑"的军事机器人，它高 0.9 米，配备有 5.56 毫米 M249 型机枪，每分钟能发射 1000 发子弹。美军远程下达开火指令后，它就会在智能火控系统的辅助下精准命中目标。

2013 年 3 月，美国发布新版"机器人技术路线图：从互联网到机器人"，阐述了包括军事机器人在内的机器人发展路线图，并决定将巨额军备研究经费投入到军事机器人项目的研制中，使美军无人作战装备的比例增加至武器总数的 30%，未来地面作战行动将逐步由军事机器人承担。

2017 年 3 月，美国陆军发布"机器人与自主系统战略"，指出智能无人作战系统发展的远期目标（2030—2040 年）不应局限于单个军事机器人各自为战，而应实现多军事机器人系统的协同作战。

2）俄罗斯军事机器人

俄罗斯联邦政府于 2014 年 2 月 15 日签署命令，宣布成立机器人技术科研实验中心，为俄军研制多种新型军事机器人。俄罗斯于 2020 年制订了"机器人部队组建任务路线图"，准备在 2025 年前完成有关科学研究、试验设计和组建军事机器人部队等一系列计划，并将军事机器人部队纳入俄军管理体系。俄罗斯政府力主研发"杀手机器人"，无需人类干预，即可自主选择目标并进行攻击，还能够在战场上帮助受伤士兵撤离。

3）以色列军事机器人

号称世界上第一台轻型可操作的军事机器人 Dogo 由以色列成功研制，该军事机器人装备有一把 9 毫米的格洛克手枪。它提供了远程侦察的能力，内置控制单元，可以远程接收指令并消灭威胁。

目前，以色列已建成一支纵横海陆空的"机器人军团"，该军团主要由 UGV 守护者无人战车、USV"银色马林鱼"多功能无人水面艇以及以"苍鹭"为代表的各型无人机等无人装备组成，被赋予协助执行边境巡逻、情报收集、作战辅助和攻击等多种任务，该军团在以色列国防军的历次作战行动中发挥了重要作用。

此外，以色列还正在加快组建士兵与军事机器人混合编队的作战部队，以使机器人战士在接到任务后可依靠人工智能、大数据分析等技术，自动与人交流并分配工作。

4. 海洋机器人发展和现状

海洋机器人可定义为在水面和水下移动，具有视觉等感知系统，通过遥控或自主操作方式，使用机械手或其他工具，代替或辅助人去完成某些水面和水下作业的装置。海洋机器人分为水面和水下两大类，根据作业载体上有无操作人员又可以分为载人和无人两种，其中无人类又包含遥控、自主和混合 3 种作业模式，对应的水下机器人分别称为无人遥控水下机器人、无人自主水下机器人和无人混合水下机器人。

世界上第一个水下机器人是 Stan Murphy 和 Bob Francois 于 1957 年在华盛顿大学应用物理实验室（海洋技术学会远程操作车辆委员会）开发的 SPURV。SPURV 可以在深度为 3600 米的水下以 2~2.5m/s 的速度运行。在 20 世纪 70 年代，麻省理工大学和苏联对海洋机器人进行了研究并开发了一些水下机器人。这些早期的水下机器人体积庞大、价格昂贵且效率低下。到了现代，海洋机器人可以有 6 个自由度，可以以超过 20m/s 的速度行驶，准确探测障碍物并绘制海底地图，并且与早期的机器人相比体积更小、更便宜，可供普通民众用于海洋探索、钓鱼和娱乐活动等。

海洋机器人 REMUS-6000（见图 1.8(a)）于 2013 年问世。REMUS-6000 重 862kg，最大深度为 6km，行进速度高达 2.3m/s。该水下机器人可用于渔业研究、栖息地测绘、冰下勘探、海洋考古学、深海生态学、海底调查、深海采矿、水雷对策、监视和侦察等。蓝鳍-21（见图 1.8(b)）是由通用公司于 2012 年开发的。蓝鳍-21 额定深度为 4.5km，可用于海洋学研究、水雷对策、反潜战和水下勘探以及水下天然气和石油管道的维护和维修等工作。图 1.8(c) 是受海龟启发研制出的船舶残骸穿透和调查的 U-CAT。英国于 2020 年开发了一种带有用于管道检查的机械臂的 AUV（见图 1.8(d)）。

1.4.3　自主智能无人系统的发展趋势

1. 无人驾驶汽车的发展趋势

无人驾驶汽车的发展方向是智能化、网络化。智能包括智能汽车的感知、决策和控制。汽车智能化通常是通过雷达系统（激光雷达、毫米波雷达、超声波雷达）和视觉系统（摄像头）采集周围环境信息，然后通过车载计算机和算法进行数据处理，做出最优决策，决策信号进入车辆底层控制系统，实现智能控制。网络化是指网络环境与实时信息交互之间的通信和实时信息交互功能，可分为车对车、车对基础设施、车对网、车对行人几类。目前，为了提高智能汽车的安全性和舒适性，智能网联汽车除了直接感知环境做出决策外，还需要具备协作和行动的能力，通过车对车的协作和协调来体现多车智能的优势。

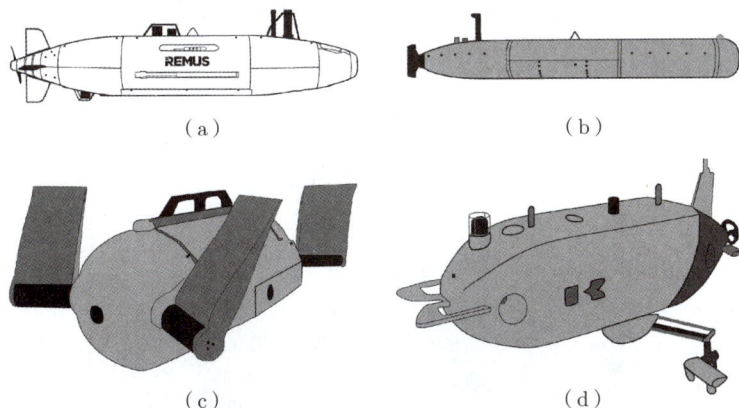

（a）　　　　　　　　　　　　　　（b）

（c）　　　　　　　　　　　　　　（d）

图 1.8　海洋机器人

在车联网技术的发展和进步过程中，车对车通信技术以及车对路基础设施通信技术以及协同车辆基础设施系统和信息因素在交通系统中发挥着越来越重要的作用。基于车路协同的智能协同车控系统将实现全方位的信息感知，弥补车载算力的不足，是该领域未来的发展方向。在智能网联的条件下，道路上的车辆不再是孤立的个体，而是由无线通信网络形成的多车系统。在车联网环境中，智能车辆可以基于车间通信和车路通信，获取通信范围内其他车辆和道路的信息，并将这些信息用于分布式决策和控制，以实现整个系统的协同控制。目前，车路协同、车车通信等技术的发展成为智能网联环境下单车智能发展的突破口。其中，智能网联汽车编队作为一种兼具交通效率和交通安全的模式，通过车辆之间的实时通信和协调，充分利用道路基础设施，简化交通管控的复杂性，提高道路通行能力，缓解交通拥堵，减少环境污染，发展潜力巨大，是未来道路车辆交通的新方式。智能网联汽车编队主要针对复杂交通环境下调整车辆行驶速度和转向，使自身与附近的智能网联车辆保持相对稳定的几何姿态和相同的运动，并满足任务要求和约束（如避障），从而实现更智能的网联汽车之间的无线通信协同驾驶行为。

2. 无人机的发展趋势

随着科技的不断进步，无人机可能会在未来实现更长航程、更远距离的飞行，同时其负载能力、飞行速度和稳定性等方面也可能会得到显著提升。然而，作为一种先进的自主智能驾驶系统，无论是军事还是民用，都注定要向无人化、高自主性、强智能化的方向发展。2030 年前无人机的发展预测趋势如图 1.9 所示，3 方面的发展趋势如下：

1）控制系统

无人机控制系统的自主控制水平可划分为 3 个等级：远程控制、自动控制和自主控制。远程控制是早期无人机使用的控制方式，操作者通过遥控器发送指令，对无人机进行精确的操作, 实现任务执行和实时监控。在这种控制方式下, 无人机不具备自主性。自动控制是目前大多数无人机能够达到的水平, 是由无人机自身根据预设程序或传感器数据完成自主飞行的控制方式。但其控制指令是由人类预先编程的, 无法达到无人机的自主性要求。自主控制则是由无人机通过自身携带的传感器、计算机软硬件等技术进行自主飞行的控制方式, 代表着无人机控制系统的最高水平。自主控制可以实现无人机的主动障碍物避让、动态目标追踪、异常环境识别等功能, 有效提高无人机应对环境不确定性的能力。

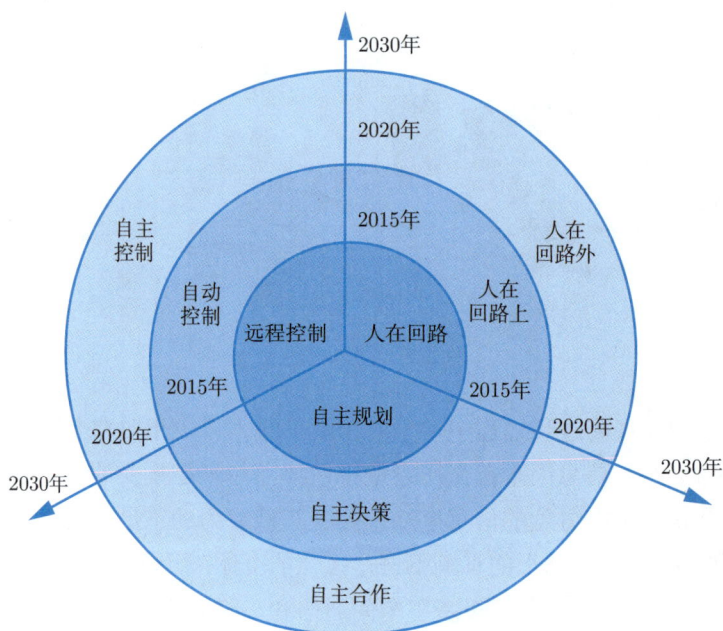

图 1.9 无人机发展趋势预测

2) 自主化

无人机的自主化主要体现在轨迹规划、跟踪控制、自主避障、资源分配和无人机群协同合作等能力上。实现无人机的自主轨迹规划是当下无人机自主化的首要发展方向。这一技术的发展将使无人机能够在复杂的环境中自主导航, 并灵活地适应各种变化, 极大地提高无人机的适应性和灵活性。自主轨迹规划技术的一条发展路径是依托于机器学习和深度学习技术, 利用大量的数据训练模型, 从而使无人机能够根据目标位置、障碍物信息、风力等因素自主生成一条最优的飞行轨迹。并且当约束条件发生变化时, 无人机还要拥有自主调整飞行轨迹的能力。无人机的第二个自主趋势是理解和分解复杂任务, 当面对复杂的任务时, 无人机需要自主理解和分配任务, 不必依赖人们做出决策。第三个趋势是无人机更加倾向于集群化和网络化, 多架无人机能够通过自主合作有效完成复杂任务。此外, 无人机还可以通过物联网技术与其他设备进行连接, 组成一个自组织的网络, 实现更高效的通信和数据传输。

3) 人机关系

人类和无人机的人机关系是指人类与无人机之间的交互和协作关系。在早期, 无人机采用的是人在回路模式, 由人类理解控制任务并发出控制指令, 无人机的控制行为则是预先编程的。人在回路上是比人在回路高一个级别的模式，人类主要负责监视无人机，而无人机则主要负责执行具体的任务，人类需要根据无人机的执行结果修改指令，确保任务的顺利完成。然而，随着无人机技术的自主化程度和智能化水平的提高，无人机将逐渐具备更高级别的自主性，能够更好地适应各种复杂环境和任务需求。人类和无人机的角色和分工逐渐变得模糊，人类和无人机的关系将逐渐转变为人在回路外模式。人类与无人机的交互方式也将会变得更加自然和人性化，例如，通过语音控制、手势控制等方式来与无人机进行交互和操作。人类和无人机之间的数据交换和信息共享也将变得更加频繁和高效，从而更好地实现人机协同和任务完成。同时，无人机也可能会具备更高级别的自主决策和学习能力，能够根据人类的需求和习惯进行自我调整和优化。

3. 军事机器人的发展趋势

军事机器人是军事技术领域的重要组成部分，它们可以在准确、高效和安全地执行任务方面发挥关键作用。军事机器人行业发展趋势主要表现为自主化、便携化和协同化。

自主化是军事机器人发展的一个重要趋势。军事机器人将具备更加强大的感知能力，能够自主感知周围环境，并进行识别、分析和判断。这包括对目标、地形、气候、战场态势等方面的感知。通过感知获取信息后，未来的军事机器人将能够根据战场环境和任务需求，自主进行决策和行动，包括侦查、监视、攻击、救援等。并且未来的军事机器人将能够通过人工智能技术进行自主学习，从而优化自身的性能和能力。这使得机器人在面对不断变化的战场环境时，能够自我调整和适应，提高作战效率和生存能力。

便携化是军事机器人发展的另一个重要趋势。未来的军事机器人将更加轻便和灵活，便于携带和操作。这使得军事机器人能够更快速地部署到战场上，适应各种复杂环境，提高作战效率。此外，便携化还意味着军事机器人可以更容易地被运输和部署，从而提高其机动性和作战能力。随着无人机、小型机器人和机器人集群等技术的快速发展，军事机器人的携带和使用将会变得更加轻松，也更加灵活多样。

协同化是军事机器人发展的第三个重要趋势。未来的军事机器人将更加注重协同作战，通过高效的通信和数据共享，实现不同类型机器人之间的协作配合，共同完成任务。这可以大大提高作战效率和生存能力，同时也可以通过不同机器人的专业分工实现更高效的资源利用。

总之，自主化、便携化和协同化是军事机器人发展的 3 个重要趋势。这些趋势将使军事机器人在未来战场中发挥越来越重要的作用，提高作战效率和生存能力，促进战争形态的演变。同时，也需要注意到军事机器人需要不断进行科学探究和技术创新，以便适应未来战争的需求，为国防建设和保卫国家安全做出更大贡献。

4. 海洋机器人的发展趋势

一般来说，机器人的自主性能依赖于认知、控制和群体智能，这一点同样适用于海洋机器人。在图 1.10 中，根据海洋机器人的发展和人工智能的历史，这 3 个评价指标被进一步划分为几个层次。

海洋机器人的自主环境认知能力可以根据以下 6 个层次进行排序：基本数据采集和机械避碰、对象分类、识别、同步定位和映射（SLAM）、推理和语义理解。几乎所有的海洋机器人，无论是 ROV 还是 AUV，都配备了几种传感器来收集环境数据，如前向声呐、侧扫声呐和高度计。在未来，海洋机器人应该能够根据其他已知的环境信息和先前的知识来推断未知物体的存在。

群体智能取决于通信网络。然而，由于声通信中的信号会快速衰减，所以它在海洋机器人应用中的情况是不同的。海洋机器人遇到的关键问题是声信号的退化和延迟。在这种薄弱的沟通条件下形成的控制与合作，仍处于学术研究阶段。

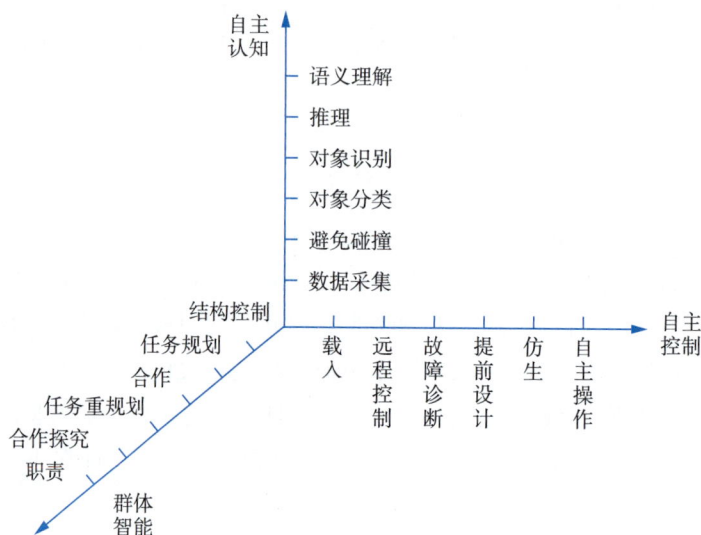

图 1.10 海洋机器人评价指标

1.4.4 自主智能无人系统的技术挑战

为了使自主智能无人系统具备完成各种环境下不同难度和挑战性的任务，需要研究和解决一系列理论问题和突破一些关键技术。其研究目的是建立集知识、数据和反馈于一体的自主智能无人系统理论和方法，构建面向真实场景下的具有高度智能决策能力的自主智能无人系统。

具体来说，其核心技术挑战包括以下几点：

（1）研究时空约束的环境建模和场景感知技术，实现高度复杂环境下对场景的智能感知和大场景目标识别。将规则与知识引入数据驱动计算框架，提高现有人工智能方法的适应性、迁移性和可信/可解释性；突破无监督学习、经验记忆利用和内隐知识加载以及注意力选择等难点问题，建立基于数据依赖和知识依赖的，同时具备知识推断系统和预测能力的健壮机器学习模型，从而增强自主智能无人系统对于复杂环境的学习能力。

（2）研究面向信息-物理-人类社会（Cyber-Physical-Human，CPH）三元空间的知识刻画新方法，形成物理世界、信息世界和人类社会相互映射的知识表示体系，链接个体、语义和实体。建立起确定性知识、不确定性知识以及画像知识表达体系，刻画三元空间相互验证的规则和知识，为感知、推理、决策和控制提供支撑，形成从数据中不断归纳、自我更新知识的自主学习能力。这种三元空间表达方法更为有效，可自主完成不同类型的学习任务，并提供更为完备的验证方法，使得在面对新的复杂环境时，自主智能无人系统拥有自主进化、迅速适应新环境的能力，进一步提高新型自主智能无人系统的可靠性和适应性。

（3）针对自主智能无人系统的协同决策需求，建立适用于多平台分布式和多模态交互式协同决策的机器学习理论和方法，并研发多平台分布式自主智能无人系统的自主协同技术，在提高单平台自主能力的同时提升多平台信息分布式协同，实现系统从个体的学习能力到整体通信性能的提升，从而提高整体智能融合水平和自主协作能力。具体来说，通过综合考虑学习算法性能和自主智能无人系统整体性能，建立更为合理的优化模型，为提升自主智能无人系统的融合水平提供更有效的分析工具，进而提升性能。

（4）研究自主智能无人系统对环境和事件中不确定性的应变能力，实现动态场景下的自主学习与自我管理能力。通过借鉴人类思维和学习的认知机制，加强以注意力、记忆为核心的脑启发可计算模型研究，并融入知识嵌入和数据驱动方法，实现智能体的自适应探索和迁移学习。具体来说，需要加强脑活动中识记、保持和重现 3 个阶段信息或知识的表达与构造方法研究。在此基础上，加强学习过程中场景驱动的模型自更新和自调整机制的研究，实现智能体的自适应学习。

1.5 本书的宗旨和结构

本书可作为高等学校控制科学与工程、计算机科学与技术等相关专业研究生与高年级本科生的专业课教材，也可供智能无人系统方向的科研人员、工程技术人员和爱好者参考。本书按照"感知—决策—控制"的顺序进行编排，同时含有丰富的应用知识，包括算法、数值实例和仿真，可以直接用在自主智能无人系统中，并用于处理各种与自主智能无人系统信息、感知、决策和控制相关的任务。

本书的第 1 章主要介绍和阐述了无人系统和自主智能无人系统的概念和区别。第 2 章以无人车和无人机为例介绍无人系统基础，并给出机械臂、轮式无人车和旋翼无人机的运动控制方法。第 3 章介绍自主决策分析基础和机器学习理论以帮助理解本书内容。第 4 章介绍自动控制理论，包括最优控制、模型预测控制、鲁棒自适应控制等，并讨论了自主智能运动控制方法。

随后的第 5～8 章共分为 4 部分，分别围绕自主智能无人系统的感知、决策、规划和控制 4 方面展开。第 5 章为自主智能感知和定位，给出传感器智能化融合、自主即时定位与建图和态势智能评估等方法。第 6 章是自主智能无人系统的决策部分，给出无人系统自主决策的问题描述、建模方法和决策算法；同时也介绍了时序逻辑的概念和建模方法，其中序列行为规划重点阐述了实际问题转化为迁移系统的方法。第 7 章介绍无人系统的运动规划方法，并给出了自主智能规划算法。第 8 章介绍经典的多智能体协同控制，以及无人车协同编队控制、多机器人区域覆盖控制等典型应用。

本书的第 9 章讨论多智能体系统的任务分配和协同路径规划，以及多智能体强化学习博弈的内容，并介绍前沿文献的最新研究成果。

～～～ 练　习 ～～～

1. 什么是自主智能无人系统？

2. 自主智能无人系统与传统的无人系统有哪些区别？

3. 自主智能无人系统的主要特征有哪些？你是如何理解这些特征的？

4. 如何理解无人驾驶汽车的概念和内涵？

5. 无人驾驶汽车大规模实用的主要难点有哪些？

6. 你在生活中接触过哪些自主智能无人系统？你觉得这些系统还可以怎样更智能？如果让你参与设计或实现，你会怎么去改进完善它？

7. 自主智能无人系统的未来趋势是怎样的？

8. 自主智能无人系统的发展会给人类带来哪些好处？其不好的方面有哪些？

第 2 章
无人系统基础

2.1 引言

对无人系统进行数学建模是实现系统控制的基础，运动状态与时间关系的描述属于运动学的范畴，当引入力、力矩与运动状态关系时则需要采用动力学方程来表示。通常采用牛顿定律描述质点或刚体的平动状态问题，采用欧拉方程解决刚体的转动问题，并衍生出牛顿-欧拉方法，描述刚体的力、惯量和加速度之间的关系，以此建立动力学方程；另一种常采用的动力学建模方法依赖拉格朗日方程，忽略刚体内部作用力，从系统的能量角度建立动力学模型。

本章内容对无人系统基础知识进行阐述，首先介绍坐标系、运动学和动力学基础知识，举例介绍三种常见的无人系统模型：机械臂、无人车、无人机模型。进而对机械臂力交互控制、轮式无人车轨迹跟踪控制、旋翼无人机位姿全状态控制三种控制问题进行分析建模，介绍经典控制方法。

2.2 坐标系、运动学和动力学

2.2.1 坐标系

1. 常用坐标系

在描述物体的运动时，通常选定另一物体，或相对静止的几个物体作为参考，以此为标准来观测这个物体的位置变化，那么这个被选作参考的物体或物体群，就称为参考系。

同一物体的运动，选择不同的参考系，就会观测到不同的运动形式。例如在匀速直线运动的车厢中，一个小球正在自由下落。以车厢为参考系，观察到小球做直线运动。以地面为参考系，则观察到小球做抛物线运动。

由此可见，为了定量地描述物体的空间位置，需要在参考系上建立一个统一的适当的坐标系。

三维直角坐标系是一种常用坐标系，它选取固定于参考系上的一点 O 作为原点，选取 3 个互相垂直的方向作为坐标系的 X、Y、Z 轴，按照测定长度的基准标定坐标，如图 2.1 中三维直角坐标系所示，此时相对于原点 O，质点 P 的位置用位置向量 $\boldsymbol{r}$ 描写，即由 O 点作指向 P 点的有向线段。$\boldsymbol{r}$ 的方向表示 P 点相对于坐标轴的方位；$\boldsymbol{r}$ 的大小表示 P 点距原点的距离。

当质点相对于坐标系运动时，其坐标随时间变化而变化，此时质点的位置向量随时间变化而变化，函数 $\boldsymbol{r}(t)$ 称为质点的运动学函数。X、Y、Z 分别为位置向量 $\boldsymbol{r}$ 表示在 X、Y、Z 轴的投影，质点的运动学函数可以用坐标分量表示 $x(t)$、$y(t)$、$z(t)$。于是有

$$\boldsymbol{r}(t) = x(t)\boldsymbol{i} + y(t)\boldsymbol{j} + z(t)\boldsymbol{k}$$

其中，$\boldsymbol{i}$、$\boldsymbol{j}$、$\boldsymbol{k}$ 分别表示沿 X、Y、Z 轴方向的单位矢量。

除了三维直角坐标系以外，常用的三维坐标系还有球面坐标系，用 r、θ 和 φ 表示，如图 2.1 中球面坐标系所示。

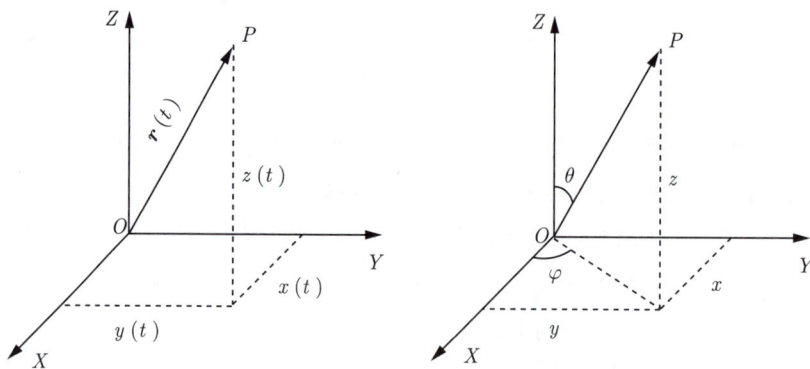

图 2.1 三维直角坐标系和球面坐标系

球坐标系常用于处理具有球对称性的问题，在地理学、天文学中都有广泛的应用，其中一个重要应用就是地理坐标系，将地球抽象成一个规则的椭球体，称为参考椭球体，在参考椭球体上定义一系列的经线和纬线构成经纬网，从而达到通过经纬度来描述地表点位的目的，两坐标系的转换关系为

$$\begin{cases} x = r\sin(\theta)\cos(\varphi) \\ y = r\sin(\theta)\sin(\varphi) \\ z = r\cos(\theta) \end{cases}$$

$$\begin{cases} r = \sqrt{x^2 + y^2 + z^2} \\ \cos(\theta) = \dfrac{z}{\sqrt{x^2 + y^2 + z^2}} \\ \tan\varphi = \dfrac{y}{x} \end{cases}$$

特殊地，当考虑二维平面上的运动时，可以采用二维坐标系进行描述。常见的二维坐标系有二维直角坐标系和极坐标系，极坐标系示意图如图 2.2 所示。

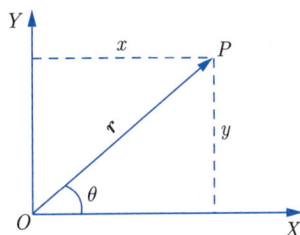

图 2.2 极坐标系

如果分别用 (x, y) 和 (r, θ) 来描述平面上某质点在直角坐标系和极坐标系中的位置，则两者的转化关系为

$$\begin{cases} x = r\cos(\theta) \\ y = r\sin(\theta) \end{cases}$$

$$\begin{cases} r = \sqrt{x^2 + y^2} \\ \tan\varphi = \dfrac{y}{x} \end{cases}$$

2. 坐标系变换

对同一物体的位置的描述，在不同的参考系内表达是不同的，而在实际研究中，常常要借助多个参考系来实现对复杂运动问题的分析，这时就需要研究两个不同参考系之间的转换关系，称为坐标系变换。

虽然坐标系变换前后点的位置并未发生变化，但对其位置的描述发生了变换，通常把表示点的位置变化映射关系的矩阵称为坐标变换矩阵。以二维平面坐标系为例，介绍 3 种变换形式：平移、旋转和复合变换。

1）平移变换

已知基坐标系 XOY，点 P 在基坐标系中坐标为 (x,y)，平移 (a,b) 后得到新的坐标系 $X'O'Y'$，如图 2.3 所示。

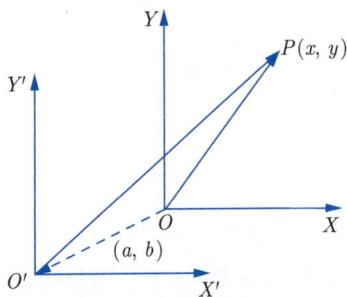

图 2.3 平移变换

则点 P 在新坐标系中的坐标表示为

$$\begin{cases} x' = x - a \\ y' = y - b \end{cases}$$

注意平移变换不改变坐标系的姿态，可写为如下矩阵形式：

$$\begin{bmatrix} x' \\ y' \\ 1 \end{bmatrix} = \begin{bmatrix} 1 & 0 & -a \\ 0 & 1 & -b \\ 0 & 0 & 1 \end{bmatrix} \begin{bmatrix} x \\ y \\ 1 \end{bmatrix}$$

通常，将上式中等式右边的三维方阵称为齐次变换矩阵，用于描述一个坐标系在另一个坐标系中的位置和姿态。

2）旋转变换

已知基坐标系 XOY，点 P 在基坐标系中坐标为 (x, y)，以逆时针方向为正方向，顺时针方向为负方向，旋转角度 θ 后得到新的坐标系 $X'O'Y'$，如图 2.4 所示。在新坐标系内的坐标表示为

$$\begin{cases} x' = \cos(\theta)x + \sin(\theta)y \\ y' = \cos(\theta)y - \sin(\theta)x \end{cases}$$

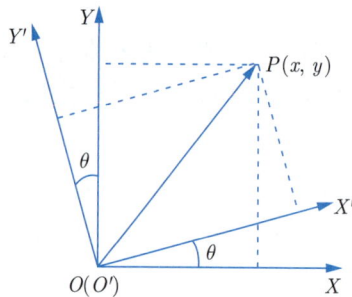

图 2.4　旋转变换

可改写为齐次变换矩阵形式：

$$\begin{bmatrix} x' \\ y' \\ 1 \end{bmatrix} = \begin{bmatrix} \cos(\theta) & \sin(\theta) & 0 \\ -\sin(\theta) & \cos(\theta) & 0 \\ 0 & 0 & 1 \end{bmatrix} \begin{bmatrix} x \\ y \\ 1 \end{bmatrix}$$

3）复合变换

若对基坐标系进行多次旋转、平移变换，最终变换矩阵为按每种变换发生顺序，依次左乘其对应的齐次变换矩阵得到的。如图 2.5 所示，已知基坐标系 XOY，沿 (a, b) 方向平移后，又逆时针旋转角度 θ 得到新的坐标系 $X'O'Y'$，假设点 P 在基坐标系中坐标为 (x, y)，则在新坐标系内的坐标可以表示为

$$\begin{bmatrix} x' \\ y' \\ 1 \end{bmatrix} = \begin{bmatrix} \cos(\theta) & \sin(\theta) & 0 \\ -\sin(\theta) & \cos(\theta) & 0 \\ 0 & 0 & 1 \end{bmatrix} \begin{bmatrix} 1 & 0 & -a \\ 0 & 1 & -b \\ 0 & 0 & 1 \end{bmatrix} \begin{bmatrix} x \\ y \\ 1 \end{bmatrix} = \begin{bmatrix} \cos(\theta) & \sin(\theta) & -a\cos(\theta) - b\sin(\theta) \\ -\sin(\theta) & \cos(\theta) & -b\cos(\theta) + a\sin(\theta) \\ 0 & 0 & 1 \end{bmatrix} \begin{bmatrix} x \\ y \\ 1 \end{bmatrix}$$

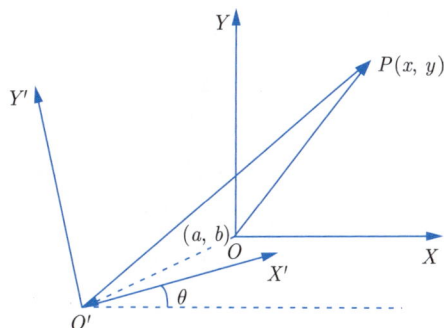

图 2.5　复合变换

2.2.2　运动学基础

在建立了合适的坐标系后，就可以定量地描述物体的运动信息了。运动对象可以分为质点和刚体两种。当物体的大小相对于物体与观测者的距离很小、物体的形状与大小对物体运动状态的影响忽略不计，或者物体的大小与形状对该运动不起作用、物体上各个点的运动状态相同时，就可以把它抽象成一个有质量的几何点，也就是质点模型。很多复杂的研究对象也可以看作由大量质点组成的形式。

除了质点运动学，本节还将着重介绍刚体的运动学。例如，一个绕轴转动的圆盘，对它整体运动的描述，不能应用质点模型与质点运动的概念，因为圆盘上的每个点都有着不同的矢径、速度和加速度。可以把圆盘整体看成一个系统，认为圆盘由很多质点组成，并且在转动时不考虑形状与大小的变化。像这样的一个系统，其中任意两个质点之间的距离总是保持不变，则其形状大小也不改变，这样的系统称为刚体。

1. 质点运动学

1）位移

质点在三维直角坐标系内运动，在 t 时刻质点位于 A 点，位置向量表示为 $\boldsymbol{r}_1$。在 $t + \Delta t$ 时刻质点运动到 B 点，位置向量表示为 $\boldsymbol{r}_2$，用由 A 指向 B 的向量 $\Delta \boldsymbol{r}$ 表示 Δt 时间内质点位置向量的增量，也就是质点由 A 点到 B 点的位移，方向由初位置指向末位置，

$$\Delta \boldsymbol{r} = \boldsymbol{r}_2 - \boldsymbol{r}_1$$

位移只描述质点的位置变化，与坐标原点的选取无关，$|\Delta \boldsymbol{r}|$ 表示位置变化的大小，也就是初位置和末位置的直线距离。

2）速度

质点在 Δt 时间内的位移为 $\Delta \boldsymbol{r}$，将位移 $\Delta \boldsymbol{r}$ 与所用时间 Δt 的比值定义为质点在该 Δt 时间内的平均速度，也就是位移对时间的平均变化率，用 $\overline{\boldsymbol{v}}$ 表示，即

$$\overline{\boldsymbol{v}} = \frac{\Delta \boldsymbol{r}}{\Delta t}$$

平均速度为向量，方向和位移 $\Delta \boldsymbol{r}$ 相同，只能粗略反映一段时间内质点运动的平均速度快慢和方向，不能反映出运动过程中的细节，因此引入瞬时速度的概念。当 Δt 趋近于零时，

平均速度的极限称为瞬时速度，简称速度，以 $\boldsymbol{v}$ 表示，即

$$\boldsymbol{v} = \lim_{\Delta t \to 0} \frac{\Delta \boldsymbol{r}}{\Delta t} = \frac{\mathrm{d}\boldsymbol{r}}{\mathrm{d}t}$$

可见，瞬时速度等于位置向量对时间的一阶导数，方向为当 Δt 趋近于 0 时 $\Delta \boldsymbol{r}$ 的方向。当 Δt 逐渐减小时，B 点逐渐向 A 点靠近，平均速度的方向逐渐向质点轨迹在 A 点的切线方向逼近。当 Δt 趋近于零，平均速度的方向也就是瞬时速度的方向，为沿 t 时刻质点所在处轨迹的切线并指向质点运动的方向。

3）加速度

加速度可以表示质点运动速度的变化，加速度的定义方法与速度类似，先定义平均加速度，再通过时间间隔的极限定义瞬时加速度。

设质点在 t 时刻的速度为 $\boldsymbol{v}_1$，在 $t + \Delta t$ 时刻的速度为 $\boldsymbol{v}_2$，则 Δt 时间内速度的增量为 $\Delta \boldsymbol{v} = \boldsymbol{v}_2 - \boldsymbol{v}_1$，将速度增量 $\Delta \boldsymbol{v}$ 与所对应的时间间隔 Δt 的比值称为质点在这段时间内的平均加速度，用 $\overline{\boldsymbol{a}}$ 表示，即

$$\overline{\boldsymbol{a}} = \frac{\Delta \boldsymbol{v}}{\Delta t}$$

平均加速度为向量，方向和速度增量 $\Delta \boldsymbol{v}$ 相同。同样，为了精确描述质点在某一瞬时速度变化的情况，引入瞬时加速度的概念。当 Δt 趋近于 0 时，平均加速度的极限称为瞬时加速度，简称加速度，以 $\boldsymbol{a}$ 表示，即

$$\boldsymbol{a} = \lim_{\Delta t \to 0} \frac{\Delta \boldsymbol{v}}{\Delta t} = \frac{\mathrm{d}\boldsymbol{v}}{\mathrm{d}t}$$

可见，瞬时加速度等于速度向量对时间的一阶导数，也等于位置向量对时间的二阶导数。$\Delta \boldsymbol{v}$ 和 $\Delta \boldsymbol{v}$ 的极限方向一般并不在速度 $\boldsymbol{v}$ 的方向上，因而瞬时加速度的方向一般并不与该时刻的速度方向一致。由于 $\Delta \boldsymbol{v}$ 极限方向总是指向轨迹曲线凹侧，所以曲线运动中加速度总是指向运动轨迹的凹侧。

2. 自由度

1）自由度介绍

确定一个物体空间位置所需要的独立坐标数，称为这个物体的自由度。在空间自由运动的质点的位置需要 3 个独立坐标值，如在三维直角坐标系中需要 x、y、z 确定其位置，因此具有 3 个自由度；限制在平面或者曲面上运动的质点需要两个独立坐标确定位置，例如，二维直角坐标系下的 x、y 或极坐标系下的 r、θ，因此具有两个自由度。如果将飞机、轮船、火车看作质点，那么飞机在空中自由运动、轮船在水面上进行平面运动、火车沿路轨进行直线或曲线运动，则分别具有三个、两个和一个自由度。

2）刚体的自由度

刚体的自由度不同于质点，刚体的运动形态比较复杂，包括平动、定轴转动、定点运动以及更为复杂的一般运动等，因而确定刚体的空间位置需要更多的独立坐标，特别是不受任何约束和限制的自由运动刚体更是如此。

通常，可将刚体的一般运动分解为随刚体中任意一点（例如，质心）C 的平动和绕过质心 C 的瞬时轴的转动，确定质心 C 在某一时刻的位置需要三个独立坐标值 (x, y, z)；确定该时刻瞬时轴的空间方位，需要用方向角 (α, β, γ)，这三个方向角中只有两个是独立的；确定刚体绕瞬时轴转过的角度需要用角坐标 φ。由此可见，要确定自由刚体的空间位置，需要用到六个独立坐标。也就是说，自由刚体具有六个自由度，其中包括三个平动自由度和三个转动自由度。

当刚体的运动受到约束或限制时，其自由度就会减少。例如，将在空中自由飞行的飞机看作刚体时，飞机具有 6 个自由度；而在地面上行驶的汽车只具有 2 个自由度。

自由度的概念不仅在力学中有重要的应用，而且在固体物理、分子物理等领域以及一些工程技术学科中也都有重要的应用。

3. 刚体运动学

刚体在做定轴转动时，各个质点都绕固定转轴作圆周运动，所以只具有一个自由度。由于各质点离转轴的距离不同，各质点的运动轨迹是半径大小不同的圆周，在任一时间间隔内刚体上各点走过的弧长和位移各不相同，任一时刻各点的速度和加速度一般也都各不相同，但它们在相同时间内绕轴转过的角度是相同的，即各点以同一角速度和角加速度绕轴作圆周运动，因此用角量来描述定轴转动刚体的整体运动较为方便。

当刚体绕定轴转动时，刚体内任一质点均在某个垂直于转轴的平面内作圆周运动，且各质点的角量都相同，只要分析出垂直于转轴的一个平面内各质点的运动情况，便可得知整个转动刚体的运动情况。也就是说，定轴转动刚体运动问题的研究可以简化成刚体上垂直于固定转轴的平面，也就是转动平面上问题的研究，如图 2.6 所示。由此定义绕定轴转动刚体的角坐标、角位移、角速度和角加速度。

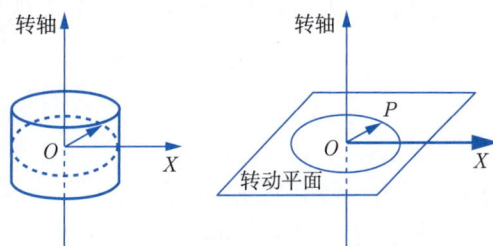

图 2.6 转动平面示意图

1）角坐标

用转动平面中任意一点 P 相对于选定的 X 轴转过的角度 θ 即可确定定轴转动刚体的空间位置。称 θ 为角坐标，并规定逆时针方向为 θ 角的正方向，反之为负。

刚体在绕定轴转动时，角坐标为时间 t 的单值函数，即

$$\theta = \theta(t)$$

2）角位移

在 Δt 时间内，角坐标的变化量 $\Delta \theta$ 称为刚体在 Δt 时间内的角位移，即

$$\Delta\theta = \theta_2 - \theta_1$$

式中，θ_1、θ_2 分别为质点 P 在时刻 t 和 $t + \Delta t$ 时的角坐标。

3）角速度

在 Δt 时间内的角位移 $\Delta\theta$ 与 Δt 的比值定义为平均角速度，用 $\overline{\omega}$ 表示，即

$$\overline{\omega} = \frac{\Delta\theta}{\Delta t}$$

当 Δt 趋近于零时，平均角速度的极限称为瞬时角速度，简称角速度，以 ω 表示，即

$$\omega = \lim_{\Delta t \to 0} \frac{\Delta\theta}{\Delta t} = \frac{\mathrm{d}\theta}{\mathrm{d}t}$$

角速度 ω 是描述绕定轴转动刚体转动快慢和转动方向的物理量。在研究刚体定轴转动问题时，通常将角速度看成只有正、负的代数量，其正、负可由右手螺旋法则决定，即如果刚体沿逆时针（即 θ 的正方向）转动，则角速度 ω 为正；反之为负。

4）角加速度

角速度 ω 对时间的一阶导数就是绕定轴转动刚体的角加速度，以 β 表示，即

$$\beta = \lim_{\Delta t \to 0} \frac{\Delta\omega}{\Delta t} = \frac{\mathrm{d}\omega}{\mathrm{d}t} = \frac{\mathrm{d}^2\theta}{\mathrm{d}t^2}$$

角加速度反映了刚体角速度变化的快慢。在研究刚体定轴转动问题时，通常也将角加速度看成只有正、负的代数量。若 $\beta > 0$，则表示角加速度的方向与角坐标正方向一致；若 $\beta < 0$，则表示角加速度的方向与角坐标正方向相反。

可以看出，刚体作绕定轴转动时，转动正方向不仅是角坐标的正方向，同时也是角速度、角加速度的正方向。因此用角量描述刚体绕定轴转动时，首先要选定正方向，以确定角量的符号。

2.2.3　动力学基础

刚体动力学描述的是力学量（力、力矩）与运动量（位置、速度等）的关系。刚体作为一个特殊的系统，也遵循系统的一般规律。现在通过利用刚体模型，用角量代替线量，重新表达系统的动量、能量、角动量定律等，用以解决刚体运动的动力学问题。

1. 刚体定轴转动定律

对于质量连续分布的刚体，设其质量密度为 ρ，则体积微元 $\mathrm{d}V$ 内的质量 $\mathrm{d}m = \rho\mathrm{d}V$，微元对轴垂直距离为 r，可用积分运算求得其转动惯量 J，即为对整个刚体体积 V 积分

$$J = \sum m_i r_i^2 = \int r^2 \rho\mathrm{d}V$$

刚体的转动定律指刚体在绕定轴转动时，作用在刚体上所有外力对该轴力矩的代数和（合外力矩）等于刚体对该轴的转动惯量与所获得的角加速度的乘积。以 α 表示刚体的角加速度，M_z 表示刚体的合外力矩，即

$$M_z = \alpha J$$

2. 刚体角动量定理

1）刚体绕定轴转动的角动量

刚体以角速度 $\boldsymbol{\omega}$ 绕定轴 Z 转动时，刚体上任意一点均在其所在的转动平面上做圆周运动，如图 2.7 所示。取刚体中任意一个质点 P，其质量为 Δm_i，速度为 $\boldsymbol{v}_i$，与转轴的垂直距离为 r_i，则该质点对 Z 轴的角动量为

$$\boldsymbol{L}_i = \Delta m_i \boldsymbol{v}_i r_i = \Delta m_i r_i^2 \boldsymbol{\omega}$$

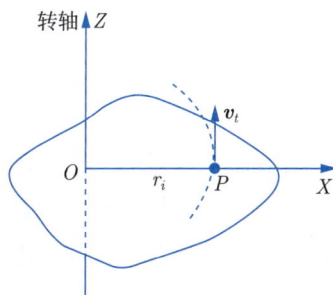

图 2.7　刚体转动示意图

由于刚体上任一质点 Z 轴的角动量都具有相同的方向，因此整个刚体对 Z 轴的角动量应为所有质点对 Z 轴角动量之和，即

$$\boldsymbol{L} = \sum_i \Delta \boldsymbol{L}_i = \left(\sum_i \Delta m_i r_i^2 \right) \boldsymbol{\omega} = J\boldsymbol{\omega} \tag{2.1}$$

上式表明，刚体绕定轴转动的角动量等于刚体对该轴的转动惯量与角速度的乘积。

2）刚体绕定轴转动的角动量定理

将刚体角动量表达式对时间求导，并且刚体对确定轴的转动惯量不变，可以将式 (2.1) 改写为

$$\frac{\mathrm{d}\boldsymbol{L}}{\mathrm{d}t} = \frac{\mathrm{d}}{\mathrm{d}t}(J\boldsymbol{\omega}) = J\frac{\mathrm{d}\boldsymbol{\omega}}{\mathrm{d}t}$$

利用刚体转动定律，可以得到

$$\boldsymbol{M} = \frac{\mathrm{d}}{\mathrm{d}t}(J\boldsymbol{\omega})$$

该式表明，作用在转动刚体上的所有外力对转轴的合外力矩等于刚体对该轴的角动量对时间的导数，这就是刚体绕定轴转动的角动量定理。

3. 角动量守恒定律

根据角动量定理式，当作用在定轴转动物体上的所有外力对转轴的合外力矩为零时，物体在运动过程中角动量保持不变（守恒），即

$$当 \boldsymbol{M} = \boldsymbol{0} 时, J\boldsymbol{\omega} = 常量$$

这就是物体的角动量守恒定律。

角动量守恒定律是力学中三大守恒定律之一，是自然界的普遍规律。其适用范围非常广泛，不仅适用于刚体，对非刚体对象也同样适用。对于转动惯量可变的非刚体，当 $M = 0$ 时，$J_1\omega_1 = J_2\omega_2$。由此可见，每当转动惯量 J 改变时，其旋转角速度 ω 也随之改变，以使二者的乘积保持不变，当 J 减小时，ω 必然增大。

角动量守恒定律适用于物体的定轴转动，在非定轴转动的情况下，只要作用于物体的外力对过质心轴的合外力矩为零，它对过质心的同一轴的角动量也保持不变。

2.3 无人系统经典模型

2.3.1 两连杆机械臂系统模型

机械臂是一系列由关节连接起来的连杆构成的一个运动链。将关节链上的一系列刚体称为连杆，通过转动或平动关节将相邻的两个连杆连接起来。对机械臂的每一个连杆建立一个坐标系，并用齐次变换来描述坐标系之间的相对位置和姿态。本节将从最简单的两连杆机械臂开始介绍，建立二连杆机械臂的动力学模型，并介绍二连杆机械臂的拉格朗日方程。一种二连杆机械臂如下图 2.8 所示。

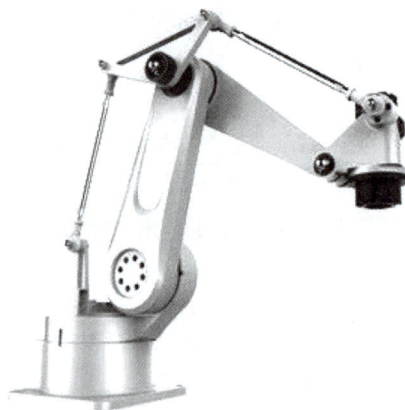

图 2.8　二连杆机械臂

1. 二连杆机械臂模型分析

首先建立描述连杆的坐标系，如图 2.9 所示。在该坐标系中，每个杆的坐标系 z 轴和原点固连在该杆件的前一个轴线上。对于每个连杆，有 4 个杆件参数用于描述连杆的位置。

（1）连杆长度 a_{i-1}，沿轴 i 与轴 $i-1$ 之间的公共法线方向的距离。

（2）连杆扭转角 α_{i-1}，轴 i 与轴 $i-1$ 之间的夹角。

（3）连杆偏距 d_i，相邻两个连杆之间有一个公共的关节轴，沿两个相邻连杆公共轴线方向的距离。

（4）关节角 θ_i，两个相邻连杆绕公共轴线旋转的夹角。

特殊地，对于首端连杆和末端连杆而言，$a_0 = a_n = 0$，$\alpha_0 = \alpha_n = 0$。

机械臂连接连杆的关节有两种类型：转动关节和平动关节。对于转动关节，关节角 θ_i 为变量；对于平动关节，连杆偏距 d_i 为变量。

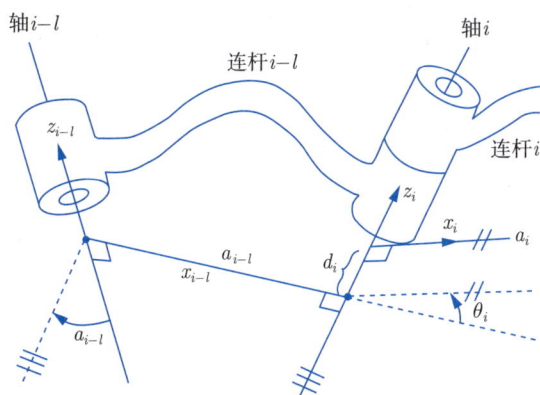

图 2.9   连杆四参数及坐标系建立示意图

为了描述连杆间的相对位置关系，在每个连杆上定义固连坐标系：将连杆 i 的坐标系原点选取在轴 $i-1$ 和 i 的公共法线与关节 i 轴线相交的交点上。如果两轴线平行，则选择原点使对下一连杆的距离 d_{i+1} 为零。Z_i 轴与关节轴重合，X_i 轴沿着关节 i 轴与关节 $i+1$ 轴的公垂线，其方向是从 i 指向 $i+1$，Y_i 轴由右手定则确定。

上述选取坐标系的表示方法称为 Denavit Hartenberg（DH）表示方法，可以表述为：

（1）a_i 为沿 x_i 轴，从 z_i 移动到 z_{i+1} 的距离；

（2）α_i 为绕 x_i 轴，从 z_i 旋转到 z_{i+1} 的角度；

（3）d_i 为沿 z_i 轴，从 x_{i-1} 移动到 z_i 的距离；

（4）θ_i 为沿 z_i 轴，从 x_{i-1} 旋转到 x_i 的角度。

2. 二连杆机械臂的拉格朗日方程

从控制的角度来看，二连杆机械臂系统是一个多变量、非线性的自动控制系统，也是一个复杂的动力学耦合系统。本节中将采用拉格朗日方程来研究机械臂的动力学问题。拉格朗日法只需要使用各关节的速度，不必求解各关节之间的内作用力，因此是一种相对简便的方法。

拉格朗日函数 L 被定义为系统的动能 k 和势能 u 之差，即

$$L(\boldsymbol{\Theta}, \dot{\boldsymbol{\Theta}}) = k(\boldsymbol{\Theta}, \dot{\boldsymbol{\Theta}}) - u(\boldsymbol{\Theta}) \tag{2.2}$$

其中，$\boldsymbol{\Theta}$ 为机械臂的位置向量，$\dot{\boldsymbol{\Theta}}$ 即为机械臂的速度向量。$k(\boldsymbol{\Theta}, \dot{\boldsymbol{\Theta}})$ 和 $u(\boldsymbol{\Theta})$ 可以用任何方便的坐标系来表示。

一个二连杆机械臂结构如下图 2.10 所示。假设机械臂连杆的质量富集在关节处，分别为 m_1 和 m_2，机械臂连杆长度分别为 d_1 和 d_2，机械臂关节为转动关节，其转动角度分别为 θ_1 和 θ_2，重力加速度为 g。

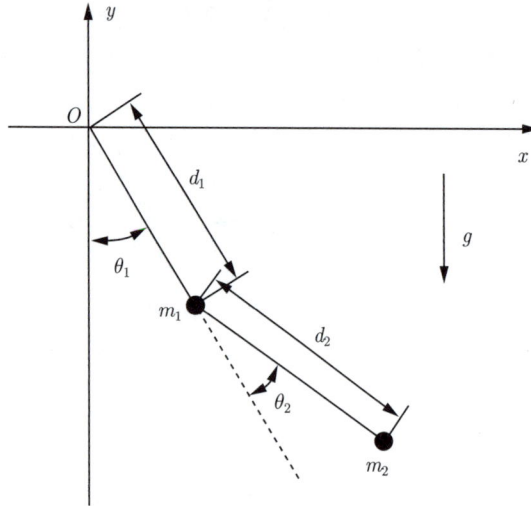

图 2.10　二连杆机械臂结构

二连杆机械臂的总动能可以拆解为两个连杆的动能之和。

$$
\begin{aligned}
k &= k_1 + k_2 \\
&= \frac{1}{2} m_1 v_1^2 + \frac{1}{2} m_2 v_2^2 \\
&= \frac{1}{2} m_1 \left[\left(\frac{\mathrm{d}}{\mathrm{d}t} (d_1 \sin \theta_1) \right)^2 + \left(\frac{\mathrm{d}}{\mathrm{d}t} (-d_1 \cos \theta_1) \right)^2 \right] \\
&\quad + \frac{1}{2} m_2 \left[\left(\frac{\mathrm{d}}{\mathrm{d}t} (d_1 \sin \theta_1 + d_2 \sin(\theta_1 + \theta_2)) \right)^2 + \left(\frac{\mathrm{d}}{\mathrm{d}t} (-d_1 \cos \theta_1 - d_2 \cos(\theta_1 + \theta_2)) \right)^2 \right] \\
&= \frac{1}{2} (m_1 + m_2) d_1^2 \dot{\theta}_1^2 + \frac{1}{2} m_2 d_2^2 (\dot{\theta}_1^2 + 2\dot{\theta}_1 \dot{\theta}_2 + \dot{\theta}_2^2) + m_2 d_1 d_2 \cos \theta_2 (\dot{\theta}_1^2 + \dot{\theta}_1 \dot{\theta}_2)
\end{aligned}
$$

二连杆机械臂的总势能可以拆解为两个连杆的势能之和。

$$
\begin{aligned}
u &= u_1 + u_2 \\
&= m_1 g h_1 + m_2 g h_2 \\
&= -(m_1 + m_2) g d_1 \cos \theta_1 - m_2 g d_2 \cos(\theta_1 + \theta_2)
\end{aligned}
$$

机械臂系统的拉格朗日方程如下:

$$
\frac{\mathrm{d}}{\mathrm{d}t} \left(\frac{\partial \boldsymbol{L}}{\partial \dot{\boldsymbol{\Theta}}} \right) - \frac{\partial \boldsymbol{L}}{\partial \boldsymbol{\Theta}} = \tau \tag{2.3}
$$

其中, τ 是力或力矩,是由描述机械臂的位置和速度的坐标系决定的。

3. 二连杆机械臂的动力学模型方程

将式(2.3)展开,可以得到

$$
\frac{\mathrm{d}}{\mathrm{d}t} \frac{\partial k}{\partial \dot{\boldsymbol{\Theta}}} - \frac{\partial k}{\partial \boldsymbol{\Theta}} + \frac{\partial u}{\partial \boldsymbol{\Theta}} = \tau \tag{2.4}
$$

将式中各项 u、k、τ 展开代入计算，并将该式整理为如下形式，即为机械臂的动力学模型方程：

$$
\begin{bmatrix} \tau_1 \\ \tau_2 \end{bmatrix} = \begin{bmatrix} (m_1+m_2)d_1^2 + m_2d_2^2 + 2m_2d_1d_2\cos\theta_2 & m_2d_2^2 + m_2d_1d_2\cos\theta_2 \\ m_2d_2^2 + m_2d_1d_2\cos\theta_2 & m_2d_2^2 \end{bmatrix} \begin{bmatrix} \ddot{\theta}_1 \\ \ddot{\theta}_2 \end{bmatrix} +
$$

$$
\begin{bmatrix} 0 & -2m_2d_1d_2\sin\theta_2\dot{\theta}_1 - m_2d_1d_2\sin\theta_2\dot{\theta}_2 \\ m_2d_1d_2\sin\theta_2\dot{\theta}_1 & 0 \end{bmatrix} \begin{bmatrix} \dot{\theta}_1 \\ \dot{\theta}_2 \end{bmatrix} +
$$

$$
\begin{bmatrix} (m_1+m_2)gd_1\sin\theta_1 + m_2gd_2\sin(\theta_1+\theta_2) \\ m_2gd_2\sin(\theta_1+\theta_2) \end{bmatrix}
$$

$$
= \boldsymbol{M}(\boldsymbol{\Theta})\ddot{\boldsymbol{\Theta}} + \boldsymbol{V}(\boldsymbol{\Theta},\dot{\boldsymbol{\Theta}}) + \boldsymbol{G}(\boldsymbol{\Theta})
$$

其中，$\boldsymbol{M}(\boldsymbol{\Theta})$ 为质量矩阵，$\boldsymbol{V}(\boldsymbol{\Theta},\dot{\boldsymbol{\Theta}})$ 为离心力和哥氏力向量，$\boldsymbol{G}(\boldsymbol{\Theta})$ 为重力向量。

2.3.2 轮式无人车系统模型

研究轮式无人车运动学模型的目的之一，是通过改变轮子的运动速度或运动方向来调整无人车的位置和姿态。在此基础上，本节将用全局参考系和无人车局部参考系来描述机器人的运动，介绍最经典的无人车运动模型，为后面介绍的运动控制打下基础。

1. 无人车坐标系

轮式无人车由于它独立移动的本质，需要在全局和局部参考坐标系之间有一个清楚的映射。本节从定义参考坐标系开始，对无人车的运动学模型进行建模。把机器人建模成运行在水平面上的一个刚体，在平面上，该无人车底盘的总维数为 3 个：2 个平面维度和 1 个沿垂直轴方向与平面正交的转动。在处理精细问题时，还要考虑到轮轴、轮的操纵关节和小脚轮关节等转动，还会有附加的自由度和灵活性，就本节讨论的简化运动模型而言，只将无人车看作一整个刚体，忽略无人车和它的轮子间内在的关联和自由度。为了确定无人车在平面中的位置，建立了平面全局参考坐标系和机器人局部参考坐标系之间的关系，如图 2.11 所示。将平面上任意一点选为原点 O 建立二维直角坐标系。为了确定机器人的位置，选择机器人重心点 C 作为它的位置参考点，基于 x_R、y_R 定义机器人底盘上相对于 C 互相垂直的两个轴，定义无人车的局部参考坐标系。在全局参考坐标系上，C 的位置由坐标 (x,y) 确定，全局和局部参考坐标系之间的角度差由 θ 给定。可以将无人车姿态描述为具有这 3 个参数的矢量 $[x,y,\theta]$。

为了根据分量的移动描述无人车的移动，将沿全局参考坐标系的运动映射成沿无人车局部参考坐标系轴的运动。该映射用如下式所示的正交旋转矩阵来完成：

$$
\boldsymbol{R}(\theta) = \begin{bmatrix} \cos\theta & \sin\theta & 0 \\ -\sin\theta & \cos\theta & 0 \\ 0 & 0 & 1 \end{bmatrix}
$$

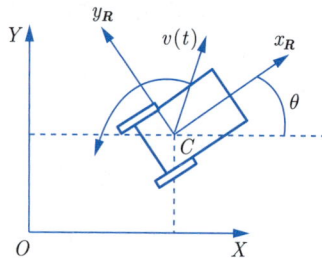

图 2.11 无人车模型

可以用该矩阵将全局参考坐标系中的运动映射到局部参考坐标系中。其中，$\boldsymbol{\xi}_1$ 为表示全局坐标系下无人车的运动状态向量，$\boldsymbol{\xi}_R$ 为表示局部坐标系下无人车的运动状态向量：

$$\boldsymbol{\xi}_R = \boldsymbol{R}(\theta)\boldsymbol{\xi}_1$$

反之可得

$$\boldsymbol{\xi}_1 = \boldsymbol{R}(\theta)^{-1}\boldsymbol{\xi}_R$$

例如，对于如图 2.11 所示的无人车位姿，当 $\theta = \dfrac{\pi}{4}$ 时，可以得到瞬时旋转矩阵：

$$\boldsymbol{R}\left(\frac{\pi}{4}\right) = \begin{bmatrix} \dfrac{\sqrt{2}}{2} & \dfrac{\sqrt{2}}{2} & 0 \\ -\dfrac{\sqrt{2}}{2} & \dfrac{\sqrt{2}}{2} & 0 \\ 0 & 0 & 1 \end{bmatrix}$$

2. 轮式无人车运动学模型

确定系统坐标系后，下一步就是对车辆的运动建立数字化模型，建立的模型越准确，对车辆运动的描述越准确，对车辆的跟踪控制的效果就越好。除了真实地反映车辆特性外，建立的模型也应该尽可能简单易用。自行车模型是一种十分典型的四轮小车车辆运动学模型。

自行车模型的建立基于如下假设：

（1）假设车辆的运动是一个二维平面上的运动，不考虑车辆在 Z 轴方向的运动；

（2）假设车辆结构像自行车一样，前后轮的左右侧轮胎在任意时刻都拥有相同的转向角度和转速，这样可以将车辆的左右两个轮胎的运动合并为一个轮胎进行描述；

（3）假设车辆的运动和转向由前轮驱动。

根据以上假设条件，简单给出无人车在二维坐标系下的运动示意图（见图 2.12）。

使用 L 表示车辆前后轮之间的距离，(x, y, θ) 表示无人车位置 C 当前的二维坐标和朝向，(v, ω) 表示当前无人车线速度、角速度大小，ϕ 表示无人车相对于局部坐标系下的偏航角，ρ 表示该偏航角下的车辆转弯半径。

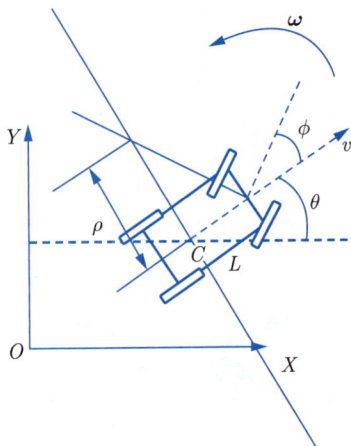

图 2.12　无人车模型

在一个非常短的时间间隔内，可以近似认为车辆前进方向为车身朝向方向，结合几何模型，可以得到车辆的运动学模型：

$$
\begin{cases}
\dot{x} = v\cos\theta \\
\dot{y} = v\sin\theta \\
\dot{\theta} = \omega
\end{cases}
\tag{2.5}
$$

若用 $\mathrm{d}l$ 表示 $\mathrm{d}t$ 时间内车身运动的距离，$\mathrm{d}\theta$ 表示车辆转过的角度，有

$$
\mathrm{d}l = \rho\,\mathrm{d}\theta
$$

$$
\rho = \frac{L}{\tan\phi}
$$

两式结合，可以得到

$$
\mathrm{d}\theta = \frac{\tan\phi}{L}\mathrm{d}l
$$

等式两侧同时除以时间间隔 $\mathrm{d}t$，得到

$$
\frac{\mathrm{d}\theta}{\mathrm{d}t} = \dot{\theta} = \omega = \frac{\tan\phi}{L}\frac{\mathrm{d}l}{\mathrm{d}t} = v\frac{\tan\phi}{L}
$$

改写为矩阵形式：

$$
\begin{bmatrix} \dot{x} \\ \dot{y} \\ \dot{\theta} \end{bmatrix} = v \cdot \begin{bmatrix} \cos\theta \\ \sin\theta \\ \dfrac{\tan\phi}{L} \end{bmatrix}
\tag{2.6}
$$

2.3.3 无人机系统模型

1. 旋翼无人机

研究无人机运动学模型的目的之一，是通过控制无人机的姿态，来调整无人机的位置和速度。本节将以四旋翼无人机为例（见图 2.13），用机体坐标系和世界坐标系来描述无人机的运动，然后使用牛顿-欧拉法推导旋翼无人机的动力学方程。

图 2.13 四旋翼无人机

1）四旋翼无人机坐标系及姿态角

（1）世界坐标系 W。在地面上任取一点为原点 O_W，按照右手螺旋法则定义坐标系，并保证 Z 轴竖直向上。

（2）机体坐标系 B。取无人机的质心为原点 O_B，机体坐标系为 ENU（East-North-Up，东北天）坐标系，同样遵循右手螺旋法则。

（3）无人机姿态角。

滚转角 ϕ：机体坐标系 $O_B X_B$ 与世界坐标系 $O_W X_W$ 重合时，机体坐标系 $O_B Y_B$ 与世界坐标系 $O_W Y_W$ 之间的夹角，即无人机做滚转运动时倾斜的角度。

俯仰角 θ：机体坐标系 $O_B Y_B$ 与世界坐标系 $O_W Y_W$ 重合时，机体坐标系 $O_B X_B$ 与世界坐标系 $O_W X_W$ 之间的夹角，即无人机做俯仰运动时倾斜的角度。

偏航角 ψ：机体坐标系 $O_B Z_B$ 与世界坐标系 $O_W Z_W$ 重合时，机体坐标系 $O_B X_B$ 与世界坐标系 $O_W X_W$ 之间的夹角，即无人机做偏航运动时旋转的角度。

从世界坐标系到机体坐标系的坐标转换矩阵为

$$\boldsymbol{R}_W^B = \begin{pmatrix} \cos\theta\cos\psi & \cos\theta\sin\psi & -\sin\theta \\ \sin\phi\sin\theta\cos\psi - \cos\phi\sin\psi & \sin\phi\sin\theta\sin\psi + \cos\phi\cos\psi & \sin\phi\cos\theta \\ \cos\phi\sin\theta\cos\psi + \sin\phi\sin\psi & \cos\phi\sin\theta\sin\psi - \sin\phi\cos\psi & \cos\phi\cos\theta \end{pmatrix} \tag{2.7}$$

从机体坐标系到世界坐标系的坐标转换矩阵为

$$\boldsymbol{R}_B^W = \begin{pmatrix} \cos\theta\cos\psi & \sin\phi\sin\theta\cos\psi - \cos\phi\sin\psi & \cos\phi\sin\theta\cos\psi + \sin\phi\sin\psi \\ \cos\theta\sin\psi & \sin\phi\sin\theta\sin\psi + \cos\phi\cos\psi & \cos\phi\sin\theta\sin\psi - \sin\phi\cos\psi \\ -\sin\theta & \sin\phi\cos\theta & \cos\phi\cos\theta \end{pmatrix} \tag{2.8}$$

2）四旋翼无人机数学模型

四旋翼无人机受到的合外力为自身重力和螺旋桨提供升力的叠加（忽略空气阻力）。设螺旋桨 i 的转速为 ω_i，则螺旋桨 i 提供的升力 F_{pi} 和产生的反作用力矩 M_{pi} 分别为

$$F_{pi} = K\omega_i$$

$$M_{pi} = K_{\mathrm{d}}\omega_i$$

其中，K 和 K_{d} 分别为螺旋桨的升力系数和反扭矩系数。即 4 个螺旋桨提供的升力总和为 U_1：

$$U_1 = F_{p1} + F_{p2} + F_{p3} + F_{p4}$$

这个升力是在机体坐标系下的，左乘坐标变换矩阵 $\boldsymbol{R}_B^W$，可以得到世界坐标系下的合外力 $\boldsymbol{F}$：

$$\boldsymbol{F} = \begin{pmatrix} F_x \\ F_y \\ F_z \end{pmatrix} = \begin{pmatrix} (\cos\phi\sin\theta\cos\psi + \sin\phi\sin\psi)U \\ (\cos\phi\sin\theta\sin\psi - \sin\phi\cos\psi)U \\ (\cos\phi\cos\theta)U - mg \end{pmatrix} \tag{2.9}$$

接下来分为平动和转动两部分分析无人机的数学模型。

（1）四旋翼无人机质心运动的数学模型。

根据牛顿第二定律，无人机在合外力下的运动方程为

$$\sum \boldsymbol{F} = m\frac{\mathrm{d}\boldsymbol{V}}{\mathrm{d}t}$$

其中，m 为无人机的质量，$\boldsymbol{V}$ 为无人机质心在世界系下的速度向量，$\boldsymbol{F}$ 为无人机受到的外力。将式(2.9)代入上式，可以得到无人机质心的运动方程：

$$\begin{cases} \ddot{x} = (\cos\phi\sin\theta\cos\psi + \sin\phi\sin\psi)U_1/m \\ \ddot{y} = (\cos\phi\sin\theta\sin\psi - \sin\phi\cos\psi)U_1/m \\ \ddot{z} = (\cos\phi\cos\theta)U_1/m - g \end{cases} \tag{2.10}$$

（2）四旋翼无人机绕质心转动的数学模型。

无人机在合外力矩下的角速度方程为

$$\sum \boldsymbol{M} = m\frac{\mathrm{d}\boldsymbol{L}}{\mathrm{d}t}$$

其中，$\boldsymbol{M}$ 为无人机受到的外力矩，$\boldsymbol{L}$ 为无人机的角动量。将 $\boldsymbol{M}$ 在机体坐标系中沿着 X、Y、Z 轴分解，并使用角动量定理可以得到

$$\begin{cases} \boldsymbol{M} = i \cdot M_x + j \cdot M_y + k \cdot M_z \\ M_x = \ddot{\phi} \cdot I_x + \dot{\theta}\dot{\psi}(I_z - I_y) \\ M_y = \ddot{\theta} \cdot I_y + \dot{\phi}\dot{\psi}(I_x - I_z) \\ M_z = \ddot{\psi} \cdot I_z + \dot{\phi}\dot{\theta}(I_y - I_x) \end{cases} \tag{2.11}$$

其中，I_x、I_y、I_z 分别为无人机在 X、Y、Z 轴上的转动惯量。根据力与力矩的关系可以得到：

$$
\begin{cases}
M_x = l \cdot (F_{p4} - F_{p2}) \\
M_y = l \cdot (F_{p3} - F_{p1}) \\
M_z = K_d(F_{p1} - F_{p2} + F_{p3} - F_{p4})
\end{cases}
$$

其中，l 为电机到质心的距离。为了书写简便，做代换 $U_2 = F_{p4} - F_{p2}$，$U_3 = F_{p3} - F_{p1}$，$U_4 = M_z = K_d(F_{p1} - F_{p2} + F_{p3} - F_{p4})$。

将式 2.10 和式 2.11 整理到一起，可以得到四旋翼无人机的数学模型为

$$
\begin{cases}
\ddot{x} = (\cos\phi\sin\theta\cos\psi + \sin\phi\sin\psi)U_1/m \\
\ddot{y} = (\cos\phi\sin\theta\sin\psi - \sin\phi\cos\psi)U_1/m \\
\ddot{z} = (\cos\phi\cos\theta)U_1/m - g \\
\ddot{\phi} = [lU_2 + \dot{\theta}\dot{\psi}(I_y - I_z)]/I_x \\
\ddot{\theta} = [lU_3 + \dot{\phi}\dot{\psi}(I_z - I_x)]/I_y \\
\ddot{\psi} = [U_4 + \dot{\phi}\dot{\theta}(I_x - I_y)]/I_z
\end{cases}
\tag{2.12}
$$

2. 固定翼无人机

相比于四旋翼无人机通过改变 4 个螺旋桨的转速以提供不同方向和大小的升力来控制无人机姿态，固定翼无人机通过升降舵、方向舵、副翼和油门这些机械结构来改变作用在固定翼无人机上的力和力矩，从而控制固定翼无人机的姿态和运动。图 2.14 为固定翼无人机结构示意图。

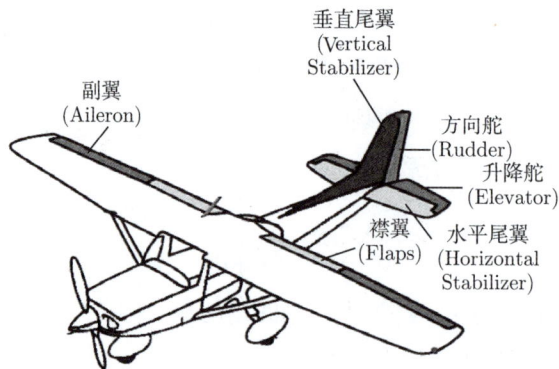

图 2.14 固定翼无人机结构示意图

固定翼无人机除了具有旋翼无人机的 3 个姿态角（俯仰角、横滚角、偏航角）外，其操作舵面可以偏转，因此还需定义 3 个偏转角，分别如下：

（1）升降舵偏转角 δ_e——偏转产生俯仰力矩，向下偏转时产生低头力矩。

（2）方向舵偏转角 δ_r——偏转产生偏航力矩。

（3）副翼偏转角 δ_d——偏转产生滚转力矩。

固定翼无人机主要受到 3 个力（气动力、推力和重力）的作用。重力作用于重心处，推力作用在机体坐标系的 x_b 轴并指向头部，气动力作用在各个操作舵面上。

2.4　无人系统控制基础

2.4.1　机械臂力交互控制

对于一些机械臂完成的作业，如焊接、喷涂、搬运工作等，只需要对机械臂进行位置控制就够了，而对于需要机器人具有力顺应性的作业，如切削、磨光、装配等，机械臂在位置上即使产生很小的误差，经过末端大刚度的放大也会产生很大的接触力，这可能会对操作对象产生破坏，此时需要加入力交互控制，将力偏差信号加入位置反馈控制中，实现对力的控制。

1. 力交互控制方法简介

1）直接力控制

直接力控制就是针对外力进行直接控制，将期望力与测量力的差值作为反馈信号，实现对力的控制。该方法较为直观，但会遇到两个棘手的问题。

（1）期望力难以给定。在多数的实际应用中，均优先给出机器人位置轨迹的指令，而具体期望力的数值则难以精确给出。比如，当人类用手去抓握一些柔软易形变的物体时，首先用手大致包络住物体，再去施力试探物体的软硬以调整出适合抓握物体的力度，而非直接形成一个所施加力的数值大小。

（2）外力测量不精准。一般而言，工业机械臂不具备高精度力/力矩传感器，且高精度、可靠性强的力/力矩传感器价格昂贵，难以在实际的工业应用中得到大规模推广。

2）间接力控制

间接力控制是指不对外力进行直接控制，而是通过控制机械臂位置的方式来间接控制外力。间接力控制可以分为柔顺控制和阻抗/导纳控制。

（1）柔顺控制。如图 2.15 所示，在机械臂的末端加装柔性元件，如弹簧、阻尼等，在刚度 K_p 已知的情况下，通过控制位移 σ 来控制机械臂末端的接触力 $F = K_p\sigma$。柔顺控制的不足之处在于动态适应性能不足，设计的机械臂只能满足特定的应用场合。在如图 2.15 所示的场景中，单一的刚度 K_p 难以满足各种施力范围，弹簧装置的设计也难以满足各个方向的外力测量。

（2）阻抗/导纳控制。阻抗/导纳控制用于控制机器人的位置与力的动态关系，而非直接控制位置或者力。阻抗/导纳控制希望机器人呈现质量-阻尼-弹簧的二阶系统的动态特性，当其阻尼较小时，机器人具有轻柔性，在拖动机器人时将会更加轻盈；当其阻尼较大时，机器人抗外界干扰的能力更强，在拖动机器人时出现振荡的概率更小，但拖动的阻尼感增加。

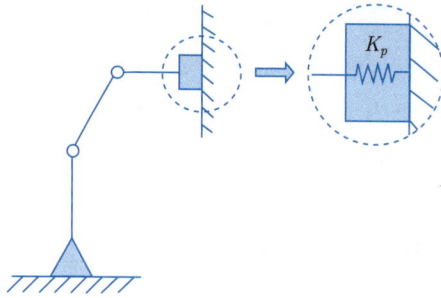

图 2.15　柔顺控制

阻抗控制和导纳控制的区别在于：阻抗控制基于测量的位置来控制外力；导纳控制基于测量的外力来控制位置。

3）混合力位控制

混合力位控制是阻抗/导纳控制的技术理论的基础，但混合力位控制在机器人实际工程中具有广泛的应用。混合力位控制用在同时对力和位置有高精度的控制需求的时候，如机械臂沿着某个面进行抛光作业。概括来说，混合力位控制是将末端执行器的位置与力拆分到两个独立的解耦子空间来作处理，一般在垂直面方向进行力控制，在切面方向进行位置控制。在同一个关节空间中针对力和位置分别设计控制规律，然后相加得到混合控制规律。

混合力位控制的优点在于可以精准高效地同时完成力和位置的控制，但缺点也很明显，如果需要在运动方向上同时控制力，那么混合力位控制从原理上就无法实现。

2. 控制方法介绍

1）阻抗控制

式 (2.13) 反映了机械臂外力和位移的关系：

$$\begin{cases} F_r = M_{\mathrm{d}}\ddot{e} + D_{\mathrm{d}}\dot{e} + K_{\mathrm{d}}e \\ e = \boldsymbol{X} - \boldsymbol{X}_{\mathrm{r}} \\ \dot{e} = \dot{\boldsymbol{X}} - \dot{\boldsymbol{X}}_{\mathrm{r}} \\ \ddot{e} = \ddot{\boldsymbol{X}} - \ddot{\boldsymbol{X}}_{\mathrm{r}} \end{cases}$$

其中，$\boldsymbol{X}$、$\dot{\boldsymbol{X}}$、$\ddot{\boldsymbol{X}}$ 为机器人末端的实际位置、速度、加速度，$\boldsymbol{X}_{\mathrm{r}}$、$\dot{\boldsymbol{X}}_{\mathrm{r}}$、$\ddot{\boldsymbol{X}}_{\mathrm{r}}$ 为机器人末端的参考位置、速度、加速度，M_{d}、D_{d}、K_{d} 为用户自己设定的阻抗参数。通过调节这 3 个参数，可以改变阻抗效果，即机器人末端的柔顺度。阻抗/导纳的控制设计目的在于，根据操作对象的模型和阻抗特性来设计控制器。

考虑一个单自由度系统，它的动力学模型可以表示为

$$m\ddot{x} = F + F_{\mathrm{r}} \tag{2.13}$$

其中，F 为控制器计算出来的输出力，F_{r} 为式 (2.13) 中的外力，即机器人在环境中受到的接

触力。结合式 (2.13) 和式 (2.13)，可以计算出阻抗控制率

$$F = \left(\frac{m}{M_\mathrm{d}} - 1\right) F_\mathrm{r} + m\ddot{X}_\mathrm{r} - \frac{m}{M_\mathrm{d}}(D_\mathrm{d}\dot{e} + K_\mathrm{d}e)$$

阻抗控制的控制过程如下：在发生碰撞时，接触将会产生外力 F_r，它与机器人的输出力 F 相抵消。在平衡时，有 $F_\mathrm{r} = F$，此时 $X_\mathrm{r} = X$，机器人的末端停在接触点上。

2）导纳控制

考虑的系统同上，导纳控制中已知接触力 F_r，输出量为位置 X，因此需要位置控制器，使用 PD 控制器来实现

$$F = K_p(X_\mathrm{d} - X) + K_\mathrm{d}\dot{X} \tag{2.14}$$

结合式 (2.13)、式 (2.13) 和式 (2.14)，假设位置控制环中无静差，因此可以将式 (2.14) 中的 X 替换为 X_d，得到完整的动力学公式：

$$\begin{cases} m\ddot{X} + K_\mathrm{d}\dot{X} + K_p(X - X_\mathrm{d}) = F_\mathrm{r} \\ M_\mathrm{d}(\ddot{X}_\mathrm{d} - \ddot{X}_\mathrm{r}) + D_\mathrm{d}(\dot{X}_\mathrm{d} - \dot{X}_\mathrm{r}) + K_\mathrm{d}(X_\mathrm{d} - X_\mathrm{r}) = F_\mathrm{r} \end{cases}$$

导纳控制的控制过程为：在碰撞前接触力 $F_\mathrm{r} = 0$，发生碰撞后接触力逐渐增大，它与机器人的输出力相抵消。随着位置误差逐渐减小，在平衡时，有 $F_\mathrm{r} = F$。可以求得平衡时的位置，作为期望信号输入给位置控制器。

3）混合力位控制

考虑机械臂沿着某个面进行抛光作业，在垂直面方向上进行力控制，在切面方向上进行位置控制。在各自的关节空间上设计控制律，在同一空间内针对两个目的分别设计控制律，相加可以得到混合控制律。

位置控制使用 PD 控制器：

$$\begin{cases} \tau_P = K_{\mathrm{PP}}\Delta q + K_{\mathrm{PD}}q \\ \Delta q = \boldsymbol{J}^{-1}\Delta r \\ \dot{q} = \boldsymbol{J}^{-1}\dot{r} \end{cases}$$

力控制使用积分器：

$$\begin{cases} \tau_F = K_{\mathrm{FI}}\int \delta\tau \mathrm{d}t \\ \Delta\tau = \boldsymbol{J}^\mathrm{T}\Delta F \end{cases}$$

系统框图如图 2.16 所示。

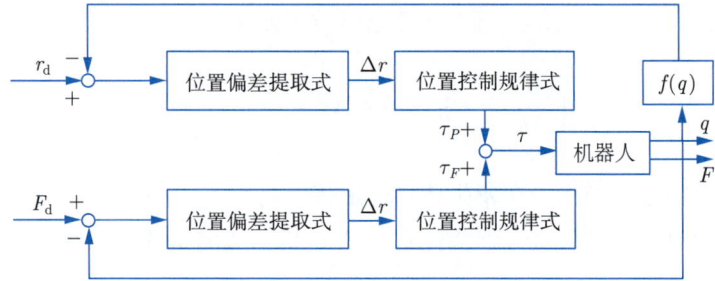

图 2.16　混合力位控制框图

3. 导纳控制仿真实例

以导纳控制的系统为例，假设输入为阶跃信号，仿真框图如图 2.17 所示。

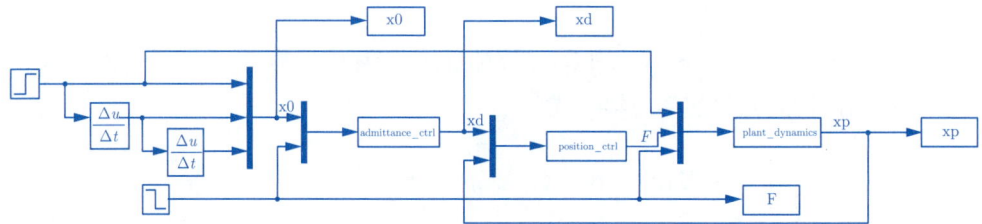

图 2.17　导纳控制仿真框图

导纳控制器中的代码如下：

```
mhat = 0.8; % 单位: kg
% 环境刚度
ke = 300; % 单位: N/m
% 阻抗参数
Md = mhat; % 单位: kg
Kd = 100; % 单位: N/m
Dd = 2*0.7*sqrt(Kd*Md); % 单位: N*s/m
% 设定值
X0 = u(1); dX0 = u(2); ddX0 = u(3);
X = u(4);
% 外力
Fext = -ke*(X-X0);
% Xd微分方程
Xd = x(1);
dXd = x(2);
ddXd = 1/Md*(Fext - Kd*(Xd-X0) - Dd*(dXd-dX0)) + ddX0;
sys(1) = dXd;
sys(2) = ddXd;
```

仿真结果如图 2.18 所示。

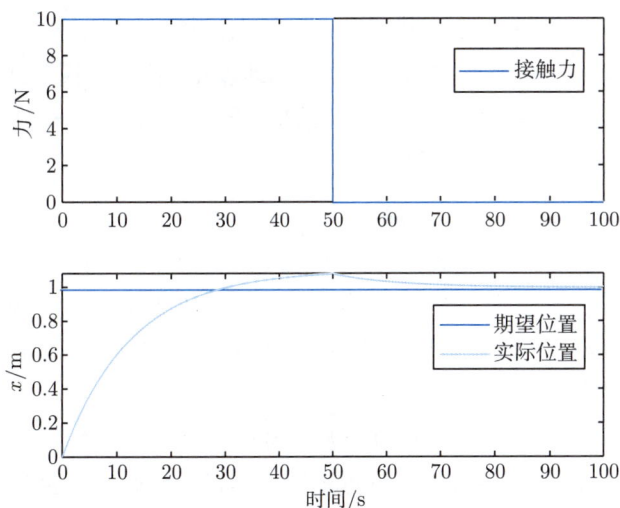

图 **2.18** 导纳控制仿真结果

2.4.2 轮式无人车轨迹跟踪控制

1. 欠驱动系统与非完整约束

通常一个机器人的动力学方程可以表示为如下形式：

$$\ddot{\boldsymbol{q}} = f(\boldsymbol{q}, \dot{\boldsymbol{q}}, \boldsymbol{u}_{in}, t)$$

其中，$\boldsymbol{q}$ 代表机器人的位置、姿态、关节角等状态信息，$\boldsymbol{u}_{in}$ 代表控制向量。

完全驱动系统和欠驱动系统的定义如下：当系统处于时刻 t，状态为 $\boldsymbol{x} = (\boldsymbol{q}, \dot{\boldsymbol{q}})$ 时，如果函数映射为满射，也就是对于任意的 $\ddot{\boldsymbol{q}}$，都存在一个对应的 $\boldsymbol{u}_{in}$ 时，则此系统为完全驱动系统；否则为欠驱动系统。一般的机器人系统控制量和加速度之间的仿射关系可以表示为如下形式：

$$\ddot{\boldsymbol{q}} = f_1(\boldsymbol{q}, \dot{\boldsymbol{q}}, t) + f_2(\boldsymbol{q}, \dot{\boldsymbol{q}}, t)\boldsymbol{u}_{in}$$

若系统为欠驱动系统，则说明：

$$\mathrm{rank}[f_2(\boldsymbol{q}, \dot{\boldsymbol{q}}, t)] < \dim[\boldsymbol{q}]$$

假设 $\boldsymbol{q}$ 维度为 N，$\mathrm{rank}[f_2(\boldsymbol{q}, \dot{\boldsymbol{q}}, t)]$ 为 M。M 代表有效方程的个数，N 代表方程的总个数。基于有效方程得到的控制量 $\boldsymbol{u}_{in}$，不能保证满足剩下的 $M - N$ 个方程，因此对于欠驱动系统来说，找不到一个 $\boldsymbol{u}_{in}$ 来产生任意的 $\boldsymbol{q}$。

非完整约束是一种会导致系统欠驱动的状态约束条件，其定义为 $\phi(\boldsymbol{q}, \dot{\boldsymbol{q}}, t) = 0$。这类约束并不会影响到机器人到达状态空间的位置，但是会限制机器人到达这些位置的方式，例如，本节中的轮式机器人就是一个非常典型的具有非完整约束的例子。由上面的自行车模型可以推导出以下约束成立：

$$\dot{y}\cos\theta - \dot{x}\sin\theta = 0$$

显然这是一个非完整约束，这意味着轮式机器人虽然可以到达平面上的任意位置，但无法做到横向平移，在车身坐标系下的横向速度和加速度永远为 0，找不到能够使得该方向上参数不为零的控制量输入，所以该系统为欠驱动系统。欠驱动系统不一定具有非完整约束，但具有非完整约束的系统一定为欠驱动系统。

2. 无人车轨迹跟踪控制

从无人车的控制量（速度、角速度）出发，无人车的反馈控制可以分为横向控制、纵向控制两种。其中横向控制主要用于车辆方向盘，也就是车辆朝向的控制；纵向控制主要用于车辆油门、刹车的控制，也就是速度、加速度的控制。两种控制共同工作使得无人车按照预定的参考轨迹行驶。

以下介绍一种经典的横向控制，利用无人车的横向跟踪误差作为控制反馈，使用 PID 控制设计无人车转角，实现无人车从某随机点出发，靠近目标轨迹并最终沿着目标轨迹运行的跟踪效果。

1）横向跟踪误差

横向跟踪误差为车辆中心点 $\boldsymbol{r} = (r_x, r_y)$ 到最近路径点 $\boldsymbol{p} = (p_x, p_y)$ 的距离，如图 2.19 所示。

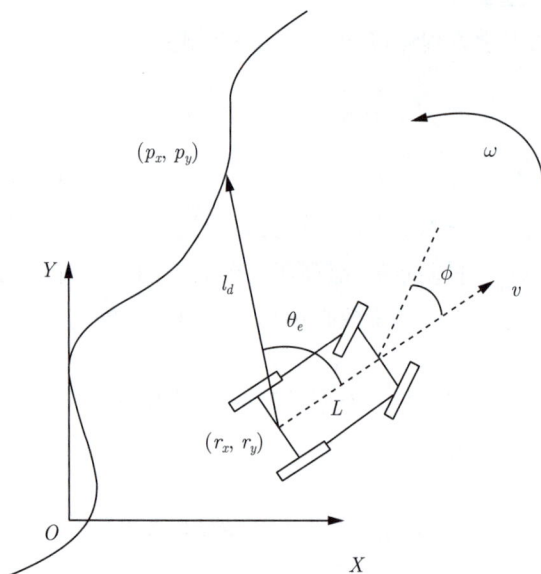

图 2.19　横向控制示意图

θ_e 为车身和横向跟踪误差之间的夹角，由图简要分析可得如果参考轨迹在无人车的左侧则 $\theta_e > 0$，需要向左打方向盘；如果参考轨迹在无人车的右侧则 $\theta_e < 0$，则向右打方向盘。横向跟踪误差计算公式如下：

$$e = l_d \sin \theta_e$$

其中，$l_d = \|\boldsymbol{p} - \boldsymbol{r}\|_2$ 为机器人后轴中心到最近路径点的距离，也就是前视距离。

2）PID 控制器

车辆运动学模型建模为以下自行车运动学模型：

$$\begin{bmatrix} \dot{x} \\ \dot{y} \\ \dot{\theta} \end{bmatrix} = v \cdot \begin{bmatrix} \cos\theta \\ \sin\theta \\ \dfrac{\tan\phi}{L} \end{bmatrix} \tag{2.15}$$

以车辆的前轮转角 ϕ 为被控量，设计 PID 控制器：

$$\phi = k_p e(k) + k_i \sum_{i=0}^{k} e(i) + k_d(e(k) - e(k-1))$$

其中，$e(i)$ 为第 i 步对应的横向跟踪误差，k_p, k_i, k_d 分别为 P, I, D 控制器的参数。

系统反馈控制结构框图如图 2.20 所示。

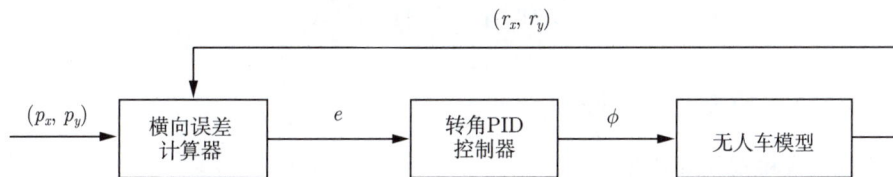

图 2.20　系统反馈控制结构框图

3. 无人车轨迹跟踪控制 MATLAB 仿真

轨迹跟踪控制器中的部分代码如下：

```
% pid控制律
phi = kp * e + ki * (sum\_e + e) + kd * (e - ed)
sum\_e = sum\_e + e;
ed = e;

% 位置运算
w = v/l * tan(phi);
theta = theta + w * dt;
dx = v * cos(theta);
dy = v * sin(theta);
x = x + dx * dt;
y = y + dy * dt;

%误差选取
e = norm([rx, ry] - [x, y], 2) * sin(theta\_e);

sys(1) = x;
sys(2) = y;
```

仿真结果如图 2.21 所示。

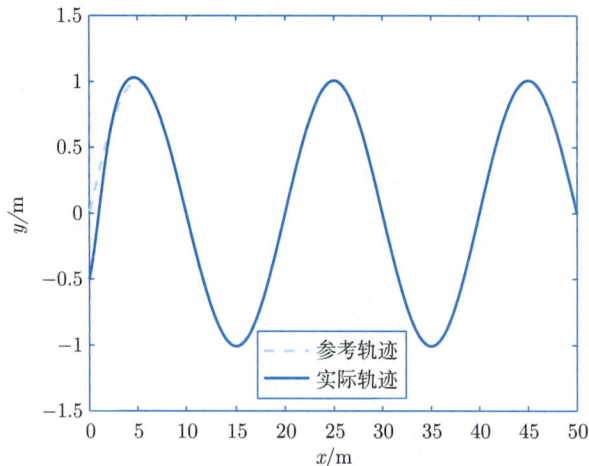

图 **2.21** 轨迹跟踪仿真结果

2.4.3 旋翼无人机位姿全状态控制

1. 四旋翼无人机双闭环模型

在 2.2.4 节中推导了四旋翼无人机的数学模型。本节将会根据该模型设计四旋翼无人机的位姿全状态控制器。

四旋翼无人机具有 6 个自由度 (x,y,z,ϕ,θ,ψ) 和 4 个输入量 $(F_{p1},F_{p2},F_{p3},F_{p4})$，因此四旋翼无人机是典型的欠驱动系统，其水平方向的控制是由滚转角和俯仰角耦合控制的，垂直方向的控制和偏航角方向的控制是独立的。在 2.2.4 节中的控制和书写方便，将 4 个输入量表示为 (U_1,U_2,U_3,U_4)。该系统的输入输出有如图 2.22 所示的关系：

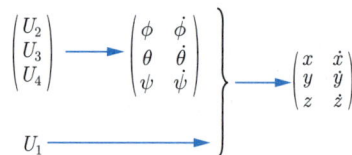

图 **2.22** 四旋翼无人机控制结构图

通过控制 U_2、U_3、U_4，可以控制无人机的 3 个姿态角；通过控制 U_1，进而控制无人机的位置。因此，无人机的控制结构包括了姿态环作为内环和位置环作为外环，使用双闭环控制结构，期望位置为 $(x_{\mathrm{cmd}},y_{\mathrm{cmd}},z_{\mathrm{cmd}})$，期望姿态为 $(\phi_{\mathrm{cmd}},\theta_{\mathrm{cmd}},\psi_{\mathrm{cmd}})$。其控制结构如图 2.23 所示。

该系统控制过程如下：首先给出期望轨迹 $x_d(t)$、$y_d(t)$、$z_d(t)$ 和期望偏航角 $\psi_d(t)$，然后由位置控制器求解出 U_1、ϕ_d、θ_d，其中，U_1 为位置的控制量，ϕ_d、θ_d、ψ_d 作为期望姿态输入姿态控制器，然后求解出姿态控制量 U_2、U_3、U_4，输入是四旋翼无人机数学模型，完成对无人机的控制。

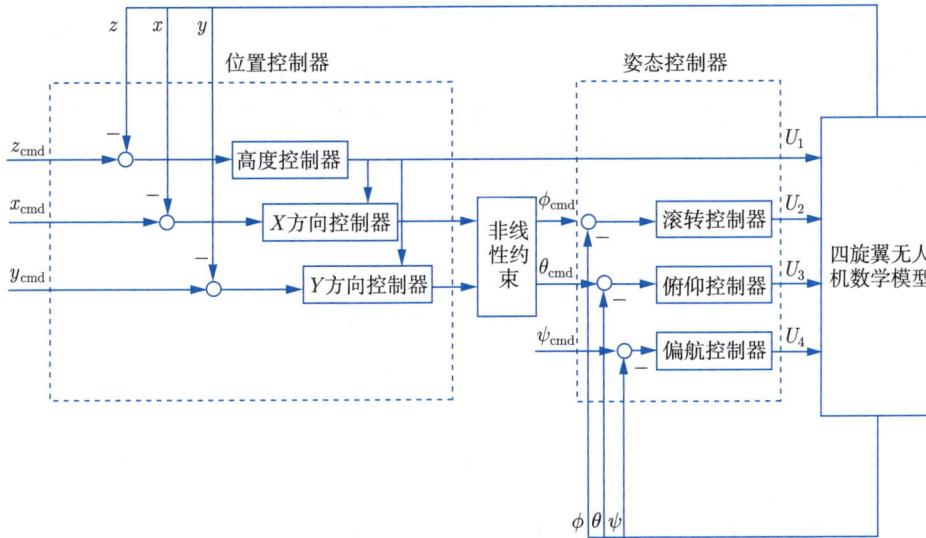

图 **2.23** 四旋翼无人机控制框图

2. 四旋翼无人机位姿全状态控制器设计

1）反步法

取系统的状态变量为 $(\phi, \dot{\phi}, \theta, \dot{\theta}, \psi, \dot{\psi}, z, \dot{z}, x, \dot{x}, y, \dot{y})$，分别对应 $x_1 \sim x_{12}$，输入量为 $(U_1,$ $U_2, U_3, U_4)$，该系统可写为严格反馈形式：

$$
\begin{cases}
\dot{x}_1 = x_2 \\
\dot{x}_2 = a_1 x_4 x_6 + b_1 U_2 \\
\dot{x}_3 = x_4 \\
\dot{x}_4 = a_2 x_2 x_6 + b_2 U_3 \\
\dot{x}_5 = x_6 \\
\dot{x}_6 = a_3 x_2 x_4 + b_3 U_4 \\
\dot{x}_7 = x_8 \\
\dot{x}_8 = \cos x_1 \cos x_3 \dfrac{U_1}{m} - g \\
\dot{x}_9 = x_{10} \\
\dot{x}_{10} = U_1 \dfrac{U_x}{m} \\
\dot{x}_{11} = x_{12} \\
\dot{x}_{12} = U_1 \dfrac{U_y}{m}
\end{cases}
$$

51

其中，$a_1 = (I_y - I_z)/I_x$，$a_2 = (I_z - I_x)/I_y$，$a_3 = (I_x - I_y)/I_z$，$b_1 = l/I_x$，$b_2 = l/I_y$，$b_3 = l/I_z$，$U_x = (\cos\phi\sin\theta\cos\psi + \sin\phi\sin\psi)$，$U_y = (\cos\phi\sin\theta\sin\psi - \sin\phi\cos\psi)$。前 6 个方程描述了无人机的姿态角，即姿态环；后 6 个方程描述了无人机的位置，即位置环。

将 12 个方程每两个分为一组，每组是一个自由度的表达式，对 6 个自由度分别进行反步法设计。例如，滚转角 ϕ 方向的方程如下：

$$\begin{cases} \dot{x}_1 = x_2 \\ \dot{x}_2 = a_1 x_4 x_6 + b_1 U_2 \end{cases} \tag{2.16}$$

第一个方程可以看作一个以 x_2 为输入的一阶系统。设 x_1 的误差为

$$e_1 = x_{1\mathrm{d}} - x_1$$

取李雅普诺夫函数 $V_1(x_1) = \frac{1}{2}e_1^2$，此时

$$\dot{V}_1 = e_1\dot{e}_1 = e_1(\dot{x}_{1\mathrm{d}} - x_2)$$

然后设计第二个方程的控制输入，设 x_2 的误差为

$$e_2 = x_{2\mathrm{d}} - x_2$$

那么

$$\dot{V}_1 = e_1(\dot{x}_{1\mathrm{d}} - x_2) = e_1(\dot{x}_{1\mathrm{d}} - e_2 - x_{2\mathrm{d}})$$

取 $x_{2\mathrm{d}} = x_{1\mathrm{d}} + k_1 e_1 (k_1 > 0)$，则

$$\dot{V}_1 = -k_1 e_1^2 - e_1 e_2 \tag{2.17}$$

因此

$$\dot{e}_1 = -k_1 e_1 - e_2$$
$$e_2 = -\dot{e}_1 - k_1 e_1$$

式 (2.17) 中的 e_1、e_2 项并不严格大于 0，因此取 $V_2 = V_1 + \frac{1}{2}e_2^2$，求导得到

$$\dot{V}_2 = \dot{V}_1 + e_2\dot{e}_2 = -k_1 e_1^2 + e_2(\dot{x}_2 - k_1\dot{e}_1 - \ddot{x}_{1\mathrm{d}} - e_1)$$

令 $\dot{x}_2 - k_1\dot{e}_1 - \ddot{x}_{1\mathrm{d}} - e_1 = -k_2 e_2 (k_2 > 0)$，此时 $\dot{V}_2 = -k_1 e_1^2 - k_2 e_2^2 < 0$，系统渐近稳定。

将 $\dot{x}_2 - k_1\dot{e}_1 - \ddot{x}_{1\mathrm{d}} - e_1 = -k_2 e_2 (k_2 > 0)$ 代入式 (2.16)，可以得到

$$U_2 = \frac{1}{b_1}[\ddot{x}_{1\mathrm{d}} + (k_1 + k_2)\dot{e}_1 + (1 + k_1 k_2)e_1 - a_1 x_4 x_6]$$

忽略掉二阶量 $\ddot{x}_{1d}$，得到简化的结果

$$U_2 = \frac{1}{b_1}[(k_1 + k_2)\dot{e}_1 + (1 + k_1 k_2)e_1 - a_1 x_4 x_6] \tag{2.18}$$

同理，可以得到俯仰角和偏航角方向的控制律：

$$U_3 = \frac{1}{b_2}[(k_3 + k_4)\dot{e}_3 + (1 + k_3 k_4)e_3 - a_2 x_2 x_6] \tag{2.19}$$

$$U_4 = \frac{1}{b_3}[(k_5 + k_6)\dot{e}_5 + (1 + k_5 k_6)e_5 - a_3 x_2 x_4] \tag{2.20}$$

其中，k_3、k_4、k_5、k_6 均大于 0。

位置环中仅仅是第二个方程的形式有变化，因此同样使用上述方法，可以得到：

$$\begin{cases} U_1 = m[(k_7 + k_8)\dot{e}_7 + (1 + k_7 k_8)e_7 + g]/(\cos x_1 \cos x_3) \\ U_x = m[(k_9 + k_{10})\dot{e}_9 + (1 + k_9 k_{10})e_9]/U_1 \\ U_y = m[(k_{11} + k_{12})\dot{e}_{11} + (1 + k_{11} k_{12})e_{11}]/U_1 \end{cases} \tag{2.21}$$

其中，k_7、k_8、k_9、k_{10}、k_{11}、k_{12} 均大于 0。

对于姿态环内环，需要输入期望的横滚角和俯仰角，这两个角度的期望值来源于 U_x 和 U_y 反解得到。根据 U_x 和 U_y 的定义：

$$\begin{cases} \phi_d = \arcsin(U_x \sin\psi - U_y \cos\psi) \\ \theta_d = \arcsin \dfrac{U_x \cos\psi + U_y \sin\psi}{\cos\phi_d} \end{cases}$$

实际飞行中往往保持偏航角在小范围内，因此式 (2.22) 可以简化为

$$\begin{cases} \phi_d = \arcsin(-U_y) \\ \theta_d = \arcsin \dfrac{U_x}{\cos\phi_d} \end{cases}$$

2）PID 法

PID 法设计控制器同样分为位置控制和姿态控制，分别设计 PID 控制器。

在位置控制部分，以 (x, y, z) 为被控量，使用 PD 控制，并引入加速度信息强化调节，可以得到 3 个虚拟控制量

$$\begin{cases} U_x = k_{px}(x_d - x) + k_{dx}(\dot{x}_d - \dot{x}) + k_{ddx}\ddot{x} \\ U_y = k_{py}(y_d - y) + k_{dy}(\dot{y}_d - \dot{y}) + k_{ddy}\ddot{y} \\ U_z = k_{pz}(z_d - z) + k_{dz}(\dot{z}_d - \dot{z}) + k_{ddz}\ddot{z} \end{cases} \tag{2.22}$$

以 U_x、U_y、U_z 作为在 X、Y、Z 轴方向上的加速度输入，由四旋翼无人机的线运动方程可知

$$\begin{bmatrix} U_x \\ U_y \\ U_z \end{bmatrix} = \frac{1}{m} \begin{bmatrix} (\cos\phi\sin\theta\cos\psi + \sin\phi\sin\psi)U_1/m \\ (\cos\phi\sin\theta\sin\psi - \sin\phi\cos\psi)U_1/m \\ (\cos\phi\cos\theta)U_1/m - g \end{bmatrix}$$

反解得到

$$\begin{cases} U_1 = m\sqrt{U_x^2 + U_y^2 + (U_z + g)^2} \\ \phi_{\mathrm{d}} = \arcsin[(U_x\sin\psi_d - U_y\cos\psi_d)\dfrac{m}{U_1}] \\ \theta_{\mathrm{d}} = \arcsin\dfrac{U_x m - U_1\sin\psi_{\mathrm{d}}\sin\phi_{\mathrm{d}}}{U_1\cos\psi_{\mathrm{d}}\cos\phi_{\mathrm{d}}} \end{cases}$$

在姿态控制部分，由于姿态控制不与位置控制相耦合，所以可以直接以 PI 控制器的输出作为虚拟控制量：

$$\begin{aligned} U_2 &= k_{\mathrm{p}\phi}(\phi_{\mathrm{d}} - \phi) - k_{\mathrm{d}\phi}\dot{\phi} \\ U_3 &= k_{\mathrm{p}\theta}(\theta_{\mathrm{d}} - \theta) - k_{\mathrm{d}\theta}\dot{\theta} \\ U_4 &= k_{\mathrm{p}\psi}(\psi_{\mathrm{d}} - \psi) - k_{\mathrm{d}\psi}\dot{\psi} \end{aligned} \tag{2.23}$$

3. 位姿全状态控制器的 MATLAB 仿真

由图 2.24 所示的仿真结果可以看出，反步法的收敛速度较快，但是到达稳态后有较小的稳态误差。由图 2.25 可以看出，PID 法较为依赖 PID 参数，且控制能力有限，需要一定时间收敛到期望位置，但到达稳态后没有稳态误差。

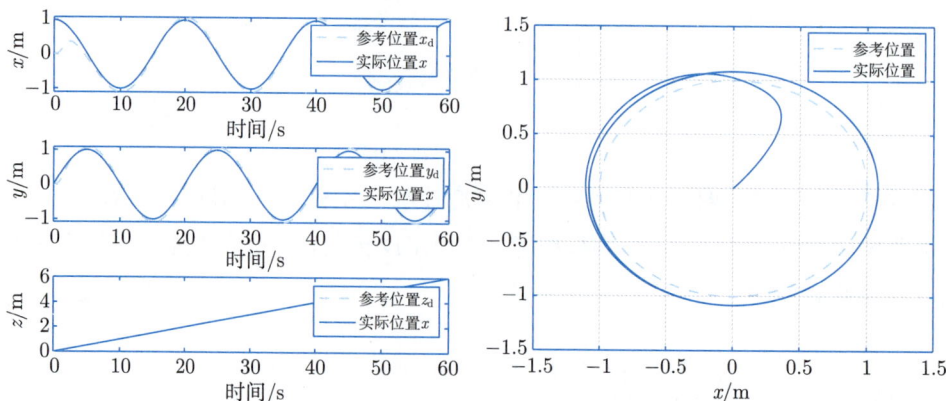

（a）反步法控制器跟踪圆轨迹飞行仿真　　（b）反步法飞行圆轨迹

图 2.24　反步法仿真结果

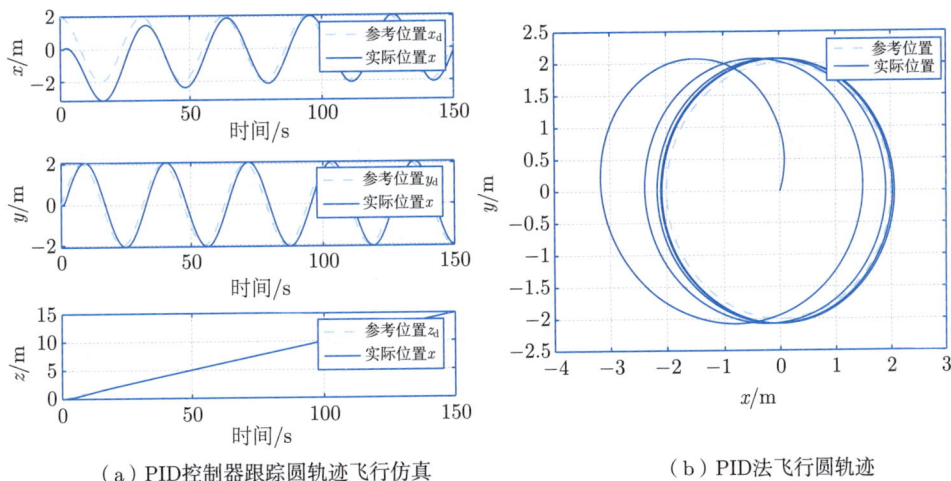

（a）PID 控制器跟踪圆轨迹飞行仿真　　　　（b）PID 法飞行圆轨迹

图 2.25　PID 法仿真结果

2.5　小结

无人系统控制离不开数学模型的建立。运动学的研究对象为运动本身，表述物体的位置、速度、加速度等物理量之间的大小和方向关系，一般不涉及受力层面，经常将物体抽象为质点进行研究，例如，研究车辆在某段时间内速度和运动轨迹的关系，就可以将车辆看作一个质点，采用运动学分析；而动力学则引入了力和能量的概念，也研究物体运动及运动的原因。通常在涉及机器底层控制层面时，采用动力学分析，例如，探讨车辆油门、刹车以及摩擦对车辆运动的影响，则需要进行车辆轴承、轮胎等关节的复杂受力分析，不能简单地当作一个质点来处理。

本章介绍了 3 种无人系统的经典数学模型，分别是两连杆机械臂、轮式无人车以及无人机模型。机械臂具有传动执行装置，通常用于抓取、移动等工业场景用途，可以执行指定的作业任务。无人车以其体积大、速度快、负载能力强的特点，可以应用于物资运输、人员运送以及侦察围捕目标等军事领域；还可应用于公共交通、环卫作业、港口搬运等民用领域。无人机可分为旋翼式无人机和固定翼无人机，本节重点介绍了四旋翼无人机，其相比于固定翼无人机体积更小，结构简单，容易控制，因此在探测、航拍、救援等多种军用、民用场景有更加广泛的应用。

在操控机械臂时需要控制其末端的位置，此外，在一些场景中还需要对末端接触力进行控制。机械臂控制可以分为直接力控制、间接力控制和混合力位控制，间接力控制又可以细分为阻抗控制和导纳控制。直接力控制方法直观，但实际使用比较困难；阻抗/导纳控制不直接控制外力，而是维护接触力和机械臂位置之间的关系；混合力位控制将力和位置解耦到两个不同的子空间，分别设计控制律并叠加。

轮式无人车由于其欠驱动系统和非完整约束的特点，在车身坐标系下的横向速度和加速度始终为 0，在控制器设计以及路径选取时尤其要注意是否满足运动学等约束。本节中介绍了一种一阶速度控制器，通过反馈得到的无人车位姿误差信息以及期望的位姿、速度信息，计算当前时刻的期望线速度、角速度、实现无人车轨迹跟踪效果。

四旋翼无人机是非线性、欠驱动、强耦合的系统，为了控制其位置和姿态，设计了姿态内环和位置外环的双闭环控制系统，其横滚角、俯仰角和位置 (x,y) 是相耦合的，垂直方向位置和偏航角的控制均是独立的。本节中介绍了反步法和 PID 法设计控制器，均可得到快速收敛的效果。

练 习

1. 如图 2.26 所示为一个三连杆机械臂模型。请使用 DH 表示方法，列出各项参数。

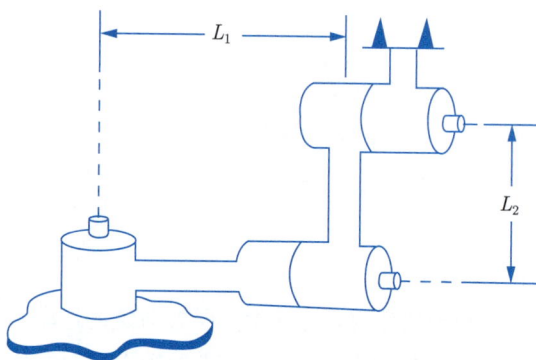

图 2.26　三连杆机械臂模型

i	α_{i-1}	a_{i-1}	d_i	θ_i
1				
2				
3				

2. 当四旋翼无人机的 3 个姿态角分别为 $\phi = 30°$，$\theta = 45°$，$\psi = 90°$ 时，计算从地面坐标系到机体坐标系的旋转矩阵 R_W^B。

3. 阻抗控制和导纳控制是如何控制力和位置的？为什么不直接对力或位置进行反馈控制？

4. 以下为平面二连杆机械臂模型，请根据图 2.27 给出的杆长、角度、角速度等参数信息计算末端执行器 P 的运动学模型。

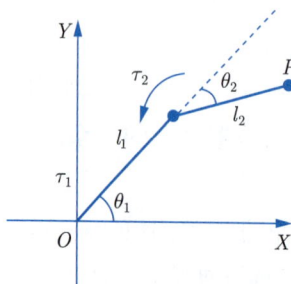

图 2.27　平面二连杆机械臂模型

5. 图 2.28 为一常见的倒立摆模型，小车的质量为 M，小球的质量为 m，杆长为 l，杆质量忽略不计，一平行于 X 轴的外力 u 作用于小车，请写出小球的动力学模型数学公式。

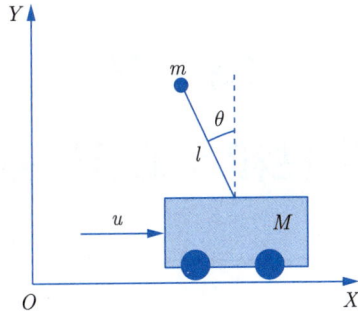

图 2.28　倒立摆模型

6. 假设某点 P 在平面直角坐标系 XOY 内坐标为 (x,y)，将该坐标系顺时针旋转 30 度后，沿 $(1,2)$ 方向平移，再逆时针旋转 $60°$ 后得到新的坐标系 $X'O'Y'$，请给出点 P 在此新坐标系下的坐标表示。

7. 假设无人车以 5rad/s、2m/s 的速度在世界坐标系下运动，无人车质心起点为 $(1,4)$，分析其质心在世界坐标系下的运动轨迹。

8. 考虑无人车轨迹跟踪控制中，除了非完整约束以外，还存在哪些约束？这些约束对所跟踪轨迹有什么要求？

9. 四旋翼无人机系统的双闭环结构的内环和外环分别是什么？为什么要设计双闭环结构？在内环和外环之间传递的控制量有哪些？

第 3 章
自主性和人工智能基础

3.1 引言

在学习自主智能无人系统的自主定位、运动规划等内容之前，需要了解与自主性及人工智能相关的基础知识，这些基础知识是实现无人系统自主性和智能性的理论基础。

自主性和人工智能基础的重要内容包括机器学习和神经网络等。机器学习主要分为有监督学习、无监督学习和强化学习三大类。有监督学习常用于分类和回归问题的求解，而无监督学习常用于聚类与降维等任务的求解，强化学习主要应用于那些需要与环境进行交互的决策和控制策略的求解。神经网络则是一种模仿人脑神经元工作原理的计算模型，其可以通过学习和调整权重实现自适应性，从而完成复杂的分类、回归、聚类等任务。神经网络是实现机器学习的一种方法，实际应用中常常使用深度神经网络进行监督学习（如分类或回归任务）、无监督学习（如聚类或降维任务）以及强化学习（如决策或控制任务）。

本章将对自主智能无人系统中与人工智能相关的基础知识展开介绍。首先，对机器学习中的基本定义和典型求解方法作简要介绍，包括监督学习与无监督学习。随后，介绍马尔可夫决策过程和机器学习中的基本概念和求解方法。进一步地，总结概括几种典型人工神经网络模型的结构与工作原理，包括循环神经网络、长短期记忆网络、生成对抗网络及注意力机制等。最后，将神经网络和机器学习方法应用于一个无人驾驶轨迹预测问题中，以便读者更好地理解前述内容。

3.2 机器学习基础

本节主要介绍机器学习中涉及的基本概念以及两类经典学习方法：监督学习和无监督学习。在基本概念部分，介绍机器学习的定义以及常用的基本术语；在监督学习和无监督学习部分，分别介绍相关概念和一些常用算法的基本原理。

3.2.1 基本概念

1. 机器学习三要素

机器学习 (machine learning) 是一门研究如何利用数据和计算方法来改善系统性能的学科。它一般包含 3 个要素：**模型** (model)、**策略** (strategy) 和**算法** (algorithm)。

模型：用于对数据进行预测与分析。

策略：学习过程中判断模型效果优劣的准则。

算法：学习过程中模型的具体计算方法。

2. 训练、测试和验证

训练、测试和验证的关系如图 3.1 所示。

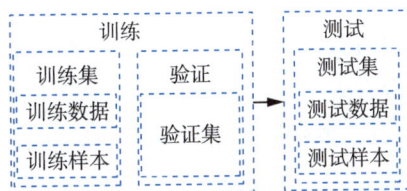

图 3.1　训练、测试和验证的关系

通过设计不同的策略和算法，并提供相应的数据，就可以学习得到不同的模型。其中，学习过程称为**训练** (training)，提供的数据称为**训练数据** (training data)，训练数据中的每个样本称为**训练样本** (training sample)，训练样本的集合称为**训练集** (training set)。

通过训练得到模型以后，向该模型输入相应的数据，就可以输出预测结果。其中，预测的过程称为**测试** (testing)，用于测试的数据称为**测试数据** (testing data)，测试数据中的每个样本称为**测试样本** (testing sample)，测试样本的集合称为**测试集** (testing set)。

在训练过程中，存在一个反馈过程，该过程被称为**验证** (validation)。验证是指在训练过程中，使用不同于训练集的数据集进行测试，并根据测试结果进行参数调整和模型选择的过程。其中，用于验证的数据集称为**验证集** (validation set)。

3. 模型评估和误差

测试结束后，需要将模型的预测输出与样本的真实输出进行对比，这个过程称为**模型评估**。通常，将模型实际预测输出与样本的真实输出两者的差异称为**误差** (error)，在训练集上的误差称为**训练误差** (training error) 或**经验误差** (empirical error)，在测试集上的误差称为**测试误差** (testing error)，在新样本上的误差称为**泛化误差** (generalization error)。

4. 数据集和样本

训练集、测试集和验证集三者构成了机器学习中的完整**数据集** (data set)。数据集的基本单位称为**样本** (sample) 或**示例** (instance)，它由用于描述自身性质的记录组成，这个记录被称为**属性** (attribute) 或**特征** (feature)，属性的取值被称为**属性值** (attribute value)。在某些情况下，样本可能会带有对应的真实输出记录，这个记录被称为**标记信息或标签** (label)。在不讨论强化学习的情况下，根据训练数据是否拥有标签信息，可以将机器学习分为**监督学习**

(supervised learning) 和**无监督学习** (unsupervised learning)。其中，训练数据含有标记信息的机器学习方法称为监督学习，训练数据不含标记信息的机器学习方法称为无监督学习。

3.2.2 监督学习

监督学习的目标是通过带有标记信息的训练数据（即每个数据点都有对应的输出结果或"标签"）来学习一个关于输入（特征）与输出（标签）之间关系的模型，并应用该模型去预测新输入的可能输出。这个模型的一般形式为**决策函数**或**条件概率分布**。

决策函数：$Y = f(X)$。

条件概率分布：$P(Y|X)$。

其中，X 和 Y 分别为输入变量和输出变量。

分类 (classification) 和**回归** (regression) 是监督学习的两项经典任务。

（1）**分类**：当输出变量 Y 取有限个离散值时，该监督学习任务便称为分类问题。此时，输入变量 X 可以是离散的，也可以是连续的。根据分类的类别数量，可以把分类任务分为**二分类问题**和**多分类问题**。二分类问题表示分类类别仅有两种，多分类问题则存在多个不同的分类类别。

（2）**回归**：回归旨在预测输入变量 X 和输出变量 Y 之间的关系，特别是输出变量随输入变量变化的关系。根据输入变量的个数，可以把回归任务分为**一元回归**和**多元回归**。其中，一元回归的输入变量只有一个，而多元回归的输入变量有多个。同时，回归任务也可以根据输入变量与输出变量之间的关系类型分为**线性回归**和**非线性回归**。

下面是一些经典的监督学习算法。

1. 线性回归算法

线性回归 (linear regression) **算法**是一种回归算法，核心思想是建立预测值与所有样本属性之间的线性关系，即

$$f(\boldsymbol{x}) = w_1 x_1 + w_2 x_2 + \cdots + w_n x_n + b$$

其中，$\boldsymbol{x}$ 可表示为 $\boldsymbol{x} = [x_1, x_2, \cdots, x_n]^{\mathrm{T}}$，$x_1, x_2, \cdots, x_n$ 分别为样本 $\boldsymbol{x}$ 的 n 个属性上的取值，$w_1, w_2, \cdots, w_n, b$ 为要学习的参数，$f(\boldsymbol{x})$ 为预测值。向量形式是

$$f(\boldsymbol{x}) = \boldsymbol{w}^{\mathrm{T}} \boldsymbol{x} + b$$

其中，$\boldsymbol{w} = [w_1, w_2, \cdots, w_n]^{\mathrm{T}}$。

线性回归的目标是最小化模型预测值与训练集 D 中每个样本标注之间的误差平方，即

$$(\boldsymbol{w}^*, b^*) = \underset{(\boldsymbol{w}, b)}{\operatorname{argmin}} \sum_{i=1}^{m} (f(\boldsymbol{x}_i) - \boldsymbol{y}_i)^2$$

其中，$\boldsymbol{x}_i$ 和 $\boldsymbol{y}_i$ 分别为训练集 D 中第 i 个样本和它对应的标注，$f(\boldsymbol{x}_i)$ 为模型对于样本 $\boldsymbol{x}_i$ 的预测值。

可以通过**最小二乘法** (ordinary least squares) 求解上述问题，线性回归算法的基本流程如算法 1 所示。

算法 1 线性回归算法 LinearRegression(D)

输入： 训练集 $D = \{(\boldsymbol{x}_1, y_1), (\boldsymbol{x}_2, y_2), \cdots, (\boldsymbol{x}_m, y_m)\}$.

1: 令 $\boldsymbol{X} = \begin{bmatrix} x_{11} & x_{12} & \cdots & x_{1n} & 1 \\ x_{21} & x_{22} & \cdots & x_{2n} & 1 \\ \vdots & \vdots & \ddots & \vdots & \vdots \\ x_{m1} & x_{m2} & \cdots & x_{mn} & 1 \end{bmatrix}$

其中 x_{ij} 是第 i 个样本的第 j 个属性

2: 令 $\boldsymbol{y} = [y_1, y_2, \cdots, y_m]^{\mathrm{T}}$

3: 计算 $\hat{\boldsymbol{w}}^* = (\boldsymbol{X}^{\mathrm{T}}\boldsymbol{X})^{-1}\boldsymbol{X}^{\mathrm{T}}\boldsymbol{y}$，其中 $\hat{\boldsymbol{w}}^* = [\boldsymbol{w}^*, b^*]^{\mathrm{T}}$

4: 令 $\hat{\boldsymbol{x}}_i = [\boldsymbol{x}_i, 1]^{\mathrm{T}}$

5: 线性回归模型 $f(\hat{\boldsymbol{x}}_i) = \hat{\boldsymbol{x}}_i^{\mathrm{T}}\hat{\boldsymbol{w}}^*$

输出： 线性回归模型 $f(\hat{\boldsymbol{x}}_i)$.

---

2. 对数几率回归算法

对数几率回归 (logistic regression) **算法**是一种分类算法，主要用于解决二分类问题。若将二分类问题的输出标记为 $y \in \{0, 1\}$，则对数几率回归算法的核心思想是：通过应用**对数几率函数** (logistic function)，将线性回归的预测值 $z = \boldsymbol{w}^{\mathrm{T}}\boldsymbol{x} + b$ 转换为 0/1 值，再将其作为预测结果 y。

若只考虑将实值 z 转换为 0/1 值，则最理想的是**单位阶跃函数** (unit-step function)

$$y = \begin{cases} 0 & , z < 0 \\ 0.5 & , z = 0 \\ 1 & , z > 0 \end{cases}$$

对于单位阶跃函数，预测值 $z > 0$ 时，判为正例；$z < 0$ 时，则判为反例；$z = 0$ 时，分类可自由选择。然而，单位阶跃函数的不连续性可能会在后续的求导过程中引发问题。因此，需要一个既能近似单位阶跃函数，又能满足单调可微性质的替代函数。**对数几率函数**正是这样一种广泛使用的替代函数：

$$y = \frac{1}{1 + \mathrm{e}^{-z}}$$

类似地，对于对数几率函数，当预测值 $z > 0$ 时，判为正例；当 $z < 0$ 时，判为反例；当 $z = 0$ 时，y 的值可自由决定。

将线性回归预测值 z 转换为对数几率回归预测值 y 之后，需要求解 $z = \boldsymbol{w}^{\mathrm{T}}\boldsymbol{x} + b$ 中的 $\boldsymbol{w}$ 和 b。由于此时数据集 D 中的 y 不是连续值，而是离散的 0/1 值，因此不能直接使用线性回归算法的最小二乘法进行求解。针对这一离散型随机变量的参数估计问题，可以采用**极大似然法** (maximum likelihood method) 构建优化模型，并采用**梯度下降法** (gradient descent method) 或者**牛顿法** (Newton method) 等数值优化算法求解出最优解。基于梯度下降法的对数几率回归算法基本流程如算法 2 所示。

算法 2 对数几率回归算法 Logistic Regression(D, α, T)

输入： 训练数据集 $D = \{(\boldsymbol{x}_1, y_1), (\boldsymbol{x}_2, y_2), \cdots, (\boldsymbol{x}_m, y_m)\}$;
　　　　学习率 α; 迭代次数 T.

1: 令 $\hat{\boldsymbol{x}}_i = [\boldsymbol{x}_i, 1]^{\mathrm{T}} = [x_{i1}, x_{i2}, \cdots, x_{in}, 1]^{\mathrm{T}}$，其中，$x_{ij}$ 是第 i 个样本的第 j 个属性
2: 令 $\boldsymbol{X} = [\hat{\boldsymbol{x}}_1, \hat{\boldsymbol{x}}_2, \cdots, \hat{\boldsymbol{x}}_m]$
3: 令 $\boldsymbol{y} = [y_1, y_2, \cdots, y_m]^{\mathrm{T}}$
4: 初始化模型参数 $\hat{\boldsymbol{w}}$，其中，$\hat{\boldsymbol{w}} = [\boldsymbol{w}, b]^{\mathrm{T}} = [w_1, w_2, \cdots, w_n, b]^{\mathrm{T}}$
5: **for** $t = 1, 2, \cdots, T$ **do**
6: 　　计算线性组合: $\boldsymbol{z} = [z_1, z_2, \cdots, z_m]^{\mathrm{T}} = \boldsymbol{X}^{\mathrm{T}} \hat{\boldsymbol{w}}$
7: 　　计算预测值: $\boldsymbol{h} = [\mathrm{LF}(z_1), \mathrm{LF}(z_2), \cdots, \mathrm{LF}(z_m)]$，其中，LF() 代表对数几率函数
8: 　　计算梯度: $\mathbf{grad} = \boldsymbol{X}^{\mathrm{T}}(\boldsymbol{h} - \boldsymbol{y})/m$
9: 　　更新模型参数: $\hat{\boldsymbol{w}} = \hat{\boldsymbol{w}} - \alpha * \mathbf{grad}$
10: **end for**
11: 对数几率回归模型 $f(\hat{\boldsymbol{x}}_i) = \mathrm{LF}(\hat{\boldsymbol{w}}^{\mathrm{T}} \hat{\boldsymbol{x}}_i)$

输出： 对数几率回归模型 $f(\hat{\boldsymbol{x}}_i)$.

---

3. 决策树算法

决策树 (decision tree) **算法**既可以用于分类任务，也可以用于回归任务。下面介绍用于**分类任务的决策树算法**。如图 3.2 所示，分类决策树模型由**内部节点** (internal node)、**叶节点** (leaf node) 和**有向边** (directed edge) 组成。

内部节点： 表示一个属性。

叶节点： 表示一个类别。

有向边： 表示满足某一种属性值。

决策树的学习过程通常是一个递归的过程，该过程选择最优的划分属性，并根据该属性对训练数据集进行分割，目的是对每个子数据集进行最佳的分类。

假设给定训练数据集

$$D = \{(\boldsymbol{x}_1, y_1), (\boldsymbol{x}_2, y_2), \cdots, (\boldsymbol{x}_m, y_m)\}$$

该训练数据集对应的属性集为

$$A = \{a_1, a_2, \cdots, a_n\}$$

首先，将训练集 D 中的所有数据放在根节点处，并从属性集 A 中选取一个最优的划分属性作为根节点。接着，根据这个最优划分属性，将训练数据集分割成子集，在当前条件下为每个子集提供最佳的分类。该属性的不同取值作为一条有向边。

如果某个子集已经可以被基本正确分类，则构建叶节点并标记类别，然后将这些子集分配到对应的叶节点；如果还有子集不能被基本正确地分类，则在这些子集对应的新属性集中选择新的最优划分属性，继续划分子集，并构建新的节点和有向边。如此递归进行下去，直至所有训练数据均被划分至叶节点，或者无法选出合适的属性为止。决策树算法的基本流程如算法 3 所示。

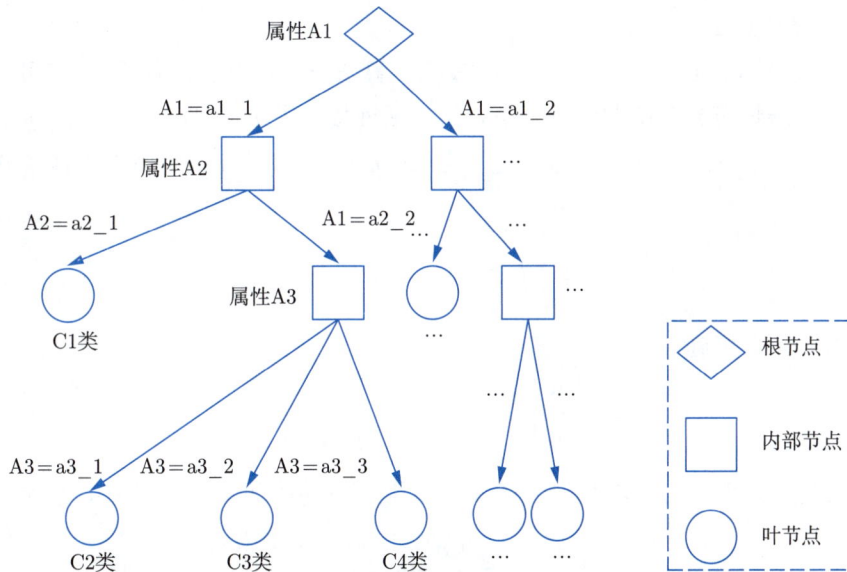

图 3.2　决策树模型

算法 3　决策树算法 DecisionTree(D,A)

输入： 训练数据集 $D = \{(\boldsymbol{x}_1, y_1), (\boldsymbol{x}_2, y_2), \cdots, (\boldsymbol{x}_m, y_m)\}$；

　　　　属性集 $A = \{a_1, a_2, \cdots, a_n\}$.

1: 生成一个节点

2: **if** D 的全体样本均属于类别 C **then**

3: 　　将节点标记为类别为 C 的叶节点

4: 　　**return**

5: **end if**

6: **if** $A = \varnothing$ **or** D 中样本在 A 上的取值均相同 **then**

7: 　　将节点标记为叶节点，类别标记为 D 中样本数最多的类别

8: 　　**return**

9: **end if**

10: 从 A 中选取最优划分属性 a^*

11: **for** 每个取值 $a_i^* \in a^*$ **do**

12: 　　生成一条有向边，并且令 D_i 为训练数据集 D 中在 a^* 上取值为 a_i^* 的样本集合

13: 　　**if** $D_i = \varnothing$ **then**

14: 　　　将节点标记为叶节点，类别标记为 D 中样本数最多的类别

15: 　　　**return**

16: 　　**else**

17: 　　　以 DecisionTree($D_i, A\backslash\{a^*\}$) 为内部节点

18: 　　**end if**

19: **end for**

输出： 以该节点为根节点的一棵决策树.

4. 支持向量机算法

支持向量机 (Support Vector Machine，SVM) **算法**既可以用于分类任务，也可以用于回归任务。下面介绍**线性可分支持向量机算法**。给定训练数据集 $D = \{(\boldsymbol{x}_1, y_1), (\boldsymbol{x}_2, y_2), \cdots, (\boldsymbol{x}_m, y_m)\}$，其中，$y_i \in \{-1, +1\}$。假设划分超平面 $\boldsymbol{w}^{\mathrm{T}}\boldsymbol{x} + b = 0$ 能正确地将训练样本分类，则有

$$\begin{cases} \boldsymbol{w}^{\mathrm{T}}\boldsymbol{x}_i + b > 0, y_i = +1 \\ \boldsymbol{w}^{\mathrm{T}}\boldsymbol{x}_i + b < 0, y_i = -1 \end{cases}$$

通过缩放变换，可以得到

$$\begin{cases} \boldsymbol{w}^{\mathrm{T}}\boldsymbol{x}_i + b \geqslant +1, y_i = +1 \\ \boldsymbol{w}^{\mathrm{T}}\boldsymbol{x}_i + b \leqslant -1, y_i = -1 \end{cases} \tag{3.1}$$

然后，如图 3.3 所示，样本空间中任意点 $\boldsymbol{x}$ 到划分超平面 $\boldsymbol{w}^{\mathrm{T}}\boldsymbol{x} + b = 0$ 的距离为

$$r = \frac{|\boldsymbol{w}^{\mathrm{T}}\boldsymbol{x} + b|}{\|\boldsymbol{w}\|}$$

而**支持向量** (support vector) 被定义为距离超平面最近的训练样本点，它们使得式 (3.1) 中的等号成立。两个不同类别的支持向量到超平面的距离之和被表示为图 3.3 中的 γ，它被称为**间隔** (margin)。支持向量机的核心思想就是在满足划分约束的情况下，找到具有**最大间隔** (maximum margin) 的划分超平面，即

$$\max_{\boldsymbol{w}, b} \frac{2}{\|\boldsymbol{w}\|}$$
$$\text{s.t. } y_i(\boldsymbol{w}^{\mathrm{T}}\boldsymbol{x}_i + b) \geqslant 1, \quad \forall i = 1, 2, \cdots, m \tag{3.2}$$

此外，将式 (3.2) 等价变换后可得到**支持向量机的基本型**，即

$$\min_{\boldsymbol{w}, b} \frac{1}{2} \|\boldsymbol{w}\|^2$$
$$\text{s.t. } y_i(\boldsymbol{w}^{\mathrm{T}}\boldsymbol{x}_i + b) \geqslant 1, \quad \forall i = 1, 2, \cdots, m$$

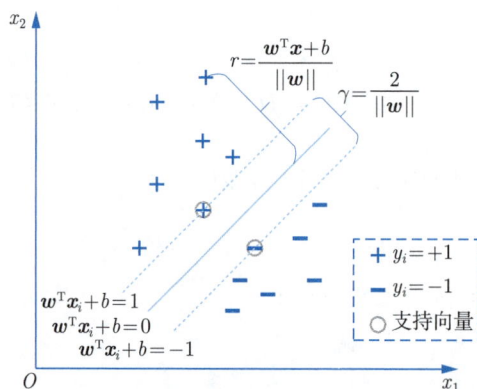

图 **3.3** 支持向量机原理图

支持向量机算法的基本流程如算法 4 所示。

算法 4 支持向量机算法 SupportVectorMachine(D)

输入： 训练数据集 $D = \{(\boldsymbol{x}_1, y_1), (\boldsymbol{x}_2, y_2), \cdots, (\boldsymbol{x}_m, y_m)\}$.

1: 初始化模型参数 $\boldsymbol{w}$ 和 b
2: 构建优化问题：
$$\min_{\boldsymbol{w}, b} \frac{1}{2} \|\boldsymbol{w}\|^2$$
$$\text{s.t.} \ y_i(\boldsymbol{w}^{\mathrm{T}} \boldsymbol{x}_i + b) \geqslant 1, \ \forall i = 1, 2, \cdots, m.$$
3: 利用**序列最小优化算法** (Sequential Minimal Optimization, SMO) 或**梯度下降法**等优化算法求解 $\boldsymbol{w}$ 和 b
4: 构建支持向量机模型 $f(\boldsymbol{x}_i) = \boldsymbol{w}^{\mathrm{T}} \boldsymbol{x} + b$

输出： 支持向量机模型 $f(\boldsymbol{x}_i)$.

---

5. 监督学习总结

以上 4 种经典的监督学习算法拥有各自的特点、适用范围和优缺点，总结如表 3.1 所示。

表 3.1 监督学习算法对比表

算法	特点	适用范围	优点	缺点
线性回归算法	连续数值预测 线性模型	回归问题 线性关系	易于理解 计算效率高	适用范围受限 对异常值敏感
对数几率回归算法	二分类问题 线性模型 对数几率函数	分类问题 线性关系 近似线性关系	易于理解 计算效率高	适用范围受限 对异常值敏感
决策树算法	树状结构 递归分割	分类和回归问题 线性和非线性关系	适用范围广 可解释性强	容易过拟合 对噪声和小样本敏感
支持向量机算法	寻找最大间隔超平面	分类和回归问题 线性和非线性关系	适用范围广 泛化能力强	计算成本高 对大规模数据集敏感

3.2.3 无监督学习

无监督学习的目标是从未标记的训练数据中学习数据的内在结构、模式或关系。**聚类** (clustering) 和**降维** (dimensionality reduction) 是无监督学习的两个典型任务。

聚类： 将样本集合中相似的样本分配到同一类别，不相似的样本分配到不同类别，一个类别被称作一个"簇"。根据样本是否只能属于一个类别，可以将聚类分为**硬聚类** (hard clustering) 和**软聚类** (soft clustering)。硬聚类意味着每个样本只能属于一个类别，而软聚类则允许一个样本属于多个类别。聚类示例如图 3.4 所示。

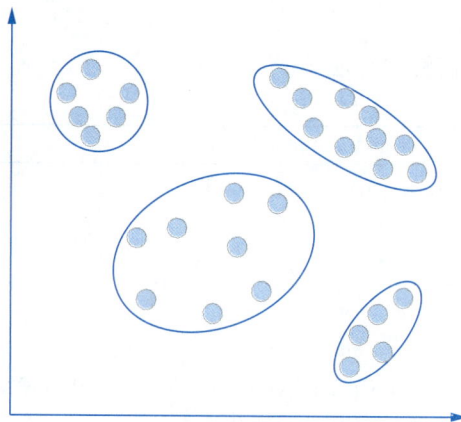

图 3.4　聚类示例

降维:将训练数据中的样本从高维空间转换到低维空间,在此过程中,要尽可能地减少样本信息的损失。降维示例如图 3.5 所示。

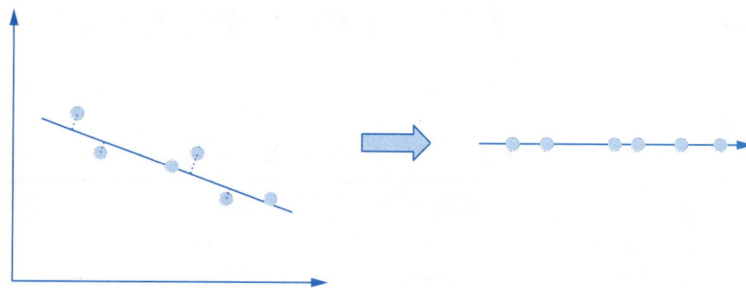

图 3.5　降维示例

下面是一些经典的无监督学习算法。

1. k 均值算法

k 均值 (k-means) **算法**是一种聚类算法。给定样本集 $D = \{\boldsymbol{x}_1, \boldsymbol{x}_2, \cdots, \boldsymbol{x}_m\}$ 和聚类簇数 k,k 均值算法的目标是将数据分为 k 个簇,并针对聚类所得簇划分 $C = \{C_1, C_2, \cdots, C_k\}$ 最小化平方误差

$$E = \sum_{i=1}^{k} \sum_{\boldsymbol{x} \in C_i} \|\boldsymbol{x} - \boldsymbol{\mu}_i\|^2$$

其中,$\boldsymbol{\mu}_i = \dfrac{1}{|C_i|} \sum\limits_{\boldsymbol{x} \in C_i} \boldsymbol{x}$ 是簇 C_i 的均值向量。

平方误差 E 的值越小,说明样本在簇内围绕簇均值向量 $\boldsymbol{\mu} = [\boldsymbol{\mu}_1, \boldsymbol{\mu}_2, \cdots, \boldsymbol{\mu}_k]$ 的分布越紧密,即簇内样本相似度越高。这正是 k 均值算法的核心思想。k 均值算法的基本流程如算法 5 所示。

算法 5 k 均值算法 KMeans(D,k)

输入： 样本集 $D = \{\boldsymbol{x}_1, \boldsymbol{x}_2, \cdots, \boldsymbol{x}_m\}$；聚类簇数 k.

1: 随机选择 k 个样本作为初始均值向量 $\boldsymbol{\mu}_1, \boldsymbol{\mu}_2, \cdots, \boldsymbol{\mu}_k$

2: **while** 均值向量仍存在更新 **do**

3:　　初始化 $C = \{C_1, C_2, \cdots, C_k\} = \{\emptyset, \emptyset, \cdots, \emptyset\}$

4:　　**for** 每个训练样本 $\boldsymbol{x}_i \in D$ **do**

5:　　　　计算样本 $\boldsymbol{x}_i$ 与各均值向量 $\boldsymbol{\mu}_j (1 \leqslant j \leqslant k)$ 的距离：$d_{ij} = \|\boldsymbol{x}_i - \boldsymbol{\mu}_j\|$

6:　　　　将 $\boldsymbol{x}_i$ 的簇标记设置为距离最近的均值向量：$\lambda_i = \arg\min_{j \in \{1,2,\cdots,k\}} d_{ij}$

7:　　　　将样本 $\boldsymbol{x}_i$ 归入对应的簇：$C_{\lambda_i} = C_{\lambda_i} \bigcup \{\boldsymbol{x}_i\}$

8:　　**end for**

9:　　**for** $i = 1, 2, \cdots, k$ **do**

10:　　　计算新的均值向量：$\boldsymbol{\mu}_i' = \dfrac{1}{|C_i|} \sum_{\boldsymbol{x} \in C_i} \boldsymbol{x}$

11:　　　**if** $\boldsymbol{\mu}_i' \neq \boldsymbol{\mu}_i$ **then**

12:　　　　将 $\boldsymbol{\mu}_i$ 更新为 $\boldsymbol{\mu}_i'$

13:　　　**else**

14:　　　　保持 $\boldsymbol{\mu}_i$ 不变

15:　　　**end if**

16:　　**end for**

17: **end while**

输出： 簇划分 $C = \{C_1, C_2, \cdots, C_k\}$.

---

2. 主成分分析算法

主成分分析 (Principal Component Analysis，PCA) **算法**是一种降维方法。对于给定训练数据集 $D = \{\boldsymbol{x}_1, \boldsymbol{x}_2, \cdots, \boldsymbol{x}_m\}$，假定其中的样本已经进行了**标准化** (standardization)：

$$\left(\boldsymbol{x}_i - \frac{1}{m}\sum_{i=1}^{m}\boldsymbol{x}_i\right) \bigg/ \sqrt{\frac{1}{m}\sum_{i=1}^{m}\left(\boldsymbol{x}_i - \frac{1}{m}\sum_{i=1}^{m}\boldsymbol{x}_i\right)^2} \to \boldsymbol{x}_i$$

接下来对样本进行正交变换，将其转换为由几个线性无关的新变量表示的样本。通过考虑方差大小，可以将新变量依次划分为第一主成分、第二主成分等。然后，利用更少数量的主成分近似表示原始数据，实现数据的降维。这就是主成分分析算法的核心思想。具体原理如图 3.6 所示。

假设数据样本已经进行了标准化处理，并且它们分布在图 3.6 中的椭圆之内。起初，样本由 x_1 和 x_2 表示，通过正交变换后，样本由 y_1 和 y_2 表示。在这里，y_1 轴的方向具有最大方差，y_2 轴的方向方差次之。因此，y_1 轴为第一主成分，而 y_2 轴为第二主成分。若主成分分析仅在一维空间中进行，则只选择 y_1 轴。这等价于将数据投影在 y_1 轴上，并用 y_1 轴上的投影点来表示样本，从而实现从二维空间到一维空间的降维。主成分分析算法的基本流程如算法 6 所示。

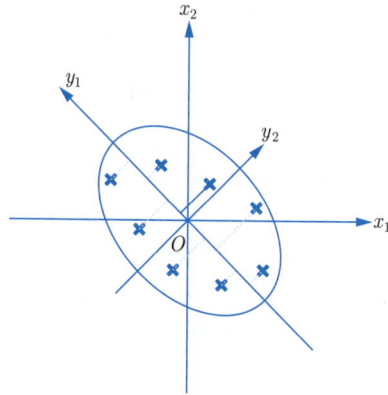

图 3.6　主成分分析原理图

算法 6　主成分分析算法 $\mathrm{PrincipalComponentAnalysis}(D,d)$

输入：训练数据集 $D = \{\boldsymbol{x}_1, \boldsymbol{x}_2, \cdots, \boldsymbol{x}_m\}$; 低维空间维数 d.

1: 样本标准化：$(\boldsymbol{x}_i - \frac{1}{m}\sum\limits_{i=1}^{m}\boldsymbol{x}_i)/\sqrt{\frac{1}{m}\sum\limits_{i=1}^{m}(\boldsymbol{x}_i - \frac{1}{m}\sum\limits_{i=1}^{m}\boldsymbol{x}_i)^2} \to \boldsymbol{x}_i$

2: 计算样本的协方差矩阵 $\boldsymbol{\Sigma} = \boldsymbol{X}\boldsymbol{X}^{\mathrm{T}}$, 其中, $\boldsymbol{X} = [\boldsymbol{x}_1, \boldsymbol{x}_2, \cdots, \boldsymbol{x}_m]$

3: 对协方差矩阵 $\boldsymbol{\Sigma}$ 做特征值分解

4: 取最大的 d 个特征值所对应的特征向量 $\boldsymbol{w}_1, \boldsymbol{w}_2, \cdots, \boldsymbol{w}_d$ 组成投影矩阵 $\boldsymbol{W} = [\boldsymbol{w}_1, \boldsymbol{w}_2, \cdots, \boldsymbol{w}_d]$

输出：投影矩阵 $\boldsymbol{W}$.

---

3. 无监督学习总结

以上介绍的两种经典无监督学习算法各具特点，应用范围和优劣之处各不相同，具体总结如表 3.2 所示。

表 3.2　无监督学习算法对比表

算法	特点	适用范围	优点	缺点
k 均值算法	无监督学习集群分析	集群分析问题	易于实现 计算效率高 适用于大规模数据集	对簇的数量敏感 对初始质心的选择敏感 难以处理形状不规则的簇
主成分分析算法	降维技术	降维和特征提取问题 高维数据寻找主要特征	保留主要特征 减少数据冗余 去除相关性	适用范围受限 可能损失少量信息

3.3　强化学习基础

由于环境和任务复杂度高，无人系统常难以进行有效决策，利用强化学习进行无人系统的决策管理是一个理想的解决方案。强化学习是与无人系统控制理论、优化及感知科学等领域紧密相关的机器学习理论与方法。它主要通过不断与外部环境进行交互获取有效的反馈信息，以便优化解决连续多步的自动决策问题。本节首先简要介绍马尔可夫决策过程和强化学习中的基本概念和要素。然后，通过多臂赌博机问题，介绍强化学习中经典的"探索与利用"策略。最后，介绍强化学习中常用的求解方法，包括值迭代算法和策略迭代算法。

3.3.1 马尔可夫决策过程

1. 马尔可夫链

为定义马尔可夫决策过程，首先要了解以下概念：随机变量、随机过程、马尔可夫性。

随机变量是一个不确定量，用来表示随机试验结果。比如抛一枚硬币，正面朝上记为 0，反面朝上记为 1。抛硬币是个随机试验，抛硬币的结果是随机变量。

随机过程可以理解为在随机变量框架内引入时间维度的概念，或者更简洁地说，它可以被视为随机变量随时间的函数表述。比如连抛 10 次硬币，整个抛硬币过程的结果是一个随机过程。如果在一个随机过程中，未来状态的概率只依赖于当前状态，而与过去的状态无关，此性质被称为**马尔可夫性**。具有马尔可夫性的随机过程则被称为**马尔可夫过程**。

时间、状态都是离散的马尔可夫过程称为**马尔可夫链**。其中，状态在离散时间中按照一定的概率进行转移。马尔可夫链可由二元组 $\langle S, \boldsymbol{P} \rangle$ 来描述，其中，**状态空间** S 表示可能的状态集合，可以是有限的或无限的，如 $\{s_1, s_2, \cdots, s_n\}$。

转移概率矩阵 $\boldsymbol{P}$ 是一个方阵，则

$$\boldsymbol{P} = \begin{bmatrix} P_{11} & P_{12} & \cdots & P_{1n} \\ P_{21} & P_{22} & \cdots & P_{2n} \\ \vdots & \vdots & \ddots & \vdots \\ P_{n1} & P_{n2} & \cdots & P_{nn} \end{bmatrix}$$

其中，$P_{ij} \geqslant 0$，且每一行的元素之和等于 1，即 $\sum_{j=1}^{n} P_{ij} = 1$。元素 P_{ij} 表示从状态 s_i 转移到状态 s_j 的概率。

马尔可夫链的状态演化可以通过初始状态分布和转移概率矩阵迭代计算。初始状态分布表示在时刻 0（初始时刻）时，各个状态的概率分布，可以由向量 $\boldsymbol{w}_0 = (w_{01}, w_{02}, \cdots, w_{0n})$ 表示，其中，w_{0i} 代表马尔可夫链在初始时刻的状态为 s_i 的概率。具体地，通过不断乘以转移概率矩阵 $\boldsymbol{P}$，可以得到不同时刻的状态分布向量 $\boldsymbol{w}_t = (w_{t1}, w_{t2}, \cdots, w_{tn})$，其中，$w_{ti}$ 表示马尔可夫链在时刻 t 的状态为 s_i 的概率。

例题 3.1（天气预测模型）　假设明天是否下雨仅与今天的天气 (是否下雨) 有关，而与过去的天气无关。假设今天下雨、明天有雨的概率为 α，今天无雨而明天有雨的概率为 β；又假设把有雨称为 0 状态天气，把无雨称为 1 状态天气。记 s_n 表示第 n 天的天气状态，则 $\{s_n, n \geqslant 0\}$ 是状态有限的马尔可夫链。

（1）求其一步转移概率矩阵；

（2）若 $\alpha = 0.7, \beta = 0.4$，且今天有雨，求第四天有雨的概率。

解：（1）分别求其概率得

$$P\{s_{n+1} = 0 \mid s_n = 0\} = \alpha$$
$$P\{s_{n+1} = 0 \mid s_n = 1\} = \beta$$

状态概率矩阵为

$$\boldsymbol{P} = \begin{pmatrix} \alpha & 1-\alpha \\ \beta & 1-\beta \end{pmatrix}$$

（2）由题目可知，今天有雨，其状态分布向量为

$$\boldsymbol{w}_0 = \begin{pmatrix} 1 & 0 \end{pmatrix}$$

转移概率矩阵为

$$\boldsymbol{P} = \begin{pmatrix} 0.7 & 0.3 \\ 0.4 & 0.6 \end{pmatrix}$$

通过矩阵运算可得，

$$\boldsymbol{P}^4 = \begin{pmatrix} 0.5749 & 0.4251 \\ 0.5668 & 0.4332 \end{pmatrix}$$

因此，第四天的状态分布向量为

$$\boldsymbol{w}_4 = \boldsymbol{w}_0 \cdot \boldsymbol{P}^4 = \begin{pmatrix} 0.5749 & 0.4251 \end{pmatrix}$$

所以若今天有雨，则第四天下雨的概率为 0.5749。

2. 马尔可夫决策过程

马尔可夫决策过程在马尔可夫过程的基础上增加了奖励 (收获) r、动作集 A、折扣因子 γ，共同构成元组 $\langle S, A, P, r, \gamma \rangle$。

动作集 A：智能体根据状态选择的所有动作构成的集合。

奖励 r：在某些情形下，奖励 r 与 t 时刻的状态 s_t、动作 a_t 以及 $t+1$ 时刻的状态 s_{t+1} 均相关，表达为 $r(s_t, a_t, s_{t+1})$，可缩写为 r_{t+1}。在另外的情形下，奖励 r 只与 s_t、s_{t+1} 相关，表达为 $r(s_t, s_{t+1})$，可缩写为 r_{t+1}。

折扣因子 γ：更近期的奖励对收获的贡献更大，而更远期的奖励对收获的贡献则更小，故需为每个时序的奖励函数值赋予一定权重 γ。累计收获为所有时序奖励函数之和，即 $G_t = r_{t+1} + \gamma r_{t+2} + \gamma^2 r_{t+3} + \cdots$

下面给出马尔可夫决策过程的定义。

定义 3.1（马尔可夫决策过程）

马尔可夫决策过程（MDP）是一个完全可观的概率状态模型，可表述为一个五元组 $\langle S, A, P, r, \gamma \rangle$，包括

- 状态空间 S，其中包含初始状态 $s_0 \in S$;

- 动作集 $A(s) \subseteq A$，表示状态 $s \in S$ 下的动作集；
- 转移概率 $P_a(s' \mid s)$，表示在状态 s 下执行动作 a 后状态转为 s' 的概率，其中，$s \in S$ 和 $a \in A(s)$；
- 奖励 $r(s, a, s')$，表示使用动作 a 从状态 s 转换到状态 s' 所获得的奖励，其值可正可负；
- 折扣系数 $0 \leqslant \gamma < 1$。 ♣

为了计算马尔可夫决策过程的最佳策略，下面引出价值函数、贝尔曼方程和策略的概念。

价值函数：一个马尔可夫奖励过程中某一状态的价值函数为从该状态开始的马尔可夫链收获的期望，即

$$V(s) = \mathbb{E}\left[r_t + \gamma r_{t+1} + \gamma^2 r_{t+2} + \cdots\right]$$

化简可得

$$V(s) = \mathbb{E}\left[r_t + \gamma V\left(s_{t+1}\right)\right]$$

贝尔曼方程：由价值函数的定义可知，一个动作的回报是由该动作引起的所有可能状态的即时回报，以及这些状态对应的未来回报的总和。然而，因为在这个过程中可以以多种状态结束，所以应将回报乘以该状态的状态转移概率 $P_a(s'|s)$。由此，贝尔曼方程可写为

$$V(s) = \max_{a \in A(s)} \sum_{s' \in S} P_a(s'|s)[r(s, a, s') + \gamma V(s')]$$
$$= r(s) + \max_{a \in A(s)} \gamma \sum_{s' \in S} P_a(s'|s) V(s')$$

策略：策略是一个决策规则，它定义了在每个状态下智能体如何选择动作以最大化累积奖励。策略通常表示为 $\pi(s) = a$。其中，a 表示在状态 s 下选择的动作。

3.3.2 强化学习基本概念

1. 序贯决策过程

序贯决策（sequential decision）又称为顺序决策或序列决策，是一种按时间序列连续多次进行一系列动态决策的方法，可用于随机或不确定的动态系统优化。马尔可夫决策问题是序贯决策问题的一个例子。

序贯决策过程（sequential decision process）是指决策者按序贯决策方式进行决策的过程。以五子棋对弈为例，目标是在对手之前将己方的 5 颗棋子连成一条线。为此，在对弈过程中需要不断多次在合适位置落子，每次落子都可以视为一次决策。因此，这种依次进行决策的过程就构成了序贯决策过程。

强化学习的目标是通过机器学习的方式合理且有效地解决序贯决策问题，或者说是利用机器学习方式实现对连续多步自动决策问题的优化求解。

2. 强化学习基本要素

在强化学习过程中，智能体通过不断探索环境并与环境进行交互获得反馈信息，从而找到当前状态下使得累计奖励值最大的动作。强化学习的基本要素和流程如图 3.7 所示，其主要包括 5 个基本要素：智能体（agent）、动作（action）、系统环境（system environment）、状态（state）和奖励（reward）。

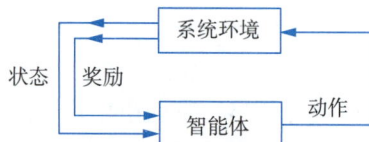

图 3.7　强化学习的基本要素和流程

智能体是动作的执行者，在实际应用中可能是一辆自动驾驶汽车、一架无人机、一个游戏玩家等。

动作是智能体根据环境情况做出的行为，如在自动驾驶任务中，汽车根据当前环境向左转可以被视为一个动作。

系统环境是指智能体所在的环境。环境的输入是智能体当前的状态和动作，输出是智能体获得的奖励和智能体的下一个状态。

状态是指由智能体执行动作后环境的某种状态变化。

奖励是指系统环境对智能体的动作的某种合理反馈。例如，在自动驾驶中，安全行驶里程数可以作为反馈信息，指导自动驾驶汽车做出更好的动作。

通常，强化学习通过建立**环境模型**对智能体和系统环境进行模拟。显然，只有当任务的系统环境已知且有限时，才能建立环境模型。这里的"**系统环境已知**"是指，在智能体选择某一动作时，环境给予的奖励值为已知，同时动作执行后环境的状态变化也是已知的。能够建立环境模型的强化学习被称为**有模型强化学习**。相反，难以或无法建立环境模型的强化学习被称为**无模型强化学习**。

3.3.3　多臂赌博机

假设有 N 台赌博机（澳大利亚扑克机），有时被称为多臂赌博机。玩家投一枚游戏币后可以按下任一摇臂，每个摇臂均以一定概率吐出不同数量的硬币作为玩家的奖励。随着时间的推移，每个玩家都会从未知的概率分布中随机获得奖励。目标是最大化一系列摇臂拉动下的奖励之和。多臂赌博机技术旨在解决以下问题：在无限长的时间内，且不知道摇臂奖励概率分布的情况下，如何选择摇臂以最大化奖励之和。下面给出多臂赌博机问题的详细介绍。

多臂赌博机的决策奖励是一组随机变量 $X_{i,k}$，其中，

（1）i 代表摇臂的序号，且满足 $1 \leqslant i \leqslant N$；

（2）k 代表摇臂 i 被选中时的决策回合序号，即玩家在第 k 次回合决策时拉下了摇臂 i。假设连续决策奖励 $X_{i,1}, X_{j,2}, X_{h,3}, \cdots$ 是独立分布的，且不知道每个随机变量 $X_{i,k}$ 的概率分

布。玩家反复选择摇臂，在每个回合结束后从赌博机上观察奖励 $X_{i,k}$，并根据奖励情况调整策略 $\pi(k)$。多臂赌博机问题的目标是寻找策略 π，以最大化所有回合获得的奖励总额。

假设没有关于奖励的概率分布的先验知识，一种简单的策略是每次随机选择一个摇臂，即进行均匀采样。在这种情况下，可以估计动作 a 的平均奖励 Q 值为

$$Q(a) = \frac{1}{N(a)} \sum_{i=1}^{t} X_{a,i}$$

其中，t 表示迄今为止决策回合总次数，$N(a)$ 代表在过去的决策回合中选择动作 a 的总次数，$X_{a,i}$ 是在第 i 个回合中玩家选择摇臂 a 后所获得的奖励值。

为解决多臂赌博机问题，在一段时间内可以通过随机探索选项来进行。当样本数量足够多时（当 $Q(a)$ 值趋于稳定时），开始选择贪婪动作 $\max_a Q(a)$。这种方法被称为 **ϵ-第一策略**（ϵ-first strategy），其中，参数 ϵ 确定了在转为选择贪婪动作之前选择随机动作的回合总数。

由于采样（回合）次数有限，每次无针对性的随机采样将导致采样次数的浪费。那么，是否可以根据目前得到的奖励信息，有针对性地选择某一动作呢？例如，可以优先选择当前奖励值最大的动作。下面介绍一种常用的动作选择方法，即探索与利用方法。

1. 探索与利用

为了追求更高的奖励值，一般倾向于选择迄今为止奖励值最高的动作。然而，在初始阶段缺乏足够的信息来确定哪些动作具有高奖励值。因此，在追求高奖励值的同时，为了确保不错过更高奖励值的动作，仍然需要探索其他策略。那么，到底该利用多少次高奖励值动作，又应该探索多少次其他策略呢？这就是所谓的探索与利用困境。探索与利用困境推动去寻找能最大限度减少遗憾的策略。

> **定义 3.2（遗憾）**
>
> 给定策略 π 和摇臂拉动次数 t，遗憾（Regret）被定义为
>
> $$\mathcal{R}(\pi,t) = t \cdot \max_a Q^*(a) - \mathbb{E}\left[\sum_{k=1}^{t} X_{\pi(k),k}\right]$$
>
> 其中，$Q^*(a)$ 是玩家选择摇臂 a 的真实平均奖励，但它是未知的。

由定义可知，遗憾是由于未采取最优动作而导致的预期损失。如果始终采取最优动作，则遗憾为 0。多臂赌博机策略的目标是学习一种能够减小遗憾的策略，被称为零遗憾策略。

零遗憾策略是指随着回合数趋近无穷大，每个回合的平均遗憾能够趋近于零的策略。因此，这意味着零遗憾策略将在足够多回合后收敛到最优策略。

2. 最小化遗憾方案

这里简单介绍几种减小遗憾的基本策略。每种策略都会记录每个摇臂在回合次数上的平均回报。在接下来的介绍中，统一定义 $Q(a)$ 为选择摇臂 a 后的平均奖励 Q 值，T 代表总回合次数，A 是可选摇臂（动作）集合。下面给出多臂赌博机策略的基本框架，如算法 7 所示。

算法 7 多臂赌博机策略基本框架

输入： 多臂赌博机问题 $M = \langle \{X_{i,k}\}, A, T \rangle$

1: 对于所有摇臂 $a \in A$ 设置 $Q(a) \leftarrow 0$

2: 对于所有摇臂 $a \in A$ 设置 $N(a) \leftarrow 0$

3: **for all** $k = 1, 2, \cdots, T$ **do**

4:    $a \leftarrow \mathrm{select}(k)$

5:    在第 k 次回合选择动作 a，并观察奖励 $X_{a,k}$

6:    $N(a) \leftarrow N(a) + 1$

7:    $Q(a) \leftarrow Q(a) + \dfrac{1}{N(a)}[X_{a,k} - Q(a)]$

8:    $k \leftarrow k + 1$

9: **end for**

输出： Q 值

算法 7 每次可选择一只摇臂，并观察其奖励值，将其加到该摇臂当前的累积平均奖励值中。接下来将介绍不同解决方案之间的关键区别，即函数 select 的实现方式。

1）ϵ-贪心策略

ϵ-贪心策略是一种平衡探索与利用关系的有效方法。该策略中，参数 $\epsilon \in [0, 1]$ 用来调整在探索环境与利用现有知识之间的权衡比例。在每次选择动作时，需要执行以下步骤（select 的实现方式）：

（1）以 $1 - \epsilon$ 的概率选择能最大化 Q 值的动作 $\mathrm{argmax}_a Q(a)$。如果存在多个具有相同最大 Q 值的动作，则在这些动作中随机选择一个执行。

（2）以 ϵ 概率随机选择一个具有均匀概率分布的动作。

ϵ 值的最优选择依赖于具体问题，一般情况下设置为 $0.05 \sim 0.1$。

2）ϵ-下降策略

由于最初几乎没有环境反馈，因此一开始仅利用现有知识并不是一个明智的策略。相反，ϵ-下降策略则是首先进行环境探索，随着收集到的反馈数据增多，再逐渐增加对现有知识的利用，这样更为合理。

ϵ-下降策略通过采用基本的 ϵ-贪心策略思想，并引入参数 $\alpha \in [0, 1]$ 来实现。参数 α 用于逐渐减小 ϵ，使其随时间增大而减小。ϵ-下降策略的 select 机制与 ϵ-贪心策略基本相同，但在每次选择后都会重新设置 $\epsilon := \epsilon \times \alpha$。这样，从最初一个较高的 ϵ 值开始探索，它会逐渐衰减到一个较低的值。随着收集到更多的反馈，探索的次数将会减少。

3）最大置信区间上界策略

另一种高效的减小遗憾的方案是最大置信区间上界策略，该策略的 select 机制如下所示，也被称为 UCB（Upper Confidence Bounds）公式

$$\mathrm{argmax}_a \left(Q(a) + \sqrt{\frac{2\log t}{N(a)}} \right)$$

其中，t 是当前回合总数，$N(a)$ 表示在前面回合中采取动作 a 的总次数。如果 $N(a)=0$，则平方根内的项没有意义。为了避免这种情况的发生，一种典型的方法是在前 N 轮中对所有动作进行至少一次探索。从上述 UCB 公式可以看出，第一项 $\mathrm{argmax}_a Q(a)$ 鼓励利用现有知识进行学习：对于先前获得高回报的行为，对应的 Q 值较高。第二项 $\mathrm{argmax}_a \sqrt{\dfrac{2\log t}{N(a)}}$ 鼓励探索环境：探索那些目前很少被利用的动作，即具有较低 $N(a)$ 值的动作。

注意，UCB 公式并不是一个加权公式，没有任何参数对 $Q(a)$ 或平方根表达式进行加权以平衡探索与利用。那么，它是如何工作的呢？这里给出一些直观理解。

根据 UCB 公式，每一轮回合中选择使括号内的表达式最大化的动作 a。如果对于所有动作 $b \neq a$，有

$$Q(b) + \sqrt{\frac{2\log t}{N(b)}} \leqslant Q^*(a)$$

那么 $Q(a)$ 是最优的。

3.3.4 值迭代算法

值迭代算法是一种通过迭代求解贝尔曼方程来找到最优值函数 V^* 的方法。该算法使用动态规划思想更新迭代值函数 V，直到其收敛至最优值函数 V^*。伪代码如算法 8 所示。

算法 8 值迭代算法（一）

输入：马尔可夫决策过程 $M = \langle S, A, P_a(s'|s), r(s,a,s') \rangle$

1: 初始化值函数 V 为任意值
2: **repeat**
3:     $\Delta \leftarrow 0$
4:     **for all** $s \in S$ **do**
5:       $\underbrace{V'(s) \leftarrow \max_{a \in A(s)} \sum_{s' \in S} P_a(s'|s)[r(s,a,s') + \gamma V(s')]}_{\text{贝尔曼方程}}$
6:       $\Delta \leftarrow \max(\Delta, |V'(s) - V(s)|)$
7:     **end for**
8:     $V \leftarrow V'$
9: **until** $\Delta \leqslant \theta$

输出：值函数 V

算法 8 迭代地应用贝尔曼方程，直到值函数 V 不再改变，或者直到它的变化范围小于很小的阈值 θ。当然，也可以使用 Q 值来改写算法 8，这更贴近基于代码的实现方式，具体见算法 9。

算法 9 值迭代算法（二）

输入： 马尔可夫决策过程 $M = \langle S, A, P_a(s'|s), r(s, a, s') \rangle$

1: 初始化值函数 V 为任意值
2: **repeat**
3:     $\Delta \leftarrow 0$
4:     **for all** $s \in S$ **do**
5:         **for all** $a \in A(s)$ **do**
6:             $Q(s, a) \leftarrow \sum_{s' \in S} P_a(s'|s)[r(s, a, s') + \gamma V(s')]$
7:         **end for**
8:         $\Delta \leftarrow \max(\Delta, |\max_{a \in A(s)} Q(s, a) - V(s)|)$
9:         $V(s) \leftarrow \max_{a \in A(s)} Q(s, a)$
10:     **end for**
11: **until** $\Delta \leqslant \theta$

输出： 值函数 V

随着迭代的继续，值迭代算法将收敛至最优值函数 V^*。但在实践中，当残差 Δ 达到某个预先设定的阈值 θ 时，算法将停止迭代。

例题 3.2 考虑具有两个状态的马尔可夫决策过程，如图 3.8 所示。状态集为 $S = \{1, 2\}$，动作集为 $A = \{a, b, c, d\}$。图 3.8 中只显示了非零概率的转移。每个转移上标注了采取的动作，并在斜线分隔符后标注了 $[P, r]$ 对，其中 P 表示转移发生的概率，r 表示采取该转移的期望奖励值。请判断哪个状态具有更高的最优值？

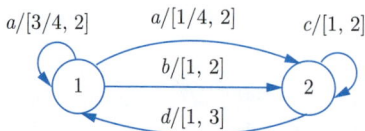

图 3.8 两个状态的马尔可夫决策过程

解： 利用算法 8 求解该问题，可得到这些状态上的迭代值为

$$V_{n+1}(1) = \max\left\{ 2 + \gamma\left(\frac{3}{4}V_n(1) + \frac{1}{4}V_n(2)\right), 2 + \gamma V_n(2) \right\}$$

$$V_{n+1}(2) = \max\left\{ 3 + V_n(1), 2 + \gamma V_n(2) \right\}$$

对于 $V_0(1) = -1$，$V_0(2) = 1$ 和 $\gamma = 1/2$，有 $V_1(1) = V_1(2) = 5/2$。因此，两个状态的初始策略值一样，但到第 5 轮迭代结束时，$V_5(1) = 4.53125$，$V_5(2) = 5.15625$ 并且算法迅速收敛到最优值 $V^*(1) = 14/3$ 和 $V^*(2) = 16/3$，这表明状态 2 具有更高的最优值。

下面介绍两种经典的值迭代算法：Q-学习算法和 SARSA 算法。

1. Q-学习算法

下面将介绍一种在未知模型中估计最优 Q 值函数 Q^* 的算法，即 **Q-学习算法**（Q-learning algorithm）。由于奖励概率分布未知，因此 Q-学习算法主要包括以下两步：

（1）采样得到新状态 s'；

（2）根据下式来更新策略值：

$$Q(s,a) \leftarrow (1-\alpha)Q(s,a) + \alpha[r(s,a) + \gamma \max_{a' \in A(s')} Q(s',a')] \tag{3.3}$$

这里参数 α 是学习速率。

Q-学习算法可以被视为值迭代算法的随机版本，伪代码如算法 10 所示。在每次更新迭代时，根据当前状态 s，以及从 Q 值导出的策略 π 选择动作。需要注意的是，只要策略 π 可以确保每个状态-动作对 (s,a) 被无限次访问，就可以任意选择策略 π。根据式(3.3)，接收到的奖励和观察到的新状态将被用于更新 Q 值。

算法 10 Q-学习算法

输入：初始化 $Q \leftarrow Q_0$，例如，可取 $Q_0 = 0$；马尔可夫决策过程 $M = \langle S, A, P_a(s'|s), r(s,a,s') \rangle$

1: **for all** $t = 0, 1, 2, \cdots, T$ **do**
2:    选择某一状态 s
3:    **repeat**
4:       利用探索与利用策略，根据 Q 值选择动作 $a \in A(s)$
5:       执行动作 a，观察环境返回的奖励 r' 和状态 s'
6:       $Q(s,a) \leftarrow Q(s,a) + \alpha[r' + \gamma \max_{a'} Q(s',a') - Q(s,a)]$
7:       $s \leftarrow s'$
8:    **until** s 是终止状态
9: **end for**

输出：Q

强化学习算法主要包括两个步骤。首先是决定采取何种动作的**学习策略**（learning policy）；其次是定义用于更新最优值函数的**更新规则**（update rule）。对于**异策略算法**（off-policy algorithm），更新规则无须依赖学习策略。Q-学习算法是一种异策略算法，因为其更新规则（参见算法 10 中的第 6 行）基于最大算子和对所有动作 a' 的比较，而不依赖于策略 π。相反，接下来介绍的算法 SARSA 则是一种**同策略算法**（on-policy algorithm）。

2. SARSA 算法

SARSA 与 Q-学习算法相似，同样是一种从未知模型中估计最优 Q 值函数的方法。算法 11 给出了 SARSA 算法的伪代码。

可以注意到，SARSA 的更新规则（参见算法 11 中的第 7 行）是基于学习策略选择动作 a'。因此，SARSA 是一种同策略算法，其收敛性也依赖于学习策略。具体而言，SARSA 算法的收敛性要求所有动作都能被无限次选择，并且学习策略应逐步趋于贪心。SARSA 算法的命名源自连续定义的指令序列 s, a, r', s', a'。此外，对函数 Q 的更新也依赖于五元组 (s, a, r', s', a')。

算法 11 SARSA 算法

输入: $Q \leftarrow Q_0$; $M = \langle S, A, P_a(s'|s), r(s,a,s') \rangle$

1: **for all** $t = 0, 2, \cdots, T$ **do**
2:     选择某一状态 $s \in S$
3:     依据当前状态 s 和 Q 值，利用探索与利用策略选择动作 $a \in A(s)$
4:     **repeat**
5:         执行动作 a，观察环境反馈的奖励 r' 和状态 s'
6:         依据当前状态 s' 和 Q 值，利用探索与利用策略选择动作 $a' \in A(s')$
7:         $\delta \leftarrow r' + \gamma Q(s', a') - Q(s, a)$
8:         $Q(s, a) \leftarrow Q(s, a) + \alpha \delta$
9:         $s \leftarrow s', \; a \leftarrow a'$
10:     **until** s 是终止状态
11: **end for**

输出: Q

3.3.5 策略迭代算法

本节将介绍基于策略的强化学习方法。与基于值函数的方法不同，基于策略的方法直接学习并优化策略，而不是学习状态和动作的价值。这种方法在状态空间或动作空间巨大或无限的情况下具有一定的优势。当动作空间是无限时，传统的基于值函数的方法无法进行策略提取，因为它需要对所有动作进行迭代，以找到具有最大奖励的动作。而基于策略的强化学习方法可以直接缓解这种情况，通过参数化策略并对其进行优化，从而找到最优的动作选择策略。这种方法在应对复杂的环境和大规模问题时往往更具可行性。

1. 概述

策略迭代是一种与值迭代类似的方法，但在策略迭代算法中，变量在策略本身上进行迭代，而值迭代算法则是在值函数上对值变量进行迭代。在每次迭代中，策略迭代算法会创建一个严格改进的策略（除非当前策略已经是最优的）。

策略迭代的过程是从一些（非最优）策略开始，例如随机策略，然后计算给定该策略的 MDP 的每个状态的评估值。这个步骤被称为**策略评估**，它通过计算每个状态对应动作的预期奖励来更新每个状态对应的策略。相比于值迭代，策略评估在策略迭代中更容易计算，因为要考虑的一组动作是由当前策略固定下来的。

2. 策略评估

策略迭代中的一个重要概念是策略评估，它是对策略预期奖励的评估。定义如下：

定义 3.3 （策略评估 (Policy evaluation)）

策略评估可以由 $V^\pi(s)$ 表示，由以下方程定义：

$$V^\pi(s) = \sum_{s' \in S} P_{\pi(s)}(s'|s)[r(s,a,s') + \gamma V^\pi(s')]$$

其中，终止状态有 $V^{\pi}(s) = 0$。 ♣

请注意，上述方程与贝尔曼方程非常相似，区别在于 $V^{\pi}(s)$ 表示在状态 s 下执行策略 $\pi(s)$ 时的奖励值，而不是最佳动作的奖励值。在状态 s 下，将根据策略 π 选择动作。此外，表达式 $P_{\pi(s)}(s'|s)$ 与 $P_a(s'|s)$ 不同，这意味着只评估策略定义的动作。换句话说，策略评估与值迭代类似，只是使用了策略评估方程而不是贝尔曼方程。策略评估的伪代码见算法 12。

算法 12 策略评估

输入： 要评估的策略 π，对应值函数 V^{π}；马尔可夫决策过程 $M = \langle S, A, P_a(s'|s), r(s, a, s') \rangle$

1: **repeat**
2:     $\Delta \leftarrow 0$
3:     **for all** $s \in S$ **do**
4:         $\underbrace{V'^{\pi}(s) \leftarrow \sum_{s' \in S} P_{\pi(s)}(s'|s)[r(s, \pi(s), s') + \gamma V^{\pi}(s')]}_{\text{策略评估方程}}$

5:         $\Delta \leftarrow \max(\Delta, |V'^{\pi}(s) - V^{\pi}(s)|)$
6:     **end for**
7:     $V^{\pi} \leftarrow V'^{\pi}$
8: **until** $\Delta \leqslant \theta$

输出： 值函数 V^{π}

1）策略改进

要改进一个策略，可以通过从策略评估中获得的状态值函数 $V(s)$ 来指导动作更新，从而改进策略。

设 $Q^{\pi}(s, a)$ 是在状态 s 下，根据策略 π 执行动作 a 所预期的奖励，即

$$Q^{\pi}(s, a) = \sum_{s' \in S} P_a(s'|s)[r(s, a, s') + \gamma V^{\pi}(s')]$$

这里的 $V^{\pi}(s')$ 是通过策略评估得到的值函数。如果存在一个动作 a 使得 $Q^{\pi}(s, a) > Q^{\pi}(s, \pi(s))$，那么策略 π 可以通过将 $\pi(s)$ 设置为 a 来严格改进。请注意，这将改进整个策略 π。

2）策略迭代

策略迭代是将策略评估和策略改进结合在一起的方法，通过执行一系列交错的策略评估和策略改进步骤来计算最优策略 π。策略迭代算法的伪代码如算法 13 所示。

经验表明，策略迭代算法通常在有限次迭代后以最优策略 π 结束。由于可用策略的数量是有限的，策略迭代的迭代次数上界为 $\mathcal{O}(|A|^{|S|})$，而值迭代在理论上可能需要无限次迭代。

算法 13 策略迭代

输入： 马尔可夫决策过程 $M = \langle S, A, P_a(s'|s), r(s, a, s') \rangle$

1: 设置 V^π 是任意值函数，比如，对所有 s 有 $V^\pi(s) = 0$
2: 设置 π 为任意一策略，比如，针对任意状态 s 和动作 $a \in A(s)$ 有 $\pi(s) = a$
3: **repeat**
4:　　利用策略评估算法计算所有 s 对应的值函数 $V^\pi(s)$
5:　　**for all** $s \in S$ **do**
6:　　　　$\pi(s) \leftarrow \mathrm{argmax}_{a \in A(s)} Q^\pi(s, a)$
7:　　**end for**
8: **until** π 不再改变

输出： 策略 π

例题 3.3　考虑例题 3.2 中的情况，使用算法 13求解。

解： 令初始策略 π_0 为：$\pi_0(1) = b$，$\pi_0(2) = c$，那么用于评估该策略的线性方程组为

$$\begin{cases} V^{\pi_0}(1) = 1 + \gamma V^{\pi_0}(2) \\ V^{\pi_0}(2) = 2 + \gamma V^{\pi_0}(2) \end{cases}$$

由此解得，$V^{\pi_0}(1) = \dfrac{1 + \gamma}{1 - \gamma}$ 和 $V^{\pi_0}(2) = \dfrac{2}{1 - \gamma}$。

3. REINFORCE 算法

如前所述，基于策略的方法直接搜索策略，而不是搜索值函数并提取策略。下面将介绍一种直接优化策略的策略梯度算法——REINFORCE 算法，也被称为蒙特卡洛策略梯度算法。它与 Q 学习和 SARSA 算法类似，但不是更新 Q 值函数，而是直接使用梯度上升更新策略参数 $\boldsymbol{\theta} = [\theta_1, \theta_2, \cdots, \theta_n]^{\mathrm{T}}$。

在 REINFORCE 算法中，使用与 Q-学习类似的方式，通过收集到的奖励和动作来逼近最优策略。为了实现这一目标，策略需要具备两个属性：

（1）使用某些函数表示策略，这些函数对于参数 $\boldsymbol{\theta}$ 是可微的。对于不可微的策略函数，无法计算梯度。

（2）通常情况下，希望策略是随机的。随机策略定义了动作的概率分布，指定了选择每个动作的概率。

REINFORCE 算法的目标是通过梯度上升来逼近最优策略 $\pi_{\boldsymbol{\theta}}(s, a)$，以最大化预期奖励。梯度上升的过程将寻找特定的 MDP 问题下的最佳参数 $\boldsymbol{\theta}$。这一目标可以通过迭代地从一组数据中计算梯度并更新策略的权重来实现，定义参数为 $\boldsymbol{\theta}$ 的策略 $\pi_{\boldsymbol{\theta}}$ 的期望奖励值函数为

$$J(\boldsymbol{\theta}) = V^{\pi_{\boldsymbol{\theta}}}(s_0)$$

其中，$V^{\pi_{\boldsymbol{\theta}}}$ 表示采用策略 $\pi_{\boldsymbol{\theta}}$ 的策略评估值，s_0 是初始状态。下面给出策略梯度的定义。

定义 3.4（策略梯度）

给定一个策略目标函数 $J(\boldsymbol{\theta})$，目标函数 J 关于 $\boldsymbol{\theta}$ 的策略梯度记为 $\nabla_{\boldsymbol{\theta}} J(\boldsymbol{\theta})$，定义为

$$\nabla_{\boldsymbol{\theta}} J(\boldsymbol{\theta}) = \begin{bmatrix} \dfrac{\partial J(\boldsymbol{\theta})}{\partial \theta_1} \\ \vdots \\ \dfrac{\partial J(\boldsymbol{\theta})}{\partial \theta_n} \end{bmatrix}$$

其中，$\dfrac{\partial J(\boldsymbol{\theta})}{\partial \theta_i}$ 是函数 J 关于 θ_i 的偏导数。 ♣

如果想利用梯度来优化问题，那么可以使用梯度上升方法更新权重，公式如下：

$$\boldsymbol{\theta} \leftarrow \boldsymbol{\theta} + \alpha \nabla J(\boldsymbol{\theta})$$

其中，α 是学习速率，决定了每次迭代时沿梯度方向更新权重的步长大小。

根据策略梯度定理，对于任意可微策略 $\pi_{\boldsymbol{\theta}}$、状态 s 和动作 a，$\nabla J(\boldsymbol{\theta})$ 可表示为

$$\nabla J(\boldsymbol{\theta}) = \mathbb{E}[\nabla \log \pi_{\boldsymbol{\theta}}(s, a) Q(s, a)]$$

通过表达式 $\log \pi_{\boldsymbol{\theta}}(s, a)$ 可以确定如何改变权重 $\boldsymbol{\theta}$，以增加在状态 s 下选择动作 a 的对数概率。

为了获取准确的梯度信息，需要计算由 $\pi_{\boldsymbol{\theta}}$ 生成的所有 MDP 模型中每个样本的梯度。然而，直接计算所有样本的梯度往往成本高昂且效率低下。REINFORCE 算法通过对 MDP 模型进行采样，类似于蒙特卡洛强化学习中的采样过程。算法伪代码如算法 14 所示。

算法 14 REINFORCE 算法

输入： 可微策略 $\pi_{\boldsymbol{\theta}}(s, a)$，马尔可夫决策过程 $M = \langle S, A, P_a(s'|s), r(s, a, s') \rangle$

1: 初始化参数 $\boldsymbol{\theta}$ 为任意向量
2: **repeat**
3:     根据 $\pi_{\boldsymbol{\theta}}$ 生成一个采样集合 $M = \{s_0, a_0, r_1, \cdots, s_{T-1}, a_{T-1}, r_T\}$
4:     **for all** $(s_t, a_t) \in M$ **do**
5:         $G \leftarrow \sum\limits_{k=t+1}^{T} \gamma^{k-t-1} r_k$
6:         $\boldsymbol{\theta} \leftarrow \boldsymbol{\theta} + \alpha \gamma^t G \nabla \log \pi_{\boldsymbol{\theta}}(s, a)$
7:     **end for**
8: **until** 迭代次数达到上限或 $\pi_{\boldsymbol{\theta}}$ 收敛

输出： 策略 $\pi_{\boldsymbol{\theta}}(s, a)$

REINFORCE 算法通过遵循当前策略 π，使用蒙特卡洛模拟生成完整的采样集合。随着策略 π 的改进，它逐渐产生更好的策略。与基于价值的方法相比，REINFORCE 算法并没有对策略改进过程中的每个动作进行评估，而是通过更新策略 $\pi(s) \leftarrow \text{argmax}_{a \in A(s)} Q^{\pi}(s, a)$ 来进行更新。在 REINFORCE 算法中，使用最近采样的动作及其奖励来计算梯度并进行更新。

策略梯度方法的优点在于可以处理连续动作空间或状态空间的情况，因为它使用梯度而不是显式地进行策略改进。由于同样的原因，当动作空间很大时，策略梯度方法通常比基于价值的方法更有效。

3.3.6 演员-评论家算法

在 REINFORCE 算法中，样本效率问题导致了策略趋同的情况。与蒙特卡洛模拟类似，由于随机采样导致累积奖励 G 具有较高的方差，从而导致算法的不稳定性。为了解决这个问题，引入了演员-评论家算法 (actor-critic algorithm)。在该算法中，价值函数被称为"评论家"，"演员"负责生成动作，评论家则通过提供对这些动作的反馈来引导演员的学习。这里利用 Q 值函数作为"评论家"，演员-评论家算法伪代码如算法 15 所示。

算法 15 演员-评论家算法

输入： 马尔可夫决策过程 $M = \langle S, A, P_a(s'|s), r(s, a, s') \rangle$；一个可微的"演员"策略——$\pi_{\boldsymbol{\theta}}(s|a)$；一个可微的"评论家" Q 值函数——$Q(s, a)$

1: 任意初始化"演员"策略 π，参数 $\boldsymbol{\theta}$ 和"评论家"参数 $\boldsymbol{w}$
2: **repeat**
3:    从采样集合中选择状态 s，并选择动作 $a \sim \pi_{\boldsymbol{\theta}}(s)$
4:    **repeat**
5:       在状态 s 下执行动作 a；观察奖励 r 和新状态 s'；选择动作 $a' \sim \pi_{\boldsymbol{\theta}}(s')$
6:       $\delta \leftarrow r + \gamma Q_{\boldsymbol{w}}(s', a') - Q_{\boldsymbol{w}}(s, a)$
7:       $\boldsymbol{w} \leftarrow \boldsymbol{w} + \alpha_{\boldsymbol{w}} \delta \nabla Q_{\boldsymbol{w}}(s, a)$
8:       $\boldsymbol{\theta} \leftarrow \boldsymbol{\theta} + \alpha_{\boldsymbol{\theta}} \delta \nabla \log \pi_{\boldsymbol{\theta}}(s, a)$
9:       $s \leftarrow s'; a \leftarrow a'$
10:   **until** s 是样本集合中最后一个状态
11: **until** 每个采样集合均已遍历

输出： 策略 $\pi_{\boldsymbol{\theta}}(s, a)$

在算法 15 中，两个学习速率 $\alpha_{\boldsymbol{w}}$ 和 $\alpha_{\boldsymbol{\theta}}$ 是分别针对 Q 值函数和策略 π 设置的。现在更详细地分析一下关键部分。

更新 δ 的步骤与 SARSA 中计算相同。δ 是由状态 s 下执行动作 a 获得的 Q 值 $Q_{\boldsymbol{w}}(s, a)$ 与未来折扣奖励的估计值 $Q_{\boldsymbol{w}}(s', a')$ 的时间差分得到的。

一旦计算出 δ 的值，就同时更新"演员"策略和"评论家"价值函数。

"评论家" $Q_{\boldsymbol{w}}$ 的参数 $\boldsymbol{w}$ 通过利用"评论家" Q 值函数在状态 s 和动作 a 处的梯度 $\nabla Q_{\boldsymbol{w}}(s, a)$ 来更新。

参数 $\boldsymbol{\theta}$ 以与 REINFORCE 算法相同的方式更新，只是 δ 的值使用基于 $Q_{\boldsymbol{w}}(s, a)$ 的时间差分估计，而不是使用 REINFORCE 算法中的 G 值。

从算法 15 可以看出，演员-评论家算法同时学习"演员"策略 $\pi_{\boldsymbol{\theta}}$ 和"评论家" Q 值函数 $Q_{\boldsymbol{w}}$。然而，需要注意的是，"评论家" Q 值函数 $Q_{\boldsymbol{w}}$ 仅用于提供时间差分更新，而不是提取策略。因此，演员-评论家算法适用于处理连续状态空间，并且能够有效解决具有大规模动作空间的问题。

3.4 人工神经网络和深度学习

3.4.1 人工神经网络概述

1. 神经元模型

神经元（neuron）模型是神经网络最基本的组成部分。生物神经元的工作机理抽象为如图 3.9 所示的简单模型，即 **M-P 神经元模型**，也称为**阈值逻辑单元（threshold logic unit）**。

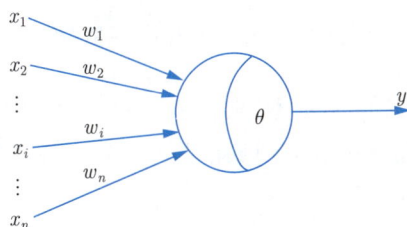

图 3.9　神经元模型

在这个模型中，神经元接收到来自其他 n 个神经元的输入信号 $x_1, x_2, \cdots, x_n$，这些输入信号通过带权重 $w_1, w_2, \cdots, w_n$ 的连接（connection）进行传递，汇聚为神经元接收到的总输入值 $\sum_{i=1}^{n} w_i x_i$。将该输入值与神经元的阈值 θ 进行比较，然后通过"**激活函数**"（activation function）处理便得到神经元的输出 y，$y = f(\sum_{i=1}^{n} w_i x_i - \theta)$。

2. 激活函数

1）阶跃函数 $\text{sgn}(x)$

理想中的激活函数是图 3.10 所示的**阶跃函数**，它的定义式为

$$\text{sgn}(x) = \begin{cases} 0, & x < 0 \\ 1, & x \geqslant 0 \end{cases}$$

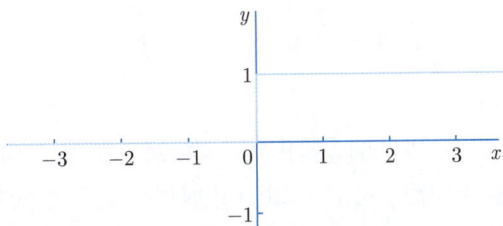

图 3.10　$\text{sgn}(x)$ 函数曲线

它将输入值映射为输出值 0 或 1，其中 1 对应神经元兴奋，0 对应神经元抑制。然而，阶跃函数不连续、不光滑。

2）S 型函数 sigmoid(x)

sigmoid 函数解决了函数曲线不光滑的问题，它的函数曲线如图 3.11 所示，它的定义式为

$$\text{sigmoid}(x) = \frac{1}{1 + \text{e}^{-x}}$$

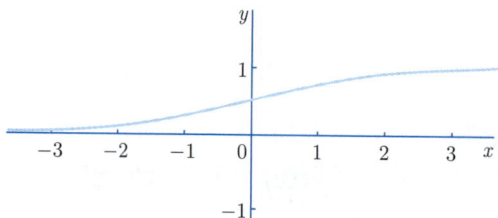

图 **3.11** **sigmoid(x) 函数曲线**

sigmoid 函数把可能在较大范围内变化的输入值映射到 (0,1) 输出范围内。在变量绝对值非常大时，函数会出现饱和（saturate）现象，此时函数对输入的微小改变不敏感。

3）双曲正切函数 tanh(x)

双曲正切函数的定义式为

$$\tanh(x) = \frac{\text{e}^x - \text{e}^{-x}}{\text{e}^x + \text{e}^{-x}}$$

曲线如图 3.12 所示。它解决了 sigmoid 函数不以 0 为中心输出的问题，然而梯度消失的问题仍然存在。

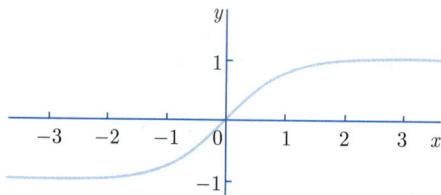

图 **3.12** **tanh(x) 函数曲线**

4）整流线性函数 ReLU(x)

整流线性函数是大多数前馈神经网络使用的默认激活函数。它的定义式为

$$\text{ReLU}(x) = \max\{0, x\}$$

整流线性函数曲线如图 3.13 所示。

ReLU 函数在输入为正时是线性的，输出等于输入值；在输入为负时是非线性的，输出为零。这种线性和非线性的结合使得 ReLU 可以更好地拟合复杂的非线性关系。此外，ReLU 函数具有收敛速度快、计算高效、在正区间上缓解梯度消失问题等优点。但它也存在一些缺点，例如，输出负值时的死亡神经元（Dead Neurons）问题，即一旦神经元输出为负，梯度就永远为零，导致神经元无法更新。为了解决这个问题，提出了一些改进的 ReLU 变体，如 Leaky ReLU 等。

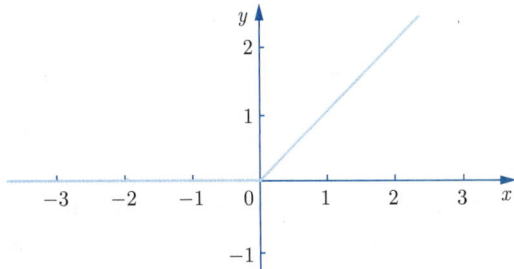

图 3.13　ReLU(x) 函数曲线

3. 前馈神经网络

1）感知机神经网络

（1）基本结构。

感知机（perceptron）由输入层、输出层这两层神经元组成，如图 3.14 所示。其中输入层用于接收外界输入信号，输出层是 M-P 神经元。

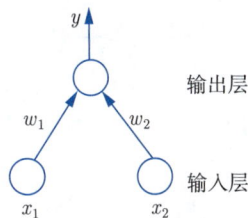

图 3.14　感知机模型

（2）对逻辑与、或、非运算的实现。

根据 M-P 神经元的定义可知，感知机输出为 $y = f(\sum_i w_i x_i - \theta)$。当激活函数 f 是阶跃函数时，感知机能够实现 "与""或""非" 运算。

- "与"（$x_1 \wedge x_2$）：令 $w_1 = w_2 = 1$，$\theta = 2$，则 $y = f(1 \cdot x_1 + 1 \cdot x_2 - 2)$。仅在 $x_1 = x_2 = 1$ 时，$y = 1$。
- "或"（$x_1 \vee x_2$）：令 $w_1 = w_2 = 1$，$\theta = 0.5$，则 $y = f(1 \cdot x_1 + 1 \cdot x_2 - 0.5)$。当 $x_1 = 1$ 或 $x_2 = 1$ 时，$y = 1$。
- "非"（$\neg x_1$）：令 $w_1 = -0.6$，$w_2 = 0, \theta = -0.5$，则 $y = f(0.6 \cdot x_1 + 0 \cdot x_2 + 0.5)$。当 $x_1 = 1$ 时，$y = 0$；当 $x_1 = 0$ 时，$y = 1$。

在一般的神经网络中，阈值 θ 可被视为一个输入恒为 -1.0，对应连接权重为 w_{n+1} 的节点。在给定训练数据集时，权重 $w_i (i = 1, 2, \cdots, n)$ 和阈值 θ 的学习可被统一为权重的学习。

（3）学习规则。

对训练样例 (x, y)，当感知机的输出为 $\hat{y}$ 时，它的权重更新公式为

$$w_i \leftarrow w_i + \Delta w_i \tag{3.4}$$

$$\Delta w_i = \eta(y - \hat{y})x_i$$

其中，Δw_i 为 x_i 对应权重的增量，$\eta \in (0,1)$ 称为学习率（learning rate）。从式(3.4) 可以看出，若感知机对训练样例 (x,y) 预测正确，即 $\hat{y} = y$，则其权重不发生变化，否则将根据误差调整权重。

（4）局限性。

需要注意的是，感知机只拥有一层**功能神经元**（functional neuron），其学习能力非常有限，只能解决线性可分问题，而无法处理简单的非线性可分问题。要解决非线性可分问题，需使用多层功能神经元。

2）BP 神经网络

BP（Back Propagation）神经网络是一种按误差逆传播算法训练的多层前馈网络，网络结构如图 3.15 所示。相较于单层感知机，BP 神经网络拥有更强的分类、识别能力，且可用于解决非线性问题。

BP 神经网络的实现分为两个过程：工作信号的正向传播和误差的反向传播。

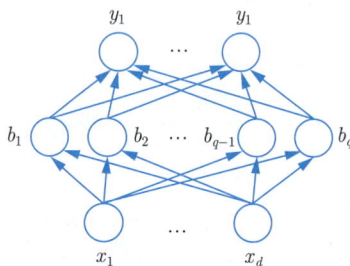

图 3.15 单隐层网络

（1）标准 BP 算法。

① 网络结构。

给定训练集 $D = \{(\boldsymbol{x}_1, \boldsymbol{y}_1), (\boldsymbol{x}_2, \boldsymbol{y}_2), \cdots, (\boldsymbol{x}_m, \boldsymbol{y}_m)\}$，$\boldsymbol{x}_i = (x_{i1}, x_{i2}, \cdots, x_{id}) \in \mathbb{R}^d, \boldsymbol{y}_i \in \mathbb{R}^l$，$i \in \{1, 2, \cdots, m\}$，其对应的神经网络拥有 d 个输入神经元、l 个输出神经元。假设该多层前馈神经网络拥有 q 个隐层神经元。将隐层第 $h(h \in \{1, 2, \cdots, q\})$ 个神经元的阈值记为 γ_h，输出层第 $j(j \in \{1, 2, \cdots, l\})$ 个神经元的阈值记为 θ_j。令输入层第 i 个神经元与隐层第 h 个神经元之间的连接权重为 v_{ih}，隐层第 h 个神经元与输出层第 j 个神经元之间的连接权重为 w_{hj}。假设隐层和输出层神经元的激活函数 f 均为图 3.11 中的 sigmoid 函数。

易知隐层第 h 个神经元对应的第 k 个样本接收到的输入为 $\alpha_h = \sum\limits_{i=1}^{d} v_{ih} x_{ki}$，对应的输出为 $b_h = f(\alpha_h - \gamma_h)$；输出层第 j 个神经元接收到的输入为 $\beta_j = \sum\limits_{h=1}^{q} w_{hj} b_h$，对应的输出为 $\hat{y}_j^k = f(\beta_j - \theta_j)$。

对训练样例 $(\boldsymbol{x}_k, \boldsymbol{y}_k)$，假定神经网络的输出 $\hat{\boldsymbol{y}}_k = (\hat{y}_1^k, \hat{y}_2^k, \cdots, \hat{y}_l^k)$，则网络在 $(\boldsymbol{x}_k, \boldsymbol{y}_k)$ 上的**均方误差**为

$$L_k = \frac{1}{2} \sum_{j=1}^{l} (\hat{y}_j^k - y_j^k)^2$$

② 参数更新。

如图 3.15 所示的网络中需要学习的参数个数为 $(d+l+1)q+l$：输入层到隐层的 $d \times q$ 个权重、隐层到输出层的 $q \times l$ 个权重、q 个隐层神经元的阈值、l 个输出层神经元的阈值。

将 BP 神经网络中的所有参数统一记为 v，其每一轮迭代的更新公式为

$$v \leftarrow v + \Delta v \tag{3.5}$$

下面以隐层到输出层的连接权重 w_{hj} 为例，推导参数更新过程。

BP 算法基于**梯度下降（gradient descent）**策略，以目标的负梯度方向对参数进行调整。由式(3.5)可知，权重的更新估计式为

$$w_{hj} \leftarrow w_{hj} + \Delta w_{hj} \tag{3.6}$$

对式(3.6)的误差 L_k，给定**学习率** η，有增量

$$\Delta w_{hj} = -\eta \frac{\partial L_k}{\partial w_{hj}} \tag{3.7}$$

根据链式法则，有

$$\begin{aligned}
\frac{\partial L_k}{\partial w_{hj}} &= \frac{\partial L_k}{\partial \hat{y}_j^k} \cdot \frac{\partial \hat{y}_j^k}{\partial \beta_j} \cdot \frac{\partial \beta_j}{\partial w_{hj}} \\
&= (\hat{y}_j^k - y_j^k)f'(\beta_j - \theta_j)b_h \\
&= (\hat{y}_j^k - y_j^k)\hat{y}_j^k(1 - \hat{y}_j^k)b_h
\end{aligned} \tag{3.8}$$

记 $g_j = (y_j^k - \hat{y}_j^k)\hat{y}_j^k(1 - \hat{y}_j^k)$，将式(3.8)和式(3.7)代入式(3.6)，就得到了 BP 算法中关于 w_{hj} 的更新公式

$$w_{hj} \leftarrow w_{hj} + \eta g_j b_h \tag{3.9}$$

类似可得

$$\theta_j \leftarrow \theta_j - \eta g_j \tag{3.10}$$
$$v_{ih} \leftarrow v_{ih} + \eta e_h x_i \tag{3.11}$$
$$\gamma_h \leftarrow \gamma_h - \eta e_h \tag{3.12}$$

在式(3.11)和式(3.12) 中

$$\begin{aligned}
e_h &= -\frac{\partial E_k}{\partial b_h} \cdot \frac{\partial b_h}{\partial \alpha_h} \\
&= b_h(1 - b_h)\sum_{j=1}^{l} w_{hj} g_j
\end{aligned}$$

学习率 $\eta \in (0,1)$ 决定了每次参数更新的幅度大小。学习率过大，可能导致参数更新过大，使得优化过程不稳定甚至无法收敛；学习率过小，可能导致优化过程非常缓慢，需要更多的迭

代次数才能达到较好的结果。如果需要更精细的调节，可将式(3.9)与式(3.10)的学习率统一为 η_1，式(3.11)与式(3.12)的学习率统一为 η_2。η_1 和 η_2 不一定相等。

（2）累积误差 BP 算法。

BP 算法的目标是要最小化训练集 D 上的**累积误差**

$$L = \frac{1}{m} \sum_{k=1}^{m} L_k$$

但标准 BP 算法每次仅针对一个训练样例更新连接权和阈值，参数更新非常频繁；由于不同样本之间的更新效果可能会相互抵消，所以为了达到相同的累积误差极小点，标准 BP 算法通常需要进行更多次数的迭代，可能导致训练时间较长。为了解决这两个问题，引入**累积误差 BP（accumulated error Back Propagation）算法**。

累积误差 BP 算法直接针对累积误差最小化进行参数更新。它在遍历整个训练集 D 后才对参数进行更新，因此参数更新的频率要低得多。由于累积 BP 算法在训练过程中的每次更新都考虑了整个训练集的信息，因此可以更好地避免不同样本之间的抵消现象。然而，当累积误差下降到一定程度后，进一步的下降可能会变得非常缓慢，尤其是在训练集很大的情况下，这时标准 BP 算法通常能更快获得较优解。

4. 常用训练方法

大多数人工神经网络或深度学习算法都涉及某种形式的优化，即通过改变 $\boldsymbol{x}$ 来最小化或最大化目标函数 $f(\boldsymbol{x})$。在神经网络中，目标函数可以是代价函数、损失函数或误差函数。在优化领域，通常以最小化 $f(\boldsymbol{x})$ 来指代某个最优化问题。优化算法负责计算目标函数对于参数的梯度，并根据梯度信息更新网络参数，以逐步朝着最优解的方向移动。常见的优化算法包括梯度下降（gradient descent）、动量法（momentum）、自适应学习率算法（adaptive learning rate）等。

1）随机梯度下降 (SGD)

曲面上方向导数的最大值对应的方向就是梯度方向。利用这一性质，沿着梯度的反方向进行权重更新，可以有效地找到全局的最优解。这就是梯度下降法的基本思想。

根据样本的数量可以将梯度下降法分为 3 类：使用整个训练集的优化算法被称为**批量（batch）或确定性（deterministic）梯度下降算法**；每次只使用单个样本的优化算法有时被称为**在线（online）梯度下降算法**；更多算法介于这两者之间，使用一个以上，而又不是全部的训练样本，这些方法被称为**小批量（minibatch）或小批量随机（minibatch stochastic）方法**，现在通常将它们简称为**随机（stochastic）梯度下降法**。算法 16 展示了 SGD 算法在第 k 次训练迭代的更新过程。

在 SGD 算法中，学习率是一个关键参数，它决定了每次参数更新的步长。学习率的选择对模型的训练效果和收敛速度有着重要的影响。在实践中，一种常用的做法是学习率衰减，即随着时间的推移逐渐降低学习率。该方法可以在训练过程中更好地平衡模型的收敛速度和稳定性。

算法 16 随机梯度下降算法在第 k 次训练迭代的更新

输入： 学习率 η_k；初始参数 $\boldsymbol{\theta}$.

1: **while** 停止准则未满足 **do**
2:     从训练集中采样包含 m 个样本 $\{\boldsymbol{x}^{(1)}, \boldsymbol{x}^{(2)}, \cdots, \boldsymbol{x}^{(m)}\}$ 的小批量，其中第 i 个样本 $\boldsymbol{x}^{(i)}$ 对应的输出为 $\boldsymbol{y}^{(i)}$；
3:     计算梯度估计：$\Delta\boldsymbol{\theta} \leftarrow \dfrac{1}{m}\nabla_{\boldsymbol{\theta}}\sum_i L(f(\boldsymbol{x}^{(i)};\boldsymbol{\theta}), \boldsymbol{y}^{(i)})$；
4:     应用更新：$\boldsymbol{\theta} \leftarrow \boldsymbol{\theta} - \eta_k\Delta\boldsymbol{\theta}$。
5: **end while**

将第 k 次迭代的学习率记作 η_k。实践中，一般会线性衰减学习率直到第 τ 次迭代：

$$\eta_k = (1-\alpha)\eta_0 + \alpha\eta_\tau \tag{3.13}$$

其中，η_0 为初始学习率，$\alpha = \dfrac{k}{\tau}$。一般在 τ 次迭代之后，使 η_τ 保持为某个常数。

学习率可通过试错来选取，选择方法是监测目标函数值随时间变化的学习曲线。使用如式(3.13)所示的线性策略时，需要选择的参数为 η_0、η_τ、τ。通常 τ 被设为几百，而 η_τ 应设为 η_0 的 1% 左右。

关于 η_0 的选取，若 η_0 太大，学习曲线将会剧烈振荡，代价函数值通常会显著增加。若 η_0 太小，那么学习过程会很缓慢，可能维持一个较高的代价值。选择合适的 η_0 时，学习曲线将会出现温和的振荡。通常，综合考虑总训练时间和目标函数值，最优初始学习率会高于迭代 100 次左右后达到最佳效果的学习率。因此，最好先检测最早的几轮迭代，选择一个比在效果上表现最佳的学习率更大的学习率，同时将 η_0 控制在一个合理的范围内。

2）动量法

虽然随机梯度下降是非常有效的优化方法，但它的学习过程有时会很慢。动量法旨在加速学习，适用于处理高曲率的梯度，或是带噪声的梯度。动量法的效果如图 3.16 所示。

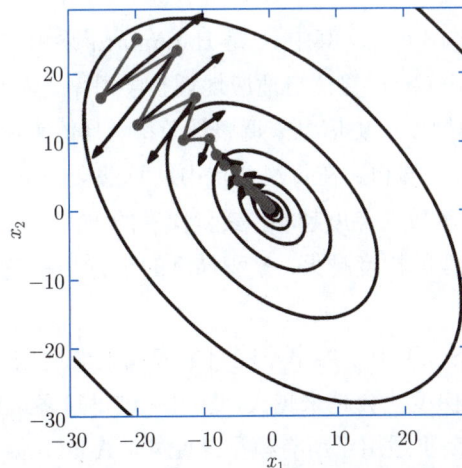

图 3.16 动量法的梯度下降效果

动量法的基本思想是在参数更新时考虑历史梯度的累积信息。具体而言，动量法引入一个动量变量 v 来表示参数在空间内的移动方向和速率，用于存储历史梯度的加权平均。在每次参数更新时，动量变量会根据当前梯度和历史梯度的加权平均进行更新。算法 17 给出了使用动量的随机梯度下降算法的伪代码。超参数 $\alpha \in [0,1)$ 决定了历史梯度的贡献衰减率。

算法 17 使用动量的随机梯度下降（SGD）算法

输入： 学习率 η，动量参数 α；初始参数 $\boldsymbol{\theta}$，初始速度 v.

1: **while** 停止准则未满足 **do**
2:     从训练集中采样包含 m 个样本 $\{\boldsymbol{x}^{(1)}, \boldsymbol{x}^{(2)}, \cdots, \boldsymbol{x}^{(m)}\}$ 的小批量，其中第 i 个样本 $\boldsymbol{x}^{(i)}$ 对应的输出为 $\boldsymbol{y}^{(i)}$；
3:     计算梯度估计：$\boldsymbol{g} \leftarrow \frac{1}{m} \nabla_{\boldsymbol{\theta}} \sum\limits_{i=1}^{m} L(f(\boldsymbol{x}^{(i)}; \boldsymbol{\theta}), \boldsymbol{y}^{(i)})$；
4:     计算参数更新：$\boldsymbol{v} \leftarrow \alpha \boldsymbol{v} - \eta \boldsymbol{g}$；
5:     应用更新：$\boldsymbol{\theta} \leftarrow \boldsymbol{\theta} + \boldsymbol{v}$.
6: **end while**

在实践中，α 的一般取值为 0.5、0.9 和 0.99。和学习率一样，α 也会随着时间不断调整。一般初始值是一个较小的值，随后会慢慢变大。

3）自适应学习率算法

神经网络研究者意识到学习率是难以设置的超参数之一，它对模型的性能有显著的影响。损失通常对参数空间中的某些方向高度敏感，而对其他方向不敏感。动量算法可以在一定程度缓解这些问题，但这样做的代价是引入了另一个超参数。为了解决这一问题，研究者们提出了一些增量（或者基于小批量）的算法来适应不同的模型参数学习率。下面将简要介绍其中一些算法。

（1）AdaGrad。

AdaGrad 算法 如算法 18 所示，其中 $\odot$ 是 Hadamard 乘积的符号，它表示两个同阶矩阵相同位置上的元素相乘。AdaGrad 算法自适应地调整学习率，从而使得模型更快收敛。它的核心思想是根据每个参数的梯度历史信息来调整学习率。具体来说，对于每个参数，AdaGrad 算法会维护一个累积梯度的平方和。在每次迭代中，算法会根据当前参数的梯度以及累积梯度的平方和来更新学习率。参数的梯度越小，累积梯度的平方和就越小，学习率就越大，参数的更新幅度越大。相反，参数的梯度越大，累积梯度的平方和就越大，学习率就越小，参数的更新幅度也越小。

AdaGrad 算法解决了 SGD 中学习率不能自适应调整的问题。对于训练深度神经网络模型，从训练开始时累积平方梯度值会越来越大，学习率过早过多地减少，从而导致迭代后期收敛极其缓慢，因此 AdaGrad 不适用于所有模型。此外，AdaGrad 需要手动设置全局学习率。

算法 18 AdaGrad 算法

输入： 全局学习率 η_k；初始参数 $\boldsymbol{\theta}$；小常数 δ，为了数值稳定，大约设为 10^{-7}.

1: 初始化梯度积累量 $r = 0$；

2: **while** 停止准则未满足 **do**

3:　从训练集中采样包含 m 个样本 $\{\boldsymbol{x}^{(1)}, \boldsymbol{x}^{(2)}, \cdots, \boldsymbol{x}^{(m)}\}$ 的小批量，其中第 i 个样本 $\boldsymbol{x}^{(i)}$ 对应的输出为 $\boldsymbol{y}^{(i)}$；

4:　计算梯度：$\boldsymbol{g} \leftarrow \dfrac{1}{m} \nabla_{\boldsymbol{\theta}} \sum\limits_{i=1}^{m} L(f(\boldsymbol{x}^{(i)}; \boldsymbol{\theta}), \boldsymbol{y}^{(i)})$；

5:　累积平方梯度：$r \leftarrow r + \boldsymbol{g} \odot \boldsymbol{g}$；

6:　计算参数更新：$\Delta\boldsymbol{\theta} \leftarrow -\dfrac{\eta}{\delta + \sqrt{r}} \odot \boldsymbol{g}$；

7:　应用更新：$\boldsymbol{\theta} \leftarrow \boldsymbol{\theta} + \Delta\boldsymbol{\theta}$.

8: **end while**

（2）RMSProp。

RMSProp 算法是 AdaGrad 算法的改进。它将 AdaGrad 中梯度积累方法改为指数加权的移动平均，以在非凸条件下获得更好的效果，从而解决了 AdaGrad 学习率过早收敛的问题。指数加权的移动平均通过引入衰减速率 ρ 这一超参数实现，衰减速率被用于控制历史平方梯度的衰减速度，以丢弃距离当前较远的历史梯度信息。较小的 ρ 值会导致更快地遗忘过去的梯度信息，而较大的 ρ 值则会使过去的信息对累积的贡献更持久。

RMSProp 算法的标准形式如算法 19 所示。相比于 AdaGrad，RMSProp 引入了超参数 ρ 来控制移动平均的长度范围。实践中，RMSProp 已被证明是一种有效且实用的深度神经网络优化算法。

算法 19 RMSProp 算法

输入： 全局学习率 η_k，衰减速率 ρ；初始参数 $\boldsymbol{\theta}$；小常数 δ，为了数值稳定大约设为 10^{-6}.

1: 初始化梯度积累变量 $r = 0$；

2: **while** 停止准则未满足 **do**

3:　从训练集中采样包含 m 个样本 $\{\boldsymbol{x}^{(1)}, \boldsymbol{x}^{(2)}, \cdots, \boldsymbol{x}^{(m)}\}$ 的小批量，其中第 i 个样本 $\boldsymbol{x}^{(i)}$ 对应的输出为 $\boldsymbol{y}^{(i)}$；

4:　计算梯度：$\boldsymbol{g} \leftarrow \dfrac{1}{m} \nabla_{\boldsymbol{\theta}} \sum\limits_{i=1}^{m} L(f(\boldsymbol{x}^{(i)}; \boldsymbol{\theta}), \boldsymbol{y}^{(i)})$；

5:　累积平方梯度：$r \leftarrow \rho r + (1 - \rho) \boldsymbol{g} \odot \boldsymbol{g}$；

6:　计算参数更新：$\Delta\boldsymbol{\theta} \leftarrow -\dfrac{\eta}{\delta + \sqrt{r}} \odot \boldsymbol{g}$（逐元素计算）；

7:　应用更新：$\boldsymbol{\theta} \leftarrow \boldsymbol{\theta} + \Delta\boldsymbol{\theta}$

8: **end while**

（3）Adam。

Adam 算法是另一种学习率自适应的优化算法，如算法 20 所示。Adam 算法本质上是动量法与 RMSProp 的结合，然后再修正其偏差。Adam 对梯度的一阶和二阶都进行了估计与偏差修正，使用梯度的一阶矩估计和二阶矩估计来动态调整每个参数的学习率。

算法 20 Adam 算法

输入： 步长 η_k（建议默认为 0.001）；矩估计的指数衰减速率，ρ_1 和 ρ_2 在区间 $[0,1)$ 内（建议分别默认为 0.9 和 0.999）；用于数值稳定的小常数 δ（建议默认为 10^{-8}）；初始参数 $\boldsymbol{\theta}$.

1: 初始化一阶矩变量 $\boldsymbol{s} = \boldsymbol{0}$ 和二阶矩变量 $\boldsymbol{r} = \boldsymbol{0}$；

2: 初始化时刻 $t = 0$；

3: **while** 停止准则未满足 **do**

4:　　从训练集中采样包含 m 个样本 $\{\boldsymbol{x}^{(1)}, \boldsymbol{x}^{(2)}, \cdots, \boldsymbol{x}^{(m)}\}$ 的小批量，其中第 i 个样本 $\boldsymbol{x}^{(i)}$ 对应的输出为 $\boldsymbol{y}^{(i)}$；

5:　　计算梯度：$\boldsymbol{g} \leftarrow \dfrac{1}{m} \nabla_{\boldsymbol{\theta}} \sum\limits_{i=1}^{m} L(f(\boldsymbol{x}^{(i)}; \boldsymbol{\theta}), \boldsymbol{y}^{(i)})$；

6:　　$t \leftarrow t + 1$；

7:　　更新有偏一阶矩估计：$\boldsymbol{s} \leftarrow \rho_1 \boldsymbol{s} + (1 - \rho_1)\boldsymbol{g}$；

8:　　更新有偏二阶矩估计：$\boldsymbol{r} \leftarrow \rho_2 \boldsymbol{r} + (1 - \rho_2)\boldsymbol{g} \odot \boldsymbol{g}$；

9:　　修正一阶矩的偏差：$\hat{\boldsymbol{s}} \leftarrow \dfrac{\boldsymbol{s}}{1 - \rho_1^t}$；

10:　　修正二阶矩的偏差：$\hat{\boldsymbol{r}} \leftarrow \dfrac{\boldsymbol{r}}{1 - \rho_2^t}$；

11:　　计算更新：$\Delta\boldsymbol{\theta} \leftarrow -\eta \dfrac{\hat{\boldsymbol{s}}}{\delta + \sqrt{\hat{\boldsymbol{r}}}} \odot \boldsymbol{g}$；

12:　　应用更新：$\boldsymbol{\theta} \leftarrow \boldsymbol{\theta} + \Delta\boldsymbol{\theta}$.

13: **end while**

Adam 对学习率没有那么敏感，建议 η_k 默认为 0.001，实践中，也可以设置为 5×10^{-4}。Adam 通常对超参数的选择相当健壮。相比于 AdaGrad，由于不用存储全局梯度，它更适合处理大规模数据。

3.4.2　循环神经网络

1. 算法简介

循环神经网络（Recurrent Neural Network，RNN）是一类用于处理序列数据的神经网络。它利用了 20 世纪 80 年代机器学习和统计模型早期思想的**优点：在模型的不同部分共享参数，从而使得模型能够扩展到不同长度的样本并进行泛化。**循环神经网络具有记忆能力，可进行参数共享并且图灵完备，因此在对序列的非线性特征进行学习时具有一定优势。

目前，循环神经网络被广泛应用于自然语言处理（Natural Language Processing, NLP），例如，语音识别、机器翻译等领域，也被用于图像处理和各类时间序列预测。

2. 网络结构

循环神经网络可以通过许多不同的方式建立。本质上，任何专门设计来在内部状态之间传递信息以处理序列数据的神经网络都可以被认为是一个循环神经网络。很多循环神经网络使用式(3.14)或类似的公式定义隐藏单元的值。将动态系统表示为

$$h^{(t)} = f(h^{(t-1)}, \boldsymbol{x}^{(t)}; \boldsymbol{\theta}) \tag{3.14}$$

其中，$\boldsymbol{h}^{(t)}$ 和 $\boldsymbol{h}^{(t-1)}$ 分别为当前时刻、前一时刻隐藏单元的值，$\boldsymbol{x}^{(t)}$ 为当前时刻的外部输入，$\boldsymbol{\theta}$ 为网络参数，f 为激活函数，系统如图 3.17 所示。典型 RNN 会增加额外的架构特性，如读取状态信息 $\boldsymbol{h}$ 进行预测的输出层。

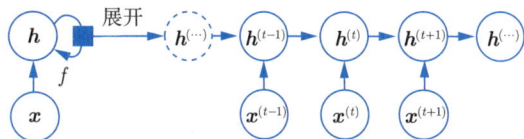

图 3.17　没有输出的循环网络

式(3.14) 可以用两种不同的方式绘制。一种方法是循环图，如图 3.17 左侧所示，此处使用回路图的方块表明在时刻 t 的状态到时刻 $t+1$ 的状态单个时刻延迟中的相互作用。另一种绘制方法是展开图，如图 3.17 右侧所示，在这里每个时刻的每个变量被绘制为计算图的一个独立节点。展开图的大小取决于序列的长度。通常所说的展开是将左图中的回路映射为右图中包含重复组件的计算图的操作。根据 RNN 的输入输出序列长度不同，可将其分为一对多、多对一、多对多这 3 类，分别适用于生成图片描述、文本归类、语言翻译等应用场景。

3. 工作流程

下面以输入序列和输出序列等长的循环神经网络为例，介绍 RNN 的工作流程，该网络的计算图如图 3.18 所示。

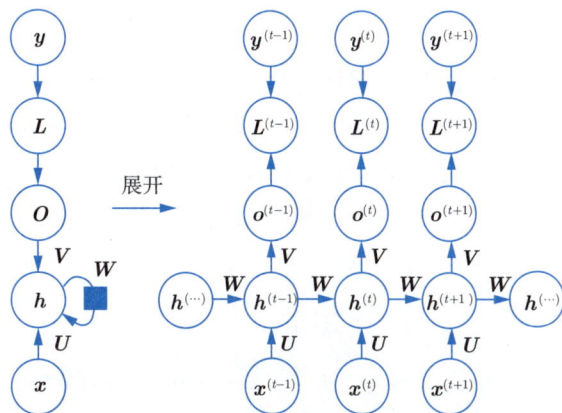

图 3.18　循环神经网络训练损失的计算图

RNN 的工作流程主要由**信息前向传播**和**误差反向传播**两部分组成。

1）前向传播过程

假设该网络的激活函数为双曲正切函数。网络的输出 $\boldsymbol{o}$ 是离散的，输出向量经过 softmax 函数，获得归一化后的输出概率向量 $\hat{\boldsymbol{y}}$。

RNN 的初始状态为 $\boldsymbol{h}^{(0)}$，从 $t=1$ 到 $t=\tau$ 的每个时刻，有以下前向传播公式：

$$\boldsymbol{a}^{(t)} = \boldsymbol{b} + \boldsymbol{W}\boldsymbol{h}^{(t-1)} + \boldsymbol{U}\boldsymbol{x}^{(t)}$$

$$\boldsymbol{h}^{(t)} = \tanh(\boldsymbol{a}^{(t)})$$

$$o^{(t)} = c + V h^{(t)}$$

$$\hat{y}^{(t)} = \text{softmax}(o^{(t)})$$

其中，$a^{(t)}$ 为隐层的输入，$h^{(t)}$ 为隐层的输出，$o^{(t)}$ 为输出层的输入，$\hat{y}^{(t)}$ 为输出层的输出，参数的偏置向量 b 和 c 连同权重矩阵 U、V 和 W，分别对应于输入层到隐层、隐层到输出层、隐层到隐层的连接。

这个循环网络将一个输入序列映射到相同长度的输出序列。与 x 序列配对的 y 的总损失就是所有时刻的损失之和。如果 t 时刻的损失函数 $L^{(t)}$ 为给定 $x^{(1)}, x^{(2)}, \cdots, x^{(t)}$ 后 $y^{(t)}$ 的负对数似然，则

$$L(\{x^{(1)}, x^{(2)}, \cdots, x^{(\tau)}\}, \{y^{(1)}, y^{(2)}, \cdots, y^{(\tau)}\})$$

$$= \sum_t L^{(t)} = -\sum_t \log p_{\text{model}}(y^{(t)}|\{x^{(1)}, \cdots, x^{(t)}\})$$

其中，$p_{\text{model}}(y^{(t)}|\{x^{(1)}, x^{(2)}, \cdots, x^{(t)}\})$ 需要读取模型输出向量 $\hat{y}^{(t)}$ 中对应 $y^{(t)}$ 的项。

计算该损失函数关于各个参数的梯度，是一项时间成本和存储成本都很高的操作。为了计算损失函数关于各个参数的梯度，需要利用反向传播算法在每个时刻上进行前向传播和反向传播，且在处理序列数据时需要考虑时间上的依赖关系，因此运行时间是 $\mathcal{O}(\tau)$。此外，在前向传播时，需要保存每个时刻上的中间结果，直到它们反向传播时被再次使用，因此内存代价也是 $\mathcal{O}(\tau)$。

2）反向传播过程

应用于展开图且代价为 $\mathcal{O}(\tau)$ 的反向传播算法称为**通过时间反向传播（Back-Propagation Through Time, BPTT）**。下面举例说明如何通过 BPTT 计算上述 RNN 更新公式中的梯度。计算图的节点包括参数 U、V、W、b 和 c，以及以 t 为索引的节点序列 $x^{(t)}$、$h^{(t)}$、$o^{(t)}$ 和 $L^{(t)}$。对于每一个节点 N，需要基于 N 后面的节点的梯度，递归地计算梯度 $\nabla_N L$。从紧邻最终损失的节点开始递归：

$$\frac{\partial L}{\partial L^{(t)}} = 1$$

假设输出 $o^{(t)}$ 作为 softmax 函数的参数，可以从 softmax 函数获得关于输出概率的向量 $\hat{y}$。假设损失是到目前为止给定了输入后的真实目标 $y^{(t)}$ 的负对数似然。用 $\nabla_x y$ 表示 y 关于 x 的梯度，则对于所有的 i、t，关于时刻 t 输出的梯度 $\nabla_{o^{(t)}} L$ 如下：

$$(\nabla_{o^{(t)}} L)_i = \frac{\partial L}{\partial o_i^{(t)}} = \frac{\partial L}{\partial L^{(t)}} \cdot \frac{\partial L^{(t)}}{\partial o_i^{(t)}} = \hat{y}_i^{(t)} - \mathbf{1}_{i, y^{(t)}}$$

从序列的末端开始，反向进行计算。在最后的时刻 τ，$h^{(\tau)}$ 只有 $o^{(\tau)}$ 作为后续节点，因此损失函数 L 关于 $h^{(\tau)}$ 的梯度为

$$\nabla_{h^{(\tau)}} L = V^{\text{T}} \nabla_{o^{(\tau)}} L$$

从时刻 $t = \tau-1$ 到 $t = 1$ 反向迭代，通过时间反向传播梯度，它的梯度由下式计算

$$\nabla_{\boldsymbol{h}^{(t)}} L = \left(\frac{\partial \boldsymbol{h}^{(t+1)}}{\partial \boldsymbol{h}^{(t)}}\right)^{\mathrm{T}} (\nabla_{\boldsymbol{h}^{(t+1)}} L) + (\frac{\partial \boldsymbol{o}^{(t)}}{\partial \boldsymbol{h}^{(t)}})^{\mathrm{T}}(\nabla_{\boldsymbol{o}^{(t)}} L)$$

$$= \boldsymbol{W}^{\mathrm{T}}(\nabla_{\boldsymbol{h}^{(t+1)}} L)\mathrm{diag}(\boldsymbol{1} - (\boldsymbol{h}^{(t+1)})^2) + \boldsymbol{V}^{\mathrm{T}}(\nabla_{\boldsymbol{o}^{(t)}} L)$$

其中，$\mathrm{diag}(\boldsymbol{1}-(\boldsymbol{h}^{(t+1)})^2)$ 表示对角线元素均为 $1-(h_i^{(t+1)})^2$，且其他元素均为 0 的对角矩阵。得到计算图内部节点的梯度之后，就可以计算关于参数节点的梯度。后续的参数梯度计算方法与之前雷同。

在自主智能无人系统中，RNN 可被应用于手势识别、语音指令识别与交互 (如图 3.19 所示)、目标人员的检测与识别、编队协同控制等任务中。

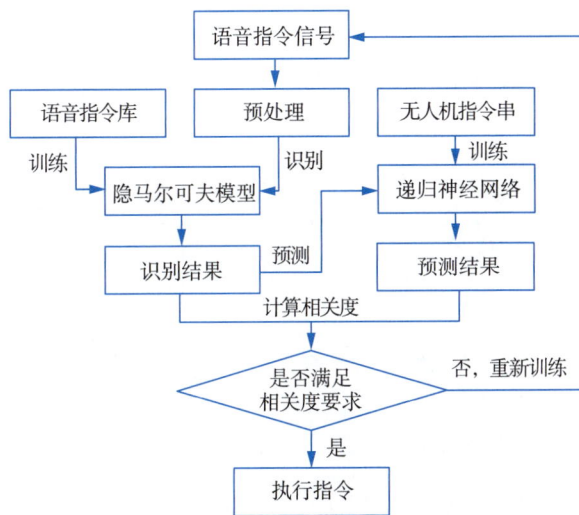

图 3.19 RNN 应用于语音交互

3.4.3 长短期记忆网络

1. 算法简介

长短期记忆网络（Long Short-Term Memory, LSTM）是 RNN 的一种变体。LSTM 通过引入**单元状态 (cell state)** 以及**门结构 (gate)**，解决了 RNN 的长期记忆问题。单元状态 C_t 用于在序列中传递信息，可以将其看作网络的"记忆"。理论上，单元状态能够将序列处理过程中的相关信息一直传递下去，因此，即使是较早时刻的信息也能携带到较后时刻的单元中来，这消除了短时记忆的影响。信息的添加和移除则通过门结构来实现，门结构在训练过程中会去学习该保存或遗忘哪些信息。

LSTM 已经在手写识别、语音识别、机器翻译、标题生成等领域取得重大成功。

2. 网络结构

RNN 中每个循环单元主要包含 tanh 激活函数，而 LSTM 中每个循环单元包含了 3 种门结构——**输入门 (input gate)**、**遗忘门 (forget gate)** 和**输出门 (output gate)**。LSTM 的基本结构如图 3.20 所示。

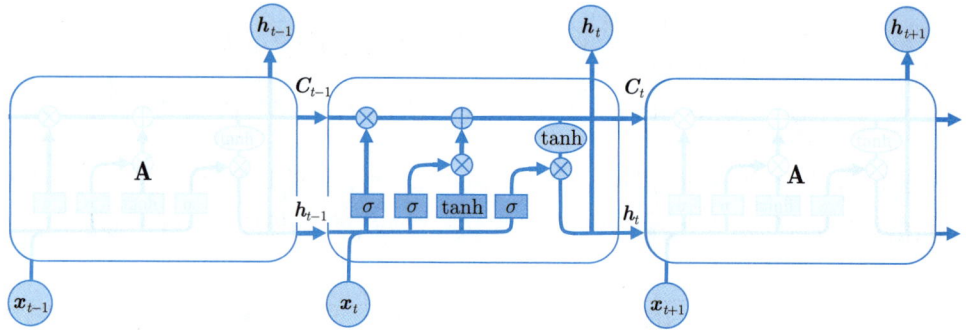

图 3.20 LSTM 的基本结构

1）遗忘门

遗忘门用于接受长期记忆 C_{t-1} 并决定要保留和遗忘哪些内容。遗忘门的结构如图 3.21 所示。

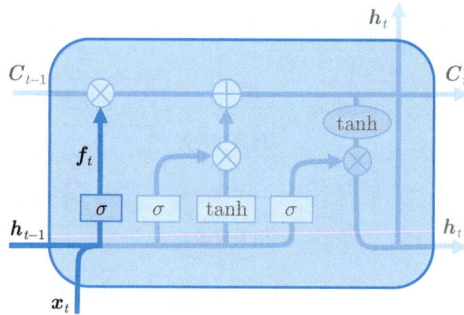

图 3.21 遗忘门的结构示意图

遗忘门更新公式如下：

$$f_t = \sigma(W_f \cdot [h_{t-1}, x_t] + b_f)$$

其中，f_t 是遗忘门的输出，表示 C_{t-1} 的哪些特征被用于计算 C_t，W_f、b_f 分别是遗忘门的权重向量和偏置向量，h_{t-1} 为上一时刻隐层的输出，x_t 为本时刻的系统输入。遗忘门的激活函数 σ 通常选用 sigmoid 函数，输出向量 f_t 的每个元素取值范围均为 [0,1]。当 sigmoid 函数的输出为 0 时，表示不通过任何信息，输出为 1 时，表示通过所有信息。

2）输入门

输入门用于更新单元状态。输入门的结构如图 3.22 所示。

输入门的更新公式如下：

$$i_t = \sigma(W_i \cdot [h_{t-1}, x_t] + b_i)$$

$$\tilde{C}_t = \tanh(W_C \cdot [h_{t-1}, x_t] + b_C)$$

其中，i_t 叫作输入门，与遗忘门 f_t 类似，也是一个元素处于 [0,1] 区间的向量，同样 x_t 和 h_{t-1} 经由 sigmoid 激活函数计算得到。W_i、b_i 分别是输入门的权重向量和偏置向量。i_t 用于

96

控制 $\tilde{C}_t$ 的哪些特征用于更新 C_t，其使用方式和 f_t 相同。$\tilde{C}_t$ 表示单元状态更新值，由输入数据 x_t 和隐节点 h_{t-1} 经由一个神经网络层得到，单元状态更新值的激活函数通常使用 tanh。当 tanh 函数的输出为 -1 时，表示不通过任何信息；当输出为 1 时，表示通过所有信息。

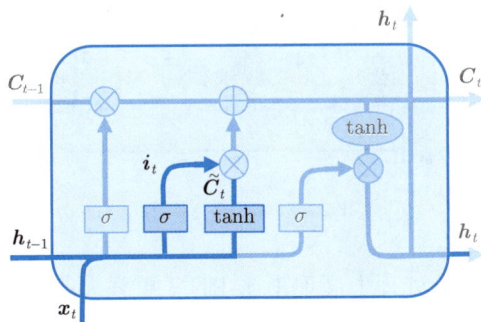

图 3.22　输入门的结构示意图

3）单元状态

单元状态 C 存在于 LSTM 的整个链式系统中，其更新示意图如图 3.23 所示。

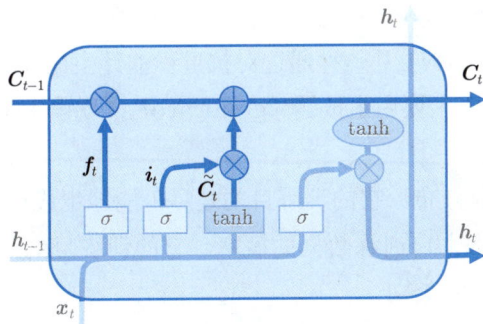

图 3.23　单元状态更新示意图

单元状态的更新方式如下：

$$C_t = f_t \otimes C_{t-1} + i_t \otimes \tilde{C}_t$$

其中，$\otimes$ 是 LSTM 最重要的门机制，表示 f_t 和 C_{t-1} 做按位乘法计算，用于控制信息的通过程度。

4）输出门

最后，为了计算预测值 $\hat{y}_t$ 和生成下个时间片完整的输入，需要计算隐节点的输出 h_t（见图 3.24），其更新公式为

$$o_t = \sigma(W_o \cdot [h_{t-1}, x_t] + b_o)$$
$$h_t = o_t \otimes \tanh(C_t)$$

h_t 由输出门 o_t 和单元状态 C_t 得到，其中 o_t 的计算方式和 f_t、i_t 相同。

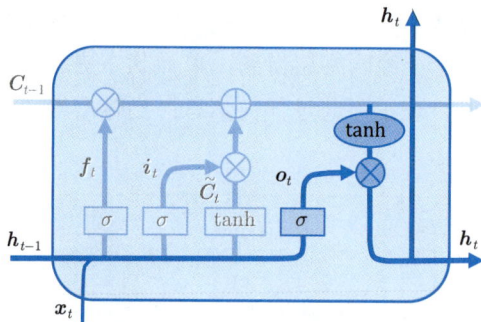

图 3.24　输出门结构示意图

由于 LSTM 在时序信息的处理上展现出比 RNN 更强大的性能，在自主智能无人系统中，LSTM 常被应用于解决智能体轨迹预测、路径规划、编队控制、避障等问题。

3.4.4　生成对抗网络

1. 算法简介

生成模型是深度学习领域难度较大且较为重要的一类模型。**生成对抗网络 (Generative Adversarial Network, GAN)** 是一种通过对抗过程估计生成模型的框架。受博弈论中两人零和博弈思想的启发，GAN 主要由**生成器**（**generator, G**）和**判别器**（**Discriminator, D**）组成。

生成器：用于捕获数据分布。它的训练目的是尽可能地生成逼真的样本，以欺骗判别器。

判别器：用于估计样本来自训练数据的概率。它的训练目的是准确地区分真实样本和生成样本，并将其归类到合适的类别。

通过训练 GAN，生成器 G 能够学习到样本的真实分布，来生成原本不存在且能以假乱真的样本。

目前，生成对抗网络在提高数据生成效率、增强数据集、自动编码和对抗训练等方面展现出了重大应用价值，并在图像生成、数据增强、风格迁移、音视频生成和处理等领域取得了广泛应用。

2. 网络结构

生成对抗网络的基本结构如图 3.25 所示，它由生成器 G 和判别器 D 两部分组成。经过对生成器和判别器的对抗训练，最终使得生成器的输出结果足够真实，无法被判别器判别。

1）生成器 G

生成器 G 用于学习真实数据的近似分布函数。给定数据分布 p_{data}，希望生成器可使得所产生的数据分布 p_g 尽可能接近 p_{data}。为了学习相应的数据分布，首先随机初始化一个噪声分布 $p_z(z)$，然后将随机初始化的噪声分布作为生成器 G 的输入，得到输出 x_f。其形式化定义为

$$G : G(z) \rightarrow x_f$$

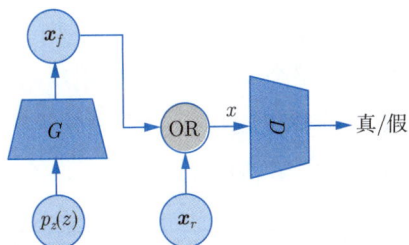

图 3.25　生成对抗网络的基本结构

2）判别器 D

将来自真实样本的输入 $\boldsymbol{x}_r$ 和生成器产生的数据 $\boldsymbol{x}_f$ 混合，输入判别器 D。判别器判断输入 $\boldsymbol{x}$ 来自初始数据的概率。其形式化定义为

$$D : D(\boldsymbol{x}) \to [0, 1]$$

其中，0 表示 $\boldsymbol{x}$ 由生成器生成，1 表示 $\boldsymbol{x}$ 来自真实样本。

3. 工作流程

1）博弈过程

判别器 D 的训练目标是最大化分类的准确率，而生成器 G 的训练目标则是最小化判别器 D 的准确率。二者的估值函数是完全相反的，因而形成了**零和博弈**。

理想条件下，G 和 D 可通过对抗训练达到纳什均衡。但在实践中，GAN 的训练也受到许多因素的影响，如网络结构和损失函数的选择、超参数的设置等。这些因素都可能导致训练过程中的困难，使得 GAN 难以达到理论上的纳什均衡。

2）损失函数

在博弈中，D 和 G 两名玩家按照**极小化极大估值函数** $V(G, D)$ 进行博弈：

$$\min_{G} \max_{D} V(G, D) = \mathbb{E}_{\boldsymbol{x} \sim p_{\text{data}}(\boldsymbol{x})}[\log D(\boldsymbol{x})] + \mathbb{E}_{\boldsymbol{z} \sim p_z(\boldsymbol{z})}[\log(1 - D(G(\boldsymbol{z})))]$$

其中，$V(G, D)$ 是一个二分类的交叉熵函数，该损失函数的最终目标是最小化生成分布和真实分布之间的 KL 散度（KL 散度也被称为相对熵，用于衡量两个概率分布之间的差异），式中的 $\mathbb{E}$ 表示期望。

该损失函数的作用原理如下：首先固定生成器，当判别器将满足真实样本分布的数据判别为 1，将满足生成样本分布的数据判别为 0 时，$\log D(\boldsymbol{x}) = 0$，$\log[1 - D(G(\boldsymbol{z}))] = 0$，判别器能够有效区分真实数据与生成数据，此时 $V(G, D)$ 有最大输出；接着固定判别器，为了使生成数据与真实数据尽可能接近，足以骗过判别器，$D(G(\boldsymbol{z}))$ 应尽量趋于 1，此时 $V(G, D)$ 有最小值。

3）训练方法

当 G 和 D 均为多层感知机时，整个神经网络可以用反向传播算法进行训练。训练期间，先固定生成器，更新判别器参数，再固定判别器，更新生成器参数。如此迭代更新判别器和生成器的参数，直到判别器和生成器都能达到较好的效果。具体训练过程如算法 21 所示。

算法 21 用于生成对抗网络学习的批量随机梯度下降算法

输入： 待学习的数据分 p_{data}；随机初始化的噪声分布 $p_z(z)$；随机初始化的生成器、辨别器参数 θ_g、θ_d.

1: **for** 在训练迭代次数内 **do**

2: **for** 执行到第 k 轮为止 **do**

3:   从噪声分布 $p_z(z)$ 中取样 m 个样本 $z^{(i)}$，$1 \leqslant i \leqslant m$，$i \in Z$；

4:   从数据分布 $p_{data}(x)$ 中取得 m 个样本，$x^{(i)}$，$1 \leqslant i \leqslant m$，$i \in Z$；

5:   通过梯度下降法更新判别器的参数：$\theta_d \leftarrow \theta_d - \nabla_{\theta_d} \frac{1}{m} \sum_{i=1}^{m} [\log D(x^{(i)}) + \log(1 - D(G(z^{(i)})))]$

6: **end for**

7: 从噪声分布 $p_z(z)$ 中取得 m 个样本 $z^{(i)}$，$1 \leqslant i \leqslant m$，$i \in Z$；

8: 通过梯度下降法更新生成器的参数：$\theta_g \leftarrow \theta_g - \nabla_{\theta_g} \frac{1}{m} \sum_{i=1}^{m} \log(1 - D(G(z^{(i)})))$

9: **end for**

基于 GAN 优秀的生成能力，它可被应用于自主智能无人系统的对抗样本生成，以辅助提升智能体对场景或特定目标的辨别能力，增强其健壮性。

3.4.5　注意力机制

1. 算法简介

人类在观察环境时，会将精神聚焦在关心的事物上，这种有意识的聚焦被称为**聚焦式注意力 (focus attention)**。在深度学习领域，模型往往需要接收和处理大量的数据，然而在特定的某个时刻，往往只有少部分的数据是重要的。为了更好地学习各个时刻的模型特性，引入**注意力机制 (attention mechanism)** 来寻找需要重点关注的特征，从而提高模型的整体表现。注意力机制在自然语言处理、计算机视觉等领域有着丰富的应用。

1）应用背景

下面以机器翻译中常用的 Seq2Seq（Sequence-to-Sequence，序列到序列）模型为例，介绍注意力机制的作用。

注意力机制通常用于 Seq2Seq 任务，如机器翻译、文本摘要等。它的主要作用是在编码器-解码器结构中，帮助解码器在生成输出时，根据输入序列的不同部分进行加权选择，并更加关注与当前输出有关的部分。

Seq2Seq 模型由两个循环神经网络组成：一个作为**编码器 (encoder)**，另一个作为**解码器 (decoder)**，图 3.26 展示了一种最简单的编码器—解码器网络。

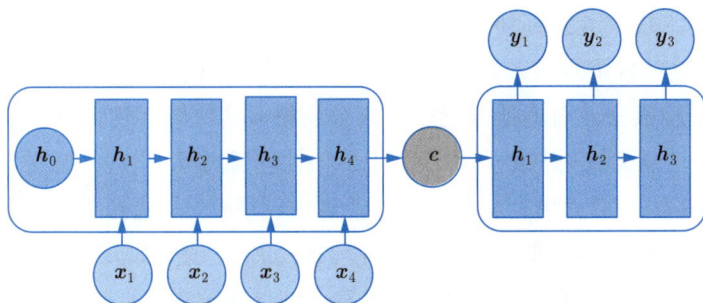

图 3.26　最简单的编码器—解码器网络

编码器负责将输入序列编码成指定长度的向量，这个向量就可以看成这个序列的语义，获取语义向量最简单的方式就是直接将最后一个输入的隐状态作为语义向量 c。也可以对最后一个隐含状态做一个变换得到语义向量，还可以将输入序列的所有隐含状态做一个变换得到语义变量。

解码器则负责根据语义向量生成指定的序列，这个过程也称为解码。最简单的解码方式是将编码器得到的语义变量作为初始状态输入解码器的网络中，得到输出序列。可以看到，上一时刻的输出会作为当前时刻的输入，而且其中语义向量 c 只作为初始状态参与运算，后面的运算都与语义向量 c 无关。

然而，传统的 Seq2Seq 模型在处理长序列时可能会面临信息丢失和性能下降的问题。为了解决这个问题，引入注意力机制。

注意力机制允许解码器在生成每个元素时，根据输入序列的不同部分分配不同的注意力权重。这样，解码器可以在生成每个元素时，更加关注与当前生成位置相关的输入序列的部分。注意力机制通过引入额外的上下文向量，将编码器的输出与解码器的隐藏状态结合起来，并计算注意力权重。这些注意力权重表示了输入序列中不同位置的重要性，解码器利用这些权重来决定在生成当前元素时应该关注输入序列的哪些部分。

假设有一个 Seq2Seq 模型，希望用这个模型学习将"who are you"翻译为"你是谁"。编码器先对"who are you"进行编码，然后将整句话的信息传递给解码器端，解码器是逐字解码的，在每次解码的过程中，如果接收的信息过多，可能会导致模型的内部混乱，从而导致错误结果的出现。为此可使用注意力机制来解决这个问题，如：在生成"你"的时候和单词"you"关系比较大，和"who are"关系不大，所以希望在这个过程中能够使用注意力机制，将更多注意力放到"you"上，而不要太多关注"who are"，从而提高模型的整体表现。

注意力机制的引入使得 Seq2Seq 模型能够更好地处理长序列，并在翻译、摘要、语音识别等任务中取得更好的性能。它提升了模型对输入序列中不同部分的建模能力，提高了生成结果的质量和准确性。

2）注意力机制分类

根据作用方式，可以将注意力机制分为软注意力（soft attention）机制和硬注意力（hard attention）机制。

软注意力机制：软注意力机制是指在计算注意力权重时，对输入序列的每个位置都分配一个权重，并使用这些权重对输入进行加权求和。这样可以使得模型在处理序列时，能够同时关注输入序列的不同部分，而不是仅仅选择一个最相关的位置。软注意力机制通常使用一些函数或算法来计算注意力权重，如点积注意力、加性注意力等。

硬注意力机制：硬注意力机制是指在计算注意力权重时，只选择一个或少数几个最相关的位置进行关注。与软注意力不同，硬注意力直接选择了一个或少数几个位置，并将其作为模型的关注点。在硬注意力机制中，注意力权重通常通过一些策略或机制来选择，如基于最大值、随机采样等。硬注意力机制的一个显著特点是在训练过程中不可导，因此在反向传播时需要使用其他技巧，如强化学习中的 REINFORCE 算法。

根据作用范围，可以将注意力机制分为自注意力（self-attention）机制和全局注意力（global attention）机制。

自注意力机制：自注意力机制用于处理序列数据中的内部关系。它通过将输入序列的每个位置作为查询、键和值，计算每个位置与其他位置之间的相似度，并根据相似度计算注意力权重。自注意力机制常用于 Transformer 等模型中，用于处理序列到序列的任务，如机器翻译、文本摘要等。

全局注意力机制：全局注意力机制是一种注意力机制，用于处理序列数据中的外部关系。它通过将输入序列的每个位置作为查询，而将所有位置作为键和值，计算查询与所有位置之间的相似度，并根据相似度计算注意力权重。全局注意力机制常用于将序列与外部信息进行交互的任务，如图像描述生成中，将图像特征与文本描述进行关联。

下面着重介绍软注意力机制和自注意力机制。

2. 软注意力机制

软注意力机制是目前最常用的注意力模型之一。为了让神经网络在处理信息时有选择性地聚焦于关键信息，所有信息在被聚合之前会以自适应的方式进行重新加权，以分离出重要信息，降低不重要信息的干扰，从而提高准确性。

软注意力机制的常用表示方法有两种：一般表示和键值对表示。

1）一般表示

用矩阵 $\boldsymbol{X} = [\boldsymbol{x}_1, \boldsymbol{x}_2, \cdots, \boldsymbol{x}_n]$ 表示 n 个输入信息，注意力机制将从中选择一些与任务相关的信息进行计算。当给定一个查询向量 $\boldsymbol{q}$，用来查找并选择 $\boldsymbol{X}$ 中的某些信息，则可以根据 $\boldsymbol{X}$ 和 $\boldsymbol{q}$ 计算注意力值。

注意力值的计算是软注意力机制的关键，它可以分为两步：

（1）在所有输入信息上计算注意力分布。

定义一个注意力变量 $z \in \{1, 2, \cdots, n\}$ 来表示被选择信息的索引位置，$z = i$ 表示选择第 i 个输入信息。在给定 $\boldsymbol{q}$ 和 $\boldsymbol{X}$ 的情况下，选择第 i 个输入信息的概率 α_i 为

$$\begin{aligned} \alpha_i &= p(z = i | \boldsymbol{X}, \boldsymbol{q}) \\ &= \mathrm{softmax}(s(\boldsymbol{x}_i, \boldsymbol{q})) \end{aligned} \tag{3.15}$$

$$= \frac{\exp(s(\boldsymbol{x}_i, \boldsymbol{q}))}{\sum\limits_{j=1}^{n} \exp(s(\boldsymbol{x}_i, \boldsymbol{q}))}$$

其中，α_i 构成的概率向量就称为注意力分布（attention distribution）。

$s(\boldsymbol{x}_i, \boldsymbol{q})$ 是**注意力打分函数**，有以下 4 种常见形式。

- **加性模型**：$s(\boldsymbol{x}_i, \boldsymbol{q}) = \boldsymbol{v}^{\mathrm{T}} \tanh(\boldsymbol{W}\boldsymbol{x}_i + \boldsymbol{U}\boldsymbol{q})$
- **点积模型**：$s(\boldsymbol{x}_i, \boldsymbol{q}) = \boldsymbol{x}_i^{\mathrm{T}}\boldsymbol{q}$
- **缩放点积模型**：$s(\boldsymbol{x}_i, \boldsymbol{q}) = \dfrac{\boldsymbol{x}_i^{\mathrm{T}}\boldsymbol{q}}{\sqrt{d}}$
- **双线性模型**：$s(\boldsymbol{x}_i, \boldsymbol{q}) = \boldsymbol{x}_i^{\mathrm{T}}\boldsymbol{W}\boldsymbol{q}$

其中，$\boldsymbol{W}$ 和 $\boldsymbol{U}$ 是可学习的网络参数，d 是输入信息的维度。

（2）根据注意力分布来计算输入信息的加权平均。

注意力分布 α_i 表示在给定查询 $\boldsymbol{q}$ 时，输入信息 $\boldsymbol{X}$ 中第 i 个信息与查询 $\boldsymbol{q}$ 的相关程度。采用"软性"信息选择机制给出查询所得的结果，就是用加权平均的方式对输入信息进行汇总，计算**注意力值**为

$$\mathrm{attention}(\boldsymbol{X}, \boldsymbol{q}) = \sum_{i=1}^{n} \alpha_i \boldsymbol{x}_i$$

2）键值对表示

用**键值对（key-value pair）**来表示输入信息。n 个输入信息可以表示为

$$(\boldsymbol{K}, \boldsymbol{V}) = [(\boldsymbol{k}_1, \boldsymbol{v}_1), (\boldsymbol{k}_2, \boldsymbol{v}_2), \cdots, (\boldsymbol{k}_n, \boldsymbol{v}_n)]$$

其中，**"键" $\boldsymbol{K}$** 用来计算注意力分布 α_i，**"值" $\boldsymbol{V}$** 用来计算聚合信息。

在键值对表示中，通常使用查询向量 $\boldsymbol{Q}$ 来计算它与键 $\boldsymbol{K}$ 之间的相似度，得到注意力权重，然后对 $\boldsymbol{V}$ 值进行加权求和，从而得到最终的注意力值。这种表示方式可以帮助模型集中关注与查询向量相似的键，并根据键的注意力权重来加权聚合对应的值。

键值对表示下，注意力值的计算可以归纳为 3 步：

（1）根据 $\boldsymbol{Q}$ 和 $\boldsymbol{K}$ 计算二者的相似度，得到注意力得分 $s_i = s(\boldsymbol{k}_i, \boldsymbol{Q})$；

（2）计算注意力分布 $\alpha_i = \dfrac{\exp(s_i)}{\sum\limits_{j=1}^{n} \exp s_j}$；

（3）根据权重系数对值进行加权求和 $\mathrm{attention}((\boldsymbol{K}, \boldsymbol{V}), \boldsymbol{Q}) = \sum\limits_{i=1}^{n} \alpha_i \boldsymbol{v}_i$。

3. 自注意力机制

自注意力机制 (self-attention) 往往采用**查询-键-值 (Query-Key-Value)** 的模式，它的工作流程如图 3.27 所示。可以看到，查询向量也通过输入信息生成，这也是它的名称由来。

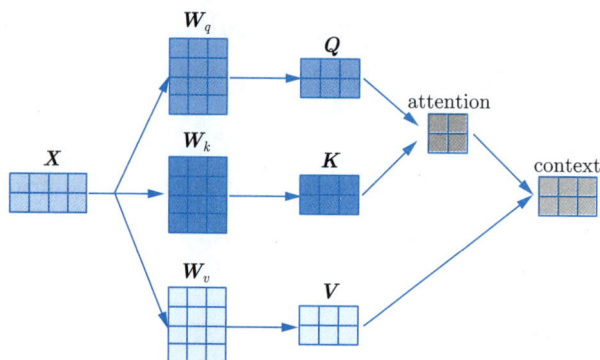

图 3.27　自注意力机制

自注意力机制主要由以下 3 步组成。

（1）根据输入 X 生成**查询矩阵** Q（Query）、**被查询矩阵** K（Key）、**内容矩阵** V（Value）：

$$Q = XW_{\mathrm{q}}$$

$$K = XW_{\mathrm{k}}$$

$$V = XW_{\mathrm{v}}$$

（2）计算每个位置的注意力分布，并且将相应结果进行加权求和：

$$\mathrm{context}_i = \sum_{j=1}^{N} \mathrm{softmax}(s(\boldsymbol{q}_i, \boldsymbol{k}_j)) \cdot \boldsymbol{v}_j$$

（3）使用矩阵计算的方式，计算出所有位置的注意力输出向量：

$$\mathrm{context} = \mathrm{softmax}\left(\frac{\boldsymbol{Q}\boldsymbol{K}^{\mathrm{T}}}{\sqrt{d}}\right)\boldsymbol{V}$$

目前，注意力机制已被应用于密集、复杂场景下的环境感知、情景理解与决策问题当中，有效提升了原有模型的性能或场景泛化能力。

3.4.6　Transformer

1. 算法简介

循环神经网络和**卷积神经网络 (Convolutional Neural Networks, CNN)** 作为两种典型的神经网络模型，都存在一定问题。循环神经网络难以处理单词间的长期依赖问题；而且各循环单元之间的计算存在严格的时序关系，即第 $t-1$ 个循环单元未完成计算之前，第 t 个循环单元无法开始计算，这减慢了训练和推理的速度。卷积神经网络虽然具有并行处理的能力，但需要多层卷积才能融合两个距离较远的点所包含的信息。**Transformer 架构**通过引入注意力机制解决了 RNN 的两个限制，具有并行度好、训练时间短的优点；利用矩阵计算实现并行处理，无需滤波器，可同时保留远近距离的信息。

2. 网络结构

Transformer 的网络框架如图 3.28 所示。它本质上是一个 Seq2Seq 模型，由编码器和解码器两部分组成，编码器和解码器均包含 N 个块。

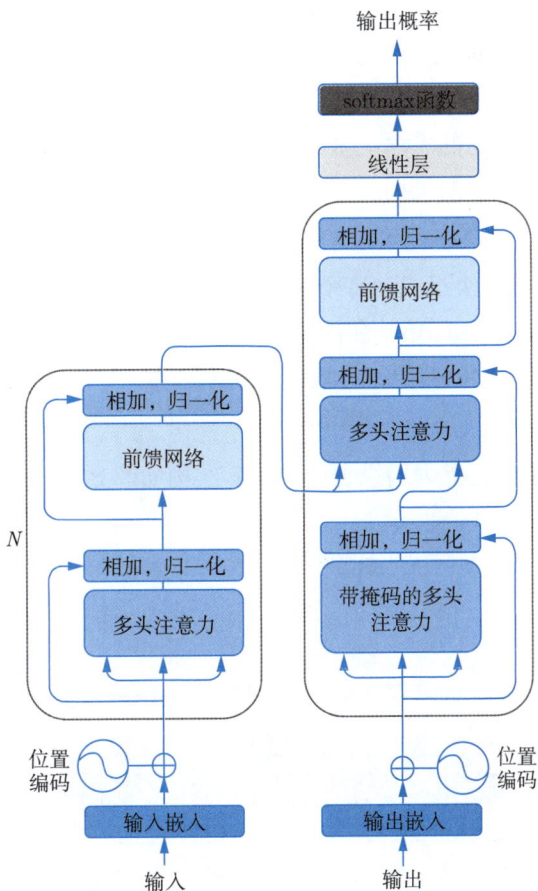

图 3.28　Transformer 的网络框架

Transformer 的工作流程可大致分为如下 3 步：

（1）获取输入句子的每一个单词的表示向量 x，x 由单词的内容编码向量和位置编码向量相加得到。

（2）将表示每一个单词的行向量 x 拼接为向量矩阵 $X_{n \times d}$，其中，n 是句子中单词个数，d 是行向量的维度。将得到的向量矩阵传入编码器，经过 6 个编码模块后得到句子所有单词的编码信息矩阵 C。每一个编码模块输出的矩阵维度与输入维度完全一致。

（3）将编码器输出的编码信息矩阵 C 传递到解码器中，解码器根据已翻译过的单词 $1 \sim i(i \in [1, m-1]$，m 为输出序列的长度) 翻译下一个单词 $i+1$。在翻译第 $i+1$ 个单词时需要通过掩码操作来覆盖第 $i+1$ 个之后的单词。

下面就 Transformer 网络中的各个模块展开介绍。

1）输入处理

Transformer 需要对输入进行两部分的处理，分别为**内容编码**（embedding）和**位置编码**（positional encoding）。内容编码的目标，就是找到一组计算机容易存储和理解的向量，来刻画现有的数据集合。可以通过 Word2Vec、Glove 等算法预训练得到词向量，也可以直接训练 Transformer 模型得到词向量。位置编码用于保存单词在序列中的相对或绝对位置。由于 Transformer 直接使用全局信息，而单词顺序信息对自然语言处理非常重要，如"我请你吃饭"和"你请我吃饭"所表达的意思完全不同，在这里借助正余弦位置编码来保存位置信息。将内容编码和位置编码得到的向量相加，得到单词的表示向量 x。

2）编码模块

编码器由 $n(n=6)$ 个模块组成，每个模块的结构是相同的，包含两个子层，分别是**多头注意力层**（multi-head attention）和**前馈层**（feed forward），每个子层都是一个**残差网络**（residual network）。编码器的各个模块不共享权重。

（1）多头注意力层。

多头注意力层由多个自注意力层组合而成，其结构如图 3.29 所示。

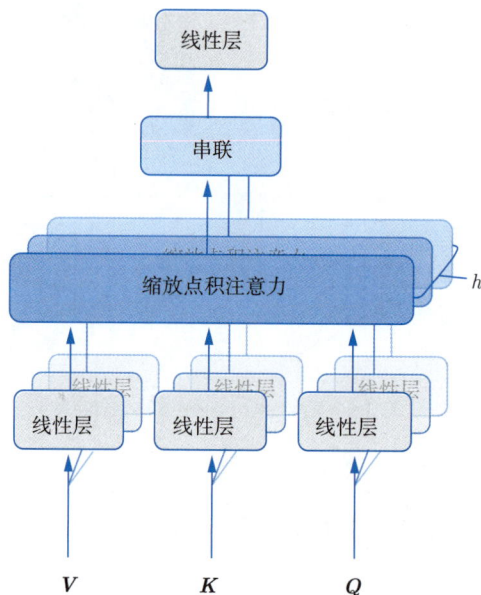

图 3.29　多头自注意力层

多头自注意力层首先将输入 X（自注意力机制中，矩阵 K、Q、V 均由输入 X 计算得到）分别传递到 h 个不同的自注意力层中，计算得到 h 个输出矩阵 $Z_i(i\in 1,2,\cdots,h)$，然后将它们拼接 (concat) 在一起，传入一个线性层，得到多头注意力层的输出矩阵 Z。Z 与 X 的维度是一样的。

（2）前馈层。

前馈层是双层的全连接层，第一层的激活函数为 ReLU，第二层不使用激活函数。前馈层

对应的公式为

$$\max(0, \boldsymbol{X}\boldsymbol{W}_1 + \boldsymbol{b}_1)\boldsymbol{W}_2 + \boldsymbol{b}_2$$

其中，$\boldsymbol{W}_1$、$\boldsymbol{W}_2$ 分别为第一层、第二层的权重矩阵，$\boldsymbol{b}_1$、$\boldsymbol{b}_2$ 分别为第一层、第二层的偏置向量。

（3）层归一化 (LayerNorm)。

层归一化的计算公式为

$$\mathrm{LayerNorm}(\boldsymbol{X} + \mathrm{MultiHeadAttention}(\boldsymbol{X}))$$
$$\mathrm{LayerNorm}(\boldsymbol{X} + \mathrm{FeedForward}(\boldsymbol{X}))$$

其中，$\mathrm{MultiHeadAttention}(\boldsymbol{X})$ 和 $\mathrm{FeedForward}(\boldsymbol{X})$ 分别为多头注意力层和前馈层的输出。$\boldsymbol{X} + \mathrm{MultiHeadAttention}(\boldsymbol{X})$ 是一种残差连接，通常用于解决多层网络训练的问题，可以让网络只关注当前差异的部分。层归一化会将每一层神经元的输入转化成均值方差一样的数据，以加快收敛速度。

3）解码模块

解码器的每个模块包含 3 个子层，分别是带掩码的多头注意力层 (masked multi-head attention)、编码-解码注意力层 (encoder-decoder attention) 和前馈层，这里的前馈层与编码模块相同。对每个子层均进行了残差处理。下面就两个注意力层进行区分。

（1）第一个多头注意力层。

由于翻译的过程需要顺序进行，所以在解码模块的第一个多头注意力层采用了掩码 (mask) 操作。通过掩码操作可以防止第 i 个单词知道第 $i+1$ 个单词之后的信息。注意掩码操作需要放在自注意力的 softmax 之前。

（2）第二个多头注意力层。

第二个多头注意力层的变化不大，主要的区别在于其中自注意力的键（$\boldsymbol{K}$）和值（$\boldsymbol{V}$）矩阵不是使用上一个解码模块的输出计算得来，而是使用编码模块的编码信息矩阵 $\boldsymbol{C}$ 来计算的。根据编码器的输出 $\boldsymbol{C}$ 计算得到 $\boldsymbol{K}$、$\boldsymbol{V}$，根据上一个解码模块的输出 $\boldsymbol{Z}$ 计算 $\boldsymbol{Q}$（如果是第一个解码模块，则使用输入矩阵 $\boldsymbol{X}$ 进行计算），后续的计算方法与之前描述的一致。这样做的好处是在解码的时候，每一个单词都可以利用到编码器所有单词的信息（这些信息无需掩码）。

4）输出部分

输出部分由线性层和 softmax 层组成。线性层通过对解码器模块的输出进行线性变化得到指定维度的输出，之后使用 softmax 层将最后一维向量中的数字缩放到 0~1 的概率值域内，同时保证向量元素之和为 1。

近些年，Transformer 被广泛应用于自然语言处理、计算机图像、多模态等领域。而它的主要优势在于能够处理序列数据和建模长距离依赖关系，因此也可被应用于智能体的感知、决策和控制。在感知层面，Transformer 可以用于处理传感器数据，如图像、激光雷达和声音等；

在决策层面，Transformer 可以用于处理语义信息和上下文建模；在控制层面，Transformer 可以用于生成动作序列和路径规划。它强大的序列建模和上下文理解能力使得智能体能够更好地理解和适应复杂的环境，提高智能体的自主性。

3.5　应用：基于神经网络的轨迹预测

为便于读者更好地理解前述内容，本节将先前介绍的知识应用于自动驾驶的轨迹预测问题中，并展示了不同神经网络模型在轨迹预测中的作用。本节核心内容包括五部分：基于 GAN 和驾驶风格融合的预测算法框架搭建、融合 LSTM 和感知机网络的车辆历史特征处理、具有空间注意力机制的交互信息提取方法、基于 GAN 和无监督学习的轨迹预测模型设计以及实验验证。

3.5.1　基于 GAN 和驾驶风格融合的预测算法框架搭建

本节采用了基于生成对抗网络（GAN）的架构，其具有两个关键组件：一个用于生成多模态轨迹预测的生成器，以及一个专注于驾驶风格鉴别和风格融合的鉴别器。这两个组件的结合可提升轨迹预测精度，并提高模型对不同驾驶风格的识别与适应能力。

生成器的主要任务是基于车辆的历史状态和环境信息，生成符合实际驾驶行为的多模态轨迹预测模型。这些预测考虑了未来可能的多种行驶路径，以适应复杂的交通环境和不确定性。生成器框架如图 3.30 所示，它集成了历史特征编码、地图信息编码、空间注意力机制以及解码器。首先，通过编码过程解析历史行驶数据和地图信息，初步理解当前场景；接着，利用空间注意力机制融合场景中的交互信息；最终，解码器输出多模态轨迹预测，作为初步预测轨迹，供鉴别器进一步评估。

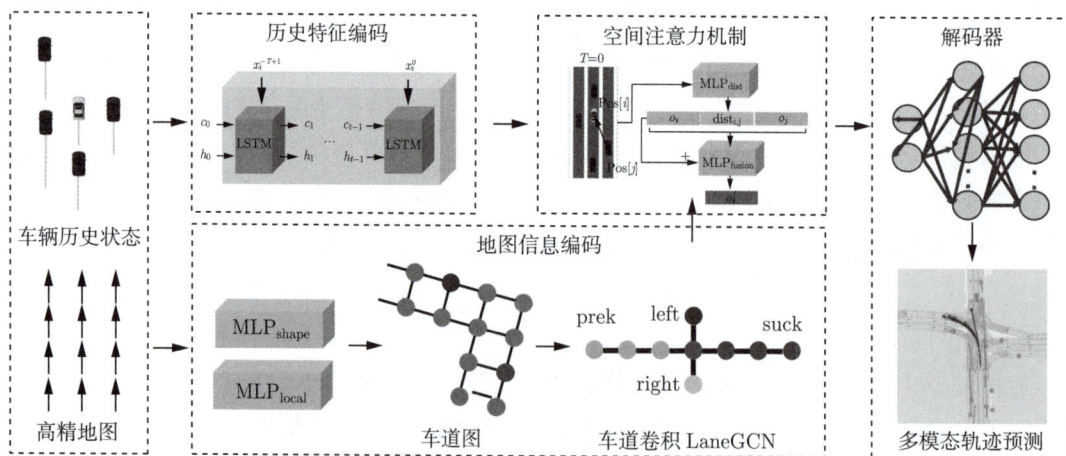

图 3.30　生成器框架

鉴别器负责评估生成的轨迹是否符合特定驾驶风格，并利用风格融合机制进一步优化预测轨迹，使其更接近真实驾驶情况。鉴别器的架构如图 3.31所示，它不仅评估生成轨迹的真实性，还通过学习不同驾驶风格的特征，对轨迹进行风格上的调整和融合，以提高预测轨迹的多样性和适应性。

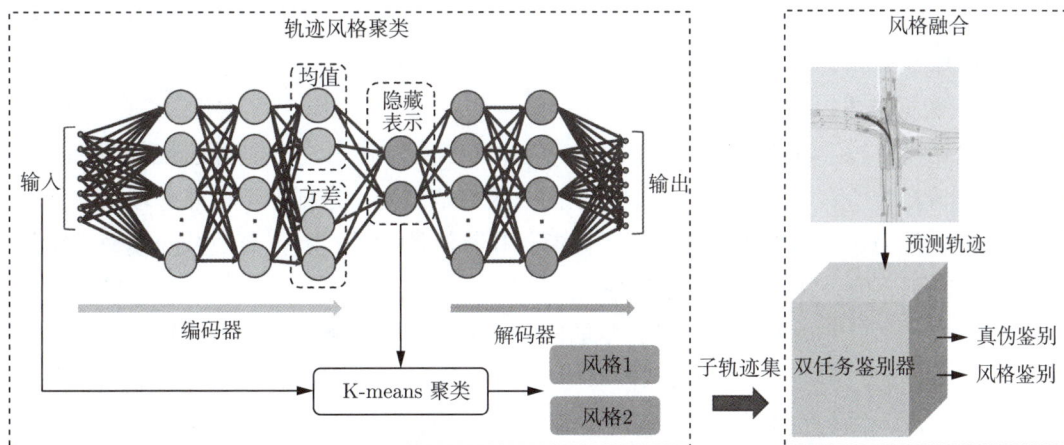

图 **3.31** 鉴别器的架构

本节介绍的轨迹预测框架，融合了高精度地图、车辆历史状态分析及驾驶风格识别，以生成精确且具有多模态特性的未来轨迹预测。整个框架分为三个主要部分，分别是轨迹预测生成、驾驶风格聚类，以及驾驶风格鉴别，下面对这一流程进行详细描述。

（1）轨迹预测生成。

预测模型利用车辆的历史状态和高精度地图数据进行特征编码，提取道路结构和车辆交互信息等关键信息。基于这些信息，预测模型能够独立地为每辆车生成多模态轨迹预测。通过回归训练，这一步骤可以产生在平均意义上具有一定精度和准确度的轨迹预测结果，从而提供一个初始的预测方案。

（2）驾驶风格聚类。

为了对所有车辆的轨迹进行有效分类，以识别出不同的驾驶风格，考虑到轨迹数据的高维特性，首先应用自编码器技术对轨迹特征进行降维处理，旨在降低计算成本并提高处理效率。紧接着，利用无监督的 K-means 聚类算法对降维后的轨迹特征进行聚类分析，以此区分出不同的驾驶风格。聚类完成后，从每个类别中提取出代表性的真实轨迹，形成子轨迹集，这些子轨迹集将作为真实样本，为后续的风格鉴别器提供训练和学习的基础。

（3）驾驶风格鉴别。

这里利用鉴别器来精确区分不同的驾驶风格。该鉴别器的输入涵盖了由预测模型生成的轨迹样本，以及代表特定驾驶风格的子轨迹集。通过比较生成轨迹与相应子轨迹集的相似度，鉴别器能够输出鉴别结果，明确指示生成轨迹是否紧密贴近真实的人类驾驶模式。借助生成对抗网络（GAN）的高效训练机制，促使模型不断自我优化，确保生成的轨迹不仅在结构上贴合特定驾驶风格，更在逻辑连贯性和行为特征上与该风格高度一致，从而显著提升轨迹预测的合理性与准确性。

3.5.2 融合 LSTM 和感知机网络的车辆历史特征处理

本小节将详细介绍车辆信息与地图数据的编码策略,涵盖输入数据描述、车辆历史状态信息编码、车道信息编码及车道图的构建四个过程。这些编码方法为车辆间的信息交换及后续数据解码过程奠定了基础。

1. 输入数据描述

为了优化模型的学习效率和预测准确性,对输入信息进行归一化处理是至关重要的步骤。归一化过程旨在将所有输入数据统一缩放至同一数值范围内,这样做不仅能够增强模型的训练效率和泛化能力,还能显著加速梯度下降等优化算法的收敛过程,有效减轻模型对输入特征尺度差异的敏感度,从而提升整体性能。

本节采取一种针对轨迹预测任务特定的归一化方法。将预测车辆的历史轨迹的最后一个时刻的位置 p_0 设定为坐标原点,以倒数第二个时刻位置 p_{-1} 和最后一个时刻位置 p_0 向量定义一个方向基准,以此对周围车辆的历史信息和地图信息进行归一化。计算单位向量基准 u:

$$u = \frac{p_0 - p_{-1}}{\|p_0 - p_{-1}\|}$$

输入数据中任何一个点 x 的归一化后的坐标 x' 计算如下:

$$x' = (x - p_0) \cdot u$$

经过上述处理流程,模型的输入数据被成功转换至一个以预测车辆最终时刻位置为基准的新坐标系内。同时,所有历史数据均依据这一新的参考点及方向进行了归一化处理。此后,所有进一步的定义与分析都将基于这些归一化后的输入数据展开。

车辆 i 的历史轨迹由 $X_i \in \mathbb{R}^{T \times m}$ 表示,其中 T 是观测的时间范围,矩阵的第 t 行代表车辆 i 在时间 t 的状态。本节状态由一个三维向量 $x_i^t = \{\hat{x}_i^t, \hat{y}_i^t, \text{flag}\}$ 表示,包括当前位置坐标和一个标志位(若该数据被成功采样,标志位 flag $= 1$,否则 flag $= 0$)。

地图信息采用向量地图形式呈现,其中每个车道 l 均定义了一条中心线,该中心线由一系列二维鸟瞰图上的点构成。车道的方向可以标识为右转、左转或直行。车道的交通控制和交叉口注释由布尔值表示(如果存在交通控制,该布尔值为 1;否则为 0)。对于任何车道 l,如果从车道 l 出发,不违反交通规则即可到达其他车道,则这些车道被视为其邻居。任一车道可能有 4 种类型的邻居:左邻居、右邻居、前向车道和后继车道。

2. 车辆历史信息编码

对预测的目标车辆以及周围的车辆的历史信息进行编码,对于时间 $t \in \{-T+1, -T+2, \cdots, 0\}$,车辆 i 在时间 t 的状态向量 $x_i^t \in \mathbb{R}^3$ 通过线性层映射到更高维的向量 $e_i^t \in \mathbb{R}^{\dim_e}$:

$$e_i^t = x_i^t W_{\text{veh}}^{\mathrm{T}} + b$$

其中,$W_{\text{veh}} \in \mathbb{R}^{\dim_e \times 3}$ 是权重矩阵,$b \in \mathbb{R}^{\dim_e}$ 是偏置向量。接着,使用 LSTM 单元进行处理:

$$h_i^t = \text{LSTM}(e_i^t, h_i^{t-1}, c_i^{t-1})$$

其中 c_i^t 表示第 i 辆车在时间 t 的状态，h_i^t 是表示第 i 辆车在时间 t 的特征的隐藏状态，将最后时刻的隐藏状态作为车辆 i 的特征。

上述过程将每个输入特征向量 x_i^t 映射到一个 $\dim_h$ 维的空间中，N 辆车的特征矩阵为 $V_{veh} \in \mathbb{R}^{N \times \dim_h}$，其中第 i 行代表车辆 i 的特征。

3. 车道信息编码

高精度地图提供了详尽的车道矢量数据及其具体注释信息。为了实现更高的车道表示精度，地图将每个车道细分为更小的线段单元，如图 3.32 所示。

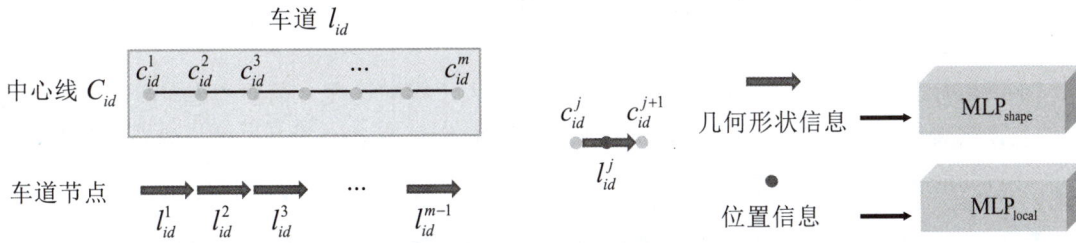

图 3.32　车道信息编码

对于一个车道 l_{id}，其车道中心线 $C_{id} = \{c_{id}^1, c_{id}^2, \cdots, c_{id}^m\}$ 由 m 个坐标点组成。定义两个连续的车道中心线坐标的连接的线段为一个车道节点，那么一个车道 l_{id} 可以生成 $m-1$ 个车道节点。

对于车道 l_{id} 的第 j 个节点特征，通过两个 MLP 进行提取：

$$f_{id,j} = \text{MLP}_{\text{shap}}(c_{id}^{j+1} - c_{id}^j) + \text{MLP}_{\text{local}}\left(\frac{c_{id}^{j+1} + c_{id}^j}{2}\right)$$

其中，MLP_{shap} 提取每个车道节点的几何形状信息，$\text{MLP}_{\text{local}}$ 提取每个车道节点的位置信息，两个 MLP 都由两个线性层和 ReLU 激活函数组成。最终 M 个车道特征矩阵表示为 $V_{\text{lane}} \in \mathbb{R}^{M \times \dim_l}$，其中每一行代表一个车道节点的特征。

4. 车道图的构建

构建由车道节点及其连通性关系组成的车道图。通过车道之间的邻接关系，即从一个车道出发在不违反交通规则的情况下可以到达另一个车道，则认为这两个车道具有邻接关系。定义四种类型的邻接关系的邻接矩阵 $A_r \in \mathbb{R}^{M \times M}$，其中 $r \in \{\text{left}, \text{right}, \text{pre}, \text{suc}\}$ 表示左车道、右车道、前向车道、后继车道四种关系，如果第 i 个节点和第 j 个节点通过 r 类型的关系连接，则 $A_r[i,j] = 1$，否则为 0。

3.5.3　具有空间注意力机制的交互信息提取

轨迹预测算法应用于多种复杂场景，需要综合考虑周围车辆的历史信息和地图信息。因此，需要利用注意力机制对不同的信息进行融合。前面小节信息编码部分介绍了对车辆历史信息及车道信息的提取和编码，下面介绍车辆历史信息及车道信息的融合。

1. 车道信息融合

本节通过车道卷积算子来处理复杂的车道节点信息聚合。具体来说，车道信息编码仅提供一个车道节点的局部信息，为了在更大的尺度上聚合车道图的拓扑信息，需要将车道节点信息进行拓扑聚合：

$$V^{(l+1)} = V^{(l)}W_0 + \sum_{i \in \{\text{left,right,pre,suc}\}} A_i V^{(l)} W_i$$

其中，$V^{(l+1)} \in \mathbb{R}^{M \times \dim_1}$ 表示更新后的节点特征矩阵，$V^{(l)}$ 是原始的节点特征矩阵，$W_0, W_i \in \mathbb{R}^{\dim_1 \times \dim_1}$ 是应用于自身特征和邻接节点特征的权重矩阵，$A_i \in \mathbb{R}^{M \times M}$ 代表不同类型的邻接矩阵。

车辆在行驶过程中，往往沿着道路的纵向速度大于横向速度，需要考虑车辆沿车道线方向的长期依赖性。扩张算子能够有效地从车道线方向聚集更多的节点信息，从而捕获车辆沿车道线方向的长期依赖性，如图 3.33 所示。

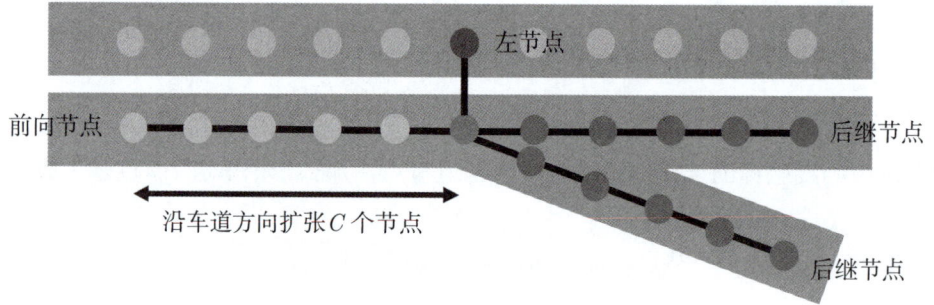

图 3.33　车道节点及其拓扑关系

扩张算子的核心思想在于拓宽节点的感受野，即在图神经网络进行信息聚合的过程中，不仅局限于直接相连的邻居节点，而是通过设定一定的间隔，来整合来自更广泛、更远距离节点的信息。这一机制使得每个节点在更新其内部特征表示时，能够融合的信息不仅包含了直接相邻节点的信息，还扩展到了那些地理位置上虽远但在网络逻辑上重要的节点，从而增强了节点特征表达的全面性和深度。扩张车道算子的公式如下：

$$V^{(l+1)} = V^{(l)}W_0 + \sum_{i \in R_1} A_i V^{(l)} W_i + \sum_{j \in R_2} \sum_{k=1}^{C} A_j^k V^{(l)} W_{j,k}$$

其中，$R_1 = \{\text{left,right}\}$，$R_2 = \{\text{pre,suc}\}$，$V^{(l+1)}$ 代表更新后的节点特征，$V^{(l)}$ 是当前层的节点特征，$W_0, W_i, W_{j,k} \in \mathbb{R}^{\dim_1 \times \dim_1}$ 是权重矩阵，$A_i, A_j^k \in \mathbb{R}^{M \times M}$ 是相应的邻接矩阵，C 代表沿着道路方向的最大扩张长度。最终，通过车道信息融合得到车道图中每个节点融合后的特征矩阵 $V'_{\text{lane}} \in \mathbb{R}^{M \times \dim_1}$。

2. 车辆与道路信息融合

在轨迹预测任务中，目标车辆与其周边环境的信息融合涉及两个关键环节：目标车辆与周边车辆信息的融合，以及目标车辆与周边车道信息的融合。为了全面捕捉各种潜在的交互关系,本节采取了先对车道信息进行融合,随后再将车辆信息与车道信息进行综合融合的策略。

考虑到每个车辆和车道的信息最初是独立编码的,首先需要将涉及的所有交互实体的编码维度统一,以便于后续的信息融合过程。因此,引入一个用于维度统一的 $\mathrm{MLP_{Embedding}}$,用于将车辆和车道的编码结果映射至统一的维度空间 $\mathbb{R}^{\dim_o}$:

$$\boldsymbol{o}_{\mathbf{veh}} = \mathrm{MLP_{Embedding}}(\boldsymbol{V}_{\mathbf{veh}})$$

$$\boldsymbol{o}_{\mathbf{lane}} = \mathrm{MLP_{Embedding}}(\boldsymbol{V}_{\mathbf{lane}}^{'})$$

$$\boldsymbol{O} = \left[\begin{array}{c} \boldsymbol{o}_{\mathbf{veh}} \\ \boldsymbol{o}_{\mathbf{lane}} \end{array} \right]$$

通过上述映射,得到的每个实体的特征维度都被统一,便于将所有交互关系涉及的实体作为独立的对象进行处理和分析。

设存在 Q 个这样的对象,其车辆和车道的信息编码结果被整合为矩阵 $\boldsymbol{O} \in \mathbb{R}^{Q \times \dim_o}$。其中,矩阵的第 i 行向量 $\boldsymbol{o}_i$ 代表第 i 个实体(无论是车辆还是车道节点)的特征表示。

在轨迹预测任务中,对象之间的空间位置关系对结果具有一定影响,目标车辆需要关注周围物体与自己的空间位置关系。因此本节利用空间注意力机制捕捉目标车辆与其周围实体间的空间交互信息,空间注意力机制架构如图 3.34所示。

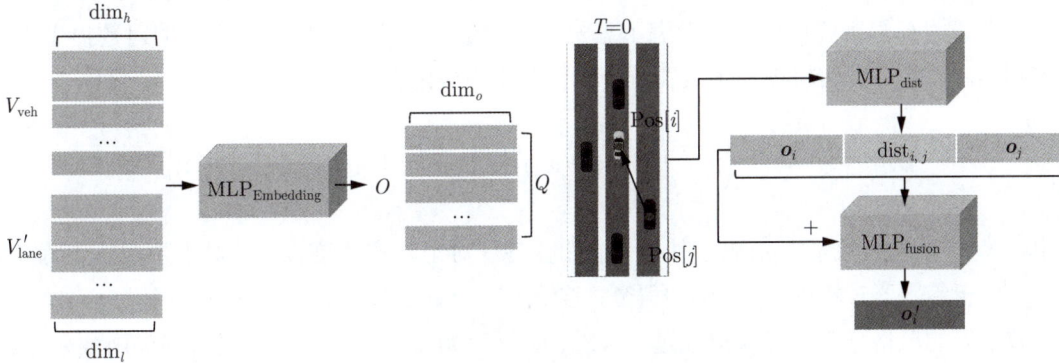

图 3.34　空间注意力机制架构

对象 i 与交互对象之间的信息融合的过程如下。

首先,通过一个 $\mathrm{MLP_{dist}}$ 提取对象 i 与所有交互对象之间的空间位置关系特征,如与交互对象 j 的空间位置关系表示如下:

$$\mathrm{dist}_{i,j} = \mathrm{MLP_{dist}}(\mathrm{Pos}[i] - \mathrm{Pos}[j])$$

其中,$\mathrm{Pos}[\cdot]$ 表示空间中的位置坐标。然后,对象 i 的特征表示通过结合自身特征、与其他对象的空间关系特征以及其他对象的特征进行更新：

$$o_i' = o_i W_0 + \sum_{j=1, j \neq i}^{Q} \mathrm{MLP}_{\mathrm{Fusion}}([o_i, \mathrm{dist}_{i,j}, o_j])$$

其中，$W_0 \in \mathbb{R}^{\dim_o \times \dim_o}$ 为权重矩阵。最终的特征表示 o_i' 融合了对象 i 及其周围对象的特征信息，将被用于下一步的预测任务。

3.5.4 基于 GAN 和无监督学习的轨迹预测模型

1. 模型损失函数

损失函数主要包含两大关键组成部分：生成器网络的损失与鉴别器网络的损失。这两部分损失函数的具体如下：

(1) 鉴别器损失。

双任务鉴别器具有两个头部：真伪判定头部和风格分类头部。生成器 G 生成的多模态轨迹预测，被鉴别器 D 视为假样本，而数据集中的未来轨迹被视为真实样本。真伪判定头部使用 Sigmoid 激活函数，将特征映射到 0 和 1 之间，用于判断输入轨迹的真伪；风格分类头部则通过 LogSoftmax 进行多分类。双任务鉴别器的总损失表示为这两部分损失的加权和。

$$L_D = L_{D_{\mathrm{real/fake}}} + \beta L_{D_{\mathrm{style}}}$$

其中，$L_{D_{\mathrm{real/fake}}}$ 表示真伪判定损失，$L_{D_{\mathrm{style}}}$ 表示风格分类损失，β 表示风格分类损失的权重。

鉴别器的真假轨迹损失函数考虑了真实轨迹和生成轨迹，通过计算它们的对数损失来训练鉴别器，以区分真实轨迹和生成轨迹，真伪判定损失定义如下：

$$L_{D_{\mathrm{real/fake}}} = -\frac{1}{N} \sum_{i=1}^{N} [y_i \log(D(x_i)) + (1 - y_i)\log(1 - D(G(z_i)))]$$

其中，N 表示样本数量，y_i 表示轨迹 x_i 的标签（对于真实轨迹为 1，对于生成轨迹为 0），$D(x_i)$ 代表鉴别器对轨迹 x_i 分配的得分，$G(z_i)$ 表示生成器从输入 z_i 生成的轨迹。

鉴别器的风格分类头部输出通过 LogSoftmax 函数处理后，使用交叉熵损失函数来计算，定义风格损失如下：

$$L_{D_{\mathrm{style}}} = -\frac{1}{N} \sum_{i=1}^{N} \sum_{c=1}^{C} t_{i,c} \log(D_{\mathrm{style}}(x_i)_c)$$

其中，C 是风格类别的数量，$t_{i,c}$ 是表示样本 i 是否属于类别 c 的真实标签（如果样本 i 属于类别 c，则 $t_{i,c} = 1$，否则 $t_{i,c} = 0$），$D_{\mathrm{style}}(x_i)_c$ 是鉴别器对样本 i 预测为类别 c 的概率。

(2) 生成器损失。

生成器网络的目标是产生与真实轨迹高度相似的多模态轨迹，并与鉴别器对抗性竞争。因此，生成器的损失函数包括回归损失、分类损失和对抗损失三部分。回归损失负责最小化生成轨迹与真实轨迹之间的差异；分类损失则鼓励生成器产生多模态的轨迹；而对抗损失则使生成器生成的轨迹更难被鉴别器识别为假。生成器的损失定义如下：

$$L_G = \alpha_1 L_{\text{reg}} + \alpha_2 L_{\text{cls}} + \alpha_3 L_{\text{adv}}$$

其中，$\alpha_1, \alpha_2, \alpha_3$ 是超参数，L_{reg} 是回归损失函数，L_{cls} 是最大边际损失函数，L_{adv} 是对抗损失函数。

回归损失函数 L_{reg} 通过 SmoothL1 损失来衡量生成的最佳轨迹与真实轨迹（Ground Truth, GT）之间的差异，使得生成轨迹尽可能贴近真实轨迹。具体计算如下：

$$L_{\text{reg}} = \text{SmoothL1}(\boldsymbol{Y}, \boldsymbol{Y^*})$$

其中，$\boldsymbol{Y}$ 和 $\boldsymbol{Y^*}$ 分别是 GT 和最佳轨迹坐标，SmoothL1 函数是一个分段函数，定义如下：

$$\text{SmoothL1}(x) = \begin{cases} 0.5x^2, & \text{if } |x| < 1 \\ |x| - 0.5, & \text{其他} \end{cases}$$

分类损失函数 L_{cls} 通过最大边际损失来强化最佳轨迹与其他轨迹之间的得分差异，促进模型区分不同的轨迹。定义第 i 个预测轨迹的得分为 $S_i = \text{MLP}(\boldsymbol{y_i^H} - \boldsymbol{y_i^0})$，$i \in \{1, 2, \cdots, K\}$，其中 $\boldsymbol{y_i^0}$ 和 $\boldsymbol{y_i^H}$ 分别是第 i 个预测轨迹的起点和终点。最大边际损失函数 L_{cls} 惩罚最佳轨迹得分与其余预测轨迹得分之间的差异：

$$L_{\text{cls}} = \sum_{q \in p} \max(0, m + S_q - S^*)$$

其中，p 是多模态轨迹的索引，S^* 是最佳轨迹的得分，m 是边际大小。

对抗损失函数 L_{adv} 鼓励生成器产生更难被鉴别器识别为假的轨迹，提高生成轨迹的真实性，因此对抗损失函数衡量生成器生成逼真轨迹的能力，定义为：

$$L_{\text{adv}} = -\frac{1}{N} \sum_{i=1}^{N} \log(D(G(\boldsymbol{z_i})))$$

其中，$D(G(\boldsymbol{z_i}))$ 代表鉴别器对生成的轨迹 $G(\boldsymbol{z_i})$ 分配的得分。这些损失函数共同作用，优化生成器的性能。

3.5.5 实验结果与分析

1. Argoverse 数据集介绍

本节采用 Argoverse 1 运动预测数据集对模型进行训练和评估。该数据集收集自匹兹堡和迈阿密的自动驾驶车队的传感器数据，记录了不同季节、天气条件和一天中不同时间的传感器数据或"日志片段"，以提供广泛的真实驾驶场景。采集的所有数据均来自一队配备相同配置的福特 Fusion 混合动力车，这些车辆全部搭载了 Argo AI 自动驾驶技术。每辆车搭载了 2

个安装在车顶的激光雷达传感器，其垂直视野重叠 40°，可达到最大探测距离 200 米。激光雷达传感器平均每秒产生约 107000 个点的点云数据。为了实现车辆定位，采用了特定于城市的坐标系统，并为每个时间戳提供了六自由度的定位信息，使用了基于 GPS 和传感器的组合定位方法。此外，还使用了 7 个高分辨率环形摄像头和 2 个前视立体摄像头，分别以每秒 30 次和每秒 5 次的频率录制数据。所有这些传感器的测量数据以日志文件的形式存储，每个日志文件都包含了激光雷达和所有九个摄像头的内部和外部校准数据。

模型的评估采用 Argoverse 1 基准测试的官方评价指标，所有位移均以米为单位。为了评估一组 K 个预测轨迹的平均位移误差（ADE）和最终位移误差（FDE），使用 minADE 和 minFDE 指标。其中，minADE 是最佳预测轨迹与真实轨迹之间的平均欧氏距离，minFDE 是最佳预测轨迹终点与真实轨迹终点之间的平均欧氏距离。此处"最佳"指的是端点误差最小的轨迹。误报率（MR）是指没有任何一条预测轨迹的终点误差在 2 米以内的场景数量。

2. 实验细节

（1）驾驶风格聚类。

首先利用自编码器对轨迹数据进行降维处理，将高维的轨迹特征压缩到 32 维的表示中。自编码器的训练使用了 Adam 优化器，学习率设置为 1×10^{-3}，训练 40 个回合。

对自编码器提取到的内在结构特征进行聚类。分别对前 2 秒的历史轨迹特征和全部 5s 的完整轨迹特征使用 K-means 聚类，并计算不同聚类簇内误差平方和（WCSS）。通过对比可得最优的聚类数量 $K = 3$，轨迹样本总数为 177 万个，将所有的轨迹样本分为三个类别。在轨迹聚类和分类过程中，对所有轨迹进行如下预处理：筛选出 5s 内没有缺失值的车辆轨迹，取第 20 个坐标为原点，并将从前一点到原点的方向作为正 X 轴。

对于前 2s 的轨迹样本，三个类别分别包含 33 万、107 万、37 万个样本。对于 5s 的轨迹样本，三个类别分别包含 31 万、109 万、37 万个样本，如图 3.35所示，展示了在不同时间窗口内（5s 与 2s）样本的轨迹风格标签之间的一致性，第一行表示所有 5s 轨迹风格标签为类别 0 的样本，有 283828 个样本在前 2s 轨迹风格标签为类别 0，有 1140 个样本在前 2s 轨迹风格标签为类别 1，有 40936 个样本在前 2s 轨迹风格标签为类别 2。第二行和第三行，以此类推。对角线上的数字越大，颜色越深，表示 5s 轨迹风格与前 2s 轨迹风格的一致性越高。聚类标签相同的样本数量为 161 万个，分类准确率为 90.94%，因此可以认为驾驶风格在短时间内保持一致，即通过历史 2s 内的轨迹特征可以一定程度上反映该条轨迹的风格。

对编码后的特征进行主成分分析（PCA），如图 3.36所示。图中的红线代表累积方差比例，蓝色条形代表每个 PC 的单独方差比例。结果表明，前三个主成分的累积方差比例超过 95%，即前三个主成分几乎捕捉了整个数据的大部分变异性。因此，使用前两个主成分以及前三个主成分来降低特征的维度。

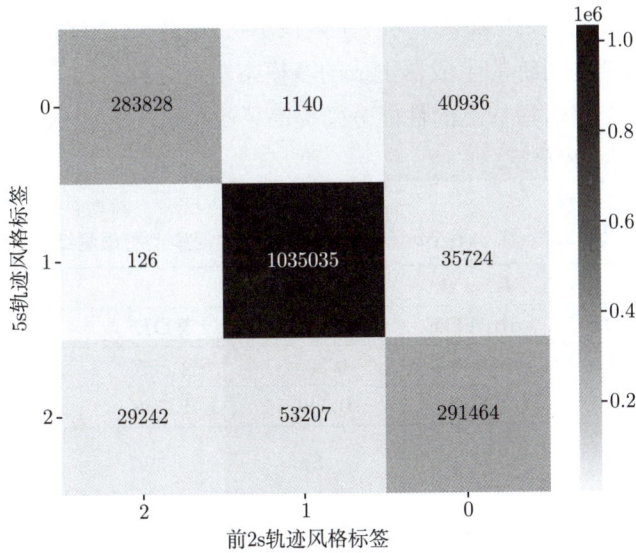

图 **3.35** 风格聚类混淆矩阵

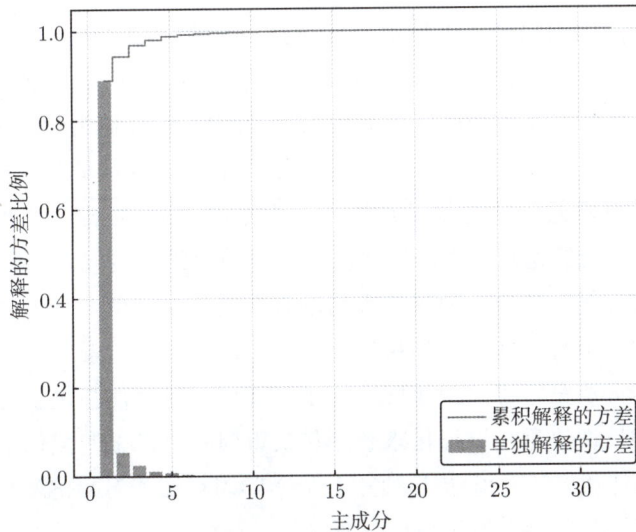

图 **3.36** 主成分分析

（2）轨迹生成及风格融合。

在 NVIDIA GeForce RTX 4090 24GB GPU 上以 32 的批量大小训练模型。在每个训练回合中，分别训练生成器和鉴别器，生成器使用学习率为 1×10^{-5} 的 Adma 优化器，鉴别器使用学习率为 1×10^{-6} 的 Adma 优化器。经过 8 个回合后，不再训练鉴别器，只保持生成器的训练。

在训练时，生成器的输入为轨迹的历史特征和周围地图信息，生成器能够预测出多模态的轨迹，这些样本作为伪样本输入鉴别器中。对训练集的轨迹进行驾驶风格鉴别，将不同风格的轨迹及其标签输入模型中。鉴别器对不同风格的轨迹进行鉴别，同时也对轨迹的真实性进行判别。在测试时，只需要生成器即可产生多模态轨迹预测。因此，可采用驾驶风格融合的生成器和单纯生成器架构训练的生成器生成的多模态轨迹进行对比。与单纯的生成器架构相比，提出的方法在六个评估指标上的性能分别提高了 2.08%、3.34%、8.82%、7.3%、7.16%、3.29%，具体细节如表 3.3所示。

表 3.3　在 Argoverse 1 运动预测数据集上的预测结果

模型	$K = 6$			$K = 6$		
	minFDE	minADE	MR	FDE	ADE	MR
单纯生成器	0.914	1.586	0.204	1.855	4.095	0.639
本节方法	**0.895**	**1.533**	**0.186**	**1.708**	**3.802**	**0.618**

3.6　小结

本章主要介绍了人工智能相关的技术理论知识，包括马尔可夫决策过程、机器学习、强化学习以及神经网络中的基本概念和典型求解方法。

机器学习是一种通用的数据处理技术，它涵盖了多种学习方法，主要分为监督学习和无监督学习两大类。监督学习旨在通过使用带有标记信息的训练数据来学习输入与输出之间的关系模型，并利用该模型对给定的输入进行相应的输出预测。在监督学习中，分类和回归是两种经典任务。常见的监督学习算法包括线性回归、逻辑回归、决策树和支持向量机等。无监督学习的目标是从不带有标记信息的训练数据中学习数据的内在结构、模式或关系，通常应用于聚类和降维问题。常见的无监督学习算法包括 k 均值算法和主成分分析等。

马尔可夫决策过程是一种分析序贯决策问题有效的数学模型。它可以在系统状态具有马尔可夫性质的环境中模拟智能体采用随机策略并得到相应回报。强化学习的目标是通过机器学习方法寻找马尔可夫决策过程的最优解。为了实现这一目标，强化学习通过与外部环境的交互不断获取有效的反馈信息，以优化求解序贯决策问题。常见的强化学习求解策略可以分为值迭代方法和策略迭代方法。值迭代方法包括 Q-学习算法和 SARSA 算法等，而策略迭代方法包括策略梯度算法和蒙特卡洛策略梯度算法等。演员-评论家算法结合了值迭代和策略迭代的思想，同时学习价值和策略。

神经网络是一种模仿人脑神经元工作原理的计算模型，能够通过学习和调整权重实现自适应，从而解决人工智能系统中复杂的优化问题。在自主智能无人系统中，常用的神经网络模型包括循环神经网络、长短期记忆网络、Transformer 以及生成对抗网络等。循环神经网络适用于处理具有时序关系的数据，而长短期记忆网络在处理长序列和长期依赖性任务上表现更出色。Transformer 在处理长序列和并行计算方面具有优势，而生成对抗网络则适用于生成新样本。具体选择哪种模型取决于任务的特点和需求。

练 习

1. 请编写程序实现线性回归算法，并给出算法在数据集 $D = \{(\boldsymbol{x}_1, y_1), (\boldsymbol{x}_2, y_2), (\boldsymbol{x}_3, y_3)\}$ 上的结果。其中，$\boldsymbol{x}_1 = (1, 2)$，$\boldsymbol{x}_2 = (3, 5)$，$\boldsymbol{x}_3 = (4, 7)$，$y_1 = 2$，$y_2 = 4$，$y_3 = 8$。

2. 请编写程序实现对数几率回归算法，并给出算法在数据集 $D = \{(\boldsymbol{x}_1, y_1), (\boldsymbol{x}_2, y_2), (\boldsymbol{x}_3, y_3)\}$ 上的结果。其中 $\boldsymbol{x}_1 = (1, 2)$，$\boldsymbol{x}_2 = (3, 4)$，$\boldsymbol{x}_3 = (5, 6)$，$y_1 = 0$，$y_2 = 1$，$y_3 = 1$。

3. 请编写程序实现 k 均值算法，并给出当 $k = 3$ 时算法在数据集 $D = \{\boldsymbol{x}_1, \boldsymbol{x}_2, \cdots, \boldsymbol{x}_9\}$ 上的结果。其中 $[\boldsymbol{x}_1, \boldsymbol{x}_2, \cdots, \boldsymbol{x}_9] = [(3, 2), (4, 8), (8, 7), (9, 6), (2, 3), (3, 11), (2, 6), (8, 6), (2, 2)]$。

4. 简要说明强化学习的基本思想，并阐述强化学习与监督学习的差异。

5. 请对比学习 SARSA 算法与 Q 学习方法，比较两者的异同点。

6. 请简述学习率的取值对神经网络训练的影响。

7. 试推导 RNN 训练时，误差随时间反向传播的过程。

8. 请介绍 3 种常见的神经网络及其适用场景。

第4章
自主智能运动控制

4.1 引言

  自主智能运动控制是人工智能和自动控制领域备受关注的一个重要主题。它涉及如何使无人车、无人机和机器人等无人系统根据环境信息和任务要求自主实现高效、智能的决策与运动。

  在实现自主运动的过程中，采用合适的控制方法对系统进行精确的调控至关重要。典型的运动控制方法包括最优控制、模型预测控制、鲁棒自适应控制和模糊控制等。最优控制旨在从一类可行的控制方案中寻找一个最优控制方案，使系统的性能指标值达到最优。模型预测控制基于动态模型进行迭代预测，进而寻求有限时域内的最优控制策略。鲁棒自适应控制能够进行参数学习和对非线性不确定性进行抑制补偿，从而保证系统快速收敛。模糊控制则利用语言变量描述的规则来控制系统。这些方法为系统实现自主运动提供了基本控制框架。

  随着无人系统模型和运动形式越来越复杂，对工作环境和任务的要求也越来越苛刻。实现自主运动对控制系统的要求越来越高，使得传统控制方法难以满足要求。神经网络是一类受到人脑神经元结构启发的计算模型，具有强大的自适应和学习能力、非线性映射能力、鲁棒性和容错能力。将传统自主运动控制方法与新兴技术进行融合，能够处理非线性、时变和不确定性因素，实现系统高精度稳定控制。

  本章将介绍自主智能运动控制的核心理论、方法和典型应用。首先介绍 4 种典型的运动控制方法，即最优控制、模型预测控制、鲁棒自适应控制和模糊控制。进一步，利用神经网络的优越特性，将其引入典型控制方法中，以处理未知复杂非线性问题。最后，介绍以上控制方法在几类典型无人系统中的应用。

4.2 典型自主运动控制

4.2.1 最优控制

无人系统在执行某些任务时，往往要求某些性能指标达到最优，如完成任务时间最短、作业过程耗能最低、系统控制质量最高等。在能够完成任务的所有可行的控制方案中，找出一个性能指标最优的控制方案，这种控制方法称为最优控制。

要建立对最优控制问题的完整数学描述，可以分为以下 5 个步骤：

（1）建立被控系统的状态方程

$$\dot{\boldsymbol{X}} = f[\boldsymbol{X}(t), \boldsymbol{U}(t), t] \tag{4.1}$$

其中，$\boldsymbol{X}(t)$ 是 n 维状态向量，$\boldsymbol{U}(t)$ 是 m 维控制向量，$f[\boldsymbol{X}(t), \boldsymbol{U}(t), t]$ 是 n 维向量函数，它既可以是非线性时变的，也可以是线性定常的。这个状态方程的形式和其中所有的参数都必须是已知的。

（2）确定状态方程的边界条件。系统的动态过程对应于 n 维状态空间从一个状态到另一个状态的转移，在状态空间中体现为一条轨线。通常初始状态$\boldsymbol{X}_0$ 已知，即

$$\boldsymbol{X}(t_0) = \boldsymbol{X}_0$$

而终端状态的时刻 t_f 和状态 $\boldsymbol{X}(t_f)$ 因问题而异。例如，在流水线生产过程中，t_f 固定。但在飞机爬升过程中，只规定终端状态高度 $\boldsymbol{X}(t_f) = X_f$，而 t_f 自由，此时最优控制目标为 $(t_f - t_0)$ 最小。终端状态 $\boldsymbol{X}(t_f)$ 一般属于一个目标集$\mathbb{S}$，即

$$\boldsymbol{X}(t_f) \in \mathbb{S}$$

（3）选定性能指标 J。性能指标一般具有如下形式：

$$J = \phi[\boldsymbol{X}(t_f), t_f] + \int_{t_0}^{t_f} L[\boldsymbol{X}(t), \boldsymbol{U}(t), t]\mathrm{d}t \tag{4.2}$$

该指标包含两个部分：第一部分称为终端指标，第二部分称为积分指标。具有两种指标的最优控制问题称为波尔扎 (Bolza) 问题；只有终端指标时，称为迈耶尔 (Mayer) 问题；只有积分指标时，称为拉格朗日 (Lagrange) 问题。

性能指标 J 是控制作用 $\boldsymbol{U}(t)$ 的函数，即以函数 $\boldsymbol{U}(t)$ 为自变量的函数，称为泛函，因此 J 又称为性能泛函。

（4）确定控制作用 $\boldsymbol{U}(t)$ 的可行范围 Ω，即

$$\boldsymbol{U}(t) \in \Omega$$

其中，Ω 是 m 维控制空间 $\mathbf{R}^m$ 中的一个子集。例如，无人机的姿态角是受限制的，电机允许的电流范围也是有限制的。应根据问题的实际情况，确定控制作用的约束条件。

（5）计算出最优控制律 $\boldsymbol{U}(t)$，将它施加于该系统，使得系统从初始状态 $\boldsymbol{X}(t_0)$ 转移到目标集 S 中的某个终端状态 $\boldsymbol{X}(t_f)$，并使得性能指标达到最优。

线性二次型调节器（Linear Quadratic Regulator，LQR）控制是最优控制中应用十分广泛的一种控制器设计方法，可得到状态线性反馈的最优控制规律，易于构成闭环最优控制，且方法简单便于实现。下面将简要介绍 LQR 控制的基本实现过程。

假设一个线性系统的状态空间方程为

$$\begin{cases} \dot{\boldsymbol{x}} = \boldsymbol{Ax} + \boldsymbol{Bu} \\ \boldsymbol{y} = \boldsymbol{Cx} + \boldsymbol{Du} \end{cases} \tag{4.3}$$

假设系统的所有状态变量可测量，此时要设计一个全状态反馈控制器 $\boldsymbol{u} = -\boldsymbol{Kx}$，使得闭环系统能够满足期望的性能。该控制器的设计关键在于求解下面的 Riccati 方程得到矩阵 $\boldsymbol{P}$。推导过程见附录 B。

$$\boldsymbol{A}^{\mathrm{T}}\boldsymbol{P} + \boldsymbol{PA} + \boldsymbol{Q} = \boldsymbol{PBR}^{-1}\boldsymbol{B}^{\mathrm{T}}\boldsymbol{P} \tag{4.4}$$

该方程中，$\boldsymbol{A}$、$\boldsymbol{B}$ 均已知，$\boldsymbol{Q}$、$\boldsymbol{R}$ 为自行选取的权重矩阵，也已知，求解该方程得到 $\boldsymbol{P}$。然后计算 $\boldsymbol{K} = \boldsymbol{R}^{-1}\boldsymbol{B}^{\mathrm{T}}\boldsymbol{P}$，即可得到 LQR 控制律 $\boldsymbol{u} = -\boldsymbol{Kx}$。LQR 的控制框图如图 4.1 所示。

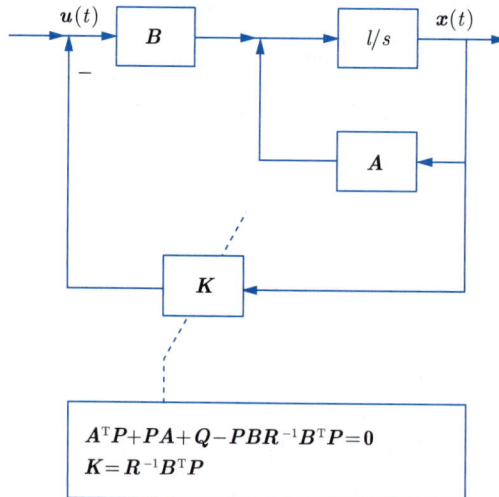

图 4.1　LQR 的控制框图

下面以第 2 章介绍的无人车模型为例来说明 LQR 控制在实际系统中的应用。三状态车辆的运动学模型如下：

$$\begin{cases} \dot{x} = v\cos\theta \\ \dot{y} = v\sin\theta \\ \dot{\theta} = \dfrac{v\tan\varphi}{L} \end{cases} \tag{4.5}$$

其中，L 为无人车长度，θ 是车辆横摆角，φ 为车辆前轮转角。使用 LQR 控制方法设计无人车的轨迹跟踪控制器。

该状态空间模型包含三角函数的非线性函数，且涉及 v 和 θ 函数之间的乘法操作，因此是非线性模型。而非线性模型的优化计算难度非常大，常用的方法是将其线性化后再进行控制器设计。LQR 控制方法既适用于连续模型，也适用于离散模型，此例采用离散模型。无人车的运动学模型是非线性的，对其进行泰勒展开线性化可以得到

$$\begin{bmatrix} \dot{x} \\ \dot{y} \\ \dot{\theta} \end{bmatrix} = \begin{bmatrix} \dot{x}_r \\ \dot{y}_r \\ \dot{\theta}_r \end{bmatrix} + \begin{bmatrix} 0 & 0 & -v_r\sin\theta_r \\ 0 & 0 & v_r\cos\theta_r \\ 0 & 0 & 0 \end{bmatrix} \begin{bmatrix} x-x_r \\ y-y_r \\ \theta-\theta_r \end{bmatrix} + \begin{bmatrix} \cos\theta_r & 0 \\ \sin\theta_r & 0 \\ \dfrac{\tan\varphi_r}{L} & \dfrac{v_r}{L\cos^2\varphi_r} \end{bmatrix} \begin{bmatrix} v-v_r \\ \varphi-\varphi_r \end{bmatrix}$$

然后将模型离散化。定义新的状态为：实际状态与参考状态的偏差，定义新的输入为：实际输入与参考输入的偏差，得到新的状态空间模型：

$$\dot{\boldsymbol{X}}_e = \begin{bmatrix} 0 & 0 & -v_r\sin\theta_r \\ 0 & 0 & v_r\cos\theta_r \\ 0 & 0 & 0 \end{bmatrix} \boldsymbol{X}_e + \begin{bmatrix} \cos\theta_r & 0 \\ \sin\theta_r & 0 \\ \dfrac{\tan\varphi_r}{L} & \dfrac{v_r}{L\cos^2\varphi_r} \end{bmatrix} \boldsymbol{u}_e$$

使用前向欧拉法将连续时间域状态空间方程离散化。假设采样时间是 T，用差商近似代替微分，得到离散时间状态空间方程，以及离散线性状态空间车辆动力学方程：

$$\begin{cases} \dot{\boldsymbol{x}} = \dfrac{\boldsymbol{x}(k+1)-\boldsymbol{x}(k)}{T} = \boldsymbol{A}\boldsymbol{x}(k) + \boldsymbol{B}\boldsymbol{u}(k) \\ \boldsymbol{x}(k+1) = (\boldsymbol{I}+\boldsymbol{A}\boldsymbol{T})\boldsymbol{x}(k) + \boldsymbol{B}\boldsymbol{T}\boldsymbol{u}(k) \end{cases}$$

$$\boldsymbol{X}_e(k+1) = \begin{bmatrix} 1 & 0 & -Tv_r\sin\theta_r \\ 0 & 1 & Tv_r\cos\theta_r \\ 0 & 0 & 1 \end{bmatrix} \boldsymbol{X}_e(k) + \begin{bmatrix} T\cos\theta_r & 0 \\ T\sin\theta_r & 0 \\ \dfrac{T\tan\varphi_r}{L} & \dfrac{Tv_r}{L\cos^2\varphi_r} \end{bmatrix} \boldsymbol{u}(k)$$

下面使用离散时间 LQR 控制来设计无人车轨迹跟踪控制器。定义离散系统的性能指标 J 为

$$J = \sum_{k=1}^{N}(\boldsymbol{x}^T\boldsymbol{Q}\boldsymbol{x} + \boldsymbol{u}^T\boldsymbol{Q}\boldsymbol{u})$$

离散系统 LQR 控制器设计步骤为：首先确定迭代范围 N，然后设定矩阵 $\boldsymbol{P}$ 的迭代初始值为 $\boldsymbol{P}_N = \boldsymbol{Q}$，以 $t=N,N-1,\cdots,1$ 从后向前循环迭代求解离散时间的代数 Riccati 方程

$$\boldsymbol{P}_{t-1} = \boldsymbol{Q} + \boldsymbol{A}^T\boldsymbol{P}_t\boldsymbol{A} - \boldsymbol{A}^T\boldsymbol{P}_t\boldsymbol{B}(\boldsymbol{R}+\boldsymbol{B}^T\boldsymbol{P}_{t+1}\boldsymbol{B})^{-1}\boldsymbol{B}^T\boldsymbol{P}_t\boldsymbol{A}$$

最后以 $t = 0, 1, \cdots, N$ 循环计算反馈系数矩阵, 并得到离散时间 LQR 控制律

$$\begin{cases} \boldsymbol{K}_t = (\boldsymbol{R} + \boldsymbol{B}^{\mathrm{T}} \boldsymbol{P}_{t+1} \boldsymbol{B})^{-1} \boldsymbol{B}^{\mathrm{T}} \boldsymbol{P}_{t+1} \boldsymbol{A} \\ \boldsymbol{u}_t = -\boldsymbol{K}_t \boldsymbol{x}_t \end{cases}$$

4.2.2 模型预测控制

无人系统的实际约束和参考轨迹变化可能并不平稳, 并且存在许多急剧变化的部分, 因此仅依靠一步预测很难对整条轨迹进行有效的追踪。为了使无人系统的控制器更具前瞻性, 设计的控制器必须利用模型对未来状态进行多步预测。

模型预测控制 (Model Predictive Control, MPC) 又称为滚动时域控制 (Moving Horizon Control, MHC), 是一类基于模型的控制策略, 其核心思想是在每个控制周期内, 利用模型预测系统在未来一段时间 (预测时域) 的动态特性, 进而寻求当前控制周期内的有限时域开环最优控制策略。模型预测控制由于采用了多步预测、滚动优化和反馈校正等控制策略, 因而具有控制效果好、鲁棒性强、对模型精确性要求不高等优点。

模型预测控制原理框图如图 4.2 所示。与 LQR 控制器在整个时间区间进行最优化不同, MPC 针对不同的时间区间分别进行最优化, 在不同时间区间内, 模型预测控制可能会产生新的解。因此, 模型预测控制可以考虑实际与规划的误差, 实现在多种硬约束情况下的实时优化。

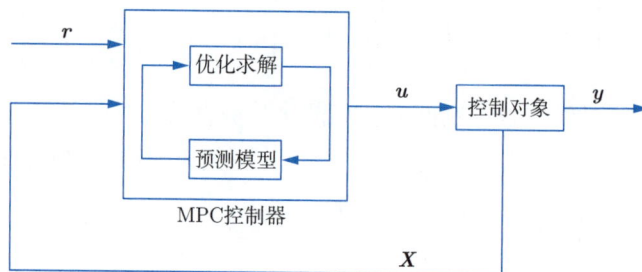

图 4.2　模型预测控制原理框图

根据采用模型的不同, 模型预测控制包括基于非参数模型的模型算法控制 (Model Algorithm Control, MAC)、动态矩阵控制 (Dynamic Matrix Control, DMC) 以及基于参数模型的广义预测控制 (Generalized Predicative Control, GPC) 等。同时, 现代控制中的状态空间模型也广泛用于模型预测控制中。

本节以无人车轨迹跟踪为例, 介绍模型预测控制的基本原理。如图 4.3 所示, 在控制过程中, 始终存在一条期望参考轨迹。以时刻 k 为当前时刻, 从被控系统获得测量值 $\boldsymbol{y}(k)$, 通过模型预测未来动态。假设 k 时刻车辆的状态为 $\boldsymbol{X}(k) = \begin{bmatrix} x & y & \psi & v_y & \dot{\psi} & a_y \end{bmatrix}^{\mathrm{T}}$, 其中, x、y 是车辆在全局坐标系中的位置, ψ 是偏航角, $\dot{\psi}$ 是偏航率, v_y 是横向速度, a_y 是横向加速度, 输入 $\boldsymbol{u}(k) = \varphi$, φ 为前轮偏角。则无人车动力学模型可表示为

$$\boldsymbol{X}(k+1) = f(\boldsymbol{X}(k), \boldsymbol{u}(k)), \boldsymbol{X}(0) = \boldsymbol{X}_0$$
$$\boldsymbol{u}(k) = \boldsymbol{u}(k-1) + \Delta \boldsymbol{u}(k) \tag{4.6}$$
$$\boldsymbol{y}(k) = h(\boldsymbol{X}(k), \boldsymbol{u}(k))$$

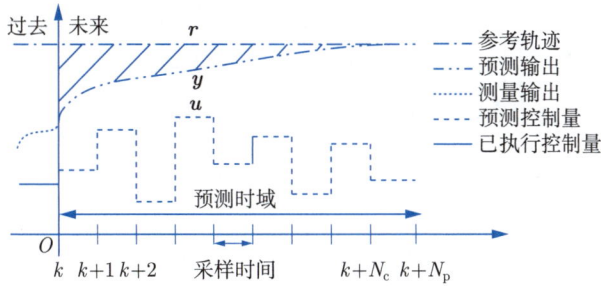

图 4.3 模型预测控制的基本原理

其中，测量值为 $\boldsymbol{y}(k) = \begin{bmatrix} x & y & \psi \end{bmatrix}^{\mathrm{T}}$。基于预测模型(4.6)，得到未来一段时域 $\begin{bmatrix} k & k+N_{\mathrm{p}} \end{bmatrix}$（预测时域）内系统的输出，记为

$$\boldsymbol{Y}(k+1 \mid k) \stackrel{\text{def}}{=\!=} \begin{bmatrix} \boldsymbol{y}(k+1 \mid k) & \boldsymbol{y}(k+2 \mid k) & \cdots & \boldsymbol{y}(k+N_{\mathrm{p}} \mid k) \end{bmatrix}^{\mathrm{T}}$$

括号中的 $k+1 \mid k$ 表示在当前时刻 k 预测 $k+1$ 时刻的输出，以此类推。另外，记未来一段控制时域 $\begin{bmatrix} k & k+N_{\mathrm{c}} \end{bmatrix}$ 内的控制输入为

$$\boldsymbol{U}_k \stackrel{\text{def}}{=\!=} \begin{bmatrix} \boldsymbol{u}(k \mid k) & \boldsymbol{u}(k+1 \mid k) & \cdots & \boldsymbol{u}(k+N_{\mathrm{c}}-1 \mid k) \end{bmatrix}^{\mathrm{T}}$$

预测控制的目标是使系统输出跟踪期望输出，即参考输入：

$$\boldsymbol{R}(k+1) \stackrel{\text{def}}{=\!=} \begin{bmatrix} \boldsymbol{r}(k+1) & \boldsymbol{r}(k+2) & \cdots & \boldsymbol{r}(k+N_{\mathrm{p}}-1) \end{bmatrix}^{\mathrm{T}}$$

同时满足系统的控制约束和输出约束：

$$\begin{aligned} \boldsymbol{u}_{\min}(k+i \mid k) &\leqslant \boldsymbol{u}(k+i \mid k) \leqslant \boldsymbol{u}_{\max}(k+i \mid k), i = 0,1,\cdots,N_{\mathrm{c}}-1 \\ \boldsymbol{y}_{\min}(k+i \mid k) &\leqslant \boldsymbol{y}(k+i \mid k) \leqslant \boldsymbol{y}_{\max}(k+i \mid k), i = 1,2,\cdots,N_{\mathrm{p}} \end{aligned} \tag{4.7}$$

简言之，希望找到最优的控制输入，使预测系统输出与期望输出的差值越小越好，即图 4.3 中的阴影部分尽可能小。因此，通过预测输出和期望输出之间的累计误差定义如下代价函数：

$$J(\boldsymbol{X}(k),\boldsymbol{U}_k) = \sum_{i=k+1}^{N_{\mathrm{p}}} \| \boldsymbol{r}(i) - \boldsymbol{y}(i \mid k)) \|^2 \tag{4.8}$$

式(4.8)结构简单，易于实现，但是无法对控制增量进行精确约束，并且由于系统模型实时改变，每个采样时刻的优化目标不一定得到可行解。因此，可以把控制增量作为代价函数的状态量，并在优化目标中加入松弛因子，以保证每个时刻的优化目标都有可行解。采用如下代价函数：

$$J(\boldsymbol{X}(k),\boldsymbol{U}_k) = \sum_{i=1}^{N_{\mathrm{p}}} \| \boldsymbol{r}(k+i) - \boldsymbol{y}(k+i \mid k)) \|_{\boldsymbol{W}_{\mathrm{q}}}^2 + \sum_{i=1}^{N_{\mathrm{c}}} \| \Delta\boldsymbol{u}(k+i-1 \mid k) \|_{\boldsymbol{W}_{\mathrm{r}}}^2 + \rho\varepsilon^2 \tag{4.9}$$

式中，$\boldsymbol{W}_{\mathrm{q}}$、$\boldsymbol{W}_{\mathrm{r}}$ 是权重参数矩阵，分别表示对跟踪误差和控制量变化的抑制程度，ρ 为权重系数，ε 为松弛因子。

对于上述优化目标,可以将其转换为二次规划问题,即在动力学模型约束(4.6)、系统控制约束和输出约束(4.7)条件下,以 $\Delta\boldsymbol{U}_k = \begin{bmatrix} \Delta\boldsymbol{u}(k\mid k) & \Delta\boldsymbol{u}(k+1\mid k) & \cdots & \Delta\boldsymbol{u}(k+N_c-1\mid k) \end{bmatrix}^{\mathrm{T}}$ 为优化变量,使代价函数(4.9)最小的优化问题,可表示为

$$\min_{\boldsymbol{U}_k} \quad J(\boldsymbol{X}(k),\boldsymbol{U}_k)$$

$$\text{s.t.} \begin{cases} \boldsymbol{X}(k+1) = f(\boldsymbol{X}(k),\boldsymbol{u}(k)) \\ \boldsymbol{y}(k) = h(\boldsymbol{X}(k),\boldsymbol{u}(k)) \\ \boldsymbol{u}_{\min}(k+i\mid k) \leqslant \boldsymbol{u}(k+i\mid k) \leqslant \boldsymbol{u}_{\max}(k+i\mid k), i = 0,1,\cdots,N_c-1 \\ \Delta\boldsymbol{u}_{\min}(k+i\mid k) \leqslant \Delta\boldsymbol{u}(k+i\mid k) \leqslant \Delta\boldsymbol{u}_{\max}(k+i\mid k), i = 0,1,\cdots,N_c-1 \\ \boldsymbol{y}_{\min}(k+i\mid k) \leqslant \boldsymbol{y}(k+i\mid k) \leqslant \boldsymbol{y}_{\max}(k+i\mid k), i = 1,2,\cdots,N_p \end{cases}$$
$$(4.10)$$

在每一控制周期完成对式(4.10)的求解后,得到控制时域内一系列控制输入:

$$\boldsymbol{U}_k^* = \begin{bmatrix} \boldsymbol{u}^*(k\mid k) & \boldsymbol{u}^*(k+1\mid k) & \cdots & \boldsymbol{u}^*(k+N_c-1\mid k) \end{bmatrix}^{\mathrm{T}} \quad (4.11)$$

因为采用有限时域的预测方法,同时存在外部干扰和模型的不确定性,所以不能将优化问题求解后得到的控制输入序列全部作用于系统,而是将每个采样时刻的优化解的第一个元素作用于系统。也即,在 k 时刻将优化解 $\boldsymbol{U}_k^*$ 的第一个元素 $\boldsymbol{u}^*(k\mid k)$ 作用于系统;在 $k+1$ 时刻,以新测量值 $\boldsymbol{y}(k+1)$ 为初始条件重新求解优化问题,再将优化解 $\boldsymbol{U}_{k+1}^*$ 的第一个元素 $\boldsymbol{u}^*(k+1\mid k+1)$ 作用于系统。如此循环实现对无人车辆的轨迹跟踪控制。

综上,模型预测控制算法在每个采样时刻包含如下 3 个步骤:

(1)预测系统未来动态;

(2)(数值)求解优化问题;

(3)将优化解的第一个元素作用于系统。

这 3 步在每个采样时刻重复进行,且每个采样时刻得到的测量值都将作为动力学预测的初始条件。

例题 4.1 考虑无人车辆运动学状态空间模型:

$$\begin{cases} \boldsymbol{X}_e(k+1) = \boldsymbol{A}\boldsymbol{X}_e(k) + \boldsymbol{B}\boldsymbol{u}(k) \\ \qquad = \begin{bmatrix} 1 & 0 & -Tv_r\sin\theta_r \\ 0 & 1 & Tv_r\cos\theta_r \\ 0 & 0 & 1 \end{bmatrix} \boldsymbol{X}_e(k) + \begin{bmatrix} T\cos\theta_r & 0 \\ T\sin\theta_r & 0 \\ \dfrac{T\tan\varphi_r}{L} & \dfrac{Tv_r}{L\cos^2\varphi_r} \end{bmatrix} \boldsymbol{u}(k) \\ \boldsymbol{y}(k) = \boldsymbol{C}\boldsymbol{X}_e(k) \end{cases} \quad (4.12)$$

按照预测控制基本原理的 3 个步骤,推导基于状态空间模型的预测方程,并给出带约束预测控制的优化问题描述、求解和预测控制律,实现无人车辆的轨迹跟踪控制。

126

解： 将式(4.12)做如下变换：

$$\boldsymbol{\xi}(k \mid k) = \begin{bmatrix} \boldsymbol{X}_{\mathrm{e}}(k \mid k) \\ \boldsymbol{u}(k-1 \mid k) \end{bmatrix}$$

得到新的状态空间表达式：

$$\boldsymbol{\xi}(k+1 \mid k) = \tilde{\boldsymbol{A}}_k \boldsymbol{\xi}(k \mid k) + \tilde{\boldsymbol{B}}_k \Delta \boldsymbol{U}_k$$

$$\boldsymbol{\eta}(k \mid k) = \tilde{\boldsymbol{C}}_k \boldsymbol{\xi}(k \mid k)$$

式中，$\tilde{\boldsymbol{A}}_k = \begin{bmatrix} \boldsymbol{A} & \boldsymbol{B} \\ \boldsymbol{0}_{m \times n} & \boldsymbol{I}_m \end{bmatrix}, \tilde{\boldsymbol{B}}_k = \begin{bmatrix} \boldsymbol{B} \\ \boldsymbol{I}_m \end{bmatrix}, \tilde{\boldsymbol{C}}_k = \begin{bmatrix} \boldsymbol{C} & \boldsymbol{0} \end{bmatrix}$，$n$ 为状态量维度，m 为控制量维度。

将未来时刻的输出以矩阵形式表达：

$$\boldsymbol{Y}(k+1 \mid k) = \boldsymbol{\Psi} \boldsymbol{\xi}(k \mid k) + \boldsymbol{\Theta} \Delta \boldsymbol{U}_k$$

式中，

$$\boldsymbol{Y}(k+1 \mid k) = \begin{bmatrix} \boldsymbol{\eta}(k+1 \mid k) \\ \boldsymbol{\eta}(k+2 \mid k) \\ \vdots \\ \boldsymbol{\eta}(k+N_{\mathrm{c}} \mid k) \\ \vdots \\ \boldsymbol{\eta}(k+N_{\mathrm{p}} \mid k) \end{bmatrix}, \boldsymbol{\Psi} = \begin{bmatrix} \tilde{\boldsymbol{C}}_k \tilde{\boldsymbol{A}}_k \\ \tilde{\boldsymbol{C}}_k \tilde{\boldsymbol{A}}_k^2 \\ \vdots \\ \tilde{\boldsymbol{C}}_k \tilde{\boldsymbol{A}}_k^{N_{\mathrm{c}}} \\ \vdots \\ \tilde{\boldsymbol{C}}_k \tilde{\boldsymbol{A}}_k^{N_{\mathrm{p}}} \end{bmatrix}, \Delta \boldsymbol{U}_k = \begin{bmatrix} \Delta \boldsymbol{u}(k \mid k) \\ \Delta \boldsymbol{u}(k+1 \mid k) \\ \vdots \\ \Delta \boldsymbol{u}(k+N_{\mathrm{c}}-1 \mid k) \end{bmatrix}$$

$$\boldsymbol{\Theta} = \begin{bmatrix} \tilde{\boldsymbol{C}}_k \tilde{\boldsymbol{B}}_k & 0 & \cdots & 0 \\ \tilde{\boldsymbol{C}}_k \tilde{\boldsymbol{A}}_k \tilde{\boldsymbol{B}}_k & \tilde{\boldsymbol{C}}_k \tilde{\boldsymbol{A}}_k & \cdots & 0 \\ \vdots & \vdots & \ddots & \vdots \\ \tilde{\boldsymbol{C}}_k \tilde{\boldsymbol{A}}_k^{N_{\mathrm{c}}-1} \tilde{\boldsymbol{B}}_k & \tilde{\boldsymbol{C}}_k \tilde{\boldsymbol{A}}_k^{N_{\mathrm{c}}-2} \tilde{\boldsymbol{B}}_k & \cdots & \tilde{\boldsymbol{C}}_k \tilde{\boldsymbol{B}}_k \\ \vdots & \vdots & \ddots & \vdots \\ \tilde{\boldsymbol{C}}_k \tilde{\boldsymbol{A}}_k^{N_{\mathrm{p}}-1} \tilde{\boldsymbol{B}}_k & \tilde{\boldsymbol{C}}_k \tilde{\boldsymbol{A}}_k^{N_{\mathrm{p}}-2} \tilde{\boldsymbol{B}}_k & \cdots & \tilde{\boldsymbol{C}}_k \tilde{\boldsymbol{A}}_k^{N_{\mathrm{p}}-N_{\mathrm{c}}} \tilde{\boldsymbol{B}}_k \end{bmatrix}$$

MPC 控制的代价函数和系统约束为

$$J(k) = \sum_{i=1}^{N_{\mathrm{p}}} \parallel \boldsymbol{\eta}(k+i \mid k) - \boldsymbol{\eta}_{\mathrm{ref}}(k+i \mid k) \parallel_{\boldsymbol{W}_{\mathrm{q}}}^2 + \sum_{i=1}^{N_{\mathrm{c}}} \parallel \Delta \boldsymbol{u}(k+i-1 \mid k) \parallel_{\boldsymbol{W}_{\mathrm{r}}}^2 + \rho \varepsilon^2$$

考虑控制量和控制增量约束：

$$\boldsymbol{u}_{\min}(k+i \mid k) \leqslant \boldsymbol{u}(k+i \mid k) \leqslant \boldsymbol{u}_{\max}(k+i \mid k), i = 0, 1, \cdots, N_{\mathrm{c}}-1$$

$$\Delta \boldsymbol{u}_{\min}(k+i \mid k) \leqslant \Delta \boldsymbol{u}(k+i \mid k) \leqslant \Delta \boldsymbol{u}_{\max}(k+i \mid k), i = 0, 1, \cdots, N_{\mathrm{c}}-1$$

在代价函数中，求解的变量为控制时域内的控制增量，将预测时域内的跟踪误差表示为

$$\boldsymbol{E}(k)=\boldsymbol{\Psi}\boldsymbol{\xi}(k\mid k)-\boldsymbol{R}(k+1),\ \boldsymbol{R}(k+1)=\Big[\boldsymbol{\eta}_{\mathrm{ref}}(k+1\mid k)\quad \boldsymbol{\eta}_{\mathrm{ref}}(k+2\mid k)\quad \cdots\quad \boldsymbol{\eta}_{\mathrm{ref}}(k+N_{\mathrm{p}}\mid k)\Big]^{\mathrm{T}}$$

经过相应的矩阵计算，可得到一个标准二次型规划问题：

$$\min_{\Delta\boldsymbol{U}_{k},\varepsilon}\big[\Delta\boldsymbol{U}_{k}^{\mathrm{T}},\varepsilon\big]^{\mathrm{T}}\boldsymbol{H}\big[\Delta\boldsymbol{U}_{k}^{\mathrm{T}},\varepsilon\big]+\boldsymbol{G}\big[\Delta\boldsymbol{U}_{k}^{\mathrm{T}},\varepsilon\big]$$

$$\begin{aligned}\mathrm{s.t.}\quad &\Delta\boldsymbol{U}_{\min}\leqslant\Delta\boldsymbol{U}_{k}\leqslant\Delta\boldsymbol{U}_{\max}\\
&\boldsymbol{U}_{\min}\leqslant\boldsymbol{U}_{k}\leqslant\boldsymbol{U}_{\max}\\
&\boldsymbol{Y}_{\min}-\varepsilon\leqslant\boldsymbol{\Psi}\boldsymbol{\xi}(k\mid k)+\boldsymbol{\Theta}\Delta\boldsymbol{U}_{k}\leqslant\boldsymbol{Y}_{\max}+\varepsilon\\
&\varepsilon>0\end{aligned}$$

式中，$\boldsymbol{H}=\begin{bmatrix}\boldsymbol{\Theta}^{\mathrm{T}}\boldsymbol{W}_{\mathrm{q}}\boldsymbol{\Theta}+\boldsymbol{W}_{\mathrm{r}} & \boldsymbol{0}\\ \boldsymbol{0} & \rho\end{bmatrix}$，$\boldsymbol{G}=\begin{bmatrix}2\boldsymbol{E}(k)^{\mathrm{T}}\boldsymbol{W}_{\mathrm{q}}\boldsymbol{\Theta} & \boldsymbol{0}\end{bmatrix}$。

在每一控制周期内完成对二次型规划问题的求解后，得到控制时域内一系列控制输入增量：

$$\Delta\boldsymbol{U}_{k}^{*}=\Big[\Delta\boldsymbol{u}^{*}(k\mid k)\quad \Delta\boldsymbol{u}^{*}(k+1\mid k)\quad \cdots\quad \Delta\boldsymbol{u}^{*}(k+N_{\mathrm{c}}-1\mid k)\Big]^{\mathrm{T}}$$

将该控制序列的第一个元素作为实际的控制输入增量作用于系统，即

$$\boldsymbol{u}(k\mid k)=\boldsymbol{u}(k-1\mid k)+\Delta\boldsymbol{u}^{*}(k\mid k)$$

在每一个采样时刻，重复上述过程，实现对无人车辆的运动控制。

注1 对于式(4.6)所描述的无人车模型，优化的目标函数可写为

$$\begin{aligned}J(\boldsymbol{X}(k),\boldsymbol{U}_{k})=&\sum_{i=1}^{N_{\mathrm{p}}}\|\boldsymbol{r}(k+i)-\boldsymbol{y}(k+i\mid k))\|_{\boldsymbol{W}_{\mathrm{q}}}^{2}+\sum_{i=1}^{N_{\mathrm{c}}}\|\Delta\boldsymbol{u}(k+i-1\mid k)\|_{\boldsymbol{W}_{\mathrm{r}}}^{2}\\
&+\sum_{i=1}^{N_{\mathrm{p}}}\Big(\|a_{y}(k+i\mid k)\|_{w_{\mathrm{s}}}^{2}+\|\ddot{\psi}(k+i\mid k)\|_{w_{\mathrm{t}}}^{2}\Big)+\rho\varepsilon^{2}\end{aligned}\tag{4.13}$$

其中，w_{s}、w_{t} 是权重参数，分别表示对横向加速度和偏航角加速度的抑制程度。

注2 根据上述模型预测控制的基本原理，预测控制在每一采样时刻的开环优化通常采用有限时域 N_{p} 而非无穷时域 $\overline{N}$，求解得到的最优控制并不是真正意义上的无穷时域最优控制。因此，有必要将预测控制在线求解有限时域的开环优化拓展为与求解无穷时域开环最优控制相近的形式。

对模型预测控制的在线优化问题进行改造，补偿有限时域后无穷时域部分的代价函数 $J_{N_{\mathrm{p}},\infty}(\boldsymbol{X}(k),\boldsymbol{u}(k))$，则在 k 时刻从系统状态 $\boldsymbol{X}(k)$ 出发的优化问题一般可表示为

$$\min_{\boldsymbol{U}_k} \quad J_f(\boldsymbol{X}(N_\mathrm{p}+k\mid k),\boldsymbol{u}(N_\mathrm{p}+k\mid k)) + \sum_{i=0}^{N_\mathrm{p}-1} J(\boldsymbol{X}(k+i\mid k),\boldsymbol{u}(k+i\mid k))$$

$$\text{s.t.} \begin{cases} \boldsymbol{X}(k+i+1\mid k) = f(\boldsymbol{X}(k+i\mid k),\boldsymbol{u}(k+i\mid k)), \boldsymbol{X}(k\mid k) = \boldsymbol{X}(k) \\ \boldsymbol{X} = \begin{bmatrix} \boldsymbol{X}(k+1\mid k) & \boldsymbol{X}(k+2\mid k) & \cdots & \boldsymbol{X}(k+N_\mathrm{p}\mid k) \end{bmatrix} \in \mathcal{X} \\ \boldsymbol{U} = \begin{bmatrix} \boldsymbol{u}(k\mid k) & \boldsymbol{u}(k+1\mid k) & \cdots & \boldsymbol{u}(k+N_\mathrm{p}-1\mid k) \end{bmatrix} \in \mathcal{U} \\ \boldsymbol{X}(N_\mathrm{p}+k\mid k) \in \boldsymbol{X}_\mathrm{f} \end{cases} \tag{4.14}$$

其中，$J(\cdot)$ 为有限预测时域内的代价函数，$l_\mathrm{f}(\cdot)$ 为终端代价函数，$\boldsymbol{X}_\mathrm{f}$ 为终端约束集。

终端代价函数可以理解为从 $k+N_\mathrm{p}$ 时刻开始的优化问题的性能指标。在多数情况下，无法直接得到该函数的准确形式。为解决这一问题，通常采用选定某一已知终端代价函数 $l_\mathrm{f}(\cdot)$ 为其上界，以近似无穷时域优化问题。

加入条件 $\boldsymbol{X}(N_\mathrm{p}+k\mid k) \in \boldsymbol{X}_\mathrm{f}$，并假设系统在进入约束集 $\boldsymbol{X}_\mathrm{f}$ 后采用简易的状态反馈律镇定系统，则可得到性能指标 $J_{N_\mathrm{p},\infty}(\boldsymbol{X}(k),\boldsymbol{u}(k))$ 的一个上界，从而将原先的有限时域优化问题转化为无穷时域优化问题。

4.2.3 鲁棒自适应控制

在复杂动态不确定的环境下，如工业过程控制、自动驾驶车辆等领域，为了实现高精度的轨迹跟踪，需要研究一种控制方法，能够更快地自适应参数变化并提供更强的鲁棒性。鲁棒控制能够很好地解决不确定对象的高品质控制问题，但通常需要预先知道不确定性的上界。自适应控制能够在线估计系统参数，但对非结构化不确定性较敏感。

鲁棒自适应控制（Robust Adaptive Control，RAC）是一种先进的控制策略，一般采用自适应控制对系统的非线性动态进行辨识并在线调整，利用鲁棒控制补偿非参数不确定性。它融合了鲁棒控制和自适应控制技术的思想和方法，双方取长补短，使得控制器对于系统模型准确性的依赖更小，具备更强的鲁棒性。

积分串联型作为动态系统的最简单描述，只需要知道系统阶数，而无须任何模型参数。一般非线性系统在反馈线性化的作用下可以回归于积分串联型。考虑积分串联型系统

$$\begin{cases} \dot{x}_i = x_{i+1}, i = 1, 2, ..., n-1 \\ \dot{x}_n = \boldsymbol{\varphi}^\mathrm{T}(\boldsymbol{x})\boldsymbol{\theta} + u + \Delta \\ y = x_1 \end{cases} \tag{4.15}$$

其中，$\boldsymbol{x} = [x_1, x_2, ..., x_n]^\mathrm{T}$ 为状态向量，y 为系统输出，u 为控制输入，$\boldsymbol{\varphi}(\boldsymbol{x}) \in \mathbf{R}^m$ 为由已知函数组成的向量，$\boldsymbol{\theta} \in \mathbf{R}^m$ 为未知常值向量，m 为未知参数的个数，Δ 为外部扰动。假设所有状态 $x_1, x_2, ..., x_n$ 均可测。实际上，大部分无人系统的数学模型都可转化成式（4.15）的形式。假设

$$\boldsymbol{\theta} \in \Omega_{\boldsymbol{\theta}} := \{\boldsymbol{\theta} : \boldsymbol{\theta}_{\min} \leqslant \boldsymbol{\theta} \leqslant \boldsymbol{\theta}_{\max}\}$$

$$\Delta \in \Omega_{\mathrm{d}} := \{\Delta : |\Delta| \leqslant \delta_{\mathrm{d}}\}$$

其中，$\boldsymbol{\theta}_{\max}$、$\boldsymbol{\theta}_{\min}$ 与 δ_{d} 均已知。假设期望轨迹 y_{d} 及其 1 至 n 阶导数 $\dot{y}_{\mathrm{d}}, \cdots, y_{\mathrm{d}}^{(n)}$ 均有界。

1. 鲁棒自适应控制

鲁棒自适应控制要解决的控制问题可描述为：设计一个控制器，使得系统的输出 y 对期望轨迹 y_{d} 跟踪误差尽可能小。鲁棒自适应控制包括自适应控制律与鲁棒控制律，其设计过程如下：定义

$$p = e^{(n-1)} + k_{n-1}e^{(n-2)} + ... + k_1 e = x_n - x_{n\mathrm{eq}}$$

其中，$e = y - y_{\mathrm{d}}$，$x_{n\mathrm{eq}} = y_{\mathrm{d}}^{(n-1)} - \left(k_{n-1}e^{(n-2)} + ... + k_1 e\right)$，$k_1, k_2, ..., k_{n-1}$ 为可选参数，其取值能保证以下传递函数

$$G(s) = \frac{1}{s^{n-1} + k_{n-1}s^{n-2} + ... + k_1}$$

为稳定的传递函数，即所有极点均具有负实部。因此，若 p 有界且指数趋于 0，则输出误差 e 也有界且指数趋于 0。系统的误差动态方程如下：

$$\dot{p} = \boldsymbol{\varphi}^{\mathrm{T}}(\boldsymbol{x})\boldsymbol{\theta} + u + \Delta - \dot{x}_{n\mathrm{eq}}$$

其中，$\dot{x}_{n\mathrm{eq}} = y_{\mathrm{d}}^{(n)} - \left(k_{n-1}e^{(n-1)} + ... + k_1 \dot{e}\right)$。控制律设计为

$$u = u_{\mathrm{a}} + u_{\mathrm{s}}$$
$$u_{\mathrm{a}} = -\boldsymbol{\varphi}^{\mathrm{T}}(\boldsymbol{x})\hat{\boldsymbol{\theta}} + \dot{x}_{n\mathrm{eq}}$$

其中，u_{a} 为自适应控制项，u_{s} 为鲁棒控制项，其形式为 $u_{\mathrm{s}} = u_{\mathrm{s}1} + u_{\mathrm{s}2}$，$u_{\mathrm{s}1} = -k_{\mathrm{s}1}p$，$k_{\mathrm{s}1} > 0$，$u_{\mathrm{s}2}$ 满足条件

$$\begin{cases} p\left(u_{\mathrm{s}2} - \boldsymbol{\varphi}^{\mathrm{T}}\tilde{\boldsymbol{\theta}} + \Delta\right) \leqslant \varepsilon \\ pu_{\mathrm{s}2} \leqslant 0 \end{cases}$$

其中，$\tilde{\boldsymbol{\theta}} = \hat{\boldsymbol{\theta}} - \boldsymbol{\theta}$，$\varepsilon > 0$ 为设计参数，一般取很小的正值。可选取 $u_{\mathrm{s}2} = -\frac{1}{4\varepsilon}h^2 p$，$h$ 为满足 $h \geqslant \|\boldsymbol{\theta}_{\max} - \boldsymbol{\theta}_{\min}\|\|\boldsymbol{\varphi}\| + \delta_{\mathrm{d}}$ 的任意连续函数或常数。

设计自适应律

$$\dot{\hat{\boldsymbol{\theta}}} = \mathrm{Proj}_{\hat{\boldsymbol{\theta}}}(\boldsymbol{\Gamma\tau}), \quad \boldsymbol{\tau} = \boldsymbol{\varphi}p$$

其中，$\boldsymbol{\Gamma} > 0$ 为 $m \times m$ 对角阵。至此，鲁棒自适应控制器设计完成。

选取

$$V(t) = \frac{1}{2}p^2(t)$$

则

$$\begin{aligned} \dot{V} &= -k_{\mathrm{s}1}p^2 + p\left(u_{\mathrm{s}2} - \boldsymbol{\varphi}^{\mathrm{T}}\tilde{\boldsymbol{\theta}} + \Delta\right) \\ &\leqslant -k_{\mathrm{s}1}p^2 + \varepsilon \\ &= -2k_{\mathrm{s}1}V + \varepsilon \\ &= -\lambda V + \varepsilon \end{aligned}$$

由此可得 $V(t)$ 有上界，即

$$V(t) \leqslant \exp(-\lambda t) V(0) + (\varepsilon/\lambda) [1 - \exp(-\lambda t)]$$

其中，$\lambda = 2k_{s1}$。

选取李雅普诺夫函数

$$V_{\boldsymbol{\theta}} = V + (1/2) \tilde{\boldsymbol{\theta}}^{\mathrm{T}} \boldsymbol{\Gamma}^{-1} \tilde{\boldsymbol{\theta}}$$

若 $\Delta = 0$，则

$$\dot{V} = -k_{s1} p^2 + p \left(u_{s2} - \boldsymbol{\varphi}^{\mathrm{T}} \tilde{\boldsymbol{\theta}} \right) + \tilde{\boldsymbol{\theta}}^{\mathrm{T}} \boldsymbol{\Gamma}^{-1} \dot{\hat{\boldsymbol{\theta}}}$$

$$= -k_{s1} p^2 + p \left(u_{s2} - \boldsymbol{\varphi}^{\mathrm{T}} \tilde{\boldsymbol{\theta}} \right) + \tilde{\boldsymbol{\theta}}^{\mathrm{T}} \boldsymbol{\Gamma}^{-1} \mathrm{Proj}_{\hat{\boldsymbol{\theta}}} \left(\boldsymbol{\Gamma} \boldsymbol{\varphi} p \right)$$

结合投影算子的特性可知

$$\dot{V}_{\boldsymbol{\theta}} \leqslant -k_{s1} p^2$$

因此，$p \in L_2$，$\dot{p}$ 有界，故 p 一致连续。根据 Barbalat 引理可知，当 $t \to \infty$，有 $p \to 0$，故 $e \to 0$。因此，若 $\Delta = 0$，则系统的输出跟踪误差渐近趋于 0。综上，鲁棒自适应控制一方面能使系统具有期望的瞬态性能和良好的鲁棒性，另一方面能在系统不受外部扰动影响的情况下，实现渐近输出跟踪，即使得当 $t \to \infty$ 时，$e \to 0$。

2. 复合自适应律的鲁棒自适应控制

复合自适应律是指同时采用系统输出误差与预测误差进行参数估计值修正的自适应律。基于复合自适应律，鲁棒自适应控制的参数估计值将快速收敛到真值，且瞬态响应速度将得以改善。复合自适应律的鲁棒自适应控制（Composite Adaptation-based Robust Adaptive control，CARAC）要解决的问题可描述为：设计一个控制器，使得系统的输出 y 对期望轨迹 y_{d} 跟踪误差尽可能小，并实现对未知参数向量 θ 的快速在线估计，以消除参数不确定性对瞬态过程的影响，从而改善瞬态性能。

按照上述鲁棒自适应控制器的控制律设计方法进行控制律的设计。自适应律设计过程如下：首先，对系统（4.15）中的 $\dot{x}_n = \boldsymbol{\varphi}^{\mathrm{T}}(\boldsymbol{x}) \boldsymbol{\theta} + u + \Delta$ 进行滤波处理，得到一个与未知参数有关的线性回归式，即 $(x_n - x_{nf})/\kappa = \boldsymbol{\varphi}_f^{\mathrm{T}}(\boldsymbol{x}) \boldsymbol{\theta} + u_f + \Delta_f + \xi$。其中，$\xi$ 为与初始条件有关的量，它会随时间的增加衰减到 0；$x_{nf}, \boldsymbol{\varphi}_f, u_f, \Delta_f$ 定义如下：

$$\begin{cases} \kappa \dot{x}_{nf} + x_{nf} = x_n, & x_{nf}(0) = 0 \\ \kappa \dot{\boldsymbol{\varphi}}_f + \boldsymbol{\varphi}_f = \boldsymbol{\varphi}, & \boldsymbol{\varphi}_f(\mathbf{0}) = \mathbf{0} \\ \kappa \dot{u}_f + u_f = u, & u_f(0) = 0 \\ \kappa \Delta_f + \Delta_f = \Delta, & \Delta_f(0) = 0 \end{cases}$$

上式中，$\kappa > 0$ 为滤波器参数。易知，$x_{nf}, \boldsymbol{\varphi}_f, u_f$ 可以通过对采集到的状态与控制量进行滤波得到，而 Δ_f 可视为线性回归式中的扰动。

构造与参数估计误差 $\tilde{\boldsymbol{\theta}}$ 有关的中间变量 $\boldsymbol{w}$ 如下：

$$\boldsymbol{w} = \boldsymbol{P}(t) \hat{\boldsymbol{\theta}} - \boldsymbol{Q}(t)$$

其中，

$$\boldsymbol{P}(t) = \int_0^t \boldsymbol{\varphi}_f(r)\, \boldsymbol{\varphi}_f^{\mathrm{T}}(r)\mathrm{d}r$$

$$\boldsymbol{Q}(t) = \int_0^t \boldsymbol{\varphi}_f(r)\left[(x_n - x_{nf})/\kappa - u_f(r)\right]\mathrm{d}r$$

若 $\Delta = 0$，则 $\Delta_f = 0$，忽略随时间增长趋于 0 的量 ξ，可得

$$\boldsymbol{w} = \int_0^t \boldsymbol{\varphi}_f(r)\, \boldsymbol{\varphi}_f^{\mathrm{T}}(r)\mathrm{d}r\tilde{\boldsymbol{\theta}} = \boldsymbol{P}\tilde{\boldsymbol{\theta}}$$

鲁棒自适应控制的自适应函数 $\boldsymbol{\tau}$ 一般可取为 $\boldsymbol{\tau} = \boldsymbol{\varphi}p$，而复合自适应律是把与参数估计误差有关的变量 $\boldsymbol{w}$ 结合到鲁棒自适应控制的自适应函数中，故产生如下自适应律

$$\dot{\hat{\boldsymbol{\theta}}} = \mathrm{Proj}_{\hat{\boldsymbol{\theta}}}\left(\boldsymbol{\Gamma}\boldsymbol{\tau} - \gamma\boldsymbol{\Gamma}\boldsymbol{w}\right), \quad \boldsymbol{\tau} = \boldsymbol{\varphi}p$$

其中，$\boldsymbol{\Gamma} > 0$ 为 $m \times m$ 对角矩阵，$\gamma > 0$。$\boldsymbol{\Gamma}$ 和 γ 均与参数收敛速度有关。

类似分析可得，系统所有状态均有界，且正定函数 $V = \frac{1}{2}p^2$ 有上界，满足

$$V(t) \leqslant \exp(-\lambda t)\, V(0) + (\varepsilon/\lambda)\left[1 - \exp(-\lambda t)\right]$$

其中，$\lambda = 2k_{\mathrm{s}1}$。

选取李雅普诺夫函数

$$V_{\boldsymbol{\theta}} = V + (1/2)\tilde{\boldsymbol{\theta}}^{\mathrm{T}}\boldsymbol{\Gamma}^{-1}\tilde{\boldsymbol{\theta}}$$

若 $\Delta = 0$，可知

$$
\begin{aligned}
\dot{V}_{\boldsymbol{\theta}} &= -k_{\mathrm{s}1}p^2 + p\left(u_{\mathrm{s}2} - \boldsymbol{\varphi}^{\mathrm{T}}\tilde{\boldsymbol{\theta}}\right) + \tilde{\boldsymbol{\theta}}^{\mathrm{T}}\boldsymbol{\Gamma}^{-1}\mathrm{Proj}_{\hat{\boldsymbol{\theta}}}\left(\boldsymbol{\Gamma}\boldsymbol{\tau} - \gamma\left(\boldsymbol{\Gamma}\boldsymbol{P}\hat{\boldsymbol{\theta}} - \boldsymbol{\Gamma}\boldsymbol{Q}\right)\right) \\
&\leqslant -k_{\mathrm{s}1}p^2 - \gamma\tilde{\boldsymbol{\theta}}^{\mathrm{T}}\boldsymbol{P}\tilde{\boldsymbol{\theta}}
\end{aligned}
$$

因此，$p \in L_2$，$\dot{p}$ 有界，故 p 一致连续。根据 Barbalat 引理可知，当 $t \to \infty$，有 $p \to 0$，从而 $e \to 0$。

由 $\boldsymbol{P}$ 的定义可知，$\boldsymbol{P}(t_0)$ 为半正定矩阵。因此，若 $\boldsymbol{P}(t_0)$ 非奇异，则有 $\lambda_{\min}(\boldsymbol{P}(t_0)) > 0$，即 $\boldsymbol{P}(t_0)$ 正定。对于 $t > t_0$，有

$$
\begin{aligned}
\boldsymbol{P}(t) &= \int_0^{t_0} \boldsymbol{\varphi}_f(r)\boldsymbol{\varphi}_f^{\mathrm{T}}(r)\,\mathrm{d}r + \int_{t_0}^t \boldsymbol{\varphi}_f(r)\boldsymbol{\varphi}_f^{\mathrm{T}}(r)\,\mathrm{d}r \\
&= \boldsymbol{P}(t_0) + \int_{t_0}^t \boldsymbol{\varphi}_f(r)\boldsymbol{\varphi}_f^{\mathrm{T}}(r)\,\mathrm{d}r
\end{aligned}
$$

由于 $\boldsymbol{P}(t), \boldsymbol{P}(t_0), \int_{t_0}^t \boldsymbol{\varphi}_f(r)\boldsymbol{\varphi}_f^{\mathrm{T}}(r)\,\mathrm{d}r$ 均为半正定矩阵，因此 $\lambda_{\min}(\boldsymbol{P}(t)) \geqslant \lambda_{\min}(\boldsymbol{P}(t_0))$。综上，若存在 $t_0 > 0$ 使得 $\boldsymbol{P}(t_0)$，则对于 $t > t_0$，有 $\boldsymbol{P}(t) > 0$，且 $\lambda_{\min}(\boldsymbol{P}(t)) \geqslant \lambda_{\min}(\boldsymbol{P}(t_0)) > 0$。因此，当 $t > t_0$ 时，$p(t)$ 与 $\tilde{\boldsymbol{\theta}}(t)$ 均指数趋于 0，从而有当 $t \to \infty$ 时，$e \to 0$ 且 $\tilde{\boldsymbol{\theta}}(t) \to 0$。

综上所述，复合自适应律能使参数估计值快速而准确地收敛至真值。注意，若增大 γ，则参数估计误差将以更快的速度收敛至 0。然而，在有扰动的情况下，过大的 γ 会导致参数估计

值在自适应过程中有较大的波动。因此，应选取合适的 γ，使系统具有足够的参数收敛速度，同时保证自适应过程对扰动的鲁棒性。

下面以直线电机为例，给出相应的鲁棒自适应控制器和复合自适应律的鲁棒自适应控制器设计。考虑到摩擦与推力纹波的影响，电机模型为

$$M\ddot{y} = u - F$$

$$F = F_\text{f} + F_\text{r} - F_\text{d}$$

其中，y 为负载的位置，M 为惯量负载与铁芯的总质量，F_f 为摩擦力，F_r 为推力纹波，F_d 为外部扰动。定义参数向量 $\boldsymbol{\theta} = [\theta_1, \theta_2, \theta_3, \theta_4]^\text{T}$，则电机模型可转化为

$$\begin{cases} \dot{x}_1 = x_2 \\ \dot{x}_2 = u - \theta_2 x_2 - \theta_3 S_f + \theta_4 + \tilde{d} \end{cases}$$

其中，$S_f = 2/\pi \arctan(K_s x_2)$，$K_s > 0$，$\tilde{d} = d - d_n$，$d$ 为总扰动，其标称值为 d_n。仿真模型参数如下：$M = 0.1\ \text{V}/(\text{m}\cdot\text{s}^{-2})$，$B = 0.27\ \text{V}/\text{m}\cdot\text{s}^{-1}$，$F_{fn}(\dot{y}) = 0.09(1 + 0.1\exp(-1000|\dot{y}|))\text{sgn}(\dot{y})$，$F_\text{d} - F_\text{r} = -0.005 + 0.01\text{rand}(1)$，$\theta_{\min} = [0.02, 0.24, 0.08, -1]^\text{T}$，$\theta_{\min} = [0.12, 0.35, 0.12, 1]^\text{T}$，$\delta_\text{d} = 0.005$。

分别采用 RAC 与 CARAC 进行控制。注意，若把自适应律中的参数 γ 设为 0，则 CARAC 将退化为 RAC。设计鲁棒控制项为 $u_{\text{s2}} = -k_{\text{s2}}p$，控制器的增益系数选取为 $k_1 = 400, k_{\text{s2}} = 32$。自适应律的参数选取为 $\kappa = 0.0001$，$\boldsymbol{\Gamma} = \text{diag}(40, 40, 40, 100)$，$\gamma = 50$，$K_\text{s} = 9000$。参考信号为 $y_\text{d} = 0.1\sin(\pi t)\ (\text{m})$。系统输出跟踪误差曲线如图 4.4 所示。

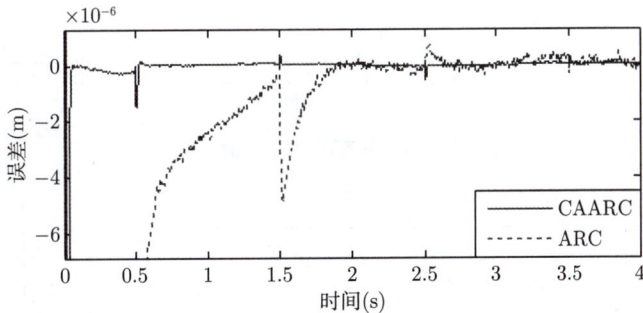

图 4.4 系统输出跟踪误差曲线

由图可知，CARAC 具有更小的跟踪误差，从而可以提高直线电机位置控制的精度。由于 Stribeck 摩擦模型具有不连续性，因此导致系统的输出误差在速度换向时存在跳变。CARAC 比 RAC 的误差值跳变明显减小。图 4.5 ~ 图 4.8 表明，虽然 RAC 能保证参数的在线估计值有界，但是却不能收敛到实际值；而 CARAC 能实现快速的参数在线估计。以上仿真结果表明，CARAC 能使参数估计值快速地逼近实际值，而 RAC 的参数估计有较大的偏差。另外，从误差曲线可以看出 CARAC 比 RAC 更快地跟踪上参考信号，具有比 RAC 更好的瞬态性能。

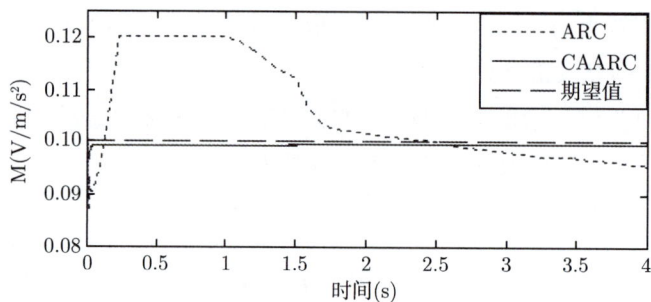

图 4.5　参数在线估计值（1）

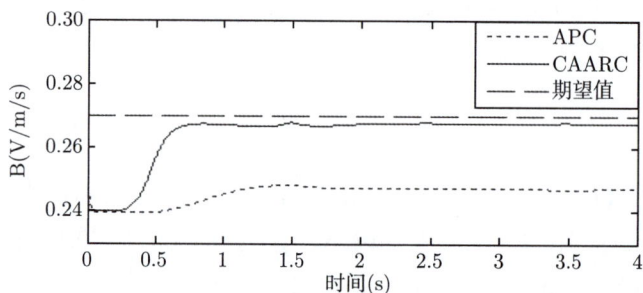

图 4.6　参数在线估计值（2）

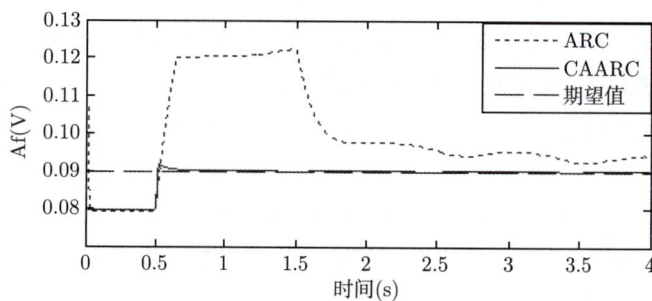

图 4.7　参数在线估计值（3）

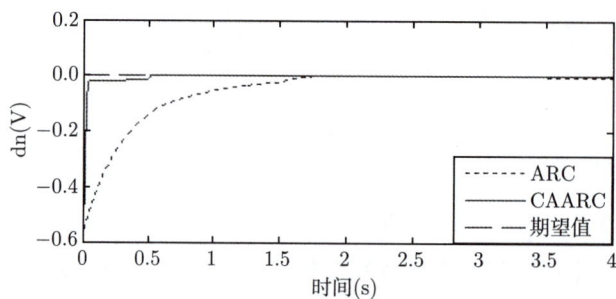

图 4.8　参数在线估计值（4）

综上所述，鲁棒自适应方法能够适应系统参数变化和外部干扰，从而提高了系统的鲁棒性和适应性，特别适用于需要稳定性和性能高度可变的动态系统。然而，鲁棒自适应控制的设计和调整相对复杂，通常需要对系统进行较为精细的建模和参数调整，需要专业知识和经验，导致其应用受到限制。

4.2.4 模糊控制

对于无法获得数学模型或模型粗糙复杂、非线性、时变或强耦合的系统，难以通过经典控制或现代控制方法进行控制，但技术人员凭借经验手动操作可以达到较好的控制效果。1965年，美国自动控制系专家 L. A. Zadeh 提出模糊集合理论。模糊逻辑在控制领域中的应用称为模糊控制。

模糊控制主要是模仿人的控制经验而不是依赖控制对象的模型，因此模糊控制器实现了人的某些智能。它的最大特点是能将操作者或专家的控制经验和知识表示成语言变量描述的控制规则，并用这些规则来控制系统。因此，模糊控制特别适用于数学模型未知的、复杂的非线性系统的控制，是智能控制的一个重要分支。

模糊控制系统的结构如图 4.9 所示，与传统的控制系统没有太大的差别，主要区别在于采用了模糊控制器。其作用是将输入信号 e，按照一定的规则转化为期望的输出 u。这里的输入信号 e 是数值向量，输出信号 u 是数值标量，即多输入单输出系统。

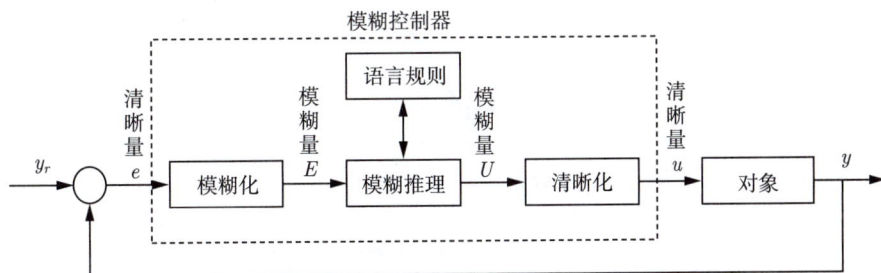

图 4.9　模糊控制系统的结构

具体来说，模糊控制由 3 个基本部分组成：模糊化、模糊推理和清晰化。其工作过程可以简单地描述为：首先将信息模糊化，然后经过模糊推理规则得到模糊控制输出，再将模糊指令进行精确化计算最终输出控制值。

本节以第 2 章的两轮差动式机器人为例，给出基于模糊逻辑的自主移动机器人路径跟踪控制方法。典型两轮差动式机器人简化模型为

$$v\left(t\right)=\frac{\dfrac{\mathrm{d}\varphi_1}{\mathrm{d}t}r+\dfrac{\mathrm{d}\varphi_2}{\mathrm{d}t}r}{2} \tag{4.16}$$

$$\omega\left(t\right)=\frac{\dfrac{\mathrm{d}\varphi_2}{\mathrm{d}t}r-\dfrac{\mathrm{d}\varphi_1}{\mathrm{d}t}r}{2l} \tag{4.17}$$

$$
\begin{bmatrix}
\dfrac{\mathrm{d}x}{\mathrm{d}t} \\[2mm]
\dfrac{\mathrm{d}y}{\mathrm{d}t} \\[2mm]
\dfrac{\mathrm{d}\theta}{\mathrm{d}t}
\end{bmatrix}
=
\begin{bmatrix}
\cos\theta & 0 \\
\sin\theta & 0 \\
0 & 1
\end{bmatrix}
\begin{bmatrix}
v(t) \\
\omega(t)
\end{bmatrix}
\tag{4.18}
$$

其中，$v(t)$、$\omega(t)$ 分别为线速度和角速度，$2l$ 为两差动轮的轮距，φ_1、φ_2 分别为每个驱动轮绕其水平轴的转角，r 为驱动轮的半径，x、y 和 θ 为机器人在全局坐标系中的姿态位置，这里 θ 是机器人与水平坐标轴之间的夹角。

机器人轨迹跟踪控制系统中，模糊控制器的输入为机器人的当前位姿状态和路径规划器产生的一系列目标点，经过模糊推理后，输出 $v(t)$ 和 $\omega(t)$，再由式 (4.16) 和式 (4.17) 计算转换，得到两个差动驱动轮的角速度 $\dfrac{\mathrm{d}\varphi_1}{\mathrm{d}t}$ 和 $\dfrac{\mathrm{d}\varphi_2}{\mathrm{d}t}$，它们将直接作用于底层电机控制。

考虑在全局坐标系中路径曲线上距当前位置最近的一个目标点 $P(x_{\mathrm{p}}, y_{\mathrm{p}})$，如图 4.10 所示，其中，$\xi$ 为机器人的质心，D 是机器人当前位置和目标点之间的距离，β 是当前角度 θ 和期望角度 α 之差。

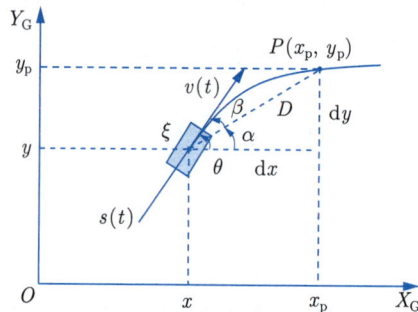

图 4.10　模糊控制器的各个变量

在设计模糊控制系统之前，必须先识别系统的输入输出参数。本节模糊控制器的输入参数是 D 和 β，输出参数是 $v(t)$ 和 $\omega(t)$。各参数变量之间的约束关系为

$$
\begin{cases}
\mathrm{d}x = x_{\mathrm{p}} - x \\
\mathrm{d}y = y_{\mathrm{p}} - y \\
\alpha = \arctan\left(\dfrac{\mathrm{d}y}{\mathrm{d}x}\right) \\
\beta = \theta - \alpha \\
D = \sqrt{\mathrm{d}x^2 + \mathrm{d}y^2}
\end{cases}
$$

式中，β 的取值范围为 $-90^\circ \leqslant \beta \leqslant 90^\circ$。若 β 取正值，表示机器人应向左逆时针旋转；否则应向右顺时针旋转。下面介绍模糊控制系统的具体设计过程。

1. 模糊化

设计模糊控制系统的第一步是将模糊集表达为语言变量，这些语言变量及其取值范围用于表达专家的控制决策。轨迹跟踪系统的输入语言变量如表 4.1 所示。在本节中，语言变量的值由三角形隶属函数限定，其取值范围经多次实验后确定。

具体来说，参数 D 的隶属函数如图 4.11 所示，最右侧开放的梯形表示当输入值达到或超过限定的范围时，隶属函数的隶属度将取最大值 1。此外，模糊集 ZE 和 VN 明显窄于其他的模糊集，赋予了机器人更高的控制灵敏度。

表 4.1　轨迹跟踪系统的输入语言变量

距离 D	角度 β
ZE：零	NL：负大
VN：非常近	NM：负中等
NE：近	NS：负小
NN：一般近	ZE：零
ME：中等	PS：正小
NM：一般中等	PM：正中等
FA：远	PL：正大
NF：一般远	
VF：非常远	
EF：格外远	

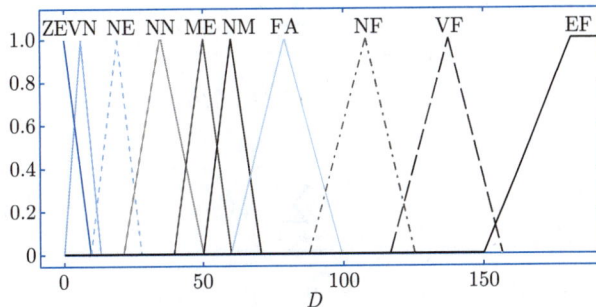

图 4.11　参数 D 的隶属函数

2. 模糊规则库

模糊规则用于建立从输入到输出的一系列映射关系，表达和存储这些关系的最好方式是使用 FAM（Fuzzy Associative Memory）矩阵，其大小取决于模糊系统语言变量的个数。本节有两个输入变量，每个输入变量各有 7 个和 10 个模糊集，从而形成一个 10×7 的 FAM 矩阵，共有 70 条规则。这些规则可表述成 IF-THEN 条件式，如线速度 $v(t)$ 的 FAM 规则（NL,VN:VS），对应到 MISO 的语言条件为

$$\text{IF } \beta = \text{NL（负大）and } D = \text{VN（非常近）}$$
$$\text{THEN } v(t) = \text{VS（非常小）}$$

类似地，角速度 $\omega(t)$ 的 FAM 规则（NL,VN:PL）对应的 IF-THEN 条件为

IF β=NL（负大）and D=VN（非常近）

THEN $\omega(t)$=PL（正大）

以上规则表明，若机器人距目标点非常近且角度相差非常大时，模糊控制器应产生合适的速度和角速度，以使得移动机器人大幅度地右转，并缓慢接近目标点。

3. 模糊推理和解模糊

采用 Mamdani 推理方法，即 AND 采用取小运算，ALSO 采用求并运算来确定模糊输出量的隶属度。例如，考虑输入参数 $D=50$、$\beta=30$，根据定义的隶属度函数，这个输入值将触发线速度 $v(t)$ 的 FAM 规则（PM,ME:ME）。其中，角度 30 属于 PM 的隶属度为 0.7，距离 50 属于 ME 的隶属度为 1，则输出 $v(t)$ 属于 ME 的隶属度为

$$\min\left(\mu_\beta(30),\mu_D(50)\right)=\min\left(0.7,1\right)=0.7$$

从而输出线速度为

$$v(t)=0.7\text{ME}$$

类似地，该输入触发 $\omega(t)$ 的 FAM 规则（PM,ME:NS），输出角速度为

$$\omega(t)=\min\left(\mu_\beta(30),\mu_D(50)\right)\text{NS}=0.7\text{NS}$$

注意，若还有其他的规则被触发，则采用面积中心法（Centre Of Area，COA）计算输出为

$$v(t)=\frac{\sum_{i=1}^{n}v_i(t)}{\sum_{i=1}^{n}\min\left(\mu_{i\beta},\mu_{iD}\right)}$$

$$\omega(t)=\frac{\sum_{i=1}^{n}\omega_i(t)}{\sum_{i=1}^{n}\min\left(\mu_{i\beta},\mu_{iD}\right)}$$

式中，$v_i(t)$ 和 $\omega_i(t)$ 为 FAM 矩阵的第 i 条规则的输出值，n 为 FAM 矩阵的大小。

启动移动机器人追踪一条预定义的路径，该路径由直线段和圆弧连接构成，如图 4.12（a）所示。机器人的实际轨迹以虚线标识，当最大速度为 1.2m/s 时，机器人对路径的拟合度相当好。对于由陡峭多变的曲线构成的路径，图 4.12（b）给出了跟踪另外一条预定义高难度路径的效果。可以看出，由于机器人的运动惯性，在路径的曲率变化处，实际轨迹相对预定义路径有一些偏移，最大可达到 0.21m。

简言之，模糊控制是一种基于模糊逻辑的控制方法，其特点在于能够有效地处理模糊、不确定性的系统。然而，其对于高精度任务可能表现不如传统的 PID 控制或者模型预测控制。此外，模糊控制需要合适的模糊集合和规则库设计，这需要一定的专业知识和经验。

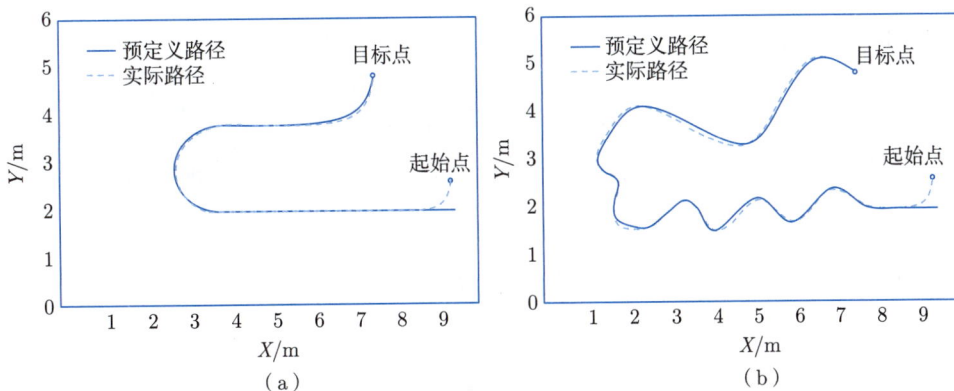

图 4.12 跟踪效果

4.3 自主智能运动控制

4.3.1 神经网络最优控制

在 4.2.1 节中介绍了最优控制以及 LQR 控制，并推导得到了 Riccati 方程，通过求解 Riccati 方程可以获得最优控制律。但是，求解 Riccati 方程计算复杂，求解速度较慢。另外，对于非线性的系统状态方程，LQR 方法一般将其泰勒展开进行线性化，但是泰勒级数展开对于某些情况并不适用。此外，LQR 方法难以处理含有不等式约束的最优控制问题。因此，LQR 控制在实际应用中有较大的局限性。

神经网络具有自适应性和并行性，可以进行实时求解，极大地提高了求解优化问题的速度，而且能够处理含有线性约束的规划问题。在无人机、无人车循迹控制中，采用神经网络最优控制算法可以自适应调整环境参数，降低求解难度。

下面给出非线性最优控制问题的数学描述。假设系统的状态方程为

$$\begin{cases} \dot{\boldsymbol{x}} = f(\boldsymbol{x}) + g(\boldsymbol{x}(t))\boldsymbol{u}(t) \\ \boldsymbol{x}(0) = \boldsymbol{x}_0 \end{cases} \tag{4.19}$$

该方程在包含原点的集合 Ω 上李普希兹连续，且系统是可稳定的。定义无限时域积分型性能指标为

$$V^u(\boldsymbol{x}(t)) = \int_t^\infty Q(\boldsymbol{x}) + \boldsymbol{u}^\mathrm{T}\boldsymbol{R}\boldsymbol{u}\mathrm{d}\tau \tag{4.20}$$

其中，$Q(\boldsymbol{x})$ 为正定函数，$\boldsymbol{R}$ 为正定矩阵。

定义允许控制 $\mu \in \Psi(\Omega)$，满足 $\mu(\boldsymbol{x})$ 在 Ω 上连续，且 $\mu(x)$ 能使系统稳定，同时 $\forall x_0 \in \Omega$，$V(\boldsymbol{x}_0) < \infty$。此时最优控制问题可以描述为：给定连续时间系统 (4.19)、允许控制集合 $\Psi(\Omega)$ 和无限时域性能指标 (4.20)，找到最优控制律 μ^* 使得指标 (4.20) 最小。

下面给出一种基于 Actor-Critic 的在线神经网络算法。该算法对策略进行迭代，并基于神经网络近似性能指标。在迭代过程的每个步骤中，首先得到迭代的性能指标，并对性能指标求导得出当前步骤的最优控制律。

$$V^{\mu^{(i)}}(\boldsymbol{x}(t)) = V^{\mu^{(i)}}(\boldsymbol{x}(t+T)) + \int_t^{t+T} Q(\boldsymbol{x}) + \boldsymbol{u}^{\mathrm{T}}\boldsymbol{R}\boldsymbol{u}\mathrm{d}\tau, \quad V^{\mu^{(i)}}(0) = 0$$

$$\mu^{(i+1)}(\boldsymbol{x}) = -\frac{1}{2}\boldsymbol{R}^{-1}g^{\mathrm{T}}(\boldsymbol{x})\nabla V_{\boldsymbol{x}}^{\mu^{(i)}}$$

显然该性能指标是非线性的。神经网络可以拟合任意函数，因此使用神经网络近似性能指标函数：

$$V^{\mu^{(i)}}(\boldsymbol{x}) = \sum_{j=1}^L w_j^{\mu^{(i)}}\phi_j(\boldsymbol{x}) = (\boldsymbol{\omega}_L^{\mu^{(i)}})^{\mathrm{T}}\varphi(\boldsymbol{x})$$

然后求出当前步骤的残差 $\delta_L^{\mu^{(i)}}$，并使用最小二乘法最小化所有的残差和：

$$S = \int_\Omega \delta_L^{\mu^{(i)}}(\boldsymbol{x},T)^{\mathrm{T}}\delta_L^{\mu^{(i)}}(\boldsymbol{x},T)\mathrm{d}\boldsymbol{x}$$

$$\delta_L^{\mu^{(i)}}(\boldsymbol{x}(t),T) = \int_t^{t+T} Q(\boldsymbol{x}) + \boldsymbol{u}^{\mathrm{T}}\boldsymbol{R}\boldsymbol{u}\mathrm{d}\tau + (\boldsymbol{\omega}_L^{\mu^{(i)}})^{\mathrm{T}}[\varphi_L(\boldsymbol{x}(t+T)) - \varphi_L(\boldsymbol{x}(t))]$$

省略推导过程，最终求解得到的神经网络近似的代价函数为

$$\boldsymbol{\omega}_L^{\mu^{(i)}} = -\boldsymbol{\Phi}^{-1}\langle[\varphi_L(\boldsymbol{x}(t+T)) - \varphi_L(\boldsymbol{x}(t))], \int_t^{t+T} Q(\boldsymbol{x}) + \boldsymbol{u}^{\mathrm{T}}\boldsymbol{R}\boldsymbol{u}\mathrm{d}\tau\rangle_\Omega$$

$$\boldsymbol{\Phi} = \langle[\varphi_L(\boldsymbol{x}(t+T)) - \varphi_L(\boldsymbol{x}(t))], [\varphi_L(\boldsymbol{x}(t+T)) - \varphi_L(\boldsymbol{x}(t))]\rangle_\Omega$$

该算法的流程图如图 4.13 所示。

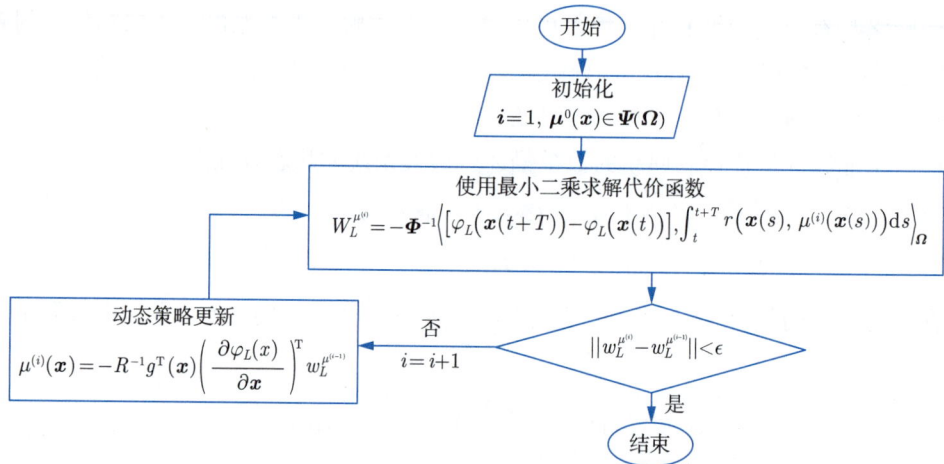

图 4.13 基于 Actor-Critic 的在线神经网络算法流程图

下面以一个非线性控制系统来说明神经网络最优控制的应用。考虑如下动态系统：

$$\begin{cases} \dot{x}_1 = -x_1 + x_2 \\ \dot{x}_2 = f(\boldsymbol{x}) + g(\boldsymbol{x})u \end{cases} \tag{4.21}$$

其中，$f(\boldsymbol{x}) = -\frac{1}{2}(x_1 + x_2) + \frac{1}{2}x_2\sin x_1$，$g(\boldsymbol{x}) = \sin x_1$。设计在线神经网络最优控制算法，使

该系统收敛到原点。

定义无限时域性能指标函数

$$V^u(\boldsymbol{x}(t)) = \int_t^\infty (Q(\boldsymbol{x}) + u^2)\mathrm{d}\tau, \quad Q(\boldsymbol{x}) = x_1^2 + x_2^2$$

对于 $\forall \boldsymbol{x} \in \Omega$，$V^{u^{(i)}}(\boldsymbol{x})$ 由如下光滑函数近似：

$$V_3^{u^{(i)}}(\boldsymbol{x}) = (\boldsymbol{\omega}_3^{u^{(i)}})^{\mathrm{T}}\varphi(\boldsymbol{x})$$

$$\boldsymbol{\omega}_3^{u^{(i)}} = [\omega_1^{u^{(i)}}, \omega_2^{u^{(i)}}, \omega_3^{u^{(i)}}]^{\mathrm{T}}$$

$$\varphi_3(\boldsymbol{x}) = [x_1^2, x_1 x_2, x_2^2]^{\mathrm{T}}$$

使用上述基于 Actor-Critic 的在线神经网络算法，进行仿真结果如下。从图 4.14 可以看出，多次随机选取系统初始状态，使用所设计的神经网络最优控制算法可以使得向原点方向收敛。

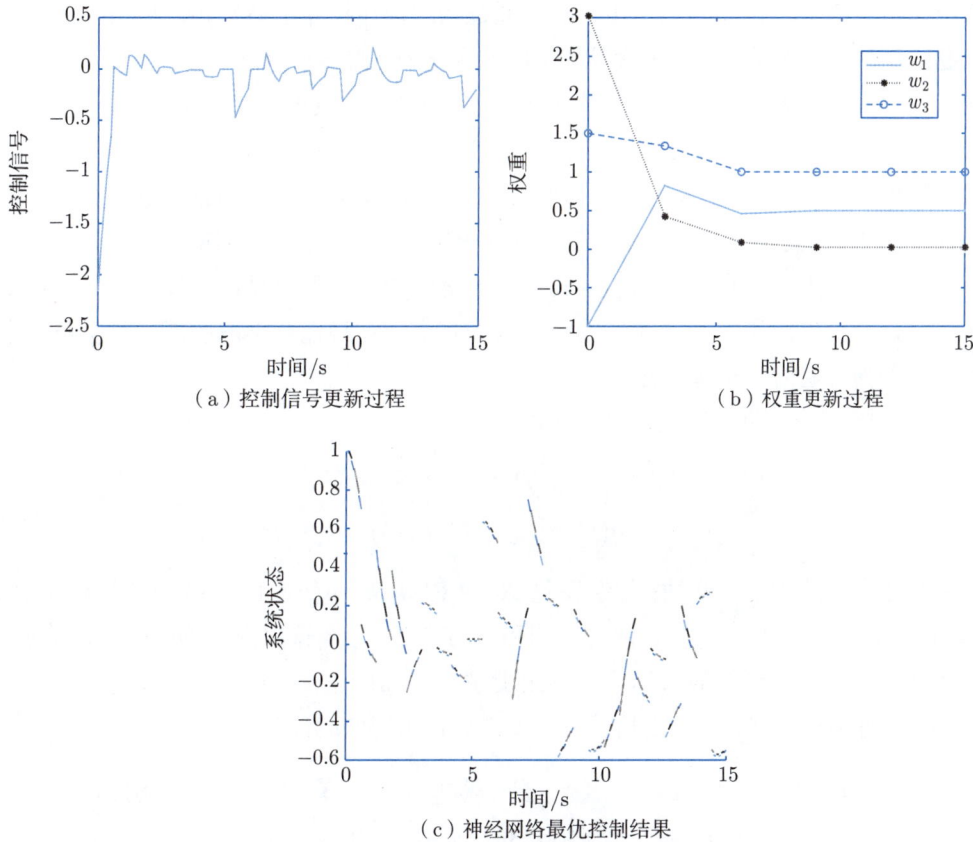

（a）控制信号更新过程　　　　（b）权重更新过程

（c）神经网络最优控制结果

图 4.14　在线神经网络最优控制仿真

4.3.2　基于学习的模型预测控制

模型预测控制 (MPC) 自 20 世纪 80 年代诞生以来，在复杂过程控制、自动化系统、机器人等领域取得了显著的发展和成功应用。MPC 依赖于一个充分描述的系统模型来优化系统性能并确保满足约束，因此建模成为控制系统成功的关键。然而，在实际应用中，由于外部干扰、测量误差、参数估计误差等因素，无人系统的模型描述具有相当大的不确定性。为了处理这些不确定性，提出了鲁棒 MPC 和随机 MPC。这两种方法对影响 MPC 控制器的各种不确定因素进行了系统处理，但它们对计算能力的要求很高，并且控制参数不会随无人系统和环境变化做出自适应的调整。

本节将介绍基于学习的模型预测控制 (LBMPC)，它结合了机器学习 (ML) 和 MPC 的优点，极大地提高了控制系统的鲁棒性和实时性。

LBMPC 的研究可以归结为以下 3 类：

(1) 利用 ML 算法从数据中学习预测模型，以提高预测模型的精度，进而实现更优的控制；

(2) 利用 ML 算法从数据中直接学习并生成 MPC 控制策略，以及 MPC 控制参数标定；

(3) 利用 MPC 技术推导基于 ML 的控制器的安全保证。

1. 学习预测模型

系统模型是 MPC 设计的第一步，通常通过物理规律推导出参数预测模型，然而这存在两大问题：无人系统物理模型的参数是随着时间变化的，需要不断重复进行系统辨识，更新模型；模型通常具有异构性，需要针对不同的控制对象建立不同的模型。

机器学习能够很好地解决上述两个问题。针对第一个问题，当物理模型的参数发生变化时，训练数据也会相应变化，控制器也需做出相应的调整，机器学习算法能够根据新的数据自动调整模型参数，以适应系统参数的变化；针对第二个问题，基于学习的控制器理论上可以迁移到任何控制对象上，不存在所谓的异构性。这是因为机器学习算法可以从一组数据中学习到控制策略，并可以应用于其他相似的数据或场景中，这种迁移学习的能力使得基于学习的控制器具有更强的通用性和适应性。

考虑外界扰动 $\boldsymbol{w}$，将系统模型写成如下形式：

$$\boldsymbol{X}(k+1) = f(\boldsymbol{X}(k), \boldsymbol{u}(k), \boldsymbol{w}(k))$$
$$\boldsymbol{y}(k) = h(\boldsymbol{X}(k), \boldsymbol{u}(k)) \tag{4.22}$$

将所有的状态变量分为以下两种：控制变量 $\boldsymbol{X}^c \in \mathbf{R}^c(\boldsymbol{u}(k), \boldsymbol{u}(k+1), \cdots)$ 及非控制变量 $\boldsymbol{X}^d \in \mathbf{R}^d(\boldsymbol{X}(k), \boldsymbol{w}(k), \boldsymbol{w}(k+1), \cdots)$。将两变量的和作为特征，预测输出变量 $(\boldsymbol{y}(k+1\mid k), \boldsymbol{y}(k+2\mid k), \cdots)$，训练目标是使训练的 $\hat{\boldsymbol{y}}(\cdot)$ 尽可能接近真实值 $\boldsymbol{y}(\cdot)$。

(1) 在 k 时刻，预测 N_p 步之后的输出变量，使用回归树：

$$\boldsymbol{y}(k+j\mid k) = f_{\text{tree}}(\boldsymbol{X}^d(k+j-N_p\mid k), \cdots, \boldsymbol{X}^d(k+j-1\mid k))$$
$$\boldsymbol{X}^d(k+j-l\mid k) \in \mathbf{R}^d, \forall l,j = 1,2,\cdots,N_p \tag{4.23}$$

示意图如图 4.15（a）所示，回归树将 $\boldsymbol{X}^d$ 映射到不同叶子节点上，形成不同区域。

(2) 对于（1）中的每一个叶子节点，训练一个线性关系：

$$\boldsymbol{y}(k+j\mid k) = \boldsymbol{\beta}_j^{\mathrm{T}} \begin{bmatrix} 1 & \boldsymbol{X}^c(k\mid k) & \cdots & \boldsymbol{X}^c(k+j-1\mid k) \end{bmatrix}^{\mathrm{T}}$$
$$\boldsymbol{X}^c(k+j-l\mid k) \in \mathbf{R}^c, \forall l,j = 1,2,\cdots,N_p \tag{4.24}$$

其中，每一个节点的系数 $\boldsymbol{\beta}_j$ 都不相同，示意图如图 4.15（b）所示。至此，成功将原模型线性化。

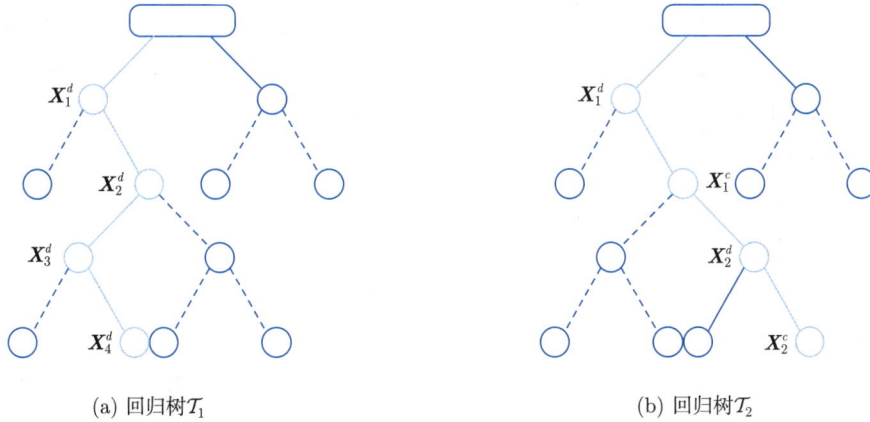

(a) 回归树 $\mathcal{T}_1$ (b) 回归树 $\mathcal{T}_2$

图 4.15　训练过程示意图

基于上述模型求解优化问题(4.10)，可以得到最优控制输入序列 $\boldsymbol{U}_k^*$。

除上述方法外，LBMPC 还可用于鲁棒 MPC 中，在固定不确定约束集 $\boldsymbol{w} \in \overline{\mathcal{W}}$ 下学习观测数据，以提升模型性能。此外，许多 LBMPC 的目标是直接从数据估计模型的不确定约束集，其随着时间变化，从而减少保守性，这里不再详细描述。

2. 学习控制策略

预测模型是预测控制的核心，但控制系统中的其他元素，如代价函数、约束条件等，对闭环性能也有巨大影响。在不考虑外界干扰的情况下，将代价函数 $l(\boldsymbol{X}, \boldsymbol{u}, \boldsymbol{\theta}_l)$ 以及约束条件 $\mathcal{X}(\boldsymbol{\theta}_\mathcal{X})$、$\mathcal{U}(\boldsymbol{\theta}_\mathcal{U})$ 写成参数化的形式：

$$\boldsymbol{U}_k^* = \underset{\boldsymbol{U}_k}{\arg\min} \quad \sum_{i=0}^{\overline{N}} J(\boldsymbol{X}(k+i \mid k), \boldsymbol{u}(k+i \mid k), \boldsymbol{\theta}_l)$$

$$\text{s.t.} \begin{cases} \boldsymbol{X}(k+i+1 \mid k) = f(\boldsymbol{X}(k+i \mid k), \boldsymbol{u}(k+i \mid k), \boldsymbol{\theta}_f), \boldsymbol{X}(k \mid k) = \boldsymbol{X}(k) \\ \boldsymbol{X} = \begin{bmatrix} \boldsymbol{X}(k+1 \mid k) & \cdots & \boldsymbol{X}(k+N_p \mid k) \end{bmatrix} \in \mathcal{X}(\boldsymbol{\theta}_\mathcal{X}) \\ \boldsymbol{U} = \begin{bmatrix} \boldsymbol{u}(k \mid k) & \cdots & \boldsymbol{u}(k+N_p-1 \mid k) \end{bmatrix} \in \mathcal{U}(\boldsymbol{\theta}_\mathcal{U}) \\ \boldsymbol{X}(N_p+k \mid k) \in \boldsymbol{X}_f \end{cases} \quad (4.25)$$

其中，$\boldsymbol{\theta}$ 表示控制器参数。

1）基于性能的控制器学习

由于预测时域有限、模型简化等因素，滚动优化求解得到的控制器往往只是真实最优控制器的粗略近似。基于性能的控制器学习的重点是根据参数式(4.25)，求解最优控制问题，优化闭环性能。解决该问题通常采用两种方法：贝叶斯优化 (Bayesian optimization) 及学习终端约束集 (Learning terminal components)。

贝叶斯优化的目标是最优化真实闭环损失 $J_t(\boldsymbol{\theta})$，即参数 $\boldsymbol{\theta} = \begin{bmatrix} \boldsymbol{\theta}_l^{\mathrm{T}} & \boldsymbol{\theta}_f^{\mathrm{T}} & \boldsymbol{\theta}_\chi^{\mathrm{T}} & \boldsymbol{\theta}_\mathcal{U}^{\mathrm{T}} \end{bmatrix}^{\mathrm{T}}$ 到执行任务时所需代价的映射。通常，贝叶斯优化使用高斯过程回归 (Gaussian Process Regression) 作为代理模型。在每个周期的学习过程中，设计核函数 $k(\boldsymbol{\theta}_i, \boldsymbol{\theta}_j)$ 将不同的参数 $\boldsymbol{\theta}_i$ 和 $\boldsymbol{\theta}_j$ 关联起来。之前的实验参数和所产生的闭环代价 $J_{t,i}$，都将作为数据来估计函数 $J_t(\boldsymbol{\theta})$ 的信息。在此基础之上，通过函数 $\alpha(\boldsymbol{\theta})$ 来权衡探索 (Exploration) 与利用 (Exploitation)，并求解下一个待估参数 $\boldsymbol{\theta}^* = \arg\min_{\boldsymbol{\theta}} \alpha(\boldsymbol{\theta})$。

学习终端约束集是为了减轻有限预测时域的影响。通过设计终端约束集和代价函数，以确保初始状态的递归可行性，逼近无穷时域的损失并保证闭环系统的渐近稳定性。这种方法利用迭代（数据驱动）的方式，处理终端函数。具体而言，前 j 次的可行结果都保存在 SS_j 中，并与第 j 次迭代整个过程的损失结合起来作为终端损失。每次 MPC 预测的终端都是以前迭代的状态，即 $\boldsymbol{X}(k + N_p \mid k) \in SS_{j-1}$，经过多次迭代后，可以得到系统的局部最优解。

2）逆最优控制学习

为了实现期望的控制策略，设计相应的代价函数可能是非常烦琐的，而且需要大量的时间去调整参数。逆最优控制 (Inverse Optimal Control，IOC) 通过多次测试找到合适的代价函数和约束条件，而不是找到最优策略。图 4.16 是 IOC 的一般过程示意图。这种方法的优点是提供了良好的泛化性能，即使观测数据稀疏，也可以得到整个状态空间的 MPC 控制律。

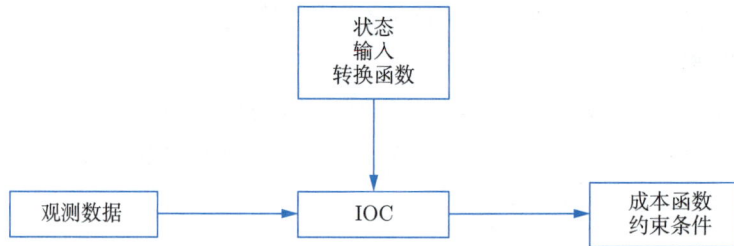

图 4.16 IOC 过程示意图

与逆强化学习 (Inverse Reinforcement Learning，IRL) 技术类似，IOC 和 IRL 都可以通过逆向推理的方式来实现控制策略的学习。这两种方法在原理上是相似的，只是具体实现方式和应用场景可能有所不同。

IOC 的基本假设是观测数据是相应最优控制问题的解，即输入轨迹 $\boldsymbol{U}_t$ 为式 (4.25) 中的 $\boldsymbol{U}^*$。考虑到外部噪声的影响，这里使用近似解来逼近观测数据。对于无约束线性系统且无穷时域的情况，使用 LQR 控制器求解最优条件。对于更一般的情况，最优条件由 Karush-Kuhn-Tucker (KKT) 条件给出：

$$\nabla_{\boldsymbol{U}} \mathcal{L}(\boldsymbol{U}, \boldsymbol{\theta}_l) \mid_{\boldsymbol{U}=\boldsymbol{U}_t} = 0$$
$$\boldsymbol{\lambda}^{\mathrm{T}} g(\boldsymbol{U}_t) = 0 \tag{4.26}$$
$$\boldsymbol{\lambda} \geqslant 0$$

其中，$\nabla \mathcal{L}$ 为优化的梯度变量，$\boldsymbol{\lambda}$ 是拉格朗日乘子，$g(U) \leqslant 0$ 定义了约束条件。根据 KKT 条件不断更新 $\boldsymbol{\theta}_l$ 的值，直到收敛。

3. 安全机器学习

基于学习的控制算法在高维度控制问题中取得了显著进展，然而，由于系统物理约束的存在，很多方法都无法保证安全性。为了解决这一问题，需要引入安全性框架。该框架通过在必要时使用基于模型的控制器进行控制，而在其他情况下则使用基于学习的控制器来最优化损失 $J_t(\boldsymbol{\theta})$。此外，预测安全滤波器 (predictive safety filter) 也是解决安全性问题的一种有效方法。通过学习过程中对不符合约束的控制量进行修正，使之满足约束条件。具体而言，就是在 MPC 的框架下确保系统的安全性。图 4.17 展示了整体系统框图，其中包括了控制系统、基于学习的控制器以及预测安全滤波器。

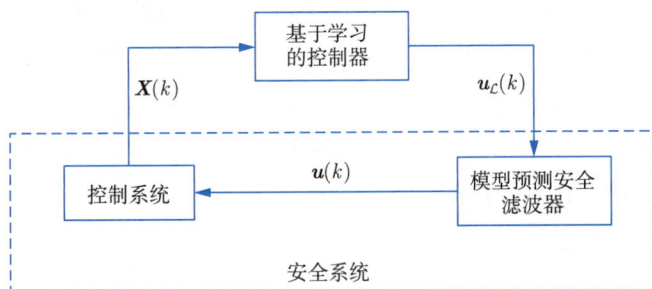

图 4.17 整体系统框图

预测安全滤波器对应的 MPC 公式为

$$
\min_{\boldsymbol{U}_k} \quad \| \boldsymbol{u}_{\mathcal{L}}(k) - \boldsymbol{u}(k \mid k) \|
$$

$$
\text{s.t.} \quad
\begin{cases}
\boldsymbol{X}(k+i+1 \mid k) = f(\boldsymbol{X}(k+i \mid k), \boldsymbol{u}(k+i \mid k), \boldsymbol{\theta}_f), i = 0, 1, \cdots, N_p - 1 \\
\boldsymbol{X} = \begin{bmatrix} \boldsymbol{X}(k+1 \mid k) & \cdots & \boldsymbol{X}(k+N_p \mid k) \end{bmatrix} \in \mathcal{X}(\boldsymbol{\theta}_{\mathcal{X}}) \\
\boldsymbol{U} = \begin{bmatrix} \boldsymbol{u}(k \mid k) & \cdots & \boldsymbol{u}(k+N_p-1 \mid k) \end{bmatrix} \in \mathcal{U}(\boldsymbol{\theta}_{\mathcal{U}}) \\
\boldsymbol{X}(k \mid k) = \boldsymbol{X}(k)
\end{cases}
\tag{4.27}
$$

其中，$\boldsymbol{u}(k \mid k)$ 为第一个预测输入，$\boldsymbol{u}_{\mathcal{L}}(k)$ 为基于学习的控制输入。如果控制量 $\boldsymbol{u}_{\mathcal{L}}(k)$ 满足约束，输出就是 $\boldsymbol{u}_{\mathcal{L}}(k)$，如果不满足约束，那么输出将会是一个满足约束，且尽可能接近 $\boldsymbol{u}_{\mathcal{L}}(k)$ 的值。同最优化损失 $J_t(\boldsymbol{\theta})$ 相比，预测安全滤波器具有更高的便利性且所需时域更短。

基于学习的模型预测控制在非线性控制系统的设计与实现中作用突出。这种方法可以设计出满足约束条件和安全要求的高性能控制器，并且极大地减少建模和调整参数的工作量。LBMPC 作为一个强大的工具，已成功应用于无人车自动驾驶等领域，实现了精度、安全性、高效性等性能的不断提升。

4.3.3 神经网络鲁棒自适应控制

4.2.3 节介绍的鲁棒自适应控制方法通常依赖于线性或简单非线性模型，对于系统的参数不确定性和外部扰动的适应能力较弱。然而，实际的无人系统往往具有复杂的非线性动力学，干扰力和模型不确定性通常是未知的，如气象条件、风力、地形等。为此，将神经网络引入传统的鲁棒自适应控制中。

神经网络鲁棒自适应控制（Neural Network Robust Adaptive Control，NNRAC）利用神经网络逼近系统的未知非线性函数，将传统的鲁棒自适应控制方法用于在线调节神经网络基函数的权重。该方法融合了神经网络的强大表达能力和鲁棒自适应控制的优势，为无人系统在面对未知的环境和任务时提供一种有效的控制方案。

非线性神经网络自校正控制和基于神经网络的系统辨识是两种典型的神经网络自适应技术，能够应对无人系统中复杂的非线性特性和未知的干扰和模型不确定性。前者利用神经网络的强大拟合能力和自适应学习机制，动态地捕捉系统的非线性特征并实时调整控制策略，从而提高控制性能和鲁棒性，应对干扰和未知环境变化。后者通过学习系统的动态模型，为控制器提供更精确的信息和预测能力，使得无人系统能够更有效地适应环境变化、规划路径和避开障碍物，从而处理无人系统运动控制中的建模和适应性问题。下面简单介绍其基本思想。

1. 非线性神经网络自校正控制

考虑 SISO 反馈线性化系统

$$y_{k+1} = f\left(y_k, y_{k-1}, \cdots, y_{k-p}, u_{k-1}, u_{k-2}, \cdots, u_{k-p}\right) \\ + g\left(y_k, y_{k-1}, \cdots, y_{k-p}, u_{k-1}, u_{k-2}, \cdots, u_{k-p}\right) u_k \tag{4.28}$$

其中，y 为系统的输出，u 为输入，g 为非零函数。若 $f(\cdot)$ 和 $g(\cdot)$ 已知，则有如下控制律：

$$u_k = -\frac{f(\cdot)}{g(\cdot)} + \frac{d_{k+1}}{g(\cdot)} \tag{4.29}$$

使得系统输出 y_{k+1} 能够精确地跟踪期望输出 d_{k+1}。

若 $f(\cdot)$ 和 $g(\cdot)$ 未知，则可通过神经网络学习逼近上述函数并得到合适的控制律。为便于讨论，考虑如下一阶系统：

$$y_{k+1} = f(y_k) + g(y_k) u_k$$

式中，$g(y_k)$ 的符号假定已知。利用神经网络逼近，有

$$\hat{y}_{k+1} = \hat{f}[y_k, \boldsymbol{W}(k)] + \hat{g}[y_k, \boldsymbol{V}(k)] u_k$$

其中，$\boldsymbol{W} = [W_0, W_1, \cdots, W_{2p}]$，$\boldsymbol{V} = [V_0, V_1, \cdots, V_{2p}]$，且 $\hat{f}(0, \boldsymbol{W}) = W_0$，$\hat{g}(0, \boldsymbol{V}) = V_0$。

假设 $\hat{f}(y_k, \boldsymbol{W})$ 和 $\hat{g}(y_k, \boldsymbol{V})$ 可以任意精度逼近函数 $f(y_k)$ 和 $g(y_k)$，则控制任务就是使对象输出跟踪命令 $\{d_k\}$，相应的控制律为

$$u_k = -\frac{\hat{f}[y_k, \boldsymbol{W}(k)]}{\hat{g}[y_k, \boldsymbol{V}(k)]} + \frac{d_{k+1}}{\hat{g}[y_k, \boldsymbol{V}(k)]}$$

由于对象输出 y_{k+1} 依赖于网络权重 $W(k)$，并作用于神经网络的期望输出，因此

$$y_{k+1} = f(y_k) + g(y_k) \left\{ -\frac{\hat{f}[y_k, \boldsymbol{W}(k)]}{\hat{g}[y_k, \boldsymbol{V}(k)]} + \frac{d_{k+1}}{\hat{g}[y_k, \boldsymbol{V}(k)]} \right\}$$

令

$$e_{k+1} = d_{k+1} - y_{k+1}$$

定义输出误差

$$E_k = \frac{1}{2} e_{k+1}^2 = \frac{1}{2} \left(d_{k+1} - y_{k+1} \right)^2$$

可得

$$\frac{\partial E_k}{\partial W^i(k)} = \frac{g(y_k)}{\hat{g}[y_k, \boldsymbol{V}(k)]} \left\{ \frac{\partial \hat{f}[y_k, \boldsymbol{W}(k)]}{\partial W^i(k)} \right\} e_{k+1}$$

$$\frac{\partial E_k}{\partial V^i(k)} = \frac{g(y_k)}{\hat{g}[y_k, \boldsymbol{V}(k)]} \left\{ \frac{\partial \hat{g}[y_k, \boldsymbol{V}(k)]}{\partial V^i(k)} \right\} u_k e_{k+1}$$

因此，学习修正规则如下：

$$\begin{cases} W^i(k+1) = W^i(k) - \eta_k \{\mathrm{sgn}[g(y_k)] + \hat{g}[y_k, \boldsymbol{V}(k)]\} \left\{ \dfrac{\partial \hat{f}[y_k, \boldsymbol{W}(k)]}{\partial W^i(k)} \right\} e_{k+1} \\ V^i(k+1) = V^i(k) - \mu_k \{\mathrm{sgn}[g(y_k)] + \hat{g}[y_k, \boldsymbol{V}(k)]\} \left\{ \dfrac{\partial \hat{g}[y_k, \boldsymbol{V}(k)]}{\partial V^i(k)} \right\} u_k e_{k+1} \end{cases} \tag{4.30}$$

其中，η_k 和 μ_k 为学习速率，$\hat{f}[y_{k+1}, \boldsymbol{W}(k+1)]$ 和 $\hat{g}[y_{k+1}, \boldsymbol{V}(k+1)]$ 可由神经网络求得，由此可获得相应的最佳控制律。

2. 基于神经网络的系统辨识

神经网络用于系统辨识，是指选择一个合适的神经网络模型，通过对已知的输入/输出数据的训练，使系统与模型的误差达到最小，从而网络实现希望的映射。神经网络用于系统辨识主要考虑 3 个问题：网络结构选择、输入信号选择和误差准则选择。

考虑 SISO 非线性系统：

$$y(k) = f[y(k-1), \cdots, y(k-n), u(k-1), \cdots, u(k-m)] \tag{4.31}$$

其中，n 和 m 分别为输出 $y(k)$ 和输入 $u(k)$ 的阶次。

1）网络结构选择

选择三层前向网络，各层神经元按照以下原则确定：

（1）输入层：神经元个数 n_{I} 取

$$n_{\mathrm{I}} \geqslant n + m + 1$$

（2）隐含层：隐含层神经元个数 n_{H} 的确定需要在精度和复杂度之间权衡，个数越多，精度越高，计算量也越大。系统辨识原则上可取

$$n_{\mathrm{H}} \geqslant n_{\mathrm{I}}$$

（3）输出层：神经元个数为系统的输出个数，这里考虑 SISO 系统，故 $n_{\mathrm{o}} = 1$。

在对象阶次 n 和 m 已知的前提下，网络输入向量为

$$\boldsymbol{x}\left(k\right)=\left[x_1\left(k\right),x_2\left(k\right),\cdots,x_{n_\mathrm{I}}\left(k\right)\right]^\mathrm{T}$$

其中，

$$x_i\left(k\right)=\begin{cases}y\left(k-i\right),1\leqslant i\leqslant n\\u\left(k-i+n+1\right),n+1\leqslant i\leqslant n_\mathrm{I}\end{cases}$$

2）输入信号选择

若 n 和 m 不确定，则可进行若干种 n 和 m 的组合，通过比较性能指标大小，确定一组最优的 n 和 m。设对于第 k 个样本，输入层神经元 i 到隐层神经元 h 的连接权重为 $w_{ih}\left(k\right)$，隐层神经元 h 到输出层神经元 o 的连接权重为 $w_{ho}\left(k\right)$。

隐层神经元 h 的输入为

$$S_h\left(k\right)=\sum_{i=0}^{n_\mathrm{I}}w_{ih}\left(k\right)x_i\left(k\right)$$

其中，$x_0=-1$，$w_{0h}\left(k\right)=\theta_h\left(k\right)$，相应的输出为

$$z_h\left(k\right)=f_h\left[S_h\left(k\right)\right]=f_h\left[\sum_{i=0}^{n_\mathrm{I}}w_{ih}\left(k\right)x_i\left(k\right)\right]$$

其中，$f_h\left[S_h\left(k\right)\right]$ 可取双曲正切特性函数或 S 形特性函数。

输出层神经元 o 的输入为

$$S_o\left(k\right)=\sum_{h=0}^{n_\mathrm{H}}w_{ho}\left(k\right)z_h\left(k\right)$$

其中，$z_0=-1$，$w_{0o}\left(k\right)=\theta_o$，特性函数取线性函数，且 $k=1$，则输出为

$$\hat{y}\left(k\right)=f_o\left[S_o\left(k\right)\right]=S_o\left(k\right)=\sum_{h=0}^{n_\mathrm{H}}w_{ho}\left(k\right)z_h\left(k\right)$$

3）误差准则选择

系统的性能指标为

$$J=\frac{1}{2}\left[y\left(k\right)-\hat{y}\left(k\right)\right]^2=\frac{1}{2}e^2\left(k\right)\to\min$$

神经元连接权重调整采用带惯性项的修正 δ 规则，即

$$\Delta w_{ho}\left(k\right)=w_{ho}\left(k+1\right)-w_{ho}\left(k\right)=\eta e\left(k\right)z_h\left(k\right)+\alpha\Delta w_{ho}\left(k-1\right)$$
$$\Delta w_{ih}\left(k\right)=w_{ih}\left(k+1\right)-w_{ih}\left(k\right)=\eta e\left(k\right)w_{ho}\left(k\right)f_h'\left[S_h\left(k\right)\right]x_i\left(k\right)+\alpha\Delta w_{ih}\left(k-1\right)$$

其中，$i=1,2,\cdots,n_\mathrm{I}$；$h=1,2,\cdots,n_\mathrm{H}$；$\eta$ 为网络的学习速率；α 为惯性系数。

3. 变结构神经网络鲁棒自适应控制

变结构神经网络用于在线辨识系统未知非线性函数，该网络利用节点激活与催眠技术进行动态调节，减小网络规模与计算量；鲁棒自适应控制用于网络权值学习与系统建模误差及

外部扰动补偿。采用李雅普诺夫稳定性分析法，给出网络权值自适应律的形式以及鲁棒控制项的设计方法。

考虑不确定非线性系统

$$x^{(n)} = f\left(x, \dot{x}, \cdots, x^{(n-1)}\right) + g\left(x, \dot{x}, \cdots, x^{(n-1)}\right) u + d\left(t\right)$$
$$y = x$$

其中，f 和 g 为未知非线性函数，d 为外部扰动，$u, y \in \mathbf{R}$ 分别为系统的输入和输出。令 $\boldsymbol{x} = [x, \dot{x}, \cdots, x^{(n-1)}]^{\mathrm{T}} = [x_1, x_2, \cdots, x_n]^{\mathrm{T}} \in \mathbf{R}^n$ 为系统状态向量，并假设可测。系统的控制目标为：输出 y 跟踪一个有界参考输入 y_{m}，使得跟踪误差收敛到原点任意小邻域内。

设系统的跟踪误差 $e = y_{\mathrm{m}} - y$，误差状态向量为 $\boldsymbol{e} = [e, \dot{e}, \cdots, e^{(n-1)}]^{\mathrm{T}} = [e_1, e_2, \cdots, e_n]^{\mathrm{T}} \in \mathbf{R}^n$。定义类似切换函数

$$s = \boldsymbol{\lambda}^{\mathrm{T}} \boldsymbol{e} = e_n + \lambda_{n-1} e_{n-1} + \cdots + \lambda_1 e_1$$

其中，$\boldsymbol{\lambda} = [\lambda_1, \lambda_2, \cdots, \lambda_{n-1}, 1]^{\mathrm{T}}$，使得多项式 $h(p) = p^{n-1} + \lambda_{n-1} p^{n-2} + \cdots + \lambda_2 p + \lambda_1$ 是 Hurwitz 的。

选择控制量

$$u_{\mathrm{c}} = u_{\mathrm{a}} + u_{\mathrm{s}}$$

其中，u_{a} 为自适应前馈补偿项，u_{s} 为鲁棒控制项。

采用高斯径向基函数（RBF）神经网络作为函数逼近器逼近未知函数 f 和 g。给定输入 $\boldsymbol{x} = [x_1, x_2, \cdots, x_n]^{\mathrm{T}}$ 为系统当前状态，网络的输出为

$$\hat{f}\left(\boldsymbol{x}\right) = \sum_{i=1}^{N} \hat{w}_{fi} \varphi_i\left(\boldsymbol{x}, \boldsymbol{c}_{(i)}, \sigma_{(i)}\right) = \hat{\boldsymbol{w}}_f^{\mathrm{T}} \boldsymbol{\varphi}\left(\boldsymbol{x}\right)$$

$$\hat{g}\left(\boldsymbol{x}\right) = \sum_{i=1}^{N} \hat{w}_{gi} \varphi_i\left(\boldsymbol{x}, \boldsymbol{c}_{(i)}, \sigma_{(i)}\right) = \hat{\boldsymbol{w}}_g^{\mathrm{T}} \boldsymbol{\varphi}\left(\boldsymbol{x}\right)$$

其中，$\hat{\boldsymbol{w}}_f = [\hat{w}_{f1}, \cdots, \hat{w}_{fN}]^{\mathrm{T}}, \hat{\boldsymbol{w}}_g = [\hat{w}_{g1}, \cdots, \hat{w}_{gN}]^{\mathrm{T}}$ 分别为当前时刻隐含节点与输出节点之间权值向量；$\varphi_i\left(\boldsymbol{x}, \boldsymbol{c}_{(i)}, \sigma_{(i)}\right)$ 为第 i 个隐含节点的高斯径向基函数，形式如下

$$\varphi_i\left(\boldsymbol{x}, \boldsymbol{c}_{(i)}, \sigma_{(i)}\right) = \exp\left(-\frac{\|\boldsymbol{x} - \boldsymbol{c}_{(i)}\|^2}{2\sigma_{(i)}^2}\right)$$

其中，$\boldsymbol{c}_{(i)}$ 是第 i 个隐含节点基函数的中心点，是一个需要动态确定的常值向量；$\sigma_{(i)}$ 是第 i 个隐含节点基函数的宽度，假设为一固定常数，不随网络动态变化而变化。

变结构网络原理是根据当前状态向量的位置，利用网络节点激活与催眠技术，实现只有激活的节点参与函数逼近，也只有这些节点相应的权值得到了更新。激活一个节点是在网络中增加一个初始权值为 0 的节点；唤醒一个节点则是在网络中加入一个权值继承了以前学习结果的节点；催眠一个节点是将一个经过学习的节点暂时从网络中删去。随着系统状态的转移，活

动节点不断变更，使网络节点数一直处于比较小的状态。激活与催眠的判断准则根据当前状态下基函数输出的值来确定。例如，对于网络节点 φ_i，当基函数的输出小于给定的正数 ρ 时，则可以忽略它对整个网络的作用，即可以从网络中删除这一节点。因此，以当前系统状态 $\boldsymbol{x}$ 为球心，半径为 $r = \sqrt{-2\sigma_{(i)}^2 \ln(\rho)}$ 球内的节点为激活的节点。即当 $\|\boldsymbol{x} - \boldsymbol{c}_{(i)}\|^2 \leqslant r^2 = -2\sigma_{(i)}^2 \ln(\rho)$ 时，该节点激活或唤醒，反之对其催眠。选取

$$u_{\mathrm{a}} = \frac{1}{\hat{g}(\boldsymbol{x})} \left(-\hat{f}(\boldsymbol{x}) + y_{\mathrm{m}}^{(n)} \right)$$

$$u_{\mathrm{s}} = \frac{1}{\hat{g}(\boldsymbol{x})} (u_{\mathrm{s}1} + u_{\mathrm{s}2})$$

$$u_{\mathrm{s}1} = k_{\mathrm{d}} s + \sum_{i=1}^{n-1} \lambda_i e_{i+1}$$

其中，$u_{\mathrm{s}2}$ 为模型逼近误差与外部扰动补偿项。在实际应用中，假设网络权值 $\hat{w}_f$，$\hat{w}_g$ 限制在有界集合 Ω_f，Ω_g 中，即

$$\Omega_f = \left\{ \hat{\boldsymbol{w}}_f : w_{fi(\min)} \leqslant \hat{w}_{fi} \leqslant w_{fi(\max)} \right\}$$

$$\Omega_g = \left\{ \hat{\boldsymbol{w}}_g : w_{gi(\min)} \leqslant \hat{w}_{gi} \leqslant w_{gi(\max)} \right\}$$

式中，$w_{fi(\min)}$，$w_{fi(\max)}$ 和 $w_{gi(\min)}$，$w_{gi(\max)}$ 分别为网络动态变化时，不同权值 $\hat{\boldsymbol{w}}_f$，$\hat{\boldsymbol{w}}_g$ 分量的最小与最大值。

令

$$f = \boldsymbol{w}_f^{*\mathrm{T}} \boldsymbol{\varphi} + \delta_f = \hat{\boldsymbol{w}}_f^{\mathrm{T}} \boldsymbol{\varphi} - \tilde{\boldsymbol{w}}_f^{\mathrm{T}} \boldsymbol{\varphi} + \delta_f$$

$$g = \boldsymbol{w}_g^{*\mathrm{T}} \boldsymbol{\varphi} + \delta_g = \hat{\boldsymbol{w}}_g^{\mathrm{T}} \boldsymbol{\varphi} - \tilde{\boldsymbol{w}}_g^{\mathrm{T}} \boldsymbol{\varphi} + \delta_g$$

其中，$\boldsymbol{w}_f^*$，$\boldsymbol{w}_g^*$ 为变结构神经网络变化权值的最优常值向量，使得

$$\boldsymbol{w}_f^* = \arg \min_{\boldsymbol{w}_f \in \Omega_f} \max_{\boldsymbol{x} \in \Omega_x} \left| \hat{f}(\boldsymbol{x}) - f(\boldsymbol{x}) \right|$$

$$\boldsymbol{w}_g^* = \arg \min_{\boldsymbol{w}_g \in \Omega_g} \max_{\boldsymbol{x} \in \Omega_x} \left| \hat{g}(\boldsymbol{x}) - g(\boldsymbol{x}) \right|$$

令 $\tilde{\boldsymbol{w}}_f = \boldsymbol{w}_f - \boldsymbol{w}_f^*$，$\tilde{\boldsymbol{w}}_g = \boldsymbol{w}_g - \boldsymbol{w}_g^*$，$\delta_f$，$\delta_g$ 为神经网络重构误差，在网络动态变化过程中满足有界条件。此外，$u_{\mathrm{s}2}$ 的设计需要满足条件：

$$s(-\delta_f - \delta_g u_{\mathrm{c}} - d(t) - u_{\mathrm{s}2}) \leqslant \varepsilon, \varepsilon > 0$$

$$-s u_{\mathrm{s}2} \leqslant 0$$

选择 $u_{\mathrm{s}2} = \frac{h}{4\varepsilon} s$ 可以满足上述条件，其中，$h \geqslant \|\delta_{f(\max)}\|^2 + \|\delta_{g(\max)} u_{\mathrm{c}}\|^2 + \|d\|^2$。至此，控制器设计完毕。因此，误差方程为

$$e^{(n)} = y_{\mathrm{m}}^{(n)} - f(\boldsymbol{x}) - g(\boldsymbol{x}) u_{\mathrm{c}} - d(t)$$

$$= -k_{\mathrm{d}} s - \sum_{i=1}^{n-1} \lambda_i e_{i+1} + \tilde{\boldsymbol{w}}_f^{\mathrm{T}} \boldsymbol{\varphi} + \tilde{\boldsymbol{w}}_g^{\mathrm{T}} \boldsymbol{\varphi} u_{\mathrm{c}} - \delta_f - \delta_g u_{\mathrm{c}} - d(t) - u_{\mathrm{s}2}$$

在神经网络自适应控制中，由于 $\hat{g}(\boldsymbol{x})$ 处于分母位置，易引起控制器奇异值问题。为此，采用不连续性投影算子限制网络权值的自适应学习律，保证 $\hat{g}(\boldsymbol{x})$ 不趋于 0。投影算子 $\mathrm{Proj}(\bullet)$ 具有如下属性：

$$\mathrm{Proj}_{\hat{\boldsymbol{w}}}(\bullet_i) = \begin{cases} 0, 若 \hat{w}_i = w_{i(\min)} 且 \bullet_i < 0 \\ 0, 若 \hat{w}_i = w_{i(\max)} 且 \bullet_i > 0 \\ \bullet_i, 其他 \end{cases}$$

且

$$\tilde{\bullet}\left(\boldsymbol{\Gamma}^{-1}\mathrm{Proj}_{\bullet}(\boldsymbol{\Gamma}\boldsymbol{\tau}) - \boldsymbol{\tau}\right) \leqslant 0, \forall \boldsymbol{\tau}$$

其中，$\boldsymbol{\Gamma} > 0$ 为参数自适应学习因子组成的对角阵。

自适应学习律设计为

$$\dot{\hat{\boldsymbol{w}}}_f = \mathrm{Proj}_{\hat{\boldsymbol{w}}_f}(\eta\boldsymbol{\tau}_1), \boldsymbol{\tau}_1 = -\frac{s\boldsymbol{\varphi}}{k_d}$$

$$\dot{\hat{\boldsymbol{w}}}_g = \mathrm{Proj}_{\hat{\boldsymbol{w}}_g}(\gamma\boldsymbol{\tau}_2), \boldsymbol{\tau}_2 = -\frac{s\boldsymbol{\varphi}u_c}{k_d}$$

其中，$\eta, \gamma > 0$ 为学习因子。

选取李雅普诺夫函数

$$V = \frac{1}{2k_d}s^2 + \frac{1}{2\eta}\tilde{\boldsymbol{w}}_f^{\mathrm{T}}\tilde{\boldsymbol{w}}_f + \frac{1}{2\gamma}\tilde{\boldsymbol{w}}_g^{\mathrm{T}}\tilde{\boldsymbol{w}}_g$$

对 V 进行求导，可得

$$\begin{aligned}\dot{V} &= \frac{1}{k_d}s\dot{s} + \frac{1}{\eta}\tilde{\boldsymbol{w}}_f^{\mathrm{T}}\dot{\tilde{\boldsymbol{w}}}_f + \frac{1}{\gamma}\tilde{\boldsymbol{w}}_g^{\mathrm{T}}\dot{\tilde{\boldsymbol{w}}}_g \\ &= \frac{1}{k_d}s\left(e^{(n)} + \lambda_{n-1}e_n + ... + \lambda_1 e_2\right) + \frac{1}{\eta}\tilde{\boldsymbol{w}}_f^{\mathrm{T}}\dot{\tilde{\boldsymbol{w}}}_f + \frac{1}{\gamma}\tilde{\boldsymbol{w}}_g^{\mathrm{T}}\dot{\tilde{\boldsymbol{w}}}_g \\ &= -s^2 + \frac{1}{k_d}s\left[-\delta_f - \delta_g u_c - d(t) - u_{s2}\right] - \tilde{\boldsymbol{w}}_f^{\mathrm{T}}\boldsymbol{\tau}_1 \tilde{\boldsymbol{w}}_g^{\mathrm{T}}\boldsymbol{\tau}_2 + \frac{1}{\eta}\tilde{\boldsymbol{w}}_f^{\mathrm{T}}\mathrm{Proj}_{\hat{\boldsymbol{w}}_f}(\eta\boldsymbol{\tau}_1) + \frac{1}{\gamma}\tilde{\boldsymbol{w}}_g^{\mathrm{T}}\mathrm{Proj}_{\hat{\boldsymbol{w}}_g}(\gamma\boldsymbol{\tau}_2) \\ &\leqslant -s^2 + \frac{\varepsilon}{k_d}\end{aligned}$$

设

$$V_r = \max\left(\frac{1}{2\eta}\max_{\boldsymbol{w}_f^*, \boldsymbol{w}_f \in \Omega_f}\left(\tilde{\boldsymbol{w}}_f^{\mathrm{T}}\tilde{\boldsymbol{w}}_f\right) + \max\left(\frac{1}{2\gamma}\max_{\boldsymbol{w}_g^*, \boldsymbol{w}_g \in \Omega_g}\left(\tilde{\boldsymbol{w}}_g^{\mathrm{T}}\tilde{\boldsymbol{w}}_g\right)\right)\right)$$

则

$$\dot{V} \leqslant -2k_d V + 2k_d V_r + \frac{\varepsilon}{k_d}$$

进而可得

$$V(t) \leqslant V(0)e^{-2k_d t} + \left(V_r + \frac{\varepsilon}{2k_d^2}\right)\left(1 - e^{-2k_d t}\right)$$

$$s^2 \leqslant 2k_d V(0)e^{-2k_d t} + \left(2k_d V_r + \frac{\varepsilon}{k_d}\right)\left(1 - e^{-2k_d t}\right)$$

因此，在 $t \to \infty$ 时，$|s| \to \sqrt{2k_d V_r + \dfrac{\varepsilon}{k_d}}$，可以通过设计自适应学习因子 η，γ 和鲁棒控制律 u_{s2}，调节 $2k_d V_r + \dfrac{\varepsilon}{k_d}$ 的大小，保证系统跟踪误差收敛到原点极小邻域内；调节 k_d 可以调节

收敛速度，保证系统的瞬态性能。在满足 $\lim\limits_{t\to\infty} d(t) = 0$，且神经网络重构误差 $\delta_f = \delta_g = 0$ 时，$\dot{V} \leqslant -s^2 \leqslant 0$，此时跟踪误差渐近收敛。

将该控制器应用到双轴伺服转台俯仰向的位置跟踪控制，可用二阶不确定非线性 SISO 系统描述其数学模型：

$$\begin{cases} \dot{x}_1 = x_2 \\ \dot{x}_2 = -\left[\dfrac{K_{\mathrm{m}}K_{\mathrm{e}}}{R(J+\Delta J)}\right]x_2 - \dfrac{f_{\mathrm{friction}}(x_2)}{J+\Delta J} + \dfrac{K_{\mathrm{m}}}{J+\Delta J}u + d(t) \\ y = x_1 \end{cases}$$

其中，x_1 为俯仰轴位置量，x_2 为速度，K_{e}，K_{m} 分别为电机反电势常数和电机力矩系数，R 为电机电枢电阻，J，ΔJ 分别为转动惯量和与位置相关的连续扰动惯量，d 为外部扰动。f_{friction} 为系统摩擦力，是一个非连续函数，考虑到神经网络等函数逼近器只能很好地处理紧集上的连续函数，因此在此将非连续摩擦函数处理成一个连续函数与有界扰动的和，即 $f_{\mathrm{friction}} = f_f + \tilde{f}_f$，其中，$f_f$ 为连续函数，$\tilde{f}_f$ 为有界扰动。令 $f(\bar{x}) = -\dfrac{K_{\mathrm{m}}K_{\mathrm{e}}}{R(J+\Delta J)}x_2 - \dfrac{f_f(x_2)}{J+\Delta J}$，$g(\bar{x}) = \dfrac{K_{\mathrm{m}}}{J+\Delta J}$，$D(\bar{x},t) = d(t) - \dfrac{\tilde{f}(x_2)}{J+\Delta J}$。由于电机各参数都是未知的，因此 $f(\boldsymbol{x})$，$g(\boldsymbol{x})$ 都是未知函数，$D(\boldsymbol{x},t)$ 为有界扰动。利用变结构神经网络逼近未知函数 f 和 g。

选择参考输入为 $y_{\mathrm{m}} = 10\sin(\pi t)$，变量 $s = \dot{e} + 10e$，其他参数分别为 $k_{\mathrm{d}} = 5$，$h = 4$，$\varepsilon = 0.001$，$\Omega_f = [-20, 20]$，$\Omega_{\mathrm{g}} = [1, 10]$，网络权值初值为 $\hat{w}_{fi} = 0$，$\hat{w}_{gi} = 0.1$，所有节点高斯函数宽度假设为一常值 $\sigma = 0.3$，中心点分布在区域 $[-1.5, 1.5] \times [-3.0, 3.0]$ 内，$\rho = 0.1$。实验结果如图 4.18、图 4.19 所示。

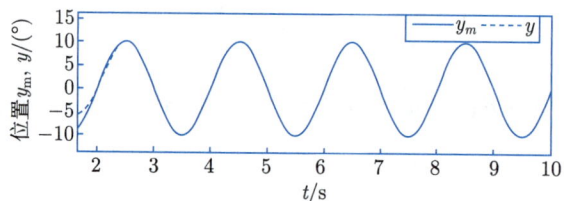

图 4.18　俯仰轴跟踪曲线

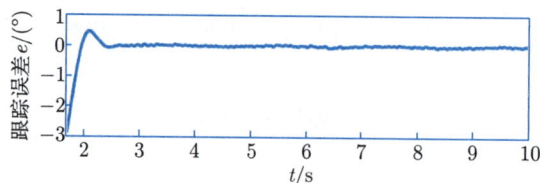

图 4.19　俯仰轴跟踪误差

图 4.18 和图 4.19 显示，该控制器可以使转台俯仰轴具备很好的跟踪精度 ±0.05°。在实验对象存在未知的非线性函数和扰动的情况下，该控制器表现出强鲁棒性。

总的来说，基于神经网络的鲁棒自适应控制具有非线性建模能力、适应性学习能力、降低对模型的依赖、多模态感知和学习能力以及潜在的泛化能力等优点。这些优势使得神经网络鲁棒自适应控制成为提高无人系统性能和应对不确定性的一种强大且有效的控制策略。其局限性在于设计和调整相对复杂，需要大量数据来训练神经网络，可能需要较多的计算资源。此外，神经网络控制的透明性相对较低，难以解释其内部的工作机制。

4.3.4 模糊神经网络控制

无人系统的运行环境和任务需求中通常存在着模糊性和非确定性。然而对于某些问题很难将经验总结归纳为明确简单的规则，且对于时变参数非线性系统，缺乏在线自学习或自调整的能力。模糊神经网络控制是一种集成了模糊逻辑和神经网络学习的控制方法，结合了模糊系统的推理能力以及神经网络的学习和逼近能力，使得无人系统能够在面对不确定或模糊输入时作出智能化的决策。

一般来说，神经网络不能直接处理结构化的知识，它需要用大量的训练数据，通过自学习的过程，且以并行分布结构来估计输入输出的映射关系。然而，模糊系统可以直接处理结构化知识，将神经网络的学习机制引入模糊系统，使模糊系统也具有自学习、自适应能力，并通过并行分布处理结构完成模糊推理过程。

因此，在无人系统中，将神经元与模糊技术融合，特别是通过 T-S 模糊神经网络控制，使得无人系统能够在不完整的感知信息、不确定性以及环境动态变化的情况下实现自主智能运动控制。通过学习和适应性地调整其参数，可以根据不同的传感器输入和环境条件，动态地调整运动控制策略。下面介绍其基本原理。

1. 神经网络与模糊技术的融合

目前神经网络与模糊技术的融合方式有三种。

（1）以模糊控制为主体，应用神经网络，实现模糊控制的决策过程。其结构如图 4.20 所示。

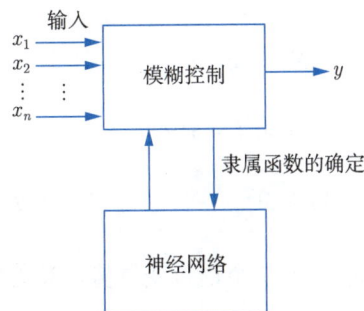

图 4.20 神经网络与模糊控制模型结构（1）

（2）以神经网络为主体，将输入空间分割成若干模糊推论组合，对系统进行模糊逻辑判断，以模糊控制器输出作为神经网络的输入。其结构如图 4.21 所示。

（3）根据输入量的不同性质分别由神经网络与模糊控制直接处理输入信息，直接作用于控制对象。其结构如图 4.22 所示。

2. T-S 模糊神经网络

在模糊逻辑系统中，模糊控制规则主要有两种形式：一是模糊规则的后件是输出量的某一种模糊集合，称为常规模糊系统模糊模型；二是模糊规则的后件是输入变量的线性组合，这种方法由 Takagi 和 Sugeno 最早提出，称为 T-S 模糊模型。

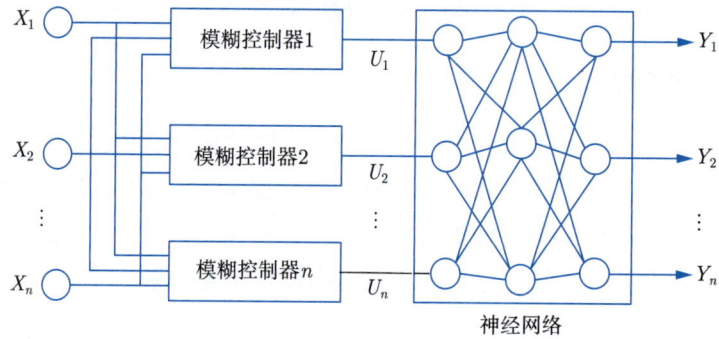

图 4.21　神经网络与模糊控制模型结构（2）

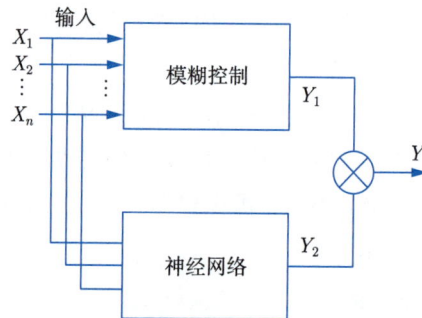

图 4.22　神经网络与模糊控制模型结构（3）

设输入向量

$$\boldsymbol{X} = [x_1, x_2, \cdots, x_n]^{\mathrm{T}}$$

每个分量 x_i 均为模糊语言变量，其语言变量值为

$$T(x_i) = \left\{ A_i^1, A_i^2, \cdots, A_i^{m_i} \right\}, i = 1, 2, \cdots, n$$

其中，$A_i^j (j = 1, 2, \cdots, m_i)$ 是 x_i 的第 j 个语言变量值，其为定义在论域 U_i 上的一个模糊集合。相应的隶属函数为 $\mu_{A_i^j}(x_i) (i = 1, 2, \cdots, n; j = 1, 2, \cdots, m_i)$。T-S 模型中第 j 条模糊规则的形式为

$$\text{IF } x_1 \text{ is } A_1^j, x_2 \text{ is } A_2^j, \cdots, x_n \text{ is } A_n^j$$

$$\text{THEN } y^j = p_0^j + p_1^j x_1 + \cdots + p_n^j x_n$$

其中，$j = 1, 2, \cdots, m; m \leqslant \prod_{i=1}^m m_i$。

若输入量采用单点模糊集合的模糊化方法，则对于给定的输入 $\boldsymbol{X}$，可求得对于每条规则的隶属度为

$$w_j = \mu_{A_1^j}(x_1) \wedge \mu_{A_2^j}(x_2) \wedge \cdots \wedge \mu_{A_n^j}(x_n)$$

模糊系统的输出量为每条规则的输出量的加权平均，即

$$y = \frac{\sum\limits_{j=1}^{m} w_j y^j}{\sum\limits_{j=1}^{m} w_j} = \sum\limits_{j=1}^{m} \bar{w}_j y^j, \bar{w}_j = \frac{w_j}{\sum\limits_{j=1}^{m} w_j}$$

根据上述 T-S 模型，可以设计出如图 4.23 所示的模糊神经网络结构。该网络由前件网络和后件网络组成，前件网络用于匹配模糊规则的前件，后件网络用于产生模糊规则的后件。这种网络结构能够处理多传感器数据，融合信息，以及适应不同任务和情境。其非线性建模特性使其能够处理无人系统的复杂动力学模型，而模糊规则的形式则使其能够应对模糊性和不完全信息。

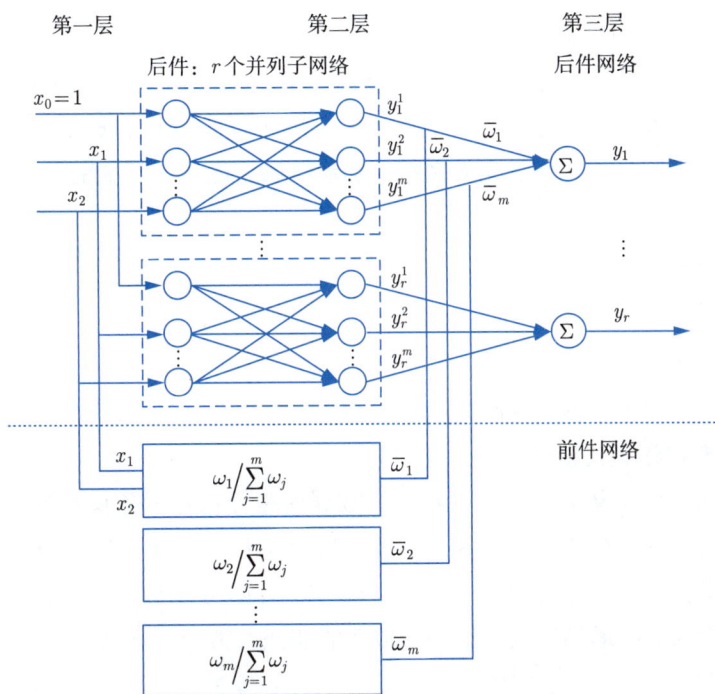

图 4.23 T-S 模糊神经网络结构

1）前件网络

前件网络采用常规模型神经网络结构，进行归一化计算：

$$\bar{w}_j = \frac{w_j}{\sum\limits_{k=1}^{m} w_k}, j = 1, 2, \cdots, m$$

2）后件网络

后件网络由 r 个结构相同的并列子网络组成，每个子网络产生一个输出量。它是一个三层网络，子网络的第一层是输入层，将输入变量传递到第二层。输入层中第 0 个节点的输入

值 $x_0 = 1$，其作用是提供模糊规则后件中的常数项。子网络的第二层共有 m 个节点，每个节点代表一条规则，该层的作用是计算每一条规则的后件，即

$$y_i^j = p_{i0}^j + p_{i1}^j x_1 + p_{i2}^j x_2 = \sum_{k=0}^{2} p_{ik}^j x_k, i = 1, 2, \cdots, r; j = 1, 2, \cdots, m$$

子网络的第三层是计算系统的输出，即

$$y_i = \sum_{j=1}^{m} \bar{w}_j y_i^j, i = 1, 2, \cdots, r$$

模糊神经网络的输出 y_i 是各规则的加权和，加权系数为各模糊规则的归一化的适用度 $\bar{w}_j$，即前件网络的输出用作后件网络第三层的连接权重。

尽管该模糊神经网络也是局部逼近网络，但它是按照模糊系统模型建立的，网络中参数的初值可以根据系统的模糊或定性知识确定，再利用上述学习算法快速收敛到要求的输入输出关系。此外，由于其具有神经网络结构，可对参数进行学习和调整。因此，模糊神经网络控制比单纯的模糊逻辑系统和神经网络更有优势，能够灵活地表达和利用专家知识，并通过学习过程不断优化控制策略，从而在无人系统中实现精确、稳定和智能的控制效果。

4.4　典型应用

4.4.1　无人车强化学习轨迹跟踪控制

本节将基于学习的模型预测控制应用于自动驾驶汽车的路径跟踪控制中。

1. 从人工演示中学习代价函数

下面将介绍如何使用从人工演示中收集的数据为路径跟踪任务找到合适的代价函数。道路路径剖面对自动驾驶汽车的操控行为有显著影响，因此，对于给定的参考路径，通常将人工演示的轨迹视为最佳解决方案。此外，假设存在与人类驾驶员生成的轨迹相关联的代价函数，目标是找到该代价函数的适当参数，这些参数能够捕获人类个体驾驶任务的选定特征。

1）代价函数

车辆动力学模型为式(4.6)，学习参数只考虑 $\boldsymbol{\theta}_l$，将式(4.25)改写为

$$\boldsymbol{U}_k^* = \underset{\boldsymbol{U}_k}{\arg\min} \sum_{i=0}^{N_p-1} l(\boldsymbol{X}(k+i \mid k), \boldsymbol{u}(k+i \mid k), \boldsymbol{\theta}_l)$$

$$\text{s.t.} \begin{cases} \boldsymbol{X}(k+i+1 \mid k) = f(\boldsymbol{X}(k+i \mid k), \boldsymbol{u}(k+i \mid k)), \boldsymbol{X}(k \mid k) = \boldsymbol{X}(k) \\ \boldsymbol{X} = \begin{bmatrix} \boldsymbol{X}(k+1 \mid k) & \cdots & \boldsymbol{X}(k+N_p \mid k) \end{bmatrix} \in \mathcal{X} \\ \boldsymbol{U} = \begin{bmatrix} \boldsymbol{u}(k \mid k) & \cdots & \boldsymbol{u}(k+N_p-1 \mid k) \end{bmatrix} \in \mathcal{U} \end{cases} \tag{4.32}$$

改进的自动驾驶汽车路径跟踪控制器应实现准确和安全的路径跟踪，同时生成控制动作，提供更自然的运动方式。此处考虑了参数代价函数，并使用基于特征的学习过程来找到产生与

人类驾驶员相似特征的参数的最佳值。对于人工演示或控制器生成的每条轨迹，以下特征被用于设计参数代价函数。

（1）车道中心距离：该特征表示车辆与车道中心的偏差，则

$$\boldsymbol{f}_\mathrm{c} = \sum_{k=1}^{N} \boldsymbol{x}_\mathrm{c}(k) - \boldsymbol{p}(k)$$

其中，$\boldsymbol{x}_\mathrm{c}(k) = \begin{bmatrix} x_\mathrm{c} & y_\mathrm{c} \end{bmatrix}$ 是 k 时刻车辆在道路上的位置，$\boldsymbol{p}(k) = \begin{bmatrix} x_\mathrm{ref} & y_\mathrm{ref} \end{bmatrix}$ 是车道中心距离车辆位置最近的道路点，N 是轨迹的采样数。

（2）路径偏离角：该特征表示车辆横摆角与路径角的偏离，

$$f_\psi = \sum_{k=1}^{N} x_\psi(k) - p_\psi(k)$$

其中，x_ψ 为车辆航向角，p_ψ 为路径角度。

（3）横向速度：

$$f_{v_y} = \sum_{k=1}^{N} v_y(k)$$

（4）偏航率：

$$f_{\dot\psi} = \sum_{k=1}^{N} \dot\psi(k)$$

（5）横向加速度：

$$f_{a_y} = \sum_{k=1}^{N} a_y(k)$$

最后，通过这些特征，路径跟踪任务的损失可表示为

$$J_\mathrm{t}(\boldsymbol{\theta}) = \boldsymbol{\theta}_1^\mathrm{T} \boldsymbol{f}$$
$$\boldsymbol{f} = \begin{bmatrix} \boldsymbol{f}_\mathrm{c} & f_\psi & f_{v_y} & f_{\dot\psi} & f_{a_y} \end{bmatrix} \tag{4.33}$$
$$\boldsymbol{\theta}_l = \begin{bmatrix} \boldsymbol{\theta}_\mathrm{c} & \theta_\psi & \theta_{v_y} & \theta_{\dot\psi} & \theta_{a_y} \end{bmatrix}$$

其中，$\boldsymbol{\theta}_1$ 是需要从人工演示中学习的参数或权重向量，以便使 MPC 生成的运动与人工演示中的特征相匹配。

2）逆最优控制

本环节通过 IOC 学习控制策略，$\boldsymbol{\mathcal{D}} = \{\langle \boldsymbol{X}(0), \boldsymbol{u}(0) \quad \cdots \quad \boldsymbol{X}(i), \boldsymbol{u}(i) \quad \cdots \rangle_{j=1}^P\}$ 表示人工演示数据集中各种驾驶场景的 P 条轨迹。对于人工演示，假设存在与人类驾驶任务相关的代价函数。因此，可以通过为 MPC 控制器找到合适的权重，来复制人类驾驶运动的某些特征。为了实现这一点，使用前面讨论的特征来表达人类的驾驶任务。对于一组未知的代价参数，人工演示的预期特征可以表示为

$$\boldsymbol{\mathcal{F}}_\mathrm{d} = \sum_{i=1}^{P} \boldsymbol{f}_\mathrm{d}(\boldsymbol{\zeta}_i) \tag{4.34}$$

157

其中，$\mathcal{F}_d$ 是所有演示的特征向量，$\boldsymbol{f}_d$ 是演示轨迹的特征向量，$\boldsymbol{\zeta}_i$ 是数据集 $\mathcal{D}$ 中的第 i 条轨迹。

本环节的目标是使学习到的控制器的预期特征与人工演示的特征相匹配，差异可以表示为如下优化梯度：

$$\nabla \mathcal{L}(\boldsymbol{\theta}_1) = \mathcal{F}_d - \boldsymbol{E}(\boldsymbol{f}_1 \mid \boldsymbol{\theta}_1) \tag{4.35}$$

其中，$\boldsymbol{E}$ 是控制器生成的轨迹的预期特征，$\boldsymbol{f}_1$ 是控制器对一组固定参数值 $\boldsymbol{\theta}_1$ 生成的轨迹的特征向量。通过求解基于梯度的优化方法，找到优化值 $\boldsymbol{\theta}_1^*$。将最可能的轨迹近似为给定参数集的非线性 MPC 问题的解决方案，使用 MPC 生成的轨迹计算学习控制器的预期特征。然后，基于梯度 $\nabla \mathcal{L}(\boldsymbol{\theta}_1)$，改变权重值并重复相同的过程，直到收敛。

2. 分析与仿真

下面主要解释了如何从人工演示中收集数据，并介绍了 IOC 方法的实施。通过这些数据，能够为 MPC 控制器找到合适的权重，从而模拟人类驾驶运动的特征，同时展示了仿真结果，证明了该方法的有效性。

1）人工演示数据分析

为了实施基于学习的控制方法，首先需要使用模拟器收集驾驶员的演示数据。如图 4.24 所示，是数据采集系统的架构。在这个架构中，车辆动力学模型用于捕捉车辆的动态行为，同时通过与虚拟引擎之间的通信收集所需的数据。

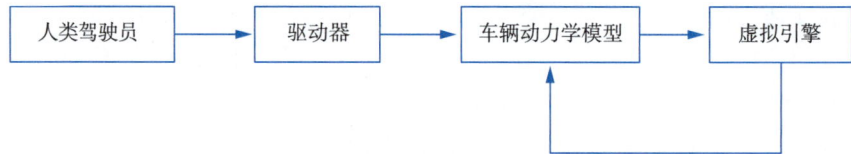

图 4.24　数据采集系统架构

对于收集到的驾驶员数据，特征值为

$$\mathcal{F}_d = \sum_{i=1}^{P} \left(\frac{1}{m} \sum_{j=1}^{m} \boldsymbol{f}_d(\boldsymbol{\zeta}_{i,j}) \right) \tag{4.36}$$

其中，m 是每个驾驶场景的试验次数，P 是驾驶场景的总数。对于所有驾驶场景，参考位置设置为车道的中心。

为了学习参数 $\boldsymbol{\theta}_1$，车辆被设置为每个驾驶场景的起点。首先，随机选择一组初始的参数 $\boldsymbol{\theta}_1$ 数值。然后，使用 MPC 控制器在所有道路上驾驶车辆。在每个驾驶场景完成后，计算控制器生成的轨迹的预期特征值：

$$\boldsymbol{E}(\boldsymbol{f}_1 \mid \boldsymbol{\theta}_1) = \sum_{i=1}^{P} \boldsymbol{f}_1(\boldsymbol{\zeta}_i) \tag{4.37}$$

基于此控制器的预期特征值和人工演示，根据式(4.35)计算优化梯度，并不断更新 $\boldsymbol{\theta}_1$ 的值，直至收敛。这样可以逐渐逼近人工演示的特征，提高自动驾驶汽车的路径跟踪准确性和安全性。

2）仿真结果分析

车辆模型实现和环境仿真均在 MATLAB-Simulink 中进行。数据由 10 位人类驾驶员提供，用于评估所提出方法的有效性。在实验中，驾驶员被要求在 3 种特定路况下行驶，同时保持车速为 30 ~ 35km/h。对于每条道路，记录了每个驾驶员的 5 次试验。在 3 个驾驶场景中，两个场景用于学习参数 θ_1，一个场景用于测试控制器的性能。对于 MPC 控制器，预测时域 N_p 和控制时域 N_c 均为 5。

从图 4.25 中可以看出，控制器在训练驾驶场景中的特征值与相应的人类演示非常接近，这表明控制器能够很好地模拟人类驾驶的特征。图 4.26 展示了控制器在测试驾驶场景中的性能。从图 4.26 中可以看出，学习到的控制器显示出适当的泛化能力，可以应用于其他环境。这证明了基于学习的控制方法的有效性。图 4.27 描绘了人类驾驶轨迹和学习控制器生成的轨迹。从图 4.27 中可以看出，学习到的控制器不仅能够遵循参考轨迹，还能够学习人类驾驶的特征并在生成适当控制动作的同时实施它们。

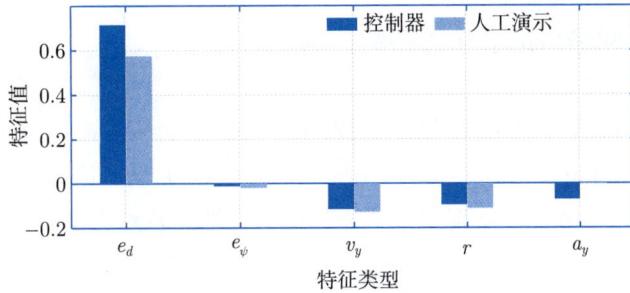

图 4.25 训练场景中人工演示和控制器的性能比较

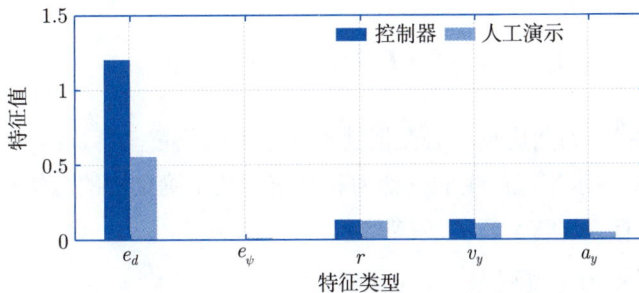

图 4.26 测试场景中人工演示和控制器的性能比较

需要注意的是，在上述实验中，前向速度保持在一个较小的范围内，并且训练和测试场景仅包含不同曲率的路径。为了更全面地评估学习控制器的性能，未来需要使用实际驾驶场景进行更严格的训练，并增强学习控制器的泛化特性，使其能够适应各种不同的驾驶场景和条件。这将有助于提高自动驾驶汽车的可靠性和安全性，为未来的实际应用奠定基础。

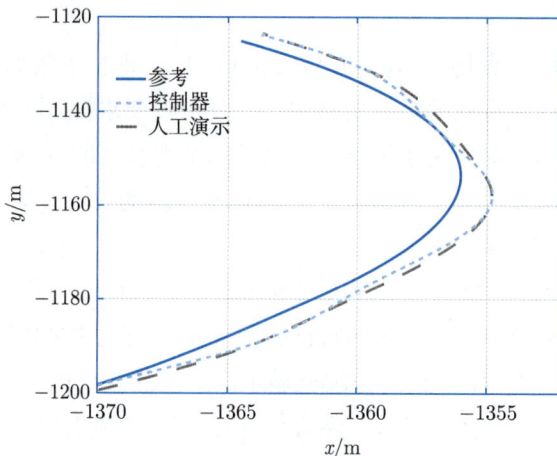

图 4.27 试驾场景中人工演示和控制器的轨迹比较

4.4.2 无人机神经网络自适应轨迹跟踪控制

本节将介绍神经网络自适应控制在无人机轨迹跟踪中的应用，结合全局快速终端滑模控制（Global Fast Terminal Sliding Mode Control, GFTSM）的有限时间快速收敛能力和自适应 RBF 神经网络的学习能力，实现扰动下无人机的高性能轨迹跟踪。

1. 四旋翼模型

在第 2 章四旋翼无人机模型的基础上，考虑外部扰动和参数不确定性因素。系统的位置动力学模型为

$$m\ddot{\boldsymbol{P}} = \boldsymbol{F}\boldsymbol{R}\boldsymbol{e}_3 - mg\boldsymbol{e}_3 + \boldsymbol{d}_{\mathrm{F}} \tag{4.38}$$

其中，$\boldsymbol{P} = \begin{bmatrix} x & y & z \end{bmatrix}^{\mathrm{T}}$ 为四旋翼质心在惯性坐标系下的位置向量，$\boldsymbol{e}_3 = \begin{bmatrix} 0 & 0 & 1 \end{bmatrix}^{\mathrm{T}}$ 为垂直方向的单位向量，$\boldsymbol{d}_{\mathrm{F}}$ 表示气流产生的扰动力和系统参数不确定性的总扰动项，$\boldsymbol{R}$ 为体坐标系 $O_1X_1Y_1Z_1$ 到惯性坐标系 $OXYZ$ 的转换矩阵。

四旋翼的姿态子动力学方程为

$$\boldsymbol{J}\dot{\boldsymbol{w}} = -\boldsymbol{w} \times \boldsymbol{J}\boldsymbol{w} + \boldsymbol{\Gamma} + \boldsymbol{d}_{\Gamma} \tag{4.39}$$

其中，$\boldsymbol{d}_{\Gamma}$ 为包含气流产生的扰动力矩和姿态子系统参数不确定性的总扰动项。

2. 轨迹跟踪控制器设计

采用双层控制结构设计轨迹跟踪控制器：外层根据位置参考信号 $\boldsymbol{P}_{\mathrm{r}} = \begin{bmatrix} x_{\mathrm{r}} & y_{\mathrm{r}} & z_{\mathrm{r}} \end{bmatrix}^{\mathrm{T}}$ 计算平移运动所需的俯仰角 ϕ_{r}、横滚角 θ_{r} 和总升力 $\boldsymbol{F}$，内环姿态控制器跟踪外环提供的参考姿态角计算旋转力矩 $\boldsymbol{\Gamma}$。控制系统的结构如图 4.28 所示。

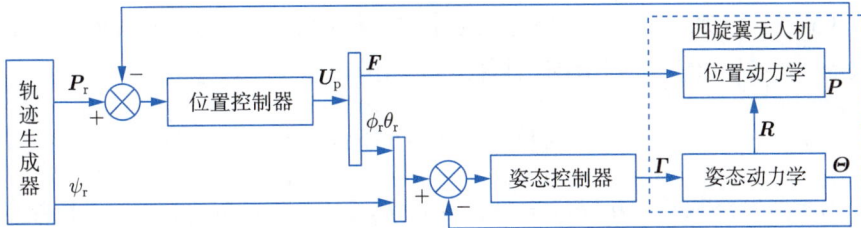

图 4.28 四旋翼轨迹跟踪控制器结构

1）位置控制器设计

基于 RBF 神经网络的位置控制器结构如图 4.29 所示。假设参考位置向量 $\boldsymbol{P}_r$ 光滑且具有二阶导数，则位置跟踪误差为 $\boldsymbol{e}_p = \boldsymbol{P} - \boldsymbol{P}_r$，故

$$\ddot{\boldsymbol{e}}_p = \frac{\boldsymbol{U}_p + \boldsymbol{d}_F}{m} - g\boldsymbol{e}_3 - \ddot{\boldsymbol{P}}_r$$

其中，$\boldsymbol{U}_p = \boldsymbol{F}\boldsymbol{R}\boldsymbol{e}_3$ 为待设计的位置系统虚拟控制量。

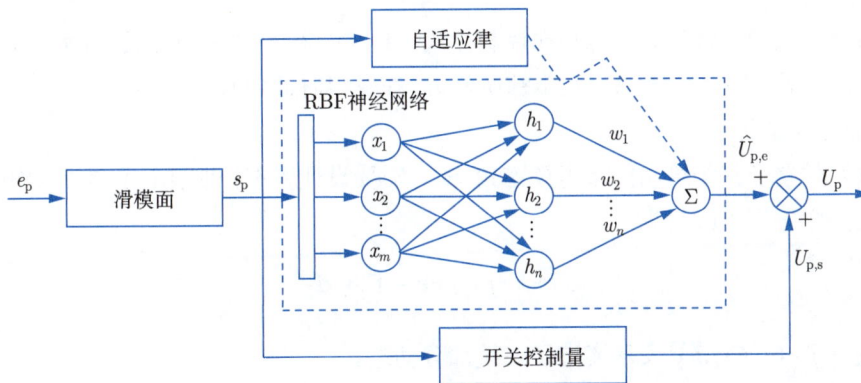

图 4.29 基于 RBF 神经网络的位置控制器结构

根据 GFTSMC 理论，取滑模面为

$$\boldsymbol{s}_p = \dot{\boldsymbol{e}}_p + \alpha_1 \boldsymbol{e}_p + \beta_1 \boldsymbol{e}_p^{\frac{q_1}{r_1}} \tag{4.40}$$

其中，$\alpha_1 > 0$，$\beta_1 > 0$，q_1 和 $r_1(q_1 < r_1)$ 均为正奇数。

对 $\boldsymbol{s}_p$ 求导，得

$$\dot{\boldsymbol{s}}_p = \frac{\boldsymbol{U}_p + \boldsymbol{d}_F}{m} - g\boldsymbol{e}_3 - \ddot{\boldsymbol{P}}_r + \alpha_1 \dot{\boldsymbol{e}}_p + \beta_1 \frac{q_1}{r_1} \boldsymbol{e}_p^{\frac{q_1-r_1}{r_1}} \dot{\boldsymbol{e}}_p$$

根据滑模控制原理，控制律 $\boldsymbol{U}_p$ 可设计为等效控制量 $\boldsymbol{U}_{p,e}^*$ 与开关控制量 $\boldsymbol{U}_{p,s}$ 之和：

$$\boldsymbol{U}_p = \boldsymbol{U}_{p,e}^* + \boldsymbol{U}_{p,s}$$

其中，$\boldsymbol{U}_{p,e}^* = m\left(g\boldsymbol{e}_3 + \ddot{\boldsymbol{P}}_r - \alpha_1\dot{\boldsymbol{e}}_p - \beta_1\frac{q_1}{r_1}\boldsymbol{e}_p^{\frac{q_1-r_1}{r_1}}\dot{\boldsymbol{e}}_p\right) - \boldsymbol{d}_F$，$\boldsymbol{U}_{p,s} = -\lambda_1\boldsymbol{s}_p - \delta_1\boldsymbol{s}_p^{\frac{q_1}{r_1}}$，$\lambda_1$、$\delta_1$ 为待定的控制参数。

在实际工程中，干扰力和模型不确定性是未知的，为此采用 RBF 神经网络在线逼近 $\boldsymbol{U}_{\mathrm{p,e}}^*$。网络输入取 $\boldsymbol{x}_1 = \begin{bmatrix} \boldsymbol{s}_{\mathrm{p}}^{\mathrm{T}} & \ddot{\boldsymbol{P}}_{\mathrm{r}}^{\mathrm{T}} \end{bmatrix}$，则 RBF 神经网络输出

$$\hat{\boldsymbol{U}}_{\mathrm{p,e}} = \boldsymbol{W}_1 \boldsymbol{h}(\boldsymbol{x}_1) \tag{4.41}$$

其中，$\boldsymbol{W}_1$ 为神经网络权重，$\boldsymbol{h}(\boldsymbol{x}_1) = \begin{bmatrix} h_1(\boldsymbol{x}_1) & h_2(\boldsymbol{x}_1) & \cdots & h_n(\boldsymbol{x}_1) \end{bmatrix}^{\mathrm{T}}$ 为网络的隐含层输出，其中 $h_j(\boldsymbol{x}_1) = \exp\left(\dfrac{\|\boldsymbol{x}_1 - \boldsymbol{c}_j\|^2}{\boldsymbol{b}_j^2}\right)$，$j = 1, 2, \cdots, n$ 为高斯基函数，$\boldsymbol{c}_j$ 和 $\boldsymbol{b}_j$ 为高斯基函数的参数。

设计权重自适应律为

$$\dot{\boldsymbol{W}} = -\frac{\eta_1}{m} \boldsymbol{s}_{\mathrm{p}} \boldsymbol{h}(\boldsymbol{x}_1) \tag{4.42}$$

则位置子系统实际控制律为

$$\boldsymbol{U}_{\mathrm{p}} = \hat{\boldsymbol{U}}_{\mathrm{p,e}} + \boldsymbol{U}_{\mathrm{p,s}} \tag{4.43}$$

由李雅普诺夫稳定性理论，可知在控制律式（4.43）、神经网络输出式（4.41）和权重自适应律式（4.42）下，闭环系统稳定且跟踪误差 $\boldsymbol{e}_{\mathrm{p}}$ 在有限时间内收敛于零。

2）姿态控制器设计

为了跟踪位置子系统给出的参考姿态角 $\boldsymbol{\Theta}_{\mathrm{r}}$，需要设计姿态控制律计算控制力矩 $\boldsymbol{\Gamma}$。四旋翼的旋转动力学方程可改写为

$$\boldsymbol{J}\ddot{\boldsymbol{\Theta}} = f(\cdot)\boldsymbol{\Theta} + \boldsymbol{\Gamma} + \boldsymbol{d}_{\Gamma}$$

其中，$f(\cdot) = f\left(\dot{\boldsymbol{\Theta}}, \boldsymbol{\Theta}, \boldsymbol{J}\right)$ 表示姿态子系统部分动态。

定义姿态子系统的跟踪误差为 $\boldsymbol{e}_{\mathrm{a}} = \boldsymbol{\Theta} - \boldsymbol{\Theta}_{\mathrm{r}}$，则姿态误差系统为

$$\ddot{\boldsymbol{e}}_{\mathrm{a}} = \frac{1}{\boldsymbol{J}}\left(f(\cdot)\boldsymbol{\Theta} + \boldsymbol{\Gamma} + \boldsymbol{d}_{\Gamma}\right) - \ddot{\boldsymbol{\Theta}}_{\mathrm{r}} \tag{4.44}$$

根据 GFTSMC 理论，引入滑模函数为

$$\boldsymbol{s}_{\mathrm{a}} = \dot{\boldsymbol{e}}_{\mathrm{a}} + \alpha_2 \boldsymbol{e}_{\mathrm{a}} + \beta_2 \boldsymbol{e}_{\mathrm{a}}^{\frac{q_2}{r_2}} \tag{4.45}$$

其中，$\alpha_2 > 0$，$\beta_2 > 0$，q_2、r_2（$q_2 < r_2$）均为正奇数。

对 $\boldsymbol{s}_{\mathrm{a}}$ 求导得

$$\dot{\boldsymbol{s}}_{\mathrm{a}} = \frac{1}{\boldsymbol{J}}\left(f(\cdot)\boldsymbol{\Theta} + \boldsymbol{\Gamma} + \boldsymbol{d}_{\Gamma}\right) - \ddot{\boldsymbol{\Theta}}_{\mathrm{r}} + \alpha_2 \dot{\boldsymbol{e}}_{\mathrm{a}} + \beta_2 \frac{q_2}{r_2} \boldsymbol{e}_{\mathrm{a}}^{\frac{q_2 - r_2}{r_2}} \dot{\boldsymbol{e}}_{\mathrm{a}}$$

根据滑模控制原理，可将姿态环控制律 $\boldsymbol{U}_{\mathrm{a}}^*$ 设计为等效控制量 $\boldsymbol{U}_{\mathrm{a,e}}^*$ 与开关控制量 $\boldsymbol{U}_{\mathrm{a,s}}$ 之和，即

$$\boldsymbol{U}_{\mathrm{a}}^* = \boldsymbol{U}_{\mathrm{a,e}}^* + \boldsymbol{U}_{\mathrm{a,s}}$$

其中，

$$\boldsymbol{U}_{a,e}^* = -\boldsymbol{J}\left(-\ddot{\boldsymbol{\Theta}}_r + \alpha_2 \dot{\boldsymbol{e}}_a + \beta_2 \frac{q_2}{r_2} \boldsymbol{e}_a^{\frac{q_2-r_2}{r_2}} \dot{\boldsymbol{e}}_a\right) - f\left(\cdot\right)\boldsymbol{\Theta} - \boldsymbol{d}_\Gamma$$

$$\boldsymbol{U}_{a,s} = -\lambda_2 \boldsymbol{s}_a - \delta_2 \boldsymbol{s}_a^{\frac{q_2}{r_2}}$$

式中，λ_2 和 δ_2 为控制参数。

网络输入可取 $\boldsymbol{x}_2 = \begin{bmatrix} \boldsymbol{s}_a^T & \boldsymbol{\Theta}_r^T \end{bmatrix}$，则 RBF 神经网络输出 $\hat{\boldsymbol{U}}_{a,e}$ 为

$$\hat{\boldsymbol{U}}_{a,e} = \boldsymbol{W}_2 \boldsymbol{h}\left(\boldsymbol{x}_2\right)$$

其中，$\boldsymbol{W}_2$ 为姿态子系统的神经网络权重。

设计权重自适应律为

$$\dot{\boldsymbol{W}}_2 = -\frac{\eta_2}{m} \boldsymbol{s}_a \boldsymbol{h}\left(\boldsymbol{x}_2\right)$$

则姿态子系统实际控制律为

$$\boldsymbol{\Gamma} = \hat{\boldsymbol{U}}_{a,e} + \boldsymbol{U}_{a,s}$$

姿态控制子系统的稳定性和收敛性分析与位置控制子系统类似，此处省略。

3. 仿真实验

本节对四旋翼的轨迹跟踪进行仿真实验，并与传统滑模控制方法对比。模型参数如表 4.2 所示。

表 4.2　仿真参数

物理参数	数值	单位
质量 m	2.1	kg
重力加速度 g	9.8	$m \cdot s^{-2}$
旋翼中心到质心距离 l	0.275	m
x 轴转动惯量 J_x	0.039	$kg \cdot m^2$
y 轴转动惯量 J_y	0.039	$kg \cdot m^2$
z 轴转动惯量 J_z	0.046	$kg \cdot m^2$

控制律参数设置如下：$\alpha_1 = 4.5$，$\beta_1 = 1.4$，$q_1 = 3$，$r_1 = 7$，$\sigma_1 = 0.2$，$\lambda_1 = 10$，$\alpha_2 = 8.2$，$\beta_2 = 2.5$，$q_2 = 3.5$，$r_2 = 7.5$，$\sigma_2 = 0.2$，$\lambda_2 = 20$。自适应律参数设置为：$\eta_1 = 10.5$，$\eta_2 = 14.5$。RBF 神经网络参数设置如下：$n = 5$，$\boldsymbol{c} = \begin{bmatrix} -2.6 & -1.2 & 0 & -1.2 & -2.6 \end{bmatrix}$，$b = 2$。两种方法的跟踪曲线对比如图 4.30 和图 4.31 所示，说明本节介绍的算法的鲁棒性和抗干扰性要优于传统的滑模控制。

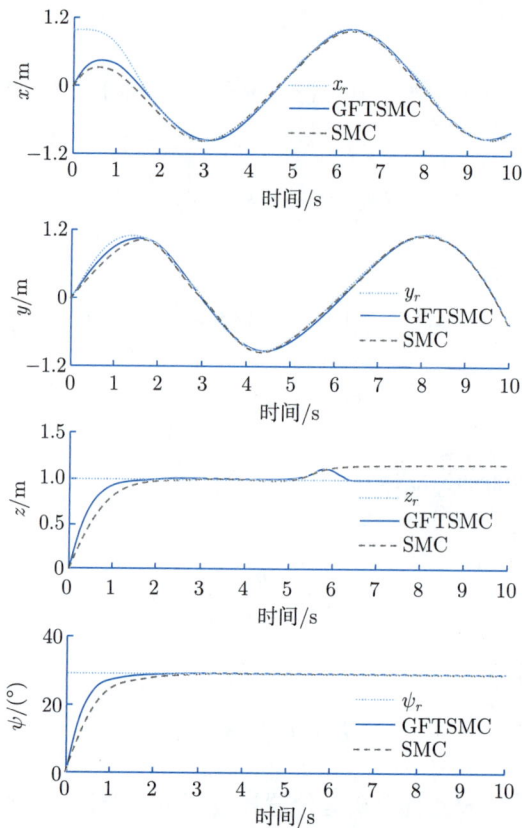

图 4.30　鲁棒性对比结果

4.4.3　双足仿人机器人神经网络步态控制

仿人机器人步行运动的稳定性分析主要基于简化的机器人模型，最常见的简化模型是三维线性倒立摆模型，该模型忽略双腿对质心的影响，将质心等效到双足机器人上半身的某个点上，这样在单脚支撑时，双足机器人可以等效为一个三维倒立摆。

对该模型的稳定性分析的最常用方法是基于零力矩点（Zero Moment Point，ZMP）准则。该方法通过保证机器人运动过程中 ZMP 点始终处于机器人足部与地面形成的支撑多边形内，来规划机器人的运动模式。然而该方法多适用于已知环境的静态行走，不便用于大范围稳定行走的控制。本节将 RBF 神经网络引入双足机器人的步态控制中，有效提高了控制精度和响应速度。

1. 双足机器人模型

具有 n 自由度的双足机器人系统的动力学方程可以描述为

$$M(q)\ddot{q} + C(q,\dot{q})\dot{q} + G(q) + f_{\mathrm{dis}}(t) = \tau \tag{4.46}$$

其中，$M(q) \in \mathbf{R}^{n \times n}$ 为正定矩阵，$C(q,\dot{q}) \in \mathbf{R}^{n \times n}$ 为离心力和哥氏力矩阵，$G(q) \in \mathbf{R}^n$ 为重力向量，$f_{\mathrm{dis}}(t)$ 为机器人受到的外界干扰。$\dot{M}(q) - 2C(q,\dot{q})$ 为反对称矩阵。

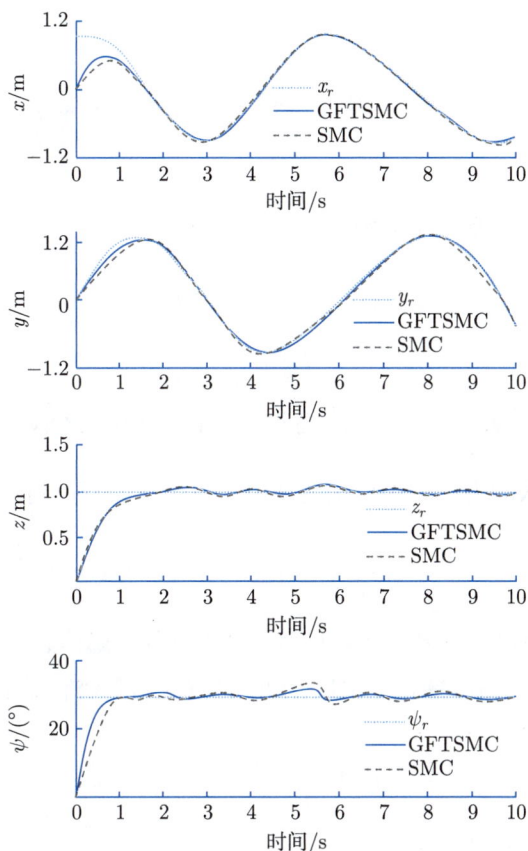

图 4.31　抗干扰性对比结果

假设所有的状态信息 $\boldsymbol{q}$ 和 $\dot{\boldsymbol{q}}$ 是可用的，令 $\boldsymbol{x}_1 = [q_1, q_2, \cdots, q_n]$，$\boldsymbol{x}_2 = [\dot{q}_1, \dot{q}_2, \cdots, \dot{q}_n]$，则机器人动力学方程可重新描述为

$$\begin{cases} \dot{\boldsymbol{x}}_1 = \boldsymbol{x}_2 \\ \dot{\boldsymbol{x}}_2 = \boldsymbol{M}^{-1}\left(\boldsymbol{\tau} - \boldsymbol{f}_{\mathrm{dis}} - \boldsymbol{G} - \boldsymbol{C}\boldsymbol{x}_2\right) \end{cases} \tag{4.47}$$

设期望轨迹为 $\boldsymbol{x}_\mathrm{r}$，定义误差变量为

$$\begin{cases} \boldsymbol{z}_1 = \boldsymbol{x}_1 - \boldsymbol{x}_r \\ \boldsymbol{z}_2 = \boldsymbol{x}_2 - \boldsymbol{\alpha}_1 \end{cases} \tag{4.48}$$

其中，$\boldsymbol{\alpha}_1$ 为 $\boldsymbol{z}_1$ 的虚拟控制量。

2. 步态控制器设计

本节采用反步法设计控制器。构造候选李雅普诺夫函数为

$$V_1 = \frac{1}{2}\boldsymbol{z}_1^{\mathrm{T}}\boldsymbol{z}_1$$

则

$$\dot{V}_1 = \boldsymbol{z}_1^{\mathrm{T}}\dot{\boldsymbol{z}}_1 = \boldsymbol{z}_1^{\mathrm{T}}\left(\boldsymbol{z}_2 + \boldsymbol{\alpha}_1 - \dot{\boldsymbol{x}}_r\right)$$

令 $\boldsymbol{\alpha}_1 = \dot{\boldsymbol{x}}_r - \boldsymbol{K}_1 \boldsymbol{z}_1$，$\boldsymbol{K}_1 \in \mathbf{R}^{n \times n}$，则

$$\dot{\boldsymbol{z}}_2 = \dot{\boldsymbol{x}}_2 - \dot{\boldsymbol{\alpha}}_1 = \boldsymbol{M}^{-1} \left(\boldsymbol{\tau} - \boldsymbol{f}_{\mathrm{dis}} - \boldsymbol{G} - \boldsymbol{C} \boldsymbol{x}_2 \right) - \dot{\boldsymbol{\alpha}}_1$$

其中，$\dot{\boldsymbol{\alpha}}_1 = -\boldsymbol{K}_1 \dot{\boldsymbol{z}}_1 + \ddot{\boldsymbol{x}}_r$。

进一步地，考虑候选李雅普诺夫函数：

$$V_2 = V_1 + \frac{1}{2} \boldsymbol{z}_2^{\mathrm{T}} \boldsymbol{M} \boldsymbol{z}_2$$

故有

$$\dot{V}_2 = -\boldsymbol{z}_1^{\mathrm{T}} \boldsymbol{K}_1 \boldsymbol{z}_1 + \boldsymbol{z}_1^{\mathrm{T}} \boldsymbol{z}_2 + \boldsymbol{z}_2^{\mathrm{T}} \left(\boldsymbol{\tau} - \boldsymbol{f}_{\mathrm{dis}} - \boldsymbol{G} - \boldsymbol{C} \boldsymbol{\alpha}_1 - \boldsymbol{M} \dot{\boldsymbol{\alpha}}_1 \right)$$

当外界干扰和机器人动力学完全已知的情况下，设计如下控制器：

$$\boldsymbol{\tau} = -\boldsymbol{z}_1 - \boldsymbol{K}_2 \boldsymbol{z}_2 + \boldsymbol{f}_{\mathrm{dis}} + \boldsymbol{G} + \boldsymbol{C} \boldsymbol{\alpha}_1 + \boldsymbol{M} \dot{\boldsymbol{\alpha}}_1$$

然而，在实际中无法得到外界干扰和机器人动力学的精确信息。为了解决这一问题，引入 RBF 神经网络估计这些未知信息。将 RBF 神经网络应用到控制器中，可得

$$\boldsymbol{\tau} = -\boldsymbol{z}_1 - \boldsymbol{K}_2 \boldsymbol{z}_2 + \hat{\boldsymbol{W}}^{\mathrm{T}} \boldsymbol{S}(\boldsymbol{z})$$

神经网络的更新规则设计如下：

$$\dot{\hat{\boldsymbol{W}}} = -\boldsymbol{\Gamma}_i \left(\boldsymbol{S}_i(\boldsymbol{z}) z_{2i} + \theta_i \hat{\boldsymbol{W}} \right), i = 1, 2, \cdots, n \tag{4.49}$$

其中，$\boldsymbol{K}_2 \in \mathbf{R}^{n \times n}$，$\lambda_{\min}(\boldsymbol{K}_2) > 0$。注意，$\theta_i$ 为很小的正实数，且 $\boldsymbol{\Gamma}_i = \boldsymbol{\Gamma}_i^{\mathrm{T}} > 0$，$\hat{\boldsymbol{W}}^{\mathrm{T}} \boldsymbol{S}(\boldsymbol{z})$ 为 $\boldsymbol{W}^{* \mathrm{T}} \boldsymbol{S}(\boldsymbol{z})$ 的近似，且

$$\boldsymbol{W}^{* \mathrm{T}} \boldsymbol{S}(\boldsymbol{z}) = \boldsymbol{f}_{\mathrm{dis}} + \boldsymbol{G}(\boldsymbol{x}_1) + \boldsymbol{C}(\boldsymbol{x}_1, \boldsymbol{x}_2) \boldsymbol{\alpha}_1 + \boldsymbol{M} \dot{\boldsymbol{\alpha}}_1 - \boldsymbol{\varepsilon}$$

其中，$\boldsymbol{W}^{* \mathrm{T}}$ 为最优权重，$\boldsymbol{\varepsilon}$ 为近似误差，满足 $\max_{\boldsymbol{z} \in \Omega_{\boldsymbol{z}}} |\boldsymbol{\varepsilon}| < \varepsilon^*$，$\boldsymbol{z} = [\boldsymbol{x}_1^{\mathrm{T}}, \boldsymbol{x}_2^{\mathrm{T}}, \boldsymbol{\alpha}_1^{\mathrm{T}}, \dot{\boldsymbol{\alpha}}_1^{\mathrm{T}}]$。进一步地，可得

$$\dot{V}_2 = -\boldsymbol{z}_1^{\mathrm{T}} \boldsymbol{K}_1 \boldsymbol{z}_1 - \boldsymbol{z}_2^{\mathrm{T}} \boldsymbol{K}_2 \boldsymbol{z}_2 - \boldsymbol{z}_2^{\mathrm{T}} \boldsymbol{\varepsilon} + \boldsymbol{z}_2^{\mathrm{T}} \hat{\boldsymbol{W}}^{\mathrm{T}} \boldsymbol{S}(\boldsymbol{z})$$

令 $\tilde{\boldsymbol{W}} = \hat{\boldsymbol{W}} - \boldsymbol{W}^*$，考虑到 $\tilde{\boldsymbol{W}}$ 对系统稳定性的影响，选择李雅普诺夫函数如下：

$$V_2^* = V_2 + \frac{1}{2} \sum_{i=1}^n \tilde{\boldsymbol{W}}_i^{\mathrm{T}} \boldsymbol{\Gamma}_i^{-1} \tilde{\boldsymbol{W}}_i$$

微分可得

$$\dot{V}_2^* = \sum_{i=1}^n \left(z_{2i} \tilde{\boldsymbol{W}}_i^{\mathrm{T}} \boldsymbol{S}_i(\boldsymbol{z}) + \tilde{\boldsymbol{W}}_i^{\mathrm{T}} \boldsymbol{\Gamma}_i^{-1} \dot{\hat{\boldsymbol{W}}}_i \right) - \boldsymbol{z}_1^{\mathrm{T}} \boldsymbol{K}_1 \boldsymbol{z}_1 - \boldsymbol{z}_2^{\mathrm{T}} \boldsymbol{K}_2 \boldsymbol{z}_2 - \boldsymbol{z}_2^{\mathrm{T}} \boldsymbol{\varepsilon} \tag{4.50}$$

将神经网络更新规则代入式 (4.50)，可得

$$
\begin{aligned}
\dot{V}_2^* \leqslant & -\boldsymbol{z}_1^{\mathrm{T}} \boldsymbol{K}_1 \boldsymbol{z}_1 - \boldsymbol{z}_2^{\mathrm{T}} \left(\boldsymbol{K}_2 - \boldsymbol{I}_{n \times n} \right) \boldsymbol{z}_2 - \boldsymbol{z}_2^{\mathrm{T}} \boldsymbol{\varepsilon} - \sum_{i=1}^{n} \frac{1}{2} \theta_i \tilde{\boldsymbol{W}}_i^{\mathrm{T}} \tilde{\boldsymbol{W}}_i \\
& + \frac{1}{2} \|\boldsymbol{\varepsilon}^*\|^2 + \sum_{i=1}^{n} \frac{1}{2} \theta_i \boldsymbol{W}_i^{*\mathrm{T}} \boldsymbol{W}_i^* \\
\leqslant & -\kappa \dot{V}_2 + B
\end{aligned}
$$

其中，

$$
\kappa = \min \left\{ 2\lambda_{\min} \left(\boldsymbol{K}_1 \right), \frac{2\lambda_{\min} \left(\boldsymbol{K}_2 - \boldsymbol{I}_{n \times n} \right)}{\lambda_{\max} (\boldsymbol{M})}, \min_{i=1,2,\cdots,n} \left\{ \frac{\theta_i}{\boldsymbol{\Gamma}_i^{-1}} \right\} \right\}
$$

$$
B = \frac{1}{2} \|\boldsymbol{\varepsilon}^*\|^2 + \sum_{i=1}^{n} \frac{1}{2} \theta_i \boldsymbol{W}_i^{*\mathrm{T}} \boldsymbol{W}_i^*
$$

为了保证 V_2 有界，控制器参数需满足 $\theta_i > 0$，$\boldsymbol{K}_1 = \boldsymbol{K}_1^{\mathrm{T}} > 0$，且 $\boldsymbol{K}_2 - \boldsymbol{I}_{n \times n} = \left(\boldsymbol{K}_2 - \boldsymbol{I}_{n \times n} \right)^{\mathrm{T}} > 0$。容易得到，本节提出的 RBF 神经网络状态反馈控制方法和 RBF 神经网络的更新规则在双足机器人系统有界的初始条件下，闭环误差 $\boldsymbol{z}_1$、$\boldsymbol{z}_2$、$\tilde{\boldsymbol{W}}$ 均半全局一致有界，分别一致收敛到紧集 $\Omega_{\boldsymbol{z}_1}$、$\Omega_{\boldsymbol{z}_2}$、$\Omega_{\tilde{\boldsymbol{W}}}$ 中，则

$$
\begin{aligned}
\Omega_{\boldsymbol{z}_1} &:= \left\{ \boldsymbol{z}_1 \in \mathbf{R}^n \,\middle|\, \|z_{1i}\| \leqslant \sqrt{D} \right\} \\
\Omega_{\boldsymbol{z}_2} &:= \left\{ \boldsymbol{z}_2 \in \mathbf{R}^n \,\middle|\, \|z_{2i}\| \leqslant \sqrt{\frac{D}{\lambda_{\min}(\boldsymbol{M})}} \right\} \\
\Omega_{\tilde{\boldsymbol{W}}} &:= \left\{ \tilde{\boldsymbol{W}} \in \mathbf{R}^n \,\middle|\, \|\tilde{\boldsymbol{W}}_i\| \leqslant \sqrt{\frac{D}{\lambda_{\min}(\boldsymbol{\Gamma}^{-1})}} \right\}
\end{aligned}
\tag{4.51}
$$

其中，$D = 2 \left(V_2^*(0) + \dfrac{B}{\kappa} \right)$，$B$ 和 κ 正定。

3. 仿真结果

下面以两个关节的两个自由度为例进行实验验证，所选用的为右腿髋关节和膝关节的俯仰自由度。RBF 神经网络控制器的控制增益选择为

$$
\boldsymbol{K}_1 = \begin{bmatrix} 27.3 & 0 \\ 0 & 30.2 \end{bmatrix}, \boldsymbol{K}_2 = \begin{bmatrix} 1.3 & 0 \\ 0 & 2.2 \end{bmatrix}
$$

RBF 神经网络设置为 256 个神经元节点，控制器增益 $\boldsymbol{\Gamma}_i$ 取为 $\boldsymbol{\Gamma}_1 = \boldsymbol{\Gamma}_2 = 0.01\boldsymbol{I}_{256 \times 256}$，正实数 θ_i 选取为 $\theta_1 = \theta_2 = 0.5$，高斯函数 $\boldsymbol{S}(\boldsymbol{z})$ 的宽度设置为 35。这里选择控制右腿髋关节和膝关节跟踪所规划的步态轨迹，实验结果如图 4.32~图 4.35 所示。

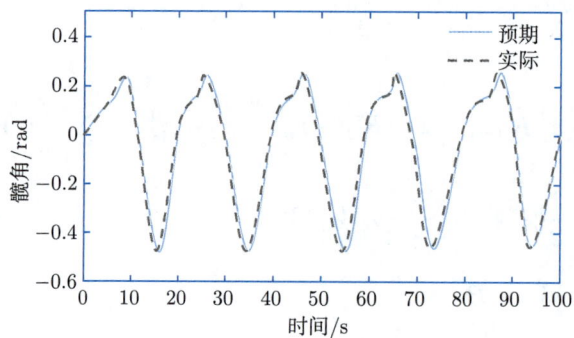

图 4.32　状态反馈控制器的髋关节位置曲线

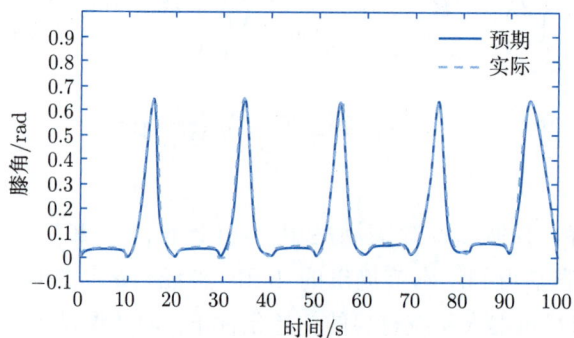

图 4.33　状态反馈控制器的膝关节位置曲线

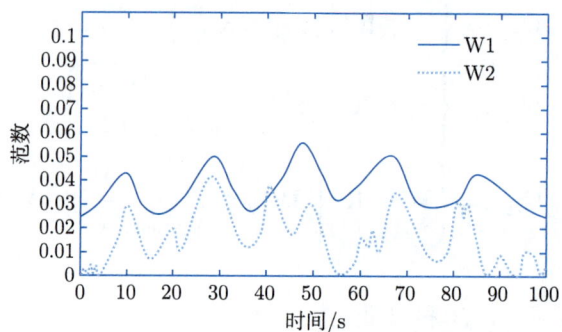

图 4.34　RBF 神经网络权重的范数

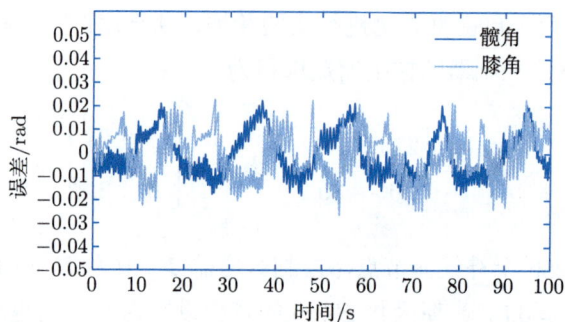

图 4.35　RBF 神经网络控制关节跟踪误差

可以看出，RBF 神经网络权重的范数是稳定有界的且跟踪误差稳定在一个很小的范围内。从实验结果可知，双足机器人的动力学模型未知和环境干扰不确定时，本节提出的神经网络状态反馈控制器可以在误差很小且有界的情况下跟踪期望轨迹。将 RBF 神经网络状态反馈方法应用于各个关节，即可控制双足机器人跟踪步态轨迹实现稳定性行走。

4.5 小结

本章详细探讨了自主智能运动控制的多种方法及其在实际应用中的实现。典型的自主运动控制方法包括最优控制、模型预测控制、鲁棒自适应控制和模糊控制。这些方法各自具有独特的特点，例如，最优控制旨在实现性能最佳化；模型预测控制强调在预定时间范围内的预测和优化；鲁棒自适应控制对系统参数的变化和不确定性具有高度的鲁棒性；模糊控制则能处理不精确或不确定的信息。

随着人工智能的发展，进一步探索了结合神经网络的控制方法，如神经网络最优控制、基于学习的模型预测控制、神经网络鲁棒自适应控制和模糊神经网络控制，它们结合了传统控制方法的理论基础与人工智能的强大学习能力，进一步扩展了控制策略的适用范围和效率。

最后，研究了这些方法在无人车、无人机和双足仿人机器人中的具体应用，证明了在实际工程领域中的实用性和有效性。选择合适的方法需要综合考虑具体应用的需求、环境和系统特性，这将为自主智能运动控制领域的发展提供更多可能性。

总的来说，自主智能运动控制是一个充满挑战和机遇的领域，其不断的技术创新和应用拓展将为未来的智能系统和机器人技术发展提供了重要的支撑。

〰〰 练　习 〰〰

1. 请在 MATLAB 中完成连续时间的 LQR 控制仿真，控制输入为阶跃信号，画出输出曲线。控制框图可以参考图 4.1。

2. 对于无人车辆运动学状态空间模型(4.12)，设置初始时刻为 $t_0 = 0$s，末端时刻为 $t_f = 60$s，初始状态设置为：$x_0 = x(t_0) = 0, y_0 = y(t_0) = 0, \theta_0 = \theta(t_0) = 0$，基本参数设置为预测时域 $N_p = 60$，控制时域 $N_c = 30$，采样周期 $T = 0.05$s。

（1）对于直线参考轨迹方程：

$$\begin{cases} x(t) = v_r t \\ y(t) = 10 \\ \theta(t) = 0 \end{cases}$$

其中，v_r 为期望的纵向速度。若权重矩阵 $\boldsymbol{W}_q = \boldsymbol{I}, \boldsymbol{W}_r = \boldsymbol{I}$，不考虑 ρ 和 ε，请在 MATLAB 中编写仿真程序，模拟在 $v_r = 3$m/s, 5m/s, 10m/s, $\varphi = 0$ 时跟踪直线轨迹的结果。

（2）添加控制变量约束：

$$\begin{bmatrix} -0.2\text{m/s} \\ -25° \end{bmatrix} \leqslant \begin{bmatrix} v - v_r \\ \varphi \end{bmatrix} \leqslant \begin{bmatrix} 0.2\text{m/s} \\ 25° \end{bmatrix}$$

$$\begin{bmatrix} -0.05\text{m/s} \\ -0.47° \end{bmatrix} \leqslant \begin{bmatrix} \Delta v \\ \Delta \varphi \end{bmatrix} \leqslant \begin{bmatrix} 0.05\text{m/s} \\ 0.47° \end{bmatrix}$$

请在 MATLAB 中编写仿真程序，模拟跟踪直线轨迹的结果，并与（1）进行比较。

3. 考虑一个不确定性系统，其动态方程表示为

$$\dot{x} = Ax + Bu + Lx$$

其中，$A = \begin{bmatrix} -1 & 0 \\ 0 & -2 \end{bmatrix}$，$B = \begin{bmatrix} 1 \\ 1 \end{bmatrix}$，系统的初始状态为 $x(0) = \begin{bmatrix} 0 \\ 0 \end{bmatrix}$。$L \in \mathbf{R}^{2 \times 2}$ 为未知的鲁棒性矩阵。请设计一个鲁棒自适应控制器，通过参数估计 L 使系统的状态 x 能够跟踪参考输入信号 $r(t) = \sin t$，选择适当的控制器结构以及参数估计规则。

4. 简要说明模糊控制的工作原理。如何建立模糊控制规则？试建立控制一级倒立摆立而不倒的控制规则。

5. 考虑下面的二次规划问题，令目标函数 $f(x)$ 达到最小值：

$$f(x) = 3x_1^2 + 3x_2^2 + 4x_3^2 + 5x_4^2 + 3x_1x_2 + 5x_1x_3 + x_2x_4 - 11x_1 - 5x_4$$

约束条件为

$$\begin{cases} 3x_1 - 3x_2 - 2x_3 + x_4 = 0 \\ 4x_1 + x_2 - x_3 - 2x_4 = 0 \\ -x_1 + x_2 \leqslant -1 \\ -2 \leqslant 3x_1 + x_3 \leqslant 4 \end{cases}$$

请给出一个能够收敛到该问题最优解的神经网络，并进行仿真。

6. 在 4.3.2 节的描述中，将基于学习的模型预测控制分为 3 类，请画出不同方式下无人系统的控制框图，并简述 LBMPC 相比于传统 MPC 的优缺点。

7. 在四旋翼无人机的轨迹跟踪控制中，设计控制律式（4.43）、RBF 神经网络输出式（4.41）和权重自适应律式（4.42），证明四旋翼无人机闭环系统稳定且轨迹跟踪误差 e_p 在有限时间内收敛于零。

8. 假设你是一家自动驾驶汽车公司的工程师。请设计一个模糊神经网络控制系统，以根据道路条件、交通情况和车辆速度来调整车辆的速度。描述输入变量、输出变量、模糊规则库和隶属函数，并说明如何实现速度控制。

第 5 章
自主智能感知和定位

5.1 引言

自主智能感知和定位指利用计算机技术和传感器设备，使智能体能够自主地感知周围环境和自身定位的能力。在智能无人系统中，自主智能感知和定位技术可以帮助智能体快速地识别周围环境，让智能体在没有人类干预的情况下，自主快速地做出决策和行动，从而提高智能体的自主性。并且，智能体可以通过即时定位与建图 (Simultaneous Localization And Mapping，SLAM) 技术实现在 GPS 拒止情况下的精准定位，从而提高智能体的环境适应能力。

然而，自主智能感知和定位技术仍旧面对着诸多技术挑战。 在处理复杂的环境数据时，自主智能感知技术必须应对由噪声、干扰和环境变动带来的挑战。这些问题不仅凸显了降噪和融合算法的作用，也表明了状态估计理论在提高精确度和稳健性方面的不可或缺。另外，单一智能体在执行任务时经常存在效率不高和性能局限性的缺点，使其难以满足独立执行复杂任务的需求。多智能体通过信息交互，能有效地弥补单一智能体在性能方面的不足。而对于多智能体系统，如何实施降噪和进行准确的状态估计显得尤为重要。

鉴于此，本章旨在深入探讨自主感知和定位的核心技术，涵盖降噪、融合、定位与建图技术和评估算法。首先阐述经典的单传感器卡尔曼滤波降噪方法，然后介绍面向多传感器的集中式和分布式融合策略，如基于卡尔曼滤波的集中式序贯更新算法，及其不带反馈的分布式融合算法。为了提高算法的智能性，探讨卡尔曼滤波与 BP 神经网络的深度融合技术。然后，在自主智能定位领域中，以视觉 SLAM 为例，深入研究基于非线性卡尔曼滤波的 EKF-SLAM 算法以及基于平滑的优化和鲁棒优化算法，并进一步探索多机 SLAM 的状态估计问题。最后，详细介绍态势评估的量化解决方案——从传统的灰色关联分析法到智能化的 Hopfield 神经网络方法。

5.2 传感器滤波与智能融合

5.2.1 卡尔曼滤波理论概述

1. 线性高斯系统状态估计问题的一般描述

线性高斯系统是指其运动方程与观测方程为线性方程，并且方程中的噪声均满足高斯分布的特性。在此系统中，均值可以被视为对状态量的期望估计，而协方差矩阵则衡量了这一估计值的不确定性。

> **定义 5.1 (线性高斯系统)**
>
> 考虑离散时间线性动态系统
>
> $$\begin{cases} \boldsymbol{x}_k = \boldsymbol{A}_k \boldsymbol{x}_{k-1} + \boldsymbol{u}_k + \boldsymbol{\Gamma}_k \boldsymbol{w}_k \\ \boldsymbol{z}_k = \boldsymbol{C}_k \boldsymbol{x}_k + \boldsymbol{v}_k \end{cases} \tag{5.1}$$
>
> 其中，$k \in N$ 是时间索引，$\boldsymbol{x}_k \in \mathbf{R}^n$ 是 k 时刻的系统状态矩阵，$\boldsymbol{A}_k$ 是系统状态转移矩阵，$\boldsymbol{u}_k$ 是输入信息矩阵，而 $\boldsymbol{w}_k$ 是运动方程演化噪声，$\boldsymbol{\Gamma}_k$ 是噪声转移矩阵，$\boldsymbol{z}_k \in \mathbf{R}^m$ 是 k 时刻对系统状态的观测矩阵，$\boldsymbol{C}_k$ 是观测转移矩阵，而 $\boldsymbol{v}_k$ 是观测噪声。
>
> 假设所有的状态和噪声均满足高斯分布：
>
> $$\boldsymbol{w}_k \sim \mathcal{N}(0, \boldsymbol{Q}_k), \boldsymbol{v}_k \sim \mathcal{N}(0, \boldsymbol{R}_k) \tag{5.2}$$
>
> 则称式 (5.1) 定义的系统为线性高斯系统。

根据状态方程和观测方程，可以将状态估计问题分为 3 类：

（1）状态预测问题，仅使用运动方程，对 $\boldsymbol{x}_k$ 进行估计；

（2）状态滤波问题，基于观测信息 $\boldsymbol{z}^k$ 和输入运动信息 $\boldsymbol{u}_k$，定义 $\boldsymbol{x}_k$ 只与上一时刻的状态向量 $\boldsymbol{x}_{k-1}$ 有关，对 $\boldsymbol{x}_k$ 进行估计；

（3）状态平滑问题，考虑更久时刻的状态向量，定义 $\boldsymbol{x}_k$ 和所有时刻的状态量 $\boldsymbol{x}_0, \cdots, \boldsymbol{x}_{k-2}, \boldsymbol{x}_{k-1}$ 都有关，对 $\boldsymbol{x}_k$ 进行估计。

以带有惯性测量单元 (Inertial Measurement Unit，IMU) 传感器的智能体运动过程为例，给出定义 (5.1) 在实际应用中的解释。如图 5.1 所示，是智能体的运动轨迹，IMU 的状态量包含位移、速度和旋转，它们对时间的导数为

$$\begin{cases} \dot{\boldsymbol{p}}_k = \boldsymbol{v}_k \\ \dot{\boldsymbol{v}}_k = \boldsymbol{a}_k \\ \dot{\boldsymbol{q}}_k = \boldsymbol{q}_k \otimes \begin{bmatrix} 0 \\ \frac{1}{2}\boldsymbol{\omega}_k \end{bmatrix} \end{cases} \tag{5.3}$$

其中，$\boldsymbol{p}_k$ 为智能体在 k 时刻的位移信息；$\boldsymbol{v}_k$ 为智能体在 k 时刻的速度；$\boldsymbol{a}_k$ 为智能体在 k 时刻的加速度；$\boldsymbol{q}_k$ 为智能体在 k 时刻基于四元数表示的旋转信息；$\boldsymbol{\omega}_k$ 为智能体在 k 时刻的角速度。

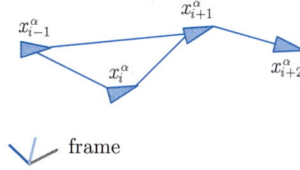

图 5.1   智能体的移动轨迹

假设在离散时间设定下，根据上面的导数关系，从第 k 时刻的 $(\boldsymbol{p}_k, \boldsymbol{v}_k, \boldsymbol{q}_k)$，使用欧拉法对 IMU 的测量值进行离散积分，估计出 $k+1$ 时刻的状态量 $\boldsymbol{x}_{k+1} = (\boldsymbol{p}_{k+1}, \boldsymbol{v}_{k+1}, \boldsymbol{q}_{k+1})$，即

$$
\begin{aligned}
\boldsymbol{p}_{k+1} &= \boldsymbol{p}_k + \boldsymbol{v}_k \Delta t + \frac{1}{2} \boldsymbol{a}_k \Delta t^2 \\
\boldsymbol{v}_{k+1} &= \boldsymbol{v}_k + \boldsymbol{a}_k \Delta t \\
\boldsymbol{q}_{k+1} &= \boldsymbol{q}_k \otimes \begin{bmatrix} 1 \\ \frac{1}{2} \boldsymbol{\omega}_k \delta_k \end{bmatrix}
\end{aligned} \tag{5.4}
$$

其中，δ_k 是在 k 时刻的时间间隔。结合额外测量传感器的观测信息，定义 IMU 背景下的运动方程和观测方程为

$$
\boldsymbol{x}_{k+1} = \begin{bmatrix} \boldsymbol{p}_{k+1} \\ \boldsymbol{v}_{k+1} \\ \boldsymbol{q}_{k+1} \end{bmatrix} = \begin{bmatrix} \boldsymbol{p}_k + \boldsymbol{v}_k \Delta t + \frac{1}{2} \boldsymbol{a}_k \Delta t^2 \\ \boldsymbol{v}_k + \boldsymbol{a}_k \Delta t \\ \boldsymbol{q}_k \otimes \begin{bmatrix} 1 \\ \frac{1}{2} \boldsymbol{\omega}_k \delta_k \end{bmatrix} \end{bmatrix} + \boldsymbol{\Gamma}_k \boldsymbol{w}_k, \quad \boldsymbol{z}_k = \boldsymbol{C}_k \begin{bmatrix} \boldsymbol{p}_k \\ \boldsymbol{v}_k \\ \boldsymbol{q}_k \end{bmatrix} + \boldsymbol{v}_k \tag{5.5}
$$

根据上述运动方程和观测方程，可以得到系统的运动模型。

2. 标准卡尔曼滤波器

卡尔曼滤波器（Kalman Filter，KF）是一种高效的递推滤波器，它能够从一系列的含有噪声的测量中估算动态系统的状态，被广泛应用于信号处理、自动控制和计算机视觉等领域。标准卡尔曼滤波算法将系统的状态建模为线性方程，同时考虑到过程噪声和观测噪声，递推地进行预测和更新操作。在预测步骤中，根据系统的先前状态和控制输入，计算出当前状态的估计值；在更新步骤中，利用最新的观测数据来校正这个估计值，使其更接近真实状态。

利用马尔可夫性，当已知 $k-1$ 时刻的后验状态估计 $\hat{\boldsymbol{x}}_{k-1}$ 及其协方差矩阵 $\hat{\boldsymbol{P}}_{k-1}$，根据 $k-1$ 时刻的输入和观测数据，确定 $\hat{\boldsymbol{x}}_k$ 的后验分布。对于定义所描述的系统，假设 $\boldsymbol{w}_k \sim \mathcal{N}(0, \boldsymbol{Q}_k)$

和 $\boldsymbol{v}_k \sim \mathcal{N}(0, \boldsymbol{R}_k)$ 之间相互独立。根据输入信息，确定先验分布

$$P\left(\boldsymbol{x}_k | \boldsymbol{x}_0, \boldsymbol{u}_{1:k}, \boldsymbol{z}_{1:k-1}\right) = \mathcal{N}\left(\boldsymbol{A}_k \hat{\boldsymbol{x}}_{k-1} + \boldsymbol{u}_k, \boldsymbol{A}_k \hat{\boldsymbol{P}}_{k-1} \boldsymbol{A}_k^{\mathrm{T}} + \boldsymbol{R}_k\right) \tag{5.6}$$

观测信息为

$$P\left(\boldsymbol{z}_k | \boldsymbol{x}_k\right) = \mathcal{N}\left(\boldsymbol{C}_k \boldsymbol{x}_k, \boldsymbol{Q}_k\right) \tag{5.7}$$

最大后验概率推导更新方程

$$N(\hat{\boldsymbol{x}}_k, \hat{\boldsymbol{P}}_k) = \mathcal{N}\left(\boldsymbol{C}_k \boldsymbol{x}_k, \boldsymbol{Q}_k\right) \cdot \mathcal{N}(\bar{\boldsymbol{x}}_k, \bar{\boldsymbol{P}}_k) \tag{5.8}$$

$$(\boldsymbol{x}_k - \hat{\boldsymbol{x}}_k)^{\mathrm{T}} \hat{\boldsymbol{P}}_k^{-1} (\boldsymbol{x}_k - \hat{\boldsymbol{x}}_k) = (\boldsymbol{z}_k - \boldsymbol{C}_k \boldsymbol{x}_k)^{\mathrm{T}} \boldsymbol{Q}_k^{-1} (\boldsymbol{z}_k - \boldsymbol{C}_k \boldsymbol{x}_k) + (\boldsymbol{x}_k - \bar{\boldsymbol{x}}_k)^{\mathrm{T}} \bar{\boldsymbol{P}}_k^{-1} (\boldsymbol{x}_k - \bar{\boldsymbol{x}}_k) \tag{5.9}$$

把两边展开，并比较 $\boldsymbol{x}_k$ 的二次和一次系数，对于二次项系数有

$$\hat{\boldsymbol{P}}_k^{-1} = \boldsymbol{C}_k^{\mathrm{T}} \boldsymbol{Q}_k^{-1} \boldsymbol{C}_k + \bar{\boldsymbol{P}}_k^{-1} \tag{5.10}$$

定义卡尔曼增益为

$$\boldsymbol{K} = \hat{\boldsymbol{P}}_k \boldsymbol{C}_k^{\mathrm{T}} \boldsymbol{Q}_k^{-1} \tag{5.11}$$

左右各乘以 $\hat{\boldsymbol{P}}_k$ ，得到后验协方差的关系式

$$\boldsymbol{I} = \hat{\boldsymbol{P}}_k \boldsymbol{C}_k^{\mathrm{T}} \boldsymbol{Q}_k^{-1} \boldsymbol{C}_k + \hat{\boldsymbol{P}}_k \bar{\boldsymbol{P}}_k^{-1} = \boldsymbol{K} \boldsymbol{C}_k + \hat{\boldsymbol{P}}_k \bar{\boldsymbol{P}}_k^{-1} \tag{5.12}$$

比较一次项的系数，有

$$\begin{cases} -2 \hat{\boldsymbol{x}}_k^{\mathrm{T}} \hat{\boldsymbol{P}}_k^{-1} \boldsymbol{x}_k = -2 \boldsymbol{z}_k^{\mathrm{T}} \boldsymbol{Q}_k^{-1} \boldsymbol{C}_k \boldsymbol{x}_k - 2 \bar{\boldsymbol{x}}_k^{\mathrm{T}} \bar{\boldsymbol{P}}_k^{-1} \boldsymbol{x}_k \\ \hat{\boldsymbol{P}}_k^{-1} \hat{\boldsymbol{x}}_k = \boldsymbol{C}_k^{\mathrm{T}} \boldsymbol{Q}_k^{-1} \boldsymbol{z}_k + \bar{\boldsymbol{P}}_k^{-1} \bar{\boldsymbol{x}}_k \end{cases} \tag{5.13}$$

左右各乘以 $\hat{\boldsymbol{P}}_k$，得到后验均值的关系式

$$\begin{aligned} \hat{\boldsymbol{x}}_k &= \hat{\boldsymbol{P}}_k \boldsymbol{C}_k^{\mathrm{T}} \boldsymbol{Q}_k^{-1} \boldsymbol{z}_k + \hat{\boldsymbol{P}}_k \bar{\boldsymbol{P}}_k^{-1} \bar{\boldsymbol{x}}_k \\ &= \boldsymbol{K} \boldsymbol{z}_k + (\boldsymbol{I} - \boldsymbol{K} \boldsymbol{C}_k) \bar{\boldsymbol{x}}_k = \bar{\boldsymbol{x}}_k + \boldsymbol{K}(\boldsymbol{z}_k - \boldsymbol{C}_k \bar{\boldsymbol{x}}_k) \end{aligned} \tag{5.14}$$

卡尔曼滤波的优势在于它的递推性质，使得它在处理离散时间序列数据时非常有效。

3. 仿真实验

本节针对无人系统进行状态估计，考虑一个含有位置测量传感器的智能体。智能体以恒定加速度移动，加速度设定为常数。智能体的状态向量 $\boldsymbol{x}$ 包含位置信息和速度信息，$\boldsymbol{x} = [\boldsymbol{p}, \boldsymbol{v}]$，状态转移矩阵 $\boldsymbol{A}$ 描述为

$$\boldsymbol{A} = \begin{bmatrix} 1 & \Delta t \\ 0 & 1 \end{bmatrix} \tag{5.15}$$

系统输入矩阵 $\boldsymbol{u}_k$ 描述为

$$\boldsymbol{u}_k = \begin{bmatrix} \dfrac{1}{2}\Delta t^2 \\ \Delta t \end{bmatrix} \tag{5.16}$$

实验模拟了一个带有噪声的位置观测，并使用标准卡尔曼滤波器从观测量中恢复真实的
状态。MATLAB 代码如下。

```matlab
function main_kalman()
% initialization
x = [10; 5]; % initial state deviations (position and velocity)
P = eye(2); % Initial covariance of state
dt = 1; % time interval
A = [1 dt; 0 1]; % state transition matrix
B = [0.5*dt^2; dt]; % Control input matrix
H = [1 0]; % Observation matrix (position only)
Q = [0.01 0; 0 0.01]; % Process noise covariance
R = 1; % measurement noise
u = 0.1; % Control input (constant acceleration)
% simulated data
time_steps = 15;
true_states = zeros(2, time_steps);
true_states(:, 1) = [0; 0];
for t = 2:time_steps
true_states(:, t) = A * true_states(:, t-1) + B * u;
end
measurements = true_states(1, :) + sqrt(R) * randn(1, time_steps);
% Kalman filter is applied to each measurement
estimated_states = zeros(2, time_steps);
predicted_states = zeros(2, time_steps);
for t = 1:time_steps
z = measurements(t);
[x, P, x_pred] = kalman_filter(z, A, B, H, Q, R, x, P, u);
estimated_states(:, t) = x;
predicted_states(:, t) = x_pred;
end
function [estimated_state, P, x_pred] = kalman_filter(z, A, B, H, Q, R, x, P, u)
% prediction
x_pred = A * x + B * u;
P_pred = A * P * A' + Q;
% update
K = P_pred * H' / (H * P_pred * H' + R);
```

```
x_update = x_pred + K * (z - H * x_pred);
P_update = (eye(size(P)) - K * H) * P_pred;
% output
estimated_state = x_update;
P = P_update;
end
end
```

仿真图展示了移动智能体的真实轨迹、估计轨迹。从图 5.2 中可以看到，尽管数据中存在噪声，但卡尔曼滤波器仍能够提供相对准确的位置和速度估计。

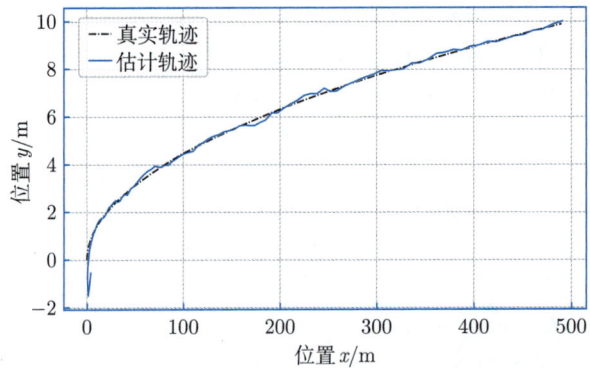

图 5.2　智能体的模拟运动轨迹图

进一步地，如图 5.3 和图 5.4 所示，绘制速度信息和位置信息的仿真数据。在位置数据中，实线代表测量数据，包含随机噪声。虚线表示卡尔曼滤波器的预测状态，它基于先前的状态和系统的输入来估算下一个状态。点线代表卡尔曼滤波的估计状态。

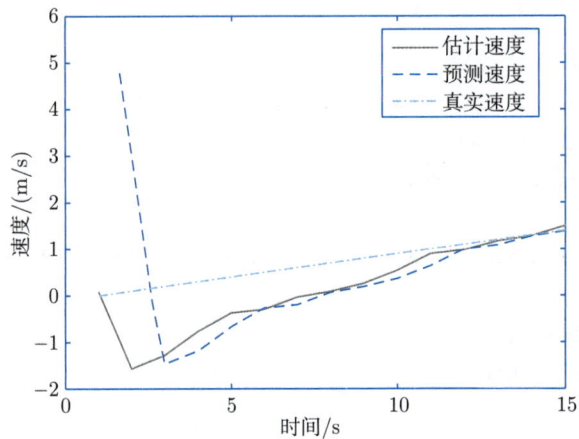

图 5.3　卡尔曼滤波-速度

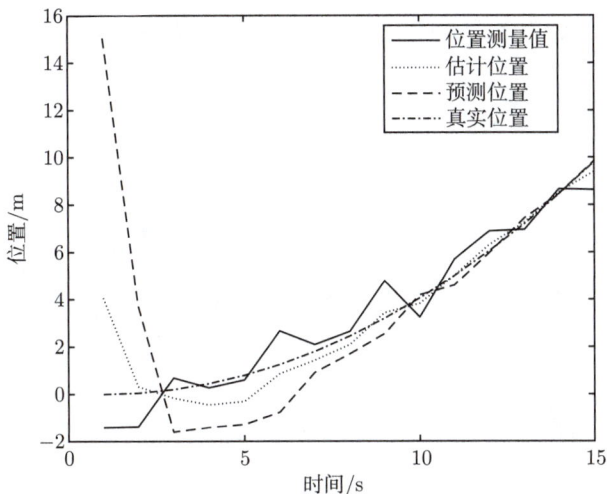

图 5.4 卡尔曼滤波-位置

从仿真结果中明显看出,卡尔曼滤波器首先进行状态预测,随后依赖观测数据对此预测进行修正。这种预测与更新的交替循环使得滤波器得以有效地应对系统的不确定性和噪声干扰,即使在系统模型并不完全准确的情况下也能提供相对健壮的估计。但是,标准卡尔曼滤波主要用于线性系统。对于非线性系统,需要使用其扩展形式,如扩展卡尔曼滤波或无迹卡尔曼滤波,以适应非线性特性。

5.2.2 多传感器集中式融合

1. 多传感器融合的定义

多传感器信息融合充分挖掘和利用多个传感器的资源,通过对多种观测信息的合理整合与应用,产生对观测环境的统一和一致的解释或描述,并得到新的融合结果。

多传感器信息融合可以采用多种策略进行实现。根据融合过程中数据的抽象层次,可以将融合划分为 3 个主要级别。**数据级融合**(见图 5.5)是最基本的融合层次,它涉及直接整合来自不同传感器的原始数据。在此级别,融合处理针对的是传感器直接提供的观测数据;**特征级融合**(见图 5.6)是位于中间层次的融合。首先,每个传感器会抽象出其特征向量。随后,融合中心将这些特征向量进行整合,完成特征的融合处理;**决策级融合**(见图 5.7)是最高层次的融合方式。每个传感器会基于自身的数据进行初步决策。融合中心的任务是对这些局部决策进行整合,从而形成一个更为全面和准确的决策结果。

2. 多传感器信息融合在无人系统中的应用

智能体在执行任务时需要全方位地感知。这不仅涉及对自身的位置、姿态、速度及系统内部状态的实时监测,还需要对外部工作环境进行精确感知。为此,智能体通常会装备多种传感器,包括但不限于里程计、激光传感器和视觉传感器等。当这些不同的传感器集成在智能体上时,它们共同构成了一个多传感器信息融合的感知系统。在实际应用中已经证明,单一传感器在感知外部环境时往往存在局限性,无法提供全面且可靠的信息。相反,融合多种传感器信息，可以充分利用各个传感器之间的冗余和互补特性，使得智能体能够对环境的动态变化做出及时且准确的响应。

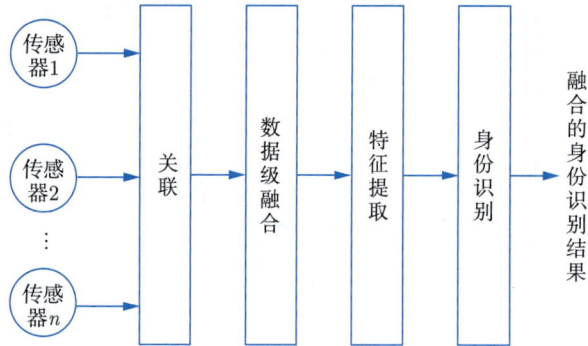

图 5.5　数据级融合

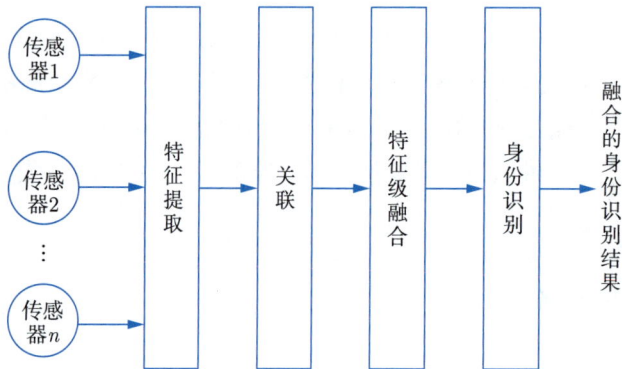

图 5.6　特征级融合

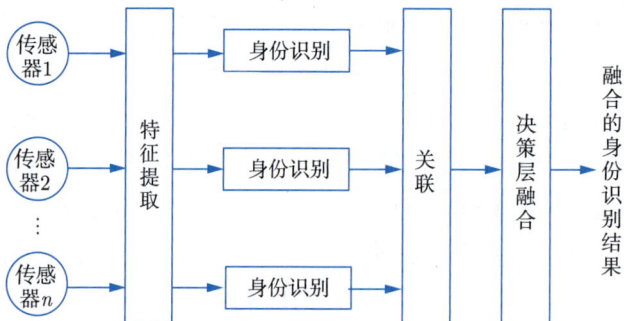

图 5.7　决策级融合

3. 集中式融合系统

集中式融合采用一个核心策略，即将所有传感器采集的数据统一发送至一个中心节点进行集中处理和融合。在这种融合模式下，中心节点对所有的传感器数据承担处理与融合的责任，并输出最终的决策或结果。

如图 5.8 所示是一种集中式融合系统构架。在集中式融合系统框架之下，融合中心能够完整地获取来自各传感器的原始数据。对于线性系统，集中式融合的实现主要依赖于前面介绍的卡尔曼滤波方法。在多传感器目标跟踪系统中，目标运动方程表示为

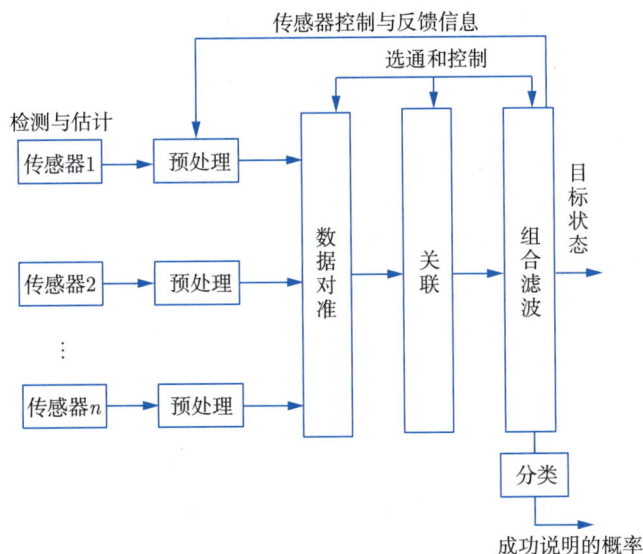

图 5.8　集中式融合系统

$$\boldsymbol{x}_k = \boldsymbol{A}_k \boldsymbol{x}_{k-1} + \boldsymbol{\Gamma}_k \boldsymbol{w}_k \tag{5.17}$$

其中，$\boldsymbol{x}_k \in \mathbf{R}^n$ 是 k 时刻的目标运动状态向量。假设 $\boldsymbol{w}_k \in \mathbf{R}^r$ 是均值为零的白噪声序列，运动目标初始状态为 $\boldsymbol{x}_0$。系统初始状态 $\boldsymbol{x}_0$ 与时间步长 k 下的噪声 $\boldsymbol{w}_k$ 之间的协方差为零，即

$$\mathrm{cov}(\boldsymbol{x}_0, \boldsymbol{w}_k) = 0 \tag{5.18}$$

定义 $\mathrm{cov}(\boldsymbol{w}_k, \boldsymbol{w}_j)$ 为时间步长 k 和 j 的噪声向量 $\boldsymbol{w}_k$ 和 $\boldsymbol{w}_j$ 的协方差，有

$$\mathrm{cov}(\boldsymbol{w}_k, \boldsymbol{w}_j) = \boldsymbol{Q}_k \delta_{kj}, \boldsymbol{Q}_k \geqslant 0 \tag{5.19}$$

其中，δ_{kj} 是 Kronecker delta 函数，即

$$\delta_{kj} = \begin{cases} 1, & k = j \\ 0, & k \neq j \end{cases} \tag{5.20}$$

当 $k = j$ 时，噪声向量 $\boldsymbol{w}_k$ 与自身的协方差（即方差）等于协方差矩阵 $\boldsymbol{Q}_k$。不同时间步长的噪声向量（即 $k \neq j$）之间是不相关的，协方差为零。假设智能体配备 N 个传感器，传感器对同一运动目标独立地进行测量。相应的测量方程可以表示为

$$\boldsymbol{z}_{k+1}^i = \boldsymbol{C}_{k+1}^i \boldsymbol{x}_{k+1} + \boldsymbol{v}_{k+1}^i, \quad i = 1, 2, \cdots, N \tag{5.21}$$

其中，$\boldsymbol{z}_{k+1}^i \in \mathbf{R}^m$ 是第 i 个测量传感器在 $k+1$ 时刻的量测值，$\boldsymbol{C}_{k+1}^i \in \mathbf{R}^{m \times n}$ 是第 i 个传感器在 $k+1$ 时刻的量测矩阵，$\boldsymbol{v}_{k+1}^i \in \mathbf{R}^m$ 是第 i 个传感器在 $k+1$ 时刻的量测噪声，假定为均值为零的白噪声序列，且

$$\begin{cases} \operatorname{cov}[\boldsymbol{v}_{k+1}^i, \boldsymbol{v}_{j+1}^i] = \boldsymbol{R}_{k+1}^i \delta_{kj}, \boldsymbol{R}_{k+1}^i > 0 \\ \operatorname{cov}[\boldsymbol{w}_j, \boldsymbol{v}_k^i] = 0, \operatorname{cov}(\boldsymbol{x}_0, \boldsymbol{v}_k^i) = 0 \end{cases} \tag{5.22}$$

进一步地，假设各传感器在同一时刻的量测噪声是不相关的，并且在不同的时刻，各传感器的量测噪声同样是不相关的。

如图 5.9 所示，对于多传感器集中式融合的目标跟踪系统，采用基于序贯滤波的集中式融合算法进行状态估计，图中的 x^p 代表预测值，x^e 代表估计值。假设已知融合中心在 k 时刻对于目标运动状态的融合估计为 $\hat{\boldsymbol{x}}_{k|k}$，相应的误差协方差为 $\boldsymbol{P}_{k|k}$，则融合中心对于目标运动状态的预测为

$$\begin{cases} \hat{\boldsymbol{x}}_{k+1|k} = \boldsymbol{A}_k \hat{\boldsymbol{x}}_{k|k} \\ \boldsymbol{P}_{k+1|k} = \boldsymbol{A}_k \boldsymbol{P}_{k|k} \boldsymbol{A}_k^{\mathrm{T}} + \boldsymbol{\Gamma}_k \boldsymbol{Q}_k \boldsymbol{\Gamma}_k^{\mathrm{T}} \end{cases} \tag{5.23}$$

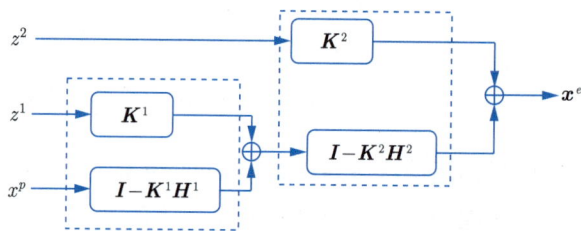

图 5.9 基于序贯滤波的多传感器融合

考虑在同一时刻，各传感器的量测噪声是互不相关的。在融合中心按照传感器的序号从 $1 \to N$ 逐一更新目标的运动状态估计值。具体来说，传感器 1 的量测数据对融合中心的状态估计值的更新过程为

$$\begin{cases} \hat{\boldsymbol{x}}_{k+1|k+1}^{1 \sim 1} = \hat{\boldsymbol{x}}_{k+1|k} + \boldsymbol{K}_{k+1}^{1 \sim 1} \left(\boldsymbol{z}_{k+1}^1 - \boldsymbol{C}_{k+1}^1 \hat{\boldsymbol{x}}_{k+1|k} \right) \\ \boldsymbol{K}_{k+1}^{1 \sim 1} = \boldsymbol{P}_{k+1|k+1}^{1 \sim 1} \left(\boldsymbol{C}_{k+1}^1 \right)^{\mathrm{T}} \left(\boldsymbol{R}_{k+1}^1 \right)^{-1} \\ \left(\boldsymbol{P}_{k+1|k+1}^{1 \sim 1} \right)^{-1} = \boldsymbol{P}_{k+1|k}^{-1} + \left(\boldsymbol{C}_{k+1}^1 \right)^{\mathrm{T}} \left(\boldsymbol{R}_{k+1}^1 \right)^{-1} \boldsymbol{C}_{k+1}^1 \end{cases} \tag{5.24}$$

对于传感器 $1 < i \leqslant N$，其量测数据对融合中心的状态估计值的更新过程为

$$\begin{cases} \hat{\boldsymbol{x}}_{k+1|k+1}^{1 \sim i} = \hat{\boldsymbol{x}}_{k+1|k+1}^{1 \sim i-1} + \boldsymbol{K}_{k+1}^{1 \sim i} (\boldsymbol{z}_{k+1}^i - \boldsymbol{H}_{k+1}^i \hat{\boldsymbol{x}}_{k+1|k+1}^{1 \sim i-1}) \\ \boldsymbol{K}_{k+1}^{1 \sim i} = \boldsymbol{P}_{k+1|k+1}^{1 \sim i} \left(\boldsymbol{H}_{k+1}^i \right)^{\mathrm{T}} \left(\boldsymbol{R}_{k+1}^i \right)^{-1} \\ \left(\boldsymbol{P}_{k+1|k+1}^{1-i} \right)^{-1} = \left(\boldsymbol{P}_{k+1|k+1}^{1 \sim i-1} \right)^{-1} + \left(\boldsymbol{H}_{k+1}^i \right)^{\mathrm{T}} \left(\boldsymbol{R}_{k+1}^i \right)^{-1} \boldsymbol{H}_{k+1}^i \end{cases} \tag{5.25}$$

融合中心基于所有传感器的量测数据，最终的状态估计结果为

$$\begin{cases} \hat{\boldsymbol{x}}_{k+1|k+1} = \hat{\boldsymbol{x}}_{k+1|k+1}^{1\sim N} \\ \boldsymbol{P}_{k+1|k+1} = \boldsymbol{P}_{k+1|k+1}^{1\sim N} \end{cases} \tag{5.26}$$

当随机变量遵循高斯分布时，卡尔曼滤波器的估计即为条件均值和最小方差估计。然而，当随机变量不满足高斯分布，但估计仍受到线性约束时，这些估计被视为线性最小方差估计或最佳线性无偏估计。

4. 仿真实验

本章以智能体的多传感器融合作为背景，特别考虑如 GPS、IMU 和磁力计等的测量传感器。主要关注在数据级别上的集中式融合方法。在此假设下，考虑一个智能体配备有 3 个传感器。尽管这 3 个传感器都能够测量无人车辆的位置信息，但它们具有不同的噪声水平。系统的状态转移矩阵 $\boldsymbol{A}$ 为

$$\boldsymbol{A} = \begin{bmatrix} 1 & \Delta t \\ 0 & 1 \end{bmatrix} \tag{5.27}$$

观测矩阵 $\boldsymbol{C}$ 为

$$\boldsymbol{C} = \begin{bmatrix} 1 & 0 \end{bmatrix} \tag{5.28}$$

采用基于序贯滤波的更新方式，以融合这些测量值。首先，对第一个传感器的测量值进行处理，更新系统状态估计。然后，利用这个更新后的估计与第二个传感器的测量值进行另一个更新。按照这一原则，依次处理所有传感器的测量值，逐步提升对系统状态的估计精度。MATLAB 代码如下。

```matlab
dt = 0.1; % time step
t = 0:dt:10; % time vector
true_position = sin(t);
true_velocity = cos(t);
true_value = [true_position; true_velocity];
y1 = true_position + 0.1*randn(size(t));
y2 = true_position + 0.2*randn(size(t));
y3 = true_position + 0.15*randn(size(t));
% parameters
A = [1 dt; 0 1];
H = [1 0];
Q = [0.01 0; 0 0.01];
R1 = 0.1^2;
R2 = 0.2^2;
R3 = 0.15^2;
x = [0; 0]; % Initial state estimation
```

```
P = eye(2); % Covariance matrix for initial state estimation
% Position and velocity data after fusion
position_fused = zeros(size(t));
velocity_fused = zeros(size(t));
for i = 1:length(t)
% prediction
x_pred = A*x;
P_pred = A*P*A' + Q;
% Update using sensor 1 data
K1 = P_pred*H'/(H*P_pred*H' + R1);
x = x_pred + K1*(y1(i) - H*x_pred);
P = (eye(2) - K1*H)*P_pred;
% Update using sensor 2 data
K2 = P*H'/(H*P*H' + R2);
x = x + K2*(y2(i) - H*x);
P = (eye(2) - K2*H)*P;
% Update using sensor 3 data
K3 = P*H'/(H*P*H' + R3);
x = x + K3*(y3(i) - H*x);
P = (eye(2) - K3*H)*P;
position_fused(i) = x(1);
velocity_fused(i) = x(2);
end
% Sensor velocity estimation
velocity_y1 = [0, diff(y1) / dt];
velocity_y2 = [0, diff(y2) / dt];
velocity_y3 = [0, diff(y3) / dt];
```

在图 5.10 中，呈现了每个传感器的速度估计、真实速度以及融合后的速度估计。同时，在图 5.11 中，展示了每个传感器的位置轨迹，真实位置以及融合后的位置估计。可视化效果有助于更直观地理解传感器数据的融合结果。

此外，使用均方误差（Mean Squared Error，MSE）和绝对平均误差（Mean Absolute Error，MAE）来评估位置和速度的仿真结果。这些评估指标有助于量化融合后的位置和速度估计与真实值之间的差异，为性能评估提供了客观的度量标准。

$$\text{MSE} = \frac{1}{n} \sum_{i=1}^{n} (\boldsymbol{x}_{\text{true},i} - \boldsymbol{x}_{\text{est},i})^2 \tag{5.29}$$

$$\text{MAE} = \frac{1}{n} \sum_{i=1}^{n} |\boldsymbol{x}_{\text{true},i} - \boldsymbol{x}_{\text{est},i}| \tag{5.30}$$

其中，x_{true} 是状态真实值，x_{est} 是状态估计值，n 是数据的数量。经过计算得出，位置估计的均方误差为 0.00393，绝对平均误差为 0.05036；而速度估计的均方误差为 0.28247，绝对平均误差为 0.47399。从评估结果可以看出，对于位置估计，均方误差和绝对平均误差都相对较小，表明融合后的位置估计与真实位置之间的差异较小。而对于速度估计，尽管 MSE 和 MAE 的值较大，但考虑到是基于位置测量值进行速度估计，结果差异在预期范围内。总体而言，基于序贯滤波的集中式融合方法充分考虑了传感器的噪声和不确定性，提供了相对准确的位置和速度估计。

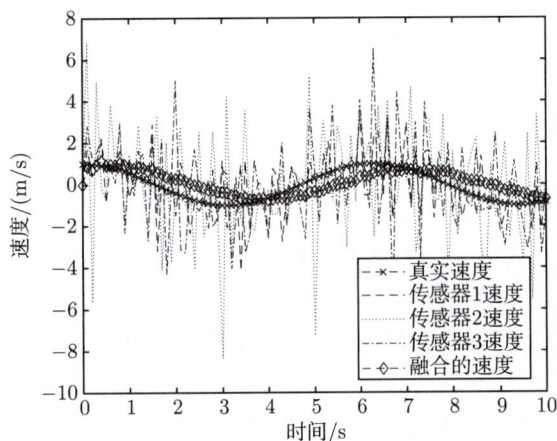

图 5.10 序贯滤波融合-速度

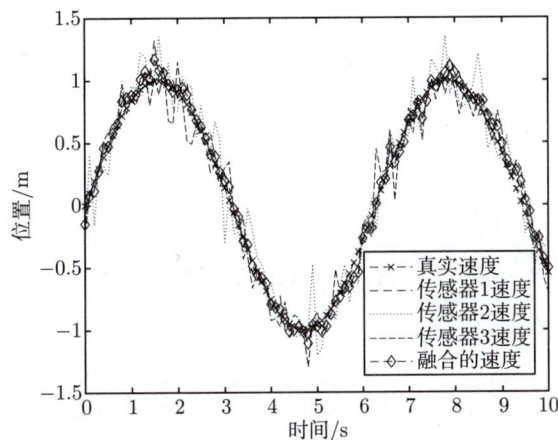

图 5.11 序贯滤波融合-位置

5.2.3 多传感器分布式融合

1. 分布式融合系统

当通信带宽有限时，集中式融合系统并不总是可行的选择。分布式融合也称为传感器级融合或自主式融合。如图 5.12 所示，分布式融合系统每个传感器都配备有自己的处理器，在进行一些预处理工作后，将中间结果发送至中心节点进行融合处理。

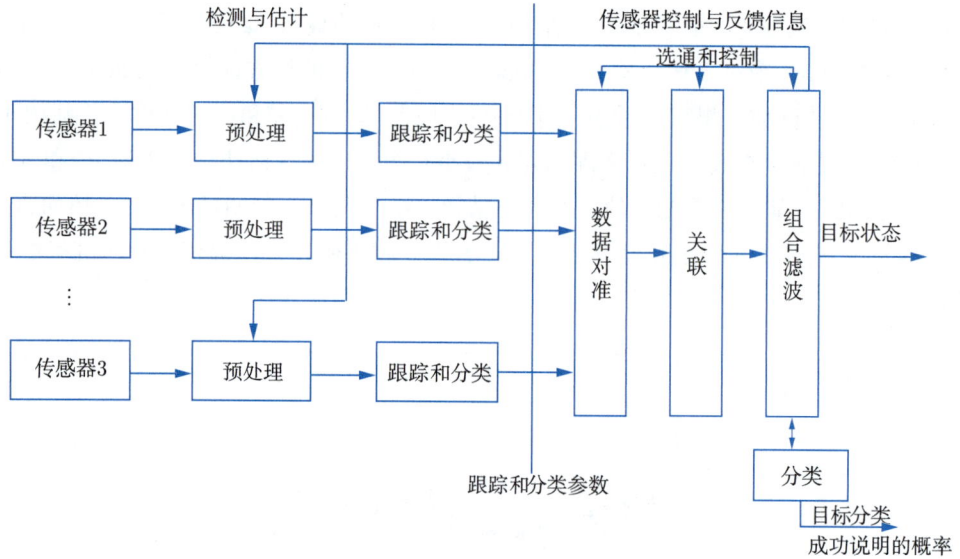

图 5.12　分布式融合系统

本节将探讨一种分布式融合估计问题，它不涉及反馈（即全局信息不会反馈到局部估计器），但存在一个中心估计器。与 5.2.2 节相同，假设有 N 个智能体，每个智能体携带着测量传感器，用于对同一目标进行分布式估计。在这种情况下，目标的运动状态方程以及各传感器的量测方程是相同的。

融合中心的广义量测方程可以表示为

$$\boldsymbol{z}_k = \boldsymbol{C}_k \boldsymbol{x}_k + \boldsymbol{v}_k \tag{5.31}$$

其中，广义量测噪声 $\boldsymbol{v}_k$ 的统计特性是

$$\begin{cases} E(\boldsymbol{v}_k) = 0 \\ \mathrm{cov}(\boldsymbol{v}_k, \boldsymbol{v}_k) = \boldsymbol{R}_k = \mathrm{diag}(\boldsymbol{R}_k^1, \boldsymbol{R}_k^2, \cdots, \boldsymbol{R}_k^N) \\ E(\boldsymbol{w}_k \boldsymbol{v}_k^{\mathrm{T}}) = 0 \end{cases} \tag{5.32}$$

如果采用信息形式的卡尔曼滤波器，那么传感器 i 在 k 时刻的更新方程可以表述为

$$\begin{cases} \hat{\boldsymbol{x}}_{k|k}^i = \hat{\boldsymbol{x}}_{k|k-1}^i + \boldsymbol{P}_{k|k}^i \left(\boldsymbol{C}_k^i\right)^{\mathrm{T}} \left(\boldsymbol{R}_k^i\right)^{-1} \left(\boldsymbol{z}_k^i - \boldsymbol{C}_k^i \hat{\boldsymbol{x}}_{k|k-1}^i\right) \\ \left(\boldsymbol{P}_{k|k}^i\right)^{-1} = \left(\boldsymbol{P}_{k|k-1}^i\right)^{-1} + \left(\boldsymbol{C}_k^i\right)^{\mathrm{T}} \left(\boldsymbol{R}_k^i\right)^{-1} \boldsymbol{C}_k^i \end{cases} \tag{5.33}$$

同样地，可以得到融合中心在 k 时刻的中心式状态估计以及相应的误差协方差阵，分别表示为

$$\begin{cases} \hat{\boldsymbol{x}}_{k|k} = \hat{\boldsymbol{x}}_{k|k-1} + \boldsymbol{P}_{k|k} \boldsymbol{C}_k^{\mathrm{T}} \boldsymbol{R}_k^{-1} \left(\boldsymbol{z}_k - \boldsymbol{C}_k \hat{\boldsymbol{x}}_{k|k-1}\right) \\ \boldsymbol{P}_{k|k}^{-1} = \boldsymbol{P}_{k|k-1}^{-1} + \boldsymbol{C}_k^{\mathrm{T}} \boldsymbol{R}_k^{-1} \boldsymbol{C}_k \end{cases} \tag{5.34}$$

上述方程可以通过利用每个测量传感器的局部信息和中心预测 $\hat{\boldsymbol{x}}_{k|k-1}$ 进行表示。即中心估计器将不使用全局量测来获取最终的全局估计，而是仅依赖于各传感器的局部估计，可以表述为

$$
\begin{aligned}
(\boldsymbol{P}_{k|k}^i)^{-1}\hat{\boldsymbol{x}}_{k|k}^i &= \left[(\boldsymbol{P}_{k|k-1}^i)^{-1} + (\boldsymbol{C}_k^i)^{\mathrm{T}}(\boldsymbol{R}_k^i)^{-1}\boldsymbol{C}_k^i\right]\hat{\boldsymbol{x}}_{k|k-1}^i \\
&\quad + (\boldsymbol{P}_{k|k}^i)^{-1}\boldsymbol{P}_{k|k}^i(\boldsymbol{C}_k^i)^{\mathrm{T}}(\boldsymbol{R}_k^i)^{-1}(\boldsymbol{z}_k^i - \boldsymbol{C}_k^i\hat{\boldsymbol{x}}_{k|k-1}^i) \\
&= (\boldsymbol{P}_{k|k-1}^i)^{-1}\hat{\boldsymbol{x}}_{k|k-1}^i + (\boldsymbol{C}_k^i)^{\mathrm{T}}(\boldsymbol{R}_k^i)^{-1}\boldsymbol{z}_k^i
\end{aligned}
\tag{5.35}
$$

则

$$
(\boldsymbol{C}_k^i)^{\mathrm{T}}(\boldsymbol{R}_k^i)^{-1}\boldsymbol{z}_k^i = (\boldsymbol{P}_{k|k}^i)^{-1}\hat{\boldsymbol{x}}_{k|k}^i - (\boldsymbol{P}_{k|k-1}^i)^{-1}\hat{\boldsymbol{x}}_{k|k-1}^i
\tag{5.36}
$$

通过利用每个测量传感器的局部信息，可以实现分布式更新中心估计器的状态

$$
\begin{cases}
\hat{\boldsymbol{x}}_{k|k} = \hat{\boldsymbol{x}}_{k|k-1} + \boldsymbol{P}_{k|k}\displaystyle\sum_{i=1}^N \left(\boldsymbol{C}_k^i\right)^{\mathrm{T}}\left(\boldsymbol{R}_k^i\right)^{-1}\left(\boldsymbol{z}_k^i - \boldsymbol{C}_k^i\hat{\boldsymbol{x}}_{k|k-1}\right) \\
\boldsymbol{P}_{k|k}^{-1} = \boldsymbol{P}_{k|k-1}^{-1} + \displaystyle\sum_{i=1}^N \left(\boldsymbol{C}_k^i\right)^{\mathrm{T}}\left(\boldsymbol{R}_k^i\right)^{-1}\boldsymbol{C}_k^i
\end{cases}
\tag{5.37}
$$

进一步地，可得

$$
\boldsymbol{P}_{k|k}^{-1}\hat{\boldsymbol{x}}_{k|k} = \boldsymbol{P}_{k|k-1}^{-1}\hat{\boldsymbol{x}}_{k|k-1} + \sum_{i=1}^N (\boldsymbol{C}_k^i)^{\mathrm{T}}(\boldsymbol{R}_k^i)^{-1}\boldsymbol{z}_k^i
\tag{5.38}
$$

将式 (5.36) 代入上述方程中，融合方程为

$$
\boldsymbol{P}_{k|k}^{-1}\boldsymbol{x}_{k|k} = \boldsymbol{P}_{k|k-1}^{-1}\hat{\boldsymbol{x}}_{k|k-1} + \sum_{i=1}^N \left[(\boldsymbol{P}_{k|k}^i)^{-1}\hat{\boldsymbol{x}}_{k|k}^i - (\boldsymbol{P}_{k|k-1}^i)^{-1}\hat{\boldsymbol{x}}_{k|k-1}^i\right]
\tag{5.39}
$$

将式 (5.33) 代入式 (5.37) 中，中心估计器的协方差更新方程为

$$
\boldsymbol{P}_{k|k}^{-1} = \boldsymbol{P}_{k|k-1}^{-1} + \sum_{i=1}^N \left[(\boldsymbol{P}_{k|k}^i)^{-1} - (\boldsymbol{P}_{k|k-1}^i)^{-1}\right]
\tag{5.40}
$$

每个传感器的检测结果在进入融合中心之前，由其自身的数据处理器生成局部目标跟踪数据，然后将经过处理的信息传输至融合中心。最终，融合中心根据各个节点的数据完成融合，形成全局估计结果。

2. 仿真实验

下面将以智能体多传感器融合为背景，特别考虑 GPS、IMU、磁力计等测量传感器的情况，将主要处理特征级融合层面的分布式融合。考虑一个包含 3 个测量传感器的多智能体运动系统，采用二维运动模型。在这个模型中，状态向量由位置 (p_x, p_y) 和速度 (v_x, v_y) 组成。状态转移矩阵可以表示为

$$
\begin{bmatrix} p_{x_{k+1}} \\ p_{y_{k+1}} \\ v_{x_{k+1}} \\ v_{y_{k+1}} \end{bmatrix} = \begin{bmatrix} 1 & 0 & \Delta t & 0 \\ 0 & 1 & 0 & \Delta t \\ 0 & 0 & 1 & 0 \\ 0 & 0 & 0 & 1 \end{bmatrix} \begin{bmatrix} p_{x_k} \\ p_{y_k} \\ v_{x_k} \\ v_{y_k} \end{bmatrix} + \boldsymbol{Q}
\tag{5.41}
$$

测量模型简化为仅测量位置信息

$$\begin{bmatrix} z_{x_k} \\ z_{y_k} \end{bmatrix} = \begin{bmatrix} 1 & 0 & 0 & 0 \\ 0 & 1 & 0 & 0 \end{bmatrix} \begin{bmatrix} x_k \\ y_k \\ v_{x_k} \\ v_{y_k} \end{bmatrix} + \boldsymbol{R} \tag{5.42}$$

基于上述运动模型,对 3 个传感器进行分布式融合。首先,定义系统和传感器的噪声属性,并模拟真实状态的演变以及 3 个传感器的测量值。在每个时间步长下,将独立地为每个传感器执行卡尔曼滤波,然后使用协方差交叉(covariance intersection)算法来融合这 3 个估计,这有助于获得更准确的全局估计。

```
% Distributed Kalman Filter Fusion for three sensors in a UAV context
% System model
dt = 0.1; % Time step
A = [1, 0, dt, 0;
0, 1, 0, dt;
0, 0, 1, 0;
0, 0, 0, 1]; % State transition matrix
H = [1, 0, 0, 0;
0, 1, 0, 0]; % Measurement matrix
Q = diag([0.01, 0.01, 0.005, 0.005]); % Process noise covariance
R1 = diag([0.1, 0.1]); % Measurement noise covariance for sensor 1
R2 = diag([0.2, 0.2]); % Measurement noise covariance for sensor 2
R3 = diag([0.15, 0.15]); % Measurement noise covariance for sensor 3
% Initialization
x_prior = [0; 0; 1; 1]; % Initial state [x, y, vx, vy]
P_prior = eye(4); % Initial state uncertainty
% Simulation length
N = 100;
% True state and measurements
x_true = zeros(4, N);
z1 = zeros(2, N);
z2 = zeros(2, N);
z3 = zeros(2, N);
for k = 2:N
x_true(:, k) = A * x_true(:, k-1) + sqrt(Q) * randn(4, 1);
z1(:, k) = H * x_true(:, k) + sqrt(R1) * randn(2, 1);
z2(:, k) = H * x_true(:, k) + sqrt(R2) * randn(2, 1);
z3(:, k) = H * x_true(:, k) + sqrt(R3) * randn(2, 1);
end
% Fusion
```

```
x_fused = zeros(4, N);
for k = 2:N
% Kalman filter for sensor 1
x1_pred = A * x_prior;
P1_pred = A * P_prior * A' + Q;
K1 = P1_pred * H' / (H * P1_pred * H' + R1);
x1_post = x1_pred + K1 * (z1(:, k) - H * x1_pred);
P1_post = (eye(4) - K1 * H) * P1_pred;
% Kalman filter for sensor 2
x2_pred = A * x_prior;
P2_pred = A * P_prior * A' + Q;
K2 = P2_pred * H' / (H * P2_pred * H' + R2);
x2_post = x2_pred + K2 * (z2(:, k) - H * x2_pred);
P2_post = (eye(4) - K2 * H) * P2_pred;
% Kalman filter for sensor 3
x3_pred = A * x_prior;
P3_pred = A * P_prior * A' + Q;
K3 = P3_pred * H' / (H * P3_pred * H' + R3);
x3_post = x3_pred + K3 * (z3(:, k) - H * x3_pred);
P3_post = (eye(4) - K3 * H) * P3_pred;
% Fusion using Covariance Intersection
P_fused_inv = inv(P1_post) + inv(P2_post) + inv(P3_post);
P_fused = inv(P_fused_inv);
x_fused(:, k) = P_fused * (P1_post \ x1_post + P2_post \ x2_post + P3_post \ x3_post
    );
% Update for next iteration
x_prior = x_fused(:, k);
P_prior = P_fused;
end
```

在图 5.13 所示的模拟结果中，左图显示了真实路径和 3 个传感器的测量值。右图显示了真实路径和使用 3 个传感器的测量值融合后的路径。从图 5.13 中可以看出，融合后的路径更接近真实路径，这表明通过将 3 个传感器的信息融合，能够获得更准确的位置估计。结果体现了分布式融合的优势，能够提高系统的估计精度。

进一步地，绘制了位置和速度的误差图，以评估融合估计的性能。从如图 5.14 所示的评估结果可以看出，融合后的路径误差控制在小范围内波动，这表明通过将 3 个传感器的信息融合，能够获得更准确的状态估计。

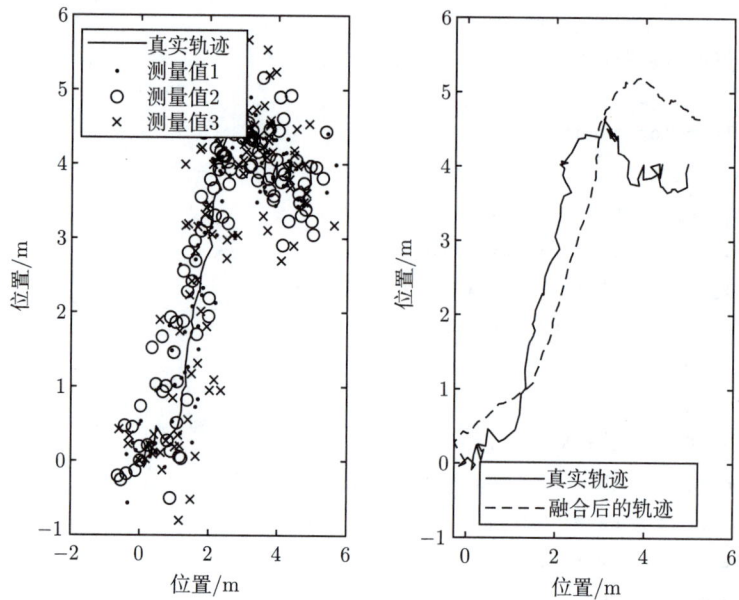

图 5.13 智能体仿真路径图

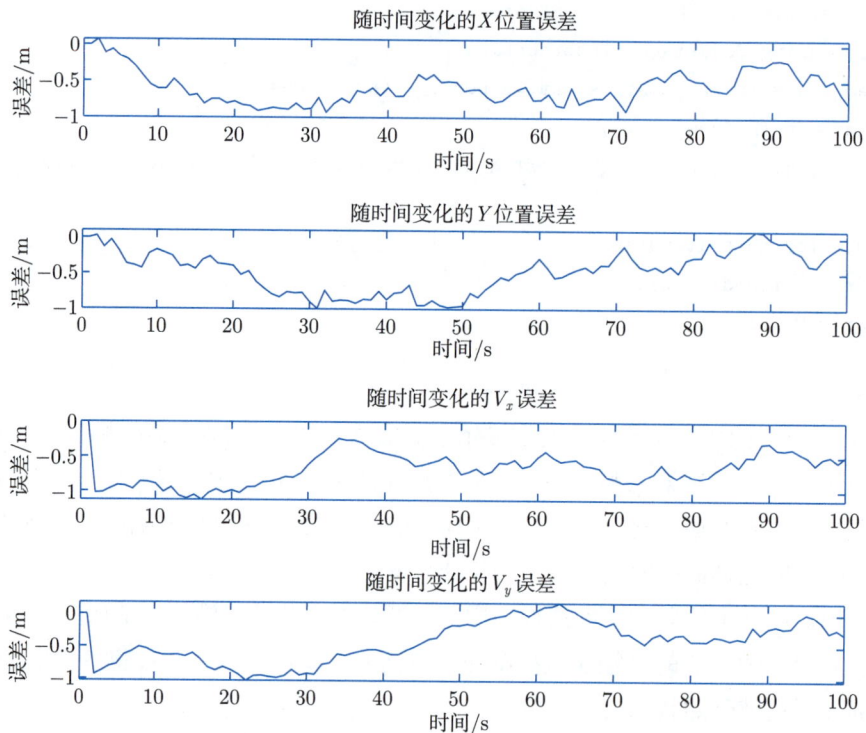

图 5.14 分布式融合状态误差图

5.2.4　多传感器智能化融合

传统的估计理论和识别算法为信息融合技术奠定了不可或缺的理论基础。然而，近年来，一些基于统计推断、人工智能以及信息论的新方法，已经成为推动信息融合技术不断前进的重要力量，具体包括贝叶斯推理、证据推理、随机集理论，以及支持向量机等概率论与决策理论的先进技术。同时，模糊逻辑、神经网络、遗传算法等人工智能领域的方法也为信息融合技术的持续革新与性能提升贡献了新的思路。本节将探讨神经网络与卡尔曼滤波相结合的融合估计问题。

在无人系统中，考虑两个不同的测量传感器 F1 和 F2，对同一目标进行测量。首先，建立智能体的加速度模型，给出在离散状态下此模型建立的卡尔曼滤波的一般形式。考虑非零加速度 α，一般情况下的状态方程为

$$\begin{bmatrix} \dot{\boldsymbol{X}}(t) \\ \ddot{\boldsymbol{X}}(t) \\ \dddot{\boldsymbol{X}}(t) \end{bmatrix} = \begin{bmatrix} 0 & 1 & 0 \\ 0 & 0 & 1 \\ 0 & 0 & -\alpha \end{bmatrix} \begin{bmatrix} \boldsymbol{X}(t) \\ \dot{\boldsymbol{X}}(t) \\ \ddot{\boldsymbol{X}}(t) \end{bmatrix} + \begin{bmatrix} 0 \\ 0 \\ \alpha \end{bmatrix} \bar{\alpha} + \begin{bmatrix} 0 \\ 0 \\ 1 \end{bmatrix} \boldsymbol{W}(t) \tag{5.43}$$

式中，$\dot{\boldsymbol{X}}(t)$、$\ddot{\boldsymbol{X}}(t)$、$\dddot{\boldsymbol{X}}(t)$ 分别为目标的位置、速度和加速度分量。设采样周期为 T，离散状态方程为

$$\boldsymbol{X}(k+1) = \boldsymbol{\Phi}(k+1,k)\boldsymbol{X}(k) + \boldsymbol{U}(k)\bar{a} + \boldsymbol{W}(k) \tag{5.44}$$

其中，$\boldsymbol{X}(k) = [\boldsymbol{X}(k), \dot{\boldsymbol{X}}(k), \ddot{\boldsymbol{X}}(k)]^{\mathrm{T}}$。$\boldsymbol{\Phi}$ 是系统转移矩阵，$\boldsymbol{U}(k)$ 是输入信息矩阵，$\boldsymbol{W}(k)$ 是状态方程噪声。定义 $\boldsymbol{H}(k)$ 是观测转移矩阵，观测方程为

$$\boldsymbol{Y}(k) = \boldsymbol{H}(k)\boldsymbol{X}(k) + \boldsymbol{V}(k) \tag{5.45}$$

式中，$\boldsymbol{V}(k)$ 是均值为零，方差为 $\boldsymbol{R}(k)$ 的高斯观测噪声。当含有噪声的目标位置数据可观测时，有

$$\boldsymbol{H}(k) = [1, 0, 0] \tag{5.46}$$

根据运动目标的离散状态方程和观测方程，标准卡尔曼滤波方程为

$$\begin{aligned}
\hat{\boldsymbol{X}}(k|k) &= \hat{\boldsymbol{X}}(k|k-1) + \boldsymbol{K}(k)[\boldsymbol{Y}(k) - \boldsymbol{H}(k)\hat{\boldsymbol{X}}(k|k-1)] \\
\hat{\boldsymbol{X}}(k|k-1) &= \boldsymbol{\Phi}(k,k-1)\hat{\boldsymbol{X}}(k-1|k-1) + \boldsymbol{U}(k)\bar{a}(k) \\
\boldsymbol{K}(k) &= \boldsymbol{P}(k|k-1)\boldsymbol{H}^{\mathrm{T}}(k)[\boldsymbol{H}(k)\boldsymbol{P}(k|k-1)\boldsymbol{H}^{\mathrm{T}}(k) + \boldsymbol{R}(k)]^{-1} \\
\boldsymbol{P}(k|k-1) &= \boldsymbol{\Phi}(k,k-1)\boldsymbol{P}(k-1|k-1)\boldsymbol{\Phi}^{r}(k,k-1) + \boldsymbol{Q}(k-1) \\
\boldsymbol{P}(k|k) &= [1 - \boldsymbol{K}(k)\boldsymbol{H}(k)]\boldsymbol{P}(k|k-1)
\end{aligned} \tag{5.47}$$

考虑用 $\ddot{\boldsymbol{X}}$ 的预测值 $\hat{\ddot{\boldsymbol{X}}}(k|k-1)$ 来表示该时刻的瞬时加速度，当作目标加速度的均值。设

$$\bar{\boldsymbol{a}}(k) = \hat{\ddot{\boldsymbol{X}}}(k|k-1) \tag{5.48}$$

假设该模型的系统方差与加速度方差 σ_a^2 成正比，即

$$\sigma_a^2 = \begin{cases} \dfrac{4-\pi}{\pi}(a_{\max}-\overline{a})^2, & \overline{a} \geqslant 0 \\[3mm] \dfrac{4-\pi}{\pi}(a_{-\max}-\overline{a})^2, & \overline{a} < 0 \end{cases} \tag{5.49}$$

式中，$\overline{a}$ 为加速度均值；$a_{\max}$ 和 $a_{-\max}$ 分别为最大正负加速度。标准卡尔曼滤波算法对高机动目标具有较高的跟踪精度，但对于弱机动 (移动缓慢) 情况，系统方差不会有明显的改变，因此当智能体移动缓慢时难以准确地跟踪该目标。而且，该模型的系统方差仅仅使用了加速度信息，为了更充分地利用目标位置、速度和加速度，将卡尔曼滤波算法与 BP 神经网络算法进行融合，以适应智能体的运行状态变化。

如图 5.15 所示是基于 BP 神经网络和卡尔曼滤波的多传感器融合框架。传感器 F1 的滤波器采用上述模型，选取较大的 $a_{\max}$ 或较小的 $a_{-\max}$，即以较大的加速度方差 $\sigma_{\rm F1}^2$，保持对智能体运动变化的快速响应。同样，传感器 F2 也采用标准卡尔曼滤波模型，对传感器 F1 和 F2 来说协方差矩阵 $\boldsymbol{Q_i}(k)$ 为

$$\begin{aligned} \boldsymbol{Q}_1(k) &= 2\alpha\sigma_{\rm F1}^2\boldsymbol{Q}_0 \\ \boldsymbol{Q}_2(k) &= 2\alpha\sigma_{\rm F2}^2\boldsymbol{Q}_0 \end{aligned} \tag{5.50}$$

$$\sigma_{\rm F1}^2 = \begin{cases} \dfrac{4-\pi}{\pi}(a_{\max}-\overline{a}_1)^2, & \overline{a}_1 \geqslant 0 \\[3mm] \dfrac{4-\pi}{\pi}(a_{-\max}-\overline{a}_1)^2, & \overline{a}_1 < 0 \end{cases} \tag{5.51}$$

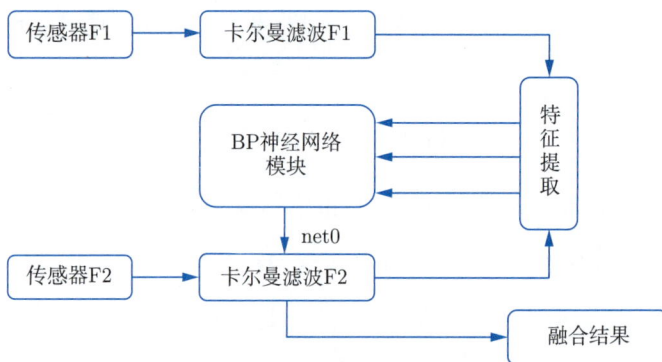

图 5.15　基于 BP 神经网络和卡尔曼滤波的目标跟踪模型

加速度方差的调整融合了 F1 和 F2 的全状态反馈信息，再根据神经网络的输出 net0 适应智能体运动的变化。神经网络经过训练，具备的功能是：当智能体高度机动时，神经网络输出一个接近于 1 的值，使 $\sigma_{\rm F2}^2$ 接近于 $\sigma_{\rm F2}^2$，F2 以较大系统方差响应目标的强机动变化。当智能体弱机动时，神经网络输出一个接近于 0 的值，$\sigma_{\rm F2}^2$ 较小，F2 以较小的系统方差响应目标

的弱机动变化，则

$$\sigma_{\mathrm{F2}}^2 = \begin{cases} \mathrm{net0} \times \dfrac{4-\pi}{\pi}(a_{\max} - \overline{a}_2)^2, & \overline{a}_2 \geqslant 0 \\[3mm] \mathrm{net0} \times \dfrac{4-\pi}{\pi}(a_{-\max} - \overline{a}_2)^2, & \overline{a}_2 < 0 \end{cases} \tag{5.52}$$

采用全状态反馈法，最大程度地利用了智能体的位置，速度和加速度信息，选取智能体的特征向量 $\boldsymbol{\lambda} = [\lambda_1, \lambda_2, \lambda_3]^{\mathrm{T}}$ 为神经网络的输入，$\boldsymbol{\lambda}$ 是滤波器 F1 和 F2 的状态预测误差之差的范数，表示为

$$\begin{cases} \lambda_1 = \dfrac{[\hat{X}_1(k+1|k) - \hat{X}_2(k+1|k)]^2}{s_1(k+1) + s_2(k+\hat{1})} \\[3mm] \lambda_2 = \dfrac{[\hat{\dot{X}}_1(k+1|k) - \hat{\dot{X}}_2(k+1|k)]^2}{p_{1,2}(k+1|k) + p_{2,2}(k+1|k)} \\[3mm] \lambda_3 = \dfrac{[\hat{\ddot{X}}_1(k+1|k) - \hat{\ddot{X}}_2(k+1|k)]^2}{p_{1,3}(k+1|k) + p_{2,3}(k+1|k)} \end{cases} \tag{5.53}$$

式中，$\hat{X}_1(k+1|k)$、$\hat{\dot{X}}_1(k+1|k)$、$\hat{\ddot{X}}_1(k+1|k)$ 分别表示传感器 i 的位置、速度和加速度预测值，$s_i(k+1)$ 表示传感器 i 的位置残差方差，$p_{1,2}(k+1|k)$ 和 $p_{1,3}(k+1|k)$ 表示两传感器的速度和加速度预测方差。相较于仅使用卡尔曼滤波器的融合估计而言，BP 神经网络与卡尔曼滤波模型的结合算法对智能体不同运动状态有更好的自适应跟踪能力。

5.2.5　仿真实验

本节旨在验证多传感器融合估计方法的有效性，尤其将卡尔曼滤波与 BP 神经网络结合用于动态目标跟踪时的性能表现。首先，定义一个动态目标的运动模型，包括位置、速度和加速度三个状态分量。在实验中，目标的加速度会随时间变化，从而模拟不同的运动状态。设定两个独立的传感器（F1 和 F2），分别对目标的状态进行测量。基于卡尔曼滤波算法，对目标的状态进行实时估计。最后，引入一个 BP 神经网络，用于动态调整卡尔曼滤波的过程噪声协方差矩阵。神经网络的输入为传感器测量误差，输出为加速度的估计值，从而提高卡尔曼滤波对不同运动状态的自适应性。

```
% 定义全局变量
time_steps = 50 %仿真时间步长
dt = 0.1 %时间间隔
a_max = 2 %最大加速度
sensor_noise = 0.5 %传感器测量噪声
%目标模型的初始化
position = 0
velocity = 1
acceleration = 0.5
```

```
true_state = np.array([position, velocity, acceleration]).reshape(3, 1)
%卡尔曼滤波参数
F = np.array([[1, dt, 0.5 * dt ** 2],
              [0, 1, dt],
              [0, 0, 1]])
Q = np.array([[0.1, 0, 0],
              [0, 0.1, 0],
              [0, 0, 0.1]])
H = np.array([1, 0, 0]).reshape(1, 3)
R = sensor_noise ** 2
P = np.eye(3)
X_est = np.array([0, 0, 0]).reshape(3, 1)
%BP 神经网络模型
neural_network = MLPRegressor(hidden_layer_sizes=(10,), max_iter=1000, random_state=0)
%初始化神经网络训练
initial_input = np.array([[0]])
initial_output = np.array([0])
neural_network.fit(initial_input, initial_output)
%存储仿真结果
true_states = []
estimated_states = []
%仿真主循环
for step in range(time_steps):
    %更新目标真实状态
    acceleration = 2 * np.sin(0.1 * step)
    process_noise = np.random.multivariate_normal([0, 0, 0], Q).reshape(3, 1)
    true_state = np.dot(F, true_state) + process_noise
    true_states.append(true_state.flatten())
    %传感器测量
    sensor_measurement_1 = np.dot(H, true_state) + np.random.normal(0, sensor_noise)
    sensor_measurement_2 = np.dot(H, true_state) + np.random.normal(0, sensor_noise)
    %卡尔曼滤波预测步骤
    X_pred = np.dot(F, X_est)
    P_pred = np.dot(np.dot(F, P), F.T) + Q
    %卡尔曼滤波更新步骤
    innovation = sensor_measurement_1 - np.dot(H, X_pred)
    S = np.dot(np.dot(H, P_pred), H.T) + R
    K = np.dot(np.dot(P_pred, H.T), np.linalg.inv(S))
    X_est = X_pred + np.dot(K, innovation)
    P = np.dot(np.eye(3) - np.dot(K, H), P_pred)
```

```
%保存估计状态
estimated_states.append(X_est.flatten())
%BP 神经网络训练数据准备
error_feature = np.linalg.norm(sensor_measurement_1 - sensor_measurement_2)
neural_input = np.array([error_feature]).reshape(1, -1)
target_output = np.array([acceleration]).reshape(1, -1)
%训练神经网络
neural_network.partial_fit(neural_input, target_output.ravel())
%使用神经网络调整卡尔曼滤波过程噪声
predicted_acceleration = neural_network.predict(neural_input)
Q[2, 2] = max(0.01, predicted_acceleration[0] ** 2)
% 转换为数组格式
true_states = np.array(true_states)
estimated_states = np.array(estimated_states)
```

如图 5.16 所示，实验结果表明卡尔曼滤波结合神经网络的方法能够较好地跟踪目标的真实状态。各个时间步长内，估计的目标位置和速度曲线与真实曲线接近。随着时间的推移，估计误差总体上维持在较低水平，并且在目标运动状态发生变化时（如加速度突然变化），系统能够快速调整并减小误差。本实验验证了将 BP 神经网络与卡尔曼滤波结合进行多传感器融合估计的有效性。通过神经网络动态调整卡尔曼滤波参数，使得系统能够适应目标不同的运动状态，从而提高了跟踪精度和系统的自适应能力。

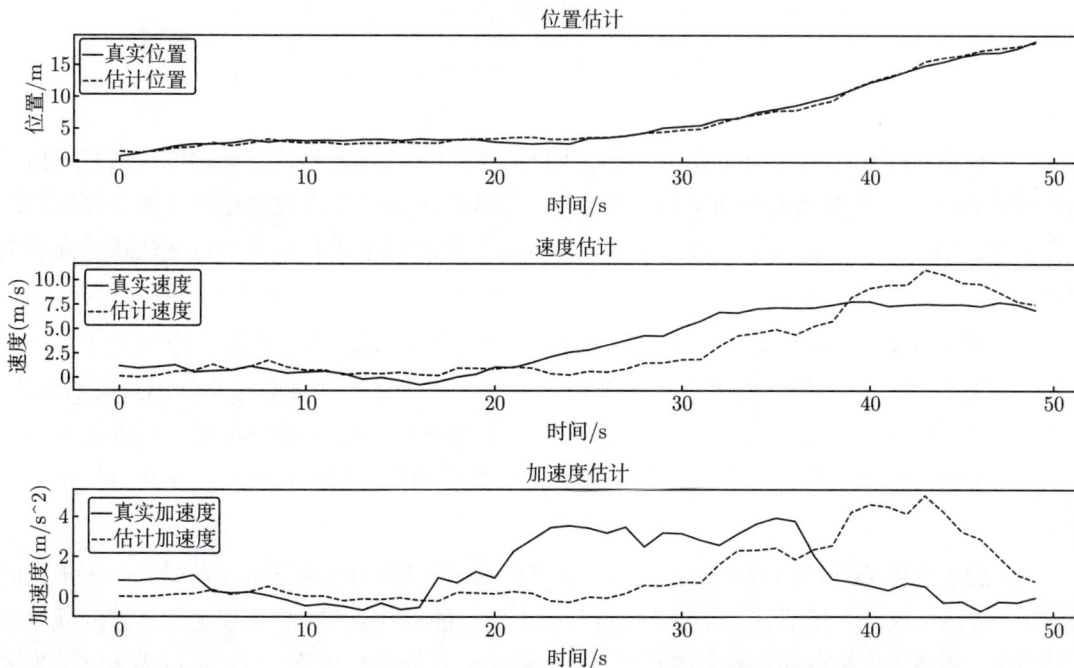

图 5.16 基于神经网络与卡尔曼滤波的多传感器融合

5.3 自主即时定位与建图

5.3.1 自主即时定位模型

1. 拒止条件下的 SLAM 系统框架

随着无人驾驶与虚拟现实技术的快速发展，对于定位的精确性、效率及实时性的追求日益加剧。即时定位与建图 (Simultaneous Localization and Mapping，SLAM) 致力于在未知的环境和位置中，使智能体通过其传感器捕获外部环境的信息，并依靠里程计数据估计其位姿，从而逐步构建环境模型，进而确定自己在全局中的位置。本节将以视觉 SLAM 为例，详细探讨 SLAM 的核心组成部分以及每个部分的具体功能。

视觉 SLAM 旨在通过相机捕获的图像信息进行精准解析与先进的预处理手段，从中提取环境的关键信息。除了图像的基础数据，还可能需要融合来自编码器、惯性传感器等设备的输入，并在此基础上确保数据之间的同步。如图 5.17 所示经典的视觉 SLAM 系统大致可划分为三大核心模块：视觉里程计、回环检测以及后端优化。

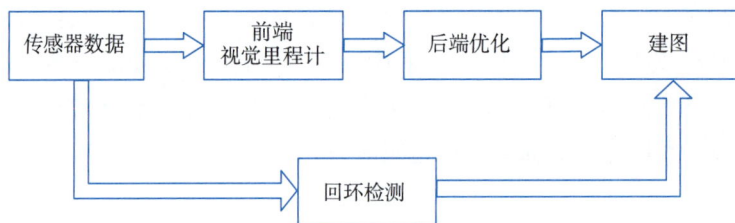

图 5.17　视觉 SLAM 系统的基本框架

（1）视觉里程计 (Visual Odometry, VO)：该模块通过分析连续帧的图像信息来估算相机的移动轨迹，并据此重构场景的三维形态。然而，单独依靠视觉里程计可能导致累积的轨迹偏移。为了精确纠正这种偏移，需要联合回环检测和后端优化技术来保证轨迹的高度准确性。

（2）回环检测 (Loop Closure Detection, LCD)：其基本原理是，当智能体在一段时间后实际返回到起始点，但由于累积偏移等因素，其估算位置可能与实际起点有所偏离。此时，回环检测的任务就是对比当前图像与历史图像库，寻找可能的匹配，判断是否构成闭环。一旦成功检测到闭环，该模块就会将关键数据传递至后端，以进一步优化与纠正位置偏差。

（3）后端优化 (Backend Optimization, BO)：该模块的首要任务是从受到噪声干扰的数据中，提炼出整个系统的状态，并计算这种状态估计的潜在误差。它不仅处理连续的视觉里程计数据，还会考虑来自回环检测的反馈。通过这种综合处理与优化，后端可以为智能体生成一个在全局层面上高度一致的轨迹和地图，从而确保导航与定位的高精度。

2. SLAM 的状态估计问题

当智能体携带相机传感器在一个未知的环境中移动时，其核心在于在特定的时间点上，确定智能体所处的位置以及它所观测到的环境地图。为了简化模型，将连续时间轴离散化，设定为一系列的时刻，表示为 $t = 1, 2, \cdots, K$。在这些特定的离散时刻中，假设 x 表示智能体在某一特定时刻的位置，那么从 $t = 1$ 到 $t = K$ 的位置序列 $x_1, x_2, \cdots, x_K$ 就形成了智能体的运动路径。在地图构建过程中，常见的做法是将地图视作由许多标志点组成。在每一个离散的时刻，传感器都会对这些标志点进行观测，从而收集关于它们的数据。为了简洁地描述这一过程，可以设定存在 N 个这样的标志点，并用 $m_1, m_2, \cdots, m_N$ 来表示它们。

定义 5.2 （非线性高斯系统）

考虑一个离散时间的非线性动态系统，其运动方程由函数 f 定义为：

$$x_k = f(x_{k-1}, u_k, w_k) \tag{5.54}$$

其中，u_k 代表系统的输入，w_k 为过程噪声。假设在 k 时刻，系统在位置 x_k 产生观测 z_k，此观测由函数 h 定义：

$$z_k = h(m_j, x_k, v_k) \tag{5.55}$$

这里，v_k 表示观测噪声。假设所有的状态和噪声均满足高斯分布：

$$w_k \sim \mathcal{N}(0, Q_k), v_k \sim \mathcal{N}(0, R_k) \tag{5.56}$$

则称式 (5.54) 和式 (5.55) 定义的系统为非线性高斯系统。 ♣

对于不同类型的传感器，上述方程会有不同的具体形式。考虑智能体在平面上移动，其位姿可以由两个坐标轴和一个转角来描述，记作 $x_k = [x_1, x_2, \theta]_k^{\mathrm{T}}$，其中，$x_1$ 和 x_2 为位置坐标，而 θ 为转角。智能体的控制输入则表示为位移和转角的变化量，即 $u_k = [\Delta x_1, \Delta x_2, \Delta \theta]_k^{\mathrm{T}}$。基于此，运动方程为

$$\begin{bmatrix} x_1 \\ x_2 \\ \theta \end{bmatrix}_k = \begin{bmatrix} x_1 \\ x_2 \\ \theta \end{bmatrix}_{k-1} + \begin{bmatrix} \Delta x_1 \\ \Delta x_2 \\ \Delta \theta \end{bmatrix}_k + w_k \tag{5.57}$$

在视觉 SLAM 中，相机作为传感器，观测方程描述了智能体对路标点进行拍摄后在图像中所得到的像素坐标。整个 SLAM 过程可以被概括为以下两个基础方程

$$\begin{cases} x_k = f(x_{k-1}, u_k, w_k), & k = 1, 2, \cdots, K \\ z_{k,j} = h(m_j, x_k, v_{k,j}), & (k, j) \in \mathcal{O} \end{cases} \tag{5.58}$$

这里，集合 $\mathcal{O}$ 记录了在特定时刻观测到的路标点。这两个方程核心地阐述了 SLAM 的问题：当知道运动测量 u 和传感器读数 z 时，如何解决定位（估计 x）和地图构建（估计 m）

的问题。因此，SLAM 问题可以被视为一个状态估计问题：如何通过带有噪声的测量数据来估计隐藏的状态变量。考虑到数据的噪声，运动和观测方程通常假定噪声项 $\boldsymbol{w}_k$ 和 $\boldsymbol{v}_{k,j}$ 遵循零均值的高斯分布

$$\boldsymbol{w}_k \sim \mathcal{N}\left(\boldsymbol{0}, \boldsymbol{R}_k\right), \boldsymbol{v}_k \sim \mathcal{N}\left(\boldsymbol{0}, \boldsymbol{Q}_{k,j}\right) \tag{5.59}$$

其中，$\mathcal{N}$ 代表高斯分布，而 $\boldsymbol{R}_k$ 和 $\boldsymbol{Q}_{k,j}$ 是对应的协方差矩阵。考虑噪声的影响，利用带噪声的数据 $\boldsymbol{z}$ 和 $\boldsymbol{u}$ 来推断状态量 $\boldsymbol{x}$，以及它们的概率分布。从概率的角度来看，智能体的状态估计问题是在给定输入数据 $\boldsymbol{u}$ 和观测数据 $\boldsymbol{z}$ 的条件下，求解状态 $\boldsymbol{x}$ 的条件概率分布

$$P(\boldsymbol{x}_k|\boldsymbol{x}_0,\boldsymbol{u}_{1:k},\boldsymbol{z}_{1:k}) \tag{5.60}$$

其中，下标 $0:k$ 指代从时刻 0 时刻到 k 时刻的所有数据。当前状态 $\boldsymbol{x}_k$ 与之前的状态有关。它受 $\boldsymbol{x}_{k-1}$ 的影响，因此可以展开为

$$P\left(\boldsymbol{x}_k|\boldsymbol{x}_0,\boldsymbol{u}_{1:k},\boldsymbol{z}_{1:k-1}\right)=\int P\left(\boldsymbol{x}_k|\boldsymbol{x}_{k-1},\boldsymbol{x}_0,\boldsymbol{u}_{1:k},\boldsymbol{z}_{1:k-1}\right)P\left(\boldsymbol{x}_{k-1}|\boldsymbol{x}_0,\boldsymbol{u}_{1:k},\boldsymbol{z}_{1:k-1}\right)\mathrm{d}\boldsymbol{x}_{k-1} \tag{5.61}$$

定义 5.3（马尔可夫链）

马尔可夫链是一组具有马尔可夫性质的离散随机变量的集合。具体地，对概率空间 $(\Omega,\mathcal{F},\mathbb{P})$ 内以一维可数集 (Countable set) 的随机变量集合 $\boldsymbol{x}=\{x_n:n>0\}$，若随机变量的取值都在可数集内 $x=s_i,s_i\in\boldsymbol{s}$，且随机变量的条件概率满足如下关系：

$$p(\boldsymbol{x}_{t+1}|\boldsymbol{x}_t,\boldsymbol{x}_{t-1},\cdots,\boldsymbol{x}_1)=p(\boldsymbol{x}_{t+1}|\boldsymbol{x}_t) \tag{5.62}$$

则 $\boldsymbol{x}$ 被称为马尔可夫链，可数集 $\boldsymbol{s}\in\mathbf{Z}$ 被称为状态空间 (state space)，马尔可夫链在状态空间内的取值称为状态。

考虑时刻 k 与 $k-1$ 之间的情况，结合马尔可夫性，可以进一步简化条件概率

$$P\left(\boldsymbol{x}_k|\boldsymbol{x}_{k-1},\boldsymbol{x}_0,\boldsymbol{u}_{1:k},\boldsymbol{z}_{1:k-1}\right)=P\left(\boldsymbol{x}_k|\boldsymbol{x}_{k-1},\boldsymbol{u}_k\right) \tag{5.63}$$

k 时刻的状态只与 $k-1$ 时刻相关，与 $k-1$ 之前的状态无关，因此条件概率简化为仅与 $\boldsymbol{x}_k-1$ 和 $\boldsymbol{u}_k$ 相关的形式。这与 k 时刻的运动方程相吻合。式 (5.61) 中的第二部分，可以进一步简化为

$$P\left(\boldsymbol{x}_{k-1}|\boldsymbol{x}_0,\boldsymbol{u}_{1:k},\boldsymbol{z}_{1:k-1}\right)=P\left(\boldsymbol{x}_{k-1}|\boldsymbol{x}_0,\boldsymbol{u}_{1:k-1},\boldsymbol{z}_{1:k-1}\right) \tag{5.64}$$

在实际的程序运行中，只需持续维护一个状态，通过不断地迭代和更新这个状态，可以使用扩展卡尔曼滤波（Extended Kalman Filter，EKF）解决此问题。但是，如果继续考虑 k 时刻状态与之前所有状态的关系，则基于平滑优化技术得到的结果将明显优于滤波器技术，因此只要在计算资源允许的条件下，通常更倾向于使用平滑优化方法。

5.3.2 基于扩展卡尔曼滤波的自主即时定位与建图

1. 扩展卡尔曼滤波理论

扩展卡尔曼滤波是基于卡尔曼滤波算法对非线性系统进行状态估计的一种扩展。EKF 通过使用泰勒展开式的一阶近似来处理非线性系统方程，从而实现对非线性系统的状态和协方差矩阵的递归估计。考虑以下非线性动态系统

$$\boldsymbol{x}(k+1) = f[\boldsymbol{x}(k), \boldsymbol{u}(k)] + \boldsymbol{\omega}(k) \tag{5.65}$$

其中，$\boldsymbol{x}(k)$ 是系统在 k 时刻的状态向量，$\boldsymbol{x}(k) \in \mathbf{R}^n$，$\boldsymbol{u}(k)$ 是 k 时刻的系统输入，而 $\boldsymbol{w}(k)$ 是 k 时刻的过程噪声，它是一个零均值的高斯白噪声。系统的观测模型定义为

$$\boldsymbol{z}(k) = h[\boldsymbol{x}(k)] + \boldsymbol{v}(k) \tag{5.66}$$

这里，$\boldsymbol{z}(k)$ 是系统在时刻 k 的观测量，$\boldsymbol{z}(k) \in \mathbf{R}^n$；$\boldsymbol{v}(k)$ 是 k 时刻的观测噪声，也是一个零均值的高斯白噪声。EKF 的算法与卡尔曼滤波算法类似，可以分为预测和更新两个步骤。

（1）在 $k-1$ 时刻，预测时刻 k 的状态、协方差矩阵和观测值

$$
\begin{aligned}
\boldsymbol{x}(k|k-1) &= f[\boldsymbol{x}(k-1|k-1), \boldsymbol{u}(k), k] \\
\boldsymbol{P}(k|k-1) &= \nabla \boldsymbol{f}_x \boldsymbol{P}(k-1|k-1) \nabla \boldsymbol{f}_x^{\mathrm{T}} + \boldsymbol{Q}(k) \\
\boldsymbol{z}(k|k-1) &= \nabla \boldsymbol{h}_x[\boldsymbol{x}(k-1|k-1)]
\end{aligned}
\tag{5.67}
$$

（2）在 k 时刻，获取观测值 $\boldsymbol{z}(k)$，并进行更新，即

$$
\begin{aligned}
\boldsymbol{z}(k|k) &= \boldsymbol{z}(k|k-1) + \boldsymbol{W}\boldsymbol{\nu}(k) \\
\boldsymbol{P}(k|k) &= \boldsymbol{P}(k|k-1) + \boldsymbol{W}\boldsymbol{S}\boldsymbol{W}^{\mathrm{T}}
\end{aligned}
\tag{5.68}
$$

其中，

$$
\begin{aligned}
\boldsymbol{\nu}(k) &= \boldsymbol{z}(k) - \boldsymbol{z}(k|k-1) \\
\boldsymbol{S} &= \nabla \boldsymbol{h}_x \boldsymbol{P}(k|k-1) \nabla \boldsymbol{h}_x^{\mathrm{T}} + \boldsymbol{R}(k) \\
\boldsymbol{W} &= \boldsymbol{P}(k|k-1) \nabla \boldsymbol{h}_x^{\mathrm{T}} \boldsymbol{S}^{-1}
\end{aligned}
\tag{5.69}
$$

式中，$\nabla \boldsymbol{f}_x$ 和 $\nabla \boldsymbol{h}_x$ 分别表示线性化的状态转移矩阵和观测矩阵。EKF 算法提供了一种有效的方法来估计非线性系统的状态，同时考虑了系统和观测的噪声。

2. EKF-SLAM 的问题构建

EKF-SLAM 是扩展卡尔曼滤波在 SLAM 问题上的应用。EKF-SLAM 的基本思想如下：

（1）**预测步骤**。当智能体移动时，使用运动模型来预测它的新位置。此外，协方差矩阵也会根据预测的不确定性进行更新。

（2）**更新步骤**。当智能体观测到特征点时，这些观测将与预测值进行比较，以纠正智能体的位置和地图的不确定性。这是通过计算观测残差并使用卡尔曼增益进行更新来实现的。

（3）**特征管理**。随着时间的推移，会观测到新的特征或丢失已知的特征。需要有效地管理这些特征，例如，将新特征添加到状态向量和协方差矩阵中，或从中删除不再观测到的特征。

（4）**协方差管理**。EKF-SLAM 的主要挑战是协方差矩阵的大小和复杂性。这个矩阵不仅描述了智能体位姿的不确定性和特征位置的不确定性，还描述了它们之间的相关性。随着观测到的特征数量的增加，这个矩阵会变得非常大，需要有效的管理和计算方法。

在 EKF-SLAM 中，系统的状态向量不仅包括智能体的位姿，还包括环境中所有特征点的位置。假设有 M 个特征点，系统的状态向量为

$$\boldsymbol{x}_k = [\ \underbrace{\boldsymbol{x}, \boldsymbol{y}, \boldsymbol{\varphi}}_{\text{智能体的位姿}}, \underbrace{\boldsymbol{m}_{1,x}, \boldsymbol{m}_{1,y}}_{\text{landmark 1}}, \cdots, \underbrace{\boldsymbol{m}_{n,x}, \boldsymbol{m}_{n,y}}_{\text{landmark } n}]^{\mathrm{T}} \tag{5.70}$$

其中，$(\boldsymbol{x}, \boldsymbol{y})$ 代表智能体的二维位置，$\boldsymbol{\varphi}$ 代表智能体的旋转，而 $(\boldsymbol{m}_{i,x}, \boldsymbol{m}_{i,y})$ 代表第 i 个 landmark 的二维位置，控制向量 $\boldsymbol{u}_k$ 描述了智能体的运动。这里 $\boldsymbol{u}_k$ 由两部分组成：速度 $\boldsymbol{v}$ 和转向角度 $\boldsymbol{\gamma}$。定义系统的控制向量为

$$\boldsymbol{u}_k = [\boldsymbol{v}, \boldsymbol{\gamma}]^{\mathrm{T}} \tag{5.71}$$

观测向量 $\boldsymbol{z}_k$ 描述了智能体观测到的所有 landmarks 的距离和角度。每个 landmark 由一个距离 $\boldsymbol{z}_r^i$ 和一个角度 $\boldsymbol{z}_\theta^i$ 描述。定义系统观测向量为

$$\boldsymbol{z}_k = [\ \underbrace{\boldsymbol{z}_r^1, \boldsymbol{z}_\theta^1}_{\text{landmark 1}}, \cdots, \underbrace{\boldsymbol{z}_r^n, \boldsymbol{z}_\theta^n}_{\text{landmark } n}]^{\mathrm{T}} \tag{5.72}$$

系统方程描述了智能体的运动和观测过程。其中，f 是非线性运动模型，h 是非线性观测模型。$\boldsymbol{w}_k$ 和 $\boldsymbol{v}_k$ 分别表示与运动和观测相关的噪声。定义系统方程为

$$\begin{aligned} \boldsymbol{x}_k &= f(\boldsymbol{x}_{k-1}, \boldsymbol{u}_k) + \boldsymbol{w}_k \\ \boldsymbol{z}_k &= h(\boldsymbol{x}_k) + \boldsymbol{r}_k \end{aligned} \tag{5.73}$$

EKF-SLAM 为每个观测到的 landmark 建立一个状态表示，并在状态向量中加入这个 landmark 的坐标。这意味着每次观测到一个新的 landmark 时，状态向量和协方差矩阵的大小都会增加。系统状态 $\boldsymbol{\mu}$ 包括智能体的位姿 $\boldsymbol{x}_v$ 和所有 landmarks 的位置 $\boldsymbol{m}$，对应的协方差矩阵 $\boldsymbol{\Sigma}$ 描述了这些状态的不确定性。

$$\begin{aligned} \boldsymbol{\mu} &= \begin{bmatrix} \boldsymbol{x}_v \\ \boldsymbol{m} \end{bmatrix} \\ \boldsymbol{\Sigma} &= \begin{bmatrix} \boldsymbol{\Sigma}_{x_v x_v} & \boldsymbol{\Sigma}_{x_v m} \\ \boldsymbol{\Sigma}_{m x_v} & \boldsymbol{\Sigma}_{mm} \end{bmatrix} \end{aligned} \tag{5.74}$$

运动模型描述了智能体如何根据其控制向量移动，而观测模型描述了智能体如何观测

landmark。定义智能体的运动模型和观测模型为

$$\begin{cases} \boldsymbol{x}(k+1) = \boldsymbol{x}(k) + \Delta T \boldsymbol{V}(k+1)\cos(\boldsymbol{\varphi}(k) + \boldsymbol{\gamma}(k+1)) + \boldsymbol{q}_x(k+1) \\ \boldsymbol{y}(k+1) = \boldsymbol{y}(k) + \Delta T \boldsymbol{V}(k+1)\sin(\boldsymbol{\varphi}(k) + \boldsymbol{\gamma}(k+1)) + \boldsymbol{q}_y(k+1) \\ \boldsymbol{\varphi}(k+1) = \boldsymbol{\varphi}(k) + \dfrac{\Delta T \boldsymbol{V}(k+1)\sin(\boldsymbol{\gamma}(k+1))}{L} + \boldsymbol{q}_\varphi(k+1) \end{cases} \tag{5.75}$$

这里的 ΔT 表示时间步长，L 是轴距，$\boldsymbol{V}$ 为当前速度，$\boldsymbol{\gamma}$ 为转向角，$\boldsymbol{q}$ 为旋转信息。

$$\boldsymbol{z}_i(k) = \begin{bmatrix} \boldsymbol{z}_r^i(k) \\ \boldsymbol{z}_\theta^i(k) \end{bmatrix} = h_i(\boldsymbol{x}(k)) + \boldsymbol{r}_i(k) \tag{5.76}$$

$$= \begin{bmatrix} \sqrt{(\boldsymbol{x}_i - \boldsymbol{x}(k))^2 + (\boldsymbol{y}_i - \boldsymbol{y}(k))^2} \\ \arctan\left(\dfrac{\boldsymbol{y}_i - \boldsymbol{y}(k)}{\boldsymbol{x}_i - \boldsymbol{x}(k)}\right) - \boldsymbol{\varphi}(k) \end{bmatrix} + \begin{bmatrix} \boldsymbol{r}_i^i(k) \\ \boldsymbol{r}_0^i(k) \end{bmatrix} \tag{5.77}$$

在 EKF 的预测阶段，使用智能体的运动模型来预测其下一个位置。由于假设 landmark 是静止的，状态向量中关于 landmark 的部分不需要更新。根据 EKF 算法，需要更新 $\bar{\boldsymbol{\mu}}_t$、$\bar{\boldsymbol{\Sigma}}_t$ 的值，$\bar{\boldsymbol{\mu}}_t$ 中的 $\boldsymbol{m}_t$ 及 $\bar{\boldsymbol{\Sigma}}_t$ 中的 $\boldsymbol{\Sigma}_{mm}$ 不需要更新，仅考虑 $\bar{\boldsymbol{x}}_v$、$\bar{\boldsymbol{\Sigma}}_{x_v x_v}$、$\bar{\boldsymbol{\Sigma}}_{x_v m}$、$\bar{\boldsymbol{\Sigma}}_{m x_v}$ 的值

$$\begin{aligned} \bar{\boldsymbol{\mu}}_t &= g\left(\boldsymbol{u}_t, \boldsymbol{\mu}_{t-1}\right) \\ \bar{\boldsymbol{\Sigma}}_t &= \boldsymbol{G}_t \boldsymbol{\Sigma}_{t-1} \boldsymbol{G}_t^{\mathrm{T}} + \boldsymbol{R}_t \end{aligned} \tag{5.78}$$

其中，g 为控制模型。雅可比矩阵 $\boldsymbol{G}_t$ 可用于非线性运动模型相对于上一个状态的线性化。智能体的预测状态 $\bar{\boldsymbol{x}}_{v_t}$ 是基于前一时刻的状态 $\boldsymbol{x}_{v_{t-1}}$ 和控制向量 $\boldsymbol{u}_t$ 计算的。具体来说，它由前一时刻的位置和方向以及在当前时刻的速度 $\boldsymbol{V}$ 和转向角 $\boldsymbol{\gamma}$ 的影响下的位移所确定。则智能体的运动模型更新方程为

$$\begin{aligned} \bar{\boldsymbol{x}}_{v_t} &= f_{x_v}(\boldsymbol{x}_{v_t}, \boldsymbol{u}_t) \\ &= \begin{pmatrix} \boldsymbol{x}(t-1) \\ \boldsymbol{y}(t-1) \\ \boldsymbol{\varphi}(t-1) \end{pmatrix} + \begin{pmatrix} \Delta T \boldsymbol{V}(t)\cos(\boldsymbol{\varphi}(t-1) + \boldsymbol{\gamma}(t)) \\ \Delta T \boldsymbol{V}(t)\sin(\boldsymbol{\varphi}(t-1) + \boldsymbol{\gamma}(t)) \\ \dfrac{\Delta T \boldsymbol{V}(t)}{L}\sin(\boldsymbol{\gamma}(t)) \end{pmatrix} \end{aligned} \tag{5.79}$$

由于 landmark 静止，只需要考虑智能体的状态对预测状态的影响，因此系统模型的雅可比矩阵 $\boldsymbol{G}_t$ 可以分解为 $\boldsymbol{G}_t^{x_v}$ 和单位矩阵 $\boldsymbol{I}$，则

$$\boldsymbol{G}_t = \frac{\partial f(\boldsymbol{\mu}_{t-1}, \boldsymbol{u}_t)}{\partial \boldsymbol{\mu}_{t-1}} = \begin{pmatrix} \boldsymbol{G}_t^{x_v} & \boldsymbol{0} \\ \boldsymbol{0} & \boldsymbol{I} \end{pmatrix} \tag{5.80}$$

其中，$\boldsymbol{G}_t^{x_v}$ 由智能体的运动模型相对于其前一状态求导计算得出

$$\boldsymbol{G}_t^{x_v} = \frac{\partial g_{x_v}(\boldsymbol{x}_{v_{t-1}}, \boldsymbol{u}_t)}{\partial \boldsymbol{x}_{v_{t-1}}} = \frac{\partial}{\partial (\boldsymbol{x}, \boldsymbol{y}, \boldsymbol{\varphi})^{\mathrm{T}}} \begin{bmatrix} \boldsymbol{x} + \boldsymbol{V} \cdot \mathrm{d}t \cdot \cos(\boldsymbol{\gamma} + \boldsymbol{\varphi}) \\ \boldsymbol{y} + \boldsymbol{V} \cdot \mathrm{d}t \cdot \sin(\boldsymbol{\gamma} + \boldsymbol{\varphi}) \\ \boldsymbol{\varphi} + \dfrac{\boldsymbol{V} \cdot \mathrm{d}t \cdot \sin(\boldsymbol{\gamma})}{L} \end{bmatrix} \tag{5.81}$$

在 EKF 算法中，协方差矩阵 $\bar{\boldsymbol{\Sigma}}_t$ 的更新反映了系统状态的不确定性。这个不确定性主要来自两处：一是由于智能体的运动，二是由于传感器的噪声。$\bar{\boldsymbol{\Sigma}}_t$ 的更新公式为

$$
\begin{aligned}
\bar{\boldsymbol{\Sigma}}_t &= \boldsymbol{G}_t \boldsymbol{\Sigma}_{t-1} \boldsymbol{G}_t^{\mathrm{T}} + \boldsymbol{R}_t \\
&= \begin{pmatrix} \boldsymbol{G}_t^{x_v} & \boldsymbol{0} \\ \boldsymbol{0} & \boldsymbol{I} \end{pmatrix} \begin{pmatrix} \boldsymbol{\Sigma}_{x_v x_v} & \boldsymbol{\Sigma}_{x_v m} \\ \boldsymbol{\Sigma}_{m x_v} & \boldsymbol{\Sigma}_{mm} \end{pmatrix} \begin{pmatrix} (\boldsymbol{G}_t^{x_v})^{\mathrm{T}} & \boldsymbol{0} \\ \boldsymbol{0} & \boldsymbol{I} \end{pmatrix} + \boldsymbol{R}_t \\
&= \begin{pmatrix} \boldsymbol{G}_t^{x_v} \boldsymbol{\Sigma}_{x_v x_v} (\boldsymbol{G}_t^x)^{\mathrm{T}} & \boldsymbol{G}_t^{x_v} \boldsymbol{\Sigma}_{x_v m} \\ (\boldsymbol{G}_t^{x_v} \boldsymbol{\Sigma}_{x_v m})^{\mathrm{T}} & \boldsymbol{\Sigma}_{mm} \end{pmatrix} + \boldsymbol{R}_t
\end{aligned}
\tag{5.82}
$$

其中，$\boldsymbol{G}_t$ 是系统模型相对于前一状态的雅可比矩阵，$\boldsymbol{\Sigma}_{t-1}$ 是前一时刻的协方差矩阵，而 $\boldsymbol{R}_t$ 是系统的噪声协方差矩阵。且

$$
\boldsymbol{R}_t = \begin{bmatrix} \boldsymbol{R}_{x_v} & \boldsymbol{0} \\ \boldsymbol{0} & \boldsymbol{0} \end{bmatrix}
$$
$$
\boldsymbol{R}_{x_v} = \begin{bmatrix} \boldsymbol{\sigma}_x^2 & 0 & 0 \\ 0 & \boldsymbol{\sigma}_y^2 & 0 \\ 0 & 0 & \boldsymbol{\sigma}_\varphi^2 \end{bmatrix}
\tag{5.83}
$$

除了智能体的运动模型外，控制量（如速度 $\boldsymbol{V}$ 和转向角 $\boldsymbol{\gamma}$）的不确定性或噪声也会影响到智能体的状态不确定性。为了考虑这个影响，需要计算控制量对智能体状态的雅可比矩阵 $\boldsymbol{G}_t^u$，并使用它来将控制量的噪声映射到智能体的状态空间。若已知的是控制量的方差为 $\boldsymbol{\sigma}_v^2$、$\boldsymbol{\sigma}_\gamma^2$，则可以通过下式将控制量的协方差矩阵映射到状态变量

$$
\boldsymbol{G}_t^u = \frac{\partial f_{x_v}(\boldsymbol{x}_{v_{t-1}}, \boldsymbol{u}_t)}{\partial \boldsymbol{u}_t} = \frac{\partial}{\partial \boldsymbol{u}_t} \begin{bmatrix} \boldsymbol{x} + \boldsymbol{V} \cdot \mathrm{d}t \cdot \cos(\boldsymbol{\gamma} + \boldsymbol{\varphi}) \\ \boldsymbol{y} + \boldsymbol{V} \cdot \mathrm{d}t \cdot \sin(\boldsymbol{\gamma} + \boldsymbol{\varphi}) \\ \boldsymbol{\varphi} + \dfrac{\boldsymbol{V} \cdot \mathrm{d}t \cdot \sin(\boldsymbol{\gamma})}{L} \end{bmatrix}
\tag{5.84}
$$

$$
\boldsymbol{R}_{x_{v_t}} = \boldsymbol{G}_t^u \begin{bmatrix} \boldsymbol{\sigma}_v^2 & 0 \\ 0 & \boldsymbol{\sigma}_\gamma^2 \end{bmatrix} \boldsymbol{G}_t^{u\mathrm{T}}
\tag{5.85}
$$

其中，$\boldsymbol{\sigma}_v^2$ 和 $\boldsymbol{\sigma}_\gamma^2$ 分别是速度和转向角的方差，它们描述了控制指令的不确定性。

在 EKF 的更新阶段，使用从传感器获取的实际观测来修正预测阶段得到的状态估计。为了做到这一点，使用以下 3 个关键步骤：

（1）计算卡尔曼增益，卡尔曼增益 $\boldsymbol{K}_t$ 决定了应该如何在预测和观测之间进行权衡

$$
\boldsymbol{K}_t = \bar{\boldsymbol{\Sigma}}_t \boldsymbol{J}_t^{\mathrm{T}} \left(\boldsymbol{J}_t \bar{\boldsymbol{\Sigma}}_t \boldsymbol{J}_t^{\mathrm{T}} + \boldsymbol{Q}_t \right)^{-1}
\tag{5.86}
$$

其中，$\boldsymbol{J}_t$ 是观测模型相对于状态的雅可比矩阵，而 $\boldsymbol{Q}_t$ 是观测噪声的协方差矩阵。

（2）更新状态估计，使用卡尔曼增益，可以更新状态估计，以便更接近实际观测

$$\boldsymbol{\mu}_t = \bar{\boldsymbol{\mu}}_t + \boldsymbol{K}_t \left(\boldsymbol{z}_t - h\left(\bar{\boldsymbol{\mu}}_t\right)\right) \tag{5.87}$$

（3）更新协方差矩阵，还需要更新状态协方差矩阵，以反映更新后状态的不确定性

$$\boldsymbol{\Sigma}_t = \left(\boldsymbol{I} - \boldsymbol{K}_t J_t\right) \bar{\boldsymbol{\Sigma}}_t \tag{5.88}$$

对于观测模型，首先定义两个变量 $\boldsymbol{\delta}_x$ 和 $\boldsymbol{\delta}_y$，它们表示第 i 个 landmark 与智能体之间在 X 和 Y 轴上的距离差。基于这些差值，可以计算预期的观测值。根据设定的智能体观测模型，令 $\boldsymbol{\delta}_x = \boldsymbol{m}_{i,x} - \boldsymbol{x}, \boldsymbol{\delta}_y = \boldsymbol{m}_{i,y} - \boldsymbol{y}$，即分别是第 i 个 landmark 在 x、y 坐标轴上的坐标差值，再令 $\boldsymbol{q} = \boldsymbol{\delta}_x^2 + \boldsymbol{\delta}_y^2$，则观测模型可写为

$$\bar{\boldsymbol{z}}^i = \begin{bmatrix} \bar{\boldsymbol{z}}_r^i \\ \bar{\boldsymbol{z}}_\theta^i \end{bmatrix} = h(\bar{\boldsymbol{\mu}}) = \begin{bmatrix} \sqrt{\boldsymbol{q}} \\ \arctan[2(\boldsymbol{\delta}_x, \boldsymbol{\delta}_y)] - \boldsymbol{\varphi} \end{bmatrix} \tag{5.89}$$

雅可比矩阵 $\boldsymbol{J}_t^i$ 表示观测模型如何随状态变化，它是观测模型相对于整个状态的偏导数。计算观测模型的雅可比矩阵

$$\bar{\boldsymbol{\mu}}_t = (\boldsymbol{x}, \boldsymbol{y}, \boldsymbol{\varphi}, \boldsymbol{m}_{i,x}, \boldsymbol{m}_{i,y})$$

$$\boldsymbol{J}_t^i = \frac{\partial h(\bar{\boldsymbol{\mu}}_t)}{\partial \bar{\boldsymbol{\mu}}_t} = \frac{\partial}{\partial \bar{\boldsymbol{\mu}}_t} \begin{bmatrix} \sqrt{\boldsymbol{\delta}_x^2 + \boldsymbol{\delta}_y^2} \\ \arctan[2(\boldsymbol{\delta}_x, \boldsymbol{\delta}_y)] - \boldsymbol{\varphi} \end{bmatrix} \tag{5.90}$$

EKF-SLAM 利用高斯分布近似不确定性，通过不断地预测和更新来估计智能体的路径和环境的地图。然而，这种方法的局限性也相当明显。首先，EKF-SLAM 的计算复杂度随着观测到的 landmark 数量的增加而急剧上升，这在大型或复杂的环境中可能导致实时性问题。其次，EKF 使用高斯分布来表示不确定性，这意味着它可能不适合捕捉那些具有多模态性质的不确定性场景。

3. 仿真实验

EKF-SLAM 的仿真实验采用 2D 的 landmark 地图，第 i 个 landmark 的坐标为 $(\boldsymbol{m}_{i,x}, \boldsymbol{m}_{i,y})$。智能体有 3 个状态量为 $\boldsymbol{x}$、$\boldsymbol{y}$ 和航角 $\boldsymbol{\varphi}$，控制量为速度 $\boldsymbol{v}$ 和舵角 $\boldsymbol{\gamma}$。智能体通过激光雷达获取智能体与第 i 个 landmark 间的相对距离 $\boldsymbol{z}_r^i$ 和相对角度 $\boldsymbol{z}_\theta^i$。图 5.18 为实验过程图，其中星号代表 landmark，圆点代表路径上的关键点，外围圆圈的为移动智能体的下一目标点，虚线代表移动智能体的真实轨迹。

进一步，将 EKF-SLAM 的预测精度与模型预测进行比较。仿真结果如图 5.19 所示，粗实线为基于 EKF-SLAM 误差曲线，EKF-SLAM 的预测精度明显高于模型预测的精度，且随时间增长越来越明显。

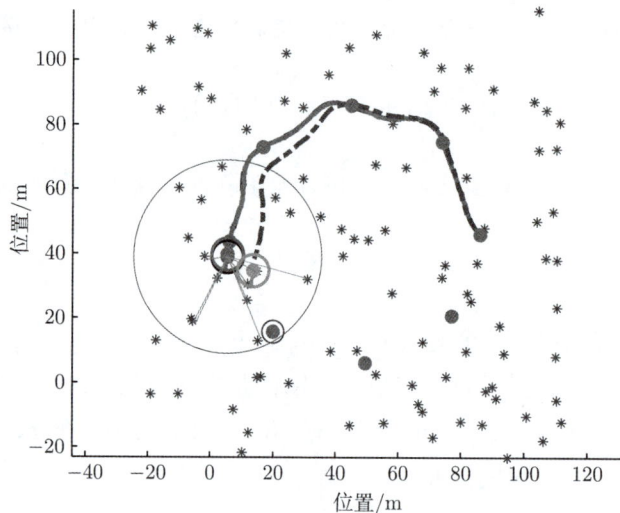

图 5.18　EKF-SLAM 与模型预测轨迹

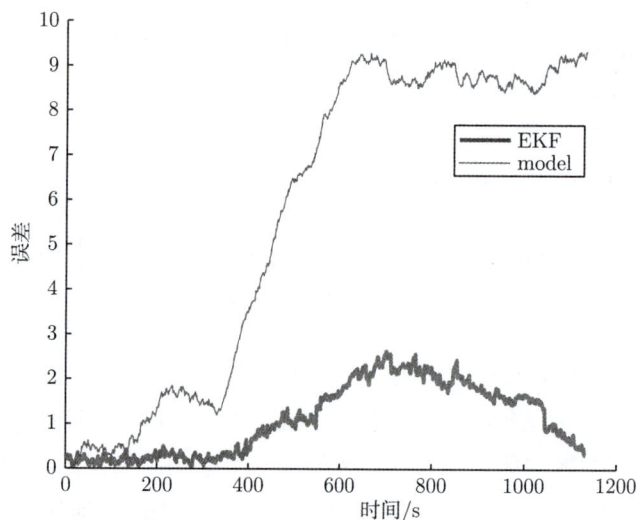

图 5.19　EKF-SLAM 与模型预测的误差比较

5.3.3　基于优化的自主即时定位与建图

1. 基于 MLE 理论的估计问题

滤波方法主要关心当前时刻的状态估计。它们在每个时间步对新的观测数据进行实时更新，从而提供即时的状态估计。这些方法往往对最近的观测赋予更高的权重，这可能会导致长期的累积误差。而批量方法，如图优化和束调整，通过考虑所有的观测数据和状态估计，对整个系统进行优化。这使得它们能够在整个数据集上达到最优解。

定义 5.4 （贝叶斯法则）

贝叶斯定理描述了在给定某个事件的先验信息（先验概率）的情况下，如何根据新的观测或证据来更新对该事件的概率估计。贝叶斯定理的一般形式如下：

$$P(A|B) = \frac{P(B|A) \cdot P(A)}{P(B)} \tag{5.91}$$

其中，$P(A|B)$ 表示在观测到事件 B 的情况下，事件 A 发生的后验概率，也叫作条件概率；$P(B|A)$ 表示在事件 A 发生的情况下，事件 B 发生的概率，也叫作似然度；$P(A)$ 是事件 A 的先验概率，即在观测到事件 B 之前对事件 A 的概率估计。 ♣

在 SLAM 中，贝叶斯法则通过结合对智能体位置的先验知识和当前的观测数据，以更新对智能体位置的估计。为了估计状态变量的条件分布，利用贝叶斯法则

$$P(\boldsymbol{x}, \boldsymbol{m}|\boldsymbol{z}, \boldsymbol{u}) = \frac{P(\boldsymbol{z}, \boldsymbol{u}|\boldsymbol{x}, \boldsymbol{m})P(\boldsymbol{x}, \boldsymbol{m})}{P(\boldsymbol{z}, \boldsymbol{u})} x P(\boldsymbol{z}, \boldsymbol{u}|\boldsymbol{x}, \boldsymbol{m})P(\boldsymbol{x}, \boldsymbol{m}) \tag{5.92}$$

其中，$P(\boldsymbol{x}, \boldsymbol{m}|\boldsymbol{z}, \boldsymbol{u})$ 描述了在给定观测数据 $\boldsymbol{z}$ 和控制输入 $\boldsymbol{u}$ 的情况下，智能体的位置 $\boldsymbol{x}$ 和地标的位置 $\boldsymbol{m}$ 的概率分布。$P(\boldsymbol{z}, \boldsymbol{u}|\boldsymbol{x}, \boldsymbol{m})$ 描述了在给定智能体和地标的位置的情况下，期望得到的观测数据和控制输入的概率。$P(\boldsymbol{x}, \boldsymbol{m})$ 描述了在没有任何观测数据的情况下，对智能体和地标位置的初始或先验信息。

最大似然估计（Maximize Likelihood Estimation, MLE）旨在找到最有可能产生观测数据的状态估计

$$(\boldsymbol{x}, \boldsymbol{m})^*_{\text{MAP}} = \arg\max P(\boldsymbol{x}, \boldsymbol{m}|\boldsymbol{z}, \boldsymbol{u}) = \arg\max P(\boldsymbol{z}, \boldsymbol{u}, \boldsymbol{m})P(\boldsymbol{x}, \boldsymbol{m}) \tag{5.93}$$

当没有智能体或地标位置的先验知识时，则依赖于最大似然估计来确定状态。这可以表示为

$$(\boldsymbol{x}, \boldsymbol{m})^*_{\text{MLE}} = \arg\max P(\boldsymbol{z}, \boldsymbol{u}|\boldsymbol{x}, \boldsymbol{m}) \tag{5.94}$$

在 SLAM 中，对于某一次观测 $\boldsymbol{z}_{k,j}$，它可以表示为真实的状态加上噪声 $\boldsymbol{v}_{k,j}$

$$\boldsymbol{z}_{k,j} = h(\boldsymbol{x}_k) + \boldsymbol{v}_{k,j} \tag{5.95}$$

噪声项 $\boldsymbol{v}_{k,j} \sim \mathcal{N}(\boldsymbol{0}, \boldsymbol{Q}_{k,j})$ 满足高斯分布。观测的条件概率也遵循高斯分布

$$P(\boldsymbol{z}_{j,k}|\boldsymbol{x}_k, \boldsymbol{m}_j) = N\left(h(\boldsymbol{m}_j, \boldsymbol{x}_k), \boldsymbol{Q}_{k,j}\right) \tag{5.96}$$

由于高斯分布的负对数形式呈二次型，所以对于单次观测，MLE 等价于最小化观测与预测之间的加权欧氏距离。权重是由噪声的协方差矩阵决定的。代入 SLAM 的观测模型，即

$$\begin{aligned}(\boldsymbol{x}_k, \boldsymbol{m}_j)^* &= \arg\max \mathcal{N}(h(\boldsymbol{m}_j, \boldsymbol{x}_k), \boldsymbol{Q}_{k,j}) \\ &= \arg\min\left((\boldsymbol{z}_{k,j} - h(\boldsymbol{x}_k, \boldsymbol{m}_j))^{\text{T}} \boldsymbol{Q}_{k,j}^{-1}(\boldsymbol{z}_{k,j} - h(\boldsymbol{x}_k, \boldsymbol{m}_j))\right)\end{aligned} \tag{5.97}$$

在实际应用中，智能体会连续进行多次观测。为了计算整体的最大似然估计，需要考虑所有观测的联合分布。假设各个观测是相互独立的，那么联合分布为所有观测概率的乘积

$$P(\boldsymbol{z}, \boldsymbol{u} | \boldsymbol{x}, \boldsymbol{m}) = \prod_k P(\boldsymbol{u}_k | \boldsymbol{x}_{k-1}, \boldsymbol{x}_k) \prod_{k,j} P(\boldsymbol{z}_{k,j} | \boldsymbol{x}_k, \boldsymbol{m}_j) \tag{5.98}$$

这种分解方式简化了计算，使得可以针对每个观测独立地进行最大似然估计。在 SLAM 中，优化的核心是最小化观测值与预测值之间的误差。这种误差通常是非线性的，考虑到智能体的观测和运动过程，可以为每一次的输入和观测定义误差

$$\begin{aligned} \boldsymbol{e}_{u,k} &= \boldsymbol{x}_k - f(\boldsymbol{x}_{k-1}, \boldsymbol{u}_k) \\ \boldsymbol{e}_{z,j,k} &= \boldsymbol{z}_{k,j} - h(\boldsymbol{x}_k, \boldsymbol{m}_j) \end{aligned} \tag{5.99}$$

其中，$\boldsymbol{e}_{u,k}$ 是基于智能体的运动模型的误差，而 $\boldsymbol{e}_{z,j,k}$ 是基于观测模型的误差。考虑到误差是高斯分布的，目标是最小化所有观测和运动的总误差，这可以通过最小化马氏距离来实现。马氏距离考虑了误差的协方差 $\boldsymbol{\Sigma}$，因此可以提供一个更准确的误差度量。具体来说，目标函数可以写成

$$\boldsymbol{x}^* = \arg\min_{\boldsymbol{x}} \sum_k \boldsymbol{e}_k(\boldsymbol{x})^{\mathrm{T}} \boldsymbol{\Sigma}_k^{-1} \boldsymbol{e}_k(\boldsymbol{x}) \tag{5.100}$$

由于 SLAM 中的运动和观测模型通常是非线性的，所以直接求解上述优化问题可能很困难。为了解决这个问题，通常使用迭代线性化的方法。在每次迭代中，在当前估计值附近对模型进行线性化，并求解得到的线性问题。线性化可以通过雅可比矩阵来实现

$$\boldsymbol{J}_k = \left. \frac{\partial h(\boldsymbol{x})}{\partial \boldsymbol{x}} \right|_{\boldsymbol{x}=\boldsymbol{x}_k} \tag{5.101}$$

线性化后的问题可以表示为

$$\Delta \boldsymbol{x}^* = \arg\min_{\Delta \boldsymbol{x}} \sum_k (\boldsymbol{z}_k - J_k \Delta \boldsymbol{x})^{\mathrm{T}} \boldsymbol{\Sigma}_k^{-1} (\boldsymbol{z}_k - \boldsymbol{J}_k \Delta \boldsymbol{x}) \tag{5.102}$$

线性问题的状态更新为

$$\boldsymbol{x}_{k+1} = \boldsymbol{x}_k + \Delta \boldsymbol{x}^* \tag{5.103}$$

在每次迭代中重复该流程，通过从某一初始值开始，以迭代方式更新优化变量，逐步逼近目标函数的最小值。具体的迭代流程如下：

（1）选定一个初始值 $\boldsymbol{x}_0$ 作为起点。

（2）在第 k 次迭代中，确定一个增量 $\Delta \boldsymbol{x}_k$，使得 $\|f(\boldsymbol{x}_k + \Delta \boldsymbol{x}_k)\|_2^2$ 达到局部最小。

（3）如果 $\Delta \boldsymbol{x}_k$ 的大小足够小，即表示已经达到了满意的优化程度，此时迭代停止。

（4）如果未达到预期的优化程度，更新 $\boldsymbol{x}_{k+1} = \boldsymbol{x}_k + \Delta \boldsymbol{x}_k$ 并回到第（2）步继续迭代。

在 SLAM 中，智能体在某一时刻可能只观测到地图中的一部分地标。这意味着，在这个时刻，智能体的状态只与这部分观测到的地标有关，而与其他未观测到的地标无关。这种局部性质导致了信息矩阵的稀疏性。假设在某个时间步，智能体的状态向量为 $\boldsymbol{x}$，地标的状态向量为 $\boldsymbol{m}$。可以将其合并为一个总的状态向量

$$\boldsymbol{\mu} = \begin{bmatrix} \boldsymbol{x} \\ \boldsymbol{m} \end{bmatrix} \tag{5.104}$$

对应的协方差矩阵为 $\boldsymbol{P}$，那么信息矩阵 $\boldsymbol{\Omega}$ 是 $\boldsymbol{P}$ 的逆，即

$$\boldsymbol{\Omega} = \boldsymbol{P}^{-1} \tag{5.105}$$

如果在某一时刻只观测到一部分地标 m_i，那么与其他地标 m_j 相关的协方差子块 $\boldsymbol{P}_{ij}$ 将是 0（表示它们是独立的）。这意味着信息矩阵的相应子块 $\boldsymbol{\Omega}_{ij}$ 也将是 0

$$\boldsymbol{P}_{ij} = 0 \implies \boldsymbol{\Omega}_{ij} = 0 \tag{5.106}$$

因此，信息矩阵的大部分元素都是零，这就产生了稀疏性。为了求解与信息矩阵 $\boldsymbol{\Omega}$ 相关的线性系统 $\boldsymbol{\Omega}\boldsymbol{\mu} = \boldsymbol{b}$，$\boldsymbol{b}$ 为系统向量，可以采用特定的算法来有效地利用稀疏特性，从而显著减少计算量和存储需求。例如，利用稀疏矩阵求解技术如 Cholesky 分解和稀疏 LU 分解，可以有效地提高计算效率，从而为实时应用提供了可能。

2. 基于位姿优化的 SLAM 问题构建

在实际的 SLAM 应用中，为了达到实时性的要求，通常需要对数据进行有效的管理和处理。在众多的优化变量中，特征点的数量往往占据了绝大部分。因此，为了减少计算量，考虑在进行几次优化后，将特征点的位置固定，只将它们作为约束条件，不再参与优化。这种方法可以在一定程度上减少优化的复杂性，但仍然可以保证位姿估计的准确性。考虑两个相邻的位姿 $\boldsymbol{T}_i$ 和 $\boldsymbol{T}_j$，它们之间的关系可以用以下公式描述

$$\boldsymbol{T}_{ij} = \boldsymbol{T}_i^{-1}\boldsymbol{T}_j \tag{5.107}$$

在理想情况下，这个等式应该是精确成立的。但由于各种噪声和误差的存在，实际的关系可能与理论值有所偏差。为了衡量这种偏差，定义一个误差项 $\boldsymbol{e}_{ij}$

$$\boldsymbol{e}_{ij} = \Delta\boldsymbol{\xi}_{ij} \ln\left(\boldsymbol{T}_{ij}^{-1}\boldsymbol{T}_i^{-1}\boldsymbol{T}_j\right)^{\vee} \tag{5.108}$$

这里，$\ln$ 是李代数的对数映射，而 $\vee$ 表示从李代数 $\boldsymbol{\xi}$ 到向量 $\boldsymbol{T}$ 的映射。这个误差项实际上表示了两个位姿之间的差异。在 SLAM 问题中，位姿的表示和操作是核心的难题。位姿空间本身是一个流形，不适合直接进行加法等线性操作。为了解决这个问题，引入了李代数，它为流形上的点提供了一种线性操作的方式。当对位姿 $\boldsymbol{T}_i$ 和 $\boldsymbol{T}_j$ 施加小扰动 $\delta\boldsymbol{\xi}_i$ 和 $\delta\boldsymbol{\xi}_j$ 时，误差变为

$$\hat{\boldsymbol{e}}_{ij} = \ln\left(\boldsymbol{T}_{ij}^{-1}\boldsymbol{T}_i^{-1} \exp\left((-\delta\boldsymbol{\xi}_i)^{\wedge}\right) \exp\left(\delta\boldsymbol{\xi}_j^{\wedge}\right)\boldsymbol{T}_j\right)^{\vee} \tag{5.109}$$

这给出了误差与位姿扰动之间的关系。雅可比矩阵用来描述误差如何随着微小的位姿变化而变化，对于位姿 $\boldsymbol{T}_i$，雅可比矩阵为

$$\frac{\partial \boldsymbol{e}_{ij}}{\partial \delta \boldsymbol{\xi}_i} = -\boldsymbol{J}_{\mathrm{r}}^{-1}(e_{ij}) \mathbf{Ad}(\boldsymbol{T}_j^{-1}) \tag{5.110}$$

对于位姿 $\boldsymbol{T}_j$，雅可比矩阵为

$$\frac{\partial \boldsymbol{e}_{ij}}{\partial \delta \boldsymbol{\xi}_j} = \boldsymbol{J}_{\mathrm{r}}^{-1}(e_{ij}) \mathbf{Ad}(\boldsymbol{T}_j^{-1}) \tag{5.111}$$

其中，$\boldsymbol{J}_{\mathrm{r}}$ 是右雅可比矩阵，$\mathbf{Ad}$ 是伴随矩阵（Adjoint matrix）。由于李代数上的左右雅可比矩阵 $\boldsymbol{J}_{\mathrm{r}}$ 形式过于复杂，因此通常取它们的近似。如果误差接近零，就可以设它们近似为 $\boldsymbol{I}$ 或

$$\boldsymbol{J}_{\mathrm{r}}^{-1}(e_{ij}) \approx \boldsymbol{I} + \frac{1}{2}\begin{bmatrix} \boldsymbol{\phi}_e^{\wedge} & \boldsymbol{\rho}_e^{\wedge} \\ \boldsymbol{0} & \boldsymbol{\phi}_e^{\wedge} \end{bmatrix} \tag{5.112}$$

其中，$\boldsymbol{\rho}_e^{\wedge}$ 是李代数中的平移向量，$\boldsymbol{\phi}_e^{\wedge}$ 是李代数中的旋转向量，而 $\wedge$ 表示从向量到李代数的映射。使用高斯-牛顿法求解此问题，高斯-牛顿法的核心是建立目标函数 f 的二次近似，并找到使其最小化的扰动 $\delta\boldsymbol{\xi}$。为了实现这一点，使用基于李代数定义的雅可比矩阵和误差项，则目标函数的海森矩阵 $\mathbf{Hess}$ 和梯度 $\boldsymbol{J}$

$$\begin{aligned} \mathbf{Hess}_{ij} &= \frac{\partial \boldsymbol{e}_{ij}}{\partial \delta \boldsymbol{\xi}_i}^{\mathrm{T}} \boldsymbol{\Sigma}_{ij}^{-1} \frac{\partial \boldsymbol{e}_{ij}}{\partial \delta \boldsymbol{\xi}_j} \\ \boldsymbol{J}_i &= \frac{\partial \boldsymbol{e}_{ij}}{\partial \delta \boldsymbol{\xi}_i}^{\mathrm{T}} \boldsymbol{\Sigma}_{ij}^{-1} \boldsymbol{e}_{ij} \end{aligned} \tag{5.113}$$

海森矩阵描述了目标函数的曲率，而梯度描述了目标函数的方向。在每一次迭代中，求解以下线性系统来得到最佳的扰动

$$\mathbf{Hess}\delta\boldsymbol{\xi}^* = -\boldsymbol{b} \tag{5.114}$$

式中，$\boldsymbol{b}$ 为整合的向量。然后，使用上面的李代数扰动模型更新位姿估计

$$\boldsymbol{T}_{i,\mathrm{new}} = \boldsymbol{T}_i \exp(\delta\boldsymbol{\xi}_i^{\wedge}) \tag{5.115}$$

这个过程会重复进行，直到扰动 $\delta\boldsymbol{\xi}_i^{\wedge}$ 足够小或达到了预设的迭代次数。

3. 仿真实验——位姿图优化

位姿图在 SLAM 中是一种关键的数据结构，主要用于表示机器人在环境中的移动位姿信息。位姿图是一种图形表示，它包含节点和边两个组成部分。其中，每个节点代表机器人在某一特定时间点的位姿，而图的边则代表从一个位姿到另一个位姿的变换，这些变换可以来源于机器人的运动模型（如从轮式编码器或惯性测量单元得到的数据）或者对环境的观测（如利用激光雷达或视觉传感器观测到的特征）。位姿图构建完成后，通过图优化算法调整节点，以最小化位姿间的误差，改善地图的准确性和一致性。g2o（general graph optimization）是一

个开源的 C++ 库，主要用于智能体和计算机视觉应用中的多种数据类型进行通用的图形优化。在 SLAM 领域，g2o 提供了一个用户能够轻松定义问题、添加顶点和边的框架，并运行优化算法。位姿和地图特征点通常使用李代数来参数化。特别是，李代数常用于表示相机或智能体的 6 自由度位姿。

如图 5.20 所示，本节使用 g2o 中的高斯-牛顿法对公开数据集中的位姿数据进行优化。以下是使用 g2o 进行位姿优化的流程。

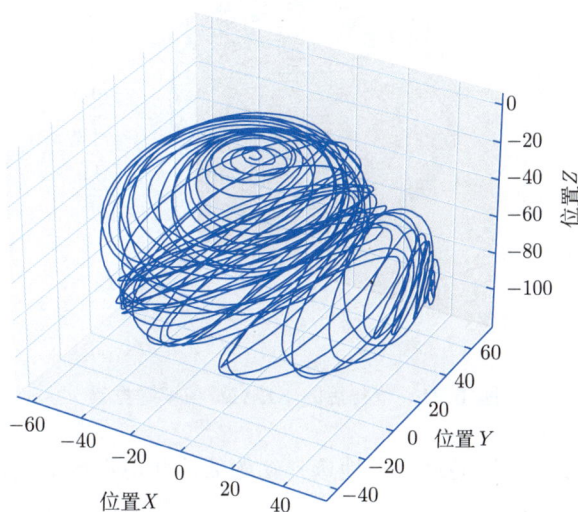

图 5.20　原始 SLAM 位姿数据集

1）设置 g2o

g2o 提供了多种稀疏优化器，它们在处理大型问题时都能够有效地利用稀疏性来加速计算。选择一个合适的求解器：g2o 支持多种线性求解器，如 Cholesky 分解或 QR 分解等。

2）定义顶点和边

添加位姿顶点：这些顶点代表智能体或相机的位姿，它们是优化的变量。

定义状态估计：每个顶点都有一个初始的状态估计，这可以是由传感器数据提供的，或是前一时刻的状态估计。

3）添加观测边

这些边代表智能体或相机从一个位置到另一个位置的运动观测，或者从一个位置到地图上的特征点的观测。每条边都有一个误差函数，用于计算观测值和当前估计值之间的差异。

4）设置初始估计

从数据集中加载智能体或相机的初始位姿估计。这个初始估计为优化过程提供了一个起始点。

5）运行优化

初始化优化器：设置各种优化参数，如迭代次数、收敛条件等。

运行优化：g2o 会使用高斯-牛顿法或其他方法，如 Levenberg-Marquardt 方法，迭代地最小化整体误差。

6）获取结果

如图 5.21 所示，是优化后的结果。这些优化后的位姿可以用于进一步的导航、建图或其他任务。

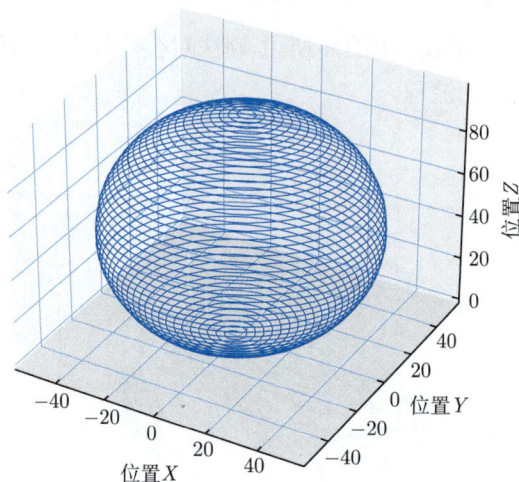

图 5.21　优化后的 SLAM 位姿数据集

仿真结果表明，g2o 工具箱通过合理地选择初始估计和适当地调整优化参数，可以有效地恢复 SLAM 问题中的位姿状态。

4. 鲁棒位姿优化

本节介绍鲁棒位姿优化算法，该方法分为两个关键阶段：鲁棒位姿初始化和协方差矩阵缩放。首先，采用一个两阶段的初始化框架，在初始化的第一阶段整合鲁棒核函数技术，有效地减少数据中的噪声和潜在异常值的影响。此外，通过利用对协方差矩阵进行动态调整，进一步优化了位姿估计的准确性，确保在面对动态环境和数据不确定性时，算法能够保持高效和高精度的表现。

通过两阶段最小化来确定优化初始点，其中将观察到的带有噪声的旋转测量值与模型的预测值进行对齐，这一过程是通过使用旋转不变度量来测量两者之间的差异来实现。鉴于估计方向的任务与确定位置的任务是分开进行，所以优先解决方向估计子问题。因此，将位姿图优化分为两个不同的子问题。更具体地说，专注于通过以下步骤计算 $\mathbf{R}_i$（即位姿的旋转分量）：

$$\mathbf{R}_i = \arg \min_{\mathbf{R} \in \mathrm{SO}(d)} \sum_{(i,j) \in \vec{\mathcal{E}}} \rho(\kappa_{ij} \|\mathbf{R}_j - \mathbf{R}\tilde{\mathbf{R}}_{ij}\|_F^2) \tag{5.116}$$

其中，ρ 代表了所选用的鲁棒核函数，κ_{ij} 为旋转矩阵的权重。这一选择对于调整系统对异常值的响应具有至关重要的影响。合适的鲁棒核函数的选择能显著影响系统测量误差。Tukey 内核，作为一种高效的鲁棒核函数，提供了优越的异常值抑制功能。这种内核特别适用于处理那些明显偏离平均值的异常误差，其主要特点是当误差超出某个阈值时，该误差的影响就会被削减，从而不会对整体估计结果产生过大的影响。这种"截尾"效应是通过以下几个步骤实现：

1）误差限定

Tukey 内核将影响限制在一个预定的范围内，误差超过这个范围，其权重将迅速减小到零，有效地"截断"了这些极端值的影响。

2）平滑调整

内核函数在接近阈值时平滑过渡，避免在模型估计中引入突变，这有助于保持估计过程的稳定性。

3）迭代优化

在位姿估计过程中，可以通过迭代方法不断调整阈值，以适应不同场景下的误差特性，这种动态调整可以进一步提高系统的适应性和鲁棒性。

选择 Tukey 内核是因为其能够在保持估计精度的同时，有效地减少离群值的负面影响，使系统在面对复杂多变的环境条件时仍能维持较高的性能表现。基于此，定义函数为

$$\rho(x) = \begin{cases} \dfrac{c^2}{6}\left(1 - \left[1 - \left(\dfrac{x}{c}\right)^2\right]^3\right), & |x| \leqslant c \\ \dfrac{c^2}{6}, & \text{其他} \end{cases} \tag{5.117}$$

其中，c 是一个关键的阈值参数，用于定义错误处理的界限。此参数在鲁棒优化算法中起到决定性作用，特别是在应用 Tukey 内核等鲁棒核函数时。对于绝对值小于 c 的误差，它们被认为是在正常的测量误差范围内。这些误差会被赋予一个平滑递减的权重，通过这种方式，较小的误差对总体估计的影响较大，从而保证了估计的准确性。当误差的绝对值超过阈值 c 时，其影响在算法中被有效地"截断"。这意味着超出此阈值的误差被视为潜在的异常值，其对估计的贡献被强制减到最低或完全忽略，从而防止这些异常值扭曲最终的优化结果。

在成功估计旋转分量之后，下一步是初始化平移分量。这一过程通过最小化连接节点之间的空间差异来实现，其中这些空间差异是根据已经估计的旋转调整后得到的。通过这种方法，可以确保旋转和平移之间的一致性，为整体的位姿估计提供一个坚实的基础。接下来，利用已确定的方向（即旋转分量）进入平移的优化阶段，具体通过最小化以下成本函数来实现

$$\boldsymbol{t}_i = \arg\min_{t} \sum_{(i,j)\in\vec{\mathcal{E}}} \rho(\tau_{ij}\|\boldsymbol{t}_j - \boldsymbol{t}_i - \mathbf{R}_i\tilde{\boldsymbol{t}}_{ij}\|_2^2) \tag{5.118}$$

式中，τ_{ij} 为平移向量的权重。显然，由公式 (5.116) 和式 (5.118) 得出的解并非最优解。然而，这些初始解可以作为梯度方法求解的初始输入，这确保了初始估计尽可能接近真实值。通过从一个更接近真实解的点开始，系统可以减少所需的迭代次数，并加速整个优化过程。这不仅节省了计算资源，还能在动态环境中更快地响应变化。

在完成对位姿图的鲁棒初始化后，采用了协方差矩阵重新缩放方法进行优化，它通过系统地调整每次测量的权重来细化误差模型。具体来说，权重的调整基于先前迭代中估计的误

差大小迭代进行，从而逐步接近最优的精度。优化问题可以形式化为以下数学模型

$$\boldsymbol{T}^* = \underset{T}{\arg\min} \underbrace{\sum_i \|\boldsymbol{T}_{i+1} - \boldsymbol{T}_i \tilde{\boldsymbol{T}}_{i,i+1}\|_{\boldsymbol{\Sigma}_i}^2}_{\text{Odometry Constraints}} + \underbrace{\sum_{ij} \|s_{ij}(\boldsymbol{T}_j - \boldsymbol{T}_i \tilde{\boldsymbol{T}}_{i,j})\|_{\boldsymbol{\Lambda}_{ij}}^2}_{\text{Loop Closure Constraints}} \qquad (5.119)$$

其中，$\boldsymbol{T}$ 表示变换矩阵的集合，$\sum_i$ 和 $\boldsymbol{\Lambda}_{ij}$ 分别是里程计测量和闭环检测的协方差矩阵，s_{ij} 为尺度因子。第二项等于

$$\underbrace{\sum_{ij} \|(\boldsymbol{T}_j - \boldsymbol{T}_i \tilde{\boldsymbol{T}}_{i,j})\|_{s_{ij}^{-2}\boldsymbol{\Lambda}_{ij}}^2}_{\text{Loop Closure Constraints}} \qquad (5.120)$$

初始步骤中计算的误差估计用于动态调整协方差矩阵，从而改变测量的权重。在本节中，基于残差迭代调整分配给每个测量的权重。权重的动态调整帮助算法更有效地处理那些具有较大不确定性的测量，确保优化过程更加集中于可靠度高的数据。通过迭代方法（如高斯牛顿法等），持续优化代价函数直到达到收敛条件，从而逐步提高整个系统的精度。通过这种方法，位姿图优化算法不仅能有效利用每个测量的具体特性，还能在存在噪声和不确定性的情况下，确保估计结果的精度和鲁棒性。

5. 仿真实验

为了评估所提出的鲁棒优化算法在处理异常值情况下的性能，选择使用 SLAM 广泛采用的 g2o 数据集进行实验。这些实验旨在模拟现实世界中可能遇到的数据损坏或传感器不准确的情况，从而验证算法的实际应用价值。实验设计包括以下两个主要部分：

（1）鲁棒性比较实验。

在这组实验中，系统地引入了不同程度和类型的闭环异常值，以测试和比较所提算法与传统 SLAM 优化方法（如基于 g2o 框架的标准优化技术）的鲁棒性。目标是观察在不同异常值水平下，算法是否能够维持高质量的位姿估计，而不被异常数据影响。

（2）计算效率比较实验。

在相同的优化求解器框架下，比较了传统方法和本节所提出的方法在计算效率上的表现。这一比较不仅关注总体优化时间，还包括迭代次数和收敛速度，从而全面评估算法在实际应用中的执行效率。

对于实验评估，使用了广泛认可的 g2o 基准数据集，该数据集为优化机器人和计算机视觉中的基于图的模型提供了一个通用框架。g2o 数据集特别适合鲁棒测试，因为它允许合并不同的噪声模型和离群值配置，能够严格测试所提出的算法在不同条件下的弹性。如图 5.22 所示，说明了本实验使用的数据集。每个场景均按照预设比例添加不同程度的闭环异常值，以模拟现实环境中可能遇到的挑战。

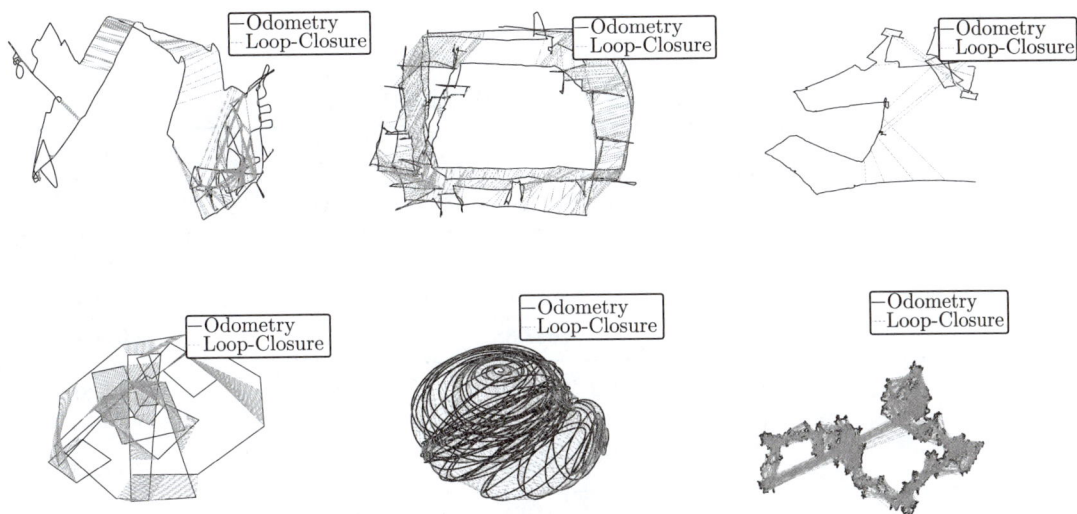

图 5.22　本实验所用数据集

评估指标。为了评估稳健优化算法的性能，采用了一组旨在捕捉位姿图优化精度和效率方面的评估指标: 目标值、重加权数和计算时间。采用 Levenberg-Marquardt 算法解决位姿图优化中固有的非线性优化挑战。此外，系统地比较了该方法与现有算法（如 g2o+Huber 核函数）和协方差矩阵重缩放（Covariance Matrix Reweight, CMR）算法的性能。对不同的数据集进行了评估，特别是在包含多个异常闭环的情况下，以模拟高噪声和异常值的环境。如表 5.1 所示，该方法在多个场景中均优于现有方法。例如，在具有 25 个离群环路闭合的 Ais2klinik 数据集中，实现了显著更优的目标值 2463.16，相比之下，g2o+Huber 核函数的结果为 130638.88，而传统 CMR 方法为 11114.16。同样，在 Ringcity 数据集中，该将目标值最小化到了 1823.67，显著优于其他方法的 6334.34 和 3731.00。这些结果明显表明了优化方法在处理具有高水平噪声和异常值的环境中的鲁棒性。

为了验证所提算法的计算效率，进行了与 CMR 算法的对比分析。特别是在计算时间这一关键性能指标上，所提的方法显示出显著的优势。如表 5.2 所示，该算法在处理时间上明显优于 CMR 算法。在 5-torus3D 数据集上，只需 267.13s 即可完成计算，而 CMR 方法则需要532.88s。这一结果表明所提的方法减少了接近一半的计算时间。这种显著减少的计算时间趋势在大多数测试数据集上均有体现，特别是在具有高异常值（如 25 个伪闭环）的条件下，这些条件通常会导致计算需求显著增加。这些结果表明，该方法不仅在鲁棒性上表现出色，同时在计算效率上也有显著提高，尤其是在面对复杂数据集和高异常值的环境中。

为了进一步验证所提算法的效率，特别关注了重加权次数，这是衡量基于加权迭代方法收敛速度的一个关键指标。如图 5.23 所示，在大多数测试情况下，所提方法始终需要比 CMR方法更少的重加权次数，这直接影响到整体计算的效率和响应速度。在对不同 SLAM 数据集的重加权次数的比较分析中，"5-torus3D""10-ais2klinik""10-intel"数据集突出地说明了所提算法比 CMR 方法的有效性。在"5-torus3D"数据集中，所提方法将重加权次数从 24 次减少到 12 次，收敛效率提高了 50%。在"10-ais2klinik"数据集中，重加权次数从 25 次减少到

16 次，降低了 36%。

表 5.1　在不同异常值的数据集上的目标值比较

数据集	伪闭环数量	目标值		
		g2o+Huber	CMR	Ours
Ais2klinik	5	23984.03	1812.21	**890.82**
	10	40336.01	9984.46	**1818.19**
	25	130638.88	11114.16	**2463.16**
Intel	5	932.57	147.77	**131.85**
	10	1683.70	156.16	**139.11**
	25	3246.07	150.82	**148.21**
MIT	5	551.38	**156.19**	183.61
	10	1486.73	456.16	**151.37**
	25	2750.54	153.68	**103.57**
Ringcity	5	2418.55	991.49	**795.86**
	10	2688.90	**943.04**	1560.86
	25	6334.34	3731.00	**1823.67**
Sphere2500	5	2830.26	1082.14	**901.66**
	10	5257.13	915.03	**850.84**
	25	10302.79	1147.04	**849.75**
Torus3D	5	17300.64	**5810.02**	6001.81
	10	17300.64	**5800.17**	5803.29
	25	18962.55	**5849.46**	6177.05

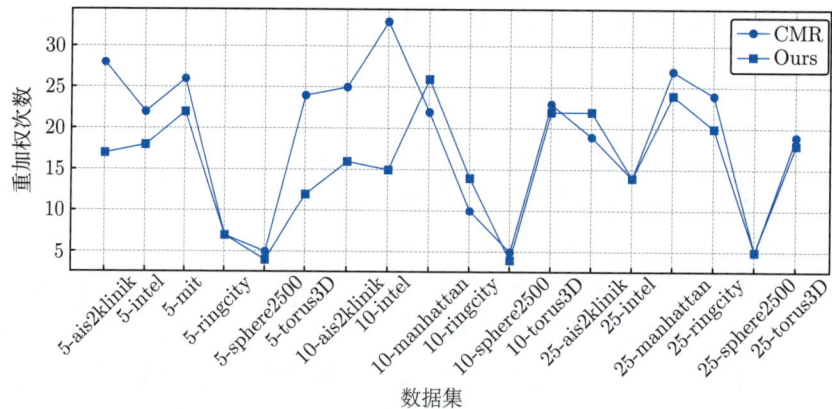

图 5.23　CMR 与本节算法的重加权数比较

如图 5.24 所示，是数据集的优化结果图。本节的鲁棒算法通过结合两阶段初始化、Tukey 的 Biweight 核函数和协方差矩阵重加权算法，针对 SLAM 优化过程中遇到的伪闭环问题提供了一个高效的解决方案。该算法不仅提高了位姿图优化的鲁棒性，还显著增强了整体计算效率。

表 5.2 CMR 算法与所提算法的计算时间比较

数据集	CMR	所提的算法	数据集	CMR	所提的算法
5-ais2klinik	34.94	**16.44**	10-ringcity	**1.33**	1.69
5-intel	2.80	**2.25**	10-sphere2500	40.23	**37.53**
5-mit	**2.62**	2.85	10-torus3D	556.30	**526.20**
5-ringcity	0.93	**0.91**	25-ais2klinik	19.33	**21.65**
5-sphere2500	47.27	**33.74**	25-intel	1.78	**1.57**
5-torus3D	532.88	**267.13**	25-mit	**0.94**	5.10
10-ais2klinik	26.83	**15.41**	25-ringcity	15.40	**5.95**
10-intel	13.02	**1.77**	25-sphere2500	43.80	**38.94**
10-mit	**2.99**	8.00	25-torus3D	587.49	**574.03**

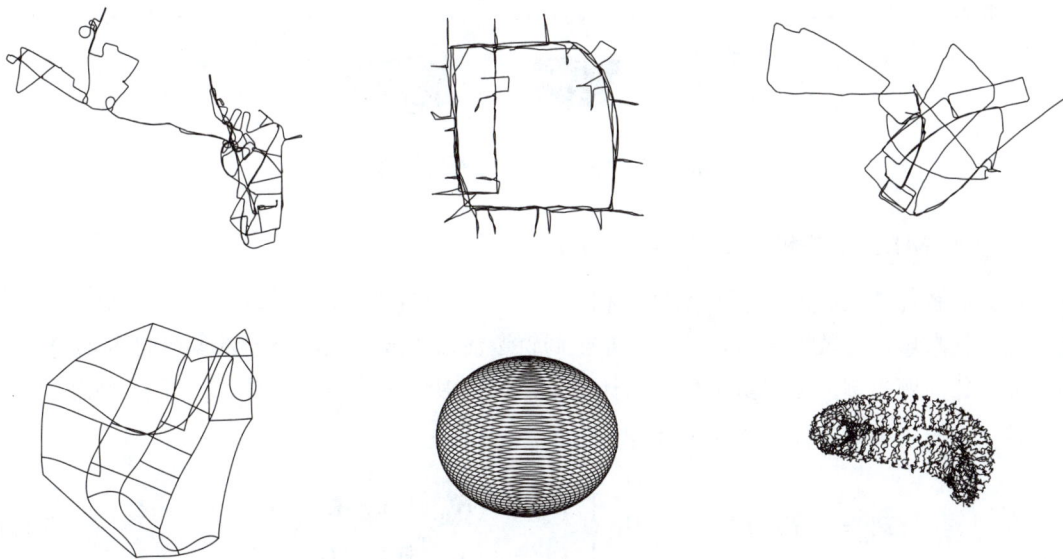

图 5.24 数据集的优化结果

5.3.4 多机协同的自主即时定位与建图

1. 多机协同 SLAM 的基本框架

由于单机 SLAM 执行任务时存在效率低、性能和探索范围的局限性等缺点，不能快速、可靠地完成大规模高精度定位与建图任务，难以满足复杂的任务需求。相较于单智能体而言，多智能体系统通过通信交互，能够利用群体合作的优势弥补单智能体性能方面的不足，拥有覆盖面广、工作效率高等优点。

现有的多智能体协同 SLAM 系统分为中心式架构和去中心式架构。中心式架构需要处理所有智能体采集的传感器信息，但是当系统存在节点故障、通信带宽受限、网络拓扑结构变化等情况时，中心式架构的系统则会瘫痪；而去中心式架构的每个智能体都具有独立处理融合信息的能力，不会因为局部的故障影响整个系统，具有较好的健壮性和可扩展性。

如图 5.25 所示是协同 SLAM 系统的总体框架。多机协同 SLAM 系统的设计与单智能体视觉 SLAM 系统相比，不同之处在于需要整合局部定位和地图信息，构建具有全局一致性的地图。通过对不同智能体的位姿进行数据关联，利用智能体间的位姿观测信息和预测量的约束关系，使不同智能体的状态量相关联。

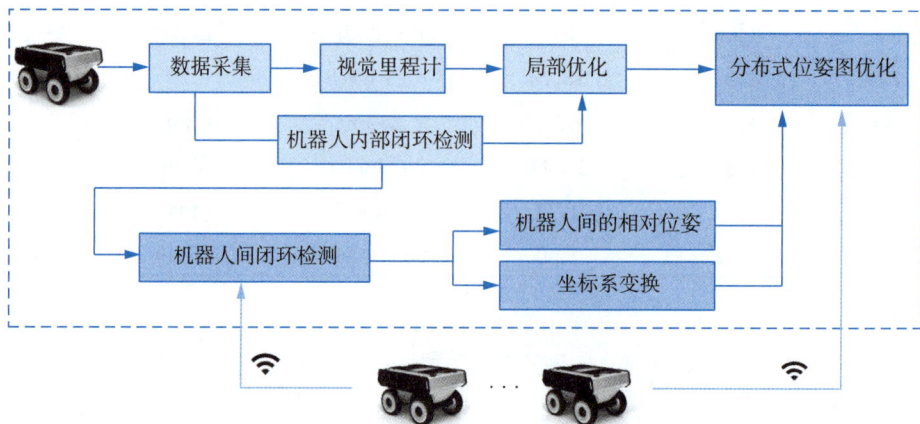

图 5.25　多机协同 SLAM 系统的总体框架

2. 基于 MLE 的多机 SLAM 状态估计

在获取智能体间相对位姿和坐标系相对转换后，仍需要考虑采取何种方式对不同智能体相关联的状态量进行数据融合，使它们对全局轨迹估计达成一致。下面以多智能体 SLAM 中的位姿估计问题为例，使用最大似然估计理论，解决多机 SLAM 的协同定位估计问题。

首先，定义智能体间的相对位姿测量值为

$$\bar{z}_{\beta_j}^{\alpha_i} \doteq (\bar{R}_{\beta_j}^{\alpha_i}, \bar{t}_{\beta_j}^{\alpha_i}), \quad \text{with:} \begin{cases} \bar{R}_{\beta_j}^{\alpha_i} = (R_{\alpha_i})^{\text{T}} R_{\beta_j} R_\epsilon \\ \bar{t}_{\beta_j}^{\alpha_i} = (R_{\alpha_i})^{\text{T}}(t_{\beta_j} - t_{\alpha_i}) + t_\epsilon \end{cases} \tag{5.121}$$

其中，$z_{\beta_j}^{\alpha_i}$ 是智能体 α 在 i 时刻与智能体 β 在 j 时刻的相对观测值，$R_{\beta_j}^{\alpha_i}$ 是智能体 α 在 i 时刻与智能体 β 在 j 时刻的相对旋转，$t_{\beta_j}^{\alpha_i}$ 是智能体 α 在 i 时刻与智能体 β 在 j 时刻的相对平移。R_ϵ 是旋转部分的偏差量，t_ϵ 是平移部分的偏差量。在已知多机间相对位姿的情况下，求智能体 α 位姿的最大似然：

$$x^\star = \arg\max_{x} \prod_{(\alpha_i, \beta_j) \in \mathcal{E}} \mathcal{L}(\bar{z}_{\beta_j}^{\alpha_i} \mid x) \tag{5.122}$$

根据平移与旋转矩阵误差的分布规律，将上式转化为最小二乘问题

$$\min_{t_{\alpha_i} \in \mathbf{R}^3, R_{\alpha_i} \in \text{SO}(3)} \sum_{\forall \alpha \in \Omega, \forall i} \omega_t^2 \left\| t_{\beta_j} - t_{\alpha_i} - R_{\alpha_i} \bar{t}_{\beta_j}^{\alpha_i} \right\|^2 + \frac{\omega_R^2}{2} \left\| R_{\beta_j} - R_{\alpha_i} \bar{R}_{\beta_j}^{\alpha_i} \right\|^2 \tag{5.123}$$

这里使用优化算法求解集中式和去中心化框架下的多智能体状态估计问题。针对集中式构架下多机 SLAM 协同定位问题，将单智能体图优化的问题构建方法扩展到多智能体集中式的问题中。

多智能体轨迹如图 5.26 所示。考虑集中式方式求解该问题的最优值，可以使用近似线性方程组求解或使用迭代法在欧氏空间中寻找下降方向求最优值。这里使用两阶段算法，首先将最大似然函数松弛化，得到所有智能体的旋转估计，然后固定旋转矩阵将其代入平移向量方程中，并用高斯-牛顿法对结果进行求解。通过松弛和投影进行旋转初始化，求解以下旋转子问题，计算所有智能体的旋转方面的估计

$$\min_{\boldsymbol{R}_{\alpha_i}, \forall \alpha \in \boldsymbol{\Omega}, \forall i} \sum_{(\alpha_i, \beta_j) \in \mathcal{E}} \omega_R^2 \left\| \boldsymbol{R}_{\beta_j} - \boldsymbol{R}_{\alpha_i} \bar{\boldsymbol{R}}_{\beta_j}^{\alpha_i} \right\|_{\mathrm{F}}^2 \tag{5.124}$$

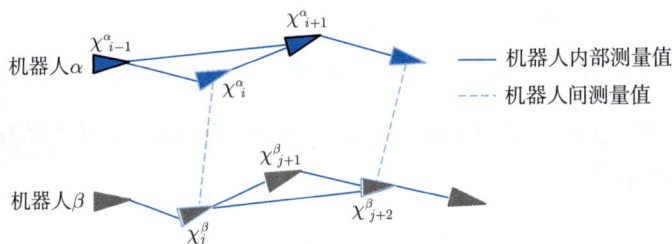

图 5.26　多智能体轨迹图

由于上述公式是非凸的，将其约束进行松弛，则变为

$$\min_{\boldsymbol{R}_{\alpha_i}, \forall \alpha \in \boldsymbol{\Omega}, \forall i} \sum_{(\alpha_i, \beta_j) \in \mathcal{E}} \omega_R^2 \left\| \boldsymbol{R}_{\beta_j} - \boldsymbol{R}_{\alpha_i} \bar{\boldsymbol{R}}_{\beta_j}^{\alpha_i} \right\|_{\mathrm{F}}^2 \tag{5.125}$$

在未知旋转矩阵 $\boldsymbol{R}_{\alpha_i}, \forall \alpha \in \boldsymbol{\Omega}, \forall i$ 的情况下，将松弛后的二次型方程组成线性方程的形式

$$\min_{\boldsymbol{r}} \|\boldsymbol{A}_r \boldsymbol{r} - \boldsymbol{b}_r\|^2 \tag{5.126}$$

把未知旋转矩阵 $\boldsymbol{R}_{\alpha_i}, \forall \alpha \in \boldsymbol{\Omega}, \forall i$ 的所有元素堆叠成一个向量 $\boldsymbol{r}$，相应地建立矩阵 $\boldsymbol{A}_r$ 和向量 $\boldsymbol{b}$，其解可通过解标准方程得到

$$(\boldsymbol{A}_r^{\mathrm{T}} \boldsymbol{A}_r) \boldsymbol{r} = \boldsymbol{A}_r^{\mathrm{T}} \boldsymbol{b}_r \tag{5.127}$$

由于这些旋转是由松弛后公式得到的，因此它们不能保证满足特殊正交群约束，因此还需要将问题解投影到特殊正交群上。

$$\hat{\boldsymbol{R}}_{\alpha_i} = \mathrm{project}(\breve{\boldsymbol{R}}_{\alpha_i}), \forall \alpha \in \boldsymbol{\Omega}, \forall i \tag{5.128}$$

根据已估计的旋转矩阵，将该值重新设置为已知量 $\hat{\boldsymbol{R}}_{\alpha_i}$。由于在计算旋转矩阵的过程中，使用了一些近似操作，所以实际的旋转矩阵等于估计值和偏差量的乘积

$$\boldsymbol{R}_{\alpha_i} = \hat{\boldsymbol{R}}_{\alpha_i} \mathrm{Exp}\left(\boldsymbol{\theta}_{\alpha_i}\right) \tag{5.129}$$

其中，$\mathrm{Exp}\,(\cdot)$ 是特殊正交群的指数映射，由于偏差量一般都比较小，所以可以使用旋转角 $\boldsymbol{\theta}_{\alpha_i} \in \mathbf{R}^3$ 进行表示。最小二乘问题重新表述为

$$
\min_{\boldsymbol{t}_{\alpha_i},\boldsymbol{\theta}_{\alpha_i}} \sum_{\forall \alpha \in \boldsymbol{\Omega},\forall i} \omega_t^2 \left\| \boldsymbol{t}_{\beta_j} - \boldsymbol{t}_{\alpha_i} - \hat{\boldsymbol{R}}_{\alpha_i} \mathrm{Exp}\,(\boldsymbol{\theta}_{\alpha_i}) \,\bar{\boldsymbol{t}}_{\beta_j}^{\alpha_i} \right\|^2
$$
$$
+ \frac{\omega_{\boldsymbol{R}}^2}{2} \left\| \hat{\boldsymbol{R}}_{\beta_j} \mathrm{Exp}\,(\boldsymbol{\theta}_{\beta_j}) - \hat{\boldsymbol{R}}_{\alpha_i} \mathrm{Exp}\,(\boldsymbol{\theta}_{\alpha_i}) \,\bar{\boldsymbol{R}}_{\beta_j}^{\alpha_i} \right\|_{\mathrm{F}}^2 \tag{5.130}
$$

指数映射用一阶近似表示为

$$
\mathrm{Exp}\,(\boldsymbol{\theta}_{\alpha_i}) \simeq \boldsymbol{I}_3 + \boldsymbol{S}(\boldsymbol{\theta}_{\alpha_i}) \tag{5.131}
$$

其中，$\boldsymbol{S}(\boldsymbol{\theta}_{\alpha_i})$ 是一个斜对称矩阵，其元素由向量 $\boldsymbol{\theta}_{\alpha_i}$ 定义。代入原式得

$$
\min_{\boldsymbol{t}_{\alpha_i},\boldsymbol{\theta}_{\alpha_i} \in \boldsymbol{R}^3} \sum_{\forall \alpha \in \boldsymbol{\Omega},\forall i} \omega_t^2 \left\| \boldsymbol{t}_{\beta_j} - \boldsymbol{t}_{\alpha_i} - \hat{\boldsymbol{R}}_{\alpha_i} \bar{\boldsymbol{t}}_{\beta_j}^{\alpha_i} - \hat{\boldsymbol{R}}_{\alpha_i} \boldsymbol{S}(\boldsymbol{\theta}_{\alpha_i}) \bar{\boldsymbol{t}}_{\beta_j}^{\alpha_i} \right\|^2
$$
$$
+ \frac{\omega_{\boldsymbol{R}}^2}{2} \left\| \hat{\boldsymbol{R}}_{\beta_j} - \hat{\boldsymbol{R}}_{\alpha_i} \bar{\boldsymbol{R}}_{\beta_j}^{\alpha_i} + \hat{\boldsymbol{R}}_{\beta_j} \boldsymbol{S}(\boldsymbol{\theta}_{\beta_j}) - \hat{\boldsymbol{R}}_{\alpha_i} \boldsymbol{S}(\boldsymbol{\theta}_{\alpha_i}) \bar{\boldsymbol{R}}_{\beta_j}^{\alpha_i} \right\|_{\mathrm{F}} \tag{5.132}
$$

同样，将把未知平移向量 $\boldsymbol{t}_{\alpha_i}$、$\boldsymbol{\theta}_{\alpha_i}$ 的所有元素堆叠成一个向量 $\boldsymbol{p}$，相应的建立矩阵 $\boldsymbol{A_r}$ 和向量 $\boldsymbol{b}$，其解可通过解标准方程得到

$$
\min_{\boldsymbol{p}} \| \boldsymbol{A_p} \boldsymbol{p} - \boldsymbol{b_p} \|^2 \tag{5.133}
$$

通过求解线性方程获得平移向量和旋转偏差的估计值

$$
(\boldsymbol{A_p^{\mathrm{T}}} \boldsymbol{A_p}) \boldsymbol{p} = \boldsymbol{A_p^{\mathrm{T}}} \boldsymbol{b_p} \tag{5.134}
$$

至此，可以在集中式构架下计算出所有智能体的状态量。而针对去中心化构架下多机 SLAM 协同定位问题，主要有两种解决方案：消元算法和拆分算法。由于位姿图具有稀疏性，消元的过程会破坏稀疏性，使分离节点变得更稠密，因此消元后必须依赖线性化处理。在大规模场景下的分布式 SLAM 优化中，这必然会浪费很大的计算资源，因此通常考虑使用拆分的方法进行去中心化计算。

基于拆分的方法将集中式线性系统拆分为多个子系统，来代表多个智能体，并使用分布式线性求解器进行计算。例如，将向量 $\boldsymbol{r}$ 划分为 $\boldsymbol{r} = [\boldsymbol{r}_\alpha, \boldsymbol{r}_\beta, \cdots]$，使用 $\boldsymbol{r}_\alpha$ 描述智能体 α 的旋转。线性方程描述为一般形式

$$
\boldsymbol{H}\boldsymbol{y} = \boldsymbol{g} \Leftrightarrow \begin{bmatrix} \boldsymbol{H}_{\alpha\alpha} & \boldsymbol{H}_{\alpha\beta} & \cdots \\ \boldsymbol{H}_{\beta\alpha} & \boldsymbol{H}_{\beta\beta} & \cdots \\ \vdots & \vdots & \ddots \end{bmatrix} \begin{bmatrix} \boldsymbol{y}_\alpha \\ \boldsymbol{y}_\beta \\ \vdots \end{bmatrix} = \begin{bmatrix} \boldsymbol{g}_\alpha \\ \boldsymbol{g}_\beta \\ \vdots \end{bmatrix} \tag{5.135}
$$

在给定块矩阵 $\boldsymbol{H}$ 和块向量 $\boldsymbol{g}$ 的情况下，根据 $\boldsymbol{y}$ 的块结构对矩阵 $\boldsymbol{H}$ 和向量 $\boldsymbol{g}$ 进行分区，计算向量 $\boldsymbol{y} = [\boldsymbol{y}_\alpha, \boldsymbol{y}_\beta, \cdots]$。则对于每个智能体而言，只关注方程

$$
\sum_{\delta \in \boldsymbol{\Omega}} \boldsymbol{H}_{\alpha\delta} \boldsymbol{y}_\delta = \boldsymbol{g}_\alpha \quad \forall \alpha \in \boldsymbol{\Omega} \tag{5.136}
$$

把 y_α 从求和公式中提出来

$$H_{\alpha\alpha}y_\alpha = - \sum_{\delta\in\Omega\setminus\{\alpha\}} H_{\alpha\delta}y_\delta + g_\alpha \quad \forall\alpha\in\Omega \tag{5.137}$$

至此，可以用分布式线性方程求解器计算每个智能体的状态量，常见的方法如分布式雅可比 (distributed Jacobi)、分布式逐次超松弛 (distributed successive over-relaxation) 等。

3. 多机协同全局 BA 优化

全局 BA (Bundle Adjustment) 是一种大规模的优化方法，常用于消除系统的累积误差，优化变量包括了相机的位姿，地图点的坐标。而在集中式的多机系统中，需使用协同全局 BA，即当两个客户端完成回环检测和位姿图优化之后，会继续建立不同客户端地图之间的观测约束，最后放在一个优化问题中求解。相比于单机系统，多机系统的协同全局 BA 能够得到来自其他机器人的观测约束，使其能够具有良好的定位精度。多机系统中的协同全局 BA 约束如图 5.27所示，具体类型如下：（1）不同客户端之间的约束 e_1：当客户端 A 与客户端 B 的地图融合之后，B 中原本的地图点会为客户端 A 带来新的观测，所以 A 中的关键帧会与新地图点形成约束。同理，B 中的关键帧也会与 A 的地图点形成新约束。（2）同一客户端之间的约束 e_2：在同一客户端中，只要存在观测关系的地图点与关键帧，均会建立它们之间的约束。

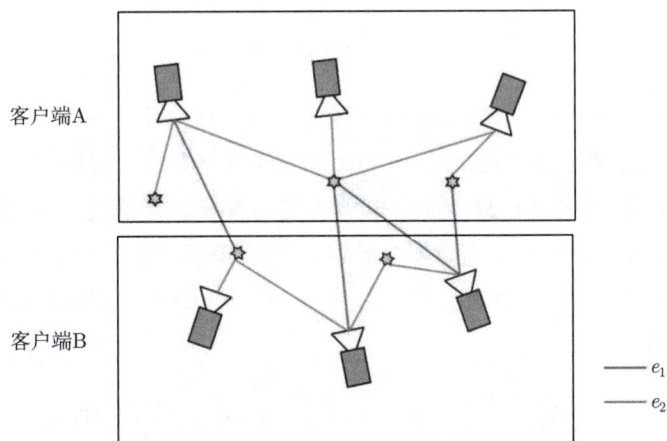

图 5.27 全局 BA 约束

当系统中已建立了所有约束关系之后，两个客户端在相同时间内建立的地图，本质上可以看作一个客户端在不同时间内建立的地图。所以将不同客户端的所有位姿与地图点坐标均放在一起作为优化的变量

$$x_c = \left[\xi_1^A, \xi_2^A, \cdots, \xi_{m-1}^B, \xi_m^B\right]^T \tag{5.138}$$

$$x_p = \left[P_1^A, P_2^A, \cdots, P_{n-1}^B, P_n^B\right]^T \tag{5.139}$$

其中，x_c 包含了客户端 A、B 一共 m 个位姿 ξ，x_p 则包含了客户端 A、B 一共 n 个地图点

$\boldsymbol{P}$。协同全局 BA 误差函数定义为

$$\min \frac{1}{2} \sum_{i=1}^{m} \sum_{j=1}^{n} e_{ij}{}^{2} \tag{5.140}$$

其中，e_{ij} 表示关键帧与地图点构成的误差，包含了不同客户端之间的约束 e_1 与同一客户端之间的约束 e_2。若数据关联到的特征点具有一定范围内的深度信息，则 e_{ij} 为 3D-3D 误差。否则，为 3D-2D 误差。

对于大规模的 BA 问题，仍需要求解雅可比矩阵。将误差函数写成向量函数的形式，并进行一阶泰勒展开

$$\frac{1}{2} \parallel e(\boldsymbol{x} + \Delta \boldsymbol{x}) \parallel^2 = \frac{1}{2} \parallel e(\boldsymbol{x}) + \boldsymbol{F} \Delta \boldsymbol{x}_c + \boldsymbol{E} \Delta \boldsymbol{x}_p \parallel^2 \tag{5.141}$$

其中，$\boldsymbol{F}$ 为误差关于位姿的雅可比矩阵，$\boldsymbol{E}$ 为误差关于地图点的雅可比矩阵。最终求解的增量方程为

$$\boldsymbol{H} \Delta \boldsymbol{x} = \boldsymbol{g} \tag{5.142}$$

其中，$\boldsymbol{g}$ 为堆叠的向量，$\boldsymbol{H}$ 矩阵为

$$\boldsymbol{H} = \boldsymbol{J}^{\mathrm{T}} \boldsymbol{J} = \begin{bmatrix} \boldsymbol{F}^{\mathrm{T}} \boldsymbol{F} & \boldsymbol{F}^{\mathrm{T}} \boldsymbol{E} \\ \boldsymbol{E}^{\mathrm{T}} \boldsymbol{F} & \boldsymbol{E}^{\mathrm{T}} \boldsymbol{E} \end{bmatrix} \tag{5.143}$$

然而，由于优化变量包含了所有客户端的相机位姿与地图点，使得矩阵 $\boldsymbol{H}$ 的维数很大。如果直接对该矩阵求逆进行增量 $\boldsymbol{x}$ 的求解，因为矩阵求逆的复杂度为 $O(n^3)$，那么会消耗大量的计算资源。因此，需要利用矩阵 $\boldsymbol{H}$ 稀疏的性质来进行矩阵的边缘化，从而降低矩阵求逆的计算量。矩阵 $\boldsymbol{H}$ 的稀疏性是由雅可比矩阵所导致，雅可比矩阵的每一行 J_{ij}，代表一个误差 e_{ij} 对所有位姿 $\boldsymbol{x}_c$ 与地图点 $\boldsymbol{P}_j$ 位置求导数。由于 e_{ij} 只与位姿 $\boldsymbol{\xi}_i$ 与地图点 $\boldsymbol{P}_j$ 相关，所以对剩余的变量求导都为 0

$$\boldsymbol{J}_{ij}(\boldsymbol{x}) = \left(\boldsymbol{0}_{2\times 6}, \cdots \boldsymbol{0}_{2\times 6}, \frac{\partial e_{ij}}{\partial \boldsymbol{\xi}_i}, \boldsymbol{0}_{2\times 6}, \cdots \boldsymbol{0}_{2\times 3}, \cdots \boldsymbol{0}_{2\times 3}, \frac{\partial e_{ij}}{\partial \boldsymbol{p}_j}, \boldsymbol{0}_{2\times 3}, \cdots \boldsymbol{0}_{2\times 3} \right) \tag{5.144}$$

这使得矩阵 $\boldsymbol{H}$ 具有了稀疏性

$$\boldsymbol{H} = \begin{bmatrix} \boldsymbol{H}_{11} & \boldsymbol{H}_{12} \\ \boldsymbol{H}_{21} & \boldsymbol{H}_{22} \end{bmatrix} \tag{5.145}$$

其中，矩阵 $\boldsymbol{H}_{11}$ 与 $\boldsymbol{H}_{22}$ 均为对角矩阵，即只有对角线上的元素为非零元素。矩阵 $\boldsymbol{H}_{12}$ 与 $\boldsymbol{H}_{21}$ 性质与具体观测情况相关。因为对角矩阵求逆的难度远小于一般的矩阵，所以将增量方程写为如下形式，拆分为对应位姿和地图点两部分

$$\begin{bmatrix} \boldsymbol{B} & \boldsymbol{E} \\ \boldsymbol{E}^{\mathrm{T}} & \boldsymbol{C} \end{bmatrix} \begin{bmatrix} \Delta \boldsymbol{x}_c \\ \Delta \boldsymbol{x}_p \end{bmatrix} = \begin{bmatrix} \boldsymbol{v} \\ \boldsymbol{w} \end{bmatrix} \tag{5.146}$$

其中，B、Δx_c、v 为对应位姿的部分，C、x_p、w 为对应地图点的部分，E 为交叉部分。只对对角矩阵进行求逆，做如下变换

$$\begin{bmatrix} I & -EC^{-1} \\ 0 & I \end{bmatrix} \begin{bmatrix} B & E \\ E^{\mathrm{T}} & C \end{bmatrix} \begin{bmatrix} \Delta x_c \\ \Delta x_p \end{bmatrix} = \begin{bmatrix} I & -EC^{-1} \\ 0 & I \end{bmatrix} \begin{bmatrix} v \\ w \end{bmatrix} \tag{5.147}$$

则得

$$\begin{bmatrix} B - EC^{-1}E^{\mathrm{T}} & 0 \\ E^{\mathrm{T}} & C \end{bmatrix} \begin{bmatrix} \Delta x_c \\ \Delta x_p \end{bmatrix} = \begin{bmatrix} v - EC^{-1}w \\ w \end{bmatrix} \tag{5.148}$$

可以看出，矩阵方程的第一行与 Δx_p 无关，所以得到位姿的增量方程为

$$\left[B - EC^{-1}E^{\mathrm{T}} \right] \Delta x_c = v - EC^{-1}w \tag{5.149}$$

当求出位姿的增量方程以后，可求出地图点位置的增量

$$\Delta x_p = C^{-1}(w - E^{\mathrm{T}}\Delta x_c) \tag{5.150}$$

通过边缘化的操作，使得方程组会存在大量对 C^{-1} 求解的过程，由于 C 是对角阵，通过上述步骤，最终能够在较短的时间完成对融合之后地图的多机协同优化，提高全局相机位姿以及地图点的精度。

5.3.5　仿真实验

为了验证本节提出的多机协同 BA 优化算法的有效性，在 EuRoC 数据集的 MH01、MH02 场景及其组合 MH01+MH02 上进行了单机与多机协同定位精度的实验对比。MH01+MH02 场景指两个客户端分别独立运行 MH01 与 MH02 数据集，并在服务端进行协同定位优化。实验旨在对比单机与多机协同定位精度，以及与现有多机器人 SLAM 系统 CCM-SLAM 的性能差异。多机视觉 SLAM 系统主要由以下关键组件构成。

前端数据处理。前端数据处理包括图像帧的特征提取与匹配、视觉里程计的初始化与跟踪。为了确保系统的鲁棒性与实时性，采用 ORB 特征进行特征点提取。对于每一帧，系统首先提取关键点并进行特征描述，然后通过鲁棒匹配方法过滤误匹配，保证前端跟踪的精度。

数据滤除。为了提高定位精度，系统在数据处理过程中引入了数据滤除模块。该模块采用多种策略对噪声和异常数据进行识别和剔除，包括对前端视觉里程计中不可靠特征点的剔除、对 IMU 和视觉数据间不同步的修正等。通过数据滤除，系统能够有效降低噪声的干扰，提升后端优化的效果。

回环检测。回环检测是 SLAM 系统中关键的一环，用于解决累积误差带来的漂移问题。采用基于 DBoW3 词袋模型的回环检测方法，实时检测机器人是否回到已知位置。每次检测到回环时，系统将生成新的约束关系，用于后端的全局优化，从而校正累积误差，提升全局一致性。

后端优化。后端优化模块是整个 SLAM 系统的核心，用于根据前端的观测数据和回环检测的约束关系进行全局优化。多机协同 BA 优化算法通过引入多机间的相对姿态和位置信息，

有效结合多机观测，生成更高精度的状态估计。优化过程使用 Levenberg-Marquardt 算法解决非线性最小二乘问题，并引入鲁棒核函数处理异常数据，提升优化的鲁棒性。

多机信息交互。多机信息交互模块负责各客户端之间的关键帧、位姿信息以及观测数据的实时共享。各客户端通过局域网与服务端连接，向服务端传输观测数据及位姿信息。服务端利用多机数据的互补性进行联合优化，并将优化后的位姿信息返回至各客户端，从而实现多机的协同定位与地图构建。

地图融合。在多机协同 SLAM 系统中，各客户端的地图信息需要在服务端进行有效融合。采用基于稀疏点云图的融合策略，首先将各客户端的局部地图对齐到公共坐标系下，再使用 ICP(Iterative Closest Point) 算法进行精细配准，最终生成全局一致的稀疏地图。

表 5.3 展示了在不同场景下系统的定位精度。在 MH01 数据集中，单机定位的均方根误差增大了约 4cm，但与 CCM-SLAM 的误差相比，仍然具有明显的优势。在 MH02 数据集中，提出的系统定位精度甚至优于单机情况，表明协同优化策略在该场景下能够有效提升精度。在 MH01+MH02 协同定位中，尽管误差稍有增加，但相较于 CCM-SLAM，仍然具有较高的精度优势。

表 5.3　算法位姿估计精度对比

数据集	方法	绝对轨迹误差（m）			
		均方根	标准差	平均值	中位数
MH01	本节方法	**0.089510**	0.037856	0.081111	0.077197
	CCM-SLAM	0.140317	0.066822	0.123385	0.112922
MH02	本节方法	**0.047711**	0.025549	0.040293	0.031840
	CCM-SLAM	0.074614	0.028470	0.068969	0.067835
MH01+MH02	本节方法	**0.071300**	0.032860	0.063276	0.058847
	CCM-SLAM	0.093888	0.056598	0.074912	0.060860

两个系统的轨迹误差如图 5.28 所示，可以看出本节所提出算法的轨迹误差在数据集 MH01、MH02 与 MH01+ MH02 中的最大误差均小于 CCM-SLAM，且整体的轨迹误差偏低。由此证明，本节所提出方法在单机定位与多机协同定位上具有更高的精度。此外，本节所提出的算法在数据集的定位效果图如图 5.29 所示。可以看出，算法能够较好地完成多机的协同定位。

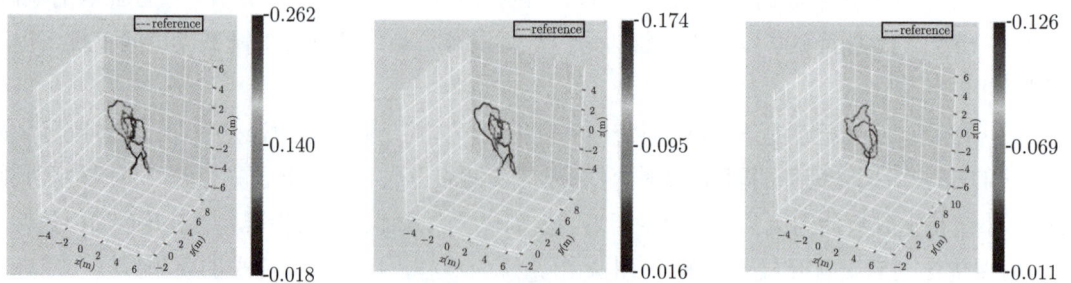

图 5.28　数据集的优化结果

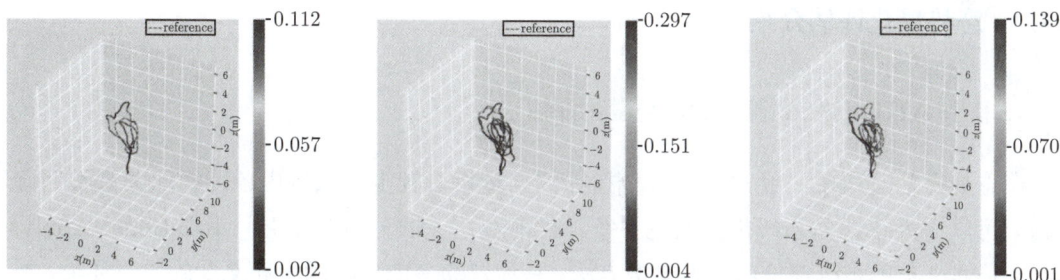

图 5.28 （续）

图 5.29　数据集 MH01＋MH02 协同定位效果图

5.4　态势智能评估

5.4.1　态势的定义

态势量化评估主要用于军事、航空、交通等领域中，用于评估某一特定时刻或时间段内的整体状态或环境对某一任务或操作的影响。态势通常被定义为一个系统或环境在特定时间和地点的状态和条件。它可以描述为包含所有影响一个任务或操作的重要因素的集合。这些因素可能是外部的（如天气条件、敌方活动），也可能是内部的（如系统的健康状况、人员的技能和经验）。

态势量化评估的目的是为决策者提供一个量化的、客观的、实时的评估，以做出更好的决策。为了进行有效的态势量化评估，可采用以下步骤：

（1）**确定影响因素**——列出所有可能影响任务或操作的因素。

（2）**数据收集**——收集所有相关的数据和信息。

（3）**数据处理**——将收集到的数据转化为有意义的、可用于量化评估的格式。

（4）**态势评估模型**——构建一个模型，该模型可以结合所有影响因素，输出一个量化的态势评估。

（5）**实时更新**——随着时间的推移和新数据的获取，实时更新态势评估。

（6）**呈现和解释**——将态势评估以易于理解的方式呈现给决策者，并提供必要的背景信息和解释。

5.4.2 态势量化评估介绍

1. 基于 AHP-GRA 算法的态势量化评估

在态势评估过程中，经常存在部分指标数据量相对较少、系统内各因素间关系不明确等问题。可以认为该评估系统是个灰色系统。目前灰色关联分析法 (Grey Relational Analysis, GRA) 是解决灰色系统评价问题的典型方法。它涉及众多的评价因素和复杂的决策环境，要求评价方法既要考虑各评价因素的重要性，又要充分利用有限的信息进行决策。本节综合层次分析法 (Analytic Hierarchy Process, AHP) 和灰色关联分析法的优势，设计基于 AHP-GRA 的态势评价方法，AHP 用于确定各个因素的权重，GRA 用于评价各个方案与最佳方案的相似度。

AHP 是一种多目标决策分析方法，它可以处理定性和定量的评价因素。具体步骤如下。

首先，根据专家意见定性得出态势指标的相对重要程度，构成比较判断矩阵，由比较判断矩阵得出指标权重。结合态势评价指标，使用层次分析法计算态势指标权重，最后对其进行一致性检测。

（1）构造比较判断矩阵。

采用 1~9 级标度法构造比较判断矩阵 $\boldsymbol{A}$，通过两两比较的方式确定各评价因素的权重。它是 AHP 方法的核心，反映了决策者对各评价因素的主观判断。

$$\boldsymbol{A} = \begin{bmatrix} W_1/W_1 & W_1/W_2 & \cdots & W_1/W_n \\ W_2/W_1 & W_2/W_2 & \cdots & W_2/W_n \\ \vdots & \vdots & \ddots & \vdots \\ W_n/W_1 & W_n/W_2 & \cdots & W_n/W_n \end{bmatrix} = (a_{ij})_{n \times n} \tag{5.151}$$

式中，W_i 表示决策者对第 i 个指标的主观判断，a_{ij} 为指标比较标度值，$a_{ij} = 1/a_{ji}$，$a_{ii} = 1$，$a_{ij} = \dfrac{a_{ik}}{a_{jk}}(i,j,k = 1,2,\cdots,n)$，$n$ 为判断矩阵阶数。

（2）计算同层元素的指标权重。

建立了比较判断矩阵后，根据指标层元素与相应系统层元素的相对权重，计算判断矩阵 $\boldsymbol{A}$ 的每一行元素乘积的方根值和权重向量，构成权重矩阵。

$$\begin{cases} m_i = \displaystyle\prod_{j=1}^{n} a_{ij}^{1/n}(i = 1,2,\cdots,n) \\ w_i = m_i / \displaystyle\sum_{i=1}^{n} m_i \end{cases} \tag{5.152}$$

（3）一致性检测。

将矩阵 $\boldsymbol{A}$ 与指标权重矩阵相乘得到 $\boldsymbol{AW}$ 矩阵

$$\boldsymbol{AW} = \begin{bmatrix} W_1/W_1 & W_1/W_2 & \cdots & W_1/W_n \\ W_2/W_1 & W_2/W_2 & \cdots & W_2/W_n \\ \vdots & \vdots & \ddots & \vdots \\ W_n/W_1 & W_n/W_2 & \cdots & W_n/W_n \end{bmatrix} \begin{bmatrix} w_1 \\ w_2 \\ \vdots \\ w_n \end{bmatrix} = \begin{bmatrix} nw_1 \\ nw_2 \\ \vdots \\ nw_n \end{bmatrix} = n\boldsymbol{W} \tag{5.153}$$

在判断矩阵具有完全一致性的条件下,解特征值问题

$$\boldsymbol{AW} = \lambda_{\max}\boldsymbol{W} \tag{5.154}$$

$$\lambda_{\max} = \sum_{i=1}^{n}(\boldsymbol{AW})_i/nw_i \tag{5.155}$$

根据公式计算矩阵的最大特征根 $\lambda_{\max}$,并计算 CR 进行一致性判断,检验判断矩阵的合理性

$$\begin{cases} \mathrm{CI} = \dfrac{\lambda_{\max} - n}{n - 1} \\ \mathrm{CR} = \mathrm{CI}/\mathrm{RI} \end{cases} \tag{5.156}$$

其中, n 为判断矩阵的阶数;RI 为平均随机一致性指标,取值如表 5.4 所示,它根据判断矩阵的阶数调整指标值。当判断矩阵具有完全一致性时,CI $= 0$。若 CR < 0.1,则判断矩阵 $\boldsymbol{A}$ 合理。若 CR $\geqslant 0.1$,则需要检查调整判断矩阵。

表 5.4　平均随机一致性指标取值

判断矩阵阶数	RI	判断矩阵阶数	RI
1	0	5	1.12
2	0	6	1.24
3	0.58	7	1.32
4	0.90	8	1.41

由于影响态势指标众多,部分指标数据量较少,具有"灰色"特征,因此用灰色关联分析法评价态势。GRA 是一种处理不确定、不完整信息的评价方法,它主要用于评价各个方案与最佳方案的相似度。利用已知的态势数据,计算指标间的灰色关联系数,将各方案与理想等级方案之间关联度的大小组成的关联系数矩阵,由关联系数矩阵得到指标关联度。最后,按照加权关联度的大小进行排序,确定最终的态势评估等级。具体步骤如下。

(1)输入比较序列并无量纲化。

比较序列是影响系统行为的组成因素,将评价指标数据值作为比较序列。由于评价指标具有不同的量纲和量纲单位,为使参考因素与对比因素具有可比性,必须对原始数据进行无

量纲化处理。常见的无量纲方法有 0-1 标准化、z-score 标准化等。根据评价需求，使指标评价数据在中期随实际值变化对结果影响较大，前后期相对较小，采用半正态分布对原始数据作无量纲化处理，即

$$y = \begin{cases} 0, & 0 \leqslant x \leqslant a \\ 1 - \exp^{-\kappa(x-a)^2}, & x > a \end{cases} \tag{5.157}$$

式中，$k > 0$，是影响曲线的斜率。将收集的数据无量纲化后，组成比较序列矩阵。设 n 个比较序列数据 $\boldsymbol{X}_n$ 组成矩阵 $(\boldsymbol{X}_1, \boldsymbol{X}_2, \cdots, \boldsymbol{X}_n)$

$$(\boldsymbol{X}_1, \boldsymbol{X}_2, \cdots, \boldsymbol{X}_n) = \begin{pmatrix} x_{11} & x_{21} & \cdots & x_{n1} \\ x_{12} & x_{22} & \cdots & x_{n2} \\ \vdots & \vdots & \ddots & \vdots \\ x_{1m} & x_{2m} & \cdots & x_{nm} \end{pmatrix} \tag{5.158}$$

式中，m 为评价指标个数，$\boldsymbol{X}_i = (x_{i1}, x_{i2}, \cdots, x_{in})^{\mathrm{T}}, i = 1, 2, \cdots, n$。

（2）确定参考序列。

参考序列反映系统的理想行为特征，依据态势不同等级的划分界域构成评级指标的参考序列。将态势能力分为 5 个不同等级，其中等级 1 为指标性能最劣等级，等级 5 为指标性能最优等级。将不同等级的参考序列记作

$$\boldsymbol{X}_0(k) = \left(x_{01}(k), x_{02}(k), \cdots, x_{0m}(k)\right)^{\mathrm{T}}, k = 1, 2, \cdots, 5 \tag{5.159}$$

式中，m 表示评价指标的数量；k 表示态势能力等级。

（3）计算灰色关联系数。

对于每一个评价方案，计算其与参考系的关联度。关联度反映了方案与参考系的相似度，值越大表示越相似。将参考序列值与试验样本的比较序列值代入式 (5.158) 中，分别计算不同态势等级的参考序列值（依据态势等级划分标准给定的数值）与样本的比较序列对应指标（指标层的样本值）的关联系数 $\xi_{ij}(k)$

$$\xi_{ij}(k) = \frac{\min\limits_i \min\limits_j \left| x_{0j}(k) - x_{ij} \right| + p \cdot \max\limits_i \max\limits_j \left| x_{0j}(k) - x_{ij} \right|}{\left| x_{0,j}(k) - x_{i,j} \right| + p \cdot \max\limits_i \max\limits_j \left| x_{0j}(k) - x_{ij} \right|} \tag{5.160}$$

式中，$\min\limits_i \min\limits_j \left| x_{0j}(k) - x_{ij} \right|$ 为两级最小差值，$\max\limits_i \max\limits_j \left| x_{0j}(k) - x_{ij} \right|$ 为两级最大差值。$p \in (0,1)$ 为分辨系数，p 取值越大，关联系数分辨率越大；取值越小分辨率越小，通常取值 0.5。

（4）计算关联度并确定态势等级。

计算指标等级下的指标灰色关联系数后，各比较序列分别计算指标值与各等级参考序列对应元素的关联系数的均值，并结合每个指标的权重，对关联系数求加权平均值，即

$$r(k) = \frac{1}{m} \sum_{j=1}^m \boldsymbol{W}_j \cdot \varepsilon_{ij}(k) \quad , k = 1, 2, \cdots, 5 \tag{5.161}$$

依据每个比较序列与自主等级参考序列的关联度进行排序，等级关联度最大值确定为态势能力等级。AHP-GRA 的优点是既考虑了评价因素的权重，又充分利用了有限的信息进行评价。而且，它可以处理多种类型的评价因素，如定性的、定量的、模糊的等，具有较强的适应性和灵活性。

2. 仿真实验

本节仿真实验中，选取 3 个因素作为态势的评价指标，使用 AHP 确定因素权重，并根据权重对各个方案进行 GRA 分析。Python 代码如下。

```python
import numpy as np
# AHP
def ahp(matrix):
n = matrix.shape[0]
eig_val, eig_vec = np.linalg.eig(matrix)
max_eig_val = max(eig_val)
CI = (max_eig_val - n) / (n - 1)
RI = 1.5
CR = CI / RI
if CR < 0.1:
return eig_vec[:, np.argmax(eig_val)] / np.sum(eig_vec[:, np.argmax(eig_val)])
else:
raise ValueError("The consistency ratio is greater than 0.1, please re-evaluate your
    judgment matrix.")


# GRA
def gra(matrix, weight):
n, m = matrix.shape
reference = np.max(matrix, axis=0)
contrast_matrix = np.abs(matrix - reference)
min_val = np.min(contrast_matrix)
max_val = np.max(contrast_matrix)
relation = (min_val + 0.5 * max_val) / (contrast_matrix + 0.5 * max_val)
relation_grade = np.sum(relation * weight, axis=1)
return relation_grade


judgment_matrix = np.array([[1, 2, 3], [0.5, 1, 2], [1/3, 0.5, 1]])
sample_matrix = np.array([[3, 4, 5], [5, 4, 3], [2, 5, 4], [3, 3, 3]])


weight = ahp(judgment_matrix)


relation_grades = gra(sample_matrix, weight)
relation_grades
```

仿真结果如图 5.30 所示，根据数据和判断矩阵，方案 2 与最佳方案的相似度最高，而方案 4 的相似度最低。

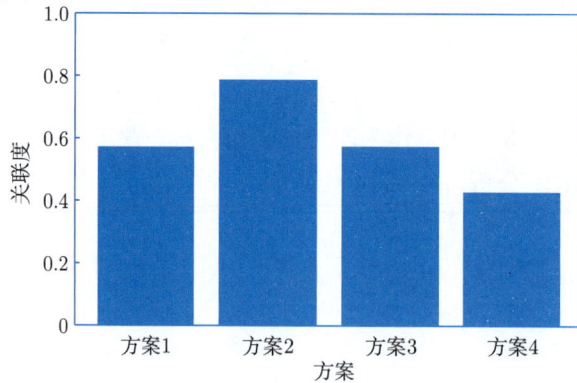

图 5.30　基于 AHP-GRA 的战场态势评估结果

5.4.3　态势智能评估介绍

Hopfield 神经网络是一种自组织的、全连接的、反馈型的神经网络。由于其反馈回路的特点，Hopfield 网络可以存储和检索多个模式，并能够收敛到一个稳定状态，这个稳定状态代表了网络的记忆模式。离散型 Hopfield 神经网络的每个神经元只有两种状态：激活和抑制，通常表示为 1 和 -1。在每个时间步，根据其输入和权重，神经元会更新其状态。对于指标间逻辑关系不明确或数据不完整的情况，Hopfield 网络仍然可以给出一个相对合理的评价。

离散型 Hopfield 神经网络，每个神经元代表一个评价指标。神经元之间的权重表示指标间的关联关系。输入当前的态势数据到网络，网络会收敛到一个稳定状态。这个稳定状态代表了网络对当前态势的评价。可以通过奇异值分解设计权重矩阵，评价指标层参数对态势等级的影响。态势评估流程如图 5.31 所示。

用离散 Hopfield 实现联想记忆需要考虑一个重要的问题：如何确定 Hopfield 网络应用到评价对象的权重 $\boldsymbol{W}$。Hopfield 网络的权重矩阵是事前计算出来的，需要提前设计权重学习规则，当网络稳定时各神经元的状态便是最优解。以外积法（Hebb 学习规则）为例，设给定输入，则

$$\boldsymbol{W} = \sum_{k=1}^{m} [\boldsymbol{x}^k (\boldsymbol{x}^k)^{\mathrm{T}} - \boldsymbol{I}] \tag{5.162}$$

$$w_{ij} = \sum_{k=1}^{m} x_i^k x_j^k \tag{5.163}$$

相较于外积法，正交化权重修正算法能够保证系统在异步工作时的稳定性，并且在稳定平衡点能收敛到自身。设给定 m 个样本向量 $\boldsymbol{x}(k)$，组成 $n \times (m-1)$ 阶矩阵，$\bar{\boldsymbol{Y}} = [x^{(1)} -$

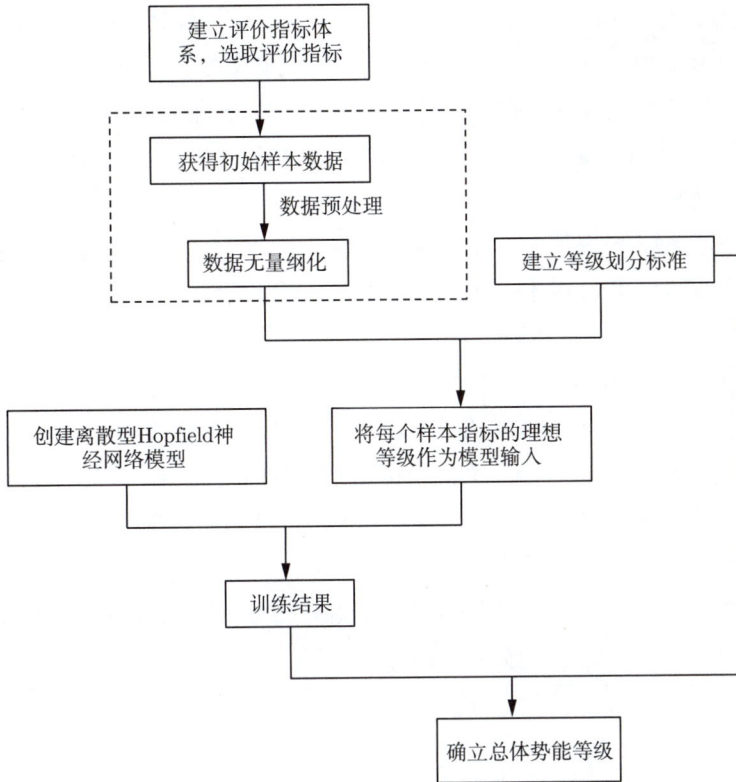

图 5.31 基于 Hopfield 神经网络的态势评估流程图

$x^{(m)}, x^{(2)} - x^{(m)}, \cdots x^{(m-1)} - x^{(m)}]$，对 $\bar{Y}$ 进行奇异值分解

$$\bar{Y} = U\Gamma V^{\mathrm{T}} \tag{5.164}$$

式中，$\Gamma = \begin{bmatrix} S & 0 \\ 0 & 0 \end{bmatrix}$，$\Gamma$ 中的 $S = \mathrm{diag}(\sigma_1, \sigma_2, \cdots, \sigma_r)$，$U = (u_1, u_2, \cdots, u_n)$ 为 $\bar{Y}$ 的奇异向量，$(\sigma_1, \sigma_2, \cdots, \sigma_r)$ 为非零奇异值，组成连接权矩阵 w 和阈值向量 b。

$$W = \sum_{k=1}^{r} u_k u_k^{\mathrm{T}} \tag{5.165}$$

$$b = x^{(m)} - w x^{(m)} \tag{5.166}$$

正交化设计方法相较于外积法更复杂，但设计出的平衡稳定点能够保证收敛并且有较大的稳定域。基于离散型 Hopfield 神经网络的态势量化评价方法能够有效地处理指标耦合性低、数据量大但逻辑关系不明确的评价问题，是一种强大而灵活的评价工具。

5.4.4 仿真程序

随着城市交通系统的日益复杂化和城市化进程的加快，交通拥堵问题已成为影响城市居民生活质量和经济发展的重要因素。在智能交通系统中，路径选择需要综合考虑行驶时间、交通流量、行驶成本、道路封闭概率等多维度因素。不同的路径规划方案可能在不同条件下表现出不同的优劣，因此，如何在多个备选方案中选择最优方案是一个重要挑战。本次实验通过将Hopfield 神经网络应用于路径规划方案的评估和选择中，使用网络的自组织和联想记忆特性，对多个方案进行综合评价和比较，从而选择在当前交通条件下表现最佳的方案。

仿真实验流程如下：

多维指标数据生成：根据不同的路径规划方案，生成每个方案的多维度指标数据。指标包括行驶时间、交通流量、行驶成本、道路封闭概率、行驶效率、安全性等，每个指标使用二值表示（−1 表示不利，1 表示有利）。

Hopfield 网络权重矩阵设计：根据各个方案的指标数据，利用外积法计算网络的权重矩阵。权重矩阵用于表示各个指标之间的关系，并影响网络的状态更新过程。

方案仿真与综合评分：将每个方案的指标数据作为网络的初始状态，运行 Hopfield 神经网络仿真，通过网络的状态收敛过程评估每个方案的综合表现。通过预先设定的指标权重，对每个方案的最终稳定状态进行综合评分。

最优方案选择：比较各个方案的综合评分，选择得分最高的方案作为最优路径规划方案，并通过折线图展示各方案的评分趋势和最终选择结果。

```python
% 生成样本数据
def generate_sample(scenario):
    % 根据方案设置生成样本数据，模拟智能交通系统中不同路径的指标组合
    % 模拟行驶时间、交通流量、行驶成本、道路封闭概率等指标
    scenario_data = {
        'A': [1, -1, 1, -1, 1, -1], % 方案A
        'B': [-1, 1, -1, 1, -1, 1], % 方案B
        'C': [1, 1, -1, -1, 1, 1] % 方案C
    }
    return np.array(scenario_data[scenario]).reshape(6, 1)
% 计算权重矩阵
def calculate_weights(samples):
    """基于样本数据计算权重矩阵"""
    num_samples, num_features = samples.shape
    W = np.zeros((num_features, num_features))
    for x in samples:
        W += np.outer(x, x) % 外积计算
    np.fill_diagonal(W, 0) % 对角线元素置零
    return W
% 更新神经网络状态
def update_state(x, W, threshold=0):
    return np.where(np.dot(W, x) - threshold >= 0, 1, -1)
% 进行仿真
```

```
def hopfield_simulation(W, initial_state, num_steps=10):
    """运行Hopfield神经网络仿真"""
    state = initial_state.copy()
    states = [state.copy()]
    for _ in range(num_steps):
        state = update_state(state, W)
        states.append(state.copy())
    return states[-1] % 返回最后的稳定状态
% 综合评分函数
def calculate_score(final_state, weights):
    return np.dot(final_state.flatten(), weights)
%  仿真与结果分析
def main():
    % 定义各个方案的样本数据
    scenarios = ['A', 'B', 'C']
    scenario_names = {
        'A': '方案A',
        'B': '方案B',
        'C': '方案C'
    }
    % 样本数据生成（使用所有方案的数据来计算权重矩阵）
    all_samples = np.array([generate_sample(scenario).flatten() for scenario in
        scenarios])
    % 计算权重矩阵
    W = calculate_weights(all_samples)
    % 假设指标顺序为：行驶时间、交通流量、行驶成本、道路封闭概率、行驶效率、安全性
    weights = np.array([3, -2, 2, -1, 3, 1]) # 权重分配：越重要的指标权重越高

    % 存储每个方案的评分结果
    scores = []
    for scenario in scenarios:
        initial_state = generate_sample(scenario)
        final_state = hopfield_simulation(W, initial_state, num_steps=10)
        score = calculate_score(final_state, weights)
        scores.append(score)
    best_scenario_index = np.argmax(scores)
    best_scenario = scenarios[best_scenario_index]
```

如图 5.32 所示，通过综合评分和仿真结果分析，方案 A 表现最佳，是最终推荐的最优路径规划方案。这一方案能够在当前交通条件下提供最佳的行驶时间和效率。

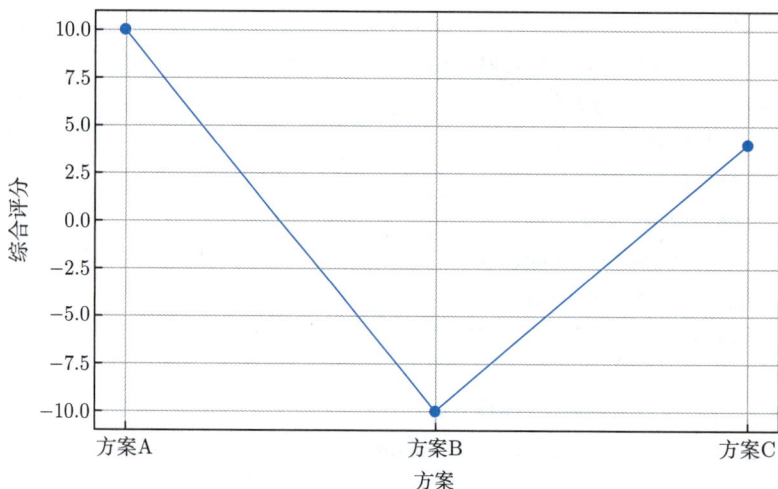

图 **5.32** 不同路径规划方案的综合评分对比

5.5 小结

本节深入挖掘了自主感知和定位的核心技术，讨论了降噪、融合、状态估计和态势评估算法的细节与应用。

在自主智能感知技术中，卡尔曼滤波算法能够实时地估计系统的状态，可以根据观测值动态更新状态估计，特别适合于在线实时应用。然而，基于线性模型的假设使它在面对非线性场景时遇到了困难，而高精度的实现也依赖于对系统与噪声的精确模型。集中式融合能够拥有所有传感器的数据，提供最全面的融合信息。但是，其固有的通信开销和单点失效的脆弱性限制了其在大规模应用中的潜在价值。与此相对，分布式融合通过分散处理，有效地解决了这些问题，但由于信息分散处理，可能会出现数据的不一致性，导致不同节点的决策结果存在差异。面对复杂的降噪需求和不断发展的算法智能化需求，卡尔曼滤波与 BP 神经网络融合策略不仅继承了神经网络处理非线性问题的强大能力，还充分利用了卡尔曼滤波的精确性。然而，神经网络的"黑盒"特性给应用带来了新的挑战，特别是在如自动驾驶这类关键领域，不能只追求算法的性能和效果，更要强调系统的透明性、可解释性和安全性。

在自主智能定位技术中，状态估计是其核心，它决定了系统的准确性和稳定性。作为一种基于非线性卡尔曼滤波的方法，EKF-SLAM 算法为 SLAM 问题提供了一种实时的状态估计策略。它结合了扩展卡尔曼滤波的优点和 SLAM 的实际需求，对状态和地图的不确定性进行了有效的估计。然而，纯粹的 EKF 方法可能会遇到由于线性化误差导致的估计不准确的问题。为了解决这一问题，引入了基于平滑的优化方法，该方法能够通过后端优化提高估计的精度。此外，考虑了在存在异常值情况下，应用鲁棒初始化和重加权算法解决伪闭环问题。与传统的前端滤波方法相比，优化方法能够考虑到整个观测历史，从而得到更为准确的状态估计。随着技术领域的快速发展和应用背景的不断拓展，仅仅依靠单一的 SLAM 技术已经无法满足当前的多样化需求。尤其在涉及多智能体协作的场景中，状态估计的准确性和实时性显得尤为关键。本节对此问题进行了深入探讨，着重介绍多智能体 SLAM 中的状态估计技术。为了有效地解决多智能体协同的状态估计问题，采用了一种创新性的方法，即将复杂的多智能体位姿估计问题简化为一个线性方程的分布式求解问题。这种方法的优势在于，它不仅能够对每个智能体的状态进行高精度的估计，还能确保多智能体系统的全局一致性。

在自主智能评估技术中，首先回顾了传统的态势评估方法——灰色关联分析法。该方法通过分析各种因素间的关系，揭示了复杂系统中各元素之间的相互作用。尽管灰色关联分析法在多个经典应用中依然展现出其价值，但其固有的局限性使其在面对当前日益复杂和多变的场景时显得力不从心。为了弥补这些缺陷，介绍了更为先进的智能评估技术——Hopfield 神经网络。它是基于能量最小化原理设计的递归神经网络，在面对复杂的态势评估问题时提供了一个实时和精确的结果。Hopfield 神经网络的核心优势在于其独有的动态响应与并行处理能力，这使得它能迅速地分析大量的输入数据，确保态势评估的速度和效率。

练 习

1. 应用数据融合技术为什么能获得性能方面的提升？请从信息的冗余性、互补性及合作性 3 方面予以说明。
2. "多传感器数据融合"中的"多"指什么？请查阅资料，了解异构数据融合、同构数据融合、多源数据融合的概念与区别。
3. 智能融合方法相较于传统融合方法更适用于哪些场景？具有哪些优缺点？
4. 在 SLAM 后端优化中，有线性方程 $Ax = b$，若已知 A、b，需要求解 x，该如何求解？这对 A 和 b 有哪些要求？
5. SLAM 状态估计问题是如何构建的？有哪几种类型的求解方法？
6. SLAM 的估计问题为什么是非凸的？非凸的原因是什么？有哪些常用的解决算法？
7. 灰色关联度的定义，写出计算公式。简述用灰色关联度算法进行综合评价的具体步骤。
8. 直线型无量纲化方法有哪几种类型？写出计算公式。
9. 表 5.5 为在不同时期某物的势能值，用关联度分析方法研究指标的关联度。

表 5.5　每个时间段的势能值

年份	势能总值	指标 1	指标 2	指标 3
2002	13974.2	3831.0	6587.2	3556.0
2003	15997.6	4228.0	7278.0	4491.6
2004	17681.3	5017.0	7717.4	4946.9
2005	20188.3	5288.6	9102.2	5797.5
2006	24020.3	5744.0	11575.2	6701.0

第6章
无人系统自主决策与行为规划

6.1 引言

    无人系统的自主决策与行为规划是自主智能无人系统控制中的一个关键组成部分，需要深入考虑无人系统任务需求的复杂性，使得自主智能无人系统在实际运行过程中具备更高的自主性。

    在实现自主决策与行为规划的过程中，关键在于选择正确且合理的建模方式对无人系统进行建模，并选择合适的决策算法。典型的自主决策问题的建模方法包括广义指派问题的建模、旅行商问题的建模、车辆路径问题的建模等。传统的决策算法包括匈牙利算法、分支定界法等。匈牙利算法适用于求解分配问题，通常在二分图中使用。分支定界法适用于各种组合优化问题。这些传统算法为无人系统自主决策与规划提供了基本的框架。

    随着各个领域对自主智能无人系统需求的不断深入，包括自动驾驶、自主运动机器人、无人飞行器等，对系统的决策能力提出了更高的要求，且需要面临更加复杂且动态的作业环境。自主智能无人系统需要在更加复杂的环境中，以更高的效率准确迅速地完成自主决策与行为规划等任务。基于自动机和 Petri 网等的建模方式，在面对复杂任务环境时，相较于传统建模方法具备更好的表达能力。新兴的智能决策算法呈现出更好的自适应、自组织、自学习等特征，能更好地处理动态多约束等的复杂问题。

    本章将介绍无人系统针对如轨迹路径规划问题、动态武器-目标分配问题、具有时序逻辑约束的复杂问题等的建模方法、自主决策算法与行为规划任务描述。首先介绍典型的基于问题的建模方法，即基于广义指派问题的建模、旅行商问题的建模、车辆路径问题的建模。接下来，分别介绍两种传统决策算法——匈牙利算法与分支定界法，以及两种智能决策算法——遗传算法与禁忌搜索算法。进一步地，考虑更为复杂的任务环境需求，引入基于时序逻辑语言任务描述，介绍基于自动机和 Petri 方式的建模方法，并给出相关的应用例题。

6.2 无人系统自主决策

本节包括无人系统自主决策问题概述、建模,以及传统决策算法和智能决策算法。在概述部分,介绍无人系统自主决策问题和多智能体任务分配问题的基本概念。在建模部分,介绍广义指派问题模型、旅行商问题模型和带有容量约束的车辆路径问题模型这 3 种经典的自主决策问题建模方法。在传统决策算法部分,介绍匈牙利算法和分支定界法这两种针对前面介绍的模型的求解方法,并通过例子展示建模和求解的过程。在智能决策算法部分,将介绍遗传算法和禁忌搜索算法,并展示它们如何求解动态武器-目标分配问题。

6.2.1 自主决策问题概述

无人系统自主决策问题研究的是:如何使无人系统能够自主地考虑和权衡影响决策的各种因素,并且能够从若干可选方案中选出最符合系统目标的方案。决策问题分为两种:一种是所有与问题相关的事实和因素均事先已知,称为**确定条件下的决策问题**;另一种是所有与问题相关的信息不完全事先已知或完全未知,称为**不确定条件下的决策问题**。

多机器人任务分配 (Multi-Robot Task Allocation, MRTA) 问题是自主决策问题中一种常见的应用场景。接下来将通过这一应用场景来讲解无人系统自主决策问题的一些经典建模方法和算法。

多机器人任务分配问题的一种**三轴分类法**的标准如下:

(1) **单任务机器人** (Single-Task robots, ST) 和**多任务机器人** (Multi-Task robots, MT):ST 指每个机器人一次最多只能执行一项任务,MT 指存在可以同时执行多项任务的机器人。

(2) **单机器人任务** (Single-Robot tasks, SR) 和**多机器人任务** (Multi-Robot Tasks, MR):SR 指每个任务只需要一个机器人完成,MR 指的是存在需要多个机器人完成的任务。

(3) **即时分配** (Instantaneous Assignment, IA) 和**多阶段分配** (Time-extended Assignment, TA):IA 指关于机器人、任务和环境的可用信息只允许即时分配给机器人,而不考虑未来的分配计划。TA 是指允许将全局信息分配给机器人,并允许构建未来的分配计划。

根据以上标准,可以将多机器人任务分配问题分为 8 类:ST-SR-IA、MT-SR-IA、ST-MR-IA、MT-MR-IA、ST-SR-TA、MT-SR-TA、ST-MR-TA、MT-MR-TA,如图 6.1 所示。

此外,多机器人任务分配问题还分为**静态任务分配问题**和**动态任务分配问题**。其中,静态是指优化问题的目标函数、约束条件和参数变量等因素在整个优化过程中保持不变。动态是指优化问题各因素会随时间或环境动态改变。

例题 6.1   请判断以下应用场景分别属于哪类多机器人任务分配问题。

场景 1:在搜救场景中,有 n 个机器人 (包含无人机、无人车等) 和 n 个搜救点,每种类型的机器人去往不同搜救点的成本不一样,该如何分配才能以最低成本完成搜救任务?

场景 2:在多目标点巡航任务中,有 n 架无人机和 m 处目标地点,不同地点间的飞行成本不一致,该如何规划航线才能用最低成本访问每一个目标点?

场景 3：利用无人机运输物资，但受限于容量限制，不同地点可能需要多架无人机，该如何规划航线才能以最低成本完成物资运输任务？

场景 4：某时刻防御方发现 t 个来袭目标，共影响到防御方的 k 个资源；防御方有 w 架无人机拦截来袭目标；目标突破防御之前，防御方有 s 个防御阶段来分配无人机进行防御。其中，一个来袭目标可能需要多架无人机进行拦截，那么该如何分配无人机进行防守？

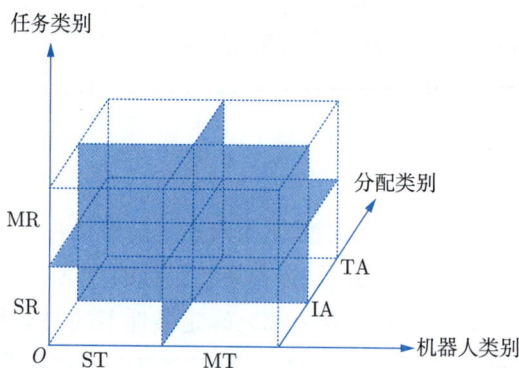

图 6.1 多机器人任务分配三轴分类法示意图

解：

场景 1：静态 ST-SR-IA。

场景 2：静态 ST-SR-TA。

场景 3：静态 ST-MR-TA。

场景 4：动态 ST-MR-TA。

6.2.2 自主决策问题建模

本节主要介绍一些经典的基于优化的自主决策问题建模方法，并介绍它们在多机器人任务分配问题中的分类。

1. 广义指派问题模型

1) 问题概述

广义指派问题 (Generalized Assignment Problem, GAP) 描述了一个如下情形的问题：

定义 6.1 (广义指派问题)

将 n 个相互独立的任务分配给 m 个员工，一个任务只能由一个员工完成，一个员工可以完成多个任务，但员工完成任务需要的总时间不得超过给定限制，规划目标是成本最低。

2) 最优化模型

给定包含 m 个员工的集合 $A = \{a_1, a_2, \cdots, a_m\}$；包含 m 个员工工作时长限制的集合 $B = \{b_1, b_2, \cdots, b_m\}$；包含 n 个任务的集合 $T = \{t_1, t_2, \cdots, t_n\}$；成本矩阵 $\boldsymbol{C} = (c_{ij})_{m \times n}$，其

中，c_{ij} 代表员工 a_i 完成任务 t_j 所需的成本；时间矩阵 $\boldsymbol{R} = (r_{ij})_{m \times n}$，其中，$r_{ij}$ 代表员工 a_i 完成任务 t_j 需要的时间。则指派问题数学形式如下：

$$\min \quad \sum_{i=1}^{m} \sum_{j=1}^{n} c_{ij} x_{ij}$$

$$\text{s.t.} \quad \sum_{i=1}^{n} x_{ij} = 1, \quad \forall j \in \{1, 2, \cdots, n\}$$

$$\sum_{j=1}^{n} r_{ij} x_{ij} \leqslant b_i, \quad \forall i \in \{1, 2, \cdots, m\} \tag{6.1}$$

$$x_{ij} \in \{0, 1\}, \quad \forall i \in \{1, 2, \cdots, m\}, j \in \{1, 2, \cdots, n\}$$

其中，$x_{ij} = 1$ 代表将任务 t_j 分配给员工 a_i，否则为 0。

在广义指派问题中，存在一种最简单的特殊情形，被称为**平衡指派问题**。平衡指派问题是指任务数量和员工数量相等，并且任务和员工之间要求一一对应。根据平衡指派问题的定义，平衡指派问题属于静态 ST-SR-IA 类型。

2. 旅行商问题模型

1) 问题概述

旅行商问题 (Traveling Salesman Problem, TSP) 描述了一个如下情形的问题：

定义 6.2 （旅行商问题）

给定城市列表和每对城市之间的成本，访问每个城市一次并返回起点城市的最短路线是什么？通常 TSP 可以建模为加权图（图论相关知识在第 8 章介绍），即以城市作为图的顶点，路径作为图的边，路径的成本作为边的权重。旅行商问题分为对称和非对称两种情况，其中对称旅行商问题假设两个城市之间往返成本一致，用无向加权图表示；而非对称旅行商问题中则考虑了两个城市往返成本不一致和两个城市之间只存在单向路径的情况，比对称旅行商问题更为复杂，用有向加权图表示。图 6.2 给出了一个非对称旅行商问题的示例。

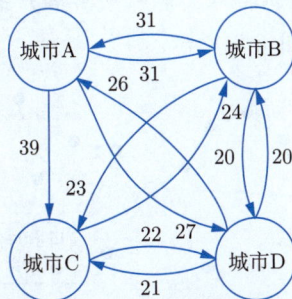

图 6.2 非对称旅行商问题示例图

2) 最优化模型

由于对称旅行商问题属于非对称旅行商问题的简单情形，所以接下来给出非对称旅行商问题的模型作为旅行商问题的模型。

给定包含 n 个城市的集合 $T = \{1, 2, \cdots, n\}$ 和成本矩阵 $\boldsymbol{C} = (c_{ij})_{n \times n}$，其中，$c_{ij}$ 表示从城市 i 去往城市 j 的成本。则旅行商问题数学形式如下：

$$\min \quad \sum_{i=1}^{n} \sum_{j=1}^{n} c_{ij} x_{ij}$$

$$\text{s.t.} \quad \sum_{i=1}^{n} x_{ij} = 1, \quad \forall j \in \{1, 2, \cdots, n\}$$

$$\sum_{j=1}^{n} x_{ij} = 1, \quad \forall i \in \{1, 2, \cdots, n\} \tag{6.2}$$

$$\sum_{i \in K} \sum_{j \in K} x_{ij} \leqslant |K| - 1 \quad \forall K \subset \{1, 2, \cdots, n-1\}, |K| \geqslant 2$$

$$x_{ii} = 0, \quad \forall i \in \{1, 2, \cdots, n\}$$

$$x_{ij} \in \{0, 1\}, \quad \forall i, j \in \{1, 2, \cdots, n\}$$

其中，$x_{ij} = 1$ 代表最终规划的路线中包含从城市 i 去往城市 j 的路线，否则为 0。

多旅行商问题 (multiple Traveling Salesman Problem, mTSP) 是旅行商问题的扩展形式。它的目标是找到每个旅行商的最优路径，使得所有旅行商的总行程最短。根据 mTSP 的定义，它属于静态 ST-SR-TA 类型。

3. 带有容量约束的车辆路径问题模型

1) 问题概述

带有容量约束的车辆路径问题 (Capacity Vehicle Routing Problem, CVRP) 是车辆路径问题的基本型。它描述了以下情形的问题：

定义 6.3 (带有容量约束的车辆路径问题)

给定一个或多个仓库、道路网络和客户需求，要求确定一组从相同仓库开始和结束的路线，保证一组货运车辆能够在该组路线上满足所有客户要求和运营限制，并将运输成本降至最低。CVRP 的示意图如图 6.3 所示。

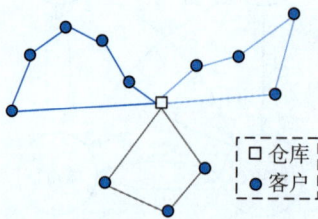

图 6.3　带有容量约束的车辆路径问题示例图

2) 最优化模型

给定包含 n 个地点的集合 $L = \{1, 2, \cdots, n\}$；包含 n 个地点顾客需求的集合 $Q = \{q_1, q_2, \cdots, q_n\}$；包含 p 辆车的集合 $V = \{1, 2, \cdots, p\}$；包含 p 辆车容量的集合 $R = \{r_1, r_2, \cdots, r_p\}$；成本矩阵 $\boldsymbol{C} = (c_{ij})_{n \times n}$。其中，地点 1 代表仓库所在位置，其余地点为客户所在位置；c_{ij} 表示从地点 i 去往地点 j 的成本。则带有容量约束的车辆路径问题数学形式如下：

$$\min \sum_{k=1}^{p} \sum_{i=1}^{n} \sum_{j=1}^{n} c_{ij} x_{ijk}$$

$$\begin{aligned}
\text{s.t.} \quad & \sum_{i=1}^{n} x_{ijk} = \sum_{i=1}^{n} x_{jik}, \quad \forall k \in \{1, 2, \cdots, p\}, j \in \{1, 2, \cdots, n\} \\
& \sum_{k=1}^{p} \sum_{i=1}^{n} x_{ijk} = 1, \quad \forall j \in \{2, 3, \cdots, n\} \\
& \sum_{j=2}^{n} x_{1jk} = 1, \quad \forall k \in \{1, 2, \cdots, p\} \\
& \sum_{i=1}^{n} \sum_{j=2}^{n} q_j x_{ijk} \leqslant r_k, \quad \forall k \in \{1, 2, \cdots, p\} \\
& x_{iik} = 0, \quad \forall k \in \{1, 2, \cdots, p\}, i \in \{1, 2, \cdots, n\} \\
& x_{ijk} \in \{0, 1\}, \quad \forall k \in \{1, 2, \cdots, p\}, i, j \in \{1, 2, \cdots, n\}
\end{aligned} \tag{6.3}$$

其中，$x_{ijk} = 1$ 代表最终规划的路线组中包含让车辆 k 从地点 i 去往地点 j 的路线，否则为 0。

最基本形式的 CVRP 属于静态 ST-SR-TA 类型，但是其变体涉及不同类型的多机器人任务分配问题。例如：**需求可拆分车辆路径问题** (Split Delivery Vehicle Routing Problem, SDVRP) 假设一个客户可能需要不止一辆车辆来满足其需求，该假设使得 SDVRP 属于静态 ST-MR-TA 类型。

6.2.3 传统决策算法

6.2.2 节介绍了 3 种经典的基于优化的自主决策问题建模方法，本节将介绍两种用于求解前述模型的传统决策算法，包括针对平衡指派问题的匈牙利算法和针对 TSP 和 CVRP 问题的分支定界法。此外，本节还将给出两个关于无人系统自主决策的例题，展示如何建模和求解。

1. 匈牙利算法

匈牙利算法 (Hungarian algorithm) 是一种针对**平衡指派问题**的简便算法。

1) 问题概述

平衡指派问题定义如下：

定义 6.4（平衡指派问题）

给定包含 n 个员工的集合 $A = \{a_1, a_2, \cdots, a_n\}$、包含 n 个任务的集合 $T = \{t_1, t_2, \cdots, t_n\}$ 和成本矩阵 $\boldsymbol{C} = (c_{ij})_{n \times n}$。其中，$c_{ij}$ 代表员工 a_i 完成任务 t_j 所需的成本。

$$\min \sum_{i=1}^{n} \sum_{j=1}^{n} c_{ij} x_{ij}$$

$$\text{s.t.} \quad \sum_{i=1}^{n} x_{ij} = 1, \quad \forall j \in \{1, 2, \cdots, n\}$$

$$\sum_{j=1}^{n} x_{ij} = 1, \quad \forall i \in \{1, 2, \cdots, n\} \tag{6.4}$$

$$x_{ij} \in \{0, 1\}, \quad \forall i, j \in \{1, 2, \cdots, n\}$$

其中，$x_{ij} = 1$ 代表将任务 t_j 分配给员工 a_i，否则为 0。

2) 求解步骤

匈牙利算法的步骤如下：

(1) 矩阵变换。

成本矩阵 $\boldsymbol{C}$ 的每行元素都减去该行的最小元素。

得到的新矩阵的每列元素都减去该列的最小元素。

(2) 试指派。

找到只有一个 0 元素的行，将这些行的 0 元素标记为 ◯。再将所有 ◯ 所在列的其他 0 元素记作 ∅。表示该列对应的任务已经指派完了。

找到只有一个 0 元素的列，将这些列的 0 元素标记为 ◯。再将所有 ◯ 所在行的其他 0 元素记作 ∅。表示该行对应的员工已经指派完了。

反复进行前两步，直至没有新的 0 元素能被标记为 ◯ 或 ∅。

从剩有 0 元素最少的行开始，比较该行各 0 元素所在列中 0 元素的数目，选择 0 元素最少的那列的 0 元素标记为 ◯。然后将 ◯ 所在行列的其他 0 元素标记为 ∅。反复进行，直至所有 0 元素都被标记为 ◯ 或 ∅。

比较 ◯ 元素的数目 m 和矩阵阶数 n。若 $m = n$，则说明该指派问题的最优解已得到，即标记为 ◯ 的元素 c_{ij} 对应的 $x_{ij} = 1$，其余的 $x_{ij} = 0$。若 $m \neq n$，则转入下一步。

(3) 作最少的直线覆盖所有 0 元素。

没有 ◯ 的行标记为 △。

对标记为 △ 的行中所有含 ∅ 元素的列标记为 △。

对标记为 △ 的列中含 ◯ 元素的行标记为 △。

重复前两步，直至没有新的行、列被标记为 △。

对没有 △ 的行画横线，没有 △ 的列画纵线，共作 l 条直线。若 $l \neq m$，则说明第 (2) 步有问题，需要重新执行第 (2) 步。若 $l = m$，则转入下一步。

(4) 矩阵变换。

首先找到没有被直线覆盖的元素中的最小值，然后让标记为 △ 的行中各元素都减去这个最小值；让标记为 △ 的列中各元素都加上这个最小值。最后将得到的新矩阵带回第 (2) 步。

例题 6.2 有 4 个不同的任务，需要 4 个不同的机器人 (无人车、无人机等) 去完成，每种机器人执行不同任务的时间表如表 6.1所示。请问该如何分配任务，使得所用时间最少？

表 6.1 任务表

机器人编号	任务			
	A	B	C	D
1 号	7	8	12	3
2 号	4	5	9	8
3 号	2	1	10	4
4 号	6	10	9	3

解：

首先将问题建模成平衡指派问题：令 $a_1 = 1$ 号，$a_2 = 2$ 号，$a_3 = 3$ 号，$a_4 = 4$ 号；$t_1 = A, t_2 = B, t_3 = C, t_4 = D$。则 $A = \{a_1, a_2, a_3, a_4\}, T = \{t_1, t_2, t_3, t_4\}$。成本矩阵 C 为

$$\begin{bmatrix} 7 & 8 & 12 & 3 \\ 4 & 5 & 9 & 8 \\ 2 & 1 & 10 & 4 \\ 6 & 10 & 9 & 3 \end{bmatrix}$$

优化目标是求出解矩阵 $\boldsymbol{X} = (x_{ij})_{4\times 4}$，即

$$\min \quad \sum_{i=1}^{n} c_{ij} x_{ij}$$

$$\text{s.t.} \begin{cases} \sum_{i=1}^{n} x_{ij} = 1, \ \forall j \in \{1, 2, \cdots, n\} \\ \sum_{j=1}^{n} x_{ij} = 1, \ \forall i \in \{1, 2, \cdots, n\} \\ x_{ij} \in \{0, 1\}, \ \forall i, j \in \{1, 2, \cdots, n\} \end{cases}$$

接下来用匈牙利算法进行求解：

(1) 矩阵变换

$$\begin{bmatrix} 7 & 8 & 12 & 3 \\ 4 & 5 & 9 & 8 \\ 2 & 1 & 10 & 4 \\ 6 & 10 & 9 & 3 \end{bmatrix} \begin{matrix} -3 \\ -4 \\ -1 \\ -3 \end{matrix} \rightarrow \begin{bmatrix} 4 & 5 & 9 & 0 \\ 0 & 1 & 5 & 4 \\ 1 & 0 & 9 & 3 \\ 3 & 7 & 6 & 0 \end{bmatrix} \rightarrow \begin{bmatrix} 4 & 5 & 4 & 0 \\ 0 & 1 & 0 & 4 \\ 1 & 0 & 4 & 3 \\ 3 & 7 & 1 & 0 \end{bmatrix}$$

(2) 试指派

$$\begin{bmatrix} 4 & 5 & 4 & ○ \\ ○ & 1 & 0̸ & 4 \\ 1 & ○ & 4 & 3 \\ 3 & 7 & 1 & 0̸ \end{bmatrix}$$

$m = 3 < n = 4$。

(3) 作最少的直线覆盖所有 0 元素

$l = m = 3 < n = 4$。

(4) 矩阵变换。

没被直线覆盖的元素最小值为 1。

$$\rightarrow \begin{bmatrix} 3 & 4 & 3 & ○ \\ ○ & 1 & 0̸ & 5 \\ 1 & ○ & 4 & 4 \\ 2 & 6 & ○ & 0̸ \end{bmatrix}$$

最优解矩阵为

$$\begin{bmatrix} 0 & 0 & 0 & 1 \\ 1 & 0 & 0 & 0 \\ 0 & 1 & 0 & 0 \\ 0 & 0 & 1 & 0 \end{bmatrix}$$

最佳分配方案是：

1 号机器人分配 D 任务，2 号机器人分配 A 任务，3 号机器人分配 B 任务，4 号机器人分配 C 任务。

2. 分支定界法

分支定界法 (branch and bound method) 是一种求解**整数规划** (Integer Programming, IP) 问题的重要方法，核心思想是在**松弛问题**的可行域中寻找使目标函数值达到最优的整数解。

1) 问题概述

整数规划问题定义如下：

> **定义 6.5** （整数规划问题）
>
> $$
> \begin{aligned}
> \max(\min) \quad & z = \sum_{j=1}^{n} c_j x_j \\
> \text{s.t.} \quad & \sum_{j=1}^{n} a_{ij} x_j \leqslant (\geqslant, =) b_i, \quad \forall i \in \{1, 2, \cdots, m\} \\
> & x_j \geqslant 0, \quad \forall j \in \{1, 2, \cdots, n\} \text{且部分或全部为整数}
> \end{aligned}
> \tag{6.5}
> $$

松弛是指构建一个更简单的辅助优化模型来求解整数规划模型，通常包含以下两种方法：

①**约束条件的松弛**——舍弃或放松某些约束条件。

②**目标函数的松弛**——用某个函数替换原目标函数，使得原问题中的每一个可行解在松弛问题中都有相同或更优的值。

通常**最大 (小) 化整数规划模型**的松弛问题必须有以下特征：

① 松弛问题的最优值不小 (大) 于原问题的最优值。

② 原问题的可行集包含于松弛问题的可行集。

③ 若松弛问题的最优解属于原问题的可行集，则该解是原问题的最优解。

2) 求解步骤

分支定界法的步骤如下：

(1) 求解松弛问题。

先求解原整数规划问题的一个松弛问题，则有以下 3 种情形：

①**松弛问题没有可行解**，原整数规划问题也不存在可行解，停止计算。

②**松弛问题存在最优解且符合原问题条件**，松弛问题的最优解即为原整数规划问题的最优解，停止计算。

③**松弛问题存在最优解但不符合原问题条件**，转入第 (2) 步。

(2) 定界。

将上一步得到的最优目标函数值作为下界 lb，再任意取一个原整数规划问题的可行解的目标函数值作为上界 ub。

(3) 分支。

　　根据前面构建松弛问题的方式将原整数规划问题划分成若干子整数规划问题，再分别求解其子松弛问题。

(4) 调整上下界。

上界：选取已符合原整数规划问题条件中最小的目标函数值。

下界：选取各分支问题中最小的目标函数值。

(5) 剪枝

若有分支的最小目标函数值大于或等于当前 ub，则剪掉此分支。

如此反复进行，直至得到 lb = ub，则可以得到原整数规划问题的最优解。

例题 6.3　有 5 个不同地点，需要派一辆无人车去巡检，不同地点之间的通行时间如图 6.4 所示，请问该如何设计路线才能让无人车所用时间最短。

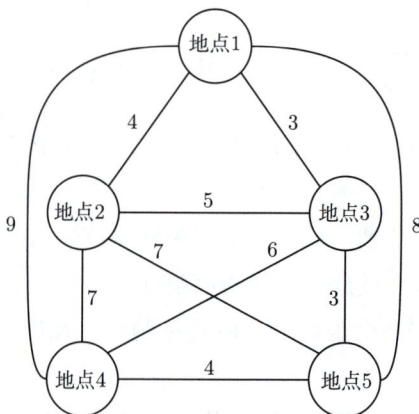

图 6.4　巡检路线示意图

解：

首先将问题建模成旅行商问题：令 $T = \{1, 2, \cdots, 5\}$，分别对应地点 1 到地点 5。成本矩阵 $\boldsymbol{C}$ 为

$$\begin{bmatrix} \infty & 4 & 3 & 9 & 8 \\ 4 & \infty & 5 & 7 & 7 \\ 3 & 5 & \infty & 6 & 3 \\ 9 & 7 & 6 & \infty & 4 \\ 8 & 7 & 3 & 4 & \infty \end{bmatrix}$$

优化目标是求出解矩阵 $\boldsymbol{X} = (x_{ij})_{5\times5}$：

$$\min \sum_{i=1}^{5} \sum_{j=1}^{5} c_{ij} x_{ij}$$

$$\text{s.t.} \begin{cases} \sum_{i=1}^{5} x_{ij} = 1, \ \forall j \in \{1, 2, \cdots, 5\} \\[2mm] \sum_{j=1}^{5} x_{ij} = 1, \ \forall i \in \{1, 2, \cdots, 5\} \\[2mm] \sum_{i \in K} \sum_{j \in K} x_{ij} \leqslant |K| - 1, \ \forall K \subset \{1, 2, \cdots, 4\}, |K| \geqslant 2 \\[2mm] x_{ii} = 0, \ \forall i \in \{1, 2, \cdots, 5\} \\[2mm] x_{ij} \in \{0, 1\}, \ \forall i, j \in \{1, 2, \cdots, 5\} \end{cases}$$

接下来用分支定界法进行求解：

(1) 求解松弛问题。

对于一个旅行商问题的完整解，每个地点都存在一条进入的边和一条离开的边，分别对应成本矩阵每一行的两个元素。如果将成本矩阵每一行最小的两个元素相加再除以 2 并向上取整，就得到了一个近似的下界。值得注意的是：这种计算方法得到的解并不一定能构成一条符合要求的完整路线，相当于放松了条件，所以这种计算方法属于松弛问题的求解。

$\text{obj} = ((4+3) + (4+5) + (3+3) + (6+4) + (3+4))/2 + 0.5 = 20$，此时得到的解：$1 \to 2 \to 3$ 或 $1 \to 3 \to 5 \to 4 \to 3$，均不是符合要求的完整路线。

(2) 定界。

将上一步计算的值作为下界，即 $\text{lb} = \text{obj} = 20$，再随意取一条可行路线作为上界。例如，$1 \to 2 \to 4 \to 5 \to 3 \to 1$，则 $\text{ub} = 21$。

(3) 分支。

以地点 1 为起点，则以下一步可选地点作为分支条件。此时，分支为：$1 \to 2$；$1 \to 3$；$1 \to 4$；$1 \to 5$。

(4) 调整上下界。

当确定部分路线后，则 obj 的计算一定要包含已确定的路线。例如，对于 $1 \to 2$，计算 obj 一定要包含 c_{12} 和 c_{21}。此时，$\text{obj} = ((4+3) + (4+5) + (3+3) + (6+4) + (3+4))/2 + 0.5 = 20$。解为 $1 \to 2 \to 3$，并不是一条符合要求的完整路线。

同理，

$1 \to 3$：$\text{obj} = ((4+3) + (4+5) + (3+3) + (6+4) + (3+4))/2 + 0.5 = 20$。解为 $1 \to 3 \to 5 \to 4 \to 3$，并不是一条符合要求的完整路线。

$1 \to 4$：$\text{obj} = ((3+9) + (4+5) + (3+3) + (9+4) + (3+4))/2 + 0.5 = 24$。解为 $1 \to 4 \to 5 \to 3 \to 1$，并不是一条符合要求的完整路线。

$1 \to 5$：$\text{obj} = ((3+8) + (4+5) + (3+3) + (6+4) + (8+3))/2 + 0.5 = 24$。解为 $1 \to 5 \to 3 \to 1$，并不是一条符合要求的完整路线。

上界：这一轮没有符合要求的完整路线解，所以不更新上界。

下界：这一轮最小值依旧为 20，所以不更新下界。

(5) 剪枝。

由于 1→4 和 1→5 的目标函数值已经大于上界，所以剪去此分支。

重复以上过程，可以得到图 6.5。

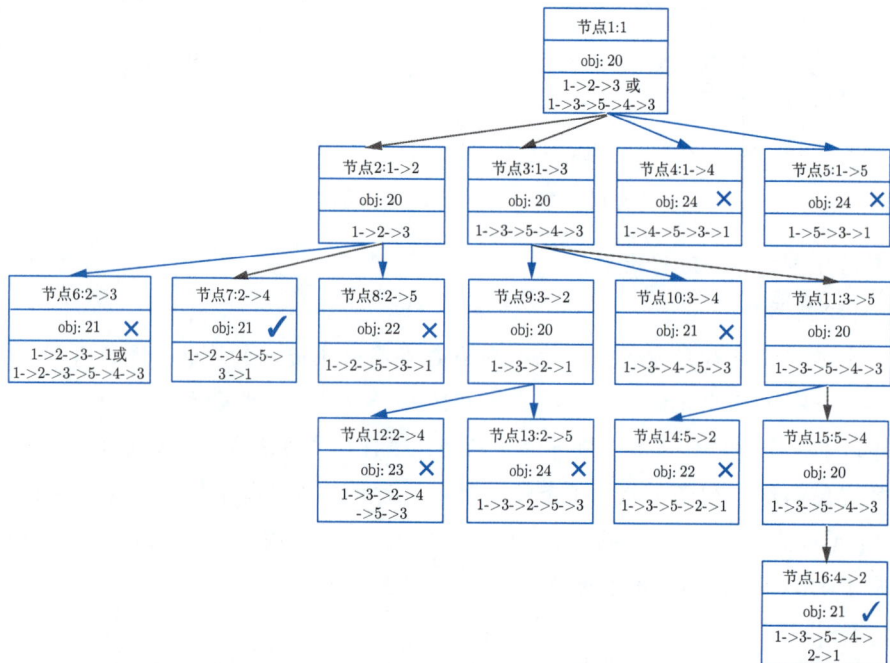

图 6.5　分支定界法求解示意图

节点 6：obj $= ((4+3)+(4+5)+(5+3)+(6+4)+(3+4))/2+0.5=21$。解为 $1→2→3→1$ 或 $1→2→3→5→4→3$，并不是一条符合要求的完整路线。

节点 7：obj $= ((4+3)+(4+7)+(3+3)+(7+4)+(3+4))/2=21$。解为 $1→2→4→5→3→1$，是一条符合要求的完整路线。

节点 8：obj $= ((4+3)+(4+7)+(3+3)+(6+4)+(7+3))/2=22$。解为 $1→2→5→3→1$，并不是一条符合要求的完整路线。

节点 9：obj $= ((4+3)+(4+5)+(3+3)+(6+4)+(3+4))/2+0.5=20$。解为 $1→3→2→1$，并不是一条符合要求的完整路线。

节点 10：obj $= ((4+3)+(4+5)+(3+6)+(6+4)+(3+4))/2=21$。解为 $1→3→4→5→3$，并不是一条符合要求的完整路线。

节点 11：obj $= ((4+3)+(4+5)+(3+3)+(6+4)+(3+4))/2+0.5=20$。解为 $1→3→5→4→3$，并不是一条符合要求的完整路线。

上下界无须更新，剪去节点 6、节点 8 和节点 10。

节点 12：obj $= ((4+3)+(5+7)+(3+5)+(7+4)+(3+4))/2+0.5=23$。解为 $1→3→2→4→5→3$，并不是一条符合要求的完整路线。

节点 13：obj $= ((4+3)+(5+7)+(3+5)+(6+4)+(7+3))/2+0.5=24$。解为

$1\rightarrow3\rightarrow2\rightarrow5\rightarrow3$，并不是一条符合要求的完整路线。

节点 14：$\text{obj} = ((4+3)+(4+7)+(3+3)+(6+4)+(7+3))/2+0.5 = 22$。解为 $1\rightarrow3\rightarrow5\rightarrow2\rightarrow1$，并不是一条符合要求的完整路线。

节点 15：$\text{obj} = ((4+3)+(4+5)+(3+3)+(6+4)+(3+4))/2+0.5 = 20$。解为 $1\rightarrow3\rightarrow5\rightarrow4\rightarrow3$，并不是一条符合要求的完整路线。

上下界无须更新，剪去节点 12、节点 13 和节点 14。

节点 16：$\text{obj} = ((4+3)+(4+7)+(3+3)+(7+4)+(3+4))/2+0.5 = 21$。解为 $1\rightarrow3\rightarrow5\rightarrow4\rightarrow2\rightarrow1$，是一条符合要求的完整路线。

更新下界 $\text{lb} = 21$，则有 $\text{lb} = \text{ub}$，停止计算。由于本题为对称旅行商问题，故该路线和节点 7 一样。

最终得到解矩阵：

$$\begin{bmatrix} 0 & 1 & 0 & 0 & 0 \\ 0 & 0 & 0 & 1 & 0 \\ 1 & 0 & 0 & 0 & 0 \\ 0 & 0 & 0 & 0 & 1 \\ 0 & 0 & 1 & 0 & 0 \end{bmatrix}$$

最优巡航路线为地点 1→ 地点 2→ 地点 4→ 地点 5→ 地点 3→ 地点 1。

3. 传统决策算法总结

以上两种经典的传统决策算法拥有各自的特点、适用范围和优缺点，如表 6.2 所示。

表 6.2 传统决策算法对比表

算法	特点	适用范围	优点	缺点
匈牙利算法	匈牙利算法是一种用于解决分配问题的组合优化算法，主要用于寻找最佳的资源分配方案	适用于求解分配问题，例如，任务分配、资源分配等，通常在二分图中使用	能够找到问题的最优解，计算效率高，易于理解和实现	不适用于一般的图匹配问题，对大规模问题的效率有限
分支定界法	分支定界法是一种通用的组合优化算法，通过将问题分解为子问题并逐步求解，最终找到全局最优解	适用于各种组合优化问题	能够找到问题的最优解，适用于广泛的组合优化问题，可以处理大规模问题	需要适当的问题建模和启发式方法，可能需要大量计算时间

6.2.4 智能决策算法

智能决策算法通过拟物或仿生等手段使算法搜索优化行为呈现出自适应、自组织、自学习等"智能"特征。这些特征使得智能决策算法不仅能解决静态多约束问题，还能解决动态多约束问题。接下来将以动态武器-目标分配问题为例，介绍遗传算法和禁忌搜索算法的基本原理和使用方法。

1. 动态多阶段决策问题建模

动态武器-目标分配 (Dynamic Weapon-Target Assignment, DWTA) **问题**是一个典型的动态多阶段决策问题，目标是找到整个进攻/防御过程的全局最优分配方案。本节研究防御性

DWTA 问题，防御性 DWTA 问题的定义如下：

定义 6.6（防御性 **DWTA** 问题）

已知有 T 个来袭目标，它们一共威胁到 K 个资源；防御方有 W 件武器进行拦截，并且最多有 S 个防御阶段进行武器分配，要求找到整个作战过程的最优防御武器分配方案，最大限度地保护己方资源。本节研究的防御性 DWTA 问题主要包括：基于尚存资源的价值的目标函数、武器能力约束、交火策略约束、弹药量约束和交火可行性约束，即

$$\max \quad J_t(\boldsymbol{X}^t) = \sum_{k=1}^{K(t)} v_k \prod_{j=1}^{T(t)} [1 - q_{jk} \prod_{h=t}^{S} \prod_{i=1}^{W(t)} (1 - p_{ij}(h))^{x_{ij}(h)}], t \in \{1, 2, \cdots, S\}$$

$$\text{s.t.} \begin{cases} \sum_{j=1}^{T} x_{ij}(t) \leqslant n_i, \forall t \in \{1, 2, \cdots, S\}, \forall i \in \{1, 2, \cdots, W\} \\ \sum_{i=1}^{W} x_{ij}(t) \leqslant m_j, \forall t \in \{1, 2, \cdots, S\}, \forall j \in \{1, 2, \cdots, T\} \\ \sum_{t=1}^{S} \sum_{j=1}^{T} x_{ij}(t) \leqslant N_i, \forall i \in \{1, 2, \cdots, W\} \\ x_{ij}(t) \leqslant f_{ij}(t), \forall t \in \{1, 2, \cdots, S\}, \forall i \in \{1, 2, \cdots, W\}, \forall j \in \{1, 2, \cdots, T\} \end{cases}$$

(6.6) ♣

目标函数对应的是**基于尚存资源的价值的目标函数**。式 (6.6) 中，$J_t()$ 为阶段 t 的目标函数，代表从阶段 t 开始到阶段 S 结束后尚存资产的期望总价值；$\boldsymbol{X}^t = [\boldsymbol{X}_t, \boldsymbol{X}_{t+1}, \cdots, \boldsymbol{X}_S]$ 为阶段 t 的多阶段决策变量 $(\boldsymbol{X}_t = [x_{ij}(t)]_{W \times T})$，$x_{ij}(t) = 1$ 表示武器 i 在阶段 t 分配给目标 j，$x_{ij}(t) = 0$ 表示武器 i 在阶段 t 不分配给目标 j；$K(t)$、$T(t)$ 和 $W(t)$ 分别表示阶段 t 尚存的资产、目标和武器的数量 $(K(1) = k, T(1) = T, W(1) = W)$；$v_k$ 表示资产 k 的价值；q_{jk} 表示目标 j 摧毁资产 k 的概率；$p_{ij}(h)$ 表示武器 i 在阶段 h 分配给目标 j 时对该目标的毁伤概率。

第一个约束对应的是**武器能力约束**，反映武器同时打击多个目标的能力。式 (6.6) 中，n_i 为武器同时打击的目标数量最大值。第二个约束对应的是**交火策略约束**。式 (6.6) 中，m_j 为每个阶段中用于打击每个目标的最大武器数量。第三个约束对应的是**弹药量约束**。式 (6.6) 中，N_i 为武器 i 能够使用次数的最大值。第四个约束对应的是**交火可行性约束**。式 (6.6) 中，$f_{ij}(t) = 1$ 代表武器 i 在阶段 t 中可能击中目标，$f_{ij}(t) = 0$ 代表武器 i 在阶段 t 中不可能击中目标，矩阵 $\boldsymbol{F}^t = [f_{ij}(t)]_{W \times T}$ 被称为交火可行性矩阵。此外，定义以下两个概念：

定义 6.7（可用分配对与目标威胁）

- 可用分配对 (Available Assignment Pair, AAP)：对于 DWTA 问题，可用分配对定义为一个可行的"武器-目标-阶段"三元分配对。例如，可用分配对 i-j-t 代表武器 i 在阶段 t 可以打击目标 j。

- 目标的威胁：目标的威胁是指目标可能损毁的资产价值，表示为 $v_{k(j)}q_{jk(j)}\hat{p}_j$。其中，$v_{k(j)}$ 表示资产 k 的价值；$k(j)$ 表示目标 j 所威胁的资产的标志；$q_{jk(j)}$ 表示目标 j 摧毁资产 k 的概率；$\hat{p}_j$ 表示目标 j 的存活概率，会在武器分配过程中改变。

2. 遗传算法

遗传算法 (genetic algorithm) 是一类模仿自然选择和生物进化过程来搜索最优解的全局优化随机搜索算法。遗传算法的核心思想是通过**选择**、**交叉**和**变异**等操作推动由一群个体组成的种群不断向更高的适应度进化以达到寻优目标。其中，选择操作的作用是实现对优胜劣汰的模拟；交叉操作决定算法的全局搜索能力；变异操作决定算法的局部搜索能力。此外，选择、交叉和变异操作的顺序可以改变。遗传算法的流程如图 6.6 所示。

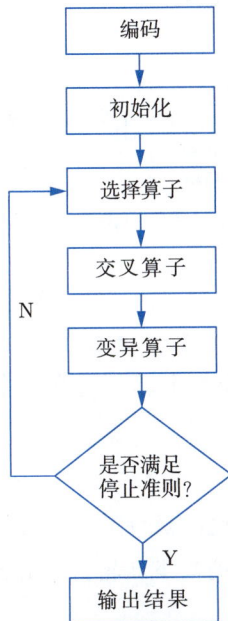

图 6.6　遗传算法流程图

(1) 编码。

将实际问题中的变量通过编码的形式转化为能被遗传算法直接操作的对象。

(2) 初始化。

根据编码方式产生随机种群，定义适应度函数并且计算种群当前的适应度。此外，还需要定义交叉算子发生概率和变异算子发生概率。最后，设定终止条件。

(3) 选择算子。

按某种方式从上一代种群选取一些个体，遗传到下一代。通常，适应度高的个体被遗传到下一代种群的概率较大，适应度低的个体被遗传到下一代种群的概率较小。

(4) 交叉算子。

按某种方式将相互配对的两个个体编码串相互交换部分编码值。

(5) 变异算子。

将个体编码串中的某些编码值用其他编码值以某种方式进行替换，从而形成一个新的个体。

(6) 终止准则判断。

判断是否达到停止搜索的条件，若达到则停止计算，否则就返回步骤 (3)。

例题 6.4 考虑 $W = 5$，$T = 6$，$S = 1$ 的动态武器-目标分配问题，请设计遗传算法进行求解。

解:

(1) 编码。

采取十进制编码方式。示例图如图 6.7 所示。编码位代表武器，编码值代表目标。图 6.7 代表将 1 号武器分配给目标 3；2 号武器分配给目标 6；3 号武器分配给目标 1；4 号武器分配给目标 5；5 号武器分配给目标 2。

	3	6	1	5	2
编码器/武器	1	2	3	4	5
编码器/目标	3	6	1	5	2

图 6.7　遗传算法十进制示例图

(2) 初始化。

随机产生可行编码串来生成初始种群，并检查是否满足约束。再将适应度函数定义为式 (6.6)，并设定交叉算子发生概率和变异算子发生概率。最后，将适应度和迭代次数作为终止条件。

(3) 选择算子。

采用轮盘赌选择算子：利用适应度函数计算不同可行编码串的适应度值，再根据适应度值占总适应度值的比例确定不同可行编码串在轮盘中的面积占比，最后多次转动转轮来获得下一代。示例图如图 6.8 所示。

编码串编号	编码串	适应度值	比例
1	36152	112	32.8%
2	25143	97	28.1%
3	64325	132	38.8%

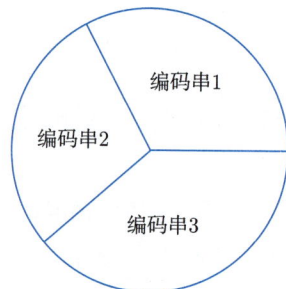

图 6.8　轮盘赌选择算子示例图

(4) 交叉算子。

采用单切割点 (one-cut-point) 算子，随机产生一个切割点位置，再将相互配对的两个个体的该处的编码值进行交换。

(5) 变异算子。

以设定的变异概率随机选择一个变异点，再随机从对应取值范围内选出一个随机数替代该位置处的编码值。最后，检查新基因是否满足约束条件，若满足则转入步骤 (6)；若不满足则重复步骤 (5)。

(6) 终止准则判断。

判断终止准则，若满足则停止计算，否则就返回步骤 (3)。

3. 禁忌搜索算法

禁忌搜索算法 (tabu search algorithm) 是一种高效的邻域搜索算法。它的核心思想是通过禁忌表来避免重复搜索已搜索过的局部最优点，并通过特赦准则来赦免一些被禁忌的局部最优点。基于以上操作，禁忌搜索算法可以在保证搜索效率的同时有效克服局部邻域搜索容易陷入局部最优的不足。禁忌搜索算法的流程如图 6.9 所示。

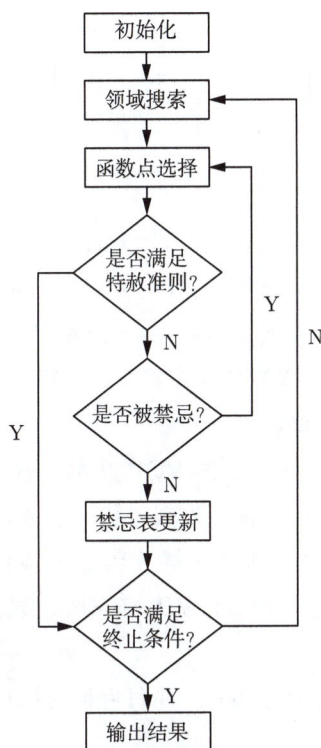

图 6.9 禁忌搜索算法的流程图

(1) 初始化。

随机生成一个初始点 $x = x_0$，计算它的目标函数值。初始化当前解 $X = X_0$，最优点 $x_{best} = x_0$，$J_{best} = f(x_0)$。

(2) 邻域搜索。

生成当前点 x 的邻域，计算邻域内各点的目标函数值。

(3) 函数点选择。

在邻域内选出目标函数值最小的点 x^*。

(4) 特赦准则判断。

若满足特赦准则，则当前点变为 x^*，即 $x = x^*$。同时更新最优点 $x_{\text{best}} = x^*$，$J_{\text{best}} = J(x^*)$，并转至步骤 (6)。若不满足特赦准则，则转至步骤 (5)。

(5) 禁忌判断。

若 x^* 没有被禁忌，则当前点变为 x^*，即 $x = x^*$。同时更新最优点 $x_{\text{best}} = x^*$，$J_{\text{best}} = J(x^*)$，并转至步骤 (6)。若 x^* 被禁忌，则从邻域中把 x^* 删除，转至步骤 (3)。

(6) 禁忌表更新及终止判断。

更新禁忌表，并判断终止准则。若满足则终止计算，否则转至步骤 (2)。

例题 6.5 考虑 $W = 3$，$T = 2$，$S = 3$ 的动态武器-目标分配问题，并给定以下交火可行性矩阵 $\boldsymbol{F}^t(t = 1, 2, 3)$，请设计禁忌搜索算法进行求解。

$$\boldsymbol{F}^1 = \begin{bmatrix} 0 & 1 \\ 1 & 0 \\ 0 & 1 \end{bmatrix}, \boldsymbol{F}^2 = \begin{bmatrix} 1 & 0 \\ 0 & 1 \\ 1 & 0 \end{bmatrix}, \boldsymbol{F}^3 = \begin{bmatrix} 0 & 0 \\ 1 & 0 \\ 0 & 0 \end{bmatrix}$$

解：

(1) 初始化。

采用虚拟排列编码来表示解，其中虚拟排列 (Virtual Permutation, VP) 指的是所有 AAP 的排列。根据题目所给的交火可行性矩阵，则可定义以下 AAP：$(\text{AAP}_1): i_1 - j_2 - t_1$；$(\text{AAP}_2): i_2 - j_1 - t_1$；$(\text{AAP}_3): i_3 - j_2 - t_1$；$(\text{AAP}_4): i_1 - j_1 - t_2$；$(\text{AAP}_5): i_2 - j_2 - t_2$；$(\text{AAP}_6): i_3 - j_1 - t_2$；$(\text{AAP}_7): i_2 - j_1 - t_3$。则 $\text{AAP}_4 - \text{AAP}_2 - \text{AAP}_7 - \text{AAP}_1 - \text{AAP}_3 - \text{AAP}_6 - \text{APP}_5$ 就是某个 DWTA 决策的虚拟排列表示方法。

接下来采用贪心算法产生初始解，根据 VQP 值的降序对所有 AAP 进行排列，VQP 值高的 AAP 优先排在虚拟排列的前面。接下来利用构造性方法将其转换成对应的 DWTA 决策 $\boldsymbol{X}_0$，计算它的目标函数值，初始化当前最优解 $\text{VP}_{\text{best}} = \text{VP}_0$，$\boldsymbol{X}_{\text{best}} = \boldsymbol{X}_0$，$J_{\text{best}} = J(\boldsymbol{X}_0)$。并设置当前点 VP 和对应的决策、目标值：$\text{VP}_s = \text{VP}_0$，$\boldsymbol{X}_s = \boldsymbol{X}_0$，$J_s = J(\boldsymbol{X}_0)$。

(2) 邻域搜索。

利用 Move-to-Head 算子生成新的 VP，再利用构造过程将新 VP 转换为新解 $\boldsymbol{X}'$，再计算新解对应的目标函数值。

(3) 函数点选择。

选出上一步新解中目标函数值最小的点 $\boldsymbol{X}^*$，它对应的虚拟排列为 VP^*，对应的目标函数值为 $J(\boldsymbol{X}^*)$。

(4) 特赦准则判断。

若满足特赦准则，则当前点变为 $\boldsymbol{X}^*$，即 $\text{VP}_s = \text{VP}^*$，$\boldsymbol{X}_s = \boldsymbol{X}^*$，$J_s = J(\boldsymbol{X}^*)$。同时更新最优点 $\boldsymbol{X}_{\text{best}} = \boldsymbol{X}^*$，$J_{\text{best}} = J(\boldsymbol{X}^*)$，并转至步骤 (6)。若不满足特赦准则，则转至步骤 (5)。若局部搜索过程中未能找到比当前最优解更好的解，则采用随机重启动多样化策略，并且转至步骤 (6)。该策略会将所有 AAP 进行随机排列来生成新的 VP 作为后续局部搜索的

初始 **VP**。值得注意的是，特赦准则判断的作用包含在多样化策略中。

(5) 禁忌判断。

若 X^* 没有被禁忌，则当前点变为 X^*，即 $\mathbf{VP}_s = \mathbf{VP}^*$，$X_s = X^*$，$J_s = J(X^*)$。同时更新最优点 $X_{\text{best}} = X^*, J_{\text{best}} = J(X^*)$，并转至步骤 (6)。若 X^* 被禁忌，则从邻域中把 X^* 删除，转至步骤 (3)。

(6) 禁忌表更新及终止判断。

更新禁忌表，并判断终止准则。若满足则终止计算，否则转至步骤 (2)。

4. 智能决策算法总结

以上两种经典的智能决策算法拥有各自的特点、适用范围和优缺点，如表 6.3 所示。

表 6.3 智能决策算法对比表

算法	特点	适用范围	优点	缺点
遗传算法	遗传算法是一种模拟自然选择和遗传机制的优化算法，通过基因编码和进化操作来搜索问题的解空间	适用于各种优化问题，包括组合优化、参数优化、机器学习模型参数调整等	全局搜索能力强，能够找到全局最优解，适用于复杂多模态问题，能够处理大规模问题	需要适当的参数设置，计算代价较高，对某些问题的可解性要求较高
禁忌搜索算法	禁忌搜索算法是一种启发式搜索算法，通过维护禁忌表来避免搜索过程中的循环，采用邻域搜索策略	适用于组合优化问题，特别是在搜索空间较大且复杂的情况下	能够在合理时间内找到高质量解，能够处理复杂的搜索空间，适用于大规模问题	可能受到初始化和参数设置的影响，可能陷入局部最优解，不适用于连续优化问题

6.3 无人系统序列行为规划

行为规划是一个比简单的智能体控制更抽象的问题。行为规划的目的不仅仅是令智能体执行某种固定的操作。举例来说，如果要进行一个无人车辆在道路上行驶的行为规划，则目标不仅仅是以一定的速度保持在行车道上，还必须在更高的层面考虑问题。例如，要考虑行驶过程中遇到某些突发状况，包括燃料不足、导航偏差、其他车辆干扰等问题时，如何根据不同情况做出最佳决策，采取变道、超车及紧急避险等其他行驶外的行为。

一般来讲，行为规划的层次要高于路径规划或轨迹规划，后者有很多成熟的算法，例如，A* 算法或 Dijkstra 算法等。如前所述，行为规划的层次更高，因此只应用于路径规划的算法并不能很好地解决行为规划的问题。在规划领域，一般采用人工智能和机器学习等方法解决相关的行为规划问题，常用于解决智能规划问题的工具为**规划领域定义语言（Planning Domain Definition Language, PDDL）**，其规划任务一般由 5 个部分组成。

(1) **对象**（Objects）：需要交互控制的智能体。

(2) **谓词**（Predicates）：可以为真或假的对象状态。

(3) **初始状态**（Initial state）：对象及环境的规划开始时的信息。

(4) **目标规范**（Goal specificaiton）：希望智能体完成的目标。

(5) **操作/运算符**（Actions/Operators）：可以改变状态的某些行为。

为了完成序列行为规划任务，本节将介绍如何将实际的无人系统描述为符合上述规划任务的形式，包括如何将智能体定义为对象、如何用时序逻辑语言描述谓词概念，定义目标规范与操作，以及如何通过自动机和 Petri 网的方式，对状态进行建模。本节给出了无人系统序列行为规划相关的**迁移系统**（**Transition System**）、**自动机**建模方式、**Petri 网**建模方式以及与**时序逻辑**（**Temporal Logic**）语言的相关定义。在迁移系统定义部分，介绍为何要对无人系统进行建模，以及如何用数学语言建立数学模型，以便进行求解、规划。在自动机部分，简单介绍自动机建模方式的相关概念，并引出时序逻辑语言的相关概念，以及 Büchi 自动机的定义。在 Petri 网部分，介绍另一种建模方式——Petri 网络，并说明其与自动机建模方式的优劣对比。在最后的实际应用实例部分，展示相关建模方式的实际应用，并通过例子加深对时序逻辑语言建模方式的理解。

6.3.1　迁移系统相关定义

迁移系统可以用来描述系统的状态变化，并且可以用数学语言描述为足够简单的形式，其具备足够的通用性，能够表示离散或连续空间上所定义的系统行为。这种特性使得迁移系统可以作为一个统一的框架来对离散时间系统进行建模，目的是解决 PDDL 中对象的构建问题。

在无人系统中，迁移系统是用于描述无人系统状态的工具，将无人系统建模为迁移系统后，能更方便地对无人系统进行处理和设计控制律，是自主智能无人系统中重要的一环。

本节主要定义迁移系统的语法和语义，说明如何将离散时间系统建模为迁移系统，并给出相应的举例。

1. 迁移系统定义

定义 6.8（迁移系统）

一个迁移系统由一个五元组 $T = (X, \Sigma, \delta, O, o)$ 组成，其中，

- X 是（可能有限的）状态集合；
- Σ 是（可能有限的）输入集合（控制或行为）；
- $\delta: X \times \Sigma \to 2^X$ 是迁移函数，其中，2^X 表示集合 X 的幂集，即 X 的所有子集构成的集族；
- O 是（可能有限的）观测集合；
- $o: X \to O$ 是观测图。

定义子集 $X_r \subseteq X$ 为 T 的一个**区域**。迁移函数的详细含义为：迁移 $\delta(\boldsymbol{x}, \boldsymbol{\sigma}) = X_r$ 表示，当系统处于状态 $\boldsymbol{x}$ 时，在输入为 $\boldsymbol{\sigma}$ 的情况下，它可以迁移到区域 $X_r \subseteq X$ 中的任意状态

$x' \in X_r$。将状态 $x \in X$ 时的可用输入集合表示为

$$\Sigma^{x} = \{\sigma \in \Sigma | \delta(x, \sigma) \neq \emptyset\} \tag{6.7}$$

当 $|\delta(x,\sigma)| = 1$ 时，即该迁移函数的基数为 1，也即该 X_r 中有且仅有 1 个状态时，称迁移 $\delta(x,\sigma)$ 是**确定**的，如果对于所有状态 $x \in X$ 以及所有输入 $\sigma \in \Sigma^{x}$，迁移 $\delta(x,\sigma)$ 都是确定的，则称迁移系统 T 是确定的。如果对于每一个 $x \in X$，上述可用输入集合均有 $\Sigma^{x} \neq \emptyset$，则称 T 是**非阻塞**的。如果迁移系统 T 的状态 X、输入 Σ 和观测 O 都是有限的，则称该迁移系统是**有限**的。

系统的一项**输入词**被定义为一个无限序列：$w_{\Sigma} = w_{\Sigma}(1)w_{\Sigma}(2)w_{\Sigma}(3)\cdots \in \Sigma^{\omega}$。$T$ 的一条**轨迹**或是**运行**，是在初始状态 $x_1 \in X$ 处，由输入词 w_{Σ} 产生的一条无限序列 $w_X = w_X(1)w_X(2)w_X(3)\cdots$，并且满足 $w_X(k) \in X$，$w_X(1) = x_1$，且对于所有的 $k \geqslant 1$，有 $w_X(k+1) \in \delta(w_X(k), w_{\Sigma}(k))$。使用 $T(x)$ 表示迁移系统 T 中所有起源于状态 x 的轨迹。使用 $T(X_r) = \bigcup_{x' \in X_r} T(x')$ 表示迁移系统 T 中所有起源于状态 $X_r \subseteq X$ 的轨迹。因此，使用 $T(X)$ 表示 T 中的所有轨迹的集合。

一个运行 $w_X = w_X(1)w_X(2)w_X(3)\cdots$ 定义了一个**输出词**（将其简称为词）：$w_O = w_O(1)w_O(2)w_O(3)\cdots \in O^{\omega}$，对于所有的 $k \geqslant 1$，其中的 $w_O(k) = o(w_X(k))$。由从 $x \in X$ 起始的所有轨迹的集合，所生成的所有词的集合，被称为起源于 x 的 T 的**语言**，记作 $\mathscr{L}_T(x)$。在区域 $X_r \subseteq X$ 处起始的 T 的语言记为 $\mathscr{L}_T(X_r) = \bigcup_{x' \in X} \mathscr{L}(x')$，定义 $\mathscr{L}_T(X)$ 是 T 的语言，通常也可以简写为 $\mathscr{L}_T$。一般情况下，一个无限的词可以认为是由一个有限的**前缀**和一个无限的**后缀**组成。

对于任意的区域 $X_r \subseteq X$ 以及任意的输入集合 $\Sigma' \subseteq \Sigma$，定义状态集合 $\mathrm{Post}_T(X_r, \Sigma')$，该集合包含的是全部在应用 Σ' 内的输入后，从 X_r 出发能够一步抵达的状态（称其为 X_r 在 Σ' 下的**继承者**）：

$$\mathrm{Post}_T(X_r, \Sigma') = \{x \in X | \exists x' \in X_r, \exists \sigma \in \Sigma', x \in \delta(x', \sigma)\} \tag{6.8}$$

类似地，定义状态集合 $\mathrm{Pre}_T(X_r, \Sigma')$，该集合包含了全部在应用了 $\Sigma' \subseteq \Sigma$ 内的输入后，能够一步抵达 $X_r \subseteq X$ 的状态（称其为 X_r 在 Σ' 下的**先驱者**）：

$$\mathrm{Pre}_T(X_r, \Sigma') = \{x \in X | \exists x' \in X_r, \exists \sigma \in \Sigma', x' \in \delta(x, \sigma)\} \tag{6.9}$$

如果 T 是确定的，那么在给定输入 σ 的作用下，每一个状态 x 都有一个单独的继承者，即 $\mathrm{Post}_T(x, \sigma) = \delta(x, \sigma)$ 是一个单元素集合。但通常情况下，它可能有多个先驱者，即 $\mathrm{Pre}_T(x, \sigma)$ 是 T 的一个区域。然而，如果 T 是非确定的，可能存在 $\mathrm{Post}_T(x, \sigma)$ 和 $\mathrm{Pre}_T(x, \sigma)$ 均为 T 的一个区域的情况。

例题 6.6 图 6.10 中定义了一个有限非确定迁移系统 $T = (X, \Sigma, \delta, O, o)$：

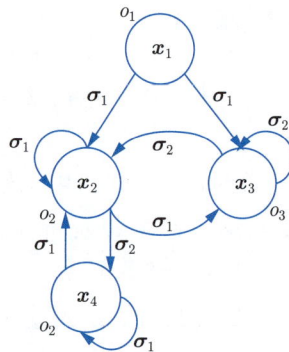

图 6.10　迁移系统的图表示

请尝试写出其状态集 X、输入集 Σ、迁移函数 δ、观测集合 O 和观测图 o。

解：

$$X = \{\boldsymbol{x}_1, \boldsymbol{x}_2, \boldsymbol{x}_3, \boldsymbol{x}_4\}$$
$$\Sigma = \{\boldsymbol{\sigma}_1, \boldsymbol{\sigma}_2\}$$
$$\delta(\boldsymbol{x}_1, \boldsymbol{\sigma}_1) = \{\boldsymbol{x}_2, \boldsymbol{x}_3\}, \delta(\boldsymbol{x}_2, \boldsymbol{\sigma}_1) = \{\boldsymbol{x}_2, \boldsymbol{x}_3\}, \delta(\boldsymbol{x}_2, \boldsymbol{\sigma}_2) = \{\boldsymbol{x}_4\}, \delta(\boldsymbol{x}_3, \boldsymbol{\sigma}_2) = \{\boldsymbol{x}_2, \boldsymbol{x}_3\}$$
$$\delta(\boldsymbol{x}_4, \boldsymbol{\sigma}_1) = \{\boldsymbol{x}_2, \boldsymbol{x}_4\}$$
$$O = \{o_1, o_2, o_3\}$$
$$o(\boldsymbol{x}_1) = o_1, o(\boldsymbol{x}_2) = o(\boldsymbol{x}_4) = o_2, o(\boldsymbol{x}_3) = o_3$$

在上述例题中，系统状态可用的输入集为 $\Sigma^{\boldsymbol{x}_1} = \{\boldsymbol{\sigma}_1\}$，$\Sigma^{\boldsymbol{x}_2} = \{\boldsymbol{\sigma}_1, \boldsymbol{\sigma}_2\}$，$\Sigma^{\boldsymbol{x}_3} = \{\boldsymbol{\sigma}_2\}$，以及 $\Sigma^{\boldsymbol{x}_4} = \{\boldsymbol{\sigma}_1\}$。状态 $\boldsymbol{x}_1$ 和状态 $\boldsymbol{x}_3$ 来自区域 $X_r = \{\boldsymbol{x}_1, \boldsymbol{x}_3\}$。区域 X_r 可以在 $\boldsymbol{\sigma}_1$ 的作用下通过状态 $\boldsymbol{x}_1$ 和状态 $\boldsymbol{x}_2$ 抵达，因此，$\mathrm{Pre}_T(X_r, \boldsymbol{\sigma}_1) = \{\boldsymbol{x}_1, \boldsymbol{x}_2\}$。类似地，状态 $\boldsymbol{x}_2$ 和状态 $\boldsymbol{x}_3$ 可以在 $\boldsymbol{\sigma}_1$ 的作用下从区域 X_r 抵达，因此 $\mathrm{Post}_T(X_r, \boldsymbol{\sigma}_1) = \{\boldsymbol{x}_2, \boldsymbol{x}_3\}$。

从 $\boldsymbol{x}_1$ 开始，在输入词 $\boldsymbol{w}_\Sigma = \boldsymbol{\sigma}_1\boldsymbol{\sigma}_1\boldsymbol{\sigma}_2(\boldsymbol{\sigma}_1)^\omega$ 的作用下，系统的一个可能的运行是 $\boldsymbol{w}_X = \boldsymbol{x}_1\boldsymbol{x}_2\boldsymbol{x}_3(\boldsymbol{x}_4)^\omega$。本输入词和运行中的序列 $\boldsymbol{\sigma}_1\boldsymbol{\sigma}_1\boldsymbol{\sigma}_2$ 和 $\boldsymbol{x}_1\boldsymbol{x}_2\boldsymbol{x}_3$ 是前缀（一次重复），$\boldsymbol{\sigma}_1$ 和 $\boldsymbol{x}_4$ 是后缀（无限次重复）。本次运行起始于区域 X_r，并且定义了一个无限的（输出）词 $\boldsymbol{w}_O = o_1(o_2)^\omega \in \mathscr{L}_T(X_r)$。在语言 $\mathscr{L}_T(X_r)$ 中有无限多个无限输出词 $\mathscr{L}_T(X_r) = \{o_1(o_2)^\omega, o_1o_2(o_3)^\omega, o_1(o_3)^\omega, (o_3)^\omega, o_3o_3(o_2)^\omega, \cdots\}$。

2. 将离散系统建模为迁移系统

接下来说明如何将一个离散时间系统建模为迁移系统。本节所提出的方法可以将已经建模为离散时间系统的自主智能系统建模为迁移系统，以便进行进一步处理和控制。考虑如下的离散时间系统：

$$\boldsymbol{x}(k+1) = f(\boldsymbol{x}(k), \boldsymbol{u}(k)), \quad k = 0, 1, 2, \cdots$$
$$\boldsymbol{y}(k) = g(\boldsymbol{x}(k)) \tag{6.10}$$

其中，$\boldsymbol{x}(k) \in \mathbf{R}^N$ 是在时间 k 时的状态，$\boldsymbol{u}(k) \in U \subseteq \mathbf{R}^M$ 是在时间 k 时的控制输入（U 是控制约束集合），$f: \mathbf{R}^N \times \mathbf{R}^M \to \mathbf{R}^N$ 是描述系统动力学的向量函数，$\boldsymbol{y}(k) \in \mathbf{R}^P$ 是在时间 k 的输出，以及 $g: \mathbf{R}^N \to \mathbf{R}^P$ 是输出函数。

可以将式(6.10)定义的离散系统转化为一个迁移系统 $T_{\mathscr{D}}^{1,c} = (X, \Sigma, \delta, O, o)$，其中，

$$状态集合 \ X = \mathbf{R}^N$$

$$输入集合 \ \Sigma = U$$

$$迁移函数 \ \delta = f$$

$$观测集合 \ O = \mathbf{R}^P$$

$$观测图 \ o = g$$

迁移系统 $T_{\mathscr{D}}^{1,c}$ 称为 $\mathscr{D}$ 的一步转化，因为其包括了 $\mathscr{D}$ 在一个离散时间步骤内可以进行的所有迁移。它同时也是一种定时且受控的转化，因为其保留了原本系统的时间和控制信息，即 $T_{\mathscr{D}}^{1,c}$ 与 $\mathscr{D}$ 包含完全等量的信息。容易看出，$T_{\mathscr{D}}^{1,c}$ 是非阻塞且确定的。

也可以为 $\mathscr{D}$ 定义其他类型的转化。例如，在实际问题分析中，可能更关注捕获 $\mathscr{D}$ 的所有可行的运行，而对记录需要的控制不感兴趣。此时，可以定义 $\mathscr{D}$ 的一步控制的抽象转化，定义为迁移系统 $T_{\mathscr{D}}^1 = (X, \delta, O, o)$，其中，$X$，$O$ 和 o 的定义与上述完全相同，迁移函数 δ 定义为 $\boldsymbol{x}' = \delta(\boldsymbol{x})$ 当且仅当存在 $\boldsymbol{u} \in U$，使得 $\boldsymbol{x}' = f(\boldsymbol{x}, \boldsymbol{u})$。

迁移系统 $T_{\mathscr{D}}^1$ 是 $\mathscr{D}$ 的另一种定时控制抽象转化的特殊情况。这个转化用 $T_{\mathscr{D}}^{\mathbf{N}} = (X, \Sigma, \delta, O, o)$ 来表示，该迁移系统中的 X、O 和 o 继承自 $T_{\mathscr{D}}^1$（以及 $T_{\mathscr{D}}^{1,c}$）。其输入集合 $\Sigma = \mathbf{N}$，迁移函数 δ 定义为 $\boldsymbol{x}' = \delta(\boldsymbol{x}, k)$，当且仅当存在 $\boldsymbol{u}(0), \boldsymbol{u}(1), \cdots, \boldsymbol{u}(k-1) \in U$ 能够驱动离散系统 (6.10) 从 $\boldsymbol{x}(0) = \boldsymbol{x}$ 到 $\boldsymbol{x}' = \boldsymbol{x}(k)$。最后，$\mathscr{D}$ 的一种时间抽象且控制抽象的转化，可以简单地表示为 $T_{\mathscr{D}} = (X, \delta, O, o)$，该迁移系统将迁移函数 δ 定义为 $\boldsymbol{x}' = \delta(\boldsymbol{x})$，当且仅当存在 $k \in \mathbf{N}$ 且 $\boldsymbol{u}(0), \boldsymbol{u}(1), \cdots, \boldsymbol{u}(k-1) \in U$ 能够驱动离散系统 (6.10) 从 $\boldsymbol{x}(0) = \boldsymbol{x}$ 到 $\boldsymbol{x}' = \boldsymbol{x}(k)$。

3. 迁移系统实例

下面通过一个例子来具体说明如何将一个离散系统转换为迁移系统。

例题 6.7 考虑以下平面离散时间仿射控制系统：

$$\mathscr{D}_{\text{lin}} : \begin{aligned} \boldsymbol{x}(k+1) &= \boldsymbol{A}\boldsymbol{x}(k) + \boldsymbol{B}\boldsymbol{u}(k) + \boldsymbol{b}, k = 0, 1, 2, \cdots \\ \boldsymbol{y}(k) &= \boldsymbol{C}\boldsymbol{x}(k) \end{aligned} \tag{6.11}$$

其中，

$$\boldsymbol{A} = \begin{bmatrix} 0.95 & -0.5 \\ 0.5 & 0.65 \end{bmatrix}, \boldsymbol{B} = \begin{bmatrix} -1 \\ 2 \end{bmatrix}, \boldsymbol{b} = \begin{bmatrix} 0.5 \\ -1.3 \end{bmatrix}, \boldsymbol{C} = \begin{bmatrix} 1 & 0 \end{bmatrix} \tag{6.12}$$

请考虑如何将该系统建模为迁移系统。

解：

该系统的一步时间控制转化 $T_{\mathscr{D}}^{1,c}$ 定义如下：

$$状态集合 \ X = \mathbf{R}^2$$

$$输入集合 \ \Sigma = \mathbf{R}$$

$$迁移函数 \ \delta(x, u) = \boldsymbol{A}\boldsymbol{x} + \boldsymbol{B}\boldsymbol{u} + \boldsymbol{b}$$

$$观测集合 \ O = \mathbf{R}$$

$$观测图\ \boldsymbol{o} = \boldsymbol{C}\boldsymbol{x}$$

由输入词 $0, 0, 0, \cdots$ 决定的（自动）运行为

$$\begin{bmatrix} 8.0 \\ 5.0 \end{bmatrix}, \begin{bmatrix} 5.600 \\ 5.900 \end{bmatrix}, \begin{bmatrix} 2.8450 \\ 5.3675 \end{bmatrix}, \begin{bmatrix} 0.5190 \\ 3.6114 \end{bmatrix}, \begin{bmatrix} -0.8126 \\ 1.3069 \end{bmatrix}, \begin{bmatrix} -0.9255 \\ -0.8568 \end{bmatrix}, \begin{bmatrix} 0.0492 \\ -2.3197 \end{bmatrix}, \cdots$$

输出词为

$$8.0000, 5.6000, 2.8450, 0.5190, -0.8126, -0.9255, 0.0492, \cdots$$

人行横道路口的交通灯是一个典型的无人系统，下面的例子展示了如何将该无人系统建模为迁移系统。

例题 6.8　考虑常见的人行横道处的交通灯模型，包含以下两个部分：

（1）包含"红色""黄色""绿色"信号的车用红绿灯；

（2）包含"可通行"和"禁止通行"的行人用文字提示。

请考虑该实际系统如何建模为迁移系统。

解：

首先，将这两部分分别建模为独立的迁移系统 T_c 与 T_p。

T_c 与 T_p 的迁移系统图表示如图 6.11 和图 6.12 所示，其中每一个信号通过一个观测集捕获（即：O_c= 绿，黄，红，O_p= 可通行，禁止通行）。对于这两个迁移系统，每个状态都有自己独有的观测（即在每个状态中，每个交通灯都分配有一个独有的信号）。为了区分 T_c 与 T_p 中的状态，将其分别表示为 $X_c = \{\boldsymbol{x}_1^c, \boldsymbol{x}_2^c, \boldsymbol{x}_3^c\}$ 以及 $X_p = \{\boldsymbol{x}_1^p, \boldsymbol{x}_2^p\}$。

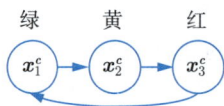

图 6.11　车用红绿灯迁移系统　　　　图 6.12　行人用文字提示迁移系统

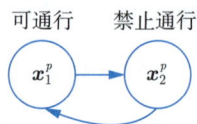

通过假设这两个迁移系统的迁移是完全同步的（即，迁移会在同一时间点发生），人行横道处交通灯的整体模型可以通过车用红绿灯系统模型与行人用文字提示模型乘积的方式获得：

$$T = T_c \otimes T_p$$

乘积自动机 T 中的每个状态都表示了交叉路口可能的一个情况。观测集合是通过收集单个迁移系统的观测集合获得的，迁移也是匹配单个迁移系统的迁移获得的。例如，在状态 $(\boldsymbol{x}_3^c, \boldsymbol{x}_1^p)$ 中，车用红绿灯显示为"红色"信号，而行人用文字显示为"可通行"信号。

值得注意的是，人行横道交通灯模型此时被建模为一个自主的、确定性的迁移系统（见图 6.13）。也就是说，假设该系统不受环境或者任何外部输入的影响（自主性），而是根据预先确定的程序改变信号，且始终遵循着相同的顺序（确定性）。

可以看出，此时的系统中存在危险状态 $(\boldsymbol{x}_1^c, \boldsymbol{x}_1^p)$，观测集合为"绿色"和"可通行"，可以通过模型检查等方式找出建模中的此类不安全状态，并通过建立约束等方法避免。这超过了本节所讨论的范围，有兴趣的读者可以自行查阅相关资料。

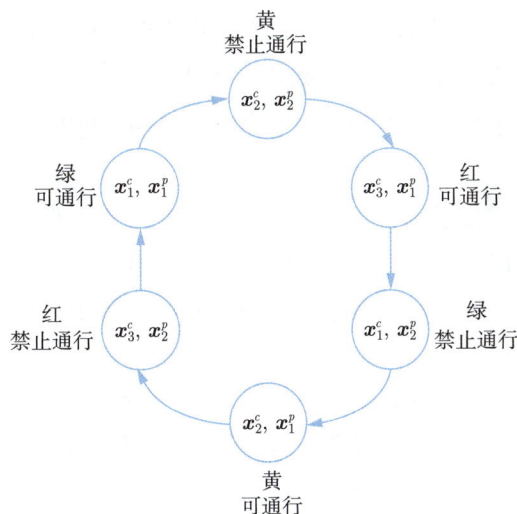

图 6.13　交通灯完整模型

6.3.2　基于自动机的序列行为建模

本节主要介绍有关自动机的相关内容。基于自动机的序列行为建模是一种基础的建模方法。本节还会简单介绍时序逻辑（temporal logic）语言的相关概念，便于理解有关 Büchi 自动机的相关概念。

1. 正则语言及自动机概念

本节首先介绍最基础的自动机及其相关概念，在此之前，要引入关于**正则语言**的概念。在计算机科学和形式化方法中，正则语言（也被称为理性语言）是一种可以由正则表达式所定义的形式语言。如果说自然语言是人类使用的语言，正则语言则是可以被有限自动机所理解的语言。正则语言一般在一个字母表 Σ 上递归定义。正则语言的一个重要性质是具有封闭性，即正则语言经过交、并、差、补等各种运算后，所得到的语言仍然是正则语言。

接下来定义**有限状态自动机**。有限状态自动机中包含 PDDL 需要的初始状态信息。

> **定义 6.9**（有限状态自动机）
>
> 有限状态自动机由一个五元组 $(Q, \Sigma, \delta, q_0, F)$ 组成，其中，
> - Q 是一个有限集合，称为状态集；
> - Σ 是一个有限集合，称为字母表；
> - $\delta: Q \times \Sigma \to Q$ 是迁移函数；
> - $q_0 \in Q$ 是初始状态；
> - $F \subseteq Q$ 是可接受状态集合。　♣

可以看到，有限状态自动机的特点是其状态集 Q 是有限集合，状态集是无限集合的自动机称为无限状态自动机。另一方面，如果自动机在一个给定状态下，对于每一个输入字符，可

以确定自动机的下一步状态，则称这种自动机为**确定性有限自动机**（Deterministic Finite Automaton, DFA）。反之，若对于给定输入，无法确认其下一步状态，则将这种自动机称为**非确定性有限自动机**（Nondeterministic Finite Automaton, NFA）。

2. 时序逻辑语言简介

时序逻辑语言是用以描述复杂且带有严格时序关系的任务的形式化语言。其中最基础的部分称为**线性时序逻辑**（Linear Temporal Logic, LTL）语言，简称 LTL 语言。LTL 语言用于声明一系列不同的任务，且不会造成混淆和误解，其提供了一种准确且形式化的方法来限定系统的时序行为，保证系统的行为符合预期，并且能够及时调整和判别不符合任务约束的异常行为。LTL 语言承担着 PDDL 中描述谓词、目标规范以及运算符的功能。

在无人系统的背景下，LTL 语言发挥着出色的任务描述作用。例如，通过 LTL 语言，可以指定一台无人车或无人机等自主智能系统，在去往目标点 A 前，先去目标点 B 拿取物资，并经过目标点 C 打开途中关闭的门，在到达目标点 A 后卸下物资，之后返回出发点，并全程避开危险地区等较为复杂的任务组合。

LTL 可以使用如下语法定义：

$$\phi := \text{True} | a | \phi_1 \vee \phi_2 | \neg\phi | \bigcirc \phi | \phi_1 \text{U} \phi_2 \tag{6.13}$$

其中，$a \in \text{AP}$ 被称为原子命题，也就是观测量，标志着需求的某种属性是否为真；其他操作符、$\vee$、$\neg$、$\bigcirc$、U 分别为或、非、下一个和直到运算符。除此之外，还有两种时序操作符，分别为 F（Eventually）以及 G（Always），定义为 $\text{F}\phi = \text{True U}\phi$，$\text{G}\phi = \neg\text{F}\neg\phi$。

在 LTL 领域中，一个定义在字母集 2^{AP} 上的无穷词是一个无穷序列，$\sigma \in (2^{\text{AP}})^\omega$，具体来说，$\sigma = l(s_0)L(s_1)\cdots$，其中，$L(s_i) \in 2^{\text{AP}}, \forall i = 1, 2, \cdots$ 是标签函数，返回的是在状态 s_i 处所有值为真的原子命题的集合。LTL 公式的满足关系为 $(\sigma, i) \vDash \phi$，含义是词 σ 在时间步 i 时，满足公式 ϕ。此满足关系的定义如下：

$$\begin{cases} (\sigma, i) \vDash a & \Leftrightarrow a \in L(s_i) \\ (\sigma, i) \vDash \neg\phi & \Leftrightarrow (\sigma, i) \nvDash \phi \\ (\sigma, i) \vDash \bigcirc\phi & \Leftrightarrow (\sigma, i+1) \vDash \phi \\ (\sigma, i) \vDash \phi_1 \vee \phi_2 & \Leftrightarrow (\sigma, i) \vDash \phi_1 \text{ 或 } (\sigma, i) \vDash \phi_2 \\ (\sigma, i) \vDash \phi_1 \text{U} \phi_2 & \Leftrightarrow \exists i' \in [i, +\infty], (\sigma, i') \vDash \phi_2 \text{ 且 } \forall i'' \in (i, i'), (\sigma, i'') \vDash \phi_1 \end{cases} \tag{6.14}$$

对于任意一个 LTL 公式 ϕ，$(\sigma, 0) \vDash \phi$ 意味着在时间步 0 时 σ 即满足 ϕ，可以简写为 $\sigma \vDash \phi$。任务 ϕ 的词汇集 words 为所有在 0 时刻起满足任务 ϕ 的词，即 $\text{words}(\phi) = \{\sigma \in (2^{\text{AP}})^\omega | \sigma \vDash \phi\}$。

给定一条无穷轨迹 $\tau = s_0, s_1, \cdots$，定义 τ 对应的词为该轨迹的**迹**，即 $\text{trace}(\tau) = L(s_0)L(s_1)\cdots$。根据式(6.14)，通过判断一条轨迹的迹是否满足任务，来定义一条轨迹是否满足公式 ϕ。

当检测任务是否被满足的时候，只需要一个反例，但在生成智能体符合任务的路径时，由于需要在生成后交给无人系统执行，需要一个易于编码的形式。根据 LTL 任务的性质，参考迁移系统输出词的相关概念，一般将符合 LTL 任务路径的动作序列形式化为一种如下的前缀-后缀的结构形式：

$$\sigma = <\sigma_{pre}, \sigma_{suf}> = \sigma_{pre}[\sigma_{suf}]^{\omega} \tag{6.15}$$

在这种结构的形式化描述下，前缀 σ_{pre} 只会执行一次，而后缀 σ_{suf} 会重复执行无限次。

如果一个 LTL 公式只包含时序运算符 $\bigcirc$、U 和 F，且其是以正范式的形式书写的（否定运算符 $\neg$ 只出现在观测量前），则称这个 LTL 公式是属于共同安全 LTL（scLTL）集合的。下面从形式上对 scLTL 公式的语法进行了定义。

> **定义 6.10 （scLTL 片段）**
>
> 在一组原子命题集上的语法共同安全线性时序逻辑（scLTL）公式被递归的定义为
>
> $$\phi := \text{True}|o|\neg o|\phi_1 \vee \phi_2|\phi_1 \wedge \phi_2| \bigcirc \phi|\phi_1 U\phi_2 \tag{6.16}$$
>
> 其中，$o \in O$ 是观测量，ϕ、ϕ_1 和 ϕ_2 是 scLTL 公式。 ♣

注意，时序运算符 G 不能出现在 scLTL 中，因为只有观测量可以被否定，所以 $G\phi = \neg F\neg \phi$ 不属于 scLTL 片段。

scLTL 公式均可以通过现有的工具转换为 NFA，例如，给出以下一些 scLTL 公式：$\phi_1 = Fo_1$，$\phi_2 = Fo_3 \wedge (o_1 Uo_2)$，以及 $\phi_3 = (\neg o_3 U(o_1 \vee o_2)) \wedge Fo_3$，其观测集合为 $O = \{o_1, o_2, o_3, o_4\}$，这些公式可以转化为如图 6.14 所示的 NFA。

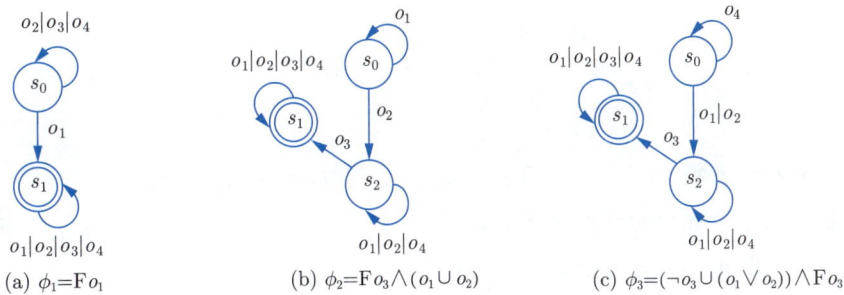

图 6.14　scLTL 任务规范的自动机

从图 6.14 中可以看出，对于所有自动机，s_0 是初始状态，最终状态由双层圆圈表示。同时为了简化表述，如果在两个状态之间存在多个迁移，则只显示由标记所注明的一条迁移（不同标记用符号 | 分隔）。

3. Büchi 自动机

在常用的自动机中，有一类特殊的自动机，称为 **Büchi 自动机**。这种自动机是一种重要媒介，能将时序逻辑语言描述的任务直接转化为无人系统易于理解的形式。一个非确定性 Büchi 自动机 (Nondeterministic Büchi Automaton, NBA) 一般用 $\mathscr{A}_\phi$ 表示，其定义如下。

定义 6.11（非确定性 Büchi 自动机）

Büchi 自动机由一个五元组 $\mathscr{A}_\phi = (Q, 2^{\mathrm{AP}}, \delta, Q_0, \mathscr{F})$ 组成，其中，

Q 是状态点集合

2^{AP} 是原子命题集

δ 是边迁移关系

$Q_0 \in Q$ 是初始状态集

$\mathscr{F}$ 是可接受状态节点集

♣

值得注意的是，在 δ 中每个边都对应有原子命题的逻辑组合，该组合称之为**触发条件**，每个边只有当其触发条件被满足时才可以执行。

为了简单构造 Büchi 自动机，常用的方法有 LTL2BA 工具，该工具通过输入一条符合规范的 LTL 任务语言，自动地生成对应的 Büchi 自动机模型。

NBA 的一个运行，是指一个从初始状态开始，按照迁移关系进行的无穷序列。表示为 $\boldsymbol{q} = \boldsymbol{q}_0\boldsymbol{q}_1\boldsymbol{q}_2\cdots$，其中 $\boldsymbol{q}_0 \in Q_0$ 并且 $\boldsymbol{q}_{i+1} \in \delta(\boldsymbol{q}_i, \Pi), \Pi \in 2^{\mathrm{AP}}, i = 0, 1, \cdots$。此外，当 $\mathrm{Inf}(\boldsymbol{q}) \cap \mathscr{F} \neq \emptyset$ 时，称 $\boldsymbol{q}$ 是可接受的。

对于 NBA，其不确定性体现在对于相同的词，其在 NBA 中的运行结果可能存在多个。用 $\mathscr{L}(\mathscr{A}_\phi)$ 表示 $\mathscr{A}_\phi$ 的可接受运行。

为了扩展 Büchi 自动机的适用面，使其能够适应用户定义的任务的前后关系，可以对其稍作扩展，定义**乘积式 Büchi 自动机**。乘积式 Büchi 自动机的定义如下。

定义 6.12（乘积式 Büchi 自动机）

乘积式 Büchi 自动机由一个五元组组成。

$$\mathscr{A}_p = M \otimes \mathscr{A}_\phi = (Q', \delta', Q_0', \mathscr{F}', W_p)$$

其中，

Q' 是乘积状态集：$Q' = \boldsymbol{s} \times Q = \{\langle \boldsymbol{s}, \boldsymbol{q} \rangle \in Q' | \forall \boldsymbol{s} \in S, \forall \boldsymbol{q} \in Q\}$；

δ' 为乘积自动机中的迁移关系：$\delta' : Q' \to 2^{Q'}.\langle \boldsymbol{s}_j, \boldsymbol{q}_n \rangle \in \delta'(\langle \boldsymbol{s}_i, \boldsymbol{q}_m \rangle)$ 当且仅当 $\mathrm{Pr}(\boldsymbol{s}_j | \boldsymbol{s}_i) \neq 0$ 且 $\boldsymbol{q}_n \in \delta(\boldsymbol{q}_m, L(\boldsymbol{s}_i))$；

Q_0' 是初始状态集：$Q_0' = \{\langle \boldsymbol{s}, \boldsymbol{q} \rangle | \boldsymbol{s} \in S_0, \boldsymbol{q}_0 \in Q_0\}$；

$\mathscr{F}'$ 是可接受乘积状态集：$\mathscr{F}' = \{\langle \boldsymbol{s}, \boldsymbol{q} \rangle | \boldsymbol{s} \in S, \boldsymbol{q} \in \mathscr{F}\}$；

W_p 是权重函数：对于 $\langle \boldsymbol{s}_j, \boldsymbol{q}_n \rangle \in \delta'(\langle \boldsymbol{s}_i, \boldsymbol{q}_m \rangle), Q' \times Q' \to \mathbf{R}^+, W_p(\langle \boldsymbol{s}_i, \boldsymbol{q}_m \rangle, \langle \boldsymbol{s}_j, \boldsymbol{q}_n \rangle) = W_c(\boldsymbol{s}_i, \boldsymbol{s}_j)$。

♣

其中，$W_c(\boldsymbol{s}_i, \boldsymbol{s}_j)$ 为从状态 $\boldsymbol{s}_i$ 迁移到状态 $\boldsymbol{s}_j$ 所需的**代价**，由用户自定义。乘积式 Büchi 自动机仍然是 Büchi 自动机，可接受运行等定义与 Büchi 自动机相同。此外，由于乘积式 Büchi 自动机同时考虑了环境迁移模型，以及任务本身定义的 Büchi 自动机，因此在乘积式 Büchi 自动机中找到的可接受运行，可以同时满足环境的动态约束以及任务约束。定义乘积自动机中状态

向 Büchi 自动机投影的操作为 $< s, q > |_{\mathscr{A}_p} = q$，向环境模型投影的操作为 $< s, q > |_M = s$。

基于 $\mathscr{A}_p$，可以构建想要的符合 LTL 任务的可接受序列，其形式如(6.15)所示，将(6.15)按照如下格式进行展开。

$$
\begin{aligned}
\sigma =& < \sigma_{pre}, \sigma_{suf} > = q_0' q_1' \cdots q_f' [q_f' q_{f+1}' \cdots q_n']^\omega \\
=& < s_0, q_0 > \cdots < s_{f-1}, q_{f-1} > [< s_f, q_f >< s_{f+1}, q_{f+1} > \cdots < s_n, q_n >]^\omega
\end{aligned}
\tag{6.17}
$$

根据以上前缀-后缀形式，可以设计相应的代价函数来判断每一个可接受序列的优劣程度，代价函数的设计如下：

$$
\begin{aligned}
\mathrm{Cost}(R, \mathscr{A}_p) =& \sum_{i=0}^{f-1} W_p(q_i' q_{i+1}') + \gamma \sum_{i=f}^{n-1} W_p(q_i' q_{i+1}') \\
=& \sum_{i=0}^{f-1} W_c(s_i' s_{i+1}') + \gamma \sum_{i=f}^{n-1} W_c(s_i' s_{i+1}')
\end{aligned}
\tag{6.18}
$$

在构建好 $\mathscr{A}_p$ 之后，可以生成最小化(6.18)的最优序列。生成该序列需要 Dijkstra 算法，该算法可以解决在有权图中寻找最短路径的问题，基于贪心策略，从起始点开始，每次遍历到与起始点距离最近且未访问过的顶点的邻接节点，直到扩展到终点为止。在上述自动机中，Dijkstra 分别使用两个算法，目标算法计算从初始状态 q_0 到可接收状态集 $\mathscr{F}'$ 中每个目标状态的最短路径；循环算法计算从 q_s' 出发，回到其自身的最短循环。在构建前缀-后缀可接受序列时，首先对每个初始状态 $q_0 \in Q_0'$ 使用目标算法，之后对每个 q_f' 使用循环算法。通过搜索算法找到(6.18)的最小状态对 (q_0', q_f')，进而构建如(6.17)的前缀-后缀形式序列。由于 Dijkstra 算法需要在 $\mathscr{A}_p$ 上调用 $|Q_0'| + |\mathscr{F}'|$ 次，故上述流程算法的计算复杂度，其最差情况为 $\mathcal{O}(|\mathscr{A}_p| \log |\mathscr{A}_p| (|Q_0'| + |\mathscr{F}'|))$。

例题 6.9 考虑一个单智能体的 LTL 任务实例，图 6.15 表示了一个工作环境的简易平面图。

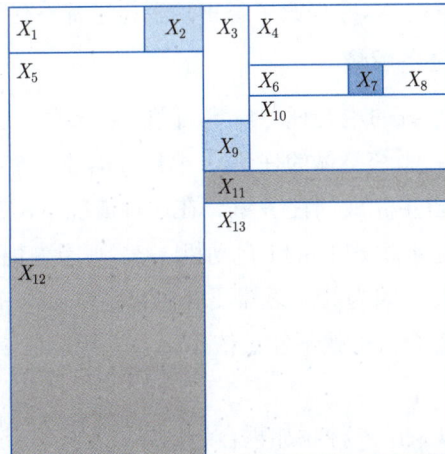

图 6.15 平面工作环境示意图

为方便描述，只考虑智能体在上述平面环境中进行工作。其任务如下：智能体需要访问区域 X_2 或 X_9，收集其中一个区域的数据，并将其带到区域 X_7，完成数据整理工作。同时，区域 X_{11} 和区域 X_{12} 是危险区域，不得进入。最后，智能体的整体运行必须保持在图 6.15 所示的范围内，不能超出区域 X 的边界。

请尝试写出上述智能体任务的 LTL 规范，并且构造为对应的 Büchi 自动机。

解：

设需要满足的任务为 ϕ，则对应的 LTL 任务可以表示如下：

$$\phi = ((\neg X_{11} \wedge \neg X_{12} \wedge \neg \mathrm{Out}) \mathrm{U} X_7) \wedge (\neg X_7 \mathrm{U} (X_2 \vee X_9))$$

其中，$\mathrm{Out} = \mathbf{R}^2 \backslash X$。

使用 LTL2BA 工具，构造的 Büchi 自动机如图 6.16 所示。

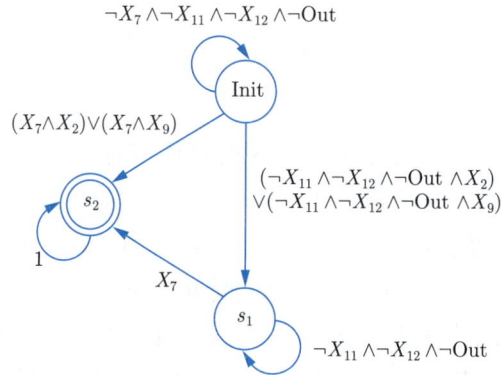

图 6.16　构造的 Büchi 自动机

该自动机采用智能体可以直接理解的形式化语言，表示初始状态的智能体要同时满足避开 X_7、X_{11}、X_{12} 区域且不离开工作区，在满足访问过 X_2 或 X_9 区域后，访问 X_7 区域，即完成任务。之后处于待命状态。注意，虽然通过自动机显示，智能体可以通过先访问 X_7，再访问 X_2 或 X_9 中的一个，来直接由初始状态抵达最终状态，但由于初始状态的限制，智能体不能在访问 X_2 或 X_9 之前抵达 X_7，因此不会出现上述不符合任务要求的情况。

4. 多智能体耦合 LTL 任务解耦

最后简述有关多体无人系统的耦合任务解耦问题。在多体无人系统中，集群中的每个智能体 i 分别承担部分任务 ϕ_i。系统整体的任务 ϕ 中包含需要多个智能体相互配合的耦合任务部分 ϕ_c，以及单智能体可以自主完成的任务 ϕ_l。在这种情况下，若为了进行分布式协作控制，为每个智能体构建自己的本地乘积式 Büchi 自动机 $\mathscr{A}_p^i$，则因为耦合任务的存在，自动机中的某些转移条件永远不会被触发，因为其缺乏需要其他智能体协作完成的先决条件。因此，$\mathscr{A}_p^i$ 并不能被引导到可接收节点集合，也就不能仅依靠 $\mathscr{A}_p^i$ 为智能体 i 构建符合整体 LTL 任务的本地路径。

为了解决这一问题，可以采用一种添加耦合边的方式，对耦合自动机进行解耦，利用解耦后的乘积自动机完成分布式运动序列规划的生成。

将 LTL 任务 ϕ 中的耦合任务部分 ϕ_c 在 Büchi 自动机 $\mathscr{A}_{\phi_i}$ 中的子节点表示为 Q_ϵ，到 Q_ϵ 的转移需要其他智能体完成先决条件来触发，因此在 $\mathscr{A}_p^i$ 中，所有的 $<s,q>,q \in Q_\epsilon$ 都是不可到达的。据此给出以下定义：当给定一个本地自动机 $\mathscr{A}_p^i$，若 $q_{a|\mathscr{A}_{\phi_i}} \in Q_\epsilon$，那么所有的边 $(q_a,q_b),q_{b|\mathscr{A}_{\phi_i}} \in Q_\epsilon$ 均为耦合边。

为了对任务进行解耦，首先要在构造 $\mathscr{A}_{\phi_i}$ 的过程中找到所有的耦合边。这一部分可以基于 tableau 规则完成。每一个 LTL 公式 ϕ 均可以对应一个 tableau 结构，该结构为一个树形结构，其中的结点标签为公式的集合。该树形 tableau 结构的构造，是根据表 6.4中所示的展开规则进行的，其中 sub 代表子公式的集合，$next$ 代表下一个状态的集合。

表 6.4　tableau 规则

ϕ	sub_1	$next$	sub_2
$\phi_1 \wedge \phi_2$	$\{\phi_1,\phi_2\}$	$\varnothing$	$\varnothing$
$\phi_1 \vee \phi_2$	$\{\phi_1\}$	$\varnothing$	$\{\phi_2\}$
$\phi_1 U \phi_2$	$\{\phi_1\}$	$\phi_1 U \phi_2$	$\{\phi_2\}$
$\bigcirc\phi$	$\varnothing$	$\{\phi\}$	$\varnothing$

对 tableau 的构造，是对原 LTL 任务 ϕ 施加上述的展开规则，将任务进行简化，将每个分支展开到结点中的公式存在相反语义，或者没有更多的扩展规则可以适用为止。完成 tableau 的构造以后，可以根据其子公式的满足与否，寻找需要满足先决条件才能完成的耦合任务，将其标记为耦合边。

找到耦合边后，关键的解耦思路在于为 Büchi 自动机添加新的耦合边，使其满足原本无法触发的转移条件的先决条件。这一步骤通过承诺集合来完成。该承诺集合表示虽然当前先决条件没有被满足，但之后通过完成任务后便可以满足该条件，以此添加新的耦合边，使得 Büchi 自动机能够规划出到达可接受节点集合的任务路径。承诺的本质是其他智能体为其完成的协作任务。具体的算法构造思路较为复杂，且超出了本章的能力需求，故不在此详解，感兴趣的读者可以通过查阅参考文献自行了解。

和原本的乘积式自动机相比，每个智能体构造的本地解耦乘积式自动机 $\mathscr{A}_n^i$ 只是增加了几条带有承诺集合，以及具有额外代价值 c（该代价与需要协作的其他智能体之间的距离有关，为常值）的耦合边，其他结构保持不变。因此可以按照前述的典型最优路径生成算法来寻找本地的最优路径，仍可通过例如 Dijkstra 算法等方式，完成分布式的任务运动序列构造。

6.3.3　基于 Petri 网的序列行为建模

Petri 网络为**离散事件系统**（**Discrete Event Systems，DES**）的无计时模型提供了一种自动机的替代方案。与自动机类似，Petri 网也是一种根据特定规则进行事件操纵的工具。其特点在于，Petri 网包括了可以触发某事件的明确条件。

同为序列行为建模工具，Petri 网提供了另一种为自主无人系统建模的可选方案。对于物理条件不同，或者任务需求不同的实际应用场景，选择 Petri 网可能会比选择自动机建模更具优势。

1. Petri 网的基本定义

Petri 网的定义分为两个步骤。首先要定义一个 **Petri 网图**，也称为 **Petri 网结构**，其类似于自动机的状态转换图；然后，将初始状态、状态标记和转换标记函数连接到该图上，得到完整的 Petri 网模型、相关动力学及其生成和标记的语言。

在 Petri 网中，事件与**变迁**相互关联。为了使变迁发生，有时必须要满足某种条件。包含与这些条件相关的信息的节点称为**位置**，其中一些位置被视为变迁的"输入"，其他节点被视为变迁的结果。变迁、位置和它们之间的连接关系就定义了 **Petri 网图**的基本组成部分。Petri 网图包括两种类型的节点（分别称为位置和变迁）以及连接这些节点的有向弧线。注意，由于有向弧线不会直接连接同一类型的节点，即有向弧线应从位置出发连接到变迁，或从变迁出发连接到位置，因此 Petri 网图是一个**二分图**。Petri 网图的精确定义如下。

> **定义 6.13（Petri 网络）**
>
> 一个 **Petri 网图**（或称 **Petri 网结构**）是一个加权二分图：
>
> $$(P, T, A, w)$$
>
> 其中，
> - P 是位置的有限集合（图中的一类节点）。
> - T 是变迁的有限集合（图中的另一类节点）。
> - $A \subseteq (P \times T) \cup (T \times P)$ 是图的有向弧线集，包括从位置到变迁的有向弧线以及从变迁到位置的有向弧线。
> - $w: A \to \{1, 2, 3, \cdots\}$ 是有向弧线的权重函数。
>
> 假设图 (P, T, A, w) 中没有孤立的位置或变迁。

通常使用 $P = \{p_1, p_2, \cdots, p_n\}$ 来表示位置集合，用 $T = \{t_1, t_2, \cdots, t_m\}$ 来表示变迁集合。有向弧线的典型表示形式为 (p_i, t_j) 或 (t_j, p_i)，并且与有向弧线相关的权重是正整数。

可以看出，Petri 网图比自动机的状态转换图更为复杂。首先，状态转换图的节点对应从单个集合 X 中选取的状态；而在 Petri 网图中，节点包括从集合 P 中选取的位置，以及从集合 T 中选取的变迁。其次，在状态转换图中，对于引发状态转换的每一个事件，都有一条独立的边；而在 Petri 网图中，允许多条有向弧线连接两个节点，也就是说，允许每条有向弧线具有权重，因此 Petri 网图结构也被称为多重图。

在绘制 Petri 网图时，需要区分两种类型的节点，即位置和变迁。惯例是使用圆圈来表示位置，使用竖线来表示变迁。使用连接位置和变迁的边来表示有向弧线集 A 中的元素。如果有向弧线具有权重，则会在图上绘制多条边来表示权重。然而，如果在 Petri 网中涉及过大的权重，则一般更简单地将权重直接写在有向弧线上。如果一条有向弧线没有标注权重，则默认其权重为 1。以下是一个基本 Petri 网图的例子。

例题 6.10 给出一个典型 Petri 网图，如图 6.17 所示。

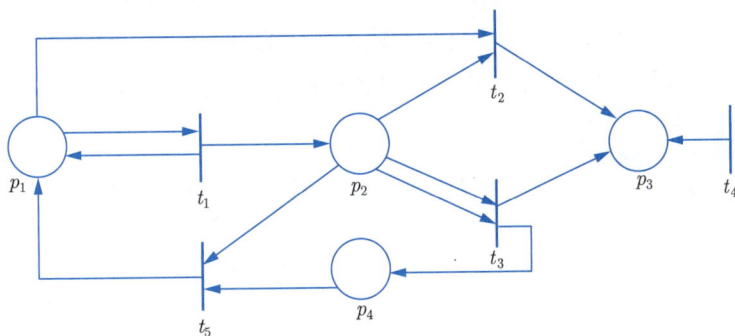

图 6.17　Petri 网图

请尝试写出该 Petri 网图的位置集合、变迁集合、有向弧线集以及权重函数。

解：

$$P = \{p_1, p_2, p_3, p_4\}$$

$$T = \{t_1, t_2, t_3, t_4, t_5\}$$

$$A = \{(p_1, t_1), (p_1, t_2), (p_2, t_2), (p_2, t_3), (p_2, t_5), (p_4, t_5),$$

$$(t_1, p_1), (t_1, p_2), (t_2, p_3), (t_3, p_3), (t_3, p_4), (t_4, p_3), (t_5, p_1)\}$$

只有有向弧线 (p_2, t_3) 的权重为 2，其他有向弧线的权重均为 1。

值得注意的是，上述例子中的变迁 t_4 没有输入位置，如果将变迁视为事件，将位置视为与事件发生相关的条件，那么与变迁 t_4 相对应的事件将无条件发生。相反，变迁 t_2 的事件是否发生，取决于位置 p_1 和 p_2 相关的某些条件。

2. Petri 网的标记与状态空间

为了描述事件可能发生的条件，就需要采用一个机制来表明这些条件是否真的得到满足。这种机制通过将**令牌**分配给对应的位置来完成，令牌的本质作用就是为了表明该位置所描述的条件是否得到了满足。通过将令牌分配给 Petri 网图的方式定义了**标记**。

一个 Petri 网图 (P, T, A, w) 的**标记** x 是一个函数 $x : P \to \mathbf{N} = \{0, 1, 2, \cdots\}$。因此，标记 x 定义了一个行向量 $\boldsymbol{x} = [x(p_1), x(p_2), \cdots, x(p_n)]$，其中，$n$ 是 Petri 网中位置的数量。该向量的第 i 个分量，表示在位置 $p_i, x(p_i) \in \mathbf{N}$ 处的令牌的（非负整数）数量。在 Petri 网图中，令牌由对应位置的黑点表示。

> **定义 6.14**（标记 Petri 网）
>
> 一个标记 **Petri** 网是一个五元组 (P, T, A, w, x)，其中 (P, T, A, w) 是 Petri 网图，x 是位置集合 P 的标记；$\boldsymbol{x} = [x(p_1), x(p_2), \cdots, x(p_n)] \in \mathbf{N}^n$ 是与 x 相关联的行向量。

为表示简单，之后将标记 Petri 网简称为 Petri 网。然而，上述定义并没有明确表述 Petri 网的状态变迁机制。为了定义状态变迁机制，首先需要引入**可用变迁**的概念。如果一个变迁 $t \in T$ 将要"发生"或"可用"，则需要在其输入变迁的每个位置（即条件）中均有令牌。在考虑有向弧线的权重后，对位置中令牌的数量也有要求。为此使用以下定义方式：

定义 6.15（可用迁移）

Petri 网中一个变迁 $t_j \in T$ 如果满足如下条件，则称之为是可用的。

$$x(p_i) \geqslant w(p_i, t_j), \forall p_i \in I(t_j)$$

换言之，对于输入到变迁 t_j 的所有位置 p_i，如果 p_i 中的令牌数量大于或等于连接 p_i 到 t_j 的有向弧线的权重，则 Petri 网中的变迁 t_j 是可用的。

例题 6.11 给出一个简单的 Petri 网图，如图 6.18 所示。

如图 6.18 是一个非常简单的 Petri 网图，其 $P = \{p_1, p_2\}, T = \{t_1\}, A = \{(p_1, t_1), (t_1, p_2)\}$，$w(p_1, t_1) = 2, \ w(t_1, p_2) = 1$。

现在，为其添加标记，一种可能的状态如图 6.19 所示。

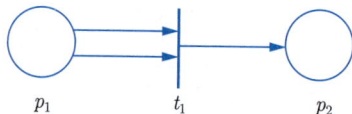

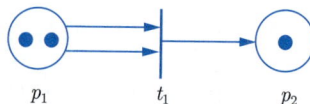

图 6.18 简单的 Petri 网图   图 6.19 标记 Petri 网图

请根据定义 6.15 判断 t_1 是否为可用变迁。

解：

其中，$\boldsymbol{x} = [2,1]$。可以看到，$x(p_1) = 2 = w(p_1, t_1)$，因此在这种状态下，t_1 是可用变迁。

3. Petri 网的动力学表示

Petri 网中的动力学即 Petri 网的状态变迁机制。Petri 网中的状态变迁机制是通过在网图中移动令牌，从而改变 Petri 网的状态来实现的。当一个变迁被启用时，通常称其为被**激发**（firing）。Petri 网的状态变迁函数是通过激发一个可用变迁从而引起的 Petri 网状态变化来定义的。

定义 6.16（Petri 网动力学）

一个 Petri 网 (P, T, A, w) 的状态变迁函数 $f : \mathbf{N}^n \times T \to \mathbf{N}^n$ 是定义在一个变迁 $t_j \in T$ 上，当且仅当：

$$x(p_i) \geqslant w(p_i, t_j), \forall p_i \in I(t_j) \tag{6.19}$$

令 $\boldsymbol{x}' = f(\boldsymbol{x}, t_j)$，其中，

$$x'(p_i) = x(p_i) - w(p_i, t_j) + w(t_j, p_i), i = 1, 2, \cdots, n \tag{6.20}$$

条件 (6.19) 确保仅为可用的变迁定义状态变迁函数，如前所述，"可用变迁"相当于自动机中的"可行事件"。区别在于，自动机中的状态迁移函数是任意定义的，而此处的状态变迁函数是基于 Petri 网结构的。因此，条件 (6.20) 定义中的下一个状态明确取决于变迁的输入和输出位置，以及连接这些位置到迁移的有向弧线的权重。

由条件 (6.20) 可知，如果 p_i 是 t_j 的输入位置，则从该处移除的令牌与从 p_i 到 t_j 的有向弧线的权重相同；如果其是 t_j 的输出位置，则它获得与从 t_j 到 p_i 的有向弧线的权重数量相同的令牌。显然，p_i 有可能既是 t_j 的输入位置，又是其输出位置。在这种情况下，条件 (6.20) 从 p_i 中移除 $w(p_i, t_j)$ 个令牌，然后立即将 $w(t_j, p_i)$ 个新的令牌放回其中。

值得注意的是，当 Petri 网中激发变迁时，令牌的总量不需要保持守恒。这可以从条件 (6.20) 中立刻得出，因为存在以下可能：

$$\sum_{p_i \in P} w(t_j, p_i) > \sum_{p_i \in P} w(p_i, t_j)$$

或者

$$\sum_{p_i \in P} w(t_j, p_i) < \sum_{p_i \in P} w(p_i, t_j)$$

在这种情况下，$\boldsymbol{x}' = f(\boldsymbol{x}, t_j)$ 就会比 $\boldsymbol{x}$ 拥有更多或更少的令牌。在一般情况下，存在以下可能，在经过数次变迁激发后，得到的状态可能是：$\boldsymbol{x} = [0, 0, \cdots, 0]$，或者经过多次变迁激发后，一个或多个位置中所包含的令牌数量也有可能变为无穷大。后者是 Petri 网动力学与自动机的关键区别，根据定义，有限状态自动机只能包含有限数量的状态，而与之相反，有限的 Petri 网可能会因激发而生成具有无界状态数的 Petri 网。

上面定义了 Petri 网的状态动力学模型，其中的变迁被定义为集合 T 中的元素。虽然假设变迁的触发都对应于不同的事件，但还没有对这种对应关系做出精确的描述。但如果要把 Petri 网作为一种建模形式，则需要精确地定义每一个变迁所对应的事件。

设 E 是 DES 的事件集合。一般来说，在定义中可以强制要求系统中的 Petri 网的迁移集合 T 中的每一个迁移都对应事件集合 E 中的一个不同事件；反之亦然。这就引出了标签 Petri 网的定义。

> **定义 6.17 (标签 Petri 网)**
>
> 一个标签 **Petri** 网是一个八元组：
>
> $$N = (P, T, A, w, E, \ell, \boldsymbol{x}_0, \boldsymbol{X}_m)$$
>
> 其中，
>
> - (P, T, A, w) 是 Petri 网。
> - E 是变迁标签的事件集合。
> - $\ell : T \to E$ 是变迁标签函数。
> - $\boldsymbol{x}_0 \in \mathbf{N}^n$ 是网的初始状态集合（即每个位置的初始令牌数量）。
> - $\boldsymbol{X}_m \subseteq \mathbf{N}^n$ 是网的标记状态的集合。

引入标记状态，即可定义标签 Petri 网的语言。

定义 6.18 (语言的生成和标记)

由标签 Petri 网 $N = (P, T, A, w, E, \ell, \boldsymbol{x}_0, \boldsymbol{X}_m)$ 生成的语言定义为

$$\mathcal{L}(N) := \{\ell(s) \in E^* : s \in T^*, f(\boldsymbol{x}_0, s) \text{是确定的}\}$$

由 N 标记的语言为

$$\mathcal{L}_m(N) := \{\ell(s) \in \mathcal{L}(N) : s \in T^*, f(\boldsymbol{x}_0, s) \in \boldsymbol{X}_m\}$$

♣

可以看到，这种定义方式与自动机中相应的定义完全一致。

4. Petri 网与自动机建模方式的对比

Petri 网与自动机二者都可以用来表示 DES 的行为，这两种形式化方法都可以准确地表示 DES 的迁移结构。自动机显式枚举所有可能的状态，进而将这些状态与它们之间可能的迁移进行连接，从而产生自动机的迁移函数。自动机可以很容易地通过乘积和并行组合等操作进行融合，从而构建出复杂的系统模型。Petri 网在表示变迁函数时，状态并不是通过枚举，而是将状态信息"分布"在一组位置中。这些位置包含了控制系统运行的关键条件。

Petri 网所能描述的类别要大于自动机语言的类，与有限状态自动机相比，Petri 网所表示的行为可能在一个或多个位置产生无限数量的令牌，因此 Petri 网的语言表达能力更强。

Petri 网能够将复杂的系统模块化。假设存在两个不同的交互系统，如果将其建模为自动机，那么其状态空间会达到 $X_1 \times X_2$。这意味着多个系统会增加自动机建模的复杂性。如果通过 Petri 网进行建模，那么只需简单添加几个位置和/或表示二者之间耦合效应的变迁（或合并一些位置），因此更容易生成组合系统。

如果存在一个算法过程（即程序），可以在有限步内对任何输入回答"是"或"否"，则称其是可判断的。绝大多数涉及有限状态自动机的决策问题都可以在有限时间内完成求解，即其是可判断的。然而对于 Petri 网来说，这些问题可能不再是可判断的。

6.3.4 线性时序逻辑约束下序列行为规划

本章的最后将通过一些实例来说明采用时序逻辑语言、自动机等的建模方式。

在机器人领域，LTL 公式可以定义很多形式的典型任务如下：

安全性约束任务：在运动过程中，要保证机器人不能与障碍物发生碰撞，因此要永远避免任务 ϕ 为真，任务可声明为 $\mathrm{G}\neg\phi$；

序列化任务：如果几个动作 ϕ_1、ϕ_2、ϕ_3 要按顺序为真，例如，装载货物、运送货物、卸载货物，任务可以声明为 $\mathrm{F}(\phi_1 \wedge \mathrm{F}(\phi_2 \wedge \mathrm{F}\phi_3))$；

周期性重复任务：例如，需要机器人在特定路线反复巡逻，使任务 ϕ 无限次为真，任务可以声明为 $\mathrm{GF}\phi$。

例题 6.12 以生活中常见的红绿灯为例，一般来说，红绿灯具备两个性质：

（1）红绿灯的颜色按照"绿、黄、红、绿、黄、红……"的顺序交替变化；

（2）红绿灯在同一时间不能出现两种或以上的颜色。

请尝试将上述性质用 LTL 描述出来。

解：

假设上述性质可以分别用 LTL 来表示为 ϕ_1 与 ϕ_2，则表示如下：

$$\phi_1 = G((grUye) \vee (yeUre) \vee (reUgr))$$

$$\phi_2 = G(\neg(gr \vee ye) \wedge \neg(ye \vee re) \neg(re \wedge gr) \wedge (gr \vee ye \vee re))$$

接下来是有关如何应用 Büchi 自动机建模的例子。

例题 6.13 给定一些 LTL 公式：$\phi_1 = Fo_1$，$\phi_2 = Go_1$，$\phi_3 = FGo_1$，$\phi_4 = GFo_1$，$\phi_5 = G(Fo_1 \wedge Fo_2)$，$\phi_6 = GFo_1 \wedge \neg GFo_2$，$\phi_7 = GFo_1 \Rightarrow GFo_2$，请尝试根据公式构建对应的 Büchi 自动机。

解：

常用的通过 LTL 生成 Büchi 自动机的方法，可以使用 LTL2BA 等工具。但即使借助工具进行翻译，获得了初步的非确定性自动机，也需要手动将其尽可能简化为确定性自动机，例如，图 6.20 中的 ϕ_1、ϕ_4 和 ϕ_5 就是确定性自动机。然而，一些自动机即使通过手动转换也无法获得确定性自动机，例如，图 6.20 中的 ϕ_3、ϕ_6 和 ϕ_7 生成的自动机，就是非确定性自动机。事实上，$FG\phi$ 形式的公式是不能转化为确定性自动机的。

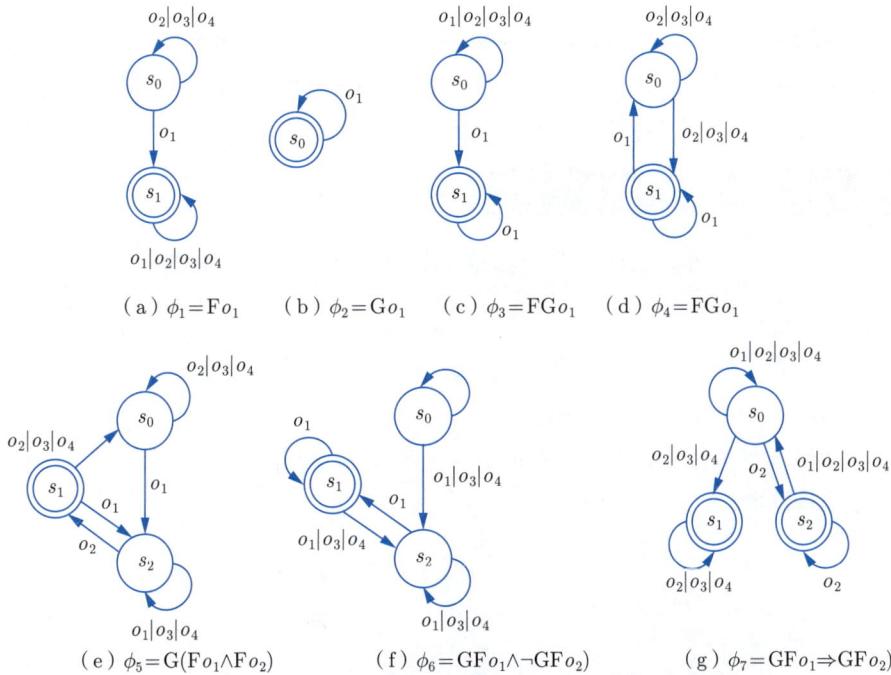

图 6.20 LTL 语言的 Büchi 自动机

最后，简单介绍一个完整的在时序逻辑任务约束下机器人规划路径生成问题的建模过程。

考虑一个有限马尔可夫决策过程 (Markov Decision Process, MDP)，$M = (S, A, s_0, Pr, AP, L, R, \gamma)$ 和一个线性时序逻辑任务 ϕ。每一个策略 π 都能够对应地在 M 中引导出一条马尔可夫链 M_π。定义 MDP 的一个运行为一个无穷的马尔可夫链，规划的目标为：生成最优策略 π^*，使得对应的运行 M_{π^*} 以最大概率满足 LTL 任务 ϕ。

为了将问题建模为自动机模型，首先要考虑一个确定性的问题。如 6.2 节所述，Büchi 自动机本质上属于非确定性自动机，相同的动作可能具有完全不同的状态迁移。为了解决这一问题，提出了**确定性罗宾自动机（Deterministic Rabin Automation, DRA）**的概念。

一个 DRA 是一个如下定义的五元组，

$$\mathcal{R}_\phi = (Q, 2^{AP}, \delta, \boldsymbol{q}_0, \mathcal{F}) \tag{6.21}$$

其中，Q 为状态的有限集合，$\boldsymbol{q}_0 \in Q$ 是初始状态，2^{AP} 为字母集合，也就是 DRA 的输入字母集合，$\delta : Q \times 2^{AP} \to Q$ 是迁移关系，$\mathcal{F}$ 是可接受状态集合，$\mathcal{F} = \{(G_1, B_1), (G_2, B_2), \cdots, (G_{n_F}, B_{n_F})\}$，其中，$G_i, B_i \subset Q, i = 1, 2, \cdots, n_F$。

DRA 对应的一个运行，是一个无穷序列 $\boldsymbol{q} = \boldsymbol{q}_0 \boldsymbol{q}_1 \boldsymbol{q}_2 \cdots$，其中，$\boldsymbol{q}_0 \in Q_0$ 并且 $\boldsymbol{q}_{i+1} \in \delta(\boldsymbol{q}_i, \Pi), \Pi \in 2^{AP}, i = 0, 1, \cdots$。对于 DRA 来说，一个运行是可接受的，当存在 $i \in i, i+1, \cdots, n_F$，有

$$\text{Inf}(\boldsymbol{q}) \cap G_i \neq \emptyset \quad, \quad \text{Inf}(\boldsymbol{q}) \cap B_i = \emptyset \tag{6.22}$$

为了将环境 MDP 和任务自动机组合起来考虑，类似于构建乘积式 Büchi 自动机的方式，对于 DRA，可以构建罗宾加权乘积式 MDP（Rabin Weighted Product MDP，RMDP）。一个由环境 MDP M 和 DRA $\mathcal{R}_\phi$ 构建的 RMDP $\mathcal{R}_p$ 定义如下：

定义 6.19（罗宾加权乘积式 MDP）

$$\mathcal{R}_p = M \otimes \mathcal{R}_\phi = (Q_p, A_p, Pr_p, Q_{p0}, \mathcal{F}_p, W_p) \tag{6.23}$$

其中，

- Q_p 是乘积状态集：$Q_p = S \times Q = \{\langle \boldsymbol{s}, \boldsymbol{q} \rangle \in Q_p | \forall \boldsymbol{s} \in S, \forall \boldsymbol{q} \in Q\}$；
- A_p 是动作集合：$A_p(\boldsymbol{s}, \boldsymbol{q}) = A(\boldsymbol{s})$；
- Q_{p0} 是初始乘积状态集：$Q_{p0} = \{\langle \boldsymbol{s}, \boldsymbol{q} \rangle | \boldsymbol{s} \in S_0, \boldsymbol{q}_0 \in Q_0\}$；
- Pr_p 是迁移概率：

$$Pr_p(\boldsymbol{q}_p, a, \boldsymbol{q}_p') = \begin{cases} Pr(\boldsymbol{s}, a, \boldsymbol{s}'), & \boldsymbol{q}' = \delta(\boldsymbol{q}, L(\boldsymbol{s})) \\ 0, & \text{其他} \end{cases}$$

其中，$\boldsymbol{q}_p = (\boldsymbol{s}, \boldsymbol{q}), \boldsymbol{q}_p' = (\boldsymbol{s}', \boldsymbol{q}'), \boldsymbol{q}_p, \boldsymbol{q}_p' \in Q_p$；
- $\mathcal{F}_p$ 为可接受乘积状态集：$\mathcal{F}_p = \{(\mathcal{G}_1, \mathcal{B}_1), (\mathcal{G}_2, \mathcal{B}_2), \cdots, \mathcal{G}_{n_F}, \mathcal{B}_{n_F})\}$，其中，$\mathcal{G}_i = G_i \times S$，$\mathcal{B}_i = B_i \times S$；

- W_p 是奖励函数的集合：$W_p = \{W_p^i\}_{i=1}^{n_F}, W_p^i: Q_p \to \mathbf{R}$,

$$
W_p^i(\boldsymbol{q}_p) = \begin{cases} r_G, & \boldsymbol{q}_p \in \mathcal{G}_i \\ r_B, & \boldsymbol{q}_p \in \mathcal{B}_i \\ 0, & \boldsymbol{q}_p \in Q_p \backslash (G_i \cup B_i) \end{cases}
$$

其中，$r_G > 0$ 为正值奖励，$r_B < 0$ 为负值惩罚。

构建该 RMDP 后，便可以根据机器人所处的位置与任务状态，给予相应的奖励与惩罚值。

上述完成了对原问题的问题描述及建模工作，这之后就可以设计强化学习算法框架，通过引入注意力机制、策略梯度迭代算法等，完成智能体路径规划问题。

6.4 小结

本章首先介绍了自主智能无人系统自主决策时常遇到的问题场景，包括广义指派问题、旅行商问题以及车辆路径问题，分别针对不同的问题场景建立了相应的数学模型。

本章介绍了两种传统决策算法以及两种智能决策算法。传统决策算法包括匈牙利算法与分支定界法。匈牙利算法的优点是能够快速找到最优解；分支定界法的优点是能够处理大规模问题。智能决策算法包括遗传算法与禁忌搜索算法。遗传算法的优点是全局搜索能力强，适用于复杂多模态问题；禁忌搜索算法的优点是能够在合理时间内找到高质量最优解。

6.3 节首先介绍了时序逻辑语言及相关任务描述方式，其优点是能通过准确且形式化的语言规定系统的时序行为，描述任务规范。接下来分别介绍了基于自动机和 Petri 网图的无人系统任务建模方法，并比较了二者的优劣。最后通过例题展示了实际无人系统建模分析过程。

∽ 练 习 ∽

1. 有 4 个不同任务，需要 4 个不同的机器人 (无人车、无人机等) 去完成，每种机器人执行不同任务的时间表如表 6.5 所示。请问该如何分配任务，使得所用时间最少？

表 6.5 任务表

机器人编号	任务			
	A	B	C	D
1 号	3	5	10	6
2 号	2	7	6	5
3 号	8	4	4	6
4 号	4	3	9	8

2. 有 5 个不同地点，需要派一辆无人车去巡检，不同地点之间的通行时间如图 6.21 所示，请问该如何设计路线才能让无人车所用时间最短？

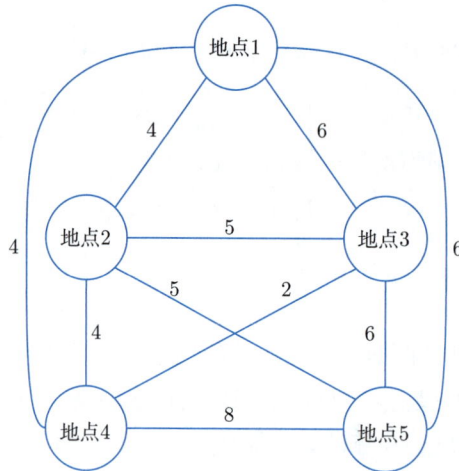

图 **6.21** 巡检路线示意图

3. 遗传算法中不同种类的算子对产生新一代种群具体有哪些影响？

4. 考虑以下 LTL 公式：$\phi = (o_1 \cup o_2) \wedge \mathrm{F}o_3$，定义其观测集合为 $O = \{o_1, o_2, o_3, o_4\}$。请尝试将上述公式转换为 Büchi 自动机（提示：利用 LTL2BA 工具）。

5. 考虑按照如下定义的 Petri 网络：

$P = \{p_1, p_2, p_3\}$

$T = \{t_1, t_2, t_3\}$

$A = \{(p_1, t_1), (p_1, t_3), (p_2, t_1), (p_2, t_2), (p_3, t_3), (t_1, p_2), (t_1, p_3), (t_2, p_3), (t_3, p_1), (t_3, p_2)\}$

其中，除了 $w(p_1, t_1) = 2$ 以外，其他的所有权重均为 1。

（1）请绘制出对应的 Petri 网图。

（2）令 $\boldsymbol{x}_0 = [1, 0, 1]$ 为初始状态。请证明在该 Petri 网的任意后续操作中，迁移 t_1 均是不可用的。

（3）令 $\boldsymbol{x}_0 = [2, 1, 1]$ 为初始状态。请证明在该 Petri 网的任意后续操作中，要么出现死锁情况（没有可用的迁移），要么返回结果为 $\boldsymbol{x}_0$。

6. 尽管在例题中提到，形如 $\phi = \mathrm{FG}o_1$ 的 LTL 公式只能转换为不确定性 Büchi 自动机，但其可以转化为确定性的罗宾自动机。请尝试将上述 LTL 公式建模为确定性罗宾自动机。

第7章

无人系统的运动规划

7.1 引言

无人系统在执行任务时可能要频繁地改变位置、构型，并执行复杂的机动运动来满足任务需求，其关键是运动规划。运动规划是一个通过计算得到从初始位置到目标位置策略的方法。

无人系统的运动规划中最主要的两个方面是路径规划和轨迹规划。路径规划的任务是为无人系统计算一条连接起点和终点且满足一定安全约束的序列点（位置信息），其核心是任务空间描述和与任务空间相匹配的搜索算法。轨迹规划的任务是进一步计算出一条无碰撞可执行的轨迹（包含位置和速度信息），且满足预设的安全性约束。经典的方法包括优化、启发式搜索、随机采样等。近年来，群体智能、神经网络等人工智能技术也开始被应用于运动规划，以弥补传统方法在维度爆炸、最优性等方面的不足。

本章介绍无人系统运动规划（包括路径规划和轨迹规划）的经典方法和自主智能规划方法。首先将讨论路径规划的任务空间描述方法，并介绍一些经典的路径规划算法，如图搜索算法、随机采样算法、曲线插值法等。之后，介绍轨迹规划经典方法，包括解耦法、模型预测法等。最后，介绍基于神经网络和群体智能方法的路径规划方法。

7.2 无人系统路径规划

路径规划（path planning）就是在任务空间内为无人系统计算一条符合安全约束的路径，该路径是一系列连接起点和终点且满足特定安全约束的序列点。起点通常是无人系统的中心，根据场景的不同，终点可以是固定的目标点，也可以是不固定点。安全约束通常考虑无人系统的轮廓与任务空间中障碍物的避碰约束，以及考虑无人系统的物理性能约束，如最大转向角、最小转弯半径等。

7.2.1 路径规划

如图 7.1 所示，假设无人系统的任务空间是二维的区域 $\mathcal{W} \subset \mathbf{R}^2$（或三维的区域 $\mathcal{W} \subset \mathbf{R}^3$）。定义第 i 个障碍物占据的区域为 $\mathcal{O}_i \subset \mathcal{W}$。无人系统的状态向量被记为 $\boldsymbol{x} \in X$，X 是无人系统的状态空间，通常包含位置、角度、速度等信息。无人系统自身占据的空间被记为 $\mathcal{B}(\boldsymbol{x}) \subset \mathcal{W}$。起点的状态被记为 $\boldsymbol{x}_{\text{start}}$，期望到达的终点的状态被记为 $\boldsymbol{x}_{\text{goal}}$。

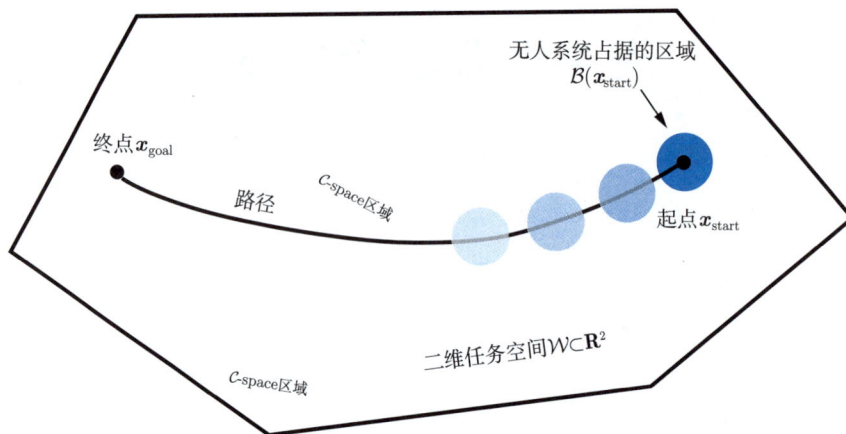

图 7.1 路径规划的数学描述示意图

定义 7.1 (路径规划)

路径规划就是寻找一系列序列点 $c : [0,1] \to X$，该序列的起点和终点分别满足 $c(0) = \boldsymbol{x}_{\text{start}}$ 和 $c(1) = \boldsymbol{x}_{\text{goal}}$，且位于序列点上的无人系统不会与障碍物发生碰撞，即

$$\mathcal{B}(c(s)) \cap \bigcup_i \mathcal{O}_i = \emptyset, \forall s \in [0,1] \tag{7.1}$$

需要注意的是，路径的终点 $\boldsymbol{x}_{\text{goal}}$ 可以是不固定的，例如，在为高速公路上的无人车规划向前行驶的路径时，终点只要朝前且满足安全约束即可。

为了简化计算，可以将无人系统理想化为质点，并按照无人系统的形状将障碍物进行适当的膨胀，构成 $\mathcal{C}$-空间（configuration space）。这样无人系统轮廓与障碍物的避碰约束就被简化为质点与膨胀后的障碍物的避碰约束。

一般而言，无人系统需要首先进行全局路径规划（global path planning），即在现有的先验地图中规划一条合适的导航线路，该过程考虑较少的安全性约束；接下来，无人系统会进行局部路径规划（local path planning），即根据导航线路与实时采集的数据，考虑更详细的安全性约束，以规划出能够直接供底层控制单元使用的路径。

7.2.2 任务空间描述

路径规划首先要确定任务空间及其描述方法，运动规划领域最常用的地图类型有两类。

尺度地图（Metric Map）：这是一种精确描述任务空间中各个要素的位置和尺度信息的地图，可以被视为现实世界的等比例缩放。为尺度地图的各个要素赋予一定的标签，就可以构成语义地图。

拓扑地图（Topological Map）：这是一种抽象化的表示方法，它无须记录精确的物理坐标和尺寸，只需记录节点以及节点之间的拓扑关系。拓扑地图的节点代表环境中的关键位置，而边则代表节点之间的邻接关系。

任务空间描述方法主要有以下几种。

1. 占据栅格图

占据栅格图（Occupancy Grid Map）是一种将连续空间离散化表示的地图。通常，将任务空间沿着 x、y 轴离散化（三维环境中还要对 z 轴进行离散化），从而得到一系列规整的栅格，如图 7.2 所示。栅格的状态可以根据实际任务需求设置为多种，如障碍物、无障碍物、未知等。如果对整个任务空间进行离散化处理，则可以进行全局路径规划；如果只对无人系统周围区域进行离散化，则可以进行局部路径规划。

占据栅格图本质是一种拓扑地图，其中栅格的中心是节点，相邻的栅格之间存在连接关系。对于不可到达的节点（即处于障碍物内或未知的节点），它们不会与任何其他节点有连接的边。如果栅格足够小，则它可以无限逼近于真实的尺度地图，但是，存储和搜索精密的栅格图需要极大的存储空间和计算量。

此外，还可以使用不规则的形状切分任务空间。例如，图 7.3 显示的 Voronoi 图，它将任务空间划分为不规则胞元 (cell)。划分原则：各个胞元中的点到当前种子节点的距离小于到其他种子节点的距离。将种子节点设置在障碍物和任务区域的边界上，使用图搜索算法在各个胞元的边上寻优，就可以得到避免碰撞的路径。

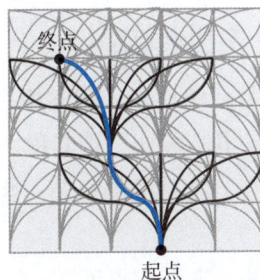

2. 状态栅格图

状态栅格图（State Lattice）同样把任务空间离散化，但它是根据无人系统可能的行驶路径来划分的。如图 7.4 所示，将任务空间沿着 x、y 轴（笛卡儿坐标系）离散化，每个离散点表示无人系统可能到达的状态，连接离散点的边则表示无人系统可能的行驶路径。在自动驾驶领域，经常在沿着道路方向和垂直于道路的方向进行离散化（即所谓的 Frenet 坐标系），如图 7.5 所示。在状态栅格图中，边的权重可以考虑诸多因素，如长度、曲率、曲率变化率等。

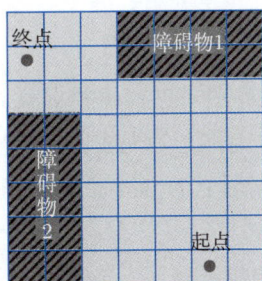

图 7.2　二维占据栅格图　　　　图 7.3　Voronoi 图　　　　图 7.4　笛卡儿坐标系下的状态栅格图

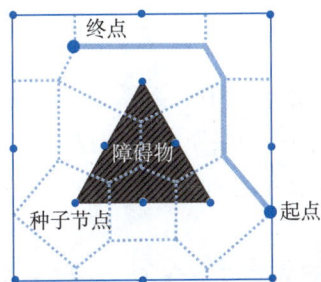

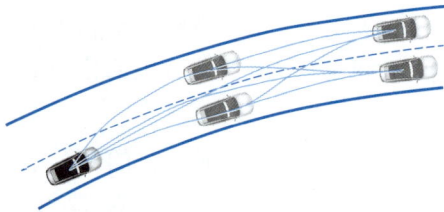

图 7.5　Frenet 坐标系下的状态栅格图

从广义上说，导航软件中常见的道路网络也可以被视为一种状态栅格图。道路的交叉点是节点，道路本身就是连接各个节点之间的边，道路长度、拥堵程度可以用于计算边的权重。因此，状态栅格图不仅可以用于局部路径规划，也可以用于全局路径规划。

状态栅格图的存储和搜索成本较低，且可以生成光滑的路径，因此，它是智能无人系统的运动规划领域最为常用的方法。

3. 行驶通道

行驶通道（Driving Corridor）是无人系统能够安全行驶的连续区域。它需要描述通道边界的位置、角度等信息，其本质是一种尺度地图。行驶通道可以通过语义地图直接获取，或者对尺度地图进行几何描述从而间接获取，如图 7.6 所示。该方法拥有良好的安全性和求解效率，然而，行驶通道的获取是一个极具挑战性的难点。

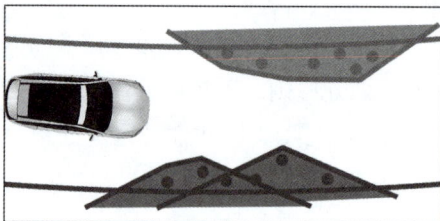

图 7.6　几何描述的行驶通道

4. 传感器的原始数据

许多基于学习的运动规划方法能够直接在传感器的原始数据上进行路径规划，例如，摄像头拍摄的图片、雷达生成的点云地图等。这些原始数据在初始阶段可以快速生成，但由于缺乏对环境的深入理解分析，因此其在安全性方面存在一定的不足。

7.2.3　图搜索算法

在占据栅格图、状态栅格图等拓扑地图中，都需要使用图搜索算法来进行路径寻优。如果各条边具有权重，则其称之为**加权图**；如果所有边的权重都是 1，则称之为**无权图**。无权图可以被视为特殊的加权图。因此，本节介绍两种用于加权图的搜索算法：Dijkstra 算法和 A* 算法。

首先，定义起点为 s，定义已访问的节点集合 S，起初 S 中只包括起点 s。接着，定义**待访问节点集合** P，它表示即将访问的节点集合。最后，定义**未访问的节点集合** Q，初始阶段 Q 中包含除了起点 s 之外的所有节点。

1. Dijkstra 算法

Dijkstra 算法是广度优先搜索算法在加权图中的拓展，流程如下：

算法 22 Dijkstra 算法流程

输入： 将起点 s 放入集合 S

1: **while** 终点未被访问 **do**

2:     步骤 1，寻找集合 S 中所有节点的相邻节点，并从集合 Q 移入集合 P。

3:     步骤 2，计算集合 P 中所有节点到起点的距离，记录回溯关系。

4:     步骤 3，访问集合 P 中离起点距离最近的节点，并将其从集合 P 转移到集合 S 中。

5: **end while**

输出： 按照记录的回溯关系，从终点回溯到起点，得到最佳路径。

实际使用时，在步骤 2 中无需每次循环都重新计算 P 中节点到起点的距离，而是创建并维护一个起点距离表（一开始节点到起点的距离都设为无穷大），每当有新节点被访问时（新节点被收入集合 S 中），计算 P 中节点经过该节点到起点的路线长度，如果能够减少现有的距离，则更新起点距离表和对应的回溯关系。

例题 7.1 Dijkstra 算法在路径规划的应用案例。图 7.7（a）是一个建立在双车道快速路上的状态栅格图，其中，节点位于车道中心，边的代价表示沿着边行驶所付出的代价（长度、曲率、拥挤度等）。假设，无人系统位于起点 a，要行驶到终点 f，求出代价最小的路径，并请给出每一次循环时集合 $\boldsymbol{S},\boldsymbol{P},\boldsymbol{Q}$ 中元素的变化情况。

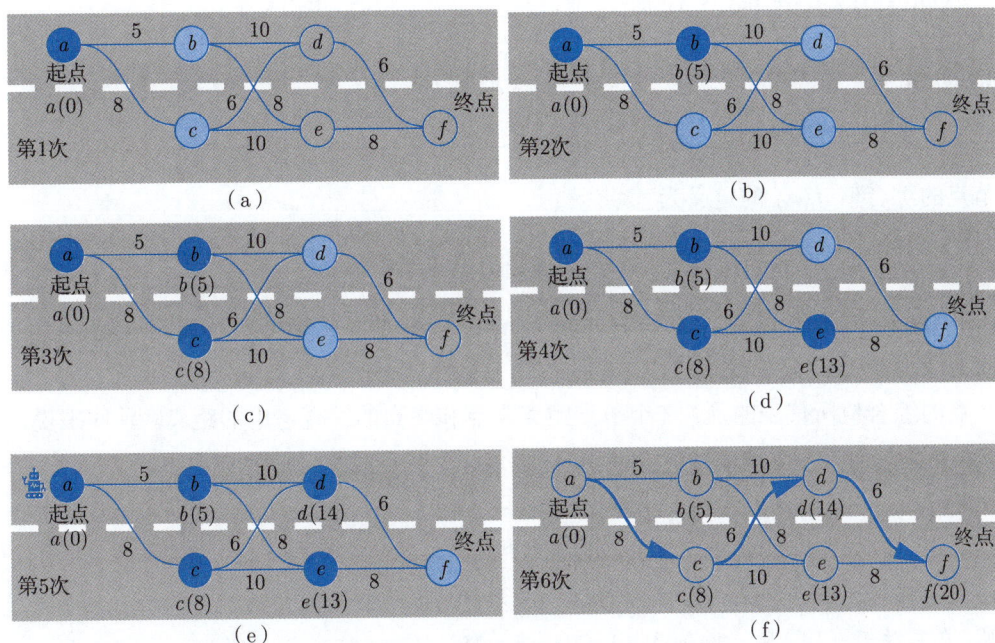

图 7.7 Dijkstra 算法在例题 7.1 的状态栅格图中的应用示例（深色节点代表存在于 S 集合中，浅色节点代表存在于 P 集合中，空心节点代表存在于 Q 集合中，单向箭头标示出了规划的路径）

解： 刚开始时，$S = \{a(0)\}$，$Q = \{b(\infty), c(\infty), d(\infty), e(\infty), f(\infty)\}$，其中，$a(0)$ 表示节点 a 到起点 a 的距离是 0，其他节点的表示方式相同。找到与 S 相邻的节点（即 b 和 c），并从集合 Q 移入集合 P 中。计算 P 中节点到起点的距离，得到 $P = \{b(5), c(8)\}$，二者到起点的距离是通过回溯集合 S 中的 a 点得到的，因此二者都回溯到节点 a。接着，找到 P 中与起点距离最小的节点 b，并将其从 P 移到 S，维护起点距离表。此时，$S = \{a(0), b(5)\}$，$P = \{c(8)\}$，$Q = \{d(\infty), e(\infty), f(\infty)\}$。然后，开始新的循环，找到与 S 相邻的节点（即 c、d 和 e），并移入集合 P 中。计算 P 中节点到起点的距离，得到 $P = \{c(8), d(15), e(13)\}$，其中 c 回溯到 a 点，d 和 e 回溯到 b 点。接着，找到 P 中与起点距离最小的节点 c，并将其从 P 移到 S，维护起点距离表。此时，$S = \{a(0), b(5), c(8)\}$，$P = \{d(14), e(13)\}$，$Q = \{f(\infty)\}$。以此类推，直到终点 f 被移入 S 中，过程参见图 7.7。

Dijkstra 算法以类似波浪的方式访问周围的相邻节点。如果起点与终点间隔很远，则算法的执行效率很低，但它能够保证找到最短的路径。

2. A* 算法

在 Dijkstra 算法的**步骤 3** 中，如果额外考虑与终点的距离，则得到 A* 算法。

算法 23　A* 算法流程

输入： 将起点 s 放入集合 S

1: **while** 终点未被访问 **do**
2:　　步骤 1，寻找集合 S 中所有节点的相邻节点，并从集合 Q 移入集合 P。
3:　　步骤 2，计算集合 P 中各个节点的综合值 $f(n) = g(n) + h(n)$，其中 $n \in P$。
4:　　步骤 3，访问集合 P 中综合值最小的节点，并将其从集合 P 转移到集合 S 中。
5: **end while**

输出： 按照记录的相邻关系，从终点回溯到起点，得到最佳路径。

节点的综合值 $f(n)$ 的定义为

$$f(n) = g(n) + h(n), n \in P \tag{7.2}$$

其中，$g(n)$ 表示节点 n 到起点的距离，而 $h(n)$ 表示节点 n 到终点的距离启发项（通常选取终点与 n 之间欧氏距离或曼哈顿距离）。

节点的综合值所代表的是：一个节点距离起点和终点的综合考虑的距离。具体来说，如果一个节点离起点越近，同时离终点也越近，那么这个节点的综合值就会越小。

例题 7.2　A* 算法的应用。示例使用与图 7.7（a）中相同的状态栅格图，但额外增加了表示到终点的欧氏距离（如图 7.7 中的虚线框所示），如图 7.8（a）展示的那样。求出代价最小的路径，并列出每一次循环时集合 S、P、Q 中元素的变化情况。

解： 在算法开始时，$S = \{a(0)\}$，$Q = \{b(\infty+15), c(\infty+15), d(\infty+7), e(\infty+2), f(\infty+0)\}$，其中 $b(\infty+15)$ 表示节点 b 的 $g(n)$ 和 $h(n)$ 分别是 ∞ 和 15，其余各点的情况类似。找到 Q 中与 S 中相邻的节点（即 b 和 c），将其放入 P 并计算综合值，得到 $P = \{b(5+15), c(8+15)\}$。然后在 P 中找到综合值最小的点 b，将其从 P 移到 S 中。此时，$S = \{a(0), b(5+15)\}$，

$P = \{c(8+15)\}$，$U = \{d(\infty+7), e(\infty+2), f(\infty+0)\}$，如图 7.8（b）所示。然后以此类推，直到终点 f 被移入 S 中。在题设启发项下，A* 算法只用了 4 步就访问到终点，但是结果并非最优。

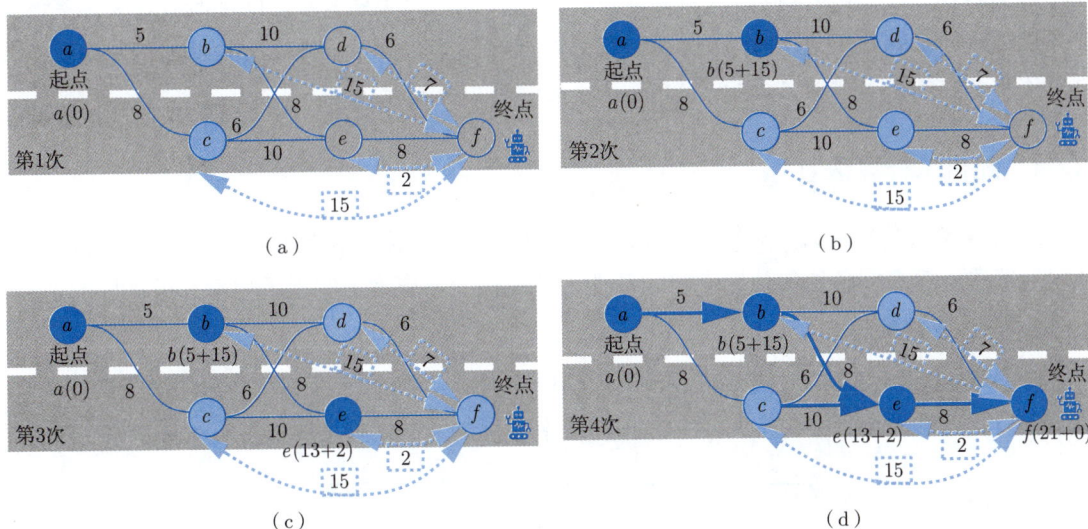

（a）

（b）

（c）

（d）

图 7.8 A* 算法在例题 7.2 中状态栅格图中的应用示例（深色节点代表存在于 S 集合中，浅色节点代表存在于 P 集合中，空心节点代表存在于 Q 集合中，单向箭头是规划的路径，双向虚线箭头和虚线框表示到终点的欧氏距离）

例题 7.3 Dijkstra 和 A* 算法在无权图中的路径规划。在如图 7.9 所示的占据栅格图中，无人系统需要从起点 x_{start} 移动到终点 x_{goal}。假设拓扑中每个栅格只与其上、下、左、右的栅格有连接，且所有与障碍物栅格或边界相连接的边都已被删除。分别使用 Dijkstra 和 A* 算法规划路径，并计算每种方法需要访问的节点数量，以此来分析各种方法的优劣。在计算 A* 算法中的综合值时，采用曼哈顿距离，并假定每个小栅格的边长为 1。

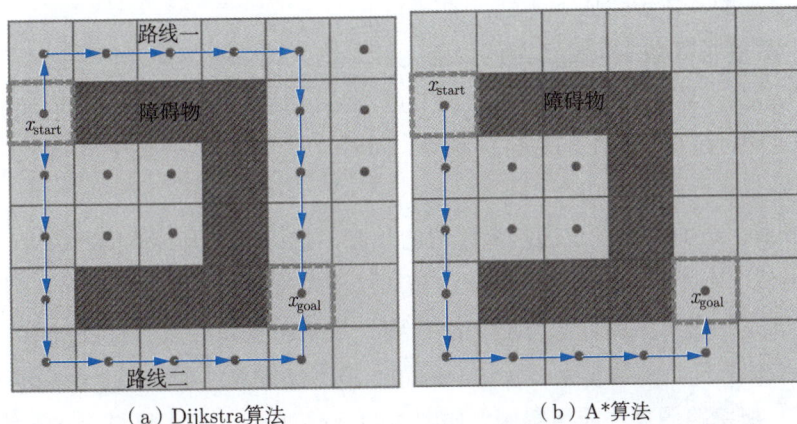

（a）Dijkstra算法　　（b）A*算法

图 7.9 Dijkstra 和 A* 算法在占据栅格图中的应用

解：Dijkstra 和 A* 算法规划的轨迹如图 7.9 所示，其中单向箭头代表规划的路径，实心点表示被访问过的节点。从路径的长短可以看出：A* 算法只找到一条最短路径；而 Dijkstra 算法采用"波浪式"的搜索策略前进，找到了所有可能的两条最短路径。实际使用时，如果启发项设置不当，A* 算法可能陷入局部最优。从访问节点的数量来看：Dijkstra 算法需要访问任务区域中的大部分节点，而 A* 算法访问的节点数量则较少。值得注意的是，在占据栅格图中，使用曼哈顿距离作为启发项，A* 算法一般都可以找到最优解。

7.2.4 随机采样算法

图搜索算法在高维或大规模任务空间中的求解效率较低。相比之下，基于随机采样的路径规划算法用概率完备性代替搜索的完备性，从而在一定程度上实现了效率与最优性的平衡。

1. 概率路图算法

概率路图（Probabilistic Road Map，PRM）算法是一种将连续的尺度地图进行随机采样，从而转换成离散的拓扑结构空间，并在拓扑图中寻优的算法，如图 7.10 所示。

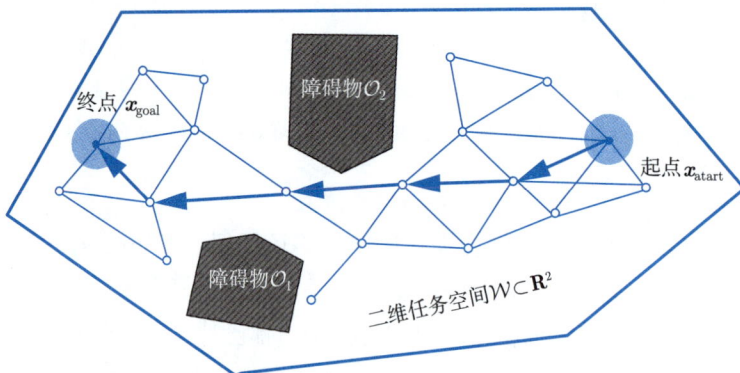

图 7.10　概率路图的示意图（空心点代表采样点、线段表示拓扑图的边、有向箭头标识出的是求得的路径）

概率路图算法的具体步骤如下：

(1) **采样**。在任务区域 $\mathcal{W}$ 或 $\mathcal{C}$-空间内的无障碍物区域随机设置若干采样点。

(2) **图网构建**。以采样点、起点和终点为节点，两两组合构建加权边，形成加权无向图。边的长度有一个上限，超过该上限的边将被删除。同时，要求无人系统沿着边行驶时，不能与障碍物碰撞，否则也会删除这条边。

(3) **权重计算**。边的代价设定通常考虑边的长度，也可以根据具体情况考虑。

(4) **优化寻优**。使用 Dijkstra 或 A* 算法在加权图中搜索，从而得到从起点到终点的路径。

需要注意的是，概率路图算法可能无法找到一条从起点到终点的有效路径。在实际应用中，可以通过增加采样点的数量来缓解这一问题。概率路图算法通常用于全局路径规划。

例题 7.4　概率路图算法应用案例。如图 7.11（a）所示，任务区域是半径为 15 的圆形，起点坐标为 $[0, -10]$，终点坐标为 $[0, 10]$，并存在若干个圆形障碍物。使用 PRM 算法进行全局路径规划。

解： 图 7.11（b）展示了概率路图算法的规划结果，其中采样点的个数为 400 个，边的最大长度设定为 5。相关的 MATLAB 代码见本书配套资源中的 chap7_3.m 文件。

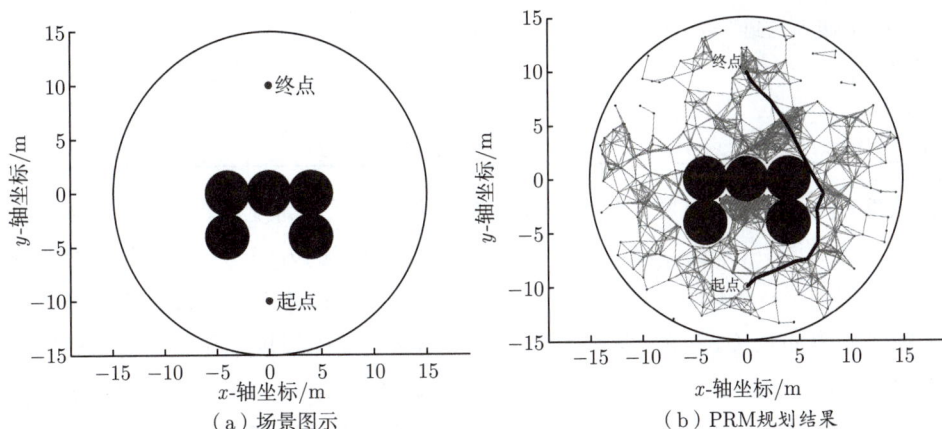

图 **7.11** 概率路图算法全局路径规划的应用案例（其中，实心圆为障碍物，采样点为实心点，网络的边为细折线，最优路径为加粗折线）

2. 快速随机扩展树算法

快速随机扩展树（Rapidly-exploring Random Tree，RRT）算法也在任务空间中构建随机图，但其生成的图具有方向性且呈现出树状结构，该算法从起点开始，逐渐向远处的分支延展，如图 7.12 所示。

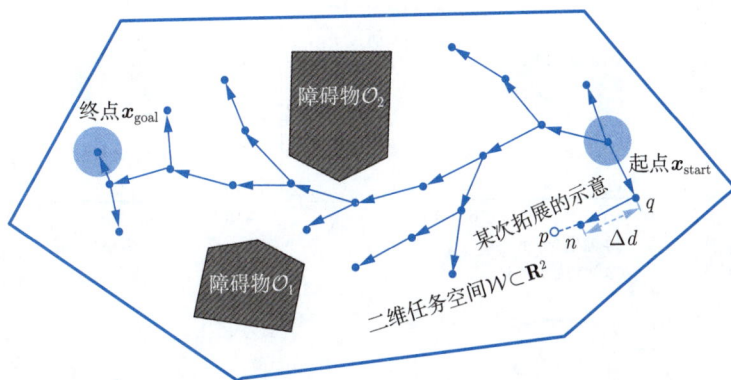

图 **7.12** 快速随机扩展树算法的示意图（实心点表示集合 S 中的节点、空心点表示某次拓展的随机采样点 p、有向箭头则表示有向图的边）

快速随机扩展树算法的具体步骤如下：

算法 24 快速随机扩展树算法流程

输入： 将起点 x_{start} 存入集合 T 中，表示当前树的节点集合

1: **while** True **do**
2:     在任务空间或 $\mathcal{C}$-空间规划中随机采样一个点 p，找到集合 T 中距离 p 最近的节点，记为 q。
3:     从节点 q 出发向节点 p 的方向前进一段固定的距离 Δd，得到新的节点 n
4:     **if** 无人系统在 n 点不会与障碍物发生碰撞 **then**

5:　　　　将 n 存储到 T 中，并记录从 q 到 n 的有向线段。

6:　　**end if**

7:　　**if** 终点 x_{goal} 与集合 T 中最近的节点的距离小于 Δd **then**

8:　　　　记录该最近节点到终点的有向线段，结束 while 循环

9:　　**end if**

10: **end while**

输出: 沿着有向线段回溯到起点 x_{start}，得到最终规划的路径。

在**算法 24**中，第 2 行和第 3 行是生成待扩展点。为了提高搜索效率，可以按照一定的概率将点 p 直接设置为终点 x_{goal}。这样可以迫使图网向终点的方向拓展，同时保留算法的随机性以避免陷入局部最优。RRT 算法有许多变体，例如，可以将有向线段替换为光滑的有向曲线，进而得到平滑的轨迹。RRT 算法及其变体可用于全局路径规划和局部运动规划。

例题 7.5　　快速随机扩展树算法的应用案例。如图 7.13（a）所示，任务区域是半径为 15 的圆形，起点坐标为 $[0, -10]$, 终点坐标为 $[0, 10]$，并存在若干个圆形障碍物。使用快速随机扩展树算法规划从起点到终点的路径，并避开障碍物。

解: 图 7.13（b）～ 图 7.13（d）分别展示了随机树的拓展过程和最终的结果。在这个例子中，设置 $\Delta d = 1$, 且设定有 0.1 的概率将点 p 直接设置为终点。相关的 MATLAB 代码见本书配套资源中的 chap7_0.m 文件。

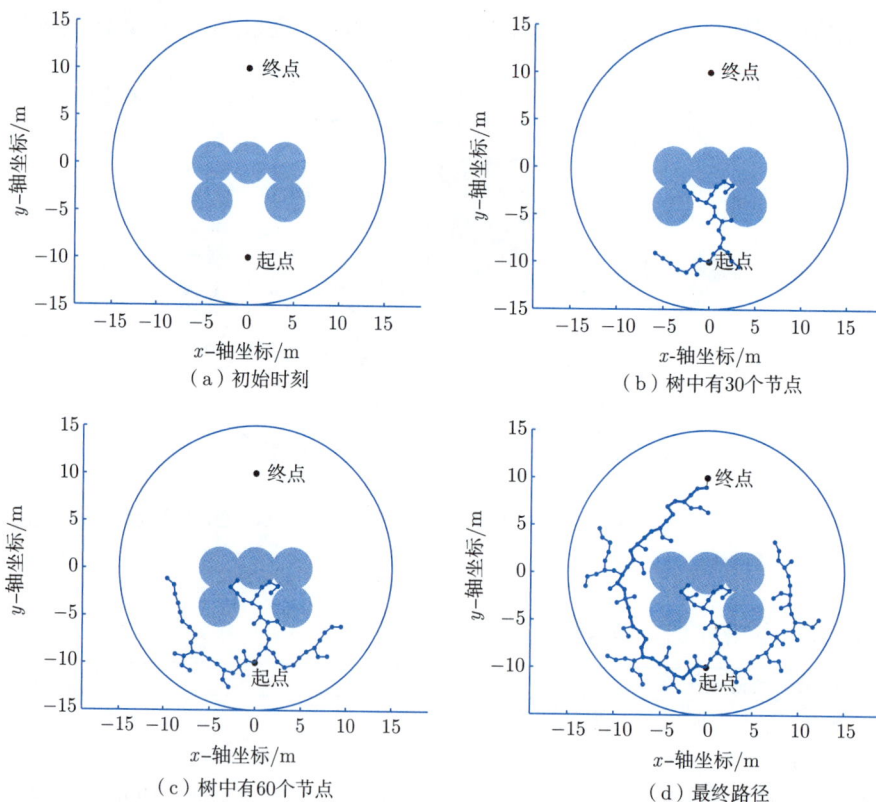

图 7.13　快速随机扩展树算法全局路径规划的应用案例（其中，实心圆为障碍物，采样点为实心点，网络的边为细折线，最优路径为加粗折线）

7.2.5 曲线插值法

在无人系统的局部路径规划中，有一类典型的场景，假设在一个没有障碍物的驾驶通道中，存在一系列连续的航点，如何将这些航点光滑地连接起来组成路径。这样的路径生成方式与数值分析中的插值问题类似，因此，可以将此类算法归纳为"曲线插值法"。下面将介绍几种常用的曲线插值算法。

1. 多项式螺旋曲线

多项式螺旋曲线是一种曲率随弧长连续变化的曲线，它的曲率是弧长的多项式函数。当无人系统按照曲率连续变化的轨迹移动时，系统的舵机角度也是连续变化的，因此螺旋曲线具有良好的跟随特性。如果曲率随着弧长线性变化，那么这种曲线又被称为 Clothoid 曲线。一般而言，底层的方向控制单元期望舵机角度关于时间的一次甚至二次导数是连续的。通常情况下，三次多项式螺旋曲线能够满足这种要求，即

$$\kappa(s) = a(\boldsymbol{w}) + b(\boldsymbol{w})s + c(\boldsymbol{w})s^2 + d(\boldsymbol{w})s^3 \tag{7.3}$$

式中，$\kappa(s)$ 为曲线在弧长 s 处的曲率；$\boldsymbol{w}$ 为具有物理意义的待求参数。

对于三次多项式螺旋曲线，待求参数是 $\boldsymbol{w} = [\alpha_0, \alpha_1, \alpha_2, \alpha_3, s_f]$，其中 s_f 是曲线的总弧长，α_0、α_1、α_2、α_3 分别是曲线起点、三分点、终点处的曲率，即

$$
\begin{aligned}
\kappa(0) &= \alpha_0 \\
\kappa(s_f/3) &= \alpha_1 \\
\kappa(2s_f/3) &= \alpha_2 \\
\kappa(s_f) &= \alpha_3
\end{aligned}
\tag{7.4}
$$

如果已经获得一系列节点的位置、方向和曲率等信息，可以利用多项式螺旋曲线将它们拼接成一条路径，保证路径经过这些节点，并且在节点之间实现方向和曲率的连续变化。

根据工程经验，$a(\boldsymbol{w})$、$b(\boldsymbol{w})$、$c(\boldsymbol{w})$、$d(\boldsymbol{w})$ 的表达式如下：

$$
\begin{aligned}
a(\boldsymbol{w}) &= \alpha_0 \\
b(\boldsymbol{w}) &= -\frac{11\alpha_0 - 18\alpha_1 + 9\alpha_2 - 2\alpha_3}{2s_f} \\
c(\boldsymbol{w}) &= \frac{18\alpha_0 - 45\alpha_1 + 36\alpha_2 - 9\alpha_3}{2s_f^2} \\
d(\boldsymbol{w}) &= -\frac{9\alpha_0 - 27\alpha_1 + 27\alpha_2 - 9\alpha_3}{2s_f^3}
\end{aligned}
\tag{7.5}
$$

根据几何分析，对式 (7.3) 进行积分，能够得到曲线在笛卡儿坐标系下的角度，进而得到位置坐标，即

$$\theta_{\boldsymbol{w}}(s) = a(\boldsymbol{w})s + b(\boldsymbol{w})s^2/2 + c(\boldsymbol{w})s^3/3 + d(\boldsymbol{w})s^4/4$$

$$x_{\boldsymbol{w}}(s) = \int_0^s \cos(\theta_{\boldsymbol{w}}(s))\mathrm{d}s \tag{7.6}$$

$$y_{\boldsymbol{w}}(s) = \int_0^s \sin(\theta_{\boldsymbol{w}}(s))\mathrm{d}s$$

其中，$x_{\boldsymbol{w}}(s)$ 和 $y_{\boldsymbol{w}}(s)$ 的表达式包含积分，工程上通常使用 Simpson 或 RK4 等数值积分方法，近似得到 $x_{\boldsymbol{w}}(s)$ 和 $y_{\boldsymbol{w}}(s)$ 关于 $\boldsymbol{w}$ 和 s 的显式表达式。

参数 $\boldsymbol{w}$ 的求解则采用牛顿迭代法，具体过程为：以起点为原点、起点所指方向为 x 轴构建笛卡儿坐标系，终点在上述坐标系下的位置和角度记为 $\boldsymbol{x}_{\mathrm{goal}} = [x_{\mathrm{goal}}, y_{\mathrm{goal}}, \theta_{\mathrm{goal}}]$，由于起点和终点的曲率 $\boldsymbol{w}_0$、$\boldsymbol{w}_3$ 直接由已知条件确定，因此待求解的参数简化为 $\boldsymbol{w} = [\alpha_1, \alpha_2, s_{\mathrm{f}}]$，使用牛顿法重复计算以下式子，当迭代次数足够大或 $\Delta \boldsymbol{w}$ 足够小时终止迭代。

$$\Delta \boldsymbol{x} = \boldsymbol{x}_{\mathrm{goal}} - \boldsymbol{x}_{\boldsymbol{w}_i}(s_{\mathrm{f}})$$

$$\Delta \boldsymbol{w} = \boldsymbol{J}(\boldsymbol{x}_{\boldsymbol{w}_i}(s_{\mathrm{f}}))^{-1}\Delta \boldsymbol{x} \tag{7.7}$$

$$\boldsymbol{w}_{i+1} = \boldsymbol{w}_i + \eta \cdot \Delta \boldsymbol{w}$$

式中，$\boldsymbol{w}_i$ 为第 i 次迭代时，待求参数 $\boldsymbol{w}$ 的值，初始时刻可以按照其物理意义将 $\boldsymbol{w}$ 设为合适的值；$\boldsymbol{x}_{\boldsymbol{w}_i}(s)$ 为由参数 $\boldsymbol{w}_i$ 生成的曲线在弧长 s 处的位置和角度，$\boldsymbol{x}_{\boldsymbol{w}_i}(s_{\mathrm{f}})$ 是曲线终点的位置和角度。$\boldsymbol{J}(\boldsymbol{x}_{\boldsymbol{w}_i}(s_{\mathrm{f}})) = \left[\dfrac{\partial \boldsymbol{x}_{\boldsymbol{w}_i}(s_{\mathrm{f}})}{\partial \boldsymbol{w}_i}\right]$ 为雅可比矩阵；η 为更新步长。

例题 7.6 求解多项式螺旋曲线。假设起点的笛卡儿坐标位置和角度为 $\boldsymbol{x}_{\mathrm{start}} = \left[1, 0, \dfrac{\pi}{4}\right]$，终点 1 的笛卡儿坐标位置和角度分别是 $\boldsymbol{x}_{\mathrm{goal}} = \left[5, 2, -\dfrac{\pi}{2}\right]$，终点 2 的笛卡儿坐标位置和角度分别是 $\boldsymbol{x}_{\mathrm{goal}} = \left[5, 1, -\dfrac{\pi}{4}\right]$，终点 3 的笛卡儿坐标位置和角度分别是 $\boldsymbol{x}_{\mathrm{goal}} = [5, 0, 0]$，起点的曲率是 $\alpha_0 = 0.1$，终点的曲率都是 $\alpha_3 = 0.5$，使用程序语言求解三次多项式螺旋曲线的参数 $\boldsymbol{w} = [\alpha_0, \alpha_1, \alpha_2, \alpha_3, s_{\mathrm{f}}]$，并根据计算结果绘制曲线（见图 7.14）。

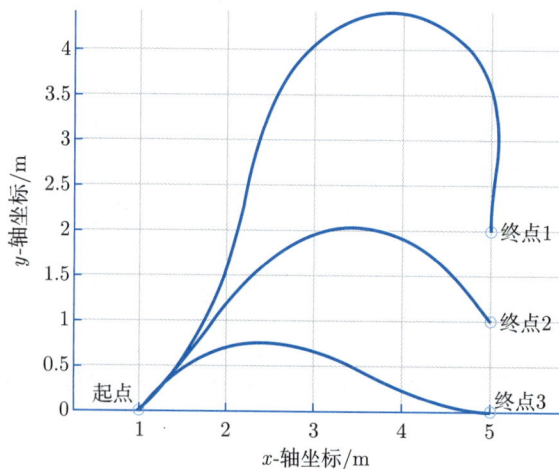

图 7.14 多项式螺旋曲线算法的应用案例

解：图 7.14 展示了使用多项式螺旋曲线算法规划的 3 条路径，相关的 MATLAB 代码见本书配套资源中的 chap7_1.m 文件。

2. Dubins 曲线

Dubins 曲线是一种由两个圆弧和一条直线段构造的路径。给定起点和终点的位置、方向以及曲率，即可生成一条 Dubins 曲线。如图 7.15 所示，第一个圆弧的曲率与起点的曲率相同，且圆弧与起点方向相切；第二个圆弧的曲率与终点的曲率相同，圆弧与终点方向相切；线段是两条圆弧的公切线。尽管 Dubins 曲线能够以平滑的方式连接两个航点并考虑方向，但生成的 Dubins 曲线的曲率存在跳变，因此不利于底层方向控制单元的运作。

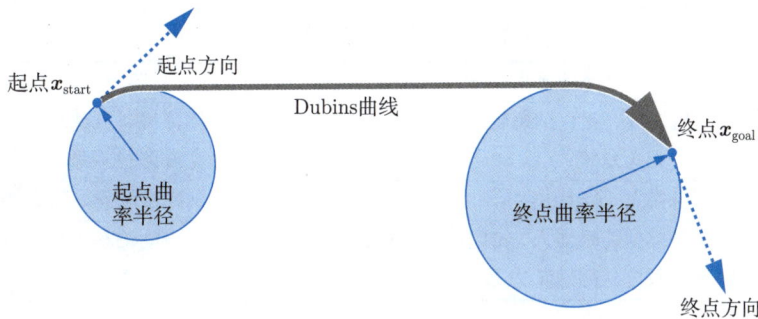

图 7.15　Dubins 曲线示意图

3. 贝塞尔曲线

贝塞尔曲线是一种由控制点构造的曲线，$n+1$ 个控制点可以生成 n 阶贝塞尔曲线，曲线的起点和终点分别是第一个和最后一个控制点。第 i 个控制点的位置坐标记为 $\boldsymbol{x}_i$，则一阶贝塞尔曲线的轨迹坐标是 $B_1(t) = (1-t)\cdot\boldsymbol{x}_1 + t\cdot\boldsymbol{x}_2, t\in[0,1]$，即一条从起点 $\boldsymbol{x}_1$ 到终点 $\boldsymbol{x}_2$ 的直线，如图 7.16 所示；二阶贝塞尔的轨迹坐标是 $B_2(t) = (1-t)\cdot\boldsymbol{x}_1' + t\cdot\boldsymbol{x}_2', t\in[0,1]$，其中 $\boldsymbol{x}_1'$ 和 $\boldsymbol{x}_2'$ 是两个虚拟点的位置坐标，它们由 3 个控制点的位置坐标合成，虚拟点恰好位于控制点构成的一阶贝塞尔曲线上，即：$\boldsymbol{x}_1' = (1-t)\cdot\boldsymbol{x}_1 + t\cdot\boldsymbol{x}_2$，$\boldsymbol{x}_2' = (1-t)\cdot\boldsymbol{x}_2 + t\cdot\boldsymbol{x}_3$，如图 7.16 所示；以此类推，得到 n 阶贝塞尔曲线的公式：

$$B_n(t) = \sum_{i=1}^{n+1} \boldsymbol{x}_i \cdot \frac{n!}{(i-1)!(n-i+1)!} t^{i-1}(1-t)^{n-i+1}, \ t\in[0,1] \tag{7.8}$$

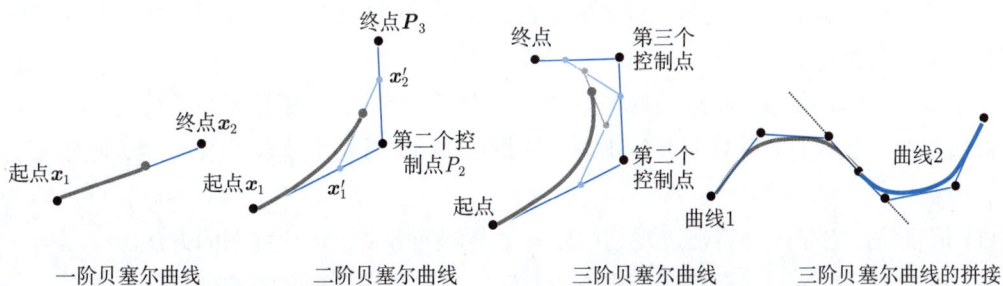

图 7.16　不同阶数贝塞尔曲线、两条三阶贝塞尔曲线拼接的示意图

需要注意的是，三阶及以上贝塞尔曲线的曲率随弧长是连续变化的。工程上，一般通过拼接若干条三阶贝塞尔曲线来生成路径。如果期望拼接点处的曲率和角度连续变化，则需要满足：第一条曲线的倒数第二个控制点、连接点、第二条曲线的第二个控制点，这 3 个点共线，如图 7.16 所示。

7.2.6 无人系统路径规划算法的总结

本节介绍了 3 种路径规划算法：图搜索算法、随机采样算法、曲线插值法，表 7.1 对它们的应用对象和应用场景进行了总结，使用者要根据实际环境和无人系统种类选择合适的算法。

表 7.1 3 种路径规划算法对比

种类	典型无人系统	典型应用环境
图搜索算法	足式机器人、麦克纳姆轮式机器人、小型灵活的无人系统	复杂的封闭环境、低速场景、二维场景、导航软件的全局路径规划
随机采样算法	地面机器人、飞行器	大型场景、高维场景、障碍物较简单的场景
曲线插值法	阿克曼模型的机器人、转向半径较大的大型无人系统、高速无人系统、飞行器	道路场景、自动泊车、高维场景、高速场景

7.3 无人系统轨迹规划

无人系统的轨迹规划就是在任务空间内为无人系统计算一条安全的行驶轨迹，其中轨迹是指带有时间戳的路径。

定义 7.2（轨迹规划）

寻找一系列的序列点 $c(t) \subset X$，其中 $t \in [0, T]$ 是时间。该序列点的起点和终点分别满足 $c(0) = \boldsymbol{x}_{\text{start}}$ 和 $c(T) = \boldsymbol{x}_{\text{goal}}$，且位于序列点上的无人系统不会与障碍物发生碰撞，即

$$\mathcal{B}(c(t)) \cap \bigcup_i \mathcal{O}_i = \emptyset, \forall t \in [0, T] \tag{7.9}$$

需要注意的是，路径的终点 $\boldsymbol{x}_{\text{goal}}$ 可以是不固定的点，到达终点的时间 T 同样可以是不固定的，但通常希望 T 越小越好。轨迹规划在路径规划的基础上，需要额外规划时间变量，因此增加了问题的维度。

由于添加了时间维度，轨迹规划考虑的安全因素更加丰富。相较于路径规划，轨迹规划更容易被底层控制器执行，并且能够优化更多的指标，因此具备更优越的表现。经典的轨迹规划算法有两类：

(1) **解耦法**。它是一种将轨迹规划问题降维分解为多个子优化问题的方法。

(2) **直接法**。它是一种直接计算轨迹的方法，常用的是模型预测控制算法。

7.3.1 解耦法

解耦法不同时规划路径和速度，而是将轨迹规划问题降维分解，例如，先规划路径，再规划路径上各点的速度，或规划未来时刻应该到达的位置。这类方法具有良好的效果和快速的求解速度，但是子优化问题的最优解通常不是整体的最优解，因此该类算法在最优性方面存在缺陷。接下来将介绍 3 种解耦方法：

1. 曲率-速度匹配法

按照规划路径的曲率，根据工程经验，直接得到对应的速度。例如，

$$v = \left(\frac{a_{\max}}{C}\right)^{0.5} \tag{7.10}$$

式中，$a_{\max}$ 为无人系统期望承受的最大的加速度；C 为路径的曲率。

2. 离散速度法

将无人系统未来一段路径内可能采用的速度离散化，然后用光滑的曲线连接不同的速度值，构建离散速度配置图，如图 7.17 所示，通过估算无人系统按照不同速度行驶的代价，并在拓扑中寻优，最终得到平滑的速度曲线。

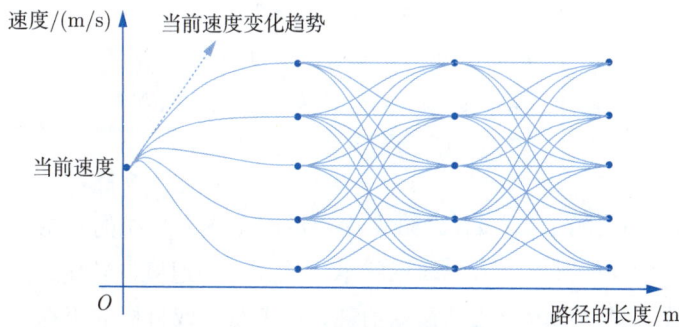

图 7.17　一种离散速度配置图

3. 一维空间分解法

除了先路径规划然后速度规划的分解思路，另一种思路是将轨迹规划问题分解为多个"一维-时间"优化问题，即规划多个一维坐标随时间变化的函数。例如，图 7.18 所示的二维笛卡儿坐标系，设轨迹的 x 轴坐标随时间变化的函数为 $x(t) = c_0 t^n + c_1 t^{n-1} + \cdots + c_{n-1} t + c_n$，设轨迹的 y 轴坐标随时间变化的函数为 $y(t) = d_0 t^n + d_1 t^{n-1} + \cdots + d_{n-1} t + d_n$，其中，$c_0, c_1, \cdots, c_n$ 和 $d_0, d_1, \cdots, d_n$ 是需要求解的系数。

在 $x\text{-}t$ 或 $y\text{-}t$ 坐标系中，对于一个固定位置的障碍物，它的轮廓是两条与时间轴平行的直线。如果一个点在某一时刻，在 $x\text{-}t$ 和 $y\text{-}t$ 坐标系的坐标，都进入了平行线之间的区域，则表示该点进入固定障碍物的区域（其实是将障碍物分别用平行于 x 轴和 y 轴的两条直线包裹起来，形成所谓的 "Bounding Box" 区域）。动态障碍物的处理方法类似，只是处理的对象从两条平行直线变成了两条不相交的曲线。

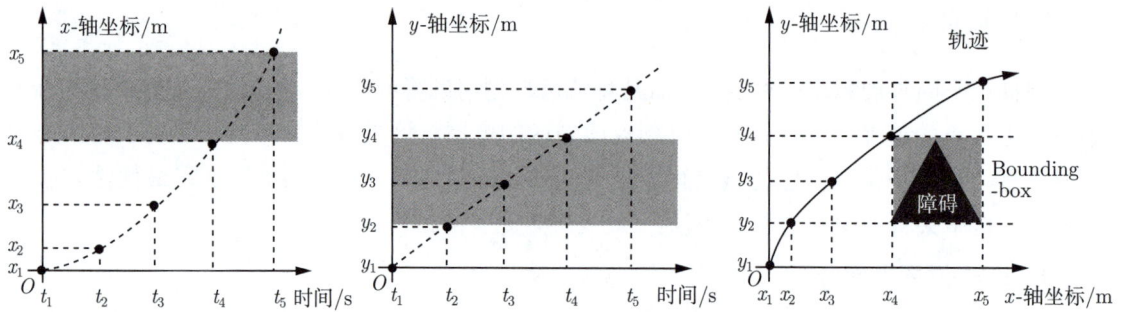

图 7.18　二维笛卡儿坐标系的一维空间分解示意

7.3.2　模型预测控制方法

模型预测控制是一种能同时规划路径和速度的方法，其思想是将轨迹规划问题抽象为带有约束的优化问题：

$$\mathop{\arg\min}_{\boldsymbol{u}_1,\boldsymbol{u}_2,\cdots,\boldsymbol{u}_N} \sum_{k=1}^{N} O_k(\boldsymbol{x}_k,\boldsymbol{u}_k) \tag{7.11a}$$

$$\text{s.t.}\begin{cases} \boldsymbol{x}_{k+1} = F(\boldsymbol{x}_k,\boldsymbol{u}_k), k=1,2,\cdots,N-1 & (7.11b) \\ \boldsymbol{x}_{\min} \leqslant \boldsymbol{x}_k \leqslant \boldsymbol{x}_{\max}, k=1,2,\cdots,N & (7.11c) \\ \boldsymbol{u}_{\min} \leqslant \boldsymbol{u}_k \leqslant \boldsymbol{u}_{\max}, k=1,2,\cdots,N & (7.11d) \\ C(\boldsymbol{x}_k,\boldsymbol{u}_k) \leqslant 0, k=1,2,\cdots,N & (7.11e) \end{cases}$$

式中，N 为离散的时间间隔个数；$\boldsymbol{x}_k$ 为第 k 个离散时刻无人系统的状态，例如，位置、角度、速度等；$\boldsymbol{u}_k$ 为第 k 个离散时刻无人系统的输入，例如，加速度、转角速度等。

式 (7.11a) 是优化目标，一般包括输入消耗、参考路径或目标的跟踪、舒适度等，可以描述为各个时刻状态 $\boldsymbol{x}_k$ 和输入 $\boldsymbol{u}_k$ 的代价函数 $O_k(\boldsymbol{x}_k,\boldsymbol{u}_k)$ 的总和。

式 (7.11b) 是等式约束，描述相邻离散时刻无人系统状态的连续性，一般用数值积分的手段将微分方程离散化，从而构建等式约束。常用的模型包括质点模型、运动学自行车模型、动力学自行车模型。

式 (7.11c) 和式 (7.11d) 分别是无人系统状态和输入的极值约束，例如，加速度和速度的最大及最小允许值等。

式 (7.11e) 是非线性不等式约束，通常描述安全性约束等。

式 (7.11) 通常是非线性优化问题，因此模型预测控制方法的求解效率往往较差。为了提高求解速度，一方面可以通过泰勒展开将问题简化为线性或者二次型优化问题。另一方面，可以适当简化或省略安全约束和优化目标。此外，还可以进行热启动，用一个较快的算法，给出非线性优化问题的一个初始解。

模型预测控制方法的优化目标清晰、安全性较好，既可用于跟踪路径，也可直接规划轨迹，应用十分广泛。

例题 7.7 模型预测控制在固定翼飞机轨迹规划上的应用案例。

假设不考虑风向的影响，固定翼飞机的运动学微分方程为

$$\begin{bmatrix} \dot{x} \\ \dot{y} \\ \dot{z} \\ \dot{\theta} \end{bmatrix} = \begin{bmatrix} v\cos\theta\cos\gamma \\ v\sin\theta\cos\gamma \\ v\sin\gamma \\ \dfrac{g}{v\tan(\phi)} \end{bmatrix} \tag{7.12}$$

其中，$\boldsymbol{x}=[x,y,z,\theta]^{\mathrm{T}}$ 是飞机的状态，$[x,y,z]$ 是三维坐标，θ 是偏航角；$[\phi,\gamma]^{\mathrm{T}}$ 是飞机的控制量，ϕ 是翻滚角，γ 是航迹角（运动轨迹与水平面的夹角）；v 是速度，g 是重力加速度。飞机需要沿着某条指定的参考路径飞行。以输入消耗、与参考路径的偏差为优化目标，考虑输入量 $[\phi,\gamma]^{\mathrm{T}}$ 的最大值和最小值约束，采用模型预测控制为固定翼飞机规划轨迹。

解：使用 RK4 数值积分方法，将微分模型 (7.12) 离散为等式约束。代价函数考虑飞机控制量的消耗，其表达式为各个时刻飞机控制量的二次型之和，即

$$\sum_{k=1}^{N} \alpha_1 \cdot \phi_k^2 + \alpha_2 \cdot \gamma_k^2 \tag{7.13}$$

式中，α_1 和 α_2 是权重系数，下标 k 表示第 k 个离散时刻。考虑飞机与参考路径的差距，其表达式为

$$\sum_{k=1}^{N} \alpha_3 \cdot [(x_k - x_k^{\mathrm{ref}})^2 + (y_k - y_k^{\mathrm{ref}})^2 + (z_k - z_k^{\mathrm{ref}})^2] \tag{7.14}$$

式中，α_3 是权重系数，x_k^{ref}、y_k^{ref}、z_k^{ref} 是飞机第 k 个离散时刻期望的三维位置坐标。算法规划周期 $N=20$，每个周期的时间间隔是 0.1 秒。使用 IPOPT 求解器求解该非线性优化问题。结果如图 7.19 所示，相关的 MATLAB 代码见本书配套资源中的 chap7_0.m 文件。

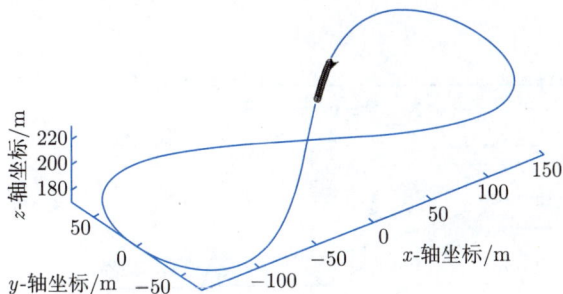

图 7.19 模型预测控制在固定翼飞机轨迹规划上的应用示意（圆圈是规划的轨迹，曲线是参考路径）

7.3.3 多种算法结合

对于某些复杂的场景，单独使用一种方法往往无法取得理想的效果，如果多种方法相互结合、取长补短则能够实现更好的效果。本节介绍一种用于快速路的无人汽车轨迹规划算法，

该方法融合多项式螺旋曲线、Dijkstra 算法、模型预测控制算法，最终实现无人车在多车道公路中的轨迹规划。具体步骤如下：

步骤 1：在每条车道中心均匀地设置若干排节点，并按照一定的规律连接这些节点，考虑两个节点处车道的曲率、方向等信息，然后使用螺旋曲线连接两个节点，最后形成状态栅格图，如图 7.20（a）所示。

步骤 2：计算每条螺旋曲线的代价，考虑曲线的曲率、曲率变化率、是否变道、是否与道路边界碰撞、是否与周围车辆碰撞等。然后使用 Dijkstra 算法，计算从第一排到最后一排节点的代价最短的曲线组合，作为最后的推荐变道路径，如图 7.20（b）所示。

步骤 3：使用模型预测控制算法跟踪推荐变道路径完成轨迹规划。汽车模型采用运动学自行车模型，代价函数考虑：输入消耗、轨迹的平滑度、跟踪推荐路径，安全约束考虑：与道路边界的避碰、与周围汽车的避碰、汽车物理性能约束。如图 7.20（c）所示，是与周围汽车的避碰的数学描述，本车用圆环包裹，其他车用椭圆包裹，所有圆环与椭圆不接触即可实现避碰。

该算法使用螺旋曲线和 Dijkstra 算法计算推荐的变道路径，解决了车道选择问题，同时使用模型预测控制算法，具备较好的安全性。多种算法的融合使用、取长补短，可以实现一些复杂场景的轨迹规划。

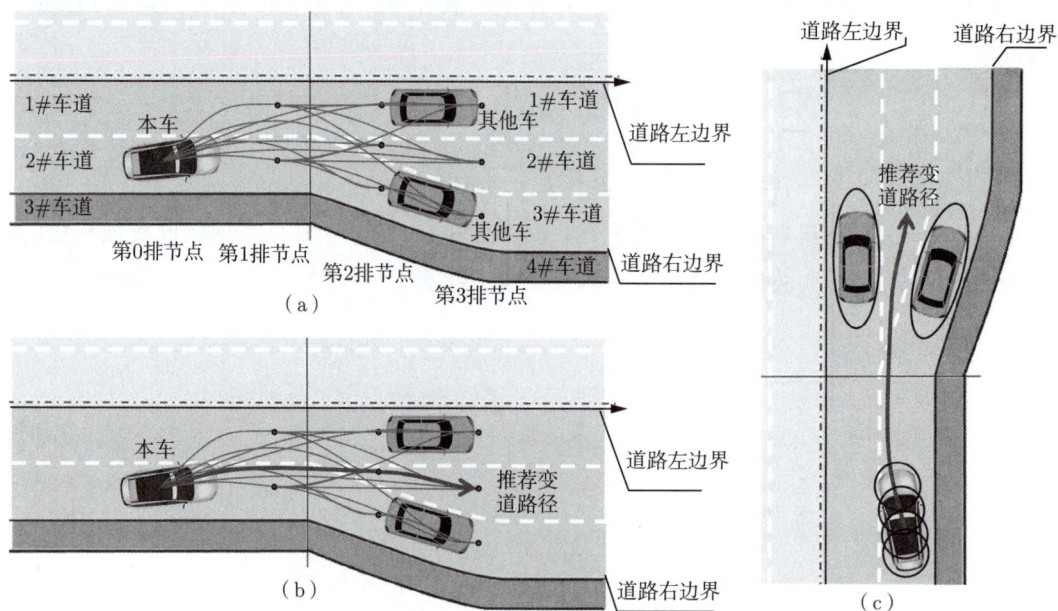

图 7.20　一种用于快速路的无人汽车轨迹规划算法示意图：（a）步骤 1；（b）步骤 2；（c）步骤 3

7.4　自主智能规划算法

传统的运动规划算法在最优性、搜索效率等方面存在一定的局限。智能规划算法通过引入人工智能技术以及群体智能算法，来提升路径规划的效率和解的质量。

7.4.1 神经网络规划

1. 基于条件变分自编码器的路径规划方法

该方法基于以下思想：采用人类或者传统算法给出的路径作为学习样本，同时将地图场景的特征信息作为样本标签，使用监督学习的方法训练人工神经网络。训练完成后，神经网络能够根据新输入的地图场景特征快速生成适应该场景的路径。

在离线训练阶段，如图 7.21 所示，首先将样本中的路径离散化为采样点，提取地图场景信息（包括起点和终点信息），并将其输入编码器。编码器的输出是 n 个正态分布，是神经网络对原始特征信息的压缩与抽象，这里将其统称为隐空间。通过大量的学习样本，不断训练编码器，直到隐空间中的 n 个正态分布，逐渐收敛到标准正态分布。然后，在隐空间的 n 个标准正态分布中进行采样，将采样结果与提取到的地图场景信息输入解码器，输出离散的路径。不断训练解码器，直到生成的路径逐渐逼近样本中的路径。

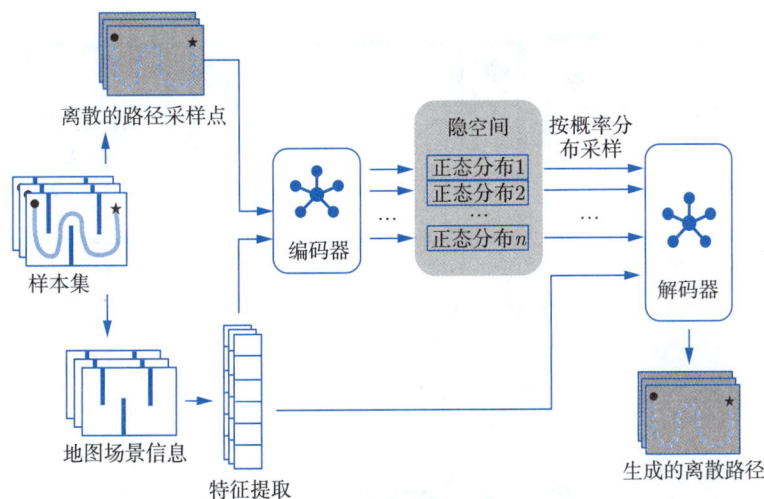

图 7.21 CVAE 离线训练阶段

在使用阶段，如图 7.22 所示，只需提供一个新的场景并提取其特征，然后将特征输入解码器，并输入 n 个标准正态分布的采样，即可得到在新场景中的离散路径。

在实际使用中，可以让解码器多次输出离散的路径，从而生成最佳路径的采样点分布簇，如图 7.23 所示。这种带有学习机制的采样点获取方法明显比 PRM 方法中的采样点获取方法更有针对性。在条件变分自编码器生成的采样点的基础上，再使用 PRM 方法规划具体的路径，能够显著降低无效的搜索。此外，将条件变分自编码器生成的采样点和均匀分布的采样点按一定比例混合，能够保留算法的概率完整性以避免陷入局部最优。

2. 基于强化学习的运动规划方法

本节介绍一种基于**深度 Q 网络（Deep Q-Networks，DQN）**的运动规划方法。这是一种端到端的算法，直接将摄像头的图像作为输入，在不需要任何标记的训练数据的情况下学习各个动作的 Q 值，最后直接输出车辆的方向盘转角，如图 7.24 所示。

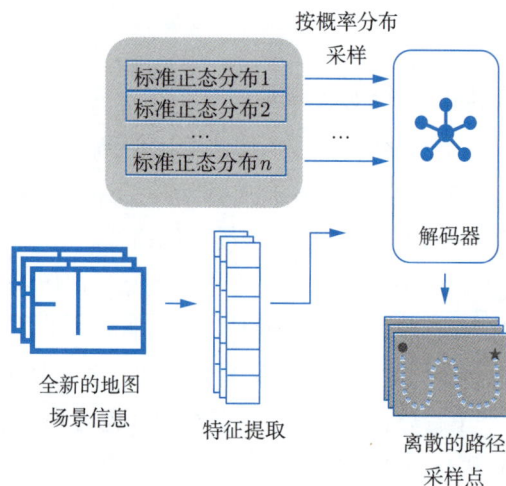

图 7.22 CVAE 在线使用阶段

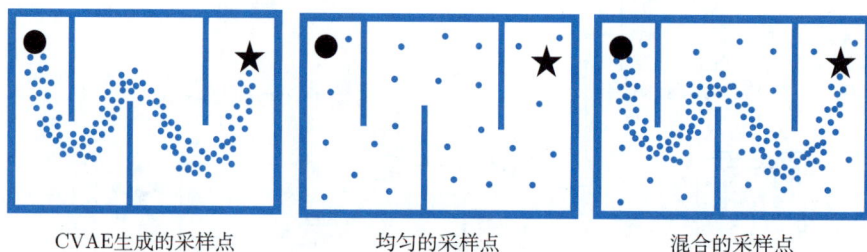

CVAE生成的采样点   均匀的采样点   混合的采样点

图 7.23 CVAE 和均匀分布的采样点的对比示意

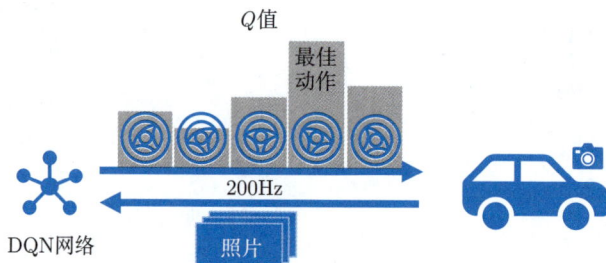

图 7.24 一种基于强化学习的自动驾驶运动规划算法

输入的图像是包含车道线信息的灰度图，通过卷积网络提取车辆前方车道标线的特征。在模拟环境中生成一个车辆，并通过与虚拟环境的交互进行深度神经网络的训练。在网络训练环节，使用 ε-greedy 策略（有 ε 的概率选择随机的动作，有 $1-\varepsilon$ 的概率选择使 Q 值最大的动作）。训练分为多个回合，在一个回合完成后，车辆将被重置到赛道的随机位置，从而开始下一个回合。

奖励函数用于量化动作的价值，是强化学习中至关重要的部分。为了实现自动驾驶汽车在车道内行驶，可以通过计算车辆几何中心到车道中心的距离来构建奖励函数，即

$$r_{\text{dist}}(d) = 2 - (|d| + 1)^{\gamma}, \gamma \geqslant 0$$

式中，d 为车辆的几何中心到车道中心的距离；γ 为宽容度。

显然，如果车辆位于车道中心，则可以获得最大奖励 $r_{\text{dist}} = 1$。上述奖励函数可以鼓励车辆保持在车道中心，但是缺乏对车辆行为的约束。例如，无法防止车辆在车道中心周围摇摆。为了激励车辆展现出良好的驾驶行为，定义如下 3 种互斥的额外奖励/惩罚。

不良行为 1：车辆在状态 s 下，如果执行动作 a，导致车道与车身的夹角增加，则给予额外的惩罚 $r_{\text{action}}(s, a) = -1$。

不良行为 2：在转弯道路中，车辆状态为 s，如果车辆执行的动作 a 与道路弯曲方向正好相反，则给予额外的惩罚 $r_{\text{action}}(s, a) = -1$。

优秀行为：在直线道路中，车辆状态为 s，如果执行动作 a，使得车辆中心与车道中心的距离保持在一定范围内，且车道与车辆前进方向的夹角低于某一阈值，则给予额外的奖励 $r_{\text{action}}(s, a) = 1$。

最后的奖励函数为

$$r = \max(r_{\text{dist}}, -2) + r_{\text{action}}$$

7.4.2 群体智能规划

蚁群算法是一种常用的智能优化算法，其灵感来源于对真实蚁群觅食行为的研究。在蚁群中，蚂蚁以较大的概率优先选择信息素浓度较高的路径，并释放一定量的信息素，从而形成正反馈。通过蚁群成员之间信息素的相互影响，最终能够找到一条从巢穴到食物源的最佳路径。蚁群算法的详细步骤如下：

步骤 1：初始化参数。设置蚂蚁数量、迭代次数等算法参数。

步骤 2：路径选择阶段。假设蚂蚁现在处于地点 i，每只蚂蚁根据此处信息素和启发式信息（如距离、能量等），计算走向地点 j 的概率。概率公式为

$$P_{ij} = \frac{(\tau_{ij})^{w_1} \cdot (\eta_{ij})^{w_2}}{\sum\limits_{k \in N_i} (\tau_{ik})^{w_1} \cdot (\eta_{ik})^{w_2}}$$

式中，τ_{ij} 为路径 ij 上的信息素浓度；η_{ij} 为路径 ij 上的启发式信息；w_1, w_2 为权重；N_i 为地点 i 的邻居集合。

蚂蚁按照概率选择，并移动到下一个地点，以此类推，直到抵达终点，得到一条从起点到终点的总路径。

步骤 3：信息素更新阶段：当所有蚂蚁到终点后，找到种群中路径最短的蚂蚁，记为蚂蚁 k，增加蚂蚁 k 所走路径的信息素浓度。为了缓解局部最优问题，引入挥发机制。以路径 ij 为例，信息素 τ_{ij} 更新公式为

$$\tau_{ij} = (1 - w_3) \cdot \tau_{ij} + \sum_{k=1}^{m} \Delta \tau_{ij}^k$$

式中，w_3 为信息素挥发系数；$\Delta \tau_{ij}^k$ 为蚂蚁 k 在路径上释放的信息素。

步骤 4：重复执行步骤 2 和步骤 3，直到达到指定的迭代次数或满足终止条件。

步骤 5：返回整个种群历史上最优的路径。

为了使用蚁群算法，通常路径规划问题被转换为图论问题，下面通过一个案例具体说明。

例题 7.8 蚁群算法求解路径规划。

如图 7.25 所示，任务空间 $\mathcal{W}$ 的横纵坐标范围都是 $[0,200]$，$\mathcal{W}$ 中存在 4 个障碍物，障碍物 1 的顶点坐标为 $(40,140),(60,180),(80,140),(60,120)$，障碍物 2 的顶点坐标为 $(50,30),(30,40)$，$(80,80),(100,40)$，障碍物 3 的顶点坐标为 $(120,160),(140,90),(180,170),(165,180)$，障碍物 4 的顶点坐标为 $(120,40),(170,40),(140,80)$，起点 S 坐标为 $(20,180)$，终点 T 坐标为 $(160,90)$。采用蚁群算法在 $\mathcal{W}$ 中寻找一条从起点 S 到终点 T 的最优路径。

解：(1) 解的表示。找到障碍物各个顶点与任务区域边界的最近的点，如图 7.25 中的实心点，然后用自由铰接线连接障碍物顶点和这些实心点，如图 7.25 中的虚线，注意自由铰接线之间（除了在端点）不能交叉且不能与障碍物（除了在端点）有接触。以自由铰接线的中点（如图 7.25 中的空心点）、起点 S、终点 T 为节点，构建图网 G，G 的边不能与障碍物接触且不能相互交叉（除了在端点）。

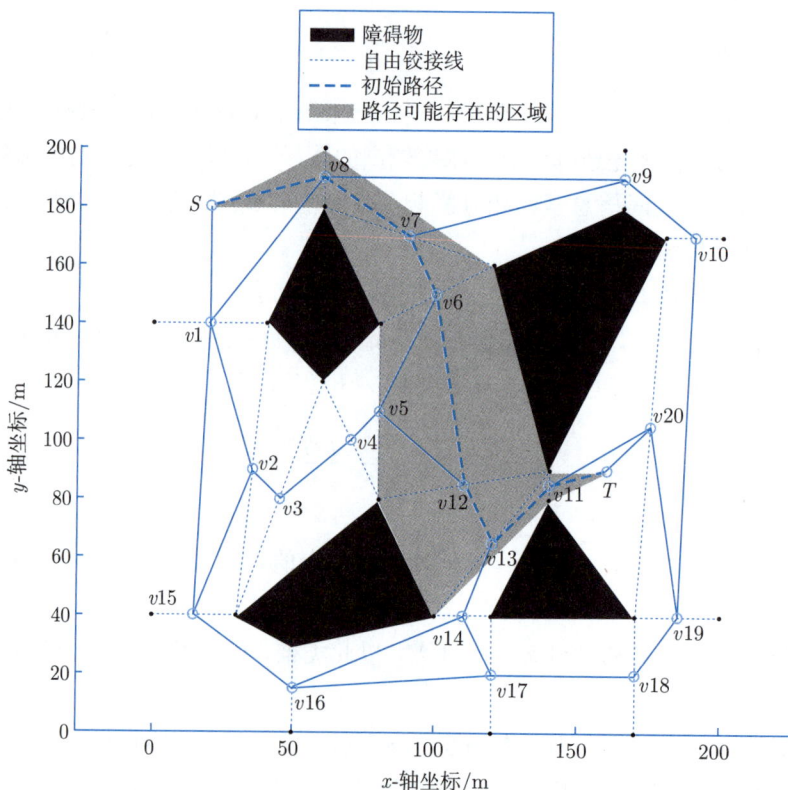

图 7.25 二维规划空间

利用 Dijkstra 算法在图网 G 中寻优，产生一个从起点 S 到终点 T 的路径，如图 7.25 中的粗点线，这条路径上的点依次记为 $S,p_1,p_2,\cdots,p_d,T$，节点 p_i 对应的自由铰接线记为 L_i，同时记 $p_i^{(0)}$ 和 $p_i^{(1)}$ 为 L_i 的两个端点。显然最优的路径就在 $S,p_1^{(0)},p_1^{(1)},p_2^{(0)},p_2^{(1)},\cdots,p_d^{(0)},p_d^{(1)},T$ 组成的区域内，即图 7.25 中的灰色区域。

初始的路径是 $S,p_1,p_2,\cdots,p_d,T$，进一步调节 p_i 在自由铰接线上的位置，就能得到更短的路径，即

$$p_i(h_i) = p_i^{(0)} + h_i(p_i^{(1)} - p_i^{(0)}), h_i \in [0,1] \tag{7.15}$$

其中，h_i 是节点在自由铰接线上位置的比例。因此，只要给定一组参数 $(h_1,h_2,\cdots,h_d)$，就可以得到一条路径。

将每一条自由铰接线 L_i 切分成 20 份，自由铰接线 L_i 上的第 j 个切分点记为 $n_{ij},i \in \{1,2,\cdots,19\}$。如果排除自由铰接线的端点，从起点 S 出发，到自由铰接线 L_1 的切分点，有 19 种选择方案。选择其中一种并从这里出发，再到自由铰接线 L_2 中的某个切分点，同样有 19 种选择方案。以此类推，直到从自由铰接线 L_d 的某个切分点移动到终点 T 为止。沿着这些选好的切分点行走就能得到一条路径。

(2) 种群设置。蚂蚁的数量为 $m = 10$，迭代次数为 500 次。信息素挥发系数 $w_3 = 0.1$，最优蚂蚁在路径上释放的信息素 $\Delta\tau_{ij}^k = 0.00003$，即每次迭代的最优蚂蚁行走的路径，会被赋予固定的信息素增量 $\Delta\tau_{ij}^k$。信息素的权重 $w_1 = 1$，启发式信息的权重 $w_2 = 1$。启发信息设置为：最靠近自由铰接线中心的切分点，它的启发值为 1，最远离自由铰接线中心的切分点，它的启发值为 0，其他切分点的启发值呈线性变化。

(3) 结果。如图 7.26（a）所示是规划出的路径，图 7.26（b）是种群中最优的路径的长度变化情况，相关 MATLAB 代码见本书配套资源中的 chap7_4.m 文件。

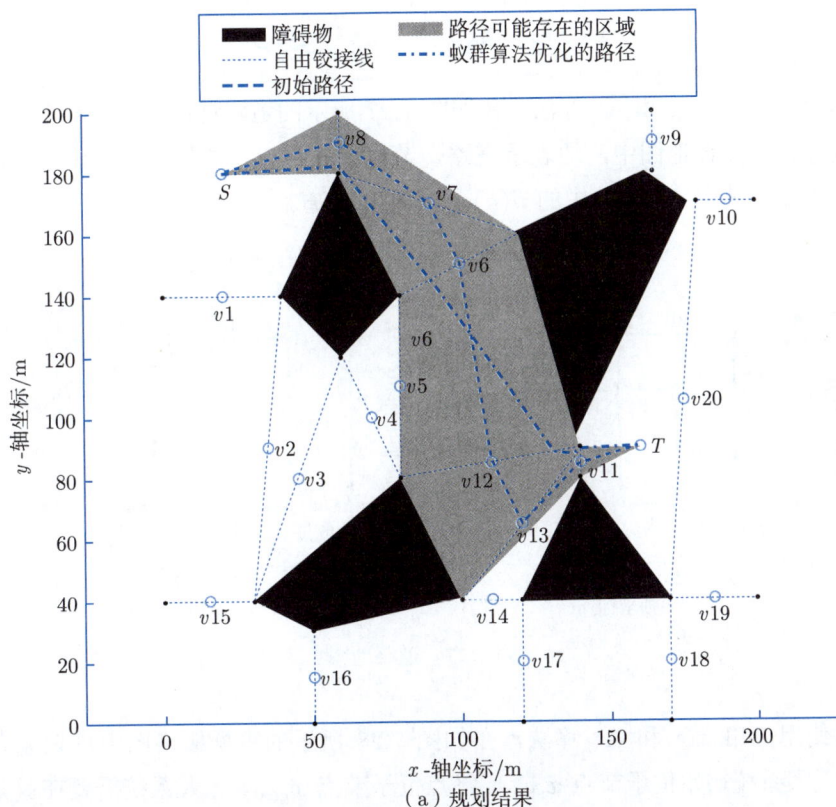

图 7.26 蚁群算法的路径规划结果

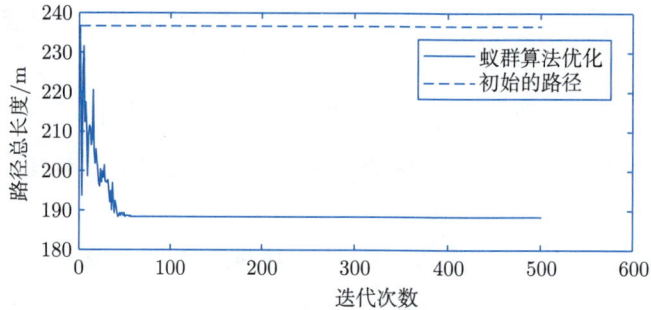

（b）历史最佳路径的长度

图 7.26　（续）

7.5　小结

　　运动规划对无人系统具有至关重要的作用，它连接感知和执行阶段，确保系统的流畅运动。本章首先探讨了无人系统领域常用的任务空间描述方法，包括占据栅格图、状态栅格图、行驶通道、点云地图。还详细讨论了各种经典的路径规划和轨迹规划算法，深入讲解了这些算法的原理、优缺点、适用场景和应用案例，包括图搜索算法、随机采样算法、曲线插值法、模型预测法。最后本章还介绍了一些自主智能规划算法，包括神经网络和群体智能方法。

～～ 练　　习 ～～

1. 分别使用 Dijkstra 和 A* 算法，在如图 7.27 所示的道路地图中，为汽车进行全局路径规划路径。在该地图中，边表示道路，节点代表路口。边的代价考虑了道路的长度和拥挤程度。其中 A* 算法中的 $h(n)$ 采用欧氏距离。

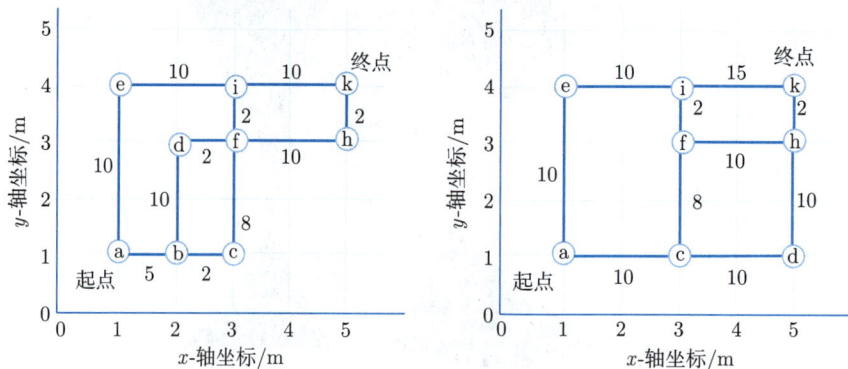

图 7.27　道路地图

2. 分别使用 Dijkstra 和 A* 算法，在如图 7.28 所示的占据栅格图中规划无人系统的路径。无人系统初始位于节点 x_{start}，终点位于节点 x_{goal}，无人系统需要在避开障碍物的同时找到一条有效的路径从起点到达终点，其中 A* 算法中的 $h(n)$ 采用曼哈顿距离。

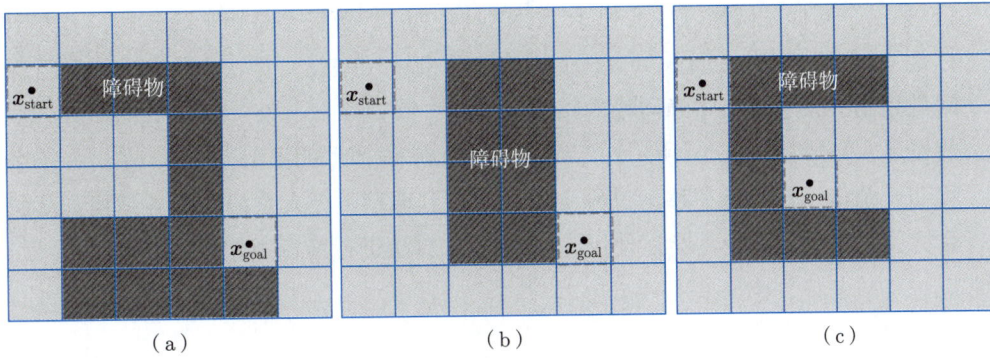

图 7.28　栅格图

3. 分别使用 Dijkstra 和 A* 算法，在如图 7.29 所示的状态栅格图中规划汽车的路径。图中各条边的代价已经给出，其中 A* 算法中的 $h(n)$ 采用欧氏距离。

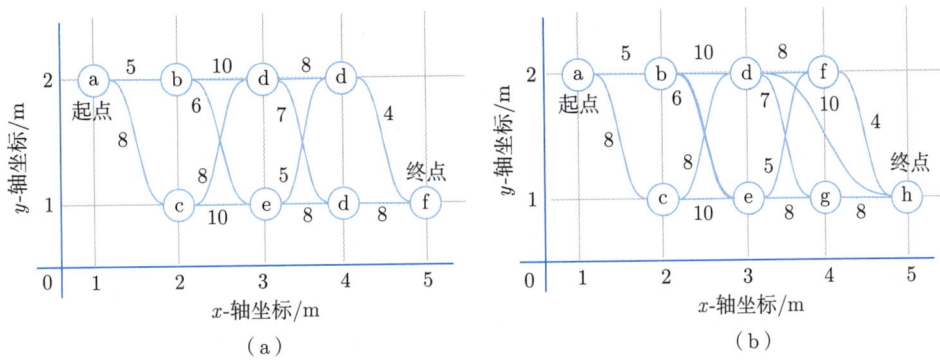

图 7.29　状态栅格图

4. 在如图 7.30 所示的二维地图上，有一个起点位于坐标 $(2,2)$ 处，一个终点位于坐标 $(8,9)$ 处。有 3 个需要规避的障碍物：第一个是圆形障碍物，中心位于 $(2,5)$ 且半径为

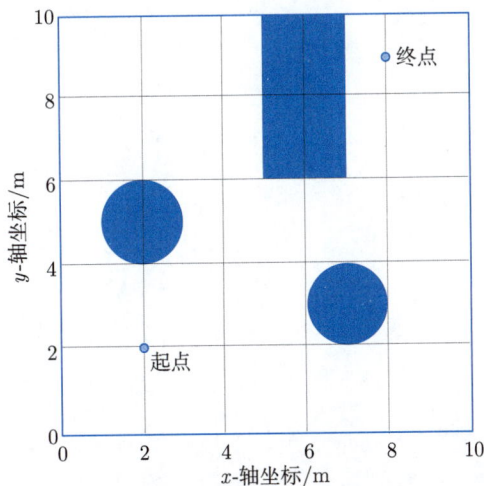

图 7.30　二维地图信息

1。第二个同样是圆形，中心位于 $(7,3)$ 且径为 1。第三个是矩形障碍物，其左上角坐标是 $(5,10)$，宽为 2 且长为 4。使用快速随机树（RRT）算法为从起始点到目标点之间规划出一条避开上述障碍物的路径。

5. 假设迷宫环境如图 7.28 所示，无人系统可以在每个时刻沿着上、下、左、右 4 个方向移动一个格子，并且在移动过程中可能会遇到墙壁。无人系统的任务是找到从起点到目标位置的最短路径，尝试使用 Q-learning 算法进行路径规划。

第 8 章
多智能体协同控制

8.1 引言

多智能体系统（Multi-Agent System, MAS）是由多个互相协作或竞争的自治的智能体组成的系统，旨在通过集体行为解决复杂的问题，具有自主性、容错性、灵活性和可扩展性及协作能力。多智能体系统已被成功应用到不同领域，其中，在生产制造、智能交通、环境监测和资源探索，以及信息化战场等领域都有着诸多典型应用。

多智能体系统协同控制的研究范畴包括一致性问题、跟踪控制问题、编队控制问题、包含控制问题等。多智能体系统协同控制已经成为当前控制科学领域的研究热点，其中线性多智能体系统是研究多智能体系统协同控制的基础，包括一阶积分器、二阶积分器等，其协同控制的思路方法已经非常成熟。通过线性多智能体系统协同控制理论，可以建立控制系统的基本框架和数学模型，为进一步的控制系统设计和分析提供坚实的理论基础。然而，由于实际的无人系统往往具有显著的非线性特性，一般无法简化为线性系统，因此针对复杂的实际物理系统 (如系统模型非线性、速度耦合、模型参数不确定等)，研究非线性多智能体系统的协同控制问题具有非常重要的理论意义和应用价值。由于神经网络具有强大的学习能力和非线性映射能力，将传统控制方法与神经网络结合，能够很好地处理非线性和不确定性因素，实现对复杂多智能体系统的稳定控制。

本章首先介绍实现多智能体协同控制用到的图论、矩阵论等基础知识，然后从一致性控制问题出发，根据多智能体系统模型，分别详细介绍一阶/二阶多智能体系统、线性/非线性多智能体系统的一致性控制、一阶/二阶多智能体系统仿射编队控制，给出问题建模、控制协议设计、收敛性分析及仿真验证。最后介绍几个多智能体系统的典型应用实例，例如，无人车编队、无人机区域覆盖、无人艇协同围捕等。

8.2 图论、矩阵论基础

本节主要介绍在多智能体系统协同控制中常用到的数学知识，包括代数图论和矩阵论基础。在代数图论部分，介绍图的定义、分类及图矩阵；在矩阵论部分，介绍矩阵的基本概念和多智能体系统中常用的矩阵知识。

8.2.1 代数图论

1. 图的定义

图 (graph) 是由顶点 (vertex) 集和边 (edge) 集组成的集合，表示为 $\mathcal{G} = (\mathcal{V}, \mathcal{E})$，其中，顶点集和边集分别表示图 $\mathcal{G}$ 中顶点的有限非空集和顶点之间的关系 (边) 集合，即 $\mathcal{V} = \{v_1, v_2, \cdots, v_N\}$，$\mathcal{E} = \{(v_i, v_j)|v_i, v_j \in \mathcal{V}\}$。顶点集 $\mathcal{V}$ 中的元素称为顶点或节点。用 $|\mathcal{V}|$ 表示图 $\mathcal{G}$ 中顶点的个数，也称为图 $\mathcal{G}$ 的阶 (order)；用 $|\mathcal{E}|$ 表示图 $\mathcal{G}$ 中边的条数。

下面是图的一些基本概念及术语。

1) 有向图

当 $\mathcal{E}$ 是有向边的有限集合时，图 $\mathcal{G}$ 为有向图。边 (v_i, v_j) 是顶点的有序对，其中，v_i 和 v_j 是顶点，v_i 称为尾节点 (tail)，v_j 称为头节点 (head)；边 (v_i, v_j) 称为从顶点 v_i 到顶点 v_j 的边，也称 v_i 邻接到 v_j，或 v_j 邻接自 v_i。

如图 8.1（a）所示的有向图 $\mathcal{G}_1$ 可表示为

$$\mathcal{G}_1 = (\mathcal{V}_1, \mathcal{E}_1)$$
$$\mathcal{V}_1 = \{v_1, v_2, v_3\}$$
$$\mathcal{E}_1 = \{(v_1, v_2), (v_3, v_1), (v_2, v_3), (v_3, v_2)\}$$

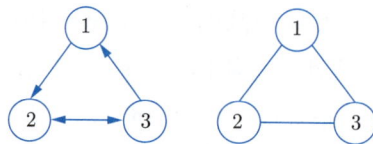

（a）有向图$\mathcal{G}_1$　　（b）有向图$\mathcal{G}_2$

图 8.1　图的示例

2) 无向图

当 $\mathcal{E}$ 是无向边 (简称边) 的有限集合时，图 $\mathcal{G}$ 为无向图。边是顶点的无序对，记为 (v_i, v_j) 或者 (v_j, v_i) (因为 $(v_i, v_j) = (v_j, v_i)$)。可以说顶点 v_i 和顶点 v_j 互为邻接点。

如图 8.1（b）所示的无向图 $\mathcal{G}_2$ 可表示为

$$\mathcal{G}_2 = (\mathcal{V}_2, \mathcal{E}_2)$$
$$\mathcal{V}_2 = \{v_1, v_2, v_3\}$$
$$\mathcal{E}_2 = \{(v_1, v_2), (v_1, v_3), (v_2, v_3)\}$$

3) 简单图

一个图 $\mathcal{G}$ 若满足：① 不存在自环 (self-loop)，即不存在顶点到自身的边；② 顶点对之间不存在重复的边，则称图 $\mathcal{G}$ 为简单图。图 8.1 中 $\mathcal{G}_1$ 和 $\mathcal{G}_2$ 均为简单图。在本书后面所介绍的内容中，仅讨论简单图。

4) 子图

有两个图 $\mathcal{G} = (\mathcal{V}, \mathcal{E})$ 和 $\mathcal{G}' = (\mathcal{V}', \mathcal{E}')$，若 $\mathcal{V}'$ 是 $\mathcal{V}$ 的子集，且 $\mathcal{E}'$ 是 $\mathcal{E}$ 的子集，则称图 $\mathcal{G}'$ 是 $\mathcal{G}$ 的子图。

5) 连通图

在无向图中，若从顶点 v_i 到顶点 v_j 有路径存在，则称 v_i 和 v_j 是连通的 (connected)。若无向图 $\mathcal{G}$ 中任意两个顶点都是连通的，则称图 $\mathcal{G}$ 为连通图 (connected graph)，否则为非连通图。如图 8.1（b）所示，图 $\mathcal{G}_2$ 为无向连通图。

对于有向图，如果两个顶点 v_i 和 v_j 是互相可达的，即从 v_i 出发可以到达 v_j，从 v_j 出发也能到达 v_i，则称 v_i 和 v_j 是强连通的 (strongly connected)。如果图 $\mathcal{G}$ 中任意两个顶点都是互相可达的，则称其是强连通图 (strongly connected graph)。将有向图所有的有向边替换为无向边，所得到的图称为原图的基图。如果一个有向图的基图是连通图，则有向图是弱连通图 (weakly connected graph)。如图 8.2 所示，图 $\mathcal{G}_3$ 为弱连通图，图 $\mathcal{G}_4$ 为非连通图。

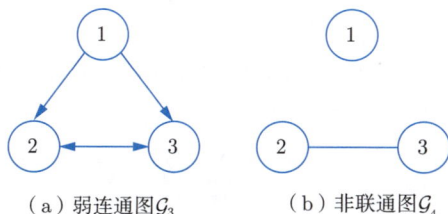

（a）弱连通图 $\mathcal{G}_3$　　（b）非联通图 $\mathcal{G}_4$

图 8.2　弱连通图与非连通图示例

6) 度、入度、出度

当图 $\mathcal{G}$ 为无向图时，顶点 v_i 的度 (degree) 表示与 v_i 相连的边的数量。无向图的全部顶点的度之和等于边数的 2 倍，这是因为每条边和两个顶点相关联。

当图 $\mathcal{G}$ 为有向图时，顶点 v_i 的入度 (in-degree) 表示以 v_i 作为头节点的边的数量，出度 (out-degree) 则表示以 v_i 作为尾节点的边的数量。顶点 v_i 的 (入度) 邻居的集合定义为 $\mathcal{N}_i = \{v_j : (v_j, v_i) \in \mathcal{E}\}$，即有边进入 v_i 的顶点集合。顶点 v_i 的邻居数量 $|\mathcal{N}_i|$ 等于它的入度。注意，在有向图 $\mathcal{G}$ 中，每条边都有一个头节点和尾节点，所有顶点的入度之和与出度之和相等，都等于图的边数。

7) 平衡图

对于有向图中的顶点 v_i，如果其入度与出度相等，则称该顶点为平衡节点 (balanced node)。如果有向图中所有顶点都是平衡的，则称此图是平衡的 (balanced)。无向图中的顶点均为平衡节点，所有的无向图均为平衡图。

8) 树、生成树

在图论中，树 (tree) 是一种没有回路的简单连通图，其中任意两个顶点之间存在一条唯一路径。环是一条只有第一个和最后一个顶点重复的非空路径，自环 (loop) 是一条顶点与自身连接的边。如果关联一对顶点的方向相同的有向边多于一条，则称这些有向边为多重有向边。由于树没有简单回路，所以不含有环或者多重边，因此任何树都是简单图。

一棵含有 n 个顶点的树有 $n-1$ 条边，也就是连接 n 个顶点所需要的最少边数。若砍去它的一条边，则会变成非连通图，若加上一条边则会形成一个回路。如果连通图 $\mathcal{G}$ 的一个子图 $\mathcal{G}'$ 是一棵包含 $\mathcal{G}$ 所有顶点的树，则称该子图 $\mathcal{G}'$ 为 $\mathcal{G}$ 的生成树 (spanning tree)。图的生成树不唯一，从不同的顶点出发进行遍历可以得到不同的生成树，生成树的出发顶点称为根 (root)。

2. 图矩阵

图的结构和性质可以通过检查与图相关的某些矩阵的性质来研究，这就是代数图论。用来表示图的矩阵通常有两种类型：一种是基于顶点的相邻关系，称作邻接矩阵 (adjacency matrix)；另一种是基于顶点与边的关联关系，称作关联矩阵 (incidence matrix)。

1) 邻接矩阵

给定边的权重 (weight) 为 a_{ij}，图 $\mathcal{G} = (\mathcal{V}, \mathcal{E})$ 可以由邻接矩阵 $\boldsymbol{A} = [a_{ij}]$ 表示，其中，当 $(v_i, v_j) \in \mathcal{E}$ 时，$a_{ij} > 0$；否则 $a_{ij} = 0$。注意，$a_{ii} = 0$。图的邻接矩阵依赖于所选择的顶点的顺序，故含有 n 个顶点的图有 $n!$ 个不同的邻接矩阵。

定义顶点 v_i 的加权入度 d_i 为 $\boldsymbol{A}$ 的第 i 行的行和，加权出度 d_i^o 为 $\boldsymbol{A}$ 的第 i 列的和，即

$$d_i = \sum_{j=1}^{N} a_{ij} \tag{8.1}$$

$$d_i^o = \sum_{j=1}^{N} a_{ji} \tag{8.2}$$

入度和出度是图的局部性质。图有两个重要的全局性质，一个是直径 $\mathrm{Diam}(\mathcal{G})$，它是图中两个顶点之间的最大距离；另一个是体积 $\mathrm{Vol}((G)$，它是入度的总和

$$\mathrm{Vol}(\mathcal{G}) = \sum_i d_i \tag{8.3}$$

无向图的邻接矩阵是对称矩阵 $\boldsymbol{A}^{\mathrm{T}} = \boldsymbol{A}$，即 $a_{ij} = a_{ji}$。而有向图的邻接矩阵不一定是对称的。

如果所有顶点 v_i 的加权入度等于加权出度，则称图为加权平衡图。如果所有非零边的权重都等于 1，则与平衡图的定义相同。无向图是加权平衡图，这是因为无向图的邻接矩阵满足 $\boldsymbol{A}^{\mathrm{T}} = \boldsymbol{A}$，即第 i 行和等于第 i 列和。

例题 8.1 请给出图 8.1 中有向图 $\mathcal{G}_1$ 和无向图 $\mathcal{G}_2$ 的邻接矩阵。

解： 图 8.1（a）为有向图，其邻接矩阵为

$$\boldsymbol{A}_1 = \begin{bmatrix} 0 & 1 & 0 \\ 0 & 0 & 1 \\ 1 & 1 & 0 \end{bmatrix}$$

图 8.1（b）为无向图，其邻接矩阵为

$$\boldsymbol{A}_2 = \begin{bmatrix} 0 & 1 & 1 \\ 1 & 0 & 1 \\ 1 & 1 & 0 \end{bmatrix}$$

2) 关联矩阵

在有向图中，通常也用关联矩阵来描述顶点之间连接关系。关联矩阵为 $n \times m$ 的矩阵，n 为顶点数量，m 为边的数量。对于有向图，关联矩阵为 $\boldsymbol{M} = [m_{ij}]$，其中若顶点在边的起点，则 $m_{ij} = 1$；若顶点在边的终点，则 $m_{ij} = -1$；否则 $m_{ij} = 0$。对于无向图，在关联矩阵中，顶点只要在边上，则 $m_{ij} = 1$；否则 $m_{ij} = 0$。

例题 8.2 请给出图 8.3 中有向图 $\mathcal{G}_5$ 和无向图 $\mathcal{G}_6$ 的关联矩阵。

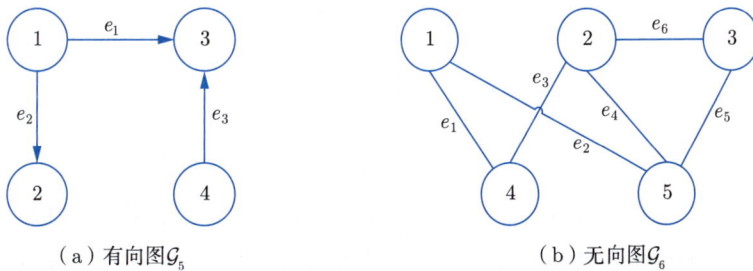

（a）有向图 $\mathcal{G}_5$ （b）无向图 $\mathcal{G}_6$

图 8.3 有向图和无向图示例

解： 图 8.3（a）的关联矩阵为

$$\boldsymbol{M}_1 = \begin{array}{c} \\ v_1 \\ v_2 \\ v_3 \\ v_4 \end{array} \begin{array}{c} \begin{array}{ccc} e_1 & e_2 & e_3 \end{array} \\ \begin{bmatrix} 1 & 1 & 0 \\ 0 & -1 & 0 \\ -1 & 0 & -1 \\ 0 & 0 & 1 \end{bmatrix} \end{array}$$

图 8.3（b）的关联矩阵为

$$\boldsymbol{M}_2 = \begin{array}{c} \\ v_1 \\ v_2 \\ v_3 \\ v_4 \\ v_5 \end{array} \begin{array}{c} \begin{array}{cccccc} e_1 & e_2 & e_3 & e_4 & e_5 & e_6 \end{array} \\ \begin{bmatrix} 1 & 1 & 0 & 0 & 0 & 0 \\ 0 & 0 & 1 & 1 & 0 & 1 \\ 0 & 0 & 0 & 0 & 1 & 1 \\ 1 & 0 & 1 & 0 & 0 & 0 \\ 0 & 1 & 0 & 1 & 1 & 0 \end{bmatrix} \end{array}$$

在多智能体系统中，无向连通图和有向强连通图通常意味着所有智能体之间都能进行信息交互，从而完成控制目标。

3) 度矩阵

由顶点的度组成的对角矩阵，称为图的度矩阵。度矩阵分为入度矩阵 $\boldsymbol{D}$ 与出度矩阵 $\boldsymbol{D}^{\mathrm{o}}$，分别定义为 $\boldsymbol{D} = \mathrm{diag}\,(d_1, d_2, \cdots, d_N)$ 和 $\boldsymbol{D}^{\mathrm{o}} = \mathrm{diag}(d_1^{\mathrm{o}}, d_2^{\mathrm{o}}, \cdots, d_N^{\mathrm{o}})$，其中，$d_i$ 和 d_i^{o} 在式(8.1)和式(8.2)中定义。

下面将结合邻接矩阵 $\boldsymbol{A}$ 与度矩阵 $\boldsymbol{D}$ 来描述多智能体系统中各智能体之间的感知或通信关系，即拉普拉斯矩阵 (Laplacian matrix)。

用 $\mathcal{G} = (\mathcal{V}, \mathcal{E}, A)$ 表示多智能体系统，其中，顶点集 $\mathcal{V} = \{v_1, v_2, \cdots, v_N\}$ 和边集 $\mathcal{E} = \{e_1, e_2, \cdots, e_m\}$ 分别表示系统中的智能体和智能体之间的信息交互关系，$\boldsymbol{A} = [a_{ij}]$ 为邻接矩阵，表示智能体间的通信权重。为了简化计算，令 $a_{ij} \in \{0, 1\}$。顶点 v_i 的邻居集合定义为 $\mathcal{N}_i = \{v_j | v_j \in \mathcal{V}, (v_i, v_j) \in \mathcal{E}\}$。

4) 拉普拉斯矩阵

图 $\mathcal{G}$ 的拉普拉斯矩阵 $\boldsymbol{L}$ 定义为

$$\boldsymbol{L} = \boldsymbol{D} - \boldsymbol{A} \tag{8.4}$$

注意，拉普拉斯矩阵的行和为 0，则 0 是 $\boldsymbol{L}$ 的一个特征值，对应的特征向量为 $\boldsymbol{1}_n$。关于拉普拉斯矩阵，有如下结论。

> **引理 8.1**
>
> 对于无向图，拉普拉斯矩阵 $\boldsymbol{L}$ 至少有一个零特征值，且所有非零特征值均为正，即 $\boldsymbol{L}$ 半正定。$\boldsymbol{L}$ 有一个简单零特征值 (即零特征值的代数重数为 1) 当且仅当该图是连通的。
>
> 对于有向图，拉普拉斯矩阵 $\boldsymbol{L}$ 至少有一个零特征值，且所有非零特征值的实部均为正。$\boldsymbol{L}$ 有一个简单零特征值当且仅当该有向图包含有向生成树。 ♡

> **引理 8.2**
>
> 如果有向图 $\mathcal{G}$ 含有一棵生成树，则存在向量 $\boldsymbol{\nu} = [\nu_1, \nu_2, \cdots, \nu_N]^{\mathrm{T}}$，其中 $\nu_i \geqslant 0$，使得 $\boldsymbol{L}^{\mathrm{T}}\boldsymbol{\nu} = \boldsymbol{0}_N$ 且 $\boldsymbol{1}_N^{\mathrm{T}}\boldsymbol{\nu} = 1$。 ♡

图拉普拉斯矩阵的特征值在多智能体系统一致性分析中扮演着非常重要的角色。定义拉普拉斯矩阵 $\boldsymbol{L}$ 的约当标准型为

$$\boldsymbol{L} = \boldsymbol{M}\boldsymbol{J}\boldsymbol{M}^{-1} \tag{8.5}$$

其中，约当矩阵 $\boldsymbol{J}$ 和变换矩阵 $\boldsymbol{M}$ 分别为

$$\boldsymbol{J} = \begin{bmatrix} \lambda_1 & & & \\ & \lambda_2 & & \\ & & \ddots & \\ & & & \lambda_N \end{bmatrix}, \quad \boldsymbol{M} = \begin{bmatrix} \boldsymbol{v}_1 & \boldsymbol{v}_2 & \cdots & \boldsymbol{v}_N \end{bmatrix} \tag{8.6}$$

其特征值 λ_i 和右特征向量 $\boldsymbol{v}_i$ 满足

$$(\lambda_i \boldsymbol{I} - \boldsymbol{L})\,\boldsymbol{v}_i = \boldsymbol{0} \tag{8.7}$$

其中，$\boldsymbol{I}$ 为单位矩阵。

一般来说，式(8.6)中的 λ_i 不是标量，而是形如下式的约当块。

$$\begin{bmatrix} \lambda_i & 1 & & \\ & \lambda_i & \ddots & \\ & & \ddots & 1 \\ & & & \lambda_i \end{bmatrix}$$

主对角线为 λ_i 的约当块个数称为特征值 λ_i 的几何重数，对角线上 λ_i 出现的次数 (即特征值 λ_i 的重根数) 称为特征值 λ_i 的代数重数。

变换矩阵 $\boldsymbol{M}$ 的逆表示为

$$\boldsymbol{M}^{-1} = \begin{bmatrix} \boldsymbol{w}_1^{\mathrm{T}} \\ \boldsymbol{w}_2^{\mathrm{T}} \\ \vdots \\ \boldsymbol{w}_N^{\mathrm{T}} \end{bmatrix}$$

其中，左特征向量 $\boldsymbol{w}_i$ 满足

$$\boldsymbol{w}_i^{\mathrm{T}}\,(\lambda_i \boldsymbol{I} - \boldsymbol{L}) = \boldsymbol{0} \tag{8.8}$$

且归一化为 $\boldsymbol{w}_i^{\mathrm{T}}\boldsymbol{v}_i = 1$。

假设特征值 $|\lambda_1| \leqslant |\lambda_2| \leqslant \cdots \leqslant |\lambda_N|$，则任何无向图都有 $\boldsymbol{L} = \boldsymbol{L}^{\mathrm{T}}$ 成立，因此它所有的特征值都是实数且有 $\lambda_1 \leqslant \lambda_2 \leqslant \cdots \leqslant \lambda_N$。

由于拉普拉斯矩阵 $\boldsymbol{L}$ 的行和为 0，因此有下式成立

$$\boldsymbol{L}\boldsymbol{1}_N c = \boldsymbol{0} \tag{8.9}$$

其中，$\boldsymbol{1}_N = [1 \cdots 1]^{\mathrm{T}} \in \mathbf{R}^N$ 为全 1 列向量，c 为任意常数。

因此，$\lambda_1 = 0$ 为 $\boldsymbol{L}$ 右特征向量 $\boldsymbol{1}_N c$ 的特征值，即 $\boldsymbol{1}_N c \in N(\boldsymbol{L})$，$N(\boldsymbol{L})$ 为 $\boldsymbol{L}$ 的零空间。如果 $\boldsymbol{L}$ 的零空间维数等于 1，即 $\boldsymbol{L}$ 的秩为 $N-1$，则 $\boldsymbol{1}_N c$ 是 $N(\boldsymbol{L})$ 中唯一的向量。

定理 8.1

拉普拉斯矩阵 $\boldsymbol{L}$ 的秩为 $N-1$，当且仅当图 $\mathcal{G}$ 有一棵生成树。♡

如果图 $\mathcal{G}$ 有一棵生成树，则 $|\lambda_2| > 0$。如果一个图是强连通图，则它有一棵生成树且 $\boldsymbol{L}$ 的秩为 $N-1$。

例题 8.3 请分别写出图 8.4 中有向图 $\mathcal{G}_7$ 和无向图 $\mathcal{G}_8$ 的邻接矩阵、度矩阵，并计算拉普拉斯矩阵。

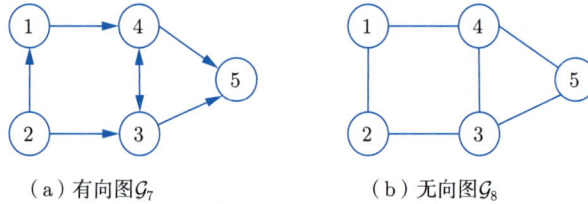

（a）有向图 $\mathcal{G}_7$　　　　　　（b）无向图 $\mathcal{G}_8$

图 8.4　有向图 $\mathcal{G}_7$ 和无向图 $\mathcal{G}_8$

解： 有向图 $\mathcal{G}_7$ 的邻接矩阵和度矩阵为

$$
\boldsymbol{A}_1 = \begin{bmatrix} 0 & 1 & 0 & 0 & 0 \\ 0 & 0 & 0 & 0 & 0 \\ 0 & 1 & 0 & 1 & 0 \\ 1 & 0 & 1 & 0 & 0 \\ 0 & 0 & 1 & 1 & 0 \end{bmatrix}, \boldsymbol{D}_1 = \begin{bmatrix} 1 & & & & \\ & 0 & & & \\ & & 2 & & \\ & & & 2 & \\ & & & & 2 \end{bmatrix}
$$

则其拉普拉斯矩阵 $\boldsymbol{L}_1$ 为

$$
\boldsymbol{L}_1 = \begin{bmatrix} 1 & -1 & 0 & 0 & 0 \\ 0 & 0 & 0 & 0 & 0 \\ 0 & -1 & 2 & -1 & 0 \\ -1 & 0 & -1 & 2 & 0 \\ 0 & 0 & -1 & -1 & 2 \end{bmatrix}
$$

无向图 $\mathcal{G}_8$ 的邻接矩阵和度矩阵为

$$
\boldsymbol{A}_2 = \begin{bmatrix} 0 & 1 & 0 & 1 & 0 \\ 1 & 0 & 1 & 0 & 0 \\ 0 & 1 & 0 & 1 & 1 \\ 1 & 0 & 1 & 0 & 1 \\ 0 & 0 & 1 & 1 & 0 \end{bmatrix}, \boldsymbol{D}_2 = \begin{bmatrix} 2 & & & & \\ & 2 & & & \\ & & 3 & & \\ & & & 3 & \\ & & & & 2 \end{bmatrix}
$$

则其拉普拉斯矩阵 $\boldsymbol{L}_2$ 为

$$
\boldsymbol{L}_2 = \begin{bmatrix} 2 & -1 & 0 & -1 & 0 \\ -1 & 2 & -1 & 0 & 0 \\ 0 & -1 & 3 & -1 & -1 \\ -1 & 0 & -1 & 3 & -1 \\ 0 & 0 & -1 & -1 & 2 \end{bmatrix}
$$

此外，拉普拉斯矩阵的最小非零特征值 λ_2 在多智能体系统协同控制中同样起着非常重要的作用，它决定着系统收敛的速度。λ_2 越大，系统收敛速度越快。λ_2 也称为费德勒（Fiedler）特征值，表征图的代数连通性。

对于无向图，Fiedler 特征值具有以下关系

$$\lambda_2 \leqslant \frac{N}{N-1} d_{\min} \tag{8.10}$$

其中，$d_{\min}$ 为最小入度。

对于无向连通图，λ_2 满足

$$\lambda_2 \geqslant \frac{1}{\text{Diam}(\mathcal{G}) \times \text{Vol}(\mathcal{G})} \tag{8.11}$$

无向图中两个顶点之间的距离是连接它们的最短路径的长度，如果它们不相连，则它们之间的距离是无穷大。图的直径 $\text{Diam}(\mathcal{G})$ 是图 $\mathcal{G}$ 中任意两个顶点之间的最大距离，体积 $\text{Vol}(\mathcal{G})$ 由式 (8.3) 给出。有向图的 Fiedler 特征值的界则更为复杂。由式 (8.11) 可知，图的连通度越高，即任意顶点之间的距离越短，收敛速度越快；顶点的邻居越少，收敛速度越快。

8.2.2 矩阵论

下面是矩阵的一些基本概念及术语。

1. 对称矩阵

以主对角线为对称轴，各元素对应相等的矩阵称为对称矩阵，即矩阵的转置等于其本身，$\boldsymbol{A}^{\mathrm{T}} = \boldsymbol{A}$。对称矩阵的特征值为实数。

如果有 n 阶矩阵 $\boldsymbol{A}$，其矩阵的元素都为实数，且 $\boldsymbol{A}^{\mathrm{T}} = \boldsymbol{A}$，则称 $\boldsymbol{A}$ 为实对称矩阵。

> **引理 8.3**
>
> 设 $\boldsymbol{A}$ 为 n 阶对称矩阵，且 $\boldsymbol{A}^{\mathrm{T}} = \boldsymbol{A}$，$\lambda$ 是 $\boldsymbol{A}$ 的特征方程的 k 重根，则矩阵 $\lambda\boldsymbol{I} - \boldsymbol{A}$ 的秩 $\text{rank}(\lambda\boldsymbol{I} - \boldsymbol{A}) = n - k$，特征值 λ 有 k 个线性无关的特征向量。 ♡

2. Hermite 矩阵

实对称矩阵在复数域内称为 Hermite 矩阵。设 $\boldsymbol{A} \in \mathbf{C}^{n \times n}$，若 $\boldsymbol{A}^{\mathrm{H}} = \boldsymbol{A}$，则称 $\boldsymbol{A}$ 是 Hermite 矩阵；若 $\boldsymbol{A}^{\mathrm{H}} = -\boldsymbol{A}$，则称 $\boldsymbol{A}$ 是反 Hermite 矩阵。

当 $\boldsymbol{A} \in \mathbf{R}^{n \times n}$，则 $\boldsymbol{A}^{\mathrm{H}} = \boldsymbol{A}^{\mathrm{T}} = \boldsymbol{U}$。因此实对称矩阵是 Hermite 矩阵的特殊情形。

3. 酉矩阵

若 n 阶复数方阵 $\boldsymbol{U}$ 满足 $\boldsymbol{U}^{\mathrm{H}}\boldsymbol{U} = \boldsymbol{U}\boldsymbol{U}^{\mathrm{H}} = \boldsymbol{I}_n$，其中 $\boldsymbol{I}_n$ 为 n 阶单位矩阵，$\boldsymbol{U}^{\mathrm{H}}$ 为 $\boldsymbol{U}$ 的共轭转置，则称 $\boldsymbol{U}$ 为酉矩阵。

> **定理 8.2 (舒尔 (Schur) 定理)**
>
> 若 $\boldsymbol{A} \in \mathbf{C}^{n \times n}$，则存在酉矩阵 $\boldsymbol{U} \in \mathbf{C}^{n \times n}$ 及上三角矩阵 $\boldsymbol{T} \in \mathbf{C}^{n \times n}$ 使得
>
> $$\boldsymbol{U}^{\mathrm{H}}\boldsymbol{A}\boldsymbol{U} = \boldsymbol{T}$$
>
> 其中，$\boldsymbol{T}$ 为上三角矩阵，且 (主) 对角线上的元素都是 $\boldsymbol{A}$ 的特征值。 ♡

引理 8.4 (舒尔 (Schur) 补)

设矩阵 $M = \begin{bmatrix} A & B \\ C & D \end{bmatrix}_{n \times n}$，其中，$A$ 和 D 为方阵。若 A 是非奇异的，则 A 在 M 中的舒尔补为 $D - CA^{-1}B$；若 D 是非奇异的，则 D 在 M 中的舒尔补为 $A - BD^{-1}C$。

引理 8.5

对于一个给定的实矩阵 $S = \begin{bmatrix} X & Y \\ Y^T & Z \end{bmatrix}_{n \times n}$，其中，$X^T = X$ 和 $Z^T = Z$，则下列条件是等价的。

- $S > 0$；
- $X > 0, Z - Y^T X^{-1} Y > 0$；
- $Z > 0, X - Y Z^{-1} Y^T > 0$。

4. 克罗内克积

对于矩阵 A 和矩阵 B，矩阵 A 和矩阵 B 的克罗内克积 (Kronecker) 为

$$A \otimes B = \begin{bmatrix} a_{11}B & a_{12}B & \cdots & a_{1n}B \\ a_{21}B & a_{22}B & \cdots & a_{2n}B \\ \vdots & \vdots & \ddots & \vdots \\ a_{n1}B & a_{n2}B & \cdots & a_{nn}B \end{bmatrix} \tag{8.12}$$

性质 矩阵的克罗内克积具有如下几个性质：

$$(\mu A) \otimes B = A \otimes (\mu B) = \mu (A \otimes B)$$
$$A \otimes (B \otimes C) = (A \otimes B) \otimes C = A \otimes B \otimes C$$
$$(A \otimes B)^T = A^T \otimes B^T, (A \otimes B)^H = A^H \otimes B^H$$

8.3 一阶多智能体系统协同控制

多智能体系统的一致性是研究多智能体系统其他问题的基础。所谓一致性，从控制理论的角度来说，就是指各智能体的状态变量在一定的控制协议和控制器作用下，最终达到一致。本节将分析一阶多智能体系统的协同控制问题，分别研究一阶线性系统和一阶非线性系统的一致性，以及一阶多智能体系统的仿射编队控制。

8.3.1 一阶线性多智能体系统一致性控制

1. 问题描述

考虑如下一阶线性多智能体系统的动力学模型为

$$\dot{x}_i(t) = u_i(t) \tag{8.13}$$

其中，$x_i(t)$ 和 $u_i(t)$ 分别为智能体 i 的状态和控制输入。

> **定义 8.1** (一阶多智能体系统的状态一致性)
>
> 当智能体 i 满足如下关系时，
>
> $$\lim_{t \to \infty} \|x_i(t) - x_j(t)\| = 0, i, j = 1, 2, \cdots, N$$
>
> 则称多智能体系统达到了一致。 ♣

本节的控制目标为，针对多智能体系统(8.13)，为每一个智能体 i 设计分布式控制协议 u_i，实现多智能体系统的状态一致性，并分析保证系统稳定的条件。

2. 控制器设计

针对如式(8.13)的多智能体系统，为了实现定义 (8.1) 描述的状态一致性，为每个智能体设计控制输入如下：

$$u_i(t) = \sum_{j \in \mathcal{N}_i} a_{ij} \left(x_j(t) - x_i(t) \right) \tag{8.14}$$

其中，a_{ij} 为邻接矩阵中的元素，即边的权重，$\mathcal{N}_i$ 为智能体 i 的邻居集合。该控制协议是分布式的，它只依赖于自身和其邻居节点状态的差异。注意，若这些状态均相同，则有 $\dot{x}_i = u_i = 0$。因此，在某些条件下，控制协议(8.14)将驱动所有智能体的状态达到相同的值。

联立式(8.13)和式(8.14)，将闭环动力学方程写为

$$\dot{x}_i(t) = \sum_{j \in N_i} a_{ij} \left(x_j(t) - x_i(t) \right)$$

则有

$$\dot{x}_i = -x_i \sum_{j \in N_i} a_{ij} + \sum_{j \in N_i} a_{ij} x_j = -d_i x_i + \begin{bmatrix} a_{i1} & a_{i2} & \cdots & a_{iN} \end{bmatrix} \begin{bmatrix} x_1 \\ x_2 \\ \vdots \\ x_N \end{bmatrix}$$

其中，d_i 表示入度。

定义 $\boldsymbol{x}(t) = [x_1(t), x_2(t), \cdots, x_N(t)]^{\mathrm{T}} \in \mathbf{R}^N$，入度矩阵 $\boldsymbol{D} = \mathrm{diag}(d_i)$，则系统的状态空间表达式为

$$\begin{cases} \dot{\boldsymbol{x}}(t) = -\boldsymbol{D}\boldsymbol{x}(t) + \boldsymbol{A}\boldsymbol{x}(t) = -(\boldsymbol{D} - \boldsymbol{A})\boldsymbol{x}(t) \\ \dot{\boldsymbol{x}}(t) = -\boldsymbol{L}\boldsymbol{x}(t) \end{cases} \tag{8.15}$$

定义 $\boldsymbol{u}(t) = [u_1(t), u_2(t), \cdots, u_N(t)]^{\mathrm{T}} \in \mathbf{R}^N$，则有

$$\boldsymbol{u}(t) = -\boldsymbol{L}\boldsymbol{x}(t)$$

可以看出，使用分布式控制协议(8.14)，闭环动力学方程(8.15)是依赖于拉普拉斯矩阵 $\boldsymbol{L}$ 的。接下来将基于拉普拉斯矩阵的性质来分析系统的稳定性。

3. 一致性分析

式(8.15)给出的系统矩阵为 $-\boldsymbol{L}$，拉普拉斯矩阵 $\boldsymbol{L}$ 的秩为 $\operatorname{rank}(\boldsymbol{L}) = N - 1$，且有一个零特征值 $\lambda_1 = 0$，系统矩阵其余特征值均具有负实部。根据线性系统理论可知，线性系统稳定的充分必要条件为闭环系统特征方程的所有根均具有负实部，或者说，闭环传递函数的极点均位于 s 左半平面。因此，系统(8.15)是稳定的。此外，在平衡状态 $\boldsymbol{x}_{\mathrm{ss}}$ 有

$$\boldsymbol{0} = -\boldsymbol{L}\boldsymbol{x}_{\mathrm{ss}}$$

因此，系统的稳态在 $\boldsymbol{L}$ 的零空间 $N(\boldsymbol{L})$ 中。根据(8.9)，如果 $\boldsymbol{L}$ 的秩为 $N-1$，则 $\boldsymbol{1}^{\mathrm{T}}c$ 是 $N(\boldsymbol{L})$ 中唯一的向量，并且对于某个常数 c 有 $\boldsymbol{x}_{\mathrm{ss}} = \boldsymbol{1}_N c$ 成立，则稳态值为

$$\boldsymbol{x} = \begin{bmatrix} x_1 \\ x_2 \\ \vdots \\ x_N \end{bmatrix} = c\boldsymbol{1}_N = \begin{bmatrix} c \\ c \\ \vdots \\ c \end{bmatrix}$$

即 $x_i = x_j = c, \forall i, j$，则系统达到了一致性。

定理 8.3（一阶多智能体系统一致性）

针对多智能体系统 (8.13)，分布式控制协议 (8.14) 能够保证系统实现一致性，当且仅当通信拓扑图具有一棵生成树。所有节点状态都达到相同的稳态值 $x_i = x_j = c, \forall i, j$，系统状态最终的一致性值为

$$c = \sum_{i=1}^{N} p_i x_i(0) \tag{8.16}$$

其中，$\boldsymbol{w}_1 = \begin{bmatrix} p_1 & p_2 & \cdots & p_N \end{bmatrix}^{\mathrm{T}}$ 为系统拉普拉斯矩阵 $\boldsymbol{L}$ 关于特征值 $\lambda_1 = 0$ 的归一化左特征向量，$x_i(0)$ 为系统的初始状态。此外，系统达到一致的收敛时间为

$$\tau = 1/\lambda_2 \tag{8.17}$$

其中，λ_2 为拉普拉斯矩阵 $\boldsymbol{L}$ 的第二小特征值，即 Fiedler 特征值。

证明 基于简单情况分析，即拉普拉斯矩阵 $\boldsymbol{L}$ 进行约当分解时所有约当块都是一阶的。一般情况可以类比推出。

利用模态分解将式 (8.15) 的解写成 $\boldsymbol{L}$ 的约当形式

$$\begin{aligned} \boldsymbol{x}(t) &= \mathrm{e}^{-\boldsymbol{L}t}\boldsymbol{x}(0) \\ &= \boldsymbol{M}\mathrm{e}^{-\boldsymbol{J}t}\boldsymbol{M}^{-1}\boldsymbol{x}(0) \\ &= \sum_{i=1}^{N} \boldsymbol{v}_i \mathrm{e}^{-\lambda_i t}\boldsymbol{w}_i^{\mathrm{T}}x(0) = \sum_{i=1}^{N} \left(\boldsymbol{w}_i^{\mathrm{T}}\boldsymbol{x}(0)\right)\mathrm{e}^{-\lambda_i t}\boldsymbol{v}_i \end{aligned} \tag{8.18}$$

其中，λ_i 为 L 的特征值。这里，左右特征向量归一化为 $\boldsymbol{w}_i^{\mathrm{T}} \boldsymbol{v}_i = 1$。

当时间 $t \to \infty$ 时，有

$$\boldsymbol{x}(t) \to \boldsymbol{v}_2 \mathrm{e}^{-\lambda_2 t} \boldsymbol{w}_2^{\mathrm{T}} \boldsymbol{x}(0) + \boldsymbol{v}_1 \mathrm{e}^{-\lambda_1 t} \boldsymbol{w}_1^{\mathrm{T}} \boldsymbol{x}(0)$$

定义左特征向量 $\boldsymbol{w}_1 = \begin{bmatrix} p_1 & p_2 & \cdots & p_N \end{bmatrix}^{\mathrm{T}}$，归一化使得 $\boldsymbol{w}_i^{\mathrm{T}} \boldsymbol{v}_i = 1$，即 $\sum_i p_i = 1$。令 $v_1 = \mathbf{1}^{\mathrm{T}}$，则有

$$\boldsymbol{x}(t) \to \boldsymbol{v}_2 \mathrm{e}^{-\lambda_2 t} \boldsymbol{w}_2^{\mathrm{T}} \boldsymbol{x}(0) + \mathbf{1}^{\mathrm{T}} \sum_{i=1}^{N} p_i x_i(0) \tag{8.19}$$

式 (8.19) 的最后一项即为稳态值 $x_{\mathrm{ss}} = c\mathbf{1}^{\mathrm{T}}$，其中，$c$ 由式 (8.16) 给定。式 (8.19) 右边的第一项验证了在给定的时间常数 $\tau = 1/\lambda_2$ 下系统达到了一致。

针对定理 8.3 有如下几个结论：

(1) 如果多智能体系统的通信拓扑图是强连通的，那么它有一棵生成树，并且可以达到一致。

(2) 如果多智能体系统的通信拓扑图不含有生成树，则对应拉普拉斯矩阵 $\boldsymbol{L}$ 的零空间维数大于 1，并且在式 (8.18) 中存在一个随时间增加的斜坡项 (ramp term)。那么，多智能体系统就无法达到一致。

(3) 一致性收敛的速度取决于 Fiedler 特征值 λ_2。λ_2 越大，收敛速度越快。

因此，通信图拓扑对于多智能体系统一致性起着重要的作用，该拓扑由拉普拉斯矩阵 L 的特征结构给出，包括其特征值 $\lambda_1 = 0$，右特征向量 $\boldsymbol{v}_1 = \mathbf{1}^{\mathrm{T}}$ 和左特征向量 $\boldsymbol{w}_1$，以及 Fiedler 特征值 λ_2。在某些情况下，特别是在无向图中，这些量可以与图的拓扑性质更紧密地联系在一起。

4. 仿真实验

假设一个含有 4 个智能体的多智能体系统，通信拓扑图如图 8.5 所示。智能体 $i(i = 1,2,3,4)$ 的动力学方程为式 (8.13)，智能体初始状态为 $x(0) = \begin{bmatrix} 2 & 1 & 4 & 0 \end{bmatrix}^{\mathrm{T}}$。在控制器 (8.14) 的作用下，系统中各智能体的状态演化如图 8.6 所示。可以看到，该多智能体系统可以达到状态一致性。

MATLAB 代码如下，后续各节的 MATLAB 实现代码均基于此拓展，将不再详细展示。

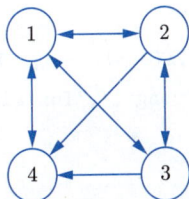

图 8.5 通信拓扑图

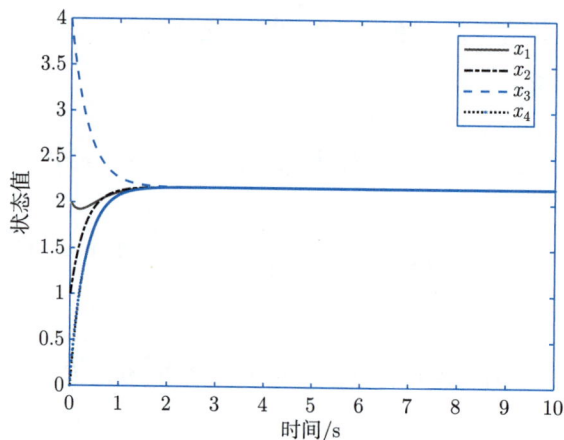

图 8.6　智能体 i 的状态

```
%%一阶线性多智能体系统一致性
clear;
clc;
%% 拉普拉斯矩阵
L = [ 3 -1 -1 -1
-1 2 -1 0
-1 -1 2 0
-1 -1 -1 3];
%% 初始状态
X0 = [2 1 4 0]';
%% 步长与仿真时间
dt = 0.01;
T = 10;
t = 0:dt:T;
%% 开始仿真
x = X0;
for i = 1:length(t)
u(:,i) = -L * x;
X(:,i) = x;
x= dt * u(:,i) + x;
end
%% 绘制仿真结果
figure;
plot(t,X(1,:),'-',t,X(2,:),'-.',t,X(3,:),'--',t,X(4,:),':.','LineWidth',1.5)
title('智能体i的状态','fontname','songti','fontsize',12);
x=xlabel('时间/s');
y=ylabel('状态值');
set(x,'interpreter','latex','fontsize',12);
```

```
set(y,'interpreter','latex','fontsize',12);
legend('$x_1$','$x_2$','$x_3$','$x_4$','interpreter','latex','fontsize',12);
```

8.3.2 一阶多智能体系统仿射编队控制

编队控制是多智能体系统研究的重点之一，其目的是控制一群智能体形成期望队形，同时能够完成队形的保持或切换等任务以适应环境的约束。不同的多智能体系统所具有的感知能力存在差异，期望队形的表征方式也因此不同。从期望队形的表征方式上来说，目前主流分布式编队方法分为基于位移/相对位置的编队、基于相对距离的编队和基于方位的编队。上节介绍的一致性算法是编队控制问题中广泛应用的理论工具之一。

考虑到实际环境中通常存在许多障碍物，且任务可能发生变化，这要求队形可以灵活地进行变化或切换，使得现有基于一致性的编队生成/保持算法不再适用。本节将介绍另外一种编队方法，即仿射编队，利用应力矩阵 (stress matrix) 中应力平衡不受仿射变换影响的优良特性，实现多智能体编队的灵活变换。

1. 应力矩阵和刚性理论

1) 应力矩阵

考虑 d 维空间中 n 个智能体组成的多智能体系统，称 $\boldsymbol{p} = \left[\boldsymbol{p}_1^{\mathrm{T}}, \boldsymbol{p}_2^{\mathrm{T}}, \cdots, \boldsymbol{p}_n^{\mathrm{T}}\right] \in \mathbf{R}^{dn}$ 为系统的一个构型（configuration），$\boldsymbol{p}^* = \left[\boldsymbol{p}_1^{*\mathrm{T}}, \boldsymbol{p}_2^{*\mathrm{T}}, \cdots, \boldsymbol{p}_n^{*\mathrm{T}}\right] \in \mathbf{R}^{dn}$ 代表期望队形。用无向图 $\mathcal{G} = (\mathcal{V}, \mathcal{E})$ 表示智能体之间的交互拓扑，其中点集为 $\mathcal{V} = \{1, 2, \cdots, n\}$，边集为 $\mathcal{E} \subseteq \mathcal{V} \times \mathcal{V}$。由拓扑 $\mathcal{G}$ 和构型 p 组成的二元组 $(\mathcal{G}, \boldsymbol{p})$ 称为系统的框架（framework）。对应于每条交互边，定义一个应力值 $\omega_{ij} = \omega_{ji} \in \mathbf{R}$。值得注意的是，8.2 节定义的传统拉普拉斯矩阵中，每条交互边的权重要求非负，而这里的 ω_{ij} 为任意实数，当 $\omega_{ij} > 0$ 时，该交互边受拉力作用，当 $\omega_{ij} < 0$ 时，该交互边受压力作用。将满足下式的应力值称为平衡应力

$$\sum_{(i,j)\in\mathcal{E}} \omega_{ij}(\boldsymbol{p}_i - \boldsymbol{p}_j) = 0, i = 1, 2, \cdots, n \tag{8.20}$$

写成紧凑形式为

$$(\boldsymbol{\Omega} \otimes \boldsymbol{I}_d)\boldsymbol{p} = 0 \tag{8.21}$$

其中，$\boldsymbol{\Omega}$ 称为应力矩阵，矩阵中各元素的值为

$$[\boldsymbol{\Omega}]_{ij} = \begin{cases} -\omega_{ij}, & i \neq j, j \in \mathcal{N}_i \\ 0, & i \neq j, j \notin \mathcal{N}_i \\ \sum_{k\in\mathcal{N}_i} \omega_{ik}, & i = j \end{cases}$$

定义仿射空间为

$$\mathrm{aff}\{p_i\}_{i=1}^n = \left\{ \sum_{i=1}^n a_i\boldsymbol{p}_i : \text{对于所有} i \text{ 满足} a_i \in \mathbf{R}，\text{且} \sum_{i=1}^n a_i = 1 \right\}$$

如果存在不全为零的标量集 $\{a_i\}_{i=1}^n$ 使得 $\sum\limits_{i=1}^n a_i\boldsymbol{p}_i = \boldsymbol{0}$ 且 $\sum\limits_{i=1}^n a_i = 0$，则点集 $\{\boldsymbol{p}_i\}_{i=1}^n$ 仿射相关，否则仿射无关。

队形构型 $\boldsymbol{p}$ 的仿射变换 (affine tranformation) 是具有一般性的线性变换，可以对应于平移、旋转、缩放、剪切或它们的组合，定义构型 $\boldsymbol{p}$ 的仿射集 (affine image) 是由 $\boldsymbol{p}$ 的所有仿射变换组成的集合，即，

$$\mathcal{A}(\boldsymbol{p}) = \{\boldsymbol{x} \in \mathbf{R}^{nd} : \boldsymbol{x} = (\boldsymbol{I}_n \otimes \boldsymbol{A})\boldsymbol{p} + \boldsymbol{1}_n \otimes \boldsymbol{b}\},$$

其中，$\boldsymbol{A} \in \mathbf{R}^{d \times d}$，可实现旋转、缩放和剪切操作，$\boldsymbol{b} \in \mathbf{R}^d$，可实现平移操作。若构型 $\boldsymbol{p}$ 满足应力矩阵平衡条件，即

$$\sum_{(i,j)\in\mathcal{E}} \omega_{ij}\left(\boldsymbol{p}_i - \boldsymbol{p}_j\right) = \boldsymbol{0}, \ i = 0, \cdots, n$$

则对于仿射集中的任意构型 $\boldsymbol{q}$，有

$$\sum_{(i,j)\in\mathcal{E}} \omega_{ij}\left(\boldsymbol{q}_i - \boldsymbol{q}_j\right) = \sum_{(i,j)\in\mathcal{E}} \omega_{ij}\left(\boldsymbol{A}\boldsymbol{p}_i + \boldsymbol{b} - \boldsymbol{A}\boldsymbol{p}_j - \boldsymbol{b}\right)$$
$$= \boldsymbol{A}\sum_{(i,j)\in\mathcal{E}} \omega_{ij}\left(\boldsymbol{p}_i - \boldsymbol{p}_j\right) = \boldsymbol{0}, i = 1, 2, \cdots, n$$

2) 仿射编队

仿射编队采用领导-跟随控制框架，定义领导者集合为 $\mathcal{V}_l \in \mathcal{V}$，对应领导者的位置坐标为 $\boldsymbol{p}_l$，跟随者集合为 $\mathcal{V}_f \in \mathcal{V}$，对应跟随者的位置坐标为 $\boldsymbol{p}_f$。

定义 8.2

对于一个构型 $\boldsymbol{p}$，如果其拓扑存在一个应力矩阵，满足应力平衡条件，即 $(\boldsymbol{\Omega} \otimes \boldsymbol{I}_d)\boldsymbol{p} = \boldsymbol{0}$，则称构型 $\boldsymbol{p}$ 的仿射编队控制是可实现的 (realizable)。♣

定义 8.3

对于一个构型 $\boldsymbol{p}$，如果其拓扑存在一个应力矩阵使得系统 $\dot{\boldsymbol{p}} = -\bar{\boldsymbol{\Omega}}\boldsymbol{p}$ 收敛至仿射集中的任意一个点，则称构型 $\boldsymbol{p}$ 的仿射编队控制是可稳定的 (stabilizable)。♣

定义 8.4

如果一个框架 $(\mathcal{G}, \boldsymbol{p})$ 中，所有跟随者的位置都可以被领导者唯一确定，则称这个框架为仿射可定位 (affinely localizable)。♣

在具有领导-跟随控制框架的仿射编队中，若系统的应力矩阵满足平衡条件，有

$$\bar{\boldsymbol{\Omega}}\boldsymbol{p} = \boldsymbol{0}$$

将上式中矩阵和向量的相应元素重新排列，得到

$$\begin{bmatrix} \bar{\boldsymbol{\Omega}}_{ll} & \bar{\boldsymbol{\Omega}}_{lf} \\ \bar{\boldsymbol{\Omega}}_{fl} & \bar{\boldsymbol{\Omega}}_{ff} \end{bmatrix}\begin{bmatrix} \boldsymbol{p}_l \\ \boldsymbol{p}_f \end{bmatrix} = \boldsymbol{0} \tag{8.22}$$

则领导者与跟随者的位置满足 $\overline{\boldsymbol{\Omega}}_{fl}\boldsymbol{p}_l + \overline{\boldsymbol{\Omega}}_{ff}\boldsymbol{p}_f = \boldsymbol{0}$。

引理 8.6

假设构型 $\boldsymbol{p}$ 中的点可张成 d 维仿射空间，则框架 $(\mathcal{G},\boldsymbol{p})$ 仿射可定位的充分必要条件为领导者的位置坐标能够张成 d 维仿射空间，且此情况下，矩阵 $\overline{\boldsymbol{\Omega}}_{ff}$ 为非奇异的。

当框架为仿射可定位时，跟随者的位置坐标可以被唯一确定：$\boldsymbol{p}_f = \bar{\boldsymbol{\Omega}}_{ff}^{-1}\bar{\boldsymbol{\Omega}}_{fl}\boldsymbol{p}_l$。

3) 刚性理论

为了实现仿射编队，应力矩阵需要满足一定性质，下面引入刚性理论。

如果一个框架中所有的坐标都是代数无关的，则称该框架为一般的 (generic)，即不存在非零多项式与整数系数，使得 $f(\boldsymbol{p}_1,\boldsymbol{p}_2,\cdots,\boldsymbol{p}_n) = 0$。由于实际应用中几乎所有构型都满足一般性质，在这里假设构型均为一般的。在 d 维空间中，有两个框架 $(\mathcal{G},\boldsymbol{p})$ 和 $(\mathcal{G},\boldsymbol{q})$，若对于任意一条边 (i,j)，$\|\boldsymbol{p}_i - \boldsymbol{p}_j\| = \|\boldsymbol{q}_i - \boldsymbol{q}_j\|$ 均成立，则称这两个框架相等 (equivalent)。若对于任意两个顶点 i 和 j，$\|\boldsymbol{p}_i - \boldsymbol{p}_j\| = \|\boldsymbol{q}_i - \boldsymbol{q}_j\|$ 均成立，则称这两个框架全等 (congruent)。下面介绍三个刚性理论中的概念，一个框架 $(\mathcal{G},\boldsymbol{q})$ 被称为

(1) 刚性 (rigidity)：在 d 维空间中，如果所有与框架 $(\mathcal{G},\boldsymbol{q})$ 相等的框架或与 $(\mathcal{G},\boldsymbol{q})$ 充分近的框架都与 $(\mathcal{G},\boldsymbol{q})$ 全等；

(2) 全局刚性 (global rigidity)：在 d 维空间中，如果所有与框架 $(\mathcal{G},\boldsymbol{q})$ 相等的框架都与 $(\mathcal{G},\boldsymbol{q})$ 全等；

(3) 普遍刚性 (universally rigid)：在任意 D 维空间中，其中 $\mathbf{R}^D \supset \mathbf{R}^d$，如果所有与框架 $(\mathcal{G},\boldsymbol{q})$ 相等的框架都与 $(\mathcal{G},\boldsymbol{q})$ 全等。

可以看到，普遍刚性将全局刚性拓展至更高维的空间，例如，如果一个框架在 d 维平面为全局刚性，将其拓展至任意 $D > d$ 维空间，其全局刚性仍能满足，则该框架为普遍刚性。下面给出框架普遍刚性的充分必要条件。

引理 8.7

在 d 维空间中，假设框架 $(\mathcal{G},\boldsymbol{p})$ 为一般的，其中包含了 n 个智能体且 $d \leqslant n-2$。则框架 $(\mathcal{G},\boldsymbol{p})$ 为普遍刚性，当且仅当存在一个应力矩阵 $\boldsymbol{\Omega}$，使得 $rank(\boldsymbol{\Omega}) = n-d-1$ 且 $\boldsymbol{\Omega} \geqslant \boldsymbol{0}$。

2. 问题描述及控制器设计

考虑由 n 个智能体组成的多智能体系统的 d 维空间运动，其动力学模型为一阶积分器模型，即

$$\dot{\boldsymbol{p}}_i = \boldsymbol{u}_i \tag{8.23}$$

其中，$\boldsymbol{p}_i \in \mathbf{R}^d$ 表示智能体 i 的位置坐标，$\boldsymbol{u}_i \in \mathbf{R}^d$ 表示智能体 i 的控制输入。

在仿射编队控制方法中，第一个控制目标是通过局部交互使得整个系统平衡至仿射集，即

$p \to \mathcal{A}(p)$，控制器为

$$u_i = \sum_{(i,j)\in\mathcal{E}} \omega_{ij}(p_i - p_j), i = 1, \cdots, n \tag{8.24}$$

在该控制器作用下，闭环系统的紧凑形式为

$$\dot{p} = -\bar{\Omega}p$$

更进一步，通过对领导者施加额外控制输入 $u_{ext} \in \mathbf{R}^{dn}$，可以将整个系统控制至仿射集中的某个具体期望队形，即 $p \to p^*$。在额外控制输入下，系统的闭环动态表示为

$$\dot{p} = -\bar{\Omega}p + u_{ext}$$

例如，当实现编队缩放时，设计控制器为

$$u_i = \underbrace{-\sum_{(i,j)\in\mathcal{E}} \omega_{ij}(p_i - p_j)}_{\triangleq u_i^F} \\ \underbrace{-\sum_{(i,j)\in\mathcal{E}_l} k_{ij}^S \left[(p_i - p_j) - \alpha(p_i^* - p_j^*) \right]}_{\triangleq u_i^S} \tag{8.25}$$

其中，k_{ij}^S 为任意的正标量，$\mathcal{E}_l = \{(i,j)|i \in \mathcal{E}_l, j \in \mathcal{E}_l\}$ 为领导者对应的边集。u_i^F 用于控制智能体形成编队队形，u_i^S 用于实现编队缩放，α 为缩放因子，可以通过调节该值实现队形的缩放程度。

3. 仿真实验

考虑平面上的一个构型

$$p^* = \begin{bmatrix} 0 & 2 & 2.5 & 1 & 0 \\ 0 & 0 & 1 & 2.5 & 1.5 \end{bmatrix}$$

图 8.7 为期望的编队队形以及相应的普遍刚性张拉整体构型。此外，规定了应力矩阵的非零

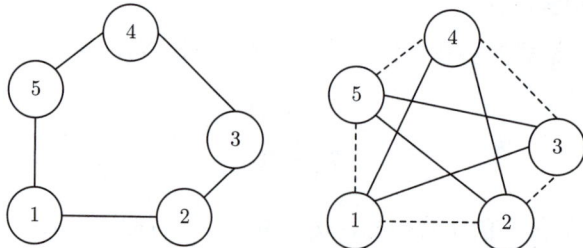

图 8.7 期望队形和相应的普遍刚性张拉整体构型

特征值集合为 $\bar{\Lambda} = \{8, 9\}$。求解得到应力矩阵如下：

$$\mathbf{\Omega} = \begin{bmatrix} 2.5763 & -1.9708 & 1.0112 & 1.4138 & -3.0304 \\ -1.9708 & 3.6808 & -3.3089 & 0.9105 & 0.6883 \\ 1.0112 & -3.3089 & 3.3548 & -1.7692 & 0.7121 \\ 1.4138 & 0.9105 & -1.7692 & 2.6019 & -3.1570 \\ -3.0304 & 0.6883 & 0.7121 & -3.1570 & 4.7869 \end{bmatrix}$$

设置 $k_{ij}^S = 10$，α 为

$$\alpha = \begin{cases} 5, & 0 \leqslant t < 5 \\ 10, & 5 \leqslant t \leqslant 10 \end{cases}$$

5 个智能体在时刻 $t \in \{0, 2, 5, 6, 8, 10\}$ 的编队队形如图 8.8 所示，初始队形状在顶部放大。可以看出，所设计的控制协议可以实现编队队形缩放。

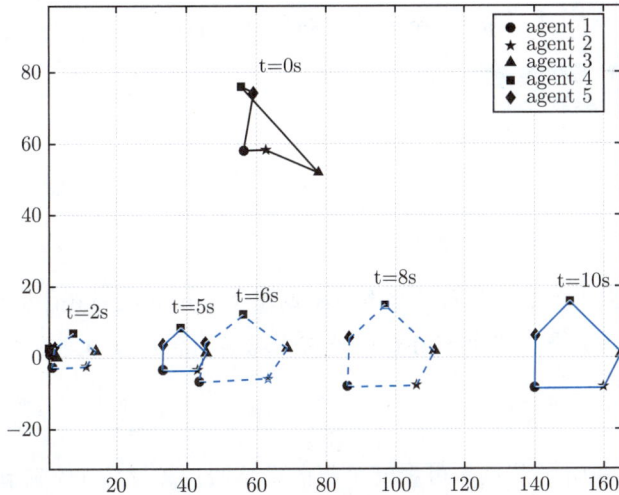

图 8.8 编队过程

8.3.3 一阶非线性多智能体系统一致性控制

1. 问题描述

考虑智能体 i 的动力学如下

$$\dot{x}_i(t) = f_i(x_i(t)) + u_i(t) + w_i(t) \tag{8.26}$$

其中，$x_i(t) \in \mathbf{R}$ 为智能体 i 的状态，$u_i(t) \in \mathbf{R}$ 为控制输入，$w_i(t) \in \mathbf{R}$ 为作用于每个智能体 i 的未知扰动。注意到，每个智能体的动力学可能不一致，称为异构 (heterogeneous) 动力学。

首先给出唯一解存在性的一个标准假设，即 $f_i(x_i(t))$ 是连续可微的或者是李普希兹的。

设 $f(t,x)$ 对 t 分段连续，且满足李普希兹条件

$$\|f(t,x) - f(t,y)\| \leqslant L\|x-y\|, L > 0 \tag{8.27}$$

其中，$\forall x, y \in \mathbf{R}^n$，$\forall t \in [t_0, t_1]$。那么状态方程 $\dot{x} = f(t,x)$, $x(t_0) = x_0$ 在 $t \in [t_0, t_0 + t_1]$ 内有唯一解。

假设 $f_i(x_i(t))$ 是未知的，因此它们不能用于本节设计的控制协议。为了便于分析，假设智能体的状态是标量，即 $x_i(t) \in \mathbf{R}$。如果状态是向量 $\boldsymbol{x}_i(t) \in \mathbf{R}^n$，则本节的结果可以使用 8.2.2 节克罗内克积的标准方法进行推广。

增广后的动力学方程为

$$\dot{\boldsymbol{x}}(t) = \boldsymbol{f}(\boldsymbol{x}) + \boldsymbol{u} + \boldsymbol{w} \tag{8.28}$$

其中，全局状态向量为 $\boldsymbol{x} = [x_1, x_2, \cdots, x_N]^\mathrm{T} \in \mathbf{R}^N$，控制输入 $\boldsymbol{u} = [u_1, u_2, \cdots, u_N]^\mathrm{T} \in \mathbf{R}^N$，扰动 $\boldsymbol{w} = [w_1, w_2, \cdots, w_N]^\mathrm{T} \in \mathbf{R}^N$，全局动态向量 $\boldsymbol{f}(\boldsymbol{x}) = [f(x_1), f(x_2), \cdots, f(x_N)]^\mathrm{T} \in \mathbf{R}^N$。

定义 8.5（局部同步误差）

智能体 i 的局部同步误差定义为

$$e_i = \sum_{j \in N_i} a_{ij}(x_j - x_i) + b_i(x_0 - x_i) \tag{8.29}$$

其中，x_0 为领导者或者控制节点的状态，牵制增益 (pinning gain) $b_i \geqslant 0$。当且仅当领导者与图 $\mathcal{G}$ 中的第 i 个节点之间存在一条有向路径时，$b_i \neq 0$，称 $b_i \neq 0$ 的节点 i 为牵制节点或被控节点。

注意，式 (8.29) 包含了节点 i 可用的全部信息。假设领导者 (控制节点) 的状态 $x_0(t)$ 由下式给定

$$\dot{x}_0 = f(x_0, t) \tag{8.30}$$

当领导者为静止状态时，有 $\dot{x}_0 = 0$。$f(x_0, t)$ 可以表示为领导者的动力学方程，当领导者具有时变状态时，可以产生各种各样的参考轨迹，包括位置步进命令、速度斜坡命令、正弦轨迹等。

定义 8.6（领导跟随一致性）

当智能体 i 满足如下关系时，即

$$\lim_{t \to \infty} x_i(t) \to x_0(t), i = 1, 2, \cdots, N \tag{8.31}$$

则称多智能体系统达到了领导跟随一致性。

本节的控制目标为：针对多智能体系统 (8.26)，为每一个智能体 i 设计分布式控制协议 u_i，实现多智能体系统的领导跟随一致性，并分析保证系统稳定的条件。此外，本节所设计的控制协议必须是分布式的，因为它们只能依赖于智能体及其邻居的局部信息。假设领导者的动力学对 $\mathcal{G}$ 中的任何节点都是未知的，并进一步假设非线性项 $f_i(\cdot)$ 和扰动 $w_i(t)$ 都是未知的。因此，控制协议不能包含领导者和任意智能体的动力学，同时必须对未建模的动态和未知干扰具有健壮性。

实际上，式 (8.30) 是一个命令生成器。本节实际考虑的问题是一个具有未知节点动力学和未知命令生成器动力学的分布式跟踪问题。

2. 自适应神经网络控制器设计

由式 (8.29) 可得，全局误差向量为

$$e = -(L+B)(x - 1^{\mathrm{T}}x_0) = -(L+B)(x - \bar{x}_0) \tag{8.32}$$

其中，$e = \begin{bmatrix} e_1, & e_2, & \cdots, & e_N \end{bmatrix}^{\mathrm{T}} \in \mathbf{R}^N$，$\bar{x}_0 = 1_N x_0 \in \mathbf{R}^N$。$B \in \mathbf{R}^{N \times N}$ 是对角线元素为 b_i 的对角矩阵，1_N 为 N 维全 1 列向量。

对式 (8.32) 求导，得到误差动力学

$$\begin{aligned}\dot{e} &= -(L+B)(\dot{x} - \dot{\bar{x}}_0) \\ &= -(L+B)\left[f(x) - \bar{f}(x_0,t) + u + w(t)\right]\end{aligned} \tag{8.33}$$

其中，$\bar{f}(x_0,t) = 1_N f(x_0,t) \in \mathbf{R}^N$。

注 1 如果智能体的状态为向量 $x_i(t) \in \mathbf{R}^n$，$x_0(t) \in \mathbf{R}^n$，则 $x,e \in \mathbf{R}^{n \times N}$，式(8.33) 变为

$$\dot{e} = -\left[(L+B) \otimes I_n\right]\left[f(x) - \bar{f}(x_0,t) + u + w(t)\right]$$

其中，$\otimes$ 为克罗内克积。为了更加便于理解，在本节将智能体状态定义为标量。如果是向量，那么通过引入克罗内克积，可以得到类似的结果。

注 2 当通信拓扑图为有向强连通图时，如果对于至少一个智能体 i，$b_i \neq 0$，则 $(L+B)$ 是一个不可约对角占优 M-矩阵，因此是非奇异的。它所有的极点都在 s 的右半开平面。保证 $(L+B)$ 非奇异的一个条件是存在一棵生成树，且至少有一个根节点 i 使得 $b_i \neq 0$。

M-矩阵是对角线元素均非负，而其他元素均非正的方阵。显然，从上面的注和 Cauchy Schwartz 不等式可以得到如下结果。

> **引理 8.9**
>
> 若图 $\mathcal{G}$ 是强连通的，且 $B \neq 0$，则有
>
> $$\|\delta\| \leqslant \|e\| / \underline{\sigma}(L+B)$$
>
> 其中 $\delta = x - \bar{x}_0$，$\underline{\sigma}(L+B)$ 为 $(L+B)$ 的最小奇异值，$e = 0$ 当且仅当多智能体系统达到领导跟随一致，即
>
> $$x(t) = \bar{x}_0(t)$$

为了实现本节的控制目标，为每一个智能体 i 设计控制输入 u_i 如下

$$u_i = v_i - \hat{f}_i(x_i) \tag{8.34}$$

其中，$\hat{f}_i(x_i)$ 是 $f_i(x_i)$ 的估计，v_i 是待设计的辅助控制信号。写成向量形式为

$$\boldsymbol{u} = \boldsymbol{v} - \hat{\boldsymbol{f}}(\boldsymbol{x})$$

其中，$\boldsymbol{v} = (v_1, v_2, \cdots, v_N)^{\mathrm{T}} \in \mathbf{R}^N$，$\hat{\boldsymbol{f}}(\boldsymbol{x}) = \left(\hat{f}_1(x_1), \hat{f}_2(x_2), \cdots, \hat{f}_N(x_N)\right)^{\mathrm{T}} \in \mathbf{R}^N$。

联立式 (8.33) 得到

$$\dot{\boldsymbol{e}} = -(\boldsymbol{L} + \boldsymbol{B})\left[\boldsymbol{f}(\boldsymbol{x}) - \bar{\boldsymbol{f}}(\boldsymbol{x_0}, t) - \hat{\boldsymbol{f}}(\boldsymbol{x}) + \boldsymbol{v} + \boldsymbol{w}\right] \tag{8.35}$$

假设式 (8.26) 中的未知非线性项是局部光滑的，因此可以在紧集 $\Omega_i \in \mathbf{R}$ 上近似为

$$f_i(x_i) = \boldsymbol{W}_i^{\mathrm{T}} \boldsymbol{\varphi}_i(x_i) + \varepsilon_i \tag{8.36}$$

其中，$\boldsymbol{\varphi}_i(x_i) \in \mathbf{R}^{v_i}$ 是每个智能体的 v_i 函数的基，根据神经网络 (NN) 相关知识，可以选择多种基，包括 sigmoid 函数、高斯函数等。$\boldsymbol{W}_i \in \mathbf{R}^{v_i}$ 为未知的神经网络权重矩阵，ε_i 为近似误差。为了不影响计算效率，在每个节点上只选择少量的 NN 神经元。

为了补偿未知的非线性项，每个智能体都设置一个神经网络来跟踪当前对非线性项的估计。其思想是利用智能体 i 的邻居状态信息来评估当前控制协议的性能以及当前对非线性函数的估计。因此，选择局部节点的近似值 $\hat{f}_i(x_i)$ 为

$$\hat{f}_i(x_i) = \hat{\boldsymbol{W}}_i^{\mathrm{T}} \boldsymbol{\varphi}_i(x_i)$$

其中，$\hat{\boldsymbol{W}}_i \in \mathbf{R}^{v_i}$ 为智能体 i 对神经网络权重的估计，v_i 是每个智能体上 NN 神经元的数量。智能体 i 的控制协议变为

$$u_i = v_i - \hat{\boldsymbol{W}}_i^{\mathrm{T}} \boldsymbol{\varphi}_i(x_i) \tag{8.37}$$

全局非线性项 $\boldsymbol{f}(\boldsymbol{x})$ 可写为

$$\boldsymbol{f}(\boldsymbol{x}) = \boldsymbol{W}^{\mathrm{T}} \boldsymbol{\varphi}(\boldsymbol{x}) + \boldsymbol{\varepsilon} \tag{8.38}$$

其中，$\boldsymbol{W}^{\mathrm{T}} = \mathrm{diag}\{\boldsymbol{W}_i^{\mathrm{T}}\}$，$\boldsymbol{\varphi}(\boldsymbol{x}) = \left[\boldsymbol{\varphi}_1^{\mathrm{T}}(x_1), \boldsymbol{\varphi}_2^{\mathrm{T}}(x_2), \cdots, \boldsymbol{\varphi}_N^{\mathrm{T}}(x_N)\right]^{\mathrm{T}}$，$\boldsymbol{\varepsilon} = [\varepsilon_1, \varepsilon_1, \cdots, \varepsilon_N]^{\mathrm{T}}$。

全局非线性估计 $\hat{\boldsymbol{f}}(\boldsymbol{x})$ 为

$$\hat{\boldsymbol{f}}(\boldsymbol{x}) = \hat{\boldsymbol{W}}^{\mathrm{T}} \boldsymbol{\varphi}(\boldsymbol{x})$$

其中，$\hat{\boldsymbol{W}}^{\mathrm{T}} = \mathrm{diag}\{\hat{\boldsymbol{W}}_i^{\mathrm{T}}\}$。

然后，将全局误差动力学方程 (8.35) 写作

$$\dot{\boldsymbol{e}} = -(\boldsymbol{L} + \boldsymbol{B})\left[\tilde{\boldsymbol{f}}(\boldsymbol{x}) + \boldsymbol{v} + \boldsymbol{w}(t) - \bar{\boldsymbol{f}}(\boldsymbol{x_0}, t)\right]$$

其中，参数估计误差为 $\tilde{\boldsymbol{W}}_i = \boldsymbol{W}_i - \hat{\boldsymbol{W}}_i$，非线性函数估计误差为

$$\tilde{\boldsymbol{f}}(\boldsymbol{x}) = \boldsymbol{f}(\boldsymbol{x}) - \hat{\boldsymbol{f}}(\boldsymbol{x}) = \tilde{\boldsymbol{W}}^{\mathrm{T}} \boldsymbol{\varphi}(\boldsymbol{x}) + \boldsymbol{\varepsilon} \tag{8.39}$$

其中，$\tilde{\boldsymbol{W}}^{\mathrm{T}} = \boldsymbol{W}^{\mathrm{T}} - \hat{\boldsymbol{W}}^{\mathrm{T}}$。

最后，得到误差动力学方程

$$\dot{\boldsymbol{e}} = -(\boldsymbol{L} + \boldsymbol{B}) \left[\tilde{\boldsymbol{W}}^{\mathrm{T}} \boldsymbol{\varphi}(\boldsymbol{x}) + \boldsymbol{v} + \boldsymbol{\varepsilon} + \boldsymbol{w}(t) - \bar{\boldsymbol{f}}(\boldsymbol{x}_0, t) \right] \tag{8.40}$$

其中，$\boldsymbol{v}(t)$ 为待设计辅助控制函数。

为了达到定义 (8.3) 中的控制目标，需要选择合适的辅助控制函数 $\boldsymbol{v}(t)$ 和神经网络权重的调整律，使得 $x_i(t) \to x_0(t), \forall i$。假设领导者动力学 $f_0(x, t)$ 对于任意跟随者来说都是未知的。

首先给出神经网络自适应控制中常用的两个基本引理。

> **引理 8.10**
>
> 假设式 (8.38) 中的非线性项 $\boldsymbol{f}(\boldsymbol{x})$ 在紧集 $\Omega \in \mathbf{R}^N$ 上是光滑的，则神经网络估计误差 $\varepsilon(t)$ 是有界的，即 $\|\boldsymbol{\varepsilon}\| \leqslant \varepsilon_M$，其中，$\varepsilon_M$ 是一个固定的常数。♡

> **引理 8.11** （Weierstrass 高阶逼近定理)
>
> 选取多项式函数列作为激活函数 $\boldsymbol{\varphi}(\boldsymbol{x})$，则当 $v_i \to \infty, i = 1, 2, \cdots, N$ 时，神经网络估计误差 $\varepsilon(t)$ 在 Ω 上一致收敛于零。也就是说，对于任意的 $\xi > 0$，存在 $\bar{v}_i, i = 1, 2, \cdots, N$ 使得 $v_i > \bar{v}_i, \forall i$，$\sup_{\boldsymbol{x} \in \Omega} \|\boldsymbol{\varepsilon}(\boldsymbol{x})\| < \xi$。♡

此外，给出如下定义及引理。

> **定义 8.7**
>
> 如果存在一个紧集 $\Omega \in \mathbf{R}^N$ 使得 $\forall \boldsymbol{e}(t_0) \in \Omega$，对于所有的 $t \geqslant t_0 + t_f$，则
>
> $$\|\boldsymbol{e}(t)\| \leqslant B$$
>
> 这里的 B 与 t_0 无关。那么就称全局同步误差向量 $\boldsymbol{e}(t)$ 是一致最终有界的 (Uniformly Ultimately Bounded, UUB)。♣

> **引理 8.12**
>
> 假设 $\boldsymbol{L}$ 是不可约的，$\boldsymbol{B}$ 至少有一个对角线元素 $b_i > 0$。那么 $\boldsymbol{L} + \boldsymbol{B}$ 是一个非奇异的 M 矩阵。定义
>
> $$\boldsymbol{q} = \begin{bmatrix} q_1 & q_2 & \cdots & q_N \end{bmatrix}^{\mathrm{T}} = (\boldsymbol{L} + \boldsymbol{B})^{-1} \mathbf{1}_N$$
>
> $$\boldsymbol{P} = \mathrm{diag}(p_i) \equiv \mathrm{diag}(1/q_i)$$

则 $P > 0$ 并且定义如下的对称矩阵 Q 是正定的。

$$Q = P(L + B) + (L + B)^\mathrm{T} P \tag{8.41}$$

在本节中，设计辅助控制信号 $v_i(t) = ce_i(t)$，由式 (8.29) 和式 (8.37)，控制协议可重写为

$$u_i = ce_i - \hat{f}_i(x_i) = c \sum_{j \in N_i} a_{ij}(x_j - x_i) + cb_i(x_0 - x_i) - \hat{W}_i^\mathrm{T} \varphi_i(x_i) \tag{8.42}$$

或者写为

$$\boldsymbol{u} = c\boldsymbol{e} - \hat{\boldsymbol{W}}^\mathrm{T} \boldsymbol{\varphi}(\boldsymbol{x})$$

其中，控制增益 $c > 0$。神经网络权重的更新律设计为如下形式

$$\dot{\hat{\boldsymbol{W}}}_i = -\boldsymbol{F}_i \boldsymbol{\varphi}_i \boldsymbol{e}_i^\mathrm{T} p_i(d_i + b_i) - \kappa \boldsymbol{F}_i \hat{\boldsymbol{W}}_i \tag{8.43}$$

其中，$\boldsymbol{F}_i = \Pi_i \boldsymbol{I}_{v_i}$，$\boldsymbol{I}_{v_i}$ 为 $v_i \times v_i$ 单位矩阵，$\Pi_i > 0, \kappa > 0$，$p_i > 0$ 在引理 8.12 中定义，选取 $\kappa = \frac{1}{2} c \underline{\sigma}(\boldsymbol{Q})$ 和适当地控制增益 c 使得

$$c\underline{\sigma}(\boldsymbol{Q}) > \frac{1}{2} \phi_M \bar{\sigma}(\boldsymbol{P}) \bar{\sigma}(\boldsymbol{A})$$

其中，$\boldsymbol{P}, \boldsymbol{Q} > 0$，$\boldsymbol{A}$ 为图 $\mathcal{G}$ 的邻接矩阵，$\underline{\sigma}(\boldsymbol{Q})$ 为 $\boldsymbol{Q}$ 的最小奇异值，$\bar{\sigma}(\boldsymbol{P})$ 和 $\bar{\sigma}(\boldsymbol{P})$ 分别表示 $\boldsymbol{P}$ 和 $\boldsymbol{A}$ 的最大奇异值，ϕ_M 为激活函数 $\boldsymbol{\varphi}(\boldsymbol{x})$ 的界，即 $\|\boldsymbol{\varphi}(\boldsymbol{x})\| \leqslant \phi_M$。

现给出本节的主要定理。

定理 8.4

考虑多智能体系统 (8.26)，假设通信拓扑图 $\mathcal{G}$ 是强连通的，使用控制协议 (8.42) 和神经网络权重调整律 (8.43)，则存在若干神经元 $\bar{v}_i, i = 1, 2, \cdots, N$，使得对于 $v_i > \bar{v}_i, \forall i$，全局误差向量 $\boldsymbol{e}(t)$ 和神经网络权重估计误差 $\tilde{\boldsymbol{W}}$ 是一致最终有界的。因此，多智能体系统 (8.26) 能够达到领导跟随一致，此外，局部同步误差 (8.29) 的界可以通过增加控制增益 c 来减小。

该定理的证明见附录 C。

3. 仿真实验

本节将通过仿真实例来验证定理 8.4 的有效性。

考虑如图 8.9 所示的通信拓扑下，由 5 个智能体组成的多智能体系统动力学方程为

$$\dot{x}_1 = x_1^3 + u_1 + d_1$$
$$\dot{x}_2 = x_2^2 + u_2 + d_2$$
$$\dot{x}_2 = x_3^4 + u_3 + d_3$$
$$\dot{x}_2 = x_4 + u_4 + d_4$$
$$\dot{x}_2 = x_5^5 + u_5 + d_5$$

假设在每个节点上的非线性项和干扰都是未知的。随机扰动为正态分布 $d_i = \mathrm{randn}(1) \times \cos t$。

在定理 8.4中提出的控制协议下，取期望的一致性值为 $x_0 = 2$，即 $\dot{x}_0 = f_0(x_0, t) = 0$。仿真中各参数设置如下：控制增益 $c = 300$，每个节点神经元数量 $v_i = 3$，$\kappa = 0.8$，$F_i = 1500$。图 8.10（a）展示了智能体状态如何在有界输入下达成一致；图 8.10 绘制了误差向量 $\delta_i = (x_i - x_0)$ 和 NN 估计误差 $f_i(x_i) - \hat{f}_i(x_i)$。从表 8.1 可以看出，在稳态下，神经网络可以很好地估计非线性项。

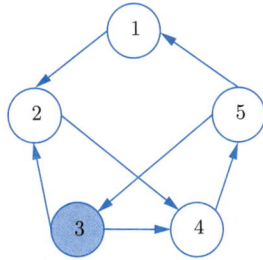

图 8.9 通信拓扑图 $\mathcal{G}$（节点 3 为领导者）

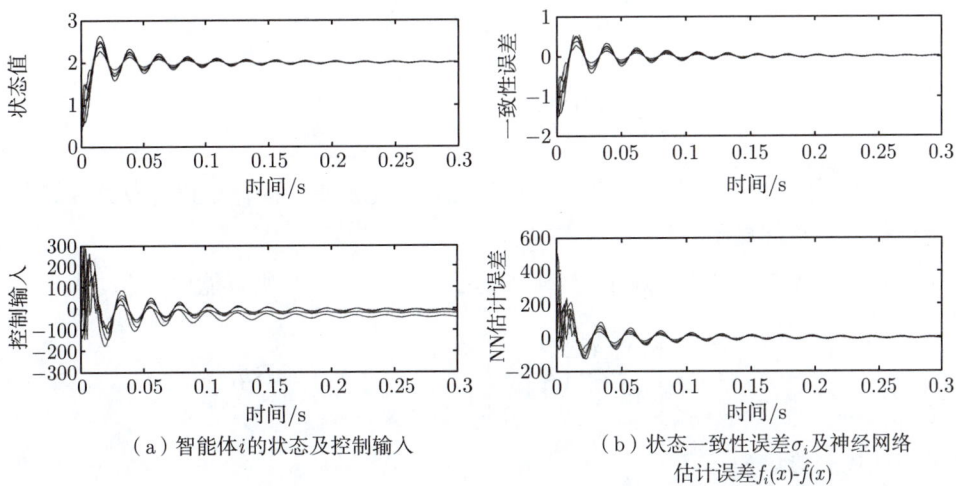

（a）智能体 i 的状态及控制输入 　　（b）状态一致性误差 σ_i 及神经网络估计误差 $f_i(x) - \hat{f}(x)$

图 8.10 一阶非线性多智能体系统在控制协议下式(8.34) 的一致性

表 8.1 一致性值为 $x_0 = 2$ 时神经网络估计稳态值与实际非线性项

$f_i(x)$	$\hat{f}_i(x) = \mathrm{Est}\,(f_i(x))$
8	7.9835
4	3.8701
16	15.8036
2	1.8051
32	31.5649

8.4　二阶多智能体系统协同控制

本节将分析二阶多智能体系统的一致性控制问题，分别研究二阶线性系统和二阶非线性多智能体系统的一致性，以及二阶多智能体系统的仿射编队控制。

8.4.1　二阶线性多智能体系统一致性控制

1. 问题描述

考虑由 N 个二阶线性智能体组成的多智能体系统，第 i 个智能体的动力学模型为

$$\dot{x}_i = v_i$$
$$\dot{v}_i = u_i \tag{8.44}$$

其中，$x_i \in \mathbf{R}$, $v_i \in \mathbf{R}$, $u_i \in \mathbf{R}$ 分别表示智能体的位置、速度和加速度输入。

2. 控制器设计

考虑每个智能体的分布式位置/速度反馈为

$$
\begin{aligned}
u_i &= c \sum_{j \in N_i} a_{ij}(x_j - x_i) + c\gamma \sum_{j \in N_i} a_{ij}(v_j - v_i) \\
&= \sum_{j \in N_i} ca_{ij}((x_j - x_i) + \gamma(v_j - v_i))
\end{aligned} \tag{8.45}
$$

其中，$c > 0$ 表示刚度增益，$c\gamma > 0$ 表示阻尼增益。这是基于智能体 i 自身及其邻居智能体的位置和速度信息的局部控制协议。

定义包含智能体 i 的位置和速度的增广状态为 $\boldsymbol{z}_i = [x_i, v_i]$，则智能体 i 的动力学可以写为

$$\dot{\boldsymbol{z}}_i = \begin{bmatrix} 0 & 1 \\ 0 & 0 \end{bmatrix} \boldsymbol{z}_i + \begin{bmatrix} 0 \\ 1 \end{bmatrix} u_i = \boldsymbol{A}\boldsymbol{z}_i + \boldsymbol{B}u_i$$

则局部分布式控制协议为

$$u_i = c \begin{bmatrix} 1 & \gamma \end{bmatrix} \sum_{j \in N_i} a_{ij} \begin{bmatrix} x_j - x_i \\ v_j - v_i \end{bmatrix} = c\boldsymbol{K} \sum_{j \in N_i} a_{ij}(z_j - z_i)$$

其中，反馈控制增益矩阵为 $\boldsymbol{K} = \begin{bmatrix} 1 & \gamma \end{bmatrix}$。

令 $\boldsymbol{z} = \begin{bmatrix} z_1^{\mathrm{T}}, z_2^{\mathrm{T}}, \cdots, z_N^{\mathrm{T}} \end{bmatrix}^{\mathrm{T}} \in \mathbf{R}^{2N}$，则全局闭环系统动力学可写为

$$\dot{\boldsymbol{z}} = [(\boldsymbol{I}_N \otimes \boldsymbol{A}) - c\boldsymbol{L} \otimes \boldsymbol{B}\boldsymbol{K}]z = \boldsymbol{A}_c z \tag{8.46}$$

其中，$\boldsymbol{A}$、$\boldsymbol{B}$ 是具有适当维度的系统矩阵，$\boldsymbol{K}$ 是待求解的增益矩阵。

假设智能体之间的通信拓扑图存在一棵生成树，则拉普拉斯矩阵 $\boldsymbol{L}$ 有一个特征值 $\lambda_1 = 0$，且其余的特征值全都大于 0。在分析闭环系统 (8.46) 的稳定性之前，首先给出以下引理。

记 $\lambda_i, i = 1, 2, \cdots, N$ 是图拉普拉斯矩阵 $\boldsymbol{L}$ 的特征值，闭环系统 (8.46) 的稳定性特性就等价于以下 N 个系统的稳定性特性

$$\boldsymbol{A} - c\lambda_i \boldsymbol{BK}, i = 1, 2, \cdots, N, \tag{8.47}$$

式 (8.47) 和式 (8.46) 有相同的特征值。

由引理 8.13可得，$\boldsymbol{A}_c$ 等价于

$$\operatorname{diag}\{\boldsymbol{A}, (\boldsymbol{A} - c\lambda_2 \boldsymbol{BK}), \cdots, (\boldsymbol{A} - c\lambda_N \boldsymbol{BK})\} \tag{8.48}$$

其中，$\operatorname{Re}\{\lambda_i\} > 0, i = 1, 2, \cdots, N$。矩阵 $\boldsymbol{A}$ 在 $\mu_1 = 0$ 处有两个几何重数等于 1 的特征值，其约当块矩阵为二阶。其他块的特征多项式为

$$|s\boldsymbol{I} - (\boldsymbol{A} - c\lambda_i \boldsymbol{BK})| = s^2 + c\gamma\lambda_i s + c\lambda_i$$

则 $\boldsymbol{A}_c$ 的特征多项式为

$$|s\boldsymbol{I} - \boldsymbol{A}_c| = \prod_{i=1}^{N} s^2 + c\gamma\lambda_i s + c\lambda_i$$

因此，$\boldsymbol{A}_c$ 的特征值如下

$$s = -\frac{1}{2}\left(c\gamma\lambda_i \pm \sqrt{(c\gamma\lambda_i)^2 - 4c\lambda_i}\right)$$

对于 $\boldsymbol{L}$ 的每个特征值，对应的有 $\boldsymbol{A}_c$ 的两个特征值。

使用 Routh 判据可以分析 $\boldsymbol{A}_c$ 的特征值的稳定性。假设图的特征值 λ_i 是实数，Routh 判据表明，对所有的 $c\gamma > 0$，(8.42) 渐近稳定。如果 λ_i 是复数，那么

$$(s^2 + c\gamma\lambda_i s + c\lambda_i)(s^2 + c\gamma\lambda_i^* s + c\lambda_i^*)$$
$$= s^4 + 2c\gamma\alpha s^3 + (2c\alpha + c^2\gamma^2\mu^2)s^2 + 2c^2\gamma\mu^2 s + c^2\mu^2$$

其中，$*$ 表示共轭复数，$\alpha = \operatorname{Re}\{\lambda_i\}$，$\mu = |\lambda_i|$。在 $c = 1$ 的情况下，可以通过 Routh 判据得到稳定性的显式表达式，即 (8.42) 是渐近稳定的，当且仅当

$$\gamma^2 > (\beta^2 - \alpha^2)/\alpha\mu^2$$

其中，$\beta = \operatorname{Im}\{\lambda_i\}$。因此，式 (8.48) 中的所有系统都是渐近稳定的，当且仅当

$$c\lambda > \max_i \frac{\operatorname{Im}^2\{\lambda_i\} - \operatorname{Re}^2\{\lambda_i\}}{\operatorname{Re}\{\lambda_i|\lambda_i|^2\}}, i = 2, 3, \cdots, N \tag{8.49}$$

定理 8.5 (二阶系统的一致性)

考虑多智能体系统(8.44)，假设智能体之间的通信拓扑图存在一棵生成树，使用控制协议 (8.45)，$c = 1$ 且增益 γ 满足条件 (8.49)，图的拉普拉斯矩阵 $\boldsymbol{L}$ 的特征值为 λ_i，则位置和速度的一致性值分别为

$$\bar{x} = \frac{1}{N}\sum_{i=1}^{N}p_i x_i(0) + \frac{1}{N}\sum_{i=1}^{N}p_i v_i(0) \tag{8.50}$$

$$\bar{v} = \frac{1}{N}\sum_{i=1}^{N}p_i v_i(0) \tag{8.51}$$

证明 当 $c = 1$ 时，当且仅当式 (8.49) 成立，闭环系统 (8.46) 是渐近稳定的。因此有必要检查式 (8.46) 中 $\boldsymbol{A}_c$ 的特征结构。首先需要找到 $\boldsymbol{A}_c$ 的左右特征向量，因为它和式 (8.48) 有相同的特征值，所以它们是等价的。矩阵 $\boldsymbol{A}$ 在 $\mu = 1$ 时有一个几何重数为 1、代数重数为 2 的特征值。因为 $\boldsymbol{A}[1 \quad 0]^{\mathrm{T}} = \boldsymbol{0}$，所以其一阶右特征向量为 $[1 \quad 0]^{\mathrm{T}}$。因为 $\boldsymbol{A}[0 \quad 1]^{\mathrm{T}} = [1 \quad 0]^{\mathrm{T}}$，所以其二阶右特征向量为 $[0 \quad 1]^{\mathrm{T}}$。因为 $[0 \quad 1]\boldsymbol{A} = \boldsymbol{0}$，所以其一阶左特征向量为 $[0 \quad 1]^{\mathrm{T}}$。因为 $[1 \quad 0]\boldsymbol{A} = [0 \quad 1]^{\mathrm{T}}$，所以其二阶左特征向量为 $[1 \quad 0]^{\mathrm{T}}$。

对于 $\lambda_1 = 0$，$\boldsymbol{L}$ 的右特征向量为 $\boldsymbol{1} \in \mathbf{R}^N$。相应的左特征向量为 $\boldsymbol{w}_1 = [p_1, p_2, \cdots, p_N]^{\mathrm{T}}$，标准化后使得 $\boldsymbol{w}_1^{\mathrm{T}}\boldsymbol{1} = 1$。对于 $\lambda_1 = 0$，可得 $\boldsymbol{A}_c$ 的一阶右特征向量为 $\bar{\boldsymbol{y}}_1^1 = \boldsymbol{1} \otimes [1 \quad 0]^{\mathrm{T}}$。容易验证 $\boldsymbol{A}_c\bar{\boldsymbol{y}}_1^1 = \boldsymbol{0}$。类似地，通过验证 $\boldsymbol{A}_c\bar{\boldsymbol{y}}_1^2 = y_1^1$ 容易得到 $\boldsymbol{A}_c$ 的二阶右特征向量为 $\bar{\boldsymbol{y}}_1^2 = \boldsymbol{1} \otimes [0 \quad 1]^{\mathrm{T}}$。类似地，对于 $\lambda_1 = 0$，$\boldsymbol{A}_c$ 的一阶左特征向量和二阶左特征向量分别为 $\bar{\boldsymbol{w}}_1^1 = \boldsymbol{w}_1 \otimes [0 \quad 1]^{\mathrm{T}}$ 和 $\bar{\boldsymbol{w}}_1^2 = \boldsymbol{w}_1 \otimes [1 \quad 0]^{\mathrm{T}}$。

接下来考虑 $\boldsymbol{A}_c$ 的约当范式，并对式 (8.46) 进行模态分解，以找到位置和速度的稳态一致值。考虑 $\boldsymbol{A}_c$ 的约当标准型

$$\boldsymbol{A}_c = \boldsymbol{M}\boldsymbol{J}\boldsymbol{M}^{-1} = \begin{bmatrix} \bar{\boldsymbol{y}}_1^1 & \bar{\boldsymbol{y}}_1^2 & \cdots \end{bmatrix} \begin{bmatrix} 0 & 1 & 0 \\ 0 & 0 & 0 \\ 0 & 0 & \text{stable} \end{bmatrix} \begin{bmatrix} (\bar{\boldsymbol{w}}_1^2)^{\mathrm{T}} \\ (\bar{\boldsymbol{w}}_1^1)^{\mathrm{T}} \\ \vdots \end{bmatrix}$$

其中，矩阵 $\boldsymbol{M}$ 的所有列是右特征向量，$\boldsymbol{M}^{-1}$ 的所有行是左特征向量，则

$$\begin{aligned} \boldsymbol{z}(t) &= \mathrm{e}^{\boldsymbol{A}_c t}\boldsymbol{z}(0) = \boldsymbol{M}\mathrm{e}^{\boldsymbol{J}t}\boldsymbol{M}^{-1}\boldsymbol{z}(0) \\ &= \begin{bmatrix} \bar{\boldsymbol{y}}_1^1 & \bar{\boldsymbol{y}}_1^2 & \cdots \end{bmatrix} \begin{bmatrix} 1 & t & 0 \\ 0 & 1 & 0 \\ 0 & 0 & \text{stable} \end{bmatrix} \begin{bmatrix} (\bar{\boldsymbol{w}}_1^2)^{\mathrm{T}} \\ (\bar{\boldsymbol{w}}_1^1)^{\mathrm{T}} \\ \vdots \end{bmatrix} z(0) \end{aligned} \tag{8.52}$$

得到模态分解

$$z(t) = \left[\begin{array}{ccc} \bar{\boldsymbol{y}}_1^1 & \bar{\boldsymbol{y}}_1^2 & \cdots \end{array} \right] \left[\begin{array}{c} (\bar{\boldsymbol{w}}_1^2)^{\mathrm{T}} \boldsymbol{z}(0) + t(\bar{\boldsymbol{w}}_1^1)^{\mathrm{T}} \boldsymbol{z}(0) \\ (\bar{\boldsymbol{w}}_1^1)^{\mathrm{T}} \boldsymbol{z}(0) \\ \vdots \end{array} \right]$$

$$= \left((\bar{\boldsymbol{w}}_1^2)^{\mathrm{T}} \boldsymbol{z}(0) + t(\bar{\boldsymbol{w}}_1^1)^{\mathrm{T}} \boldsymbol{z}(0) \right) \bar{\boldsymbol{y}}_1^1 + (\bar{\boldsymbol{w}}_1^1)^{\mathrm{T}} \boldsymbol{z}(0) \bar{\boldsymbol{y}}_1^2 + \mathrm{stableterms}$$

注意,

$$z(t) = \boldsymbol{x}(t) \otimes \left[\begin{array}{c} 1 \\ 0 \end{array} \right] + \boldsymbol{v}(t) \otimes \left[\begin{array}{c} 0 \\ 1 \end{array} \right]$$

全局位置和速度分别为 $\boldsymbol{x} = \left[x_1^{\mathrm{T}}, x_2^{\mathrm{T}}, \cdots, x_N^{\mathrm{T}} \right]^{\mathrm{T}} \in \mathbf{R}^N$ 和 $\boldsymbol{v} = \left[v_1^{\mathrm{T}}, \cdots, v_N^{\mathrm{T}} \right]^{\mathrm{T}} \in \mathbf{R}^N$。根据 $\boldsymbol{A}_c$ 左右特征向量的定义,可以得到,控制协议 (8.45) 将驱动位置和速度一致收敛到式 (8.50) 和式 (8.51)。

可以看出,条件 (8.49) 与图拉普拉斯矩阵 $\boldsymbol{L}$ 的特征值有关。因此,对于给定的反馈增益矩阵 $\boldsymbol{K}$,可能在一个图上能够实现一致,而在另一个图上却有可能无法实现一致。如果通信拓扑图不存在生成树,则式 (8.48) 中 $\lambda_2 = 0$。那么,式 (8.52) 中存在不稳定项,多智能体系统无法实现一致性。

如果图是强连通的,那么图有一棵生成树且定理 8.5 成立。此外,如果所有智能体的初始速度都等于 0,那么速度的一致性值为 0 且所有智能体最终都停留在初始位置的加权重心处,即式 (8.50) 的第一项。

3. 仿真实验

为了验证本节所设计控制器的有效性,假设多智能体系统 (8.44) 的通信拓扑如图 8.11 所示,其拉普拉斯矩阵为

$$\boldsymbol{L} = \left[\begin{array}{cccc} 3 & -1 & -1 & -1 \\ -1 & 2 & -1 & 0 \\ -1 & -1 & 3 & -1 \\ -1 & 0 & -1 & 2 \end{array} \right]$$

智能体的初始位置为 $\boldsymbol{p}(0) = [2,3,4,0]^{\mathrm{T}}$,初始速度为 $\boldsymbol{v}(0) = [2,1,4,0]^{\mathrm{T}}$,控制器参数为 $c = 1.5, \gamma = 1.0$。

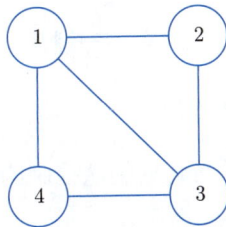

图 8.11 通信拓扑

在一致性协议 (8.45) 下,智能体 i 的位置和速度的演化曲线如图 8.12 所示,观察可知位置和速度均实现了一致。但在图 8.12 (b) 中可以看到速度的最终一致性值并不为 0,因此在

图 8.12（a）中位置状态虽然达到了一致但仍然以恒定速度变换。产生此现象的原因是因为控制协议 (8.45) 中并没有要求速度的终值为 0。若需要速度状态的终值为 0，那么将控制器形式修改为式 (8.53) 即可。相应的仿真结果如图 8.13 所示，可以看到速度的最终一致性值为 0，且智能体的位置在达到一致后不再变化。

$$u_i = \alpha \sum_{j \in N_i} a_{ij}((x_j - x_i)) - \beta v_i \tag{8.53}$$

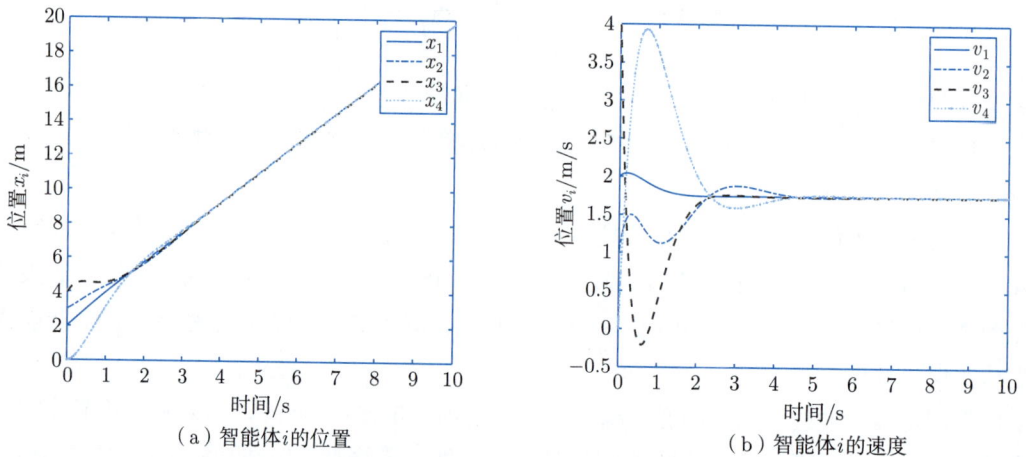

（a）智能体 i 的位置　　　　　　　（b）智能体 i 的速度

图 8.12　二阶线性多智能体系统在控制协议 (8.45) 下的一致性

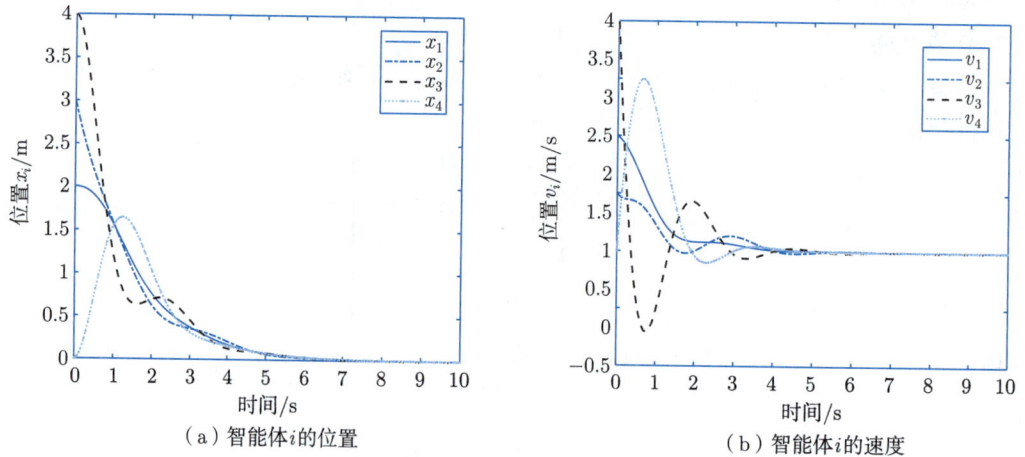

（a）智能体 i 的位置　　　　　　　（b）智能体 i 的速度

图 8.13　二阶线性多智能体系统在控制协议 (8.53) 下的一致性

8.4.2　二阶多智能体系统仿射编队控制

本节基于 8.3.2 节一阶多智能体系统仿射编队控制的结果进行拓展，讨论二阶系统的仿射编队控制。

1. 问题描述

考虑智能体 i 的动力学如下二阶积分器所示

$$\ddot{\boldsymbol{p}}_i = \boldsymbol{u}_i \tag{8.54}$$

其中，$\boldsymbol{p}_i = \begin{bmatrix} x_i^1 & x_i^2 \end{bmatrix}^{\mathrm{T}} \in \mathbf{R}^2$ 是状态，$u_i \in \mathbf{R}^2$ 是控制输入。所有智能体的位置可描述为 $\boldsymbol{p} = \left[\boldsymbol{p}_l^{\mathrm{T}}, \boldsymbol{p}_f^{\mathrm{T}}\right] = \left[\boldsymbol{p}_1^{\mathrm{T}}, \boldsymbol{p}_2^{\mathrm{T}}, \cdots, \boldsymbol{p}_n^{\mathrm{T}}\right] \in \mathbf{R}^{2n}$。

仿射编队采用领导-跟随控制框架，定义领导者集合为 $\mathcal{V}_l \in \mathcal{V}$，对应领导者的位置坐标为 $\boldsymbol{p}_l$，跟随者集合为 $\mathcal{V}_f \in \mathcal{V}$，对应跟随者的位置坐标为 $\boldsymbol{p}_f$。

根据 8.3.2 节可知，智能体的期望队形 $\boldsymbol{p}^* = \left[\boldsymbol{p}_1^{*\mathrm{T}}, \boldsymbol{p}_2^{*\mathrm{T}}, \cdots, \boldsymbol{p}_n^{*\mathrm{T}}\right] \in \mathbf{R}^{2n}$ 可以由领航者的位置确定，满足 $\boldsymbol{p}_f^* = -\bar{\boldsymbol{\Omega}}_{ff}^{-1}\bar{\boldsymbol{\Omega}}_{fl}\boldsymbol{p}_l^*$，其中应力矩阵描述为

$$\bar{\boldsymbol{\Omega}} = \begin{bmatrix} \bar{\boldsymbol{\Omega}}_{ll} & \bar{\boldsymbol{\Omega}}_{lf} \\ \bar{\boldsymbol{\Omega}}_{fl} & \bar{\boldsymbol{\Omega}}_{ff} \end{bmatrix} \tag{8.55}$$

本节的控制目标是通过设计分布式编队控制器，使跟随者智能体抵达期望队形，即 $\boldsymbol{p}_f \to \boldsymbol{p}_f^*$，$t \to \infty$.

2. 仿射编队控制器设计

仿射编队控制器设计如下

$$\boldsymbol{u}_i = \sum_{(i,j)\in\mathcal{E}} \omega_{ij}\left[k_p(\boldsymbol{p}_i - \boldsymbol{p}_j) + k_v(\dot{\boldsymbol{p}}_i - \dot{\boldsymbol{p}}_j)\right]$$

其中，k_p 和 k_v 是正增益系数。

定义跟随者的位置误差 $\boldsymbol{\delta}_{pf} = \boldsymbol{p}_f - \boldsymbol{p}_f^* = \boldsymbol{p}_f + \bar{\boldsymbol{\Omega}}_{ff}^{-1}\bar{\boldsymbol{\Omega}}_{fl}\boldsymbol{p}_l^*$。速度误差有

$$\dot{\boldsymbol{\delta}}_{pf} = \dot{\boldsymbol{p}}_f + \bar{\boldsymbol{\Omega}}_{ff}^{-1}\bar{\boldsymbol{\Omega}}_{fl}\dot{\boldsymbol{p}}_l^* \tag{8.56}$$

根据设计控制器，可得到误差动力学为

$$\ddot{\boldsymbol{\delta}}_{pf} = -k_p\bar{\boldsymbol{\Omega}}_{ff}\boldsymbol{\delta}_{pf} - k_v\bar{\boldsymbol{\Omega}}_{ff}\dot{\boldsymbol{\delta}}_{pf} + \bar{\boldsymbol{\Omega}}_{ff}^{-1}\bar{\boldsymbol{\Omega}}_{fl}\ddot{\boldsymbol{p}}_l^* \tag{8.57}$$

整理可得

$$\begin{bmatrix} \dot{\boldsymbol{\delta}}_{pf} \\ \ddot{\boldsymbol{\delta}}_{pf} \end{bmatrix} = \begin{bmatrix} \boldsymbol{0} & \boldsymbol{I}_{2n} \\ -k_p\bar{\boldsymbol{\Omega}}_{ff} & -k_v\bar{\boldsymbol{\Omega}}_{ff} \end{bmatrix} \begin{bmatrix} \boldsymbol{\delta}_{pf} \\ \dot{\boldsymbol{\delta}}_{pf} \end{bmatrix} + \begin{bmatrix} \boldsymbol{0} \\ \bar{\boldsymbol{\Omega}}_{ff}^{-1}\bar{\boldsymbol{\Omega}}_{fl} \end{bmatrix}\ddot{\boldsymbol{p}}_l^* \tag{8.58}$$

当领航者静止时，即有 $\ddot{\boldsymbol{p}}_l^* = 0$。考虑 λ 为上述系统矩阵的特征值，该特征值对应的特征多项式为 $det(\lambda^2 I + \lambda k_v\bar{\boldsymbol{\Omega}}_{ff} + k_p\bar{\boldsymbol{\Omega}}_{ff}) = 0$。那么可知，$\lambda < -\dfrac{k_p}{k_v} < 0$。因此误差系统稳定，且编队误差将会收敛到 0，这说明该仿射编队控制器可以使智能体抵达期望的目标队形。

3. 仿真结果

考虑 5 个智能的平面编队控制，其标称构型为

$$\boldsymbol{p}^* = \begin{bmatrix} 3 & 0 & 0 & -3 & -3 \\ 0 & 3 & -3 & 3 & -3 \end{bmatrix}$$

对应应力矩阵为

$$\Omega = \begin{bmatrix} 0.4558 & -0.4558 & -0.4558 & 0.2279 & 0.2279 \\ -0.4558 & 0.6838 & 0.2279 & -0.4558 & 0 \\ -0.4558 & 0.2279 & 0.6838 & 0 & -0.4558 \\ 0.2279 & -0.4558 & 0 & 0.3419 & -0.1140 \\ 0.2279 & 0 & -0.4558 & -0.1140 & 0.3419 \end{bmatrix}$$

设置增益系数 $k_p = 3, k_v = 1$，并对所有智能体加入向 $x+$ 方向的前馈参考运动，得到如图 8.14 所示的编队机动运动，可见，智能体通过缩放变换减小队形尺寸，从而穿越障碍物密集区域，完成集群运动。

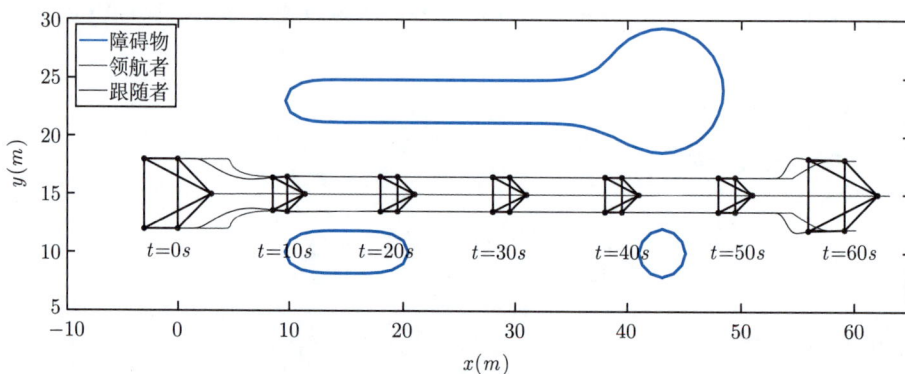

图 8.14 仿射编队控制运动结果

8.4.3 二阶非线性多智能体系统一致性控制

1. 问题描述

考虑智能体 i 的二阶非线性动力学如下：

$$\begin{cases} \dot{x}_i^1 = x_i^2 \\ \dot{x}_i^2 = f(x_i) + u_i + w_i \end{cases} \tag{8.59}$$

其中，$x_i = \begin{bmatrix} x_i^1 & x_i^2 \end{bmatrix}^\mathrm{T} \in \mathbf{R}^2$ 是状态，$u_i \in \mathbf{R}$ 是控制输入，$w_i \in \mathbf{R}$ 是扰动，$f_i(x_i)$ 是连续可微的或是满足李普希兹条件的非线性函数。系统的全局状态空间表达式如下：

$$\begin{cases} \dot{\boldsymbol{x}}^1 = \boldsymbol{x}^2 \\ \dot{\boldsymbol{x}}^2 = \boldsymbol{f}(\boldsymbol{x}) + \boldsymbol{u} + \boldsymbol{w} \end{cases}$$

其中 $\boldsymbol{x}^1 = [x_1^1, x_2^1, \cdots, x_N^1]^\mathrm{T} \in \mathbf{R}^N$ 是全局位置向量，$\boldsymbol{x}^2 = [x_1^2, x_2^2, \cdots, x_N^2]^\mathrm{T} \in \mathbf{R}^N$ 是全局速度变量，$\boldsymbol{x} = \left[(\boldsymbol{x}^1)^\mathrm{T}, (\boldsymbol{x}^2)^\mathrm{T} \right]^\mathrm{T}$ 是全局状态变量，$\boldsymbol{f}(\boldsymbol{x}) = [f_1(x_1), f_2(x_2), \cdots, f_N(x_N)]^\mathrm{T} \in \mathbf{R}^N$ 是全局非线性函数。全局输入和全局扰动分别为 $\boldsymbol{u} = [u_1, u_2, \cdots, u_N]^\mathrm{T} \in \mathbf{R}^N$ 和 $\boldsymbol{w} = [w_1, w_2, \cdots, w_N]^\mathrm{T} \in \mathbf{R}^N$。

领导者的动力学模型为

$$\begin{cases} \dot{x}_0^1 = x_0^2 \\ \dot{x}_0^2 = f_0(x_0, t) \end{cases} \tag{8.60}$$

其中，$\boldsymbol{x}_0 = [x_0^1, x_0^2]^{\mathrm{T}} \in \mathbf{R}^2$ 是领导者的状态。

针对本节的同步跟踪控制问题，控制目标是设计合适的控制器，使得所有跟随者智能体能够跟踪领导者的状态，即 $x_i^k(t) \to x_0^k(t), k = 1, 2; i = 1, 2, \cdots, N$。假设领导者的非线性动力学模型 $f_0(x_0, t)$ 对所有的跟随者智能体都是未知的，且非线性函数 $f_i(\cdot)$ 和扰动 $w_i(t)$ 是未知的，则控制协议应对未建模的动力学和未知扰动具有健壮性。

> **定义 8.8** (二阶多智能体系统的状态一致性)
>
> 智能体 i 的局部跟踪误差定义如下，局部位置误差为
>
> $$e_i^1 = \sum_{j \in N_i} a_{ij}(x_j^1 - x_i^1) + b_i(x_0^1 - x_i^1) \tag{8.61}$$
>
> 局部速度误差为
>
> $$e_i^2 = \sum_{j \in N_i} a_{ij}(x_j^2 - x_i^2) + b_i(x_0^2 - x_i^2) \tag{8.62}$$
>
> 其中，b_i 是牵制因子。 ♣

定义一致性误差向量为

$$\boldsymbol{\delta} = \begin{bmatrix} \boldsymbol{\delta}^1 & \boldsymbol{\delta}^2 \end{bmatrix}^{\mathrm{T}} = \begin{bmatrix} \boldsymbol{x}^1 - \mathbf{1}_N x_0^1 & \boldsymbol{x}^2 - \mathbf{1}_N x_0^2 \end{bmatrix}$$

进一步，全局位置误差可以写为

$$\boldsymbol{e}^1 = -(\boldsymbol{L} + \boldsymbol{B})(\boldsymbol{x}^1 - \mathbf{1}_N x_0^1) = -(\boldsymbol{L} + \boldsymbol{B})\boldsymbol{\delta}^1$$

全局速度误差为

$$\boldsymbol{e}^2 = -(\boldsymbol{L} + \boldsymbol{B})(\boldsymbol{x}^2 - \mathbf{1}_N x_0^2) = -(\boldsymbol{L} + \boldsymbol{B})\boldsymbol{\delta}^2$$

$\boldsymbol{B} = \mathrm{diag}(b_i)$ 是由牵制因子组成的对角矩阵。

2. 自适应神经网络控制器设计

对 $\boldsymbol{e}^1$ 和 $\boldsymbol{e}^2$ 求导可得

$$\dot{\boldsymbol{e}}^1 = -(\boldsymbol{L} + \boldsymbol{B})(\boldsymbol{x}^2 - \mathbf{1}_N x_0^2)$$
$$\dot{\boldsymbol{e}}^2 = -(\boldsymbol{L} + \boldsymbol{B})(\dot{\boldsymbol{x}}^2 - \mathbf{1}_N \boldsymbol{f}_0(\boldsymbol{x}_0, t))$$

注意，$\dot{\boldsymbol{e}}^1 = \boldsymbol{e}^2$。定义智能体 i 的滑模面为

$$r_i = e_i^2 + \lambda_i e_i^1$$

向量形式为

$$\boldsymbol{r} = \boldsymbol{e}^2 + \boldsymbol{\Lambda} \boldsymbol{r}^1$$

其中，$\boldsymbol{\Lambda} = \mathrm{diag}(\boldsymbol{\Lambda}_i) > \mathbf{0}$。

速度误差有界且满足以下不等式

$$\left\|e^2\right\| \leqslant \|\boldsymbol{r}\| + \bar{\sigma}(\boldsymbol{\Lambda})\left\|e^1\right\| \tag{8.63}$$

对 $\boldsymbol{r}$ 求微分，可得其动力学为

$$\begin{aligned}
\dot{\boldsymbol{r}} &= -(\boldsymbol{L}+\boldsymbol{B})(\dot{\boldsymbol{x}}^2 - \mathbf{1}_N f_0(x_0,t)) - \boldsymbol{\Lambda}(\boldsymbol{L}+\boldsymbol{B})(x^2 - \mathbf{1}_N x_0^2) \\
&= -(\boldsymbol{L}+\boldsymbol{B})(\boldsymbol{f}(\boldsymbol{x}) + \boldsymbol{u} + \boldsymbol{w}) + (\boldsymbol{L}+\boldsymbol{B})\mathbf{1}_N f_0(x_0,t) + \boldsymbol{\Lambda}e^2
\end{aligned} \tag{8.64}$$

假设未知非线性函数是光滑的，因此可以通过以下方程将其逼近为一个紧凑集合

$$f_i(x_i) = \boldsymbol{W}_i^{\mathrm{T}} \boldsymbol{\varphi}_i(x_i) + \varepsilon_i$$

其中，$\boldsymbol{\varphi}_i(x_i) \in \mathbf{R}^{\eta_i}$ 是每个智能体上的基函数，可选择高斯函数、sigmoids 函数等。η_i 是神经元个数，$W_i \in \mathbf{R}^{\eta_i}$ 为未知的神经网络权重矩阵。根据 Weierstrass 高阶逼近定理，当 $f_i(x_i)$ 及其导数存在时，存在一个多项式函数列一致收敛于 $f_i(x_i)$。此外，当 $\eta_i \to \infty$ 时，近似误差 $\varepsilon_i \to 0$。

在这里，采用双层线性参数神经网络，其中第一层和第二层的权重在线调整。为了补偿未知的非线性，每个节点将使用一个局部神经网络来跟踪当前对非线性的估计。其思想是利用智能体 i 的邻居状态信息来评估当前控制协议的性能以及当前对非线性函数的估计。因此，智能体节点的局部估计函数可选取为

$$\hat{f}_i(x_i) = \hat{\boldsymbol{W}}_i^{\mathrm{T}} \boldsymbol{\varphi}_i(x_i) \tag{8.65}$$

$\hat{\boldsymbol{W}}_i$ 是智能体 i 神经网络权重矩阵的当前估计值。

多智能体系统的非线性模型可以写为

$$\boldsymbol{f}(\boldsymbol{x}) = \boldsymbol{W}^{\mathrm{T}}\boldsymbol{\varphi}(\boldsymbol{x}) + \boldsymbol{\varepsilon} = \begin{bmatrix} \boldsymbol{W}_1^{\mathrm{T}} & & & \\ & \boldsymbol{W}_2^{\mathrm{T}} & & \\ & & \ddots & \\ & & & \boldsymbol{W}_N^{\mathrm{T}} \end{bmatrix} \begin{bmatrix} \boldsymbol{\varphi}_1(x_1) \\ \boldsymbol{\varphi}_2(x_2) \\ \vdots \\ \boldsymbol{\varphi}_N(x_N) \end{bmatrix} + \begin{bmatrix} \varepsilon_1 \\ \varepsilon_2 \\ \vdots \\ \varepsilon_N \end{bmatrix}$$

全局估计为

$$\hat{f}(\boldsymbol{x}) = \hat{W}^{\mathrm{T}}\varphi(\boldsymbol{x}) = \begin{bmatrix} \hat{\boldsymbol{W}}_1^{\mathrm{T}} & & & \\ & \hat{\boldsymbol{W}}_2^{\mathrm{T}} & & \\ & & \ddots & \\ & & & \hat{\boldsymbol{W}}_N^{\mathrm{T}} \end{bmatrix} \begin{bmatrix} \boldsymbol{\varphi}_1(x_1) \\ \boldsymbol{\varphi}_2(x_2) \\ \vdots \\ \boldsymbol{\varphi}_N(x_N) \end{bmatrix}$$

考虑控制协议为

$$u_i = -\hat{f}_i(x_i) + \mu_i(t) \tag{8.66}$$

或者其向量形式

$$\boldsymbol{u} = -\hat{\boldsymbol{f}}(\boldsymbol{x}) + \boldsymbol{\mu}(t)$$

$\boldsymbol{\mu}(t)$ 是智能体 i 的待确定的辅助输入。根据式(8.66), 全局动力学方程(8.64)可以写为

$$\dot{\boldsymbol{r}} = -(\boldsymbol{L}+\boldsymbol{B})(\tilde{\boldsymbol{f}}(\boldsymbol{x}) + \boldsymbol{\mu}(t) + \boldsymbol{w}) + (\boldsymbol{L}+\boldsymbol{B})\boldsymbol{1}_N \boldsymbol{f}_0(x_0,t) + \boldsymbol{\Lambda}\boldsymbol{e}^2 \tag{8.67}$$

其中, $\tilde{\boldsymbol{f}}(\boldsymbol{x}) = \boldsymbol{f}(\boldsymbol{x}) - \hat{\boldsymbol{f}}(\boldsymbol{x}) = \tilde{\boldsymbol{W}}\boldsymbol{\varphi}(\boldsymbol{x})$ 是函数估计误差, 权重估计误差定义为

$$\tilde{\boldsymbol{W}} = \text{diag}(\boldsymbol{W}_1 - \hat{\boldsymbol{W}}_1, \boldsymbol{W}_2 - \hat{\boldsymbol{W}}_2, \cdots, \boldsymbol{W}_N - \hat{\boldsymbol{W}}_N)^{\text{T}}$$

接下来给出如何选取辅助输入变量 $\mu_i(t)$ 以及权重参数 $\hat{\boldsymbol{W}}_i$, 以保证所有的智能体收敛到期望的值。假设领导者的动力学 $\boldsymbol{f}(x_0,t)$ 对所有的跟随者是未知的, 且跟随者节点的非线性动力学 $f_i(x_i)$ 和扰动 w_i 也是未知的。矩阵 $\boldsymbol{M}$ 的最大奇异值和最小奇异值分别为 $\bar{\sigma}(\boldsymbol{M})$ 和 $\underline{\sigma}(\boldsymbol{M})$。Frobenius 范数为 $\|\boldsymbol{M}\|_{\text{F}} = \sqrt{\text{tr}\{\boldsymbol{M}^{\text{T}}\boldsymbol{M}\}}$, tr 表示矩阵的迹。两个矩阵的 Frobenius 内积是 $\langle \boldsymbol{M}_1, \boldsymbol{M}_2 \rangle_{\text{F}} = \sqrt{\text{tr}\{\boldsymbol{M}_1^{\text{T}}\boldsymbol{M}_2\}}$。

事实上, 如果有向图有一棵生成树, 对于至少一个节点 i 来说, 牵制增益 b_i 是非零的。选择合适的辅助控制信号 $\mu_i(t)$ 使得控制协议为

$$u_i = cr_i - \hat{f}_i(x_i) + \frac{\lambda_i}{d_i+b_i}e_i^2$$

其中, $\lambda_i = \lambda > 0, \forall i$, 控制增益 $c > 0$, 则

$$\boldsymbol{u} = c\boldsymbol{r} - \hat{\boldsymbol{W}}^{\text{T}}\boldsymbol{\varphi}(\boldsymbol{x}) + \lambda(\boldsymbol{D}+\boldsymbol{B})^{-1}\boldsymbol{e}^2$$

选择神经网络的调节律为

$$\dot{\hat{\boldsymbol{W}}}_i = -\boldsymbol{F}_i\boldsymbol{\varphi}_i\boldsymbol{r}_i^{\text{T}}p_i(d_i+b_i) - \kappa\boldsymbol{F}_i\hat{\boldsymbol{W}}_i \tag{8.68}$$

$\boldsymbol{F}_i = \Pi_i\boldsymbol{I}_{\eta_i}, \Pi_i > 0, \kappa > 0$。选择

$$\lambda = \sqrt{\frac{\underline{\sigma}(\boldsymbol{D}+\boldsymbol{B})}{\bar{\sigma}(\boldsymbol{P})\bar{\sigma}(\boldsymbol{A})}}$$

并且选择控制增益 c 和神经网络调节增益 κ 满足

$$c = \frac{2}{\underline{\sigma}(Q)}\left(\frac{1}{\sqrt{\lambda}} + \lambda\right) > 0$$
$$\frac{1}{2}\phi_M\bar{\sigma}(\boldsymbol{P})\bar{\sigma}(\boldsymbol{A}) \leqslant \kappa \leqslant \lambda - 1 \tag{8.69}$$

其中, $\boldsymbol{P} > 0, \boldsymbol{Q} > 0$, $\boldsymbol{A}$ 是图的邻接矩阵。

定理 8.6

考虑二阶非线性多智能体系统 (8.59)，假设智能体间的通信拓扑图是强连通的。存在神经元 $\bar{\eta}_i, i=1,2,\cdots,N$ 使得对于所有的 i，$\eta_i > \bar{\eta}_i$，滑模误差面 $\boldsymbol{r}(t)$，局部协同误差向量 $\boldsymbol{e}^1(t)$、$\boldsymbol{e}^2(t)$ 以及神经网络加权估计误差 $\tilde{\boldsymbol{W}}$ 是一致最终有界的。因此，多智能体系统 (8.59) 能够达到领导跟随一致，即 $\|x_i^1(t)-x_0^1(t)\| \to 0, \|x_i^2(t)-x_0^2(t)\| \to 0$，且可以通过调整神经网络和控制增益参数使得界更小。

该定理的证明见附录。

3. 仿真实验

考虑如图 8.9 包含 5 个节点的强连通有向图结构，各边的连接权重均为 1。

节点 i 的动力学由二阶拉格朗日形式给出

$$\begin{cases} \dot{q}_{1_i} = q_{2_i} \\ \dot{q}_{2_i} = J_i^{-1}\left[u_i - B_i^r q_{2_i} - M_i g l_i \sin(q_{1_i})\right] \end{cases}$$

其中，$\boldsymbol{q}_i = \begin{bmatrix} q_{1_i} & q_{2_i} \end{bmatrix}^{\mathrm{T}} \in \mathbf{R}^2$ 是状态向量，J_i 是连杆和电机的总惯量，B_i^r 是阻尼系数，M_i 是总质量，g_i 是重力加速度，l_i 是从关节轴到连杆质心的距离。每个节点的 J_i、B_i^r、M_i, l_i 不同且是未知的。

期望目标的动力学考虑为

$$m_0 \ddot{q}_0 + d_0 \dot{q}_0 + k_0 q_0 = u_0$$

选择线性反馈输入为

$$u_0 = -[K_1(q_0 - \sin(\beta t)) + K_2(\dot{q}_0 - \beta\cos(\beta t))] + d_0\dot{q}_0 + k_0 q_0 + \beta^2 m_0 \sin(\beta t)$$

其中，$\beta > 0$。

作为标准的自适应神经网络控制系统，所有控制参数和神经网络整定参数的初始化都选择了合理的初值。一般情况下，只要按照定理和假设的条件选择参数，仿真结果并不太依赖于参数的具体选择，神经网络隐层单元的数量通常在 5~10 的范围内。然而，在大多数控制系统中，可以通过尝试几次模拟运行和调整参数以获得良好的性能。在本节中，神经网络使用对数 sigmoid 函数 $\dfrac{1}{1+\mathrm{e}^{-kt}}$，$k > 0$，每个节点的神经元数量为 3，因此 $\varphi_m \approx 1, \gamma \approx 0.04$。神经网络增益参数选择为 kappa $=1.5$，控制增益 $c = 1000$。

图 8.15（a）展示了系统的跟踪性能。从图 8.12（a）中可以看出，所有节点的位置和速度都实现了一致。从图 8.15（b）中可以看到神经网络估计误差最终收敛到 0。

（a）智能体跟踪误差 　　　　　（b）神经网络估计误差 $f_i(x_i) - \widehat{f_i(x_i)}$

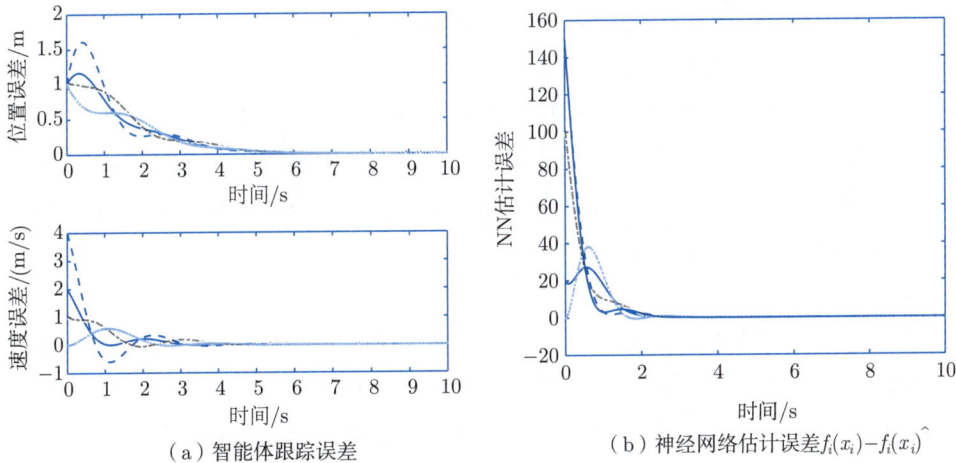

图 8.15　二阶非线性多智能体系统在控制协议 (8.66) 下的一致性

8.5　典型协同控制方法及运用

目前多智能体系统已在飞行器的编队、传感器网络、多机械臂协同装配、多机器人合作控制等领域广泛应用。本节将结合 8.1 节、8.2 节及 8.3 节的理论知识，分别分析无人车的协同编队控制、多无人机区域覆盖控制以及多无人艇协同包围控制。

8.5.1　无人车协同编队控制

目前多机器人编队方法主要包括基于行为的方法、基于图论的方法、虚拟结构法和领导-跟随法等。本节主要针对基于图论的无人车协同编队控制展开讨论。一般来说，多机器人编队控制一般具有较大规模 (通常由智能体的数量决定)，以及分散的感知、通信和控制结构，并且在机器人间形成了彼此关联的网络结构，因此多机器人系统可以自然地建模为图，而图的连通性是集群实现稳定运动的重要条件。因此，本节将主要介绍一种在连通性保持下的多移动机器人的编队控制问题。

1. 问题描述

考虑在平面上运动的 N 个轮式移动机器人系统，其在笛卡儿空间的运动学模型为第 2 章介绍过的差速移动机器人运动学模型，即

$$\begin{cases} \dot{x}_i = v_i \cos \theta_i \\ \dot{y}_i = v_i \sin \theta_i \\ \dot{\theta}_i = \omega_i \\ \dot{v}_i = a_i \end{cases} \tag{8.70}$$

其中，$\boldsymbol{r}_i = (x_i, y_i)^{\mathrm{T}}$ 为机器人 i 的位置矢量，v_i 为机器人 i 线速度矢量，θ_i 代表机器人 i 的朝向角。a_i，ω_i 为施加在机器人 i 上的控制输入，$\boldsymbol{r} = (\boldsymbol{r}_1, \boldsymbol{r}_2, \dots, \boldsymbol{r}_N)^{\mathrm{T}}$，$\boldsymbol{v} = (\boldsymbol{v}_1, \boldsymbol{v}_2, \dots, \boldsymbol{v}_N)^{\mathrm{T}}$

和 $\boldsymbol{\theta} = (\theta_1, \theta_2, \ldots, r_N)^{\mathrm{T}}$ 分别为多机器人系统的位置、速度和朝向角矢量。$\boldsymbol{r}_{ij} = \boldsymbol{r}_i - \boldsymbol{r}_j$ 代表机器人 i 和机器人 j 的相对位置矢量。

本节的控制目标是，在系统拓扑初始强连通的条件下，如何设计一组分布式光滑有界的控制协议使得多无人车系统可以同时实现线速度和朝向角的渐近趋同，彼此避免碰撞，同时系统的强连通性在系统演化过程中始终能够得到保持，即在系统拓扑初始连通的条件下，使得系统的代数连通度 $\lambda_2(\boldsymbol{L}(t)) > 0, \ \forall t \geqslant 0$。

2. 预备知识

考虑到实际环境中存在的障碍物，首先简单介绍人工势场法 (Artificial Potential Field, APF)，这种方法由于它的简单性和易于实现而被广泛采用。基本思想是将机器人在障碍物环境中的运动视为一种机器人在虚拟的人工受力场中的运动。目标点对机器人产生引力，障碍物对机器人产生斥力，引力和斥力的合力作为机器人的控制力，从而控制机器人避开障碍物而到达目标位置。

将机器人的运动空间定义为一个抽象势场，该势场为目标位置的引力场和运动空间中障碍物的斥力场的叠加。引力场随机器人与目标点的距离增加而单调递增，且方向指向目标点，斥力场在机器人处在障碍物位置时有一极大值，并随机器人与障碍物距离的增大而单调减小，方向指向远离障碍物方向。传统的人工势场如下定义：

机器人与目标点之间的引力场为

$$U_a(\boldsymbol{r}) = \frac{1}{2} k_a \rho^2(\boldsymbol{r} - \boldsymbol{r}_g)$$

其中，k_a 是引力增益系数，$\boldsymbol{r}$ 是机器人当前位置，$\boldsymbol{r}_g$ 是目标点位置，$\rho(\boldsymbol{r} - \boldsymbol{r}_g)$ 是机器人与目标点的距离。对引力场函数在机器人所在位置进行负梯度计算即可得到对应的引力值

$$F_a(\boldsymbol{r}) = -\nabla U_a(\boldsymbol{r}) = -k_a \rho(\boldsymbol{r} - \boldsymbol{r}_g)$$

显然，引力与机器人当前位置到目标点的距离有关，距目标点越远，吸引力越大；距目标点越近，机器人所受到的吸引力越小。当机器人到达目标点时，吸引力为 0。

斥力场公式如下

$$U_r(\boldsymbol{r}) = \begin{cases} \dfrac{1}{2} k_r \left(\dfrac{1}{\rho(\boldsymbol{r} - \boldsymbol{r}_o)} - \dfrac{1}{\rho_o} \right), \rho(\boldsymbol{r} - \boldsymbol{r}_o) \leqslant \rho_o \\ 0, \rho(\boldsymbol{r} - \boldsymbol{r}_o) > \rho_o \end{cases}$$

其中，k_r 是障碍物的斥力比例系数，$\boldsymbol{r}_o$ 是障碍物的位置，$\boldsymbol{r} - \boldsymbol{r}_o$ 是机器人与障碍物的距离，ρ_o 是障碍物的影响距离。斥力场场强与机器人到障碍物的距离成反比，机器人距离障碍物越近，受到的斥力就越大。对斥力场函数在机器人所在位置进行负梯度的计算即可得到对应的斥力值

$$F_r(\boldsymbol{r}) = -\nabla U_r(\boldsymbol{r}) = \begin{cases} a = 1 + 2k_r \left(\dfrac{1}{\rho(\boldsymbol{r} - \boldsymbol{r}_o)} - \dfrac{1}{\rho_o} \right) \dfrac{1}{(\boldsymbol{r} - \boldsymbol{r}_o)^2}, \boldsymbol{r} - \boldsymbol{r}_o \leqslant \rho_o \\ 0, \boldsymbol{r} - \boldsymbol{r}_o > \rho_o \end{cases}$$

机器人在运动空间中的合势场和合力分别为

$$U_{tol}(\boldsymbol{r}) = U_a(\boldsymbol{r}) + U_r(\boldsymbol{r})$$

$$F_{tol}(\boldsymbol{r}) = F_a(\boldsymbol{r}) + F_r(\boldsymbol{r})$$

机器人在合势场的作用下，从高势场位置沿势场的负梯度方向逐步向低势场位置运动，由于目标点被设计为合势场的全局极小点（见图 8.16）。因此，从理论上来说机器人能够最终到达目标点。

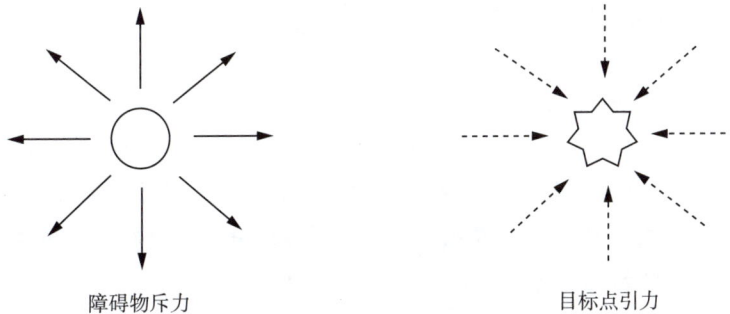

障碍物斥力　　　　　　　　　目标点引力

图 8.16　势力场示意图

3. 控制器设计

为系统设计如下所示的分布式控制协议

$$
\begin{aligned}
a_i = &- \sum_{j \in N_i} a_{ij} \left(\langle \nabla_{r_i} V_i, (\cos\theta_i, \sin\theta_i)^{\mathrm{T}} \rangle - \langle \nabla_{r_j} V_j, (\cos\theta_j, \sin\theta_j)^{\mathrm{T}} \rangle \right) \left\| \sum_{j \in N_i} a_{ij}(\boldsymbol{v}_i - \boldsymbol{v}_j) \right\| \\
&- k \sum_{j \in N_i} a_{ij}(\boldsymbol{v}_i - \boldsymbol{v}_j) - \frac{1}{2} \nabla_{r_i} V_i \\
\omega_i = &- \sum_{j \in N_i} a_{ij} \left(\langle \nabla_{r_i} V_i, (\cos\theta_i, \sin\theta_i)^{\mathrm{T}} \rangle - \langle \nabla_{r_j} V_j, (\cos\theta_j, \sin\theta_j)^{\mathrm{T}} \rangle \right) \left\| \sum_{j \in N_i} a_{ij}(\theta_i - \theta_j) \right\| \\
&- k \sum_{j \in N_i} a_{ij}(\theta_i - \theta_j)
\end{aligned}
$$

$$(8.71)$$

其中 $k > 0$ 为控制增益，$\nabla_{r_i} V_i$ 为函数 V_i 关于 $\boldsymbol{r}_i$ 的梯度，$\langle \cdot \rangle$ 表示向量内积。$V_i = \Sigma_{j \in \mathcal{N}_i} V_{ij}$ 为与机器人 i 与所有邻居机器人间的复合人工势场函数。为了在有界控制输入的条件下使得整个系统能够实现期望的稳定运动，$V_{ij}(\|\boldsymbol{r}_{ij}\|)$ 应设计为以智能体 i 和 j 间相对距离 $\|\boldsymbol{r}_{ij}\|$ 为自变量的一个非负有界的光滑函数，同时解决碰撞规避、距离镇定和连通性保持问题。因此，V_{ij} 应满足以下几个性质：

① $V_{ij}(\|\boldsymbol{r}_{ij}\|)$ 在 $\|\boldsymbol{r}_{ij}\| \in (0, R_j)$ 内连续可微，R_j 为 j 的通信半径；

② $V_{ij}(\|\boldsymbol{r}_{ij}\|)$ 在 $\|\boldsymbol{r}_{ij}\| \in (0, d)$ 内单调递减，且在 $\|\boldsymbol{r}_{ij}\| \in (d, R_j)$ 单调递增，其中 $\epsilon_1 < d < R_j - \epsilon_2$，$\epsilon_1 = \min_{(i,j) \in \mathcal{E}(0)} \{\|\boldsymbol{r}_{ij}(0)\|\}$，$\epsilon_2$ 为通信半径的迟滞常量；

③ $V_{ij}(0) = c_1 + H_{\max}, V_{ij}(R_j) = c_2 + H_{\max}$，其中，$c_1, c_2 > 0$，$H_{\max}$ 定义为

$$H_{\max} = \max_{(i,j) \in \mathcal{E}(0)} \{V_{ij}(\varepsilon_1), V_{ij}(R_j - \varepsilon_2)\}$$

可以看出，性质①可确保控制器的光滑性。性质②表明 V_{ij} 能够在机器人 i 和 j 间相对距离趋于 R_j 时产生吸引力，相对距离 $\|\boldsymbol{r}_{ij}\|$ 趋于 0 时产生排斥力。显然，V_{ij} 可在 $\|\boldsymbol{r}_{ij}\| = d$ 处达到最小值。性质③表明势场函数 V_{ij} 能够在机器人 i 和 j 间相对距离为 R_j 时产生足够大的吸引力，以保证机器人间的连通性保持，同时又可在机器人 i 和 j 间相对距离为 0 时产生足够大的排斥力以避免彼此发生碰撞。因此，设计如下形式的势场函数

$$V(\|\boldsymbol{r}_{ij}\|) = \frac{(\|\boldsymbol{r}_{ij}\| - d)^2 (R_j - \|\boldsymbol{r}_{ij}\|)}{\|\boldsymbol{r}_{ij}\| + \dfrac{d^2(R_j - \|\boldsymbol{r}_{ij}\|)}{c_1 + H_{\max}}} + \frac{\|\boldsymbol{r}_{ij}\|(\|\boldsymbol{r}_{ij}\| - d)^2}{(R_j - \|\boldsymbol{r}_{ij}\|) + \dfrac{\|\boldsymbol{r}_{ij}\|(R_j - d)^2}{c_2 + H_{\max}}} \tag{8.72}$$

定理 8.7

考虑由 N 个具有非完整约束的多轮式移动机器人系统(8.70)，为每个机器人设计控制律(8.71)，并且假定初始拓扑为强连通图且初始能量有限，则所有机器人的线速度和朝向角最终会渐近趋同，且机器人彼此可以实现碰撞规避，相对距离可以得到渐近镇定，整个系统可实现稳定的群集运动行为。

4. 仿真及实物实验验证

实验程序主要采用 C++ 来编写，机器人仿真系统采用无人车自带的线速度、角速度相关编码器的分辨率 0.6cm/s，30°/s。这里设定可以容许的位置和角度误差分别是 0.15m 和 60 弧度。仿真中使用满足运动学模型 (8.70) 的在平面上运动的 5 个无人车。仿真初始时刻 $t_0 = 0$s，系统仿真时间为 50s。各无人车的通信/感知半径为 $R_1 = R_2 = R_4 = 2.5$m，$R_3 = R_5 = 3$m。初始位置、速度和朝向角随机选取但须满足下列条件：

(1) 所有无人车的初始位置均位于半径为 $R = 10$m 的圆周内，并且保证系统的初始拓扑为连通图；

(2) 所有无人车的初始速度大小在 $[0, 2]$m/s 范围内随机选择；

(3) 所有无人车的初始朝向角在 $(-\pi, \pi]$ 弧度范围内随机选择。

图 8.17 给出了在控制律(8.71)作用下系统的群集运动控制过程的仿真结果。图 8.17（a）给出了初始拓扑，无人车用矩形表示，无人车之间的通信关系用带箭头的实线表示。整个系统运动的典型时刻如图 8.17（b）～（d）所示，可以看出，所有无人车在系统整个运动过程中彼此不会发生碰撞。

图 8.18（a）～（c）分别给出了系统沿 x 轴、y 轴的速度演化曲线以及朝向角演化曲线，从中可以看出系统中所有的无人车最终能够实现速度和朝向角的渐近趋同，稳定的群集运动行为最终能够得到实现。

图 8.19 给出了控制律(8.71)作用下多无人车系统群集运动实验全过程的典型时刻。图 8.19（a）为系统的初始状态，图 8.19（b）和（c）为系统在 $t = 25$s 和 $t = 30$s 时的状态。系统的最终状态由图 8.19（d）所示。可以看出，系统拓扑图的强连通性始终能够得到保持。所有无人车最终可以形成一个紧致的群簇并实现彼此间速度和朝向角的同步。

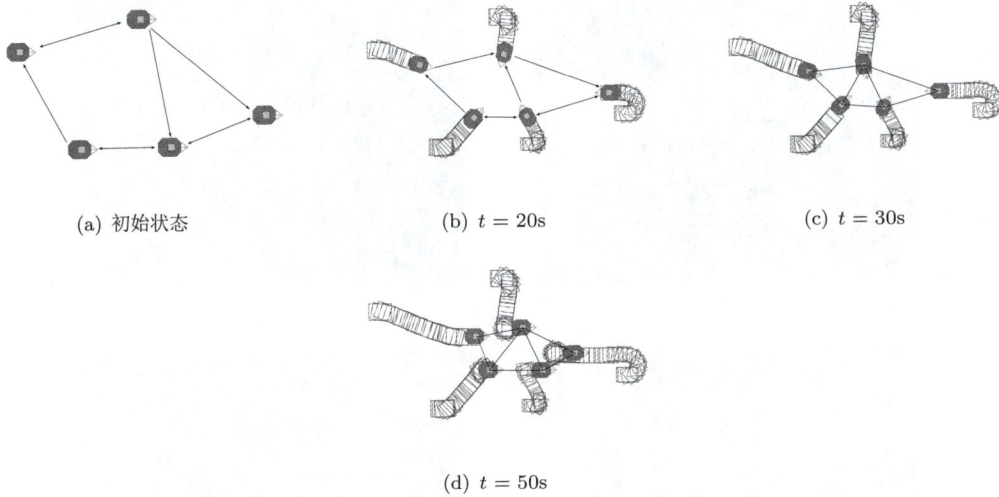

(a) 初始状态   (b) $t = 20s$ (c) $t = 30s$

(d) $t = 50s$

图 8.17   控制律 (8.71) 作用下的 5 个无人车的群集运动仿真

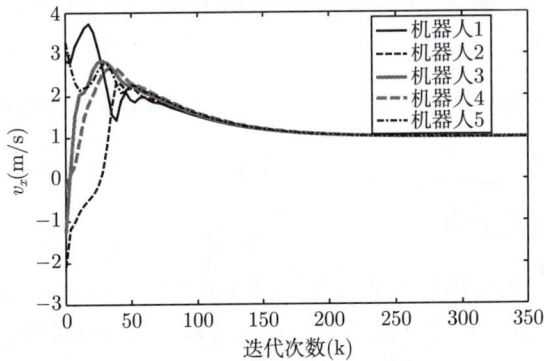

（a）X 轴速度演化曲线

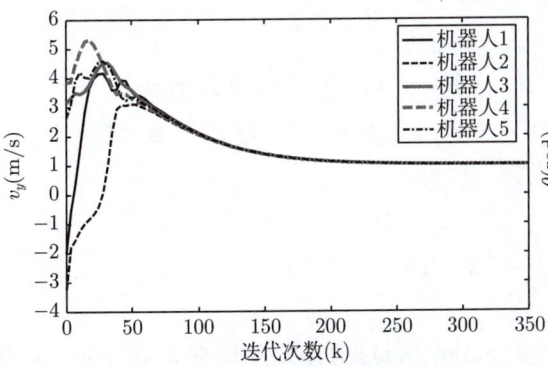

（b）Y 轴速度演化曲线

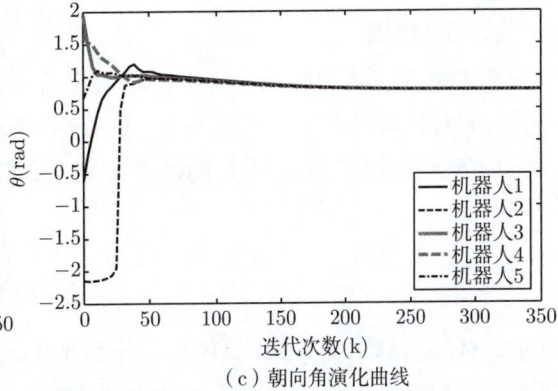

（c）朝向角演化曲线

图 8.18   连通性保持下系统的速度和朝向角演化曲线

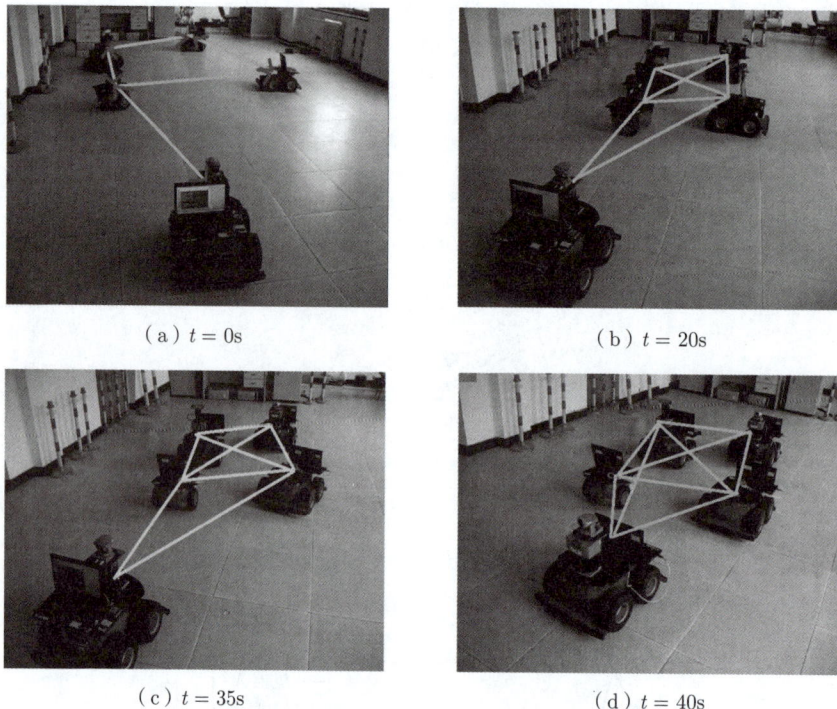

（a）$t = 0$s

（b）$t = 20$s

（c）$t = 35$s

（d）$t = 40$s

图 8.19　控制律 (8.71) 作用下多无人车系统群集运动实验

8.5.2　多无人机区域覆盖控制

多无人机区域覆盖问题是指控制无人机运动使其感知范围逐步覆盖整个区域，以实现对该区域的高效侦察，可广泛应用于区域监视、军事侦察、灾害救援等领域。本节将重点介绍多无人机的区域覆盖控制问题，设计分布式自适应控制策略，使得无人机根据环境情况自适应移动。

1. 问题建模

考虑 n 个无人机随机分布在目标区域 $\boldsymbol{Q} \in \mathbf{R}^N$。多无人机的位置信息为 $\boldsymbol{p} = [p_1^{\mathrm{T}}, p_2^{\mathrm{T}}, \cdots, p_n^{\mathrm{T}}]^{\mathrm{T}}$。目标区域的敏感度函数为 $\phi(\boldsymbol{q}) : \mathbf{R}^2 \to \mathbf{R}^+$，其中 $\boldsymbol{q}$ 为目标区域 $\boldsymbol{Q}$ 内任意一点。

为了定量地描述多无人机的覆盖效果，定义如下代价函数

$$H(\boldsymbol{p}, W, \phi) = \sum_{i=1}^{n} \int_{\boldsymbol{W}_i} f(\boldsymbol{p}_i, \boldsymbol{q})\phi(\boldsymbol{q})\mathrm{d}\boldsymbol{q} \tag{8.73}$$

其中，$\boldsymbol{W} = \{\boldsymbol{W}_1, \boldsymbol{W}_2, \cdots, \boldsymbol{W}_n\}$ 表示每个无人机的分配区域，$f(\boldsymbol{p}_i, \boldsymbol{q})$ 用来衡量第 i 个无人机到其分配区域内任意一点 $\boldsymbol{q}$ 的测量代价。

由式 (8.73) 可知，多无人机覆盖网络的覆盖效果与无人机的位置 $\boldsymbol{p}$，每个无人机所分配的区域 $\boldsymbol{W}_i$ 以及敏感度函数 $\phi(\boldsymbol{q})$ 有关。本节主要通过控制无人机的位置，调节每个无人机的分配区域，使得该代价函数最终达到最小。

针对目标区域的最优分割策略，采用 Voronoi(维诺) 分配原则对目标区域进行分割。维诺图又称为泰森多边形或 Dirichlet 图，它由一组连续多边形组成，而每个多边形是由连接两个邻点的直线的垂直平分线组成，具体定义如下：

定义 8.9 (Voronoi 图)

考虑 n 个无人机在目标区域内，$\boldsymbol{p} = \left[\boldsymbol{p}_1^{\mathrm{T}}, \boldsymbol{p}_2^{\mathrm{T}}, \cdots, \boldsymbol{p}_n^{\mathrm{T}}\right]^{\mathrm{T}}$ 为无人机的位置，定义函数 $f(\boldsymbol{p}_i, \boldsymbol{q})$ 为第 i 个无人机到目标区域内任意一点 $\boldsymbol{q}$ 的测量代价，则目标区域的 Voronoi 分割可表示为

$$V_i = \left\{\boldsymbol{p} \in \boldsymbol{Q} \,|\, f(\boldsymbol{p}_i, \boldsymbol{q}) \leqslant f(\boldsymbol{p}_j, \boldsymbol{q}), i, j = 1, 2, \cdots, n, j \neq i\right\}$$

♣

在此基础上，给出如下引理。

引理 8.15

在目标区域 $\boldsymbol{Q}$ 内，n 个无人机随机分布，其位置信息为 $\boldsymbol{p}$。根据当前时刻的位置信息，多无人机的最优区域分配原则为 Voronoi 分割。

♡

由该引理可知，在目标区域内，每个无人机的最优覆盖区域为 Voronoi 区域，其大小形状不仅与该无人机及其邻居的位置息息相关，还与每个无人机的测量代价有关。因此，在计算目标区域内的最优分配区域时，首先需要定义每个无人机的代价函数。

本节假设每个无人机的测量代价相同，且与该无人机到目标点的距离成正比，即 $f(\boldsymbol{p}_i, \boldsymbol{q}) = \|\boldsymbol{p}_i - \boldsymbol{q}\|^2$。在此基础上，覆盖网络在目标区域内的 Voronoi 分割为

$$V_i = \left\{\boldsymbol{q} \in \boldsymbol{Q} \,\big|\, \|\boldsymbol{p}_i - \boldsymbol{q}\|^2 \leqslant \|\boldsymbol{p}_j - \boldsymbol{q}\|^2, i, j = 1, 2, \cdots, n, j \neq i\right\} \tag{8.74}$$

因此，多无人机在目标区域内的 Voronoi 区域分割如图 8.20 所示，其中，圆点表示无人机的位置，实线为 Voronoi 区域的边界。由该图可知，当以 $f(\boldsymbol{p}_i, \boldsymbol{q}) = \|\boldsymbol{p}_i - \boldsymbol{q}\|^2$ 为测量代价时，目标区域内负责的 Voronoi 区域均为多边形。此外，结合每个 Voronoi 区域内的敏感度函数 $\phi(\boldsymbol{q}), \boldsymbol{q} \in V_i$，每个无人机的 Voronoi 区域具有如下特性：

$$M_{V_i} = \int_{V_i} \phi(\boldsymbol{q}) \mathrm{d}\boldsymbol{q}$$

$$L_{V_i} = \int_{V_i} \boldsymbol{q} \phi(\boldsymbol{q}) \mathrm{d}\boldsymbol{q}$$

$$C_{V_i} = L_{V_i} / M_{V_i}$$

其中，M_{V_i} 为 V_i 的质量，L_{V_i} 为 V_i 的静力矩，C_{V_i} 为 V_i 的质心。

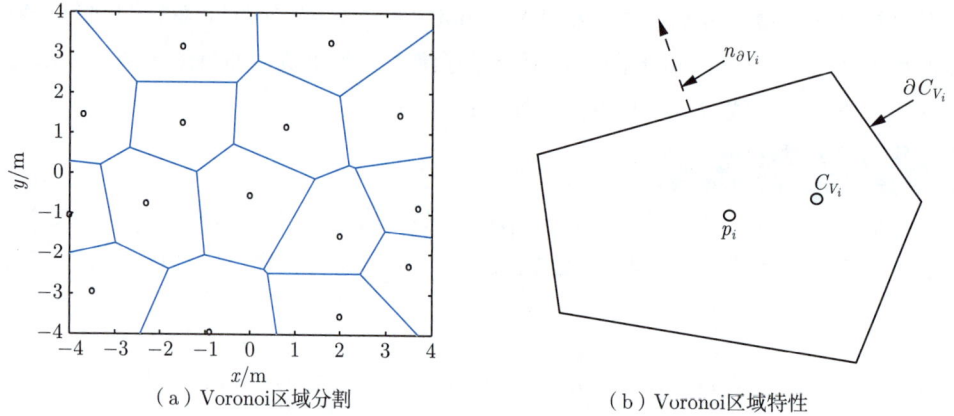

(a) Voronoi区域分割　　　　　　　　(b) Voronoi区域特性

图 8.20　Voronoi 分割及其特性

由于 $f(\boldsymbol{p}_i, \boldsymbol{q}) = \|\boldsymbol{p}_i - \boldsymbol{q}\|^2$ 且函数 $\phi(\boldsymbol{q}) : \mathbf{R}^2 \to \mathbf{R}^+$，每个无人机 Voronoi 图的质量 M_{V_i} 均为正数。此外，根据以上定义，Voronoi 图的质量 M_{V_i} 与质心 C_{V_i} 均仅与 Voronoi 图的形状与其内的敏感度函数 $\phi(\boldsymbol{q})$ 相关。由此可知，Voronoi 图的质量与质心属于其自身特性，并不会随着目标区域形状的变化而变化。

2. 控制器设计

当目标区域内的敏感度函数 $\phi(\boldsymbol{q})$ 已知，且每个无人机的测量代价函数为 $f(\boldsymbol{p}_i, \boldsymbol{q}) = \|\boldsymbol{p}_i - \boldsymbol{q}\|^2$ 时，代价函数可表示为

$$H(\boldsymbol{p}) = \sum_{i=1}^{n} \int_{V_i} \|\boldsymbol{p}_i - \boldsymbol{q}\|^2 \phi(\boldsymbol{q}) \mathrm{d}\boldsymbol{q} \tag{8.75}$$

其中，代价函数 $H(\boldsymbol{p})$ 仅与无人机的位置信息相关。此外，式 (8.66) 是关于 $\boldsymbol{p}$ 的凸函数。根据优化理论，本节采用梯度下降的方法对代价函数 $H(\boldsymbol{p})$ 进行优化处理。

为了便于分析，将每个无人机的动力学模型简化为

$$\dot{p}_i(t) = u_i(t) \tag{8.76}$$

其中，$\dot{p}_i(t)$ 和 $u_i(t)$ 分别为无人机 i 的位置和控制输入。

对代价函数 $H(p)$ 沿每个无人机的轨迹求偏导可得

$$\frac{\partial H(p)}{\partial p_i} = \int_{V_i} \frac{\partial}{\partial p_i}(p_i - q)^2 \phi(q) \mathrm{d}q + \int_{\partial V_i} \frac{\partial q_{\partial V_i}(p)}{\partial p_i} n_{\partial V_i}(p_i - q)^2 \mathrm{d}q$$

$$+ \sum_{j \in \mathcal{N}_i} \int_{l_{ji}} \frac{\partial q_{l_{ji}}(p_i, p_j)}{\partial p_i} n_{l_{ji}}(p_i - q)^2 \mathrm{d}q \tag{8.77}$$

其中，∂V_i 和 $q_{\partial V_i}$ 分别表示第 i 个无人机的 Voronoi 区域的边界与边界上的点，$n_{\partial V_i}$ 为 V_i 边界的法线方向。$\mathcal{N}_i$ 为第 i 个无人机的邻居集合，l_{ji} 表示第 j 个无人机与第 i 个无人机的交界且 $q_{l_{ji}}(p_i, p_j)$ 表示该交界上的任意一点，$n_{l_{ji}}$ 为 l_{ji} 的法线方向。

在有界目标区域内，Voronoi 区域边界由两部分组成：目标区域的边界 ∂Q 与每个无人机的 Voronoi 内部边界 $\partial \bar{V}_i$。根据 Voronoi 区域划分的关系可知，$\partial \bar{V}_i$ 由 $l_{ij}, \forall j \in \mathcal{N}_i$ 组成，其中，l_{ij} 与 l_{ji} 方向相反。因此，式 (8.77) 可写为

$$\frac{\partial H(p)}{\partial p_i} = \int_{V_i} \frac{\partial}{\partial p_i}(p_i - q)^2 \phi(q)\mathrm{d}q + \int_{\partial Q} \frac{\partial q_{\partial Q}(p)}{\partial p_i} n_{\partial V_i}(p_i - q)^2 \mathrm{d}q$$

$$+ \sum_{j \in N_i} \int_{l_{ji}} \frac{\partial q l_{ji}(p_i, p_j)}{\partial p_i} n_{l_{ji}} \left[(p_i - q)^2 - (p_j - q)^2\right] \mathrm{d}q$$

由于目标区域的边界 ∂Q 是固定的，则有 $\dfrac{\partial q_{\partial Q}(p)}{\partial p_i} = 0$。对于上式中的第三项，根据 Voronoi 区域分割的定义，当 $q \in l_{ij}$ 时，$(p_i - q)^2 = (p_j - q)^2$。因此得

$$\frac{\partial H(p)}{\partial p_i} = \int_{V_i} \frac{\partial}{\partial p_i}(p_i - q)^2 \phi(q)\mathrm{d}q$$

根据凸优化理论，令 $\dfrac{\partial H(p)}{\partial p_i} = 0$ 得

$$p_i^* = \frac{\displaystyle\int_{V_i} q\phi(q)\mathrm{d}q}{\displaystyle\int_{V_i} \phi(q)\mathrm{d}q} = \frac{L_{V_i}}{M_{V_i}} = C_{V_i}$$

由此可知，每个无人机的最优覆盖位置为其 Voronoi 区域的质心 C_{V_i}。根据式 (8.76) 与反馈控制原理，设计每个无人机的控制律为

$$u_i = k_i\left(C_{V_i} - p_i\right), i = 1, 2, \cdots, n \tag{8.78}$$

其中，k_i 为正常数。

3. 稳定性分析

下面将给出多无人机系统在控制器 (8.78) 下实现最优覆盖的理论分析。首先给出以下定理。

> **定理 8.8**
>
> 考虑 n 个动力学方程为 (8.76) 的无人机在目标区域内，该目标区域的敏感度函数为 $\phi(q)$，则在控制律 (8.78) 下，多无人机系统将逐渐趋近于最优覆盖位置。 ♡

证明 考虑如下李雅普诺夫函数

$$V_l = \frac{1}{2}H(p) = \frac{1}{2}\sum_{i=1}^{n} \int_{V_i} \|p_i - q\|^2 \phi(q)\mathrm{d}q > 0$$

对 V_l 求导得

$$
\begin{aligned}
\dot{V}_l &= \frac{1}{2}\frac{\mathrm{d}H(p)}{\mathrm{d}t} = \frac{1}{2}\frac{\partial H(p)}{\partial p_i}\dot{p}_i \\
&= \frac{1}{2}\int_{V_i}\frac{\partial}{\partial p_i}(p_i-q)^2\phi(q)\mathrm{d}q\dot{p}_i \\
&= M_{V_i}(p_i - C_{V_i})\dot{p}_i \\
&= -k_i M_{V_i}(p_i - C_{V_i})^2 \leqslant 0
\end{aligned}
$$

由于目标区域 Q 与敏感度函数 $\phi(\boldsymbol{q})$ 均有界，李雅普诺夫函数 V_l 也有界。根据 Barbalat 引理可得 $\lim\limits_{t\to\infty}\dot{V}_l = 0$，即 $\lim\limits_{t\to\infty}p_i = C_{V_i}$。由此可知，在控制律 (8.78) 的作用下，无人机将逐渐趋近于最优覆盖位置。

定理 8.8 所提出的控制律为分布式控制律，每个无人机需要得到其邻居的位置信息来计算其 Voronoi 区域的质心 C_{V_i}。C_{V_i} 与每个无人机的 Voronoi 区域内的面积分相关，关于 C_{V_i} 的计算也是覆盖控制中的一个重点与难点。

值得注意的是，每个无人机的 Voronoi 区域质心 C_{V_i} 是时变的。由 Voronoi 区域的特性可知，每个无人机对应的区域质心 C_{V_i} 与其邻居的位置有关。任何一个无人机位置的变化都会引起其邻居的 Voronoi 区域发生改变，进而影响区域质心位置。这种状况会更进一步导致无人机的最优位置发生改变。

4. 仿真实验

考虑 32 个无人机随机分布在的目标区域 Q 内，其敏感度函数 $\phi(q)=1$。令控制器参数 $k_i=1$，则多智能体覆盖网络在目标区域 Q 内的最优覆盖结果如图 8.21所示。

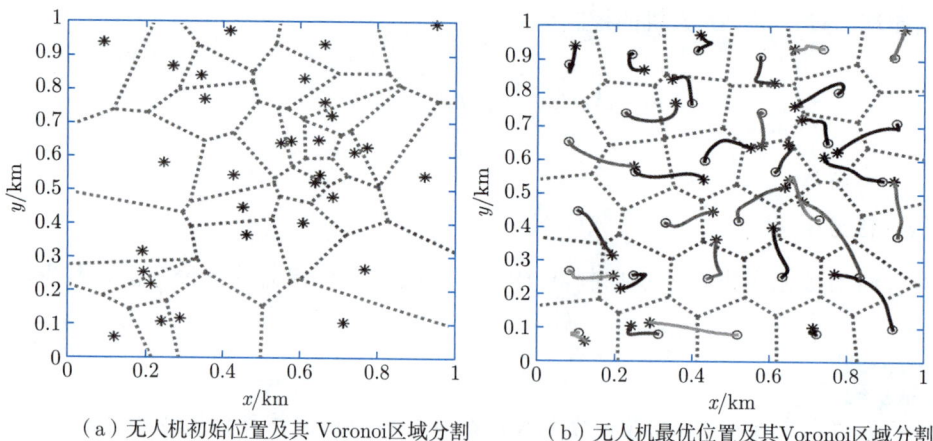

（a）无人机初始位置及其 Voronoi区域分割　（b）无人机最优位置及其Voronoi区域分割

图 8.21　多无人机系统最优覆盖控制

在图 8.21 中，无人机的初始位置与相应的 Voronoi 区域分割如图 8.21（a）所示，其中星号点表示无人机的位置，虚线为每个无人机 Voronoi 区域的边界。在图 8.21（a）中，无人机的初始位置为随机分布，且每个 Voronoi 区域大小不一。应用分布式控制律 (8.78)，控制目标区域内的多无人机趋向其最优位置，得到的最优覆盖结果如图 8.21（b）所示，其中，星号点与圆点分别表示无人机的初始位置与最优位置。相对于无人机的初始 Voronoi 分割，每个无人机负责的 Voronoi 区域得到了极大的优化，且大小基本类似。

图 8.22（a）为每个无人机距其 Voronoi 区域的质心 C_{V_i} 的距离，每个无人机距其质心的距离逐渐趋近于 0，即 $\lim_{t \to \infty} \|\boldsymbol{p}_i - \boldsymbol{C}_{V_i}\| = 0$。因此，从该仿真结果可知，在控制律 (8.78) 的作用下，多无人机系统将逐渐趋向于最优分布。此外，每个无人机控制律如图 8.22（b）所示，其中每个无人机的控制律趋向于 0。这一仿真结果从另一方面验证了式 (8.78) 的有效性与最优性。

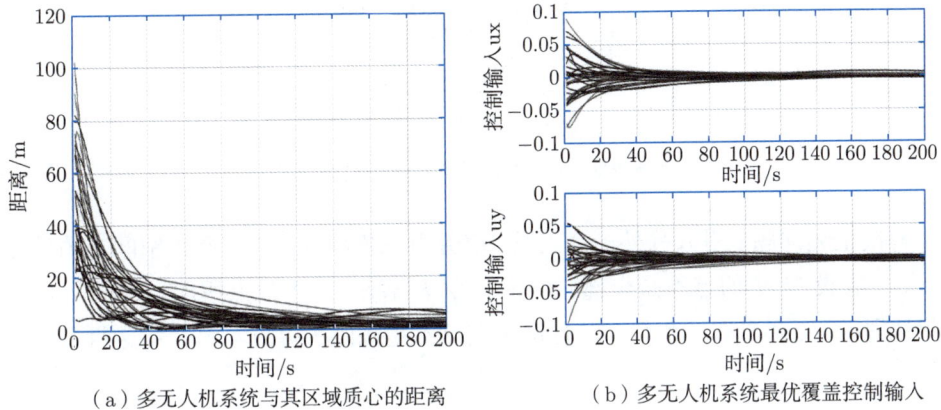

（a）多无人机系统与其区域质心的距离　　（b）多无人机系统最优覆盖控制输入

图 8.22　仿真结果

8.5.3　面向平均区域覆盖的多机器人分布式控制

前面介绍的区域覆盖问题采用维诺图 (Voronoi Diagram) 分割覆盖区域并使用 Lloyd 算法控制机器人前往维诺图细胞中心。然而传统 Lloyd 算法存在不平衡问题，即机器人覆盖区域面积大小不一，这极大降低了多机器人的协作效率。针对平均区域覆盖问题，如何设计一种改进 Lloyd 算法，将维诺图中各细胞面积方差引入 Lloyd 算法，实现整个区域面积更为平均的划分和机器人对该区域的覆盖是本节的重点。

1. 问题建模

假设需覆盖的多边形区域为 Q，区域 Q 上的一点表示为 $\boldsymbol{q}$，传统 Lloyd 算法中，区域 Q 中的每个点都由离该点最近的机器人负责覆盖，每个点的代价为其与最近机器人之间距离的平方，整个区域代价为区域内每个点代价的积分，即覆盖代价函数。基于该代价函数设计的控制器会使得机器人最终稳定至细胞中心，而无法保证各细胞面积的均衡性。为此，需要随着机器人的运动，整个区域实现平均划分，同时机器人稳定至细胞中心（见图 8.23）。

在传统 Lloyd 算法中，机器人 i 的控制律被设置为(8.78)。可以看出，机器人 i 始终朝着自己所在的细胞的中心运动。注意一点，当 $\boldsymbol{p}$ 变化时，维诺图 $V(Q\,\boldsymbol{p})$ 中的各细胞也会随着变化，导致 C_{V_i} 也会发生改变。接下来的问题是，当一个机器人在只知道与邻居的相对位置的情况下，如何计算出自己所处细胞的边界的位置，以便计算出所属细胞的面积和中心。

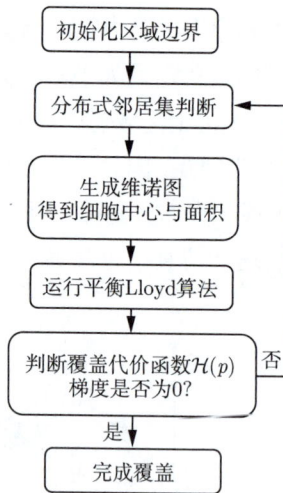

图 8.23　平均区域覆盖控制的总体流程

为了解决上述问题，引入另外一个工具：德劳内三角剖分。$\mathcal{V}$ 是欧氏空间上的顶点集，并且 $|\mathcal{V}| \geqslant 3$。假设 $\mathcal{V}$ 中的点不是全部共线的。令 $\mathcal{E}$ 表示 $\mathcal{V}$ 中顶点所能形成的所有线段的集合。如果线段 $e_1\,e_2 \in \mathcal{E}$ 有一个交点，且这个交点不是线段的端点，那么称这两个线段是完全相交的。

> **定义 8.10　（最大平面分割）**
>
> 线段集 $\mathcal{E}' \subset \mathcal{E}$。当 $\mathcal{E}'$ 中的线段两两不完全相交，且对于任意的 $e_i \in \mathcal{E} - \mathcal{E}'$，总存在 $e_j \in \mathcal{E}'$，使得 $e_i\,e_j$ 完全相交。那么称图 $G = (\mathcal{V}\,\mathcal{E})'$ 是点集 $\mathcal{V}$ 的一个最大平面分割。♣

$\mathcal{V}$ 的三角剖分被定义为该点集的最大平面分割。如果一个三角剖分中的所有三角形的外接圆内都不含有集合 $\mathcal{V}$ 中的任何点，那么称该剖分为德劳内三角剖分。

在维诺图 $V(Q\,\boldsymbol{p})$ 中，如果细胞 V_i 和 V_j 有公共的维诺边，那么称这两个细胞是相邻的，表示为 $(i\,j) \in \mathcal{E}^V$。定义机器人 i 在维诺图 $V(Q\,\boldsymbol{p})$ 中的邻居集为 $\mathcal{N}^V = \{j | (i\,j) \in \mathcal{E}^V\}$。

> **定理 8.9**
>
> 图 $G^V = (\boldsymbol{p}\,\mathcal{E}^V)$ 是维诺图 $V(Q\,\boldsymbol{p})$ 基点集的德劳内三角剖分。♡

如图 8.24 所示，维诺图和德劳内三角剖分互为对偶图，机器人可以通过构建德劳内三角剖分，来计算出自己所在的细胞的边界。机器人 i 将自己标号为 0，离自己最近的一个邻居标号为 1，然后将邻居逆时针排列，依次标号为 $1\,2\,\cdots\,|\mathcal{N}_i|$。标号为 j 的机器人记为 $\mathcal{N}_i(j)$，特别地，$\mathcal{N}_i(0) = i$。假设任意三个机器人之间都不共线，定义 $\mathcal{O}_{jkl}^i$ 表示由点 $\mathcal{N}_i(j)\,\mathcal{N}_i(k)\,\mathcal{N}_i(l)$ 生成的外接圆。$m \in \mathcal{O}_{jkl}^i$ 表示点 $\mathcal{N}_i(m)$ 在圆 $\mathcal{O}_{jkl}^i$ 内，相应地，$m \notin \mathcal{O}_{jkl}^i$ 表示点 $\mathcal{N}_i(m)$ 不在圆 $\mathcal{O}_{jkl}^i$ 内。当机器人 i 的邻居小于 3 时，显然，此时 $\mathcal{N}_i^V = \mathcal{N}_i$。

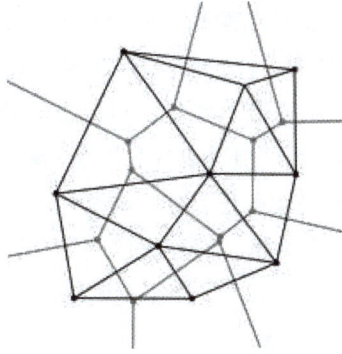

图 8.24　维诺图与德劳内三角化的关系

2. 控制器设计

根据维诺图的定义可知，距离机器人 i 及其邻居相等的点，构成了细胞 V_i 的边界。令 $\boldsymbol{p}_i^m(1)$ 表示机器人 i 与机器人 $\mathcal{N}_i(1)$ 连线的中点。假设点 $\boldsymbol{p}_i^m(1)$ 位于细胞 V_i 边界的外部。此时，假设点 i 与 $\mathcal{N}_i(1)$ 的连线与边界的交点为 $\boldsymbol{p}_i^m(j)$，所以存在机器人 $\mathcal{N}_i(j)$ 到点 $\boldsymbol{p}_i^m(j)$ 的距离与机器人 i 到点 $\boldsymbol{p}_i^m(j)$ 的距离相等，由于 $\|\boldsymbol{p}_i - \boldsymbol{p}_i^m(j)\| < \|\boldsymbol{p}_i - \boldsymbol{p}_i^m(1)\|$。所以

$$\|\boldsymbol{p}_i - \boldsymbol{p}_{\mathcal{N}_i(j)}\| \leqslant 2\|\boldsymbol{p}_i - \boldsymbol{p}_i^m(j)\| < \|\boldsymbol{p}_i - \boldsymbol{p}_{\mathcal{N}_i(1)}\| \tag{8.79}$$

与机器人 $\mathcal{N}_i(1)$ 是机器人 i 距离最近的邻居矛盾。假设点 $\boldsymbol{p}_i^m(1)$ 位于细胞 V_i 的内部。此时，假设点 i 与 $\mathcal{N}_i(1)$ 的连线与边界的交点为 $\boldsymbol{p}_i^m(k)$。此时，则

$$\|\boldsymbol{p}_i - \boldsymbol{p}_i^m(k)\| > \|\boldsymbol{p}_{\mathcal{N}_i(1)} - \boldsymbol{p}_i^m(k)\| \tag{8.80}$$

与维诺图的定义矛盾。所以，机器人 i 与机器人 $\mathcal{N}_i(1)$ 连线的中点，位于细胞 V_i 的边界上。

下面，将各细胞之间的面积方差引入代价函数中，并给出计算其负梯度的方法。代价函数 $\tilde{\mathcal{H}}$ 的定义如下

$$\begin{aligned} \tilde{\mathcal{H}} = &\sum_{i \in \mathcal{V}} \int_{V_i} \|\boldsymbol{q} - \boldsymbol{p}_i\|^2 dq \\ &+ k\sum_{i \in \mathcal{V}} (S_i - \bar{S})^2/2 \end{aligned} \tag{8.81}$$

其中，$k \in \mathbb{R}$ 为正的常数，$\bar{S} = \sum_{i \in \mathcal{V}} S_i/n$ 表示细胞的平均面积。可以看出 $\tilde{\mathcal{H}}$ 相比上一节中介绍的代价函数 $\boldsymbol{H}(\boldsymbol{p})$ 多了一项，该项表示维诺图中各个细胞面积的方差。令 $\mathcal{H}_{var} = \sum_{i \in \mathcal{V}} (S_i - \bar{S})^2/2$。所以，

$$\tilde{\mathcal{H}} = \boldsymbol{H}(\boldsymbol{p}) + k\mathcal{H}_{var} \tag{8.82}$$

机器人 i 的控制律设计为

$$\boldsymbol{u}_i = -\alpha \frac{\partial \tilde{\mathcal{H}}}{\partial \boldsymbol{p}_i} \tag{8.83}$$

该控制律依赖负梯度控制的思想，将细胞面积方差的负梯度项加入控制器。在该控制律下，各机器人将往能够降低覆盖代价函数 $\tilde{\mathcal{H}}$ 的方向运动，即在趋向细胞中心的同时使细胞间面积方差减小。其中，α 为整个系统的控制增益，增大 α 可以提高整个系统的收敛速度；k 为两项代价函数的权衡，在相同条件下增加 k 的值可以提高细胞面积方差项的收敛速度。

如图 8.25，令 E_{ij} 表示细胞 V_i 和 V_j 边界处的维诺边，其长度表示为 l_{ij}。假设 V_i 在 V_j 的左侧，E_{ij} 上端点和下端点到机器人 i 与 j 的连线的距离分别表示为 l_{ij}^u 和 l_{ij}^d。如图 8.26，当机器人 i 往左运动 Δx 的距离时，边界 E_{ij} 将会往左运动 $\Delta x/2$，V_j 的面积将会增大 $\Delta x \cdot l_{ij}/2$，所以 $\dfrac{\partial S_j}{\partial \boldsymbol{p}_i}$ 沿 $\dfrac{(\boldsymbol{p}_i - \boldsymbol{p}_j)}{\|\boldsymbol{p}_i - \boldsymbol{p}_j\|}$ 方向的方向导数

$$\frac{\partial S_j}{\partial \boldsymbol{p}_i}\frac{(\boldsymbol{p}_i - \boldsymbol{p}_j)^{\mathrm{T}}}{\|\boldsymbol{p}_i - \boldsymbol{p}_j\|} = \lim_{\Delta x \to 0}\frac{\Delta x \cdot l_{ij}}{2\Delta x} = \frac{l_{ij}}{2} \tag{8.84}$$

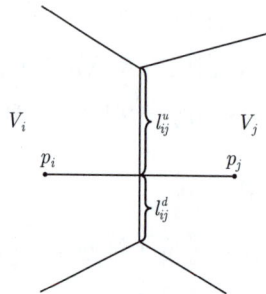

图 8.25　细胞边界的划分

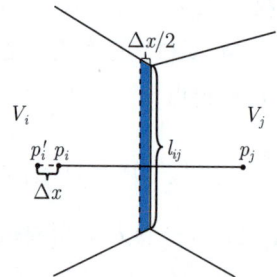

图 8.26　水平方向的方向导数

定义旋转矩阵 $R_{\pi/2}$ 为

$$R_{\pi/2} = \begin{bmatrix} 0 & -1 \\ 1 & 0 \end{bmatrix} \tag{8.85}$$

$\dfrac{\partial S_j}{\partial \boldsymbol{p}_i}$ 沿 $R_{\pi/2}\dfrac{(\boldsymbol{p}_i - \boldsymbol{p}_j)}{\|\boldsymbol{p}_i - \boldsymbol{p}_j\|}$ 方向的方向导数的计算会稍微复杂一些。首先考虑图 8.27（a）情况一中所示的情况，当机器人 i 往下运动时 Δx 距离时，细胞 V_j 会同时增加和减少一些三角

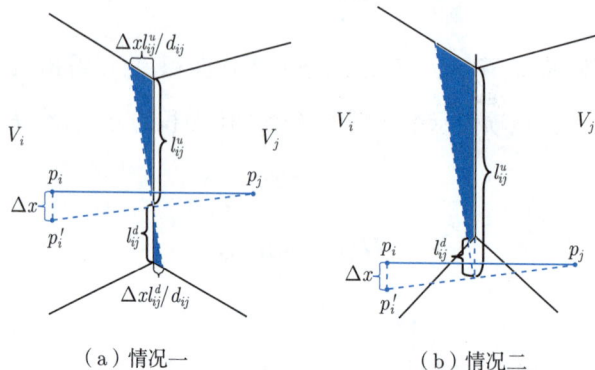

（a）情况一　　　　　（b）情况二

图 8.27　竖直方向的方向导数

形区域。令 h^u h^d 分别表示上方三角形以及下方三角形的高。由于维诺边是相邻机器人连线的垂直平分线,所以根据三角形相似理论,可以得到

$$\frac{h^u}{l_{ij}^u} = \frac{h^d}{l_{ij}^d} = \frac{\Delta x}{d_{ij}} \tag{8.86}$$

其中 $d_{ij} = \|\boldsymbol{p}_i - \boldsymbol{p}_j\|$ 表示机器人 i 与 j 之间的距离。所以

$$h^u = \frac{\Delta x \cdot l_{ij}^u}{d_{ij}} \quad h^d = \frac{\Delta x \cdot l_{ij}^d}{d_{ij}} \tag{8.87}$$

此时,方向导数

$$\begin{aligned}\frac{\partial S_j}{\partial \boldsymbol{p}_i} \frac{(\boldsymbol{p}_i - \boldsymbol{p}_j)^{\mathrm{T}} R_{\pi/2}^{\mathrm{T}}}{\|\boldsymbol{p}_i - \boldsymbol{p}_j\|} &= \lim_{\Delta x \to 0} \frac{l_{ij}^u h^u - l_{ij}^d h^d}{2\Delta x} \\ &= \frac{l_{ij}^{u\,2} - l_{ij}^{d\,2}}{2d_{ij}}\end{aligned} \tag{8.88}$$

然后,考虑竖直方向的另一种情况。如图 8.27(b)所示,当机器人 i 和 j 的连线与边界 R_{ij} 没有交点时,机器人 i 的向下运动,会导致 V_j 增加了一块不规则的四边形区域。注意到,这块四边形区域的面积可以表示为两个三角形的面积相减。所以,这种情况下,方向导数的值依然和式 (8.88) 一致。结合式 (8.84) 和式 (8.88),可以得出

$$\begin{aligned}\frac{\partial S_j}{\partial \boldsymbol{p}_i} &= \frac{l_{ij}}{2} \cdot \frac{(\boldsymbol{p}_i - \boldsymbol{p}_j)}{\|\boldsymbol{p}_i - \boldsymbol{p}_j\|} \\ &+ \frac{l_{ij}^{u\,2} - l_{ij}^{d\,2}}{2d_{ij}} \cdot \frac{R_{\pi/2}(\boldsymbol{p}_i - \boldsymbol{p}_j)}{\|\boldsymbol{p}_i - \boldsymbol{p}_j\|}\end{aligned} \tag{8.89}$$

综上,控制器为

$$\begin{aligned}\boldsymbol{u}_i = &-\alpha S_i(\boldsymbol{p}_i - \boldsymbol{c}_i) \\ &- \alpha k \sum_{j \in \mathcal{N}_i^V} (S_j - S_i)\left\{\frac{l_{ij}}{2} \cdot \frac{(\boldsymbol{p}_i - \boldsymbol{p}_j)}{\|\boldsymbol{p}_i - \boldsymbol{p}_j\|}\right. \\ &\left. + \frac{l_{ij}^{u\,2} - l_{ij}^{d\,2}}{2d_{ij}} \cdot \frac{R_{\pi/2}(\boldsymbol{p}_i - \boldsymbol{p}_j)}{\|\boldsymbol{p}_i - \boldsymbol{p}_j\|}\right)\right\}\end{aligned} \tag{8.90}$$

3. 仿真及实物实验

以无人机集群监视场景为例,不失一般性地,分别针对规则多边形 (正方形) 区域与狭窄不规则凹多边形区域进行仿真实验。首先初始化覆盖区域边界,得到机器人 i 与其邻居 j 之间的距离 d_{ij} 和自身细胞边界的位置,进而计算得到自身与其邻居细胞的面积 S,中心 $\boldsymbol{c}$,上下两段边界的长度 l_u,l_d。最后,每个机器人运行控制器式(8.90)直至完成收敛。

1) 正方形

考虑 Q 为一个边长为 4 的正方形,控制参数 α 设置为 2,$\tilde{\mathcal{H}}$ 中的 k 设置为 0.5。图 8.28 和图 8.29 展示了 25 个初始位置随机的机器人分别在 Lloyd 算法以及提高平衡性的 Lloyd 算法的作用下,最终收敛时的状态。可以直观地看出,修改后的 Lloyd 算法具有更好的平衡性。

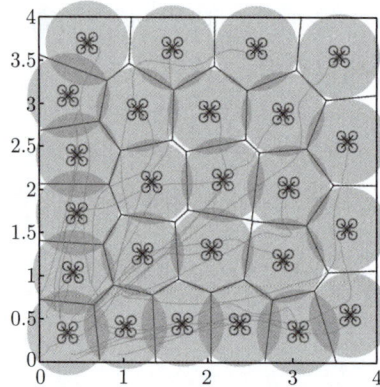

图 8.28　正方形区域覆盖收敛状态图 (Lloyd 算法)

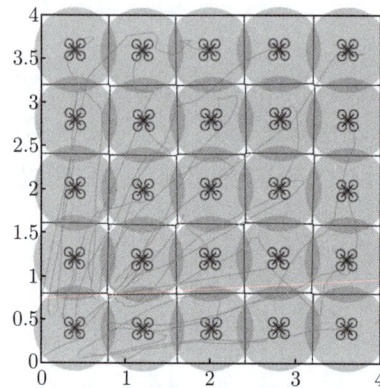

图 8.29　正方形区域覆盖收敛状态图 (改进的平衡 Lloyd 算法)

2) 狭窄不规则凹多边形

考虑 25 个机器人覆盖一个窄长的不规则凹多边形区域，该场景常出现于室内环境探索。参数设置同上。假定所有机器人从区域左下角出发。图 8.30 和图 8.31 展示了分别在 Lloyd 算法以及平衡 Lloyd 算法的作用下的覆盖情况。可以明显看出传统算法下，机器人对初始位置周围的区域覆盖密集，而对远处的探索不够充分。图 8.31 中，机器人可以更为均匀地分布至整个区域中。

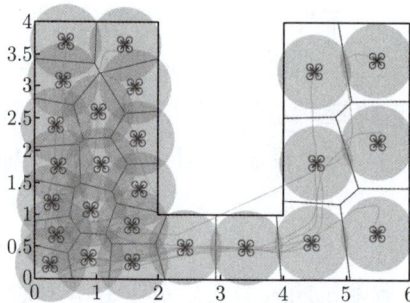

图 8.30　狭窄凹多边形区域覆盖收敛状态图 (Lloyd 算法)

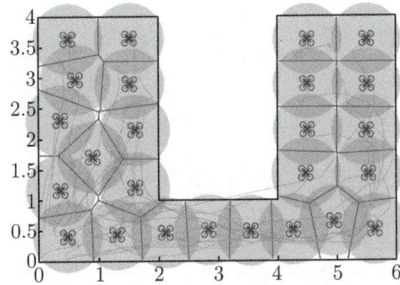

图 8.31　狭窄凹多边形区域覆盖收敛状态图 (改进的平衡 Lloyd 算法)

实物实验采用 Crazyflie2.1 微型四旋翼无人机，该无人机重量为 27g，适合用于室内以及集群飞行验证。由于无人机重量较轻，无法安装 GPS 或摄像头，因此使用 Optitrack 动作捕捉系统来实现自身定位。各无人机通过与地面站之间的通信间接获取其邻居的位置信息。整个硬件系统构成如图 8.32 所示。

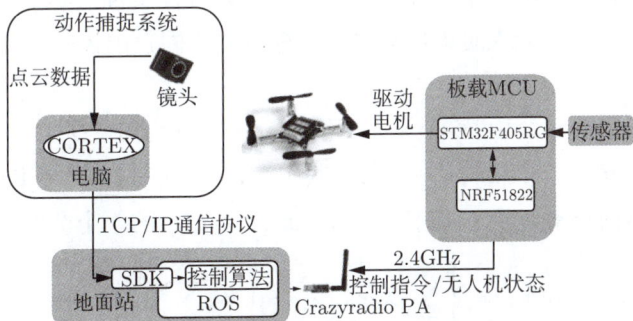

图 8.32　硬件系统构成

设置为 9 架无人机完成对一个边长为 $3 \times 3\text{m}^2$ 正方形区域的覆盖，无人机初始位置随机给定，算法流程与仿真实验相同。图 8.33 展示了无人机的覆盖过程，可以看出，无人机集群最终能够以一种较为规整的编队形态完成对区域的覆盖。无人机集群的实际速度变化图如图 8.34 所示，可以看出 9 架无人机最终速度均在零附近轻微波动，整个系统实现了收敛。

(a) 初始状态　　　(b) 平均覆盖过程　　　(c) 平均覆盖完成

图 8.33　无人机的覆盖过程

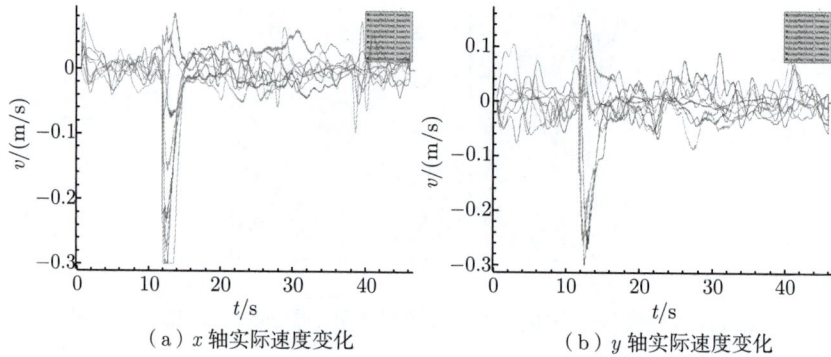

（a）x 轴实际速度变化　　　　　　　　（b）y 轴实际速度变化

图 8.34　无人机飞行过程中速度变化曲线

8.5.4　多无人艇协同包围控制

将多智能体系统协同控制应用于自主无人艇领域，可以极大地弥补单个无人艇作业能力的缺陷，可以使自主无人艇集群具有更强的健壮性、灵活性和更高的作业效率等。而围捕是集群智能的一个重要体现，即多个个体通过彼此的高效合作实现对单个目标或多目标的包围。本节将以此为背景，介绍多无人艇集群对单个目标艇的协同包围控制。

1. 问题建模

考虑一个无人艇集群系统由 N 个无人艇组成，并且 $N \geqslant 3$。令 $\mathbb{N} = \{1, 2, \cdots, N\}$。所有无人艇的位置分布为 $\boldsymbol{x} = [\boldsymbol{x}_1^{\mathrm{T}}, \boldsymbol{x}_2^{\mathrm{T}}, \cdots, \boldsymbol{x}_N^{\mathrm{T}}]$，其中，$\boldsymbol{x}_i = [x_{i,1}, x_{i,2}]^{\mathrm{T}} \in \mathbf{R}^2$，$i \in \mathbf{R}$ 表示第 i 艘艇在东北天坐标系下的位置。令 $\mathrm{co}(\boldsymbol{x})$ 作为 $\boldsymbol{x}_1, \boldsymbol{x}_2, \cdots, \boldsymbol{x}_N$ 的一个凸包，则

$$\mathrm{co}(\boldsymbol{x}) := \left\{ \sum_{i=1}^{N} \lambda_i \boldsymbol{x}_i : \lambda_i \geqslant 0, \forall i, \sum_{i=1}^{N} \lambda_i = 1 \right\}$$

同时，令

$$P_{\boldsymbol{x}_o}(\boldsymbol{x}) := \min_{s \in \mathrm{co}(\boldsymbol{x})} \|\boldsymbol{x}_o - \boldsymbol{x}\|$$

作为点 $\boldsymbol{x}_o$ 到 $\mathrm{co}(\boldsymbol{x})$ 的距离。显然，当且仅当 $P_{\boldsymbol{x}_o}(\boldsymbol{x}) = 0$，$\boldsymbol{x}_o \in \mathrm{co}(\boldsymbol{x})$。

每艘无人艇的运动学方程为

$$\dot{\boldsymbol{x}}_i = \boldsymbol{S}(\boldsymbol{\psi}_i) \begin{bmatrix} \boldsymbol{w}_i \\ \boldsymbol{v}_i \end{bmatrix}, i \in \mathbb{N} \tag{8.91}$$

其中，$\boldsymbol{w}_i$、$\boldsymbol{v}_i$、$\boldsymbol{\psi}_i$ 分别为前向速度、横向速度和艏向速度。旋转矩阵 $\boldsymbol{S}(\alpha)$ 为

$$\boldsymbol{S}(\alpha) := \begin{bmatrix} \cos\alpha & -\sin\alpha \\ \sin\alpha & \cos\alpha \end{bmatrix}, \alpha \in \mathbf{R} \tag{8.92}$$

设期望的 $\boldsymbol{w}_i$、$\boldsymbol{v}_i$、$\boldsymbol{\psi}_i$ 为 $\boldsymbol{w}_i^r$、$\boldsymbol{v}_i^r$、$\boldsymbol{\psi}_i^r$，定义以下误差

$$\tilde{\boldsymbol{w}}_i := \boldsymbol{w}_i - \boldsymbol{w}_i^r$$

$$\tilde{\boldsymbol{v}}_i := \boldsymbol{v}_i - \boldsymbol{v}_i^r$$

$$\tilde{\boldsymbol{\psi}}_i := \boldsymbol{\psi}_i - \boldsymbol{\psi}_i^r$$

则通过旋转矩阵可以得到无人艇的速度为

$$\dot{\boldsymbol{x}}_i = \boldsymbol{S}(\boldsymbol{\psi}_i^r) \left[\begin{array}{c} \boldsymbol{w}_i^r \\ \boldsymbol{v}_i^r \end{array} \right] + \boldsymbol{e}_i \tag{8.93}$$

其中，$\boldsymbol{x}_i = [x_1, x_2]^{\mathrm{T}} \in \mathbf{R}^2$ 是无人艇在东北坐标系下的位置，$\boldsymbol{S}(\boldsymbol{\psi}_i^r)$ 为旋转矩阵，满足式(8.92)，$\boldsymbol{e}_i$ 可视为干扰项，其表达式如下

$$\boldsymbol{e}_i = [\boldsymbol{S}(\boldsymbol{\psi}_i^r + \tilde{\boldsymbol{\psi}}_i) - \boldsymbol{S}(\boldsymbol{\psi}_i^r)] \left[\begin{array}{c} \boldsymbol{w}_i^r \\ \boldsymbol{v}_i^r \end{array} \right] + \boldsymbol{S}(\boldsymbol{\psi}) \left[\begin{array}{c} \tilde{\boldsymbol{w}}_i^r \\ \tilde{\boldsymbol{v}}_i^r \end{array} \right]$$

本节的控制目标如下定义。

定义 8.11 （渐近包围）

若 $P_{\boldsymbol{x}_o}(\boldsymbol{x})$ 满足

$$\lim_{t \to \infty} P_{\boldsymbol{x}_o}(\boldsymbol{x}(t)) = 0 \tag{8.94}$$

则称一艘位置为 $\boldsymbol{x}_o \in \mathbf{R}^2$ 的目标艇被位置分布为 $\boldsymbol{x}$ 的 N 艘无人艇渐近包围。 ♣

对于任意的 $\boldsymbol{u}_i^r \in \mathbf{R}^2$ 和 $\boldsymbol{v}_i^r < \|\boldsymbol{u}_i^r\|$，令

$$\boldsymbol{w}_i^r = \sqrt{\|\boldsymbol{u}_i^r\| - (\boldsymbol{v}_i^r)^2}$$
$$\boldsymbol{\psi}_i^r = 2k\pi + \angle\boldsymbol{\psi}_i^r - \arctan\left(\frac{\boldsymbol{v}_i^r}{\boldsymbol{w}_i^r}\right)$$

其中，$\arctan(\boldsymbol{v}_i^r / \boldsymbol{w}_i^r)$ 为一个漂移角。k 为整数值且满足 $k(0) = 0$，即 $\boldsymbol{\psi}_i^r(0) = \angle\boldsymbol{u}_i^r(0)$，则 $\angle\boldsymbol{u}_i^r(t)$ 在 t 内连续，$\boldsymbol{\psi}_i^r(t)$ 也是连续的（见图 8.35）。

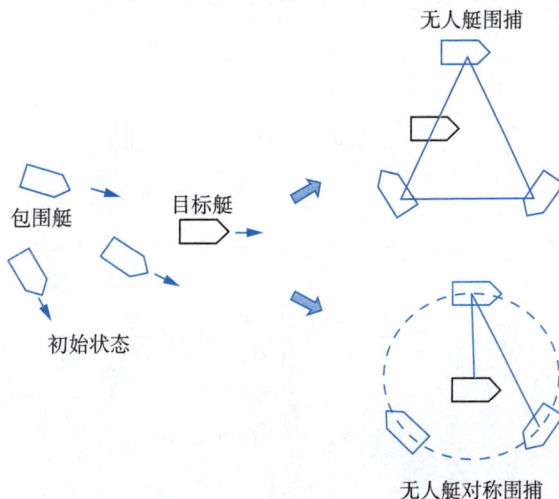

图 8.35 多无人艇包围控制

容易得到

$$\boldsymbol{u}_i^r = \left[\begin{array}{c} \cos \angle \boldsymbol{u}_i^r \\ \sin \angle \boldsymbol{u}_i^r \end{array} \right], \|\boldsymbol{u}_i^r\| = \left[\begin{array}{c} \cos \boldsymbol{\psi}_i^r \\ \sin \boldsymbol{\psi}_i^r \end{array} \right], w_i^r = \boldsymbol{S}(\boldsymbol{\psi}_i^r) \left[\begin{array}{c} \boldsymbol{w}_i^r \\ \boldsymbol{v}_i^r \end{array} \right]$$

因此模型 (8.93) 可重写为

$$\dot{\boldsymbol{x}}_i = \boldsymbol{u}_i^r + \boldsymbol{e}_i \tag{8.95}$$

2. 控制器设计

本节针对每一个无人艇设计一个控制器 $\boldsymbol{u}_i^r$，当扰动 $\boldsymbol{e}_i$ 趋于 0 时，多无人艇系统 (8.91) 实现渐近围捕，即一个特定位置为 $\boldsymbol{x}_o$ 的目标艇（可以说是敌艇）被一群无人艇渐近围捕。

定义无人艇的邻居为 $\mathcal{N}_i := \{j \in \mathbb{N} : j \neq i, \|\boldsymbol{x}_i - \boldsymbol{x}_j\| < \mu\}$，其中，$\mu > 0$ 为固定的距离。假设 $\boldsymbol{x}_o$ 可以被所有无人艇检测到，则每个无人艇的控制器设计为如下形式

$$\boldsymbol{u}_i^r = \gamma_1 \sum_{j \in N_i} (\mu^2 - \|\boldsymbol{x}_{ij}\|^2) \boldsymbol{x}_{ij} + \gamma_2(\boldsymbol{x}_{oi}) \tag{8.96}$$

其中，$\boldsymbol{x}_{ij} := \boldsymbol{x}_i - \boldsymbol{x}_j, \boldsymbol{x}_{oi} := \boldsymbol{x}_o - \boldsymbol{x}_i, \gamma_1 > 0, \gamma_2 > 0$。

> **定理 8.10**
>
> 针对系统 (8.95)，当 $\lim_{t \to \infty} \boldsymbol{e}_i(t)$ 指数趋于 0 时，在控制器 (8.96) 作用下，位置为 $\boldsymbol{x}_o$ 的目标艇将被 N 个无人艇包围。 ♡

证明 由式(8.95) 和式(8.96) 构成的闭环系统为

$$\begin{aligned} \dot{\boldsymbol{x}}_i &= \boldsymbol{u}_i^r + \boldsymbol{e}_i \\ &= \gamma_1 \sum_{j \in N_i} (\mu^2 - \|\boldsymbol{x}_{ij}\|^2) \boldsymbol{x}_{ij} + \gamma_2(\boldsymbol{x}_{oi}) + \boldsymbol{e}_i \end{aligned}$$

令

$$V_o(\boldsymbol{x}_{ij}) = \begin{cases} (\|\boldsymbol{x}_{ij}\|^2 - \mu^2)^2, \|\boldsymbol{x}_{ij}\| < \mu \\ 0, \|\boldsymbol{x}_{ij}\| \geqslant \mu \end{cases}$$

该函数是连续可微的。当 $\|\boldsymbol{x}_{ij}\| \geqslant \mu$ 时有 $V_o(\boldsymbol{x}_{ij}) = 0$，当 $\|\boldsymbol{x}_{ij}\| < \mu$ 时有

$$\dot{V}_o(\boldsymbol{x}_{ij}) = \frac{\partial V_o(\boldsymbol{x}_{ij})}{\partial \boldsymbol{x}_{ij}} \left[\frac{\partial \boldsymbol{x}_{ij}}{\partial \boldsymbol{x}_i} \dot{\boldsymbol{x}}_i + \frac{\partial \boldsymbol{x}_{ij}}{\partial \boldsymbol{x}_j} \dot{\boldsymbol{x}}_j \right]$$

$$= 4 \left(\|\boldsymbol{x}_{ij}\|^2 - \mu^2 \right) \boldsymbol{x}_{ij}^{\mathrm{T}} \dot{\boldsymbol{x}}_{ij}$$

令 $V_1(\boldsymbol{x}) = \dfrac{\gamma_1}{4} \displaystyle\sum_{i,j \in N, i \neq j} V_o(\boldsymbol{x}_{ij})$，由无向图的对称性可得

$$\dot{V}_1(\boldsymbol{x}) = \gamma_1 \sum_{i \in \boldsymbol{N}, j \in \mathcal{N}_i} \left(\|\boldsymbol{x}_{ij}\|^2 - \mu^2 \right) \boldsymbol{x}_{ij}^{\mathrm{T}} \dot{\boldsymbol{x}}_{ij}$$

$$= 2\gamma_1 \sum_{i \in \boldsymbol{N}, j \in \mathcal{N}_i} \left(\|\boldsymbol{x}_{ij}\|^2 - \mu^2 \right) \boldsymbol{x}_{ij}^{\mathrm{T}} \dot{\boldsymbol{x}}_i$$

令 $V_2(\boldsymbol{x}) = \gamma_2 \sum\limits_{i \in \boldsymbol{N}} \|\boldsymbol{x}_{oi}\|^2$，类似地，可以得到 $\dot{V}_2(\boldsymbol{x}) = 2\gamma_2 \sum\limits_{i \in \boldsymbol{N}} \boldsymbol{x}_{oi}^{\mathrm{T}} \dot{\boldsymbol{x}}_i$。

选取李雅普诺夫函数为 $V(\boldsymbol{x}) = V_1(\boldsymbol{x}) + V_2(\boldsymbol{x})$，对 $V(\boldsymbol{x})$ 求导得

$$\dot{V}(\boldsymbol{x}) = 2 \sum_{i \in \boldsymbol{N}} \left[\gamma_1 \sum_{j \in \mathcal{N}_i} \left(\|\boldsymbol{x}_{ij}\|^2 - \mu^2 \right) \boldsymbol{x}_{ij}^{\mathrm{T}} + 2\gamma_2 \boldsymbol{x}_{oi}^{\mathrm{T}} \right] \dot{\boldsymbol{x}}_i$$

$$= -2 \sum_{i \in \boldsymbol{N}} (\boldsymbol{u}_i^r)^{\mathrm{T}} (\boldsymbol{u}_i^r + \boldsymbol{e}_i)$$

$$\leqslant - \sum_{i \in \boldsymbol{N}} \|\boldsymbol{u}_i^r\|^2 + \sum_{i \in \boldsymbol{N}} \|\boldsymbol{e}_i\|^2$$

定义 $U(t) = -\sum\limits_{i \in \boldsymbol{N}} \int_0^T \|\boldsymbol{u}_i^r(s)\|^2 \mathrm{d}s \leqslant 0$，很容易得出

$$0 \leqslant V(\boldsymbol{x}(t)) \leqslant U(t) + \sum_{i \in \boldsymbol{N}} \int_0^T \|\boldsymbol{e}_i(s)\|^2 \mathrm{d}s + V(\boldsymbol{x}(0))$$

因此，$V(\boldsymbol{x})$ 是有上界的，同样地，$\|\boldsymbol{x}(t)\|$ 也有上界。此外，注意到 $U(t)$ 有下界且是单调的，因此当 $t \to \infty$ 时，$U(t)$ 趋于一个稳态值。可以得到 $\lim\limits_{t \to \infty} \dot{U}(t) = 0$，因此 $\lim\limits_{t \to \infty} \boldsymbol{u}_i^r(t) = 0$ 成立。

令 $\bar{\boldsymbol{x}} = \dfrac{1}{N} \sum\limits_{i=1}^N \boldsymbol{x}_i, \bar{\boldsymbol{e}} = \dfrac{1}{N} \sum\limits_{i=1}^N \boldsymbol{e}_i$，则有

$$\dot{\bar{\boldsymbol{x}}} = \frac{1}{N} \gamma_1 \sum_{i=1}^N \sum_{j \in N_i} (\mu^2 - \|\boldsymbol{x}_{ij}\|^2) \boldsymbol{x}_{ij} + \frac{1}{N} \gamma_2 \sum_{i=1}^N \boldsymbol{x}_{oi} + \frac{1}{N} \sum_{i=1}^N \boldsymbol{e}_i$$

$$= -\gamma_2 \bar{\boldsymbol{x}} + \gamma_2 \boldsymbol{x}_o + \bar{\boldsymbol{e}}$$

因此，$\lim\limits_{t \to \infty} \bar{\boldsymbol{x}}(t) - \boldsymbol{x}_o = 0$。证毕。

3. 仿真验证

这一部分将对所设计的包围控制器 (8.96) 的有效性进行验证。考虑 3 个围捕艇对 1 个目标艇进行围捕的场景，整个围捕过程如图 8.36 所示，分别展示了多无人艇包围控制的初始位置、追击过程、围捕过程及围捕结果。在多无人艇系统围捕过程中，在 50s 时无人艇追上了目标艇并开始拦截，在 110s 时 3 个无人艇对目标物完成围捕。同时，艇与艇之间的相位角收敛到了 120°，无人艇与目标艇之间的距离收敛到 10m。追捕过程中各围捕艇与目标艇的距离以及相位差曲线如图 8.37 所示。

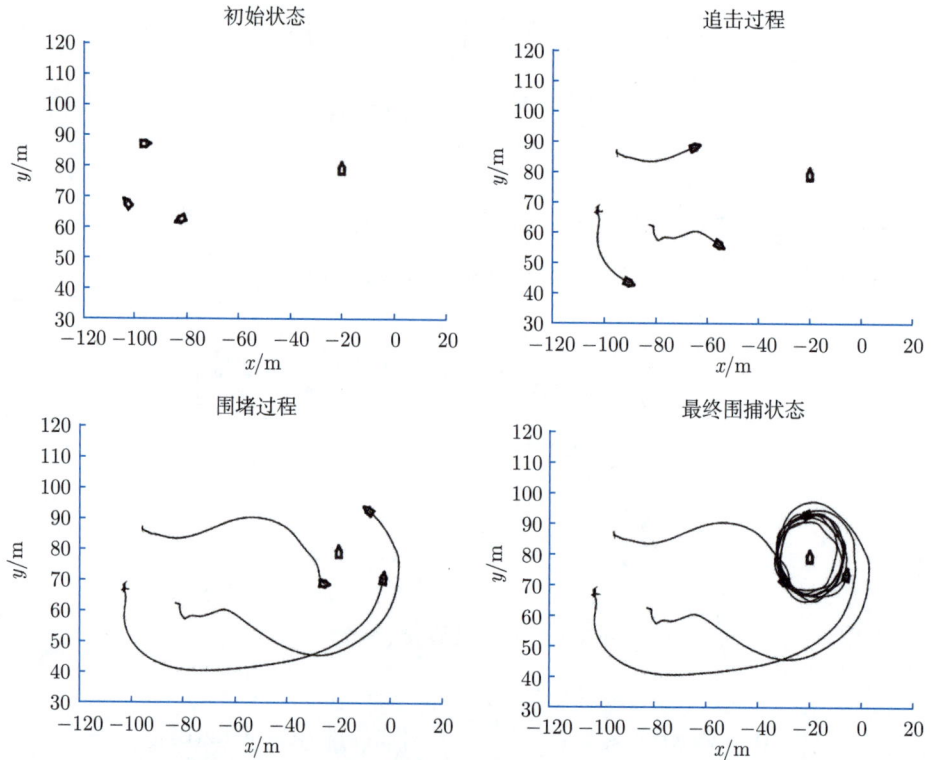

图 8.36　多无人艇包围控制过程，红色为目标艇，黑色为围捕艇，蓝线为围捕艇的运动轨迹。从左至右、从下至上依次为无人艇的初始位置分布图、无人艇追击过程图、无人艇围堵过程图、最后形成的围捕图

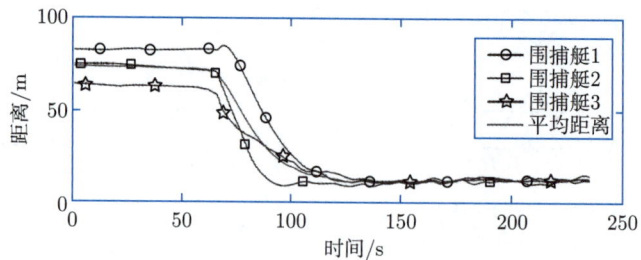

（a）

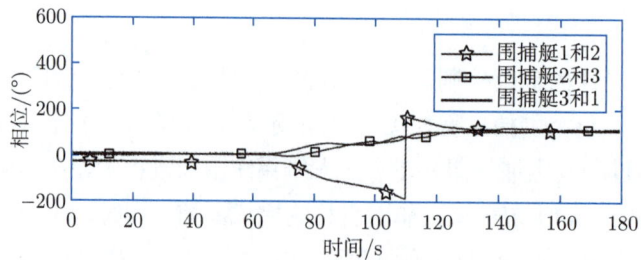

（b）

图 8.37　3 个围捕艇与目标艇的距离，其中红线为平均距离；图（b）为无人艇之间的相位差

8.6　小结

本章详细介绍了几类多智能体系统的协同控制方法及其在实际应用中的实现。本章介绍的内容区别于第 4 章，控制对象由一个拓展为多个，利用图论来表示多个控制对象之间的关系。在 8.3 节及 8.4 节，分别详细介绍了一阶线性多智能体系统、一阶非线性多智能体系统、二阶线性多智能体系统、二阶非线性多智能体系统的一致性控制，以及一阶/二阶多智能体系统的仿射编队控制，包括问题建模、控制目标、控制协议设计、一致性分析及收敛性证明，并在每节的最后给出了一个仿真实例。针对其他的系统动力学模型，读者可根据类似的步骤进行分析。此外，8.5 节介绍的几个典型应用仅作为相应应用场景中的简单示范，可根据实际需求设计不同的控制协议来实现期望的控制目标。

〜✺ 练　　习 ✺〜

1. 多智能体系统由一系列相互作用的智能体构成，内部的各个智能体之间通过相互通信、合作、竞争等方式，完成单个智能体不能完成的，大量而又复杂的工作。它能够在降低系统建模复杂性的同时，提高系统的健壮性、可靠性以及灵活性。请简述多智能体系统具备的特点。

2. 简述多智能体系统集中式控制和分布式控制的方式及优缺点。

3. 计算图 8.9 的邻接矩阵、度矩阵、关联矩阵以及拉普拉斯矩阵。

4. 用 MATLAB 实现随机生成 20 个节点，并随机选择其中的某些节点进行连接 (表示相互间有通信) 分别生成有向连通图和无向连通图，并输出其邻接矩阵和拉普拉斯矩阵。

5. 已知一个包含 N 个智能体的一阶线性离散多智能体系统，第 i 个智能体的动力学描述为

$$x_i(k+1) = Ax_i(k) + u_i(k)$$

设计离散形式的控制协议，给出一致性分析过程，并用 MATLAB 实现。

6. 已知系统

$$\begin{cases} \dot{x}_1 = x_1^2 - x_1^3 + x_2 \\ \dot{x}_2 = x_1 x_2 + u \end{cases}$$

设计控制器 u 使得系统稳定。

7. 已知系统

$$\begin{cases} \dot{x}_1 = 3x_1 + 2x_2 + x_3 \\ \dot{x}_2 = x_1 + x_2 + 4x_3 \\ \dot{x}_3 = x_1 x_2^2 + x_3 + u \end{cases}$$

设计控制器 u 使得系统稳定。

8. 假设一个多智能体系统包含 N 个智能体，每一个智能体的动力学描述为

$$\dot{x}_i = f_i(x_i) + u_i + \omega_i$$

其中，x_i 表示智能体 i 状态，u_i 为控制输入，$f_i(\cdot)$ 为非线性函数，满足李普希兹条件，ω_i 为随机扰动。请设计一个健壮分布式控制协议，使得上述多智能体系统达到状态一致，并用 MATLAB 实现，验证所设计健壮控制器在噪声干扰和系统不确定下的性能。

9. 在实际应用中，智能体之间的信息传输依靠通信网络，通信网络必然会产生通信时延和输入时延。考虑简单的时延模型，即假设输入时延 τ_i 和通信时延 τ_{ij} 相等，为了表达简洁，可统一使用符号 τ 来表示。分别针对一阶和二阶线性多智能体系统，设计基于时延 τ 的一致性控制协议。并用 MATLAB 实现含有 4 个带有时延的多智能体系统的一致性控制。

第 9 章
多智能体协同优化与决策

9.1 引言

在反恐巡逻、应急救援等任务中，经常需要把任务、位置信息分配给无人机群、地面无人车队等无人系统集群，之后规划出无人系统集群完成这些任务、到达这些位置的安全路线，同时也需要考虑敌对方的对抗行为，完成上述任务的关键是多智能体协同优化与决策。多智能体协同优化与决策是指智能体通过与邻居的交互和局部行为，实现优化和决策，可完成单体无法完成的复杂任务，拓展任务处理的维度和能力。

多智能体协同优化与决策的 3 个重要内容包括多智能体协同路径规划、多智能体任务分配以及多智能体强化学习博弈。多智能体协同路径规划的目标是协同规划每个智能体到达其目标位置的路径，在优化任务指标的同时，保证每个智能体不与环境中障碍物、其他智能体发生碰撞；多智能体任务分配的目标则是将一组任务合理分配给一组智能体，并兼顾最优性与实时性；多智能体强化学习博弈考虑多个智能体之间的相互作用，智能体之间的目标、利益可能存在某种关系，例如合作关系、非合作关系等。目标是学习每个智能体的（近似）最佳策略。

本章介绍多智能体协同路径规划、任务分配以及多智能体强化学习博弈。首先，介绍多智能体协同路径规划方法，主要包括优先级算法和基于冲突的搜索算法；其次，介绍多智能体任务分配方法，包括拍卖算法和基于生成树拍卖的搜索任务规划算法；最后，介绍多智能体强化学习博弈的基本模型、强化学习框架和典型应用。

9.2 多智能体协同路径规划

为了成功完成任务，多个智能体需要协同合作，这就要求同时为它们规划路径。在多智能体系统中，每个智能体都是独立的个体，但彼此之间又相互依赖。因此，在多个智能体同时移动的情况下，需要一种方法来同时规划它们的路径，以确保它们之间不会发生碰撞，并且能够快速而稳定地到达目的地。

图 9.1 展示了一个简单的多智能体协同路径规划问题。在该问题中，需要同时规划每个智能体从其起始位置到目标位置的合适路径，保证智能体在执行任务时避免与障碍物或其他智能体发生碰撞，并且能够优化整个系统的性能指标。

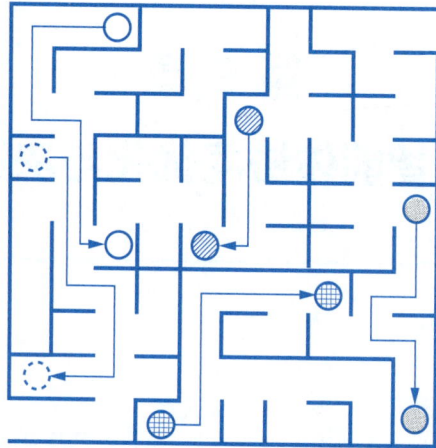

图 9.1　多智能体协同路径规划示例

本节聚焦于解决多智能体协同路径规划问题。首先，介绍多智能体协同路径规划的基本概念；其次，介绍两种求解方法：优先级算法和基于冲突的搜索算法；最后，以智慧物流为例，介绍多智能体协同路径规划在实际中的应用场景。

9.2.1　协同路径规划问题概述

1. 问题描述

假设在环境空间 W 内有 m 个智能体 $R_1, R_2, \cdots, R_m$，智能体 R_i 可达到的位置集合通过状态空间 C_i 表示，智能体 R_i 的初始位置记为 $\boldsymbol{q}_i^{\mathrm{I}}$，目标位置记为 $\boldsymbol{q}_i^{\mathrm{G}}$。$m$ 个智能体的联合状态空间记为

$$X = C_1 \times C_2 \times \cdots \times C_m$$

状态空间 X 中的状态记为 $\boldsymbol{x} = (\boldsymbol{q}_1^{\mathrm{T}}, \boldsymbol{q}_2^{\mathrm{T}}, \cdots, \boldsymbol{q}_m^{\mathrm{T}})^{\mathrm{T}}$，其维数是 $N = \sum_{i=1}^{m} \dim(C_i)$，分量 $\boldsymbol{q}_i$ 表示智能体 i 的状态。

在进行多智能体协同路径规划时，可能遇到两种发生碰撞的情况：智能体与环境中的障碍物发生的碰撞，以及智能体之间发生的碰撞。智能体与环境中的障碍物的碰撞是指智能体在移动过程中与空间中的障碍物相互交叉或接触，导致智能体受阻、损坏或任务无法完成。智能体之间发生的碰撞是指多个智能体在同时运动时发生碰撞，这种碰撞可能导致智能体之间发生冲突、阻碍彼此的移动或导致不必要的延迟。因此，在路径规划中，需要同时考虑到环境中的障碍物和智能体之间的相互作用，确保智能体能够安全通行，避免碰撞和冲突。

假设障碍物的空间区域为 $\mathcal{O}$，智能体 R_i 的空间区域为 $R_i(\boldsymbol{q}_i)$，则智能体 R_i 与空间中的障碍物发生碰撞的区域为

$$X_i^{\mathrm{obs}} = \{\boldsymbol{x} \in X \mid R_i(\boldsymbol{q}_i) \cap \mathcal{O} \neq \emptyset\} \tag{9.1}$$

对任意两个智能体 R_i、R_j，二者之间发生碰撞的区域为

$$X_{ij}^{\text{obs}} = \{ \boldsymbol{x} \in X \mid R_i(\boldsymbol{q}_i) \cap R_j(\boldsymbol{q}_j) \neq \emptyset \} \tag{9.2}$$

其中，$R_i(\boldsymbol{q}_i)$ 和 $R_j(\boldsymbol{q}_j)$ 分别是智能体 R_i 和 R_j 占用的空间区域。

根据式 (9.1) 和式 (9.2) 对于障碍物的定义，可以得到空间中的所有碰撞区域，包括每个智能体与障碍物的碰撞区域以及智能体之间的碰撞区域：

$$X_{\text{obs}} = \left(\bigcup_{i=1}^{m} X_i^{\text{obs}} \right) \bigcup \left(\bigcup_{i,j,i \neq j} X_{ij}^{\text{obs}} \right) \tag{9.3}$$

通过计算碰撞区域，可以确定智能体与障碍物以及智能体之间的碰撞情况，从而在路径规划中避开这些碰撞区域，确保智能体能够安全、高效地协同移动。

智能体可自由活动的区域可以表示为整个环境空间区域减去所有碰撞区域：

$$X_{\text{free}} = X \setminus X_{\text{obs}} \tag{9.4}$$

可自由活动区域 X_{free} 表示智能体可以自由移动的区域，它排除了与其他智能体和障碍物发生碰撞的区域。

多智能体协同路径规划需要在可自由活动区域 X_{free} 中为多个智能体规划路径。下面给出多智能体协同路径规划的定义。

> **定义 9.1**（多智能体协同路径规划）
>
> 多智能体协同路径规划问题包括以下部分：
> - 智能体 $R_1, R_2, \cdots, R_m$；
> - 智能体 R_i 的状态空间 C_i；
> - 空间 W 中的障碍物区域 $\mathcal{O}$；
> - 智能体的初始状态 $\boldsymbol{x}_{\text{I}} = (\boldsymbol{q}_1^{\text{I}}, \boldsymbol{q}_2^{\text{I}}, \cdots, \boldsymbol{q}_m^{\text{I}})$，其中，$\boldsymbol{x}_{\text{I}} \in X_{\text{free}}$；
> - 智能体的目标状态 $\boldsymbol{x}_{\text{G}} = (\boldsymbol{q}_1^{\text{G}}, \boldsymbol{q}_2^{\text{G}}, \cdots, \boldsymbol{q}_m^{\text{G}})$，其中，$\boldsymbol{x}_{\text{G}} \in X_{\text{free}}$。
>
> 多智能体协同路径规划的任务是为每个智能体计算连续路径 $\boldsymbol{\tau} : [0,1] \to X_{\text{free}}$，使得 $\boldsymbol{\tau}(0) = \boldsymbol{x}_{\text{I}}, \boldsymbol{\tau}(1) = \boldsymbol{x}_{\text{G}}$，且要求每个智能体在完成任务的同时不与障碍物和其他智能体发生碰撞。 ♣

2. 求解方法

多智能体协同路径规划根据求解的基本思想可大致将求解算法分为两类：集中式方法和解耦式方法。

1) 集中式方法

集中式方法也称为联合状态空间法，这类方法将所有智能体视为一个整体，在联合状态空间 X 中直接对所有智能体进行路径规划。图 9.2 展示了集中式方法的基本思想，即直接在联合状态空间 X 内为所有智能体同时寻找符合条件的路径。

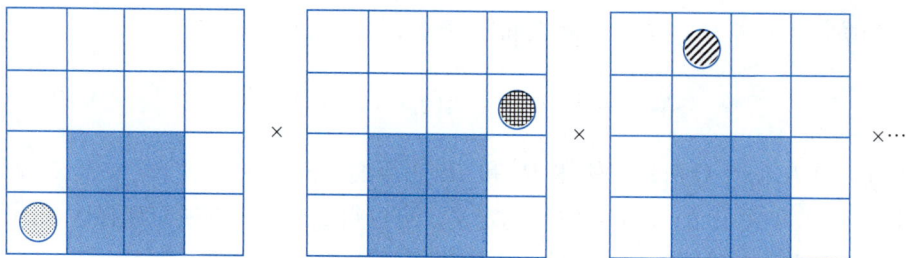

图 9.2　集中式方法

集中式方法综合考虑所有智能体的状态和约束条件，是从整体上进行路径规划以达到协同的方法。集中式方法是一种完全的搜索方法，只要最优解存在，通过在联合状态空间中搜索最优路径，就可以获得全局最优解。然而，集中式方法的缺点在于求解计算量大，且求解效率低下。随着智能体数量的增加，联合状态空间的维度也会线性增加，导致求解的计算量非常大。多智能体的联合状态空间中存在大量的组合和可能性，进行全局搜索将增加求解时间和计算资源的消耗，不仅增加了计算复杂度，同时限制了算法的实时性和可扩展性。

2) 解耦式方法

在每个智能体的独立状态空间中为其单独规划路径。解耦式方法可分为两个阶段：首先在不考虑其他智能体的假设下，单独为每个智能体进行无碰撞的路径规划；然后对单体规划结果进行协调，避免智能体之间发生碰撞。图 9.3 展示了解耦式方法的基本思想。

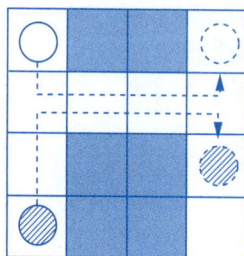

图 9.3　解耦式方法

解耦式方法在每个智能体的独立状态空间中规划路径，并通过协调来避免碰撞，实现协同行动。由于解耦式方法采用单独规划思想，即使智能体的数量增加，也不会增加状态空间的维数，因此计算速度相对较快。然而，在单独规划阶段，智能体在规划路径时不考虑其他智能体的影响，因此可能无法获得全局最优解，同时，如果不同智能体的路径存在冲突，则需要进行协调以调整路径，但这会破坏原先的路径规划结果，并可能存在无法协调的情况。

9.2.2　优先级算法

优先级算法是一种典型的解耦式方法。该算法按照智能体的优先级进行路径规划，并在规划过程中考虑避免与动态障碍物和与其他智能体的碰撞。

优先级算法的步骤如下：

第 1 步：对智能体进行排序。根据某种规则或指标，对智能体按照优先级进行排序。优先级高的智能体具有更高的路径规划优先级。

第 2 步：单体路径规划。按照优先级从高到低的顺序，依次对每个智能体进行单体路径规划。确保每个智能体的路径规划既不与优先级更高的智能体发生碰撞，也不与环境中的其他障碍物发生碰撞。

第 3 步：路径合并。每当规划完一个智能体的路径后，将其路径合并到动态障碍物区域中，更新动态障碍物区域。这样，后续的路径规划就可以避开已规划路径所占据的区域。

优先级算法规划的路径不仅包含位置信息，还包含时间信息。轨迹 $\boldsymbol{\pi}_i : [0, \infty) \to W$ 表示从时间到空间的映射。若智能体 R_i 和 R_j 分别按照轨迹 $\boldsymbol{\pi}_i$ 和 $\boldsymbol{\pi}_j$ 运动，且二者不发生碰撞，则称智能体 R_i 和 R_j 不发生冲突。

假设动态障碍物区域为 Δ。在优先级方法中，每规划完一个智能体的轨迹后，需要将其轨迹合并到动态障碍物区域中。因此，区域 Δ 随着求解的进行不断变大。

假设智能体 R_i 按照轨迹 $\boldsymbol{\pi}_i$ 运动，所占用的时空区域为

$$R_i^\Delta(\boldsymbol{\pi}_i) = \{(\boldsymbol{x}, t) : t \in [0, \infty) \wedge \boldsymbol{x} \in R_i(\boldsymbol{\pi}_i(t))\} \tag{9.5}$$

在优先级方法中，需要按照优先级依次规划每个智能体的轨迹。假设 m 个智能体按优先级从高到低排序后为 $R_1, R_2, \cdots, R_m$，则需要规划 m 次。在第 i 次迭代中，规划智能体 R_i 的轨迹，使它的轨迹避开 $R_1, R_2, \cdots, R_{i-1}$ 占据的时空区域。如果该算法能够为所有智能体找到可行轨迹，则迭代 m 次后程序终止。由于每个智能体都能够同时避免与高优先级和低优先级智能体的碰撞，则所有智能体的轨迹不发生冲突。若在求解过程中，有一个智能体无法找到可行轨迹，则规划失败。优先级算法的伪代码见算法 25。算法 25 中的函数 Best-Trajectory(W, Δ) 用来计算每个智能体的轨迹，可采用考虑动态障碍物的单体轨迹规划方法。

算法 25 优先级算法

High Level:

为智能体赋予优先级，假设 m 个智能体按优先级从高到低排序后为 $R_1, R_2, \cdots, R_m$

$\Delta \leftarrow \mathcal{O}$

for $i \leftarrow 1, 2, \cdots, m$ **do**

    $\boldsymbol{\pi}_i \leftarrow$ Best-Trajectory(W, Δ)

    if $\boldsymbol{\pi}_i = \emptyset$ **then**

        求解失败，算法结束

    end if

    $\Delta \leftarrow \Delta \cup R_i^\Delta(\boldsymbol{\pi}_i)$

end for

Low Level:

function Best-Trajectory(W, Δ)

在优先级算法中，优先级的确定将对求解结果产生较大影响。通常，优先级的确定有以下

几种方式：

（1）随机指定优先级；

（2）根据任务需求确定优先级，如任务的重要性、智能体的启动时间等；

（3）对每个智能体的路径进行单独规划或者预测，然后根据路径的特点来指定优先级。例如，根据单体规划的路径长短来确定优先级，路径越长，优先级越高；根据单体可选择的路径数量来确定优先级，可选择的路径越少，优先级越高；根据单体可能发生的碰撞次数来确定优先级，单体与其他所有智能体的潜在碰撞次数越多，优先级越高。

下面通过两个例题分析优先级算法的可行性。

例题 9.1 在二维场景中有两个智能体 R_1、R_2。假设智能体只能在图中的格子中运动，且每次只能向与当前位置相邻的格子移动，图中的阴影区域表示障碍物，非阴影区域表示智能体可到达的区域。两个智能体的起始位置分别为 S_1、S_2，目标位置分别为 G_1、G_2。用坐标表示智能体的位置，两个智能体在 t_0 时刻的起始位置分别可记为 $R_1 = A_3$ 和 $R_2 = A_1$。如何使用优先级方法，对如图 9.4 所示的两个智能体规划路径？

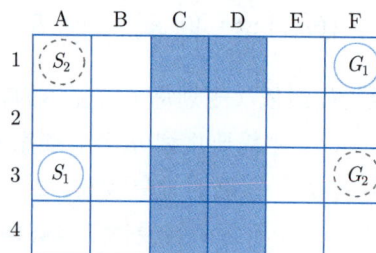

图 9.4 优先级方法例题 1

解：假设 R_1 和 R_2 同时出发，R_1 的优先级比 R_2 高，则先为 R_1 进行路径规划，得到的路径可以为

$$R_1 : A_3 - B_3 - B_2 - C_2 - D_2 - E_2 - E_1 - F_1$$

然后，对 R_2 进行路径规划。为了保证不与 R_1 发生碰撞，让 R_2 等待 R_1 进入通道后再进入，路径可以为

$$R_2 : A_1 - B_1 - B_1 - B_2 - C_2 - D_2 - E_2 - E_3 - F_3$$

在第 3 个时刻，R_2 在原地等待，R_1 先行通过。

上述结果只是该路径规划问题的一个解。除此之外，还有其他的解决方案。

例如，可以假设 R_2 的优先级比 R_1 高，需要 R_1 等待 R_2 进入通道后再进入。此时，路径可以为

$$R_1 : A_3 - B_3 - B_3 - B_2 - C_2 - D_2 - E_2 - E_1 - F_1$$
$$R_2 : A_1 - B_1 - B_2 - C_2 - D_2 - E_2 - E_3 - F_3$$

而且，两个智能体的第一步也不一定都要水平向右，也可以都先平移到 A_2。假设 R_1 的优先级比 R_2 高，则路径可以为

$$R_1 : A_3 - A_2 - B_2 - C_2 - D_2 - E_2 - E_1 - F_1$$
$$R_2 : A_1 - A_1 - A_2 - B_2 - C_2 - D_2 - E_2 - E_3 - F_3$$

例题 9.2 如图 9.5 所示，二维平面中两个智能体 R_1、R_2 的起始位置分别为 S_1、S_2，目标位置分别为 G_1、G_2。在该场景中两个智能体是否存在可行轨迹？若采用优先级算法，可以求得可行解吗？

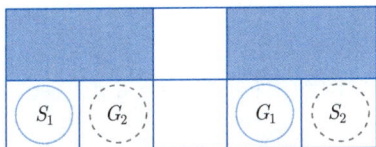

图 9.5　优先级方法例题 2

解：显然，这个场景下的规划问题是有解的。例如，可以先让 R_1 移动到第一行中间的单元中，等待 R_2 从 S_2 移动到 G_2 后，R_1 再移动到 G_1。

然而，采用优先级方法，无论先为哪个智能体规划路径，另一个智能体都无法找到可行路径。假设 R_1 优先级更高，则先忽略 R_2，规划 R_1 的路径，则 R_1 的路径为从起始位置到目标位置的一条直线，且到达目的地 G_1 后停留在原地，阻挡了 R_2 的必经之路。此时无论 R_2 采取什么路径，都无法到达目标位置。同理，若假设 R_2 优先级更高，则 R_2 的路径也是从起始位置到目标位置的一条直线，且到达 G_2 后停在原地，也会阻挡 R_1 到达目标位置。

根据上面两个例题可以看出，优先级算法虽然只需要单独规划进行求解，但比较依赖优先级的选择，选择不同的优先级可能得到不同的规划结果，因此规划结果未必是最优的；同时，即使该问题存在可行的规划方法，优先级算法不一定能得到可行解。

9.2.3　基于冲突的搜索算法

冲突是多智能体路径规划中需要解决的一个重要问题。为了处理冲突，本节介绍一种基于冲突的搜索算法 (Conflict-Based Search, CBS)。CBS 算法是解耦式方法中的一种，它的目标是找到满足约束条件的路径。

CBS 算法的核心思想为：首先设置一组约束条件，然后寻找满足这些约束条件的路径。如果存在路径之间的冲突，则通过增加新的约束条件来消除这些冲突。算法将多智能体路径规划分解为两个层次：顶层和底层。算法的顶层负责检查路径之间的冲突，并添加新的约束条件，它考虑整个智能体群体的路径，如果发现冲突，顶层会增加适当的约束条件，以解决冲突问题。底层负责为单个智能体规划满足新约束条件的路径，它根据顶层添加的约束条件，更新每个智能体的路径，以满足新的约束。

下面详细介绍该算法的求解流程。

1. 术语介绍

多智能体路径规划过程通过有向图 $\mathcal{G}(\mathcal{V}, \mathcal{E})$ 表示，其中，顶点集 $\mathcal{V}$ 表示所有智能体可能出现位置的集合，智能体 R_i 在某一时刻的位置一定位于某个顶点 $p \in \mathcal{V}$ 上；边集 $\mathcal{E}$ 表示各个顶点之间存在连接关系的集合。

下面介绍 CBS 方法中的关键术语。

冲突：如果在 t 时刻，R_i 和 R_j 同时占领了点 p，则称智能体 R_i 和 R_j 发生了冲突，使用 (R_i, R_j, p, t) 表示；

约束：单体规划问题的一个约束用 (R_i, p, t) 表示，表示在 t 时刻，R_i 不能占领顶点 p。

2. 顶层

1) 约束树

CBS 算法的顶层采用数据结构约束树 (Constraint Tree，CT) 来解决冲突，约束树的定义如下：

> **定义 9.2** （约束树）
>
> 约束树是一种二叉树，树中的每个节点 Node 的信息包含：
> - 约束集合 (Node.Constraints)——约束集合中的每条约束都属于某一个智能体，约束树的根节点对应的约束集为空集，子节点继承父节点的约束，并给该节点添加一条新的约束；
> - 解决方案 (Node.Solution)——解决方案包含当前求解得到的所有智能体的路径，每个智能体的路径必须满足智能体的约束集合。每个节点的解决方案由底层算法求解；
> - 代价 (Node.Cost)——采用当前解决方案的代价，为所有智能体的路径的代价之和。♣

如果在约束树某一个节点的解决方案中，所有智能体的路径都没有冲突，则该节点被称为目标节点。约束树中的每个节点按照代价排序，顶层在节点中搜索得到最优的解决方案。

2) 冲突解决

假设约束树的节点 Node 中的解决方案存在冲突 Node.Conflict $= (R_i, R_j, p, t)$。为了解决冲突，至少应该添加一个约束：(R_i, p, t) 或者 (R_j, p, t)，以防止 R_i 和 R_j 在 t 时刻同时占领顶点 p。

为了确保找到最佳的解决方案，需要对两种约束进行检查。将节点 Node 拆分成两个子节点，两个子节点都继承了 Node 的约束集，且左子节点 LC 通过添加约束 (R_i, p, t) 解决冲突，右子节点 RC 通过添加约束 (R_j, p, t) 解决冲突过程如图 9.6 所示。

3) 算法流程

首先对算法进行初始化：建立约束树的根节点 Root，根节点的约束集为空集，此时的解决方案是分别为每个智能体进行单体路径规划得到的；定义一个空集合 OPEN，将根节点 Root 放入集合 OPEN 中。算法按照下面的步骤进行：

第 1 步：遍历集合 OPEN，选择其中代价最小的节点，并取出。检查该节点对应的解决方案中所有智能体路径之间是否存在冲突。如果不存在冲突，则该节点就是目标节点，当前解决方案为全局最优解，算法结束；否则，进行第 2 步。

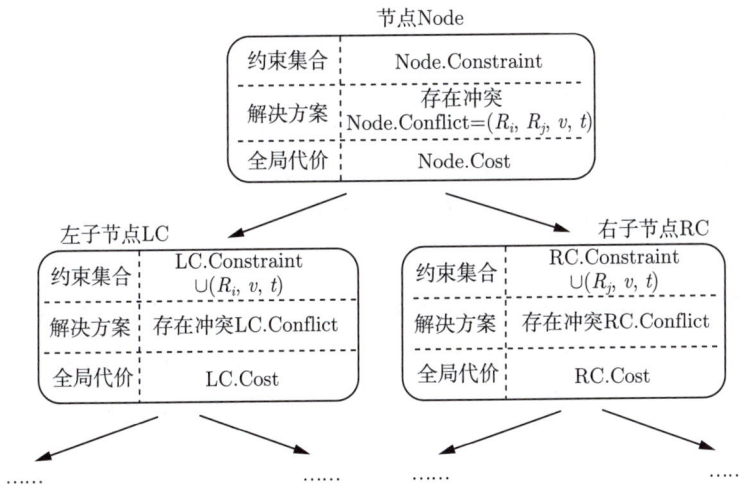

图 9.6　约束树节点分支

第 2 步：根据节点对应的解决方案中的冲突，将该节点分叉，生成两个子节点，继续执行第 3 步。

第 3 步：对两个子节点应用底层规划算法，求解得到满足约束的解决方案，并计算每个子节点的全局代价，将这两个子节点放入集合 OPEN 中，返回第 1 步。

CBS 方法的顶层算法的伪代码见算法 26。

算法 26 CBS 算法的顶层设计

算法初始化，建立根节点 Root

Root.Constraint←∅

Root.Solution← 为每个智能体进行单体路径规划的解

Root.Cost←Root.Solution 的总代价

将 Root 放入集合 OPEN 中

while OPEN 非空 **do**

　　P←OPEN 中代价最小的节点

　　检查节点 P 对应的解决方案是否有冲突

　　if 节点 P 对应的解决方案没有冲突 **then**

　　　　return P 为目标节点

　　end if

　　$C←$ 节点 P 中的第一个冲突 (R_i, R_j, p, t)

　　for all 与 C 关联的智能体 R_i **do**

　　　　产生新节点 Q

　　　　Q.Constraint← Q.Constraint $∪(R_i, p, t)$

　　　　Q.Solution← 满足约束 Q.Constraint 的解决方案

　　　　Q.Cost← 解决方案 Q.Solution 的总代价

　　　　将节点 Q 放入集合 OPEN 中

　　end for

end while

3. 底层

底层规划是针对单个智能体的路径规划。当给定一个节点 Node 以及它的约束集时，可以针对特定的智能体 R_i 进行路径规划。在 Node 的约束集中，只考虑与智能体 R_i 相关的约束，而忽略其他智能体的约束。然后，可以使用各种单体规划方法（如经典的 A* 算法等）来为智能体 R_i 进行路径规划。

需要注意的是，在底层规划中，需要综合考虑空间和时间的约束条件，以生成适合智能体 R_i 的路径。针对每个智能体进行底层路径规划，可以得到一个路径集合，这个路径集合即为当前节点的解决方案。每个智能体的路径都是根据约束来确定的，以确保在多智能体系统中的协调和冲突解决。

例题 9.3　如图 9.7 所示，两个智能体 R_1、R_2 分别从 S_1、S_2 出发，目标位置为 G_1、G_2。图 9.7 中的圆圈 $A_1, A_2, \cdots, A_m, B_1, B_2, \cdots, B_m, D$ 代表智能体可达的位置，可行路段用线段连接。如何采用 CBS 方法为两个智能体进行路径规划？

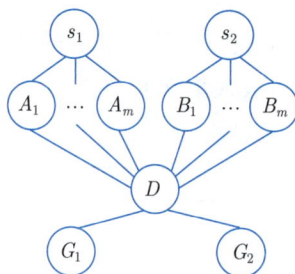

图 9.7　CBS 算法求解示例

解：按照前面介绍的方法生成约束树，如图 9.8 所示。

初始化。生成一个根节点，约束集设置为空集。在空约束条件下采用底层规划算法，得到解决方案：

$$R_1 : S_1 \to A_1 \to D \to G_1, \ R_2 : S_2 \to B_1 \to D \to G_2$$

假设代价为路径长度，则两个智能体路径的代价之和为 $3 + 3 = 6$。

第 1 步：遍历解决方案，发现路径存在冲突 $(R_1, R_2, D, 2)$，即在 $t = 2$ 时刻（初始时刻为 $t = 0$）两个智能体将同时占领顶点 D；

第 2 步：解决冲突。将冲突 $(R_1, R_2, D, 2)$ 分解成两条约束：$(R_1, D, 2)$ 和 $(R_2, D, 2)$。然后生成两个子节点，左子节点的约束为 $(R_1, D, 2)$，右子节点的约束为 $(R_2, D, 2)$；

第 3 步：对子节点应用底层规划算法。

根节点

约束集合	{}
解决方案	$R_1: S_1 \to A_1 \to D \to G_1$ $R_2: S_2 \to B_1 \to D \to G_2$
全局代价	6

子节点1

约束集合	$\{R_1, D, 2\}$
解决方案	$R_1: S_1 \to A_1 \to A_1 \to D \to G_1$ $R_2: S_2 \to B_1 \to D \to G_2$
全局代价	7

子节点2

约束集合	$\{R_2, D, 2\}$
解决方案	$R_1: S_1 \to A_1 \to D \to G_1$ $R_2: S_2 \to B_1 \to B_1 \to D \to G_2$
全局代价	7

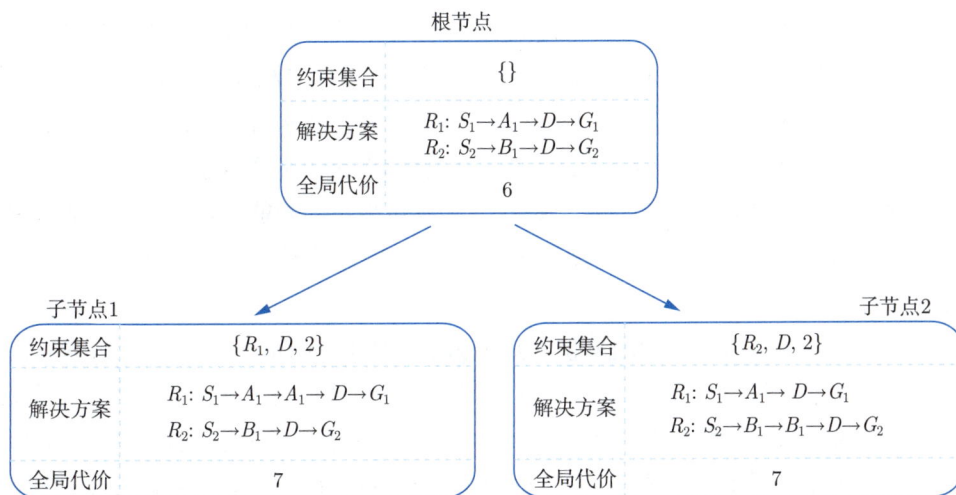

图 9.8 图 9.7 对应的约束树

约束为

左子节点 R_1 约束为 $(R_1, D, 2)$，R_2 约束为 $\emptyset$

右子节点 R_1 约束为 $\emptyset$，R_2 约束为 $(R_2, D, 2)$

解决方案：

左子节点 $R_1 : S_1 \to A_1 \to A_1 \to D \to G_1$，$R_2 : S_2 \to B_1 \to D \to G_2$

右子节点 $R_1 : S_1 \to A_1 \to D \to G_1$，$R_2 : S_2 \to B_1 \to B_1 \to D \to G_2$

计算两个节点的全局代价，均为 7。两个节点的代价相同，任取其一即可。可以按照一般顺序，先考查左侧节点的解决方案，发现已经没有冲突，说明找到了最优路径，算法结束。最终，算法得到的解决方案即为左子节点对应的解决方案。

9.2.4 应用：大规模多智能体协同路径规划

智慧物流是多智能体协同路径规划问题中的一个典型应用，在一个智慧物流系统中，需要同时给成百上千个机器人规划路径，保证它们既不发生碰撞，同时又能快速到达目的地。

在实际的智慧物流系统中，每个机器人在到达目的地后并非停止不动，而是需要前往下一个目的地去完成新的任务。对于这种机器人到达目的地后立即前往下一个目的地的实时动态系统，常见的多智能体协同路径规划方法主要有以下几种：

方法 1：将问题视为一个整体来求解，即提前为每个智能体设定好多个目标点，然后直接求解每个智能体的路径，以确保它们能够按顺序到达所有目的地。这种方法的优点是简单直接，易于理解和实施。然而，这种方法求解速度慢，无法适用于大规模问题，且必须提前知道智能体的所有目的地，可扩展性较差。

方法 2：在每个采样时刻对所有智能体的路径规划问题进行重新求解。对于每个智能体，起始位置设置为当前所在的位置，目标位置为当前要执行的任务的目的地。这种方法是实时规划的，不需要提前为智能体指定所有目标点，但是由于每个时刻都要重新计算所有智能体的路径，因此可能导致重复性工作，从而增加了计算复杂度，算法耗时较长。

方法 3：在每个采样时刻仅对目标发生变化的智能体重新求解路径规划问题，而不是对所有智能体进行重新规划。对于已经规划完成的智能体，它将严格按照已有路径前进，不再重新规划。这种方法具有较快的求解速度，每次只需要对少量的智能体规划路径。但是该方法缺乏全局协调，容易导致路径拥堵的情况发生，某些智能体甚至可能无法找到合适的路径解，导致任务无法完成。

除上述方法外，还可采用**滚动时域协调规划方法**（Rolling-Horizon Collision Resolution）解决实时动态系统的路径规划问题（见图 9.9）。滚动时域协调规划方法的基本思想是人为设定参数 h 和 w，且 $w \geqslant h$，在每 h 个时间步对所有智能体的路径进行重新规划。在规划时，只解决从当前时刻到未来 w 个时间步的路径冲突问题，对于 w 个时间步以后可能发生的碰撞不予考虑。

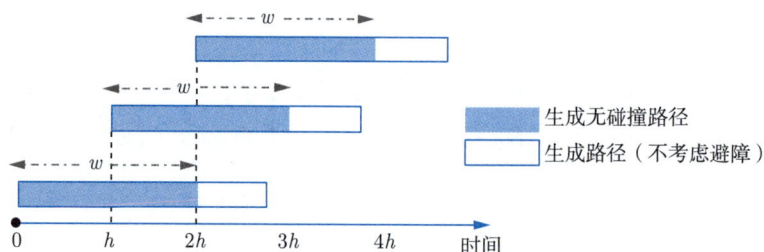

图 9.9　滚动时域协调规划方法示意图

滚动时域协调规划方法主要有以下优点：

(1) 算法效率高。该方法每 h 个时间步重新规划一次路径，而不需要对所有时间步进行全局规划，减少了计算量，提升了求解速度。

(2) 能够得到高质量的解。尽管每次重新规划仅解决未来 w 个时间步的冲突，但仍能得到高质量的解，因为随着智能体的运动和新目标的指定，智能体的路径可能会随时发生变化，因此没有必要每次都对未来所有时间步的冲突进行协调。

(3) 适用于所有种类的地图。前文所提到的优先级算法在有些场景中可能出现冲突死锁，导致部分智能体无法达到目标位置。但是该方法实时对所有智能体进行冲突协调和解决，避免了冲突死锁的发生。

经过对滚动时域协调规划方法进行测试，可得出以下结论：相比于方法 1 和方法 2，滚动时域协调规划方法在求解速度上有较大的提升，但与方法 3 相比，滚动时域协调规划方法的求解速度较慢。然而，从解的质量来看，滚动时域协调规划方法相比于前 3 种方法都有一定的提升。

这意味着滚动时域协调规划方法在提高求解速度的同时能够保证较高的解质量。这对于实时动态系统的路径规划问题是一个有益的特性，因为它可以在满足时间要求的情况下，尽可能提供高质量的路径解决方案。

需要注意的是，对于不同的应用场景和具体问题，方法的性能和效果可能会有所不同。因此，在实际应用中，需要根据具体情况选择合适的路径规划方法，并结合实际需求进行调整和优化。这样可以在速度和质量之间找到一个平衡，以获得最佳的路径规划效果。

9.3 多智能体任务分配

无人机、无人车等无人系统在人类日常生活中扮演着各种各样的角色，面临的任务越来越复杂多样化。多智能体通过相互通信和资源重新分配，个体之间能够协同合作，共同完成超越个体能力的任务。同时，高质量的解决方案可以提高任务完成的效率。

9.3.1 协同任务分配概述

多智能体任务分配的目标则是将一组任务合理分配给一组智能体，并兼顾最优性与实时性，具体定义如下：

> **定义 9.3（协同任务分配）**
>
> 一个任务分配问题包括：
> - 智能体集合 R
> - 任务集合 T
> - 收益函数 c_r：表示某个智能体子集 $r \in 2^R$ 执行任务的收益函数
>
> 假设函数 A_R
>
> $$A_R : 2^T \to 2^R$$
>
> 表示将任务分配给满足执行任务条件的智能体执行，其中 2^R 和 2^T 分别表示智能体集合 R 和任务集合 T 的所有子集构成的集合。
>
> 协同任务分配是指找到最优分配 A_R^* 使得全局收益函数 C 最大，即
>
> $$A_R^* = \arg\max_{A_R} C(A_R)$$
>
> 一般地，全局目标函数 C 往往设置为智能体团队执行任务的收益之和，即
>
> $$C(A_R) = \sum_{r \in 2^R} c_r(T_r(A_R))$$
>
> 其中，$T_r(A_R)$ 表示在分配函数 A_R 下，分配给智能体团队 r 的任务集合。♣

例如，考虑如下分配问题：现需将 3 个任务分配给 3 个智能体，假设每个任务只能由一个智能体执行，同时每个智能体同时只能执行一个任务。智能体集合记为 $R = \{1, 2, 3\}$，任务集合记为 $T = \{x_1, x_2, x_3\}$，可能的分配结果见表 9.1。

其中，$c_i(x_j)$ 表示智能体 i 执行任务 x_j 的收益。不难看出，为了使智能体完成任务获得的总收益最大，最合理的分配组合是 $(1, x_1)$、$(2, x_2)$、$(3, x_3)$，即将任务 x_1 分配给智能体 1 执

行，将任务 x_2 分配给智能体 2 执行，将任务 x_3 分配给智能体 3 执行。

表 9.1　不同智能体执行不同任务的收益

智能体	$c_i(x_1)$	$c_i(x_2)$	$c_i(x_3)$
智能体 1	2	4	0
智能体 2	1	5	0
智能体 3	1	3	2

9.3.2　拍卖算法

拍卖算法是求解多智能体任务分配问题的一种经典方法，该方法利用竞拍的机制，让智能体通过出价竞争来获取执行任务的权利。每个智能体根据自身的效用和成本估算，以出价的方式表达对任务的需求程度。通过竞拍的过程，最终确定任务的分配结果。该方法模拟人类在交易时的行为，因其算法思想简洁、算法逻辑相对清晰、易于实现等优点，在任务分配等领域获得了广泛的关注。

在使用拍卖算法求解任务分配问题时，参与拍卖的项目通常是任务、角色或资源等。拍卖算法中最简单的场景是**单物品 (Single-Item) 拍卖**，即每次拍卖只拍卖一个物品。在单物品拍卖中，拍卖师负责协调和管理拍卖过程，拍卖师可能是某个智能体或计算机单元，拍卖师从所有智能体中接收它们对任务的出价，并根据拍卖规则确定赢得任务执行权的智能体。

拍卖过程见图 9.10，具体步骤如下：首先，拍卖师收到参与拍卖的任务列表 (**对应图 9.10 中的步骤** 0)；然后，拍卖师依次宣布任务清单中的某个任务可以拍卖 (**对应图 9.10 中的步骤** 1)；每个智能体根据任务属性和个人能力对任务进行估值 (**对应图 9.10 中的步骤** 2)；接着，每个智能体将出价发送给拍卖师 (**对应图 9.10 中的步骤** 3)；在收到所有出价或等待有限的时

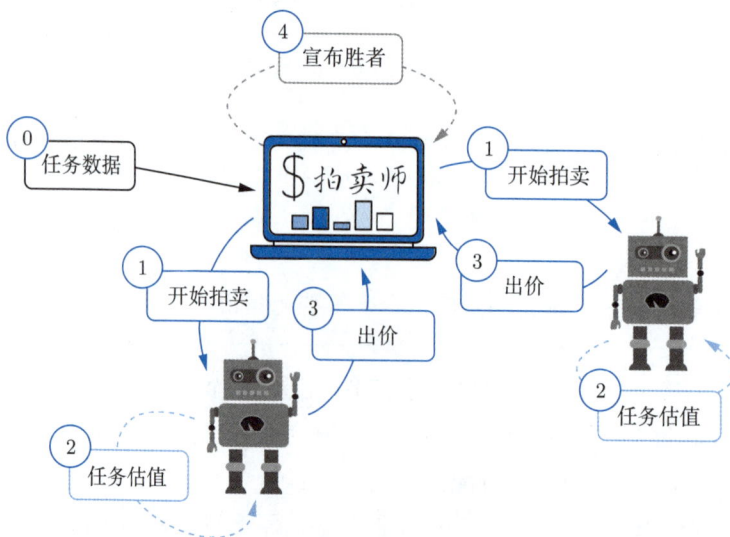

图 9.10　拍卖算法设置

间后，拍卖师根据任务目标选择拍卖的获胜者 (对应图 **9.10** 中的步骤 4)，拍卖获胜者开始执行任务，其中任务目标可能是任务的最短执行时间或者执行任务的最短距离等。

拍卖算法的伪代码见算法 27。

算法 27 拍卖算法

智能体集合 R，任务集合 T

Step 0：拍卖师收到任务清单 $\{t_1, t_2, \cdots, t_{|T|}\}$

for $i = 1, 2, \cdots, |T|$ **do**

  Step 1：拍卖师宣布任务 t_i 开始拍卖

  Step 2：智能体 $j \in \{1, 2, \cdots, |R|\}$ 根据任务属性和个人能力对任务 i 估值 $b_{j,i}$

  Step 3：智能体 $j \in \{1, 2, \cdots, |R|\}$ 将对任务 i 的出价 $b_{j,i}$ 发送给拍卖师

  Step 4：拍卖师根据任务目标从所有出价中选择拍卖获胜者

end for

返回每个任务的执行者，并开始执行任务

例题 9.4 在一个多智能体任务分配问题中，考虑有两个智能体 r_1 和 r_2，有两个任务 t_1 和 t_2 需要分配。该问题的目标是最小化智能体走过的距离之和。拍卖师的角色由一个计算机单元担任，智能体只考虑自己与被拍卖任务之间的距离计算出价。假设每个智能体具有完美的沟通能力，能够在二维环境中毫无障碍地移动。每个智能体的起始位置和任务位置见表 9.2。那么应该如何进行任务分配实现距离之和最小化？

表 9.2 智能体和任务的位置

智能体	位置	任务	位置
智能体 r_1	(0,0)	任务 t_1	(1,1)
智能体 r_2	(4,1)	任务 t_2	(3,2)

解：假设在收到任务数据后，拍卖师开始拍卖 t_1。然后，它向每个智能体发送一个公告消息，其中包含 t_1 的位置。每个智能体根据自己与任务 t_1 之间的距离出价，并将其发送给拍卖师。记 $b_{r,t}$ 表示智能体 $r \in \{1,2\}$ 对于任务 $t \in \{1,2\}$ 的出价，根据表 9.2 中的数据，两个智能体对任务 t_1 的出价分别为

$$b_{1,1} = |r_1 - t_1| = \sqrt{2}$$

$$b_{2,1} = |r_2 - t_1| = 3$$

在收到上述出价后，因为 $\sqrt{2} < 3$，所以拍卖师将任务 t_1 分配给智能体 r_1。类似地，对任务 t_2 进行类似的拍卖，两个智能体对任务 t_2 的出价分别为

$$b_{1,2} = |r_1 - t_2| = \sqrt{13}$$

$$b_{2,2} = |r_2 - t_2| = \sqrt{2}$$

在收到上述出价后，因为 $\sqrt{2} < \sqrt{13}$，因此拍卖师将任务 t_2 分配给智能体 r_2。此时，任务分配结束，完成任务的最小距离为 $\sqrt{2} + \sqrt{2} = 2\sqrt{2}$。

拍卖算法能够在资源有限的情况下得出有效的解决方案，理论上可以产生最优解。然而，在实际应用中，对于规模较大的任务分配问题，拍卖算法对通信有很高的需求，同时可能遇到单点故障的潜在风险。因此，本节介绍的拍卖算法适合求解小规模的任务分配问题。

9.3.3 基于生成树拍卖的搜索任务规划算法

上一节介绍了简单的单物品拍卖算法，即每次拍卖只有一个任务。然而，实际中的任务往往更加复杂。例如，矿藏探测、农作物收获、区域侦察等搜索探测任务，由于任务点信息未知，为了确保在给定任务区域内的所有任务点都被发现，无人系统需要遍历给定的任务区域。为了尽可能高效地探测到全部任务点，往往需要多个无人系统协同工作。如图 9.11 展示了多无人系统协同搜索着火点的过程。

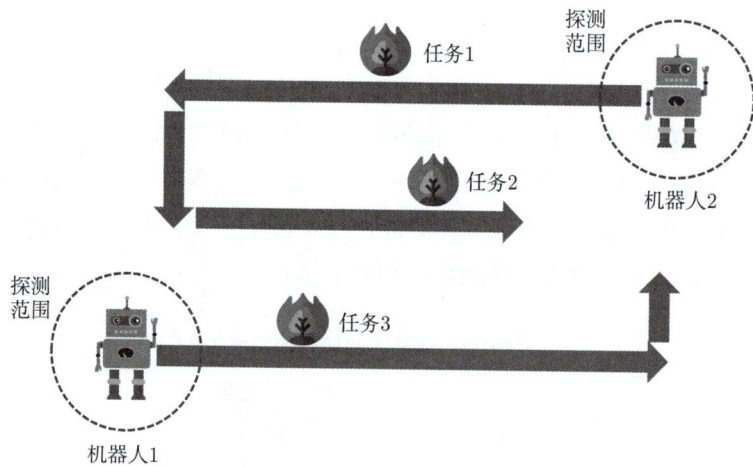

图 9.11　多无人系统协同搜索着火点的过程

本节介绍一种基于生成树拍卖的搜索任务规划算法（Auction-based Spanning Tree Searching Algorithm, A-STS），该算法适用于多无人系统执行搜索探测的任务场景。A-STS 算法主要包括两个阶段：**任务分配阶段**和**任务规划阶段**。A-STS 采用先任务分配再运动规划的解耦规划过程，本节主要介绍 A-STS 算法中的任务分配阶段。

接下来，将从任务环境建模和拍卖机制等方面详细介绍 A-STS 的任务分配过程。

1. 任务环境建模

任务区域被分解为多个单元栅格，每个单元栅格的大小与无人系统的搜索探测范围 D 相等。单元栅格有**自由单元栅格**和**障碍单元栅格**两种。自由单元栅格为无人系统可以自由通过和搜索的单元栅格；障碍单元栅格为被障碍物占据的单元栅格。所有自由单元栅格所构成的集合被表示为 G_f，所有障碍单元栅格所构成的集合被表示为 G_{ob}。每个栅格的索引由其自身的坐标表示，如栅格 $v_p(x_p, y_p)$ 表示整个空间中的第 x_p 行第 y_p 列的单元栅格。两个单元栅格 $v_a = (x_a, y_a)$ 和 $v_b = (x_b, y_b)$ 的距离 $d(v_a, v_b)$ 的计算方式为

$$d(v_a, v_b) = D \times \sqrt{(x_a - x_b)^2 + (y_a - y_b)^2} \tag{9.6}$$

在 A-STS 算法中，任务环境不仅被划分成为大小为 D 的单元栅格，而且被进一步分解成为一系列的**聚合栅格**。聚合栅格由四个单元栅格组合而成，其大小为 $2D$。所有聚合栅格构建了一个无向图结构 $G_s = (V_s, E_s)$，其中 $V_s = \{v_{s,1}, v_{s,2}, \cdots, v_{s,m}\}$ 表示图 G_s 中所有可达节点的集合，节点由其对应聚合栅格的中心点来确定，$E_s = \{e_{s,1}, e_{s,2}, \cdots, e_{s,p}\} \subseteq V_s \times V_s$ 表示连接两个邻接节点的边所构成的集合，由两个聚合栅格之间的连接关系确定。不同情况下聚合栅格的连接关系如图 9.12 所示。

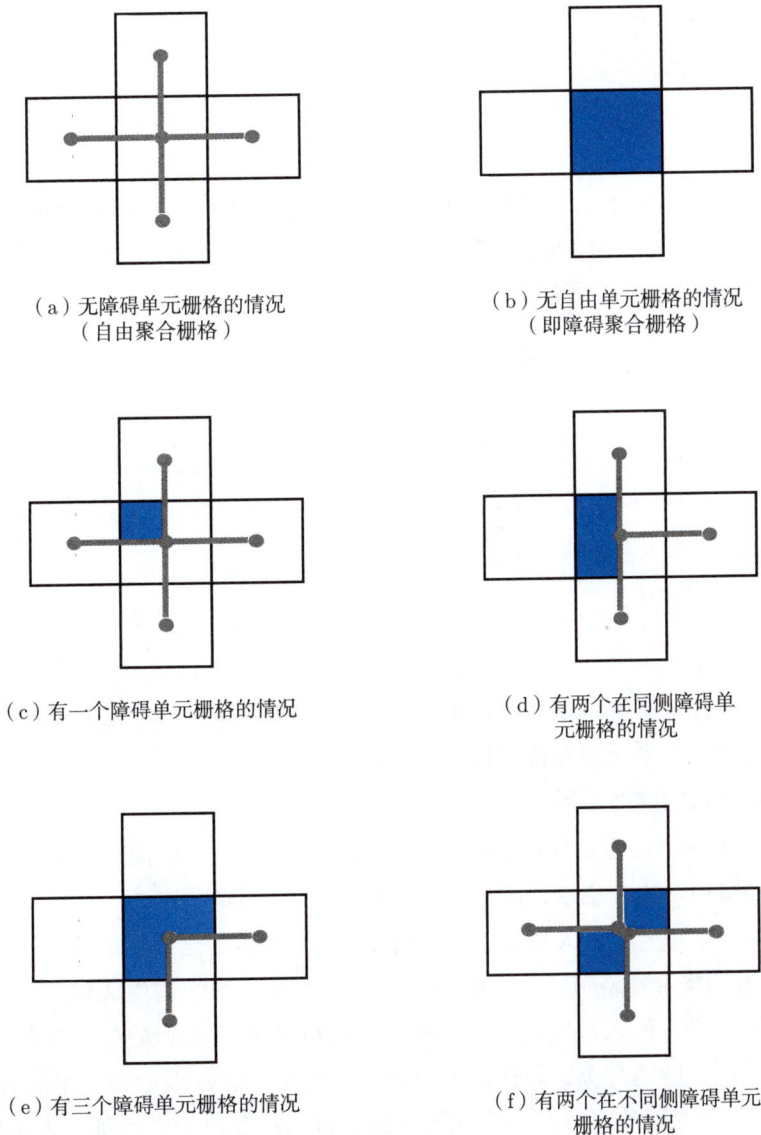

（a）无障碍单元栅格的情况（自由聚合栅格）

（b）无自由单元栅格的情况（即障碍聚合栅格）

（c）有一个障碍单元栅格的情况

（d）有两个在同侧障碍单元栅格的情况

（e）有三个障碍单元栅格的情况

（f）有两个在不同侧障碍单元栅格的情况

图 9.12 不同障碍单元栅格数量下的聚合栅格连接关系

如图 9.12（a）所示，当聚合栅格中的单元栅格全部都是自由单元栅格时，其对应的节点可视作自由节点。自由节点可以连接四个方向上的邻居节点。

当聚合栅格中的单元栅格全部都是障碍单元栅格时，称之障碍聚合栅格。如图 9.12（b）所示，障碍聚合栅格不与其他聚合栅格相连接。

如图 9.12（c）所示，当聚合栅格中只包含一个障碍单元栅格时，其对应图结构中的节点仍然可以连接四个方向上的邻居节点，这与自由节点的连接方式类似。

如图 9.12（d）所示，当聚合栅格中包含两个障碍单元栅格并且这两个小栅格处于大栅格的同侧时，其对应的节点可以连接除障碍物栅格方向的所有聚合栅格。

如图 9.12（e）所示，当聚合栅格中包含三个障碍单元栅格时，其对应的栅格只可以连接两个方向上的图邻居节点。

如图 9.12（f）所示，最后一种情况为聚合栅格中包含两个不在同侧的障碍单元栅格。该情况下，聚合栅格会被视为两个含三个障碍单元栅格的节点，每个节点仍然可以连接两个方向上的图邻居节点。

在获得图 G_s 的基础上，一些生成树算法，如 Dijkstra 算法可以快速规划出一棵生成树。无人系统 rob_i 的生成树记为 $Tr_{s,i}$。$\mathcal{T}r = \{Tr_{s,1}, Tr_{s,2}, \cdots, Tr_{s,n}\}$ 表示所有无人系统的生成树的集合。无人系统的生成树该尽可能满足以下约束：

$$Tr_{s,i} \cap Tr_{s,j} = \emptyset, \forall i,j \in \{1,2,\cdots,n\}, i \neq j, \tag{9.7}$$

$$Tr_1 \cup Tr_2 \cup \cdots \cup Tr_n = V_s \tag{9.8}$$

$$Tr_{s,i} \text{是连通的}, \forall i \in \{1,2,\cdots,n\} \tag{9.9}$$

$$v_{s,i}(0) \in Tr_{s,i}, \forall i \in \{1,2,\cdots,n\} \tag{9.10}$$

其中，$v_{s,i}(0)$ 表示移动无人系统初始位置所对应的聚合栅格。约束式(9.7)保证了每一个聚合栅格节点都只属于一个无人系统的生成树，由此保证了移动无人系统不会发生碰撞。约束(9.8)保证了每一个自由单元栅格都可以被搜索覆盖。约束式(9.9)、式(9.10) 保证了基于生成树的规划算法能够针对每个无人系统规划搜索运动轨迹。

2. A-STS 算法的整体流程

A-STS 算法的整体流程如算法 28 所示，主要可以分为三个阶段：**初始化阶段、拍卖竞标阶段、轨迹规划阶段**。本节主要介绍初始化阶段和拍卖竞标阶段。

在初始化阶段，每一个无人系统的生成树 $Tr_{s,i}$ 先被初始化为空集 $\emptyset$。之后，对应无人系统 rob_i 初始位置的聚合栅格节点 $v_{s,i}(0)$ 被依次添加到无人系统的生成树 $Tr_{s,i}$ 中。

在拍卖竞标阶段，无人系统通过竞价和拍卖的机制保持每个无人系统的生成树 $Tr_{s,i}$ 和消解不同无人系统之间的冲突。首先，需要确定拍卖组织者。然后拍卖组织者从图 G_s 中选择一个节点 v_a 作为拍卖物品，每一个无人系统（包括拍卖组织者）都会为该拍卖物品竞标。当拍卖组织者收到所有无人系统的竞标价格后，拍卖组织者选择所有竞标无人系统中的出价最高者作为中标无人系统 rob_{winner}。之后，所有的无人系统更新自身的状态信息和生成树信息以做好下一个轮次拍卖的准备。A-STS 算法通过引入无人系统的不活跃模式来减少无效拍卖。不活跃模式表示不能发起拍卖的状态。拍卖竞标阶段的终止条件有两个：达到迭代次数

$maxIter$ 或者所有的无人系统都处于不活跃模式（即所有的无人系统都不能发起拍卖）。拍卖竞标阶段结束后，A-STS 算法根据每个无人系统的生成树规划最终的搜索运动轨迹。

算法 28   基于生成树拍卖的搜索任务规划算法

1: **输入：** 自由单元栅格集合 G_f，障碍单元栅格集合 G_{ob}，最大迭代次数 $maxIter$。

2: **输出：** 多无人系统的运动轨迹。

3: //初始化阶段

4: 根据任务环境，构建 G_s；

5: $\forall i \in \{1, 2, \cdots, n\}$，添加 $v_{s,i}(0)$ 到 $Tr_{s,i}$；

6: //拍卖竞标阶段

7: $k = 0$

8: **for** $k < maxIter$ **do**

9:      选择一个拍卖组织者；

10:      拍卖者决定将要被拍卖的节点；

11:      **if** $\forall i \in \{1, 2, \cdots, n\}$, rob_i 处于不活跃模式 **then**

12:        终止迭代过程

13:      **end if**

14:      **if** 拍卖组织者处于不活跃模式 **then**

15:        **continue**

16:      **end if**

17:      竞标者针对拍卖的节点给出价格；

18:      拍卖组织者决定中标的无人系统；

19:      竞标者根据拍卖结果更新自身的状态和生成树；

20:      $k = k + 1$

21: **end for**

22: //轨迹规划阶段

23: $\forall i \in \{1, 2, \cdots, n\}$，基于生成树的搜索任务规划算法根据 $Tr_{s,i}$ 规划运动轨迹

---

3. 搜索任务规划算法的拍卖过程

拍卖组织者选择合适的邻居节点进行拍卖竞标，最终决定中标的无人系统。拍卖者生成树 $Tr_{s,i}$ 的邻居节点定义如下：

$$V_{s,i}^* = \{v_s \in G_s | \exists v_{s,i}' \in Tr_{s,i}, e(v_s, v_s') \in E_s, v_s \notin Tr_{s,i}\}, \tag{9.11}$$

其中，$V_{s,i}^*$ 表示生成树 $Tr_{s,i}$ 的除自身以外的全部邻居节点。邻居节点可分为以下三类：

(1) 已经被分配给其他无人系统的节点，表示为 $V_{s,i,as}^* = V_{s,i}^* \cap \sum\limits_{i=1}^{n} Tr_{s,i}$；

(2) 未被分配给其他无人系统并且其自身的估计代价不发生变化的节点，即自由聚合栅格的节点和有一个障碍单元栅格的节点，其表示为 $V_{s,i,us}^*$；

(3) 未被分配给其他无人系统，但其估计代价会随着连接关系而发生改变的节点，即有两个障碍物的节点和有三个障碍物的节点，其表示方式为 $V_{s,i,uc}^*$。

A-STS 算法采用如下启发式规则从 $V_{s,i}^*$ 选择合适的拍卖节点 v_a。

规则 1: 无人系统 rob_i 倾向于选择未被分配给无人系统的节点作为拍卖节点 v_a。节点 $V^*_{s,i,us}$ 比节点 $V^*_{s,i,uc}$ 拥有更高的优先级。当邻居节点的类型全都为同类型的 $V^*_{s,i,us}$ 或 $V^*_{s,i,uc}$ 节点时，将通过距离确定聚合栅格节点的拍卖优先级。优先级确定方式如下：

$$P_{su}(i,j) = \sum_{p=1,p\neq i}^{n} \sum_{v_s \in Tr_{s,i}} d(v^*_{i,j}, v_s), \tag{9.12}$$

其中，$P_{su}(i,j)$ 为优先级，其为当前节点 $v^*_{i,j}$ 到除移动无人系统 rob_i 以外所有已经分配节点的距离之和。拍卖无人系统 rob_i 将选择最大 $P_{su}(i,j)$ 所对应的节点作为拍卖节点 v_a。

规则 2: 当 $V^*_{s,i,us} = \emptyset$ 和 $V^*_{s,i,uc} = \emptyset$ 时，拍卖无人系统从 $V^*_{s,i,as}$ 中选择候选拍卖节点 v_a。拍卖无人系统还需要注意候选拍卖节点对其他无人系统生成树连通性的影响。为了确保拍卖过程不违背约束(9.9)，保持其他无人系统生成树连通性的关键节点 ($\overline{V^*}_{i,j} = \{x \in Tr_{s,i} | x \neq v^*_{i,j}\}$) 不能作为拍卖节点。对于不影响生成树连通性的候选邻居节点，优先级确定方式如下：

$$P_{sa}(i,j) = C_p(v^*_{i,j} \in Tr_{s,i}) \tag{9.13}$$

其中，C_p 表示包含 $v^*_{i,j}$ 生成树 $Tr_{s,i}$ 所对应移动无人系统搜索路径的估计长度，可以通过设计启发式规则进行估计。优先级最大的 $P_{sa}(i,j)$ 的节点将会被选为拍卖节点。除此之外，该规则还规定了当最大估计代价的 C_p 不大于拍卖者自身的估计代价时，拍卖无人系统将置为不能组织拍卖的不活跃模式。

规则 3: 当多个不影响生成树连通性的邻居节点具有相同的优先级，拍卖无人系统将会选择最靠近自身生成树 $Tr_{s,i}$ 的节点作为拍卖节点，其公式化表示如下所示。

$$P_{ss}(i,j) = \frac{1}{\sum_{v_p \in Tr_{s,i}} d(v^*_{i,j}, v_p)} \tag{9.14}$$

其中，$P_{ss}(i,j)$ 表示候选节点 $v^*_{i,j}$ 到移动无人系统自身生成树 $Tr_{s,i}$ 中全部节点距离之和的倒数。

无人系统拍卖者的拍卖流程如算法 29所示。在第 6 行和第 15 行，无人系统拍卖者选择出价最高的无人系统作为中标系统来平衡无人系统的工作负荷。拍卖结束后，无人系统广播拍卖结果使各个无人系统的信息保持一致。

算法 29 无人系统 rob_i 的拍卖过程

1: **输入**: 全部邻居节点 $V^*_{s,i}$，无人系统生成树的集合 $\mathcal{T}r$
2: **if** $V^*_{s,i} \neq \emptyset$ **then**
3:   **if** $V^*_{s,i,us} \neq \emptyset$ **or** $V^*_{s,i,uc} \neq \emptyset$ **then**
4:     根据规则 1 得到 v_a;
5:     收集所有无人系统对拍卖物品的出价;
6:     选择出价最高的无人系统为中标平台 rob_{winner};
7:     广播本次的拍卖结果;
8:   **else**
9:     计算拍卖者自身的状态;

10:     **if** rob_i 处于不活跃模式 **then**

11:         rob_i 不能组织拍卖；

12:     **end if**

13:     **if** rob_i 处于活跃模式 **then**

14:         根据规则 2 和规则 3 得到 v_a；

15:         收集所有无人系统对拍卖物品的出价；

16:         选择出价最高的无人系统为中标平台 rob_{winner}；

17:         广播本次的拍卖结果。

18:     **end if**

19:   **end if**

20: **else**

21:   将拍卖者 rob_i 处于不活跃模式。

22: **end if**

当竞标无人系统 rob_i 收到拍卖无人平台所拍卖的节点信息时，无人平台根据节点位置以及自身工作负荷进行出价。当收到是否中标的信息后，根据竞拍结果和竞拍节点对自身的生成树 $Tr_{s,i}$ 状态进行更新。

例题 9.5   如图 9.13 和图 9.14 展示了具有不同无人系统位置和障碍的两个任务场景。每个场景的大小为 40×40，其中的障碍采用均匀分布的方式随机生成。A-STS 算法能否生成满足条件的生成树呢？

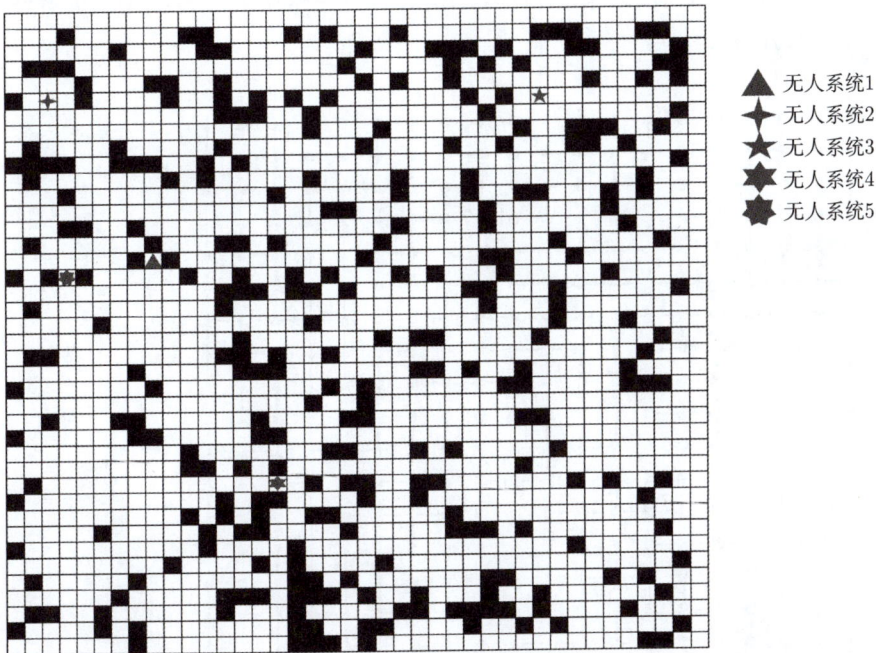

▲ 无人系统1
✦ 无人系统2
★ 无人系统3
✶ 无人系统4
✹ 无人系统5

图 9.13   任务场景 1

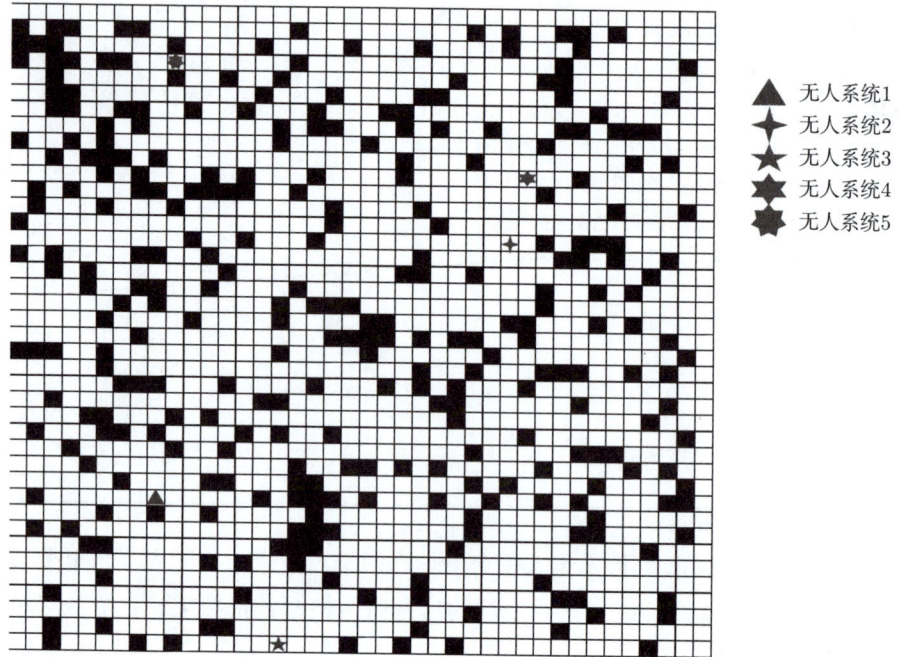

图 9.14　任务场景 2

解：图 9.15 和图 9.16 展示了所有无人系统在 A-STS 算法的拍卖竞标阶段产生的生成树，不同无人系统的生成树均满足约束(9.7)~ (9.10)。结合图示结果，可以得出 A-STS 算法适用于不同任务场景的结论。

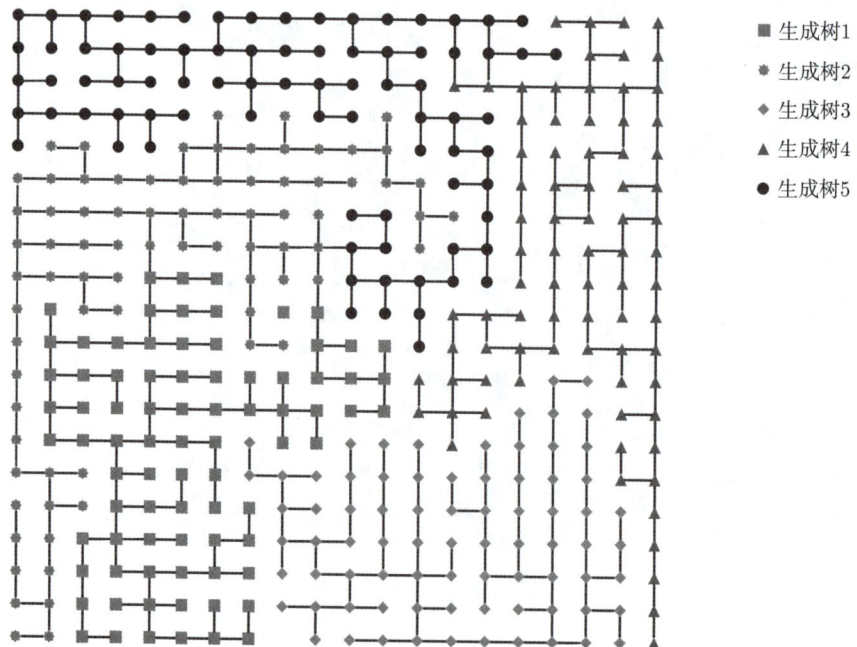

图 9.15　无人系统在任务场景 1 下的生成树

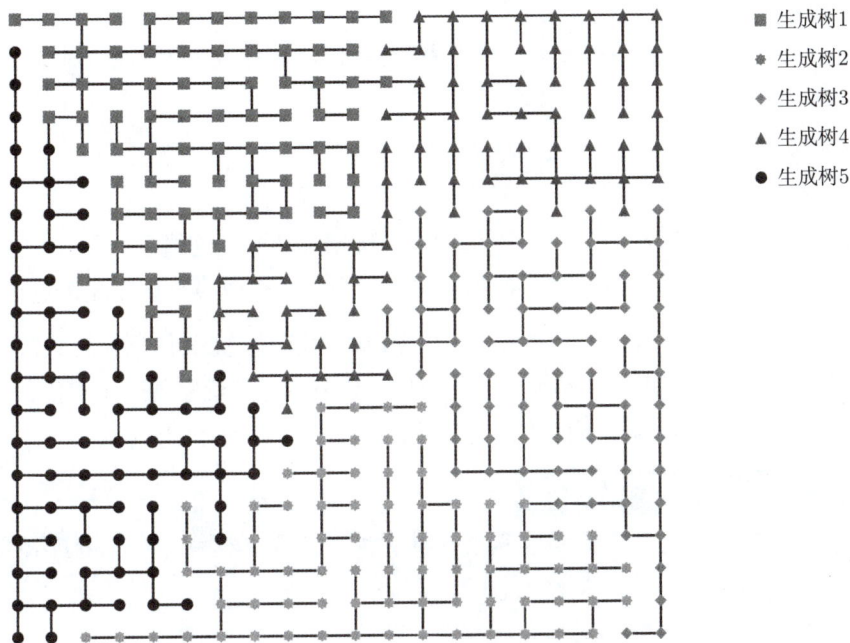

■ 生成树1
✦ 生成树2
◆ 生成树3
▲ 生成树4
● 生成树5

图 9.16 无人系统在任务场景 2 下的生成树

9.4 多智能体强化学习博弈

在多智能体强化学习博弈问题中，每个智能体都是一个独立的决策制定者，通过学习和优化自己的策略来最大化奖励。智能体的决策和行动会影响整个环境，包括其他智能体的状态和奖励。智能体之间可能存在合作关系，通过协调行动来实现共同的目标，也可能存在竞争关系，争夺有限的资源或奖励。本节围绕多智能体强化学习博弈问题，主要介绍博弈基础和合作型多智能体的强化学习过程。

9.4.1 多智能体博弈基本概念

1. 正则式博弈

正则式博弈可以由一个三元组 $(N, A, \boldsymbol{u})$ 描述，其中，N 表示参与博弈的玩家、A 表示玩家的策略集合、$\boldsymbol{u}$ 表示玩家的收益，其具体定义如下：

定义 9.4（正则式博弈）

一个有 n 个玩家参与的正则式博弈由一个三元组 $(N, A, \boldsymbol{u})$ 描述：

- N 表示玩家集合；
- $A = A_1 \times A_2 \times \cdots \times A_n$ 表示所有玩家的策略集合，其中 A_i 表示第 i 个玩家的策略集合，$a_i \in A_i$ 表示玩家 i 的策略，$\boldsymbol{a} = (a_1, a_2, \cdots, a_n) \in A$ 表示所有玩家的策略组成的策略组合；

- $\boldsymbol{u} = (u_1, u_2, \cdots, u_n)$ 表示所有玩家的收益，其中 u_i 表示第 i 个玩家的收益。

2. 扩展式博弈

在正则式博弈中，玩家同时决策，不包含关于玩家行动顺序的概念。而在扩展式博弈中，建模过程包含了不同玩家的决策顺序，在每个时间步中，一个或多个玩家轮流进行决策。

接下来，首先介绍完美信息扩展式博弈。从图论的角度看，完美信息扩展式博弈可以理解为树结构，其中每个节点代表一个玩家，每条边代表该节点对应玩家的一个可能的决策，最终每个玩家在叶子节点获得收益。下面给出完美信息扩展式博弈的详细定义：

定义 9.5（完美信息扩展式博弈）

一个包含有限玩家的完美信息扩展式博弈可由一个元组 $G = (N, A, H, Z, \chi, \rho, \sigma, \boldsymbol{u})$ 描述：

- N 表示包含 n 个玩家的玩家集合；
- A 表示策略集合；
- H 表示非叶子节点集合；
- Z 表示叶子节点集合，与 H 交集为空集；
- $\chi : H \to 2^A$ 表示行动函数（Action Function），给每一个非叶子节点分配可行的行动；
- $\rho : H \to N$ 表示玩家函数（Player Function），给每一个非叶子节点分配一个玩家，该玩家需要在该节点进行决策；
- $\sigma : H \times A \to H \bigcup Z$ 表示后继函数（Successor Function），后继函数将一个非叶子节点和一个行动映射到一个新的非叶子节点或者叶子节点。满足对于任意的 $h_1, h_2 \in H$，$a_1, a_2 \in A$，如果 $\sigma(h_1, a_1) = \sigma(h_2, a_2)$，则 $h_1 = h_2$，$a_1 = a_2$；
- $\boldsymbol{u} = (u_1, u_2, \cdots, u_n)$，其中，$u_i : Z \to \mathbf{R}$ 表示玩家 i 的在叶子节点处的收益函数。

在完美信息扩展式博弈中，玩家的纯策略是指在属于该玩家的每个节点上采取的确定性行动的组合，具体定义如下：

定义 9.6（完美信息扩展形式博弈的纯策略）

假设 $G = (N, A, H, Z, \chi, \rho, \sigma, \boldsymbol{u})$ 是一个完美信息扩展式博弈，那么玩家 i 的纯策略为 $\times_{h \in H, \rho(h)=i} \chi(h)$。

与完美信息扩展式博弈相对应的是不完美信息扩展式博弈，在不完美信息扩展式博弈中，每个玩家的节点被划分为多个信息集。在同一个信息集中，玩家无法区别信息集中的不同节点。不完美信息扩展式博弈的具体定义如下：

一个包含有限玩家的不完美信息扩展式博弈可由一个元组 $G = (N, A, H, Z, \chi, \rho, \sigma, \boldsymbol{u}, I)$ 描述:

- $G = (N, A, H, Z, \chi, \rho, \sigma, \boldsymbol{u}, I)$ 表示一个完美信息扩展式博弈;
- $I = \{I_1, I_2, \cdots, I_n\}$, $I_i = \{I_{i,1}, I_{i,2}, \cdots, I_{i,k_i}\}$, 其中, $I_{i,j}$ 表示玩家 i 的一个信息集, 一个信息集中的节点满足 $\{h \in H : \rho(h) = i\}$, 如果 $h, h' \in I_{i,j}$, 则 $\chi(h) = \chi(h')$, $\rho(h) = \rho(h')$, 即如果两个不同节点属于同一个信息集, 那么这两个节点的策略集合和其代表对应玩家相同。

考虑如图 9.17 所示的不完美信息扩展式博弈, 玩家 1 有两个信息集 $I_{1,1}$ 和 $I_{1,2}$, 玩家 2 有 1 个信息集 $I_{2,1}$。注意, 在玩家 1 的第二个信息集中, 两个节点有相同的策略集合 $\{l, r\}$, 可认为玩家 1 在策略 l 和 r 之间做选择时, 不知道玩家 2 在上一步选择了策略 A 还是策略 B。

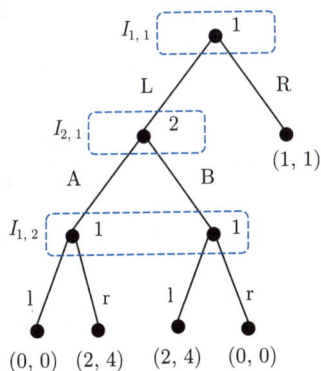

图 9.17　不完美信息扩展式博弈

3. 博弈问题解概念

博弈论中的一个核心要素是解概念, 用来描述玩家的策略是否达到了某种均衡。**纳什均衡**作为一个被广泛使用的解概念, 其定义如下:

如果对于任意的 $i \in N$, 策略 $\boldsymbol{a} \in A$ 满足

$$u_i(\boldsymbol{a}_i, \boldsymbol{a}_{-i}) \geqslant u_i(\boldsymbol{a}_i', \boldsymbol{a}_{-i}), \forall \boldsymbol{a}_i' \in A_i$$

则称策略 $\boldsymbol{a}$ 为该博弈问题的一个纳什均衡点, 其中 $\boldsymbol{a}_{-i}$ 表示除了玩家 i 以外的所有智能体的策略组成的策略组合。

根据纳什均衡的定义, 在纳什均衡点处, 假设其他所有玩家都保持策略不变, 没有玩家能够通过改变策略增加收益。因此, 每个玩家都将保持策略不变。

根据玩家的策略特点，可以将纳什均衡分为**纯策略纳什均衡**和**混合策略纳什均衡**。

纯策略纳什均衡：所有智能体同时采取确定的决策动作。在其他智能体的决策动作不变的前提下，每个智能体不能通过改变当前的决策增加自身收益，此时求得的纳什均衡称为纯策略纳什均衡。

混合策略纳什均衡：智能体以对应的概率选择不同的策略，基于选择不同策略的概率计算玩家的期望收益。同样，在混合策略纳什均衡点处，玩家不能通过调整选择不同策略的概率增加期望收益。

> **定理 9.1**（混合纳什均衡的存在性）
>
> 任何具有**有限玩家**和**有限策略集**的博弈问题均存在混合纳什均衡解。

例题 9.6 在胆小鬼博弈中，有两个玩家：玩家 1 和玩家 2，每个玩家可以独立地选择"怯懦"和"勇敢"作为自己的策略，基于两个玩家所有的动作决策，两个玩家的收益为见表 9.3。表 9.3 中的第一个数字表示玩家 1 的收益，第二个数字表示玩家 2 的收益。以 $(3,6)$ 为例，表示在玩家 1 选择策略"怯懦"、玩家 2 选择策略"勇敢"时，玩家 1 的收益为 3，玩家 2 的收益为 6。那么如何求解该问题的纳什均衡点呢？

表 9.3 胆小鬼博弈收益矩阵

玩家 1	玩家 2	
	怯懦	勇敢
怯懦	(5,5)	(3,6)
勇敢	(6,3)	(0,0)

解：根据表 9.3，当两个玩家的策略为 (怯懦,怯懦) 时，二人收益均为 5。假设玩家 2 保持当前决策，玩家 1 想要选择策略"勇敢"使得自己收益变为 6，由纳什均衡定义可知 (怯懦,怯懦) 不是纳什均衡点；同理，策略 (勇敢,勇敢) 也不是纳什均衡点。

而当两个玩家的策略为 (怯懦,勇敢) 或者 (勇敢,怯懦) 时，假设对方策略不变，二人均不能通过改变策略增加收益，根据纳什均衡定义可知 (怯懦,勇敢) 和 (勇敢,怯懦) 均是纯策略纳什均衡点。

同时，根据定理 9.1 可知，胆小鬼博弈存在混合策略纳什均衡。假设玩家 1 选择策略"怯懦"的概率为 p_1，玩家 1 选择策略"勇敢"的概率为 $1-p_1$，玩家 2 选择策略"怯懦"的概率为 p_2，玩家 2 选择策略"勇敢"的概率为 $1-p_2$。为了使玩家 1 制定的策略没有给其对手玩家 2 带来偏见，从而使玩家 2 产生最佳的纯策略动作，需要满足如下关系：

$$5p_1 + 3(1-p_1) = 6p_1 + 0(1-p_1)$$

同理，

$$5p_2 + 3(1-p_2) = 6p_2 + 0(1-p_2)$$

解得 $p_1 = 0.75$, $p_2 = 0.75$。即玩家 1 和玩家 2 选择策略"怯懦"的概率均为 0.75，选择策略"勇敢"的概率均为 0.25。此时玩家 1 的期望收益为

$$0.75 \times 0.75 \times 5 + 0.75 \times 0.25 \times 3 + 0.25 \times 0.75 \times 6 + 0.25 \times 0.25 \times 0 = 4.5$$

玩家 2 的期望收益为

$$0.75 \times 0.75 \times 5 + 0.75 \times 0.25 \times 6 + 0.25 \times 0.75 \times 3 + 0.25 \times 0.25 \times 0 = 4.5$$

综上所述，胆小鬼博弈的纯策略纳什均衡为 (怯懦,勇敢)、(勇敢,怯懦)；在混合纳什均衡处，两个玩家分别选择（怯懦,勇敢）的概率均为 $(0.75, 0.25)$。

9.4.2 多智能体博弈模型

1. 零和博弈

在一个博弈问题中，假设有 n 个智能体，每个智能体的决策变量记为 $\boldsymbol{a}_i \in A_i$，收益函数记为 $u_i(\boldsymbol{a}_i, \boldsymbol{a}_{-i})$。每个智能体以最大化自己的收益为目标，即对于任意的智能体 i，则

$$\max_{\boldsymbol{a}_i \in A_i} u_i(\boldsymbol{a}_i, \boldsymbol{a}_{-i})$$

零和博弈作为非合作博弈的一类，指对手之间具有完全相反的目标，即智能体的收益之和为 0，典型的例子包括围棋、选举等。由于其在机器学习领域和优化领域的成功应用，二人零和博弈及其拓展的网络模型受到了越来越多的关注。

> **定义 9.9** (零和博弈)
>
> 假设在一个博弈问题中只有两个玩家，记两个玩家策略集合分别为 A_1 和 A_2，收益分别为 u_1 和 u_2，如果对于任意的策略 $\boldsymbol{a} \in A_1 \times A_2$，满足
>
> $$u_1(\boldsymbol{a}) + u_2(\boldsymbol{a}) = 0$$
>
> 则称该博弈问题是一个零和博弈问题。

由零和博弈定义可以看出，一个玩家的收益必须以另一个玩家的损失为代价。

2. 两网络零和博弈

两网络零和博弈是零和博弈的推广形式，在两网络零和博弈中，分别将两个子网络视为两个玩家，每个子网络包含多个智能体，同一网络内和不同网络间的智能体能够进行通信，形成了一个复杂的网络模型，如图 9.18 所示。每个子网络的收益是子网络中所有智能体的收益之和，每个子网络的目标是最大化自己的收益，同时满足两子网络的收益之和为 0，这意味着一个子网络的收益的增加必然伴随着另一个子网络的收益的减少。

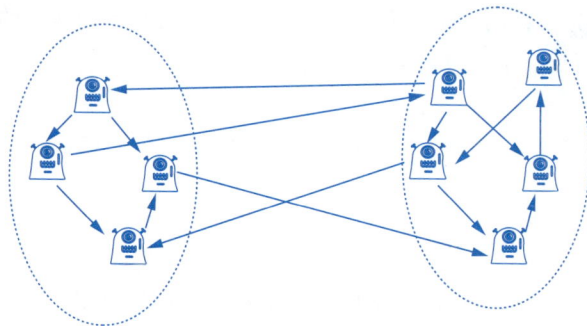

图 9.18 两网络零和博弈模型

例如，假设子网络 Σ_1 和 Σ_2 分别包含 m 和 n 个智能体，子网络 Σ_1 中的每个智能体的收益函数分别记为 $f_{1,1}, f_{1,2}, \cdots, f_{1,m}$，子网络 Σ_2 中的每个智能体的收益函数分别记为 $f_{2,1}, f_{2,2}, \cdots, f_{2,n}$，则子网络 Σ_1 的目标函数为

$$F_1(\boldsymbol{x}, \boldsymbol{y}) = \sum_{i=1}^{m} f_{1,i}(\boldsymbol{x}, \boldsymbol{y})$$

子网络 Σ_2 的目标函数为

$$F_2(\boldsymbol{x}, \boldsymbol{y}) = \sum_{i=1}^{n} f_{2,i}(\boldsymbol{x}, \boldsymbol{y})$$

其中 $\boldsymbol{x} = (\boldsymbol{x}_1^{\mathrm{T}}, \boldsymbol{x}_2^{\mathrm{T}}, \cdots, \boldsymbol{x}_m^{\mathrm{T}})^{\mathrm{T}}, \boldsymbol{y} = (\boldsymbol{y}_1^{\mathrm{T}}, \boldsymbol{y}_2^{\mathrm{T}}, \cdots, \boldsymbol{y}_n^{\mathrm{T}})^{\mathrm{T}}, \boldsymbol{x}_1, \boldsymbol{x}_2, \cdots, \boldsymbol{x}_m, \boldsymbol{y}_1, \boldsymbol{y}_2, \cdots, \boldsymbol{y}_n$ 分别表示两个子网络 Σ_1 和 Σ_2 中每个智能体的决策变量。在两网络零和博弈问题中，目标函数 $F_1(\boldsymbol{x}, \boldsymbol{y})$ 和 $F_2(\boldsymbol{x}, \boldsymbol{y})$ 满足

$$F_1(\boldsymbol{x}, \boldsymbol{y}) + F_2(\boldsymbol{x}, \boldsymbol{y}) = 0 \tag{9.15}$$

9.4.3 多智能体博弈策略的强化学习

本节考虑完全合作关系的多智能体系统，介绍完全合作关系下的策略学习、Advantage Actor-Critic 算法中策略网络和价值网络的训练过程。

1. 合作关系下的策略学习

假设一个多智能体系统中有 m 个智能体，每个智能体对于全局状态 S 有一个局部观测，智能体 i 的局部观测为 O_i，假设全局状态由所有局部观测构成，记作 $S = [O_1, O_2, \cdots, O_m]$。记智能体 i 的动作集合为 A_i，奖励为 R_i，回报为 U_i，动作价值为 Q_i^{π}，状态价值为 V_i^{π}，目标函数为 J_i。

在完全合作关系设定下，每个智能体具有相同的奖励、回报、动作价值、状态价值和目标函数，对任意的 $i = 1, 2, \cdots, m$，满足

$$R_i \triangleq R, \quad U_i \triangleq U, \quad Q_i^{\pi} \triangleq Q^{\pi}, \quad V_i^{\pi} \triangleq V^{\pi}, \quad J_i \triangleq J$$

在策略学习时，每个智能体的参数记为 $\boldsymbol{\Theta}_i$。在合作关系设定下，每个智能体有共同的目标函数，即

$$J(\boldsymbol{\Theta}_1, \boldsymbol{\Theta}_2, \cdots, \boldsymbol{\Theta}_m)$$

目标函数 J 与所有智能体的参数相关，智能体通过更新参数 $\boldsymbol{\Theta}_i$ 增加目标函数值，因此，策略学习过程等价于求解如下的优化问题：

$$\max_{\boldsymbol{\Theta}_1,\boldsymbol{\Theta}_2,\cdots,\boldsymbol{\Theta}_m} J(\boldsymbol{\Theta}_1,\boldsymbol{\Theta}_2,\cdots,\boldsymbol{\Theta}_m) \tag{9.16}$$

为了求解上述优化问题，每个智能体采用梯度上升方法更新参数 $\boldsymbol{\Theta}_i$，即对于智能体 i：

$$\boldsymbol{\Theta}_i \leftarrow \boldsymbol{\Theta}_i + \alpha_i \cdot \nabla_{\boldsymbol{\Theta}_i} J(\boldsymbol{\Theta}_1,\boldsymbol{\Theta}_2,\cdots,\boldsymbol{\Theta}_m)$$

其中 α_i 表示学习率。当目标函数 J 不再增加时，终止参数更新。

2. 合作关系下的多智能体 Advantage Actor-Critic

Advantage Actor-Critic(A2C) 算法属于演员-评论家算法 (Actor-Critic) 的一种。在 A2C 算法中，有一个相当于演员的策略网络 $\pi(a|s;\boldsymbol{\Theta})$ 和一个相当于评论家的价值网络 $v(s;\boldsymbol{w})$。

策略网络的输入为所有智能体的观测值 s，输出为每个智能体在其动作空间上的概率分布。在合作关系设定下，每个智能体有自己的策略网络，其网络结构如图 9.19 所示，其中输出的概率分布 $(0.5,0.5)$ 表示选择策略集中的两个策略的概率均为 0.5。

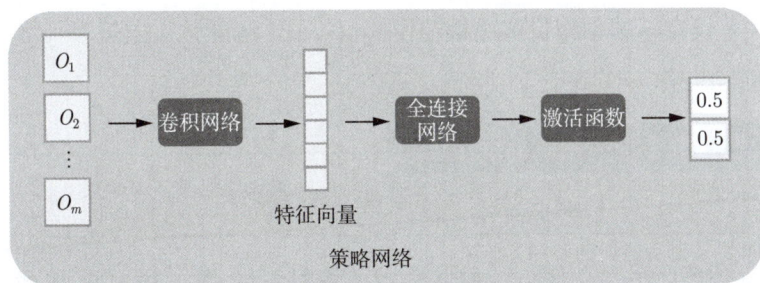

图 9.19 策略网络

价值网络的输入是状态 s，输出一个实数，作为对状态价值函数 $V^\pi(s)$ 的近似。价值网络通过更新网络参数使输出逼近 $V^\pi(s)$，作为对状态 s 的评分。在完全合作关系设定下，所有智能体有相同的奖励，因此智能体共用一个价值网络，其网络结构如图 9.20 所示。

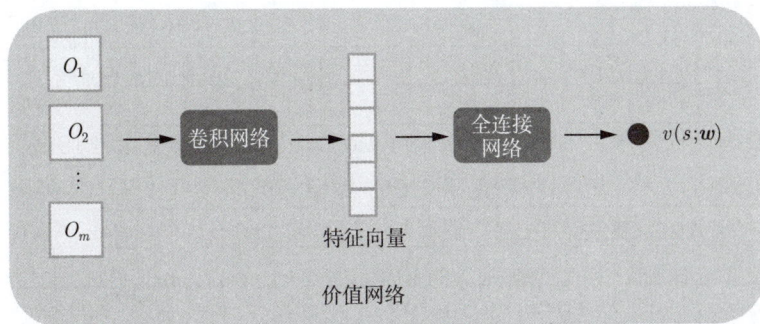

图 9.20 价值网络

1) 训练价值网络

采用时间差分 (Temporal Difference，TD) 算法训练价值网络 $v(s; \boldsymbol{w})$。TD 算法利用差异值进行学习，即目标值和估计值在不同时间步上的差异，通过观察到的奖励和对下个状态的估值构造目标。当观测到状态 s_t、s_{t+1} 和奖励 r_t 时，计算 TD 目标：

$$\hat{v}_t = r_t + \gamma \cdot v(s_{t+1}; \boldsymbol{w})$$

定义损失函数为

$$E(\boldsymbol{w}) = \frac{1}{2}[v(s_t; \boldsymbol{w}) - \hat{v}_t]^2$$

为了减小损失函数的值，可采用梯度下降的方法更新价值网络参数 $\boldsymbol{w}$，更新过程如下：

$$\boldsymbol{w} \leftarrow \boldsymbol{w} - \alpha_{\boldsymbol{w}} \cdot (v(s_t; \boldsymbol{w}) - \hat{v}_t) \cdot \nabla_{\boldsymbol{w}} v(s_t; \boldsymbol{w})$$

其中，$(v(s_t; \boldsymbol{w}) - \hat{v}_t) \cdot \nabla_{\boldsymbol{w}} v(s_t; \boldsymbol{w})$ 表示目标函数 $E(\boldsymbol{w})$ 关于 $\boldsymbol{w}$ 的梯度，$v(s_t; \boldsymbol{w}) - \hat{v}_t$ 表示 TD 误差，$\alpha_{\boldsymbol{w}}$ 表示学习率。

2) 训练策略网络

完全合作关系设定下的动作价值函数记作 $Q^{\pi}(s, a)$，智能体 i 的策略网络为 $\pi(A_i|S; \boldsymbol{\Theta}_i)$。有如下的策略梯度定理：

> **定理 9.2** （合作关系下的策略梯度定理）
>
> 设基线 b 为不依赖于 $A = [A_1, A_2, \cdots, A_m]$ 的函数，则有
>
> $$\nabla_{\boldsymbol{\Theta}_i} J(\boldsymbol{\Theta}_1, \boldsymbol{\Theta}_2, \cdots, \boldsymbol{\Theta}_m) = \mathbb{E}_{S,A}[(Q^{\pi}(S, A) - b) \cdot \nabla_{\boldsymbol{\Theta}_i} \ln \pi(A_i|S; \boldsymbol{\Theta}_i)]$$
>
> 其中，
>
> $$\pi(A|S; \boldsymbol{\Theta}_1, \boldsymbol{\Theta}_2, \cdots, \boldsymbol{\Theta}_m) = \pi(A_1|S; \boldsymbol{\Theta}_1) \times \pi(A_2|S; \boldsymbol{\Theta}_2) \times \cdots \times \pi(A_m|S; \boldsymbol{\Theta}_m)$$

设基线 $b = V^{\pi}(s)$，定义

$$\boldsymbol{f}_i(s, a; \boldsymbol{\Theta}_i) = (Q^{\pi}(s, a) - V^{\pi}(s)) \cdot \nabla_{\boldsymbol{\Theta}_i} \ln \pi(a^i|s; \boldsymbol{\Theta}_i)$$

其中，$Q^{\pi} - V^{\pi}$ 被称为优势函数 (Advantage Function)。根据策略梯度定理 (9.2) 可知，$\boldsymbol{f}_i(s, a; \boldsymbol{\Theta}_i)$ 是策略梯度的无偏估计，因此可以将 $\boldsymbol{f}_i(s, a; \boldsymbol{\Theta}_i)$ 近似为策略梯度。基于优势函数得到的演员-评论家算法被称为 **A2C 算法**。

由于 Q^{π} 和 V^{π} 未知，将 $Q^{\pi}(s_t, a_t)$ 近似为 $r_t + \gamma \cdot v(s_{t+1}; \boldsymbol{w})$，$V^{\pi}(s_t)$ 近似为 $v(s_t; \boldsymbol{w})$。此时，策略梯度可进一步近似成：

$$\tilde{\boldsymbol{f}}_i(s_t, a_t^i; \boldsymbol{\Theta}_i) \triangleq (r_t + \gamma \cdot v(s_{t+1}; \boldsymbol{w}) - v(s_t; \boldsymbol{w})) \cdot \nabla_{\boldsymbol{\Theta}_i} \ln \pi(a_t^i|s_t; \boldsymbol{\Theta}_i)$$

当观测到状态 s_t、s_{t+1}、动作 a_t^i、奖励 r_t 时，策略网络的参数更新如下：

$$\boldsymbol{\Theta}_i \leftarrow \boldsymbol{\Theta}_i + \alpha_i \cdot \tilde{\boldsymbol{f}}_i(s_t, a_t^i; \boldsymbol{\Theta}_i)$$

其中，$\tilde{\boldsymbol{f}}_i(s, a_t^i; \boldsymbol{\Theta}_i)$ 表示近似的策略梯度，α_i 表示学习率。

3) A2C 训练过程

在合作关系设定下，包含 m 个智能体的多智能体系统在使用 A2C 算法训练时，包括 m 个策略网络和 1 个价值网络。假设 m 个策略网络的参数分别是 $\boldsymbol{\Theta}_1, \boldsymbol{\Theta}_2, \cdots, \boldsymbol{\Theta}_m$，价值网络的参数为 $\boldsymbol{w}$。A2C 训练过程伪代码见算法 30。

算法 30 A2C 训练流程

假设有 m 个智能体，训练 T 轮：

for $t \leftarrow 1, 2, \cdots, T$ **do**

Step 1：观测到当前状态 $s_t = [o_t^1, o_t^2, \cdots, o_t^m]$，智能体 i 独立随机抽样，得到

$$a_t^i \sim \pi(\cdot|s_t; \boldsymbol{\Theta}_i), \quad \forall i = 1, 2, \cdots, m$$

Step 2：观测到奖励 r_t 和状态 s_t、s_{t+1}；

Step 3：计算 TD 目标：$\hat{v}_t = r_t + \gamma \cdot v(s_{t+1}; \boldsymbol{w})$；

Step 4：计算 TD 误差：$v(s_t; \boldsymbol{w}) - \hat{v}_t$；

Step 5：更新价值网络参数：$\boldsymbol{w} \leftarrow \boldsymbol{w} - \alpha_{\boldsymbol{w}} \cdot (v(s_t; \boldsymbol{w}) - \hat{v}_t) \cdot \nabla_{\boldsymbol{w}} v(s_t; \boldsymbol{w})$；

Step 6：更新策略网络参数：$\boldsymbol{\Theta}_i \leftarrow \boldsymbol{\Theta}_i + \alpha_i \cdot \tilde{\boldsymbol{f}}_i(s_t, a_t^i; \boldsymbol{\Theta}_i), \quad \forall i = 1, 2, \cdots, m$。

end for

9.4.4 应用：《星际争霸 II》

1. 背景介绍

《星际争霸 II》是一款实时战略游戏，其游戏场景复杂多样、策略空间庞大、对抗性强，在专业电子竞技中具有标志性和持久性地位，研究利用自主智能决策方法达到游戏顶级水平已经成为人工智能研究的一个重要挑战。

面对游戏《星际争霸 II》带来的复杂性和博弈论相关挑战，本节介绍一种求解方法，该方法结合深度神经网络、强化学习、模仿学习等技术，利用来自人类和智能体的数据训练智能体 AlphaStar。最终在《星际争霸 II》的完整游戏中进行评估，训练后的智能体 AlphaStar 的游戏水平被评为特级大师级别。

2. AlphaStar 整体架构

如图 9.21 所示为 AlphaStar 的整体框架，输入类型包括基本特征 (Baseline Features)、标量特征 (Scalar Features)、实体 (Entities) 和地图 (Minimap)。对于不同的输入类型，通过不同的神经网络操作。例如，通过自注意力机制处理自己和对手的信息；为了处理局部观测信息，观测的时间序列通过 LSTM 处理。

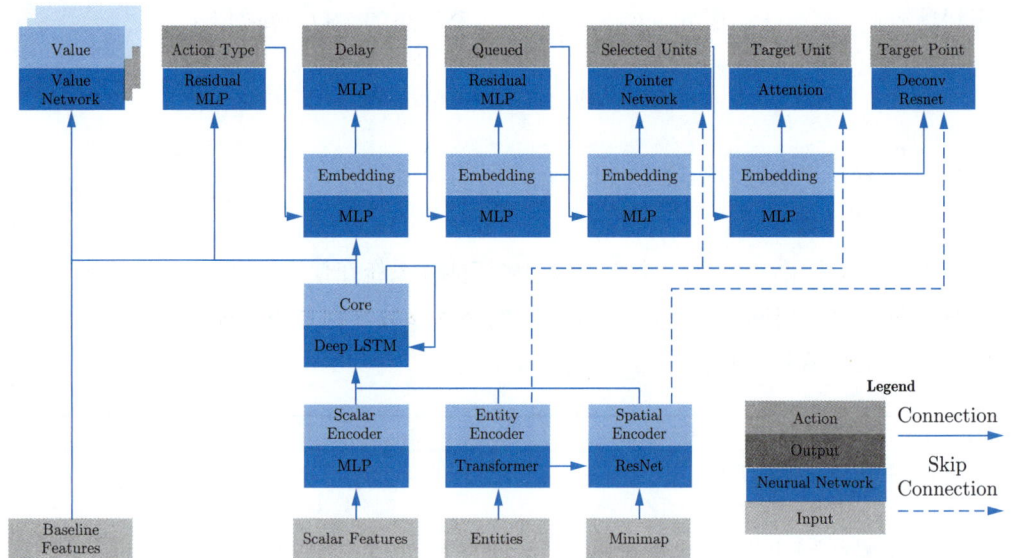

图 9.21　AlphaStar 整体框架

3. 训练设置

如图 9.22 所示，AlphaStar 通过获取游戏中的地图、单位等信息观察游戏过程，如果要发出动作，智能体会输出操作的类型、操作的对象、目标位置以及何时发出下一步的动作等信息。动作会通过监控层（Monitoring Layer）调节频率，使其符合人类的操作速度。

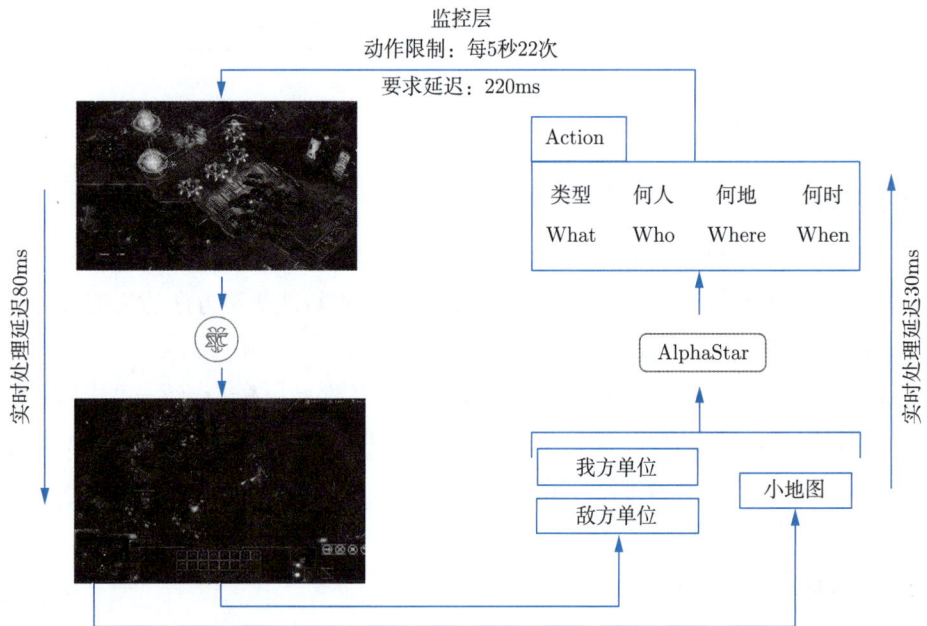

图 9.22　下一步动作的发出

智能体 AlphaStar 通过监督学习和强化学习两种方式进行训练，如图 9.23 所示。智能体通过监督学习训练，以模仿人类的行为。监督学习既用于智能体的初始化，又用于保持多样化的探索，输出能够抓住星际争霸的复杂性的策略。AlphaStar 的强化学习过程基于与 Advantage Actor-Critic 类似的策略梯度算法，属于演员–评论家范式，通过价值函数预测奖励，然后更新策略，最终提升 AlphaStar 的性能。

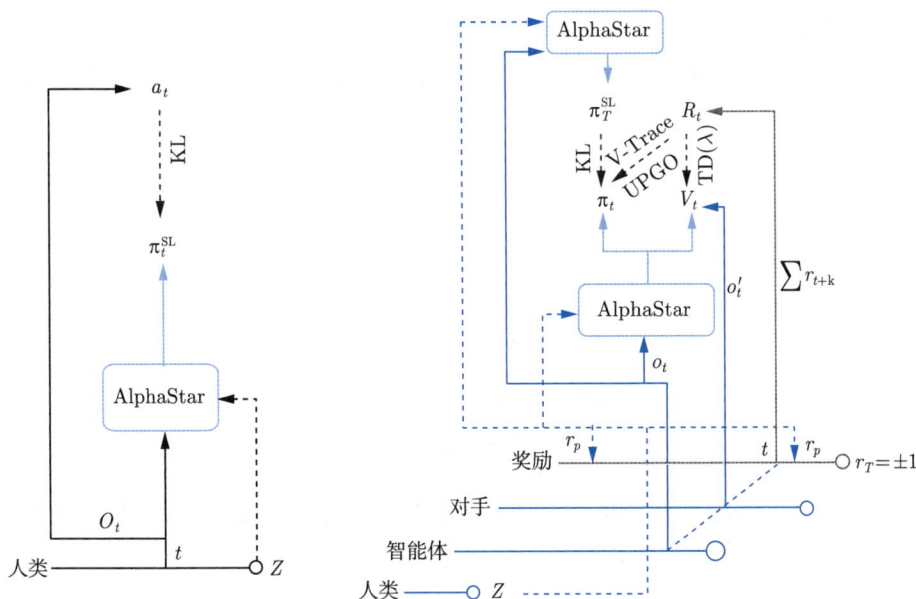

图 9.23　监督学习和强化学习算法

4. 结果

AlphaStar 在《星际争霸 Ⅱ》中最终评估对神族、人族和虫族的评分分别为 6275 分、6048 分和 5835 分，超过了 99.8% 的人类玩家，在 3 个种族中都处于大师级水平。

9.5　小结

本章介绍了多智能体协同路径规划、多智能体任务分配和多智能体强化学习博弈。

首先，本章介绍了两种求解多智能体协同路径规划的方法：优先级算法和 CBS 算法。优先级算法按照智能体的优先级顺序进行单体路径规划，可能无法保证解的最优性；CBS 方法的顶层通过设置约束树来解决路径中存在的冲突，底层采用单体路径规划方法计算满足约束的路径，能够得到全局最优解。

其次，本章介绍了求解任务分配问题的两类方法：拍卖算法和基于生成树拍卖的搜索任务规划算法。拍卖算法思想简单，适用于小规模的任务分配问题和静态系统；基于生成树拍卖的搜索任务规划算法适用于求解多无人系统执行搜索探测的任务场景，多个无人系统通过拍卖和竞标的过程协同探测搜索，提高了搜索探测的工作效率。

最后，本章介绍了多智能体强化学习博弈的基础知识，并详细介绍了在合作关系设定下，多智能体系统使用 A2C 算法的训练过程，最终介绍了强化学习在《星际争霸 Ⅱ》这一复杂环境中博弈的应用实例。

练　习

1. 如图 9.4 所示，在二维场景中，两个智能体在 $t=0$ 时的位置分别为 $R_1=A_3$, $R_2=A_1$。若采用集中式方法进行路径规划，分别写出 $t=1$ 时刻和 $t=2$ 时刻两个智能体所有可能的联合状态。

2. 自定义智能体的优先级顺序，采用优先级算法为如图 9.24 所示的 3 个智能体进行路径规划。

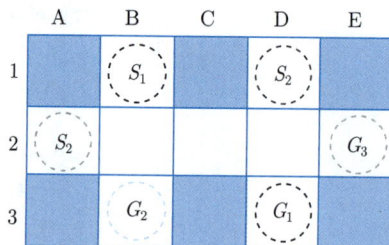

图 9.24　练习 2

3. 采用优先级算法为如图 9.25 所示的两个智能体进行路径规划。若要保证采用优先级方法能够求得问题的解，则应如何设置优先级？

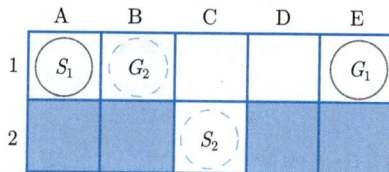

图 9.25　练习 3

4. 采用 CBS 算法为如图 9.4 所示的两个智能体进行路径规划，并画出约束树。

5. 假设小明一天从 9:00 am 工作到 5:00 pm，这 8 个小时可以分为 8 个时长为 1 小时的时间段，每工作 1 小时小明需要 30 元的成本。现有 4 个任务，每个任务有自己的时长、任务截止时间和价值，数据如表 9.4所示，请选择合适的任务分配算法帮小明合理地分配时间，使他一天的收益最大。

表 9.4　任务数据

任务	时长/h	截止时间	价值/元
1	2	1:00 pm	100
2	2	12:00 pm	160
3	1	12:00 pm	60
4	4	5:00 pm	145

6. 图 9.26 是一个博物馆的简化平面图，需要保安保护房间中的展品。为了节省人力，可以让 1 个保安站在 2 个房间之间的门口，这样可以同时保护 2 个房间。请为该问题建

立合适的数学模型并求解，使得使用的保安人数最少。

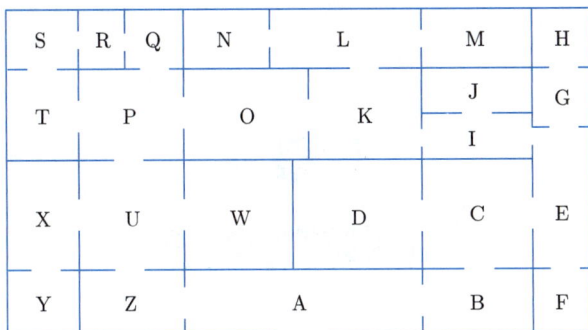

图 9.26 博物馆平面图

7. 假设有两个玩家，两个玩家的策略集分别为 $S_1 = \{a_1, a_2, a_3\}$ 和 $S_2 = \{b_1, b_2\}$，收益矩阵见表 9.5，求解该问题的纳什均衡点。

表 9.5 收益矩阵

玩家	b_1	b_2
a_1	(3,3)	(3,2)
a_2	(2,2)	(5,6)
a_3	(0,3)	(6,1)

8. 扩展式博弈是否可以转化为以正则式的形式描述？如果可以，请写出如图 9.27 所示的完美信息扩展式博弈的收益矩阵，并计算其纯纳什均衡点。

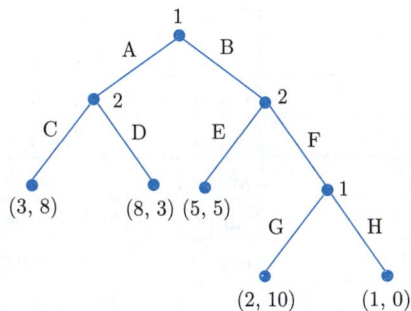

图 9.27 完美信息扩展式博弈树

9. 证明策略梯度定理 9.2。

附录 A
本书符号汇总

表 A.1～ 表 A.9 给出了本书中使用的主要符号。

表 A.1　总符号表

$\mathbf{R}$	实数集	$\mathbf{R}_+$	正实数集
$\mathbf{R}^n$	n 维实数列向量	$\mathbf{R}^{n \times m}$	$n \times m$ 维实数矩阵
$\mathbf{C}$	复数集	$\mathbf{C}^{n \times m}$	$n \times m$ 维复数矩阵
$\mathbf{1}_n$	元素全为 1 的 n 维列向量	$\mathbf{0}_n$	元素全为 0 的 n 维列向量
$\boldsymbol{I}_n$	$n \times n$ 维单位矩阵	$\boldsymbol{L}_n$	$n \times n$ 维拉普拉斯矩阵
$(\cdot)^{\mathrm{T}}$	转置运算	$(\cdot)^{\mathrm{H}}$	共轭转置运算
$(\cdot)^{-1}$	逆运算	$\|\cdot\|$	绝对值/集合元素中总个数/向量的模
$\|\cdot\|$	欧氏范数	$\|\cdot\|_{\mathrm{F}}$	Frobenius 范数
$\mathrm{diag}(\cdot)$	对角矩阵	$\odot$	Hadamard 乘积
$\sin(\cdot)$	正弦函数	$\cos(\cdot)$	余弦函数
$\tan(\cdot)$	正切函数	$\cot(\cdot)$	余切函数
$\arcsin(\cdot)$	反正弦函数	$\arctan(\cdot)$	反正切函数
$\mathrm{sigmoid}(\cdot)$	S 型函数	$\tanh(\cdot)$	双曲正切函数
$\log(\cdot)$	以 e 为底的对数函数	$\exp(\cdot)$	以 e 为底的指数函数
$\mathrm{sgn}(\cdot)$	阶跃函数	$\times$	笛卡儿积
λ	特征值	$\sigma_{\min}, \sigma_{\max}$	最小奇异值，最大奇异值
$\vee$	或运算	$\neg$	非运算
$\wedge$	与运算	$\in$	属于
$\exists$	存在	$\forall$	任意
$\bigcup$	并运算	$\bigcap$	交运算
$\subseteq$	子集	$\subset$	真子集
$\emptyset$	空集	$\otimes$	克罗内克积
$\mathbb{E}[\cdot]$	期望	$\mathrm{cov}(\cdot,\cdot)$	协方差

续表

$P(\cdot\|\cdot)$	条件概率	$\mathcal{N}(0,\cdot)$	零均值高斯分布
$\mathcal{G}(\mathcal{V},\mathcal{E})$	有向图	$\mathcal{V}$	顶点集
$\mathcal{E}$	边集	$\boldsymbol{w},\boldsymbol{W}$	权重向量，权重矩阵
v,v_k	线速度，k 时刻线速度	ω,ω_k	角速度，k 时刻角速度
ϕ,θ,ψ	姿态角 (俯仰角，横滚角，偏航角)	$\mathcal{R}$	遗憾
$\langle S,A,P,r,\gamma\rangle$	马尔可夫决策过程五元组	$P_a(s'\|s)$	在状态 s 下执行动作 a 后，状态转为 s' 的概率
$V(s)$	状态 s 的价值函数	π,π^*	策略，最优策略
$V^\pi(s)$	在策略 π 下状态 s 的价值函数	$V^*(s)$	状态 s 的最优价值函数
(x,y,z)	三维位置坐标	$\boldsymbol{x}_k,\boldsymbol{u}_k$	k 时刻系统状态向量，输入向量

表 A.2　第 2 章符号表

$\boldsymbol{L}$	拉格朗日函数	k_i	连杆 i 的动能
u_i	连杆 i 的势能		

表 A.3　第 3 章符号表

S	状态空间	s	状态
s_i	i 时刻状态	$\boldsymbol{P}$	转移概率矩阵
P_{ij}	从状态 s_i 转移到状态 s_j 的概率	$r(s)$	在状态 s 下的奖励
$\boldsymbol{A}$	动作集	a	动作
γ	折扣因子	G_t	t 时刻奖励函数之和
$P_\pi(s'\|s)$	策略 π 下状态 s 转移到状态 s' 的概率	$X_{a,k}$	在第 k 个回合中玩家选择行动 a 后所获得的奖励值
$Q(a)$	执行动作 a 的平均奖励值	$Q^*(a)$	执行动作 a 的真实平均奖励值
$J(\boldsymbol{\theta})$	参数为 $\boldsymbol{\theta}$ 的策略 $\pi_{\boldsymbol{\theta}}$ 的期望奖励值函数	$Q^\pi(s,a)$	根据策略 π，在状态 s 下执行动作 a 得到的预期奖励
$\mathrm{LF}(\cdot)$	对数几率函数	$\alpha_{\boldsymbol{w}},\alpha_{\boldsymbol{\theta}},\eta$	学习速率

表 A.4　第 4 章符号表

J	性能指标	ξ	机器人质心
u	系统控制输入	$\boldsymbol{F}$	总升力
$\boldsymbol{X}$	系统状态向量	x,y,θ	机器人姿态位置
$x_{\mathrm{r}},y_{\mathrm{r}},z_{\mathrm{r}}$	四旋翼期望位置	$P(x_{\mathrm{p}},y_{\mathrm{p}})$	机器人目标位置坐标
$\phi_{\mathrm{r}},\theta_{\mathrm{r}},\psi_{\mathrm{r}}$	四旋翼期望姿态	φ_1,φ_2	两个驱动轮绕水平轴的转角
J_x,J_y,J_z	转动惯量	r	驱动轮半径
$\boldsymbol{\Gamma}$	旋转力矩	$2l$	差动轮轮距
l	四旋翼中心到质心的距离	θ	机器人当前角度
Ω	四旋翼对角线螺旋桨转速的差值	α	机器人期望角度

X_D, Y_D, Z_D	四旋翼综合力矩	β	当前角度与期望角度之差
$X_\Delta, Y_\Delta, Z_\Delta$	四旋翼未建模项	$\boldsymbol{C}(\boldsymbol{q}, \dot{\boldsymbol{q}})$	离心力和哥氏力矩阵
$O_1 X_1 Y_1 Z_1$	体坐标系	$\boldsymbol{G}(\boldsymbol{q})$	重力向量
$OXYZ$	惯性坐标系	$\boldsymbol{f}_{\text{dis}}$	外界干扰
$\boldsymbol{R}$	体坐标系到惯性坐标系的转换矩阵	n_I	输入层神经元个数
d_F	位置扰动项	n_H	隐层神经元个数
d_Γ	姿态扰动项	n_O	输出层神经元个数
$\boldsymbol{\Theta}$	四旋翼姿态角	η	网络学习速率
U	论域	$l(\cdot)$	成本函数
μ	隶属度函数	$l_f(\cdot)$	终端成本函数
$\boldsymbol{X}_f$	终端约束集	T	采样周期

表 A.5　第 5 章符号表

$\boldsymbol{A}_k$	系统状态转移矩阵	e	误差
$\boldsymbol{u}_k$	系统输入矩阵	x	横轴位置
$\boldsymbol{\Gamma}_k$	噪声转移矩阵	y	纵轴位置
$\boldsymbol{w}_k$	运动方程演化噪声	φ	竖轴位置
$\boldsymbol{z}_k$	系统状态的观测矩阵	γ	转向角度
$\boldsymbol{C}_k$	观测转移矩阵	$\boldsymbol{\Sigma}$	智能体状态的不确定性
$\boldsymbol{v}_k$	观测噪声	$\boldsymbol{\mu}$	智能体的所有状态
$\mathcal{N}(0, \boldsymbol{Q}_k)$	运动方程噪声的零均值高斯分布	ΔT	时间步长
$\mathcal{N}(0, \boldsymbol{R}_k)$	观测方程噪声的零均值高斯分布	L	智能体的轴距
$\boldsymbol{p}_k$	在 k 时刻的位移	$\boldsymbol{G}$	控制量相对于系统状态的雅可比矩阵
$\boldsymbol{m}$	环境特征点	$\boldsymbol{J}$	观测量相对于系统状态的雅可比矩阵
$\boldsymbol{a}_k$	在 k 时刻的加速度	$\boldsymbol{\Omega}$	信息矩阵
$\boldsymbol{q}_k$	在 k 时刻基于四元数表示的旋转信息	$\boldsymbol{T}$	位姿变换矩阵
$k \in N$	时间索引	$\boldsymbol{\xi}$	李代数
$\hat{\boldsymbol{x}}_k$	系统后验状态估计	$\boldsymbol{J}_r$	右雅可比矩阵
$\hat{P}_k$	系统的协方差	Ad	伴随操作
$\overline{\boldsymbol{P}}_k$	系统的预测协方差	$\boldsymbol{R}$	位姿中的旋转矩阵
λ	特征根	$\boldsymbol{t}$	位姿中的平移向量
$\boldsymbol{k}$	卡尔曼滤波的增益	$\mathcal{L}$	最大似然估计
MSE	均方误差	$S()$	斜对称矩阵
MAE	绝对平均误差	$\boldsymbol{b}$	线性方程组中的向量
$\Delta\tau$	传感器采样周期	$\boldsymbol{A}$	AHP 中的比较判断矩阵
O_{net}	神经网络的输出	RI	平均随机一致性指标
f	非线性系统的运动函数	$\boldsymbol{X}_k$	比较序列数据
h	非线性系统的观测函数	$\xi_{ij}(k)$	指标的关联系数
$\mathcal{O}$	集合	$\boldsymbol{W}$	指标/网络权重
U	奇异向量	σ	非零奇异值

表 A.6　第 6 章符号表

A	员工集合	B	员工工作时间限制的集合
T	任务/城市集合	$\boldsymbol{C}$	成本矩阵
L	地点集合	Q	顾客需求集合
V	车辆集合	R	车辆容量集合
$\boldsymbol{X}$	解矩阵	$J_t()$	阶段 t 的目标函数
$\boldsymbol{X}^t$	阶段 t 的多阶段决策变量	$K(t)$	阶段 t 尚存资产数
$T(t)$	阶段 t 尚存目标数	$W(t)$	阶段 t 尚存武器数
$\boldsymbol{F}^t$	交火可行性矩阵	Σ	输入集合
δ	迁移函数	O	观测集合
o	观测图	X_r	迁移系统的区域
w_Σ	迁移系统的输入词	w_X	迁移系统的轨迹
w_O	迁移系统的输出词	$\mathscr{L}_T(x)$	迁移系统的语言
q_0	初始状态	F	可接收状态集合
a	原子命题	$\bigcirc$	下一个
U	直到	$\mathscr{A}_\phi$	Büchi 自动机
2^{AP}	原子命题集	$P=\{p\}$	Petri 网中的位置
$T=\{t\}$	Petri 网中的变迁	$A=\{(p,t),(t,p)\}$	Petri 网中的有向弧线集
w	Petri 网中的有向弧线权重	E	变迁标签的事件集合
ℓ	变迁标签函数	$\boldsymbol{x}_0$	Petri 网的初始标记状态
X_m	Petri 网标记状态集合	$\mathscr{L}(N)$	Petri 网语言

表 A.7　第 7 章符号表

$\mathcal{W}\subset\mathbf{R}^2$	二维任务区域	$\kappa(s)$	多项式螺旋曲线在弧长 s 处的曲率
$\mathcal{O}_i\subset\mathcal{W}$	第 i 个障碍物占据的区域	$B_n(t)$	n 阶贝塞尔曲线的位置公式
X	无人系统的状态空间	$O_k(\boldsymbol{x}_k,\boldsymbol{u}_k)$	模型预测法中的 k 时刻的优化目标
$c:[0,1]\to X$	规划的轨迹	$\boldsymbol{x}_i^{(k)}$	PSO 算法第 i 个粒子第 k 次迭代的位置
$\mathcal{B}(\boldsymbol{x})\subset\mathcal{W}$	无人系统自身占据的空间	$\boldsymbol{v}_i^{(k)}$	PSO 算法第 i 个粒子第 k 次迭代的速度
$\boldsymbol{x}_{\mathrm{start}}$	无人系统位于起点的状态	$\mathbf{Pbest}_i^{(k)}$	PSO 算法第 i 个粒子第 k 次迭代的历史最优位置
$\boldsymbol{x}_{\mathrm{goal}}$	无人系统期望到达的终点的状态	$\mathbf{Gbest}^{(k)}$	PSO 算法第 k 次迭代时的全局最优位置
$\boldsymbol{S}$	图搜索算法中已访问节点集合	τ_{ij}	蚁群算法中路径 ij 上的信息素浓度
$\boldsymbol{P}$	图搜索算法中待访问节点集合	η_{ij}	蚁群算法中路径 ij 上的启发式信息
$\boldsymbol{Q}$	图搜索算法中未访问节点集合	N_i	蚁群算法中蚂蚁 i 的邻居节点集合

表 A.8　第 8 章符号表

$\boldsymbol{A}$	邻接矩阵	$\boldsymbol{D}$	入度矩阵
$\boldsymbol{D}^\circ$	出度矩阵	$\boldsymbol{H}$	关联矩阵
$\mathcal{N}_i$	智能体 i 的邻居集合	$\boldsymbol{L}$	拉普拉斯矩阵
$\mathrm{tr}\{\cdot\}$	矩阵的迹	$\boldsymbol{P}>0$	正定矩阵 $\boldsymbol{P}$
$\underline{\sigma}(\boldsymbol{A})$	$\boldsymbol{A}$ 的最小奇异值	$\bar{\sigma}(\boldsymbol{A})$	$\boldsymbol{A}$ 的最大奇异值

$n!$	n 的阶乘	V	Lyapunov 函数
λ_2	Fiedler 特征值	$w_i(t)$	未知扰动
$x_i(t)$	智能体 i 的状态	$v_i(t)$	智能体 i 的速度
$u_i(t)$	智能体 i 的控制输入	$\boldsymbol{K}$	反馈增益矩阵
$\text{rank}(\cdot)$	矩阵的秩	$\boldsymbol{W}_i$	神经网络权重矩阵
$\text{randn}(n)$	由正态分布的随机数组成的 $n \times n$ 矩阵	$\langle \boldsymbol{M}_1, \boldsymbol{M}_2 \rangle_F$	矩阵 $\boldsymbol{M}_1$、$\boldsymbol{M}_2$ 的 Frobenius 内积
r_i	智能体 i 的滑模面	b_i	牵制增益
$\phi(\cdot)$	敏感度函数	V_i	Voronoi 分割
$\boldsymbol{H}(\cdot)$	代价函数	$\dfrac{\partial f}{\partial x}$	函数 f 关于 x 的偏导数
$\text{co}(\boldsymbol{x})$	$\boldsymbol{x}$ 的凸包	$\boldsymbol{R}(\alpha)$	旋转矩阵

表 A.9　第 9 章符号表

W	路径规划的空间	R_i	第 i 个智能体
C_i	智能体 R_i 的状态空间	X	所有智能体的联合状态空间
$\boldsymbol{q}_i^{\text{I}}$	智能体 R_i 的初始位置	$\boldsymbol{q}_i^{\text{G}}$	智能体 R_i 的目标位置
$\boldsymbol{x}_{\text{I}}$	所有智能体的初始位置	$\boldsymbol{x}_{\text{G}}$	所有智能体的目标位置
$\mathcal{O}$	障碍物所占的空间区域	X_i^{obs}	智能体 R_i 与障碍物发生碰撞的区域
X_{ij}^{obs}	智能体 R_i、R_j 发生碰撞的区域	X_{obs}	空间中的全部碰撞区域的并集
X_{free}	无碰撞区域	Δ	动态障碍物区域
$R_i^{\Delta}(\boldsymbol{\pi}_i)$	智能体 R_i 按照轨迹 $\boldsymbol{\pi}_i$ 运动占用的时空区域	p	有向图中的顶点
$R_i(\boldsymbol{q}_i)$	智能体 i 的空间区域	R	智能体集合
$b_{j,i}$	拍卖算法中智能体 j 对任务 i 的出价	T	任务集合
c_r	智能体集合 R 某个子集 r 的收益函数	$C(\cdot)$	任务分配中的全局收益函数
$A_R(\cdot)$	任务分配函数	rob_i	编号为 i 的无人系统
$Tr_{s,i}$	无人系统 rob_i 的生成树	$G_s = (V_s, E_s)$	聚合栅格构建的无向图
V_s	无向图 G_s 的点集	E_s	无向图 G_s 的边集
D	单元栅格的长度	G_f	所有自由单元栅格所构成的集合
G_{ob}	所有障碍单元栅格所构成的集合	$\mathcal{T}r$	所有无人系统生成树的集合
$V_{s,i}^*$	rob_i 邻居全部节点	$V_{s,i,as}^*$	$V_{s,i}^*$ 中已经被分配给无人系统的节点
$V_{s,i,us}^*$	$V_{s,i}^*$ 未被分配给无人系统且自身的估计代价不发生变化的节点	$V_{s,i,uc}^*$	$V_{s,i}^*$ 未被分配给无人系统且自身的估计代价会发生变化的节点
N	参与博弈的玩家集合	A_i	玩家（智能体）i 的策略（动作）集合
$\boldsymbol{a}_i$	玩家 i 的策略	$\boldsymbol{a}_{-i}$	除玩家 i 以外的所有玩家的策略组合
$u_i(\cdot)$	玩家 i 的收益函数	H	非叶子节点集合
Z	叶子节点集合	$\chi(\cdot)$	行动函数（Action Function）
$\rho(\cdot)$	玩家函数（Player Function）	$\sigma(\cdot)$	后继函数（Successor Function）
I_i	玩家 i 的信息集集合	$\sum_i$	两网络零和博弈中的第 i 个子网络
F_i	子网络 i 的收益函数	$f_{i,j}$	子网络 i 中第 j 个智能体的收益函数

续表

x_i	子网络 1 中第 i 个智能体的决策变量	y_i	子网络 2 中第 i 个智能体的决策变量
O_i	智能体 i 对全局状态 S 的局部观测	s_t	智能体在时刻 t 观测到的状态
U_i	智能体 i 的回报	Q_i^π	智能体 i 的动作价值
$v(s;\boldsymbol{w})$	价值网络	$\pi(a\|s;\boldsymbol{\Theta})$	策略网络
$\boldsymbol{\Theta}_i$	智能体 i 的策略网络参数	$\boldsymbol{w}$	价值网络参数
α_i	智能体 i 的策略网络参数的学习率	$\alpha_{\boldsymbol{w}}$	价值网络参数的学习率
$\hat{v}_t$	时刻 t 时的 TD 目标		

附录 B
Riccati方程推导

假设一个线性系统的状态空间方程为

$$\begin{cases} \dot{\boldsymbol{x}} = \boldsymbol{A}\boldsymbol{x} + \boldsymbol{B}\boldsymbol{u} \\ \boldsymbol{y} = \boldsymbol{C}\boldsymbol{x} + \boldsymbol{D}\boldsymbol{u} \end{cases}$$

假设系统的所有状态变量可测量，设计一个全状态反馈控制器

$$\boldsymbol{u} = -\boldsymbol{K}\boldsymbol{x} \tag{B.1}$$

将式 (B.1) 代入系统状态方程

$$\dot{\boldsymbol{x}} = (\boldsymbol{A} - \boldsymbol{B}\boldsymbol{K})\boldsymbol{x} = \boldsymbol{A}_c\boldsymbol{x}$$

由于矩阵 $\boldsymbol{K}$ 可以任意选择，因此 $\boldsymbol{A}_c$ 的特征值可以任意配置。选择性能指标 J 为

$$J = \frac{1}{2}\int_0^\infty \boldsymbol{x}^{\mathrm{T}}\boldsymbol{Q}\boldsymbol{x} + \boldsymbol{u}^{\mathrm{T}}\boldsymbol{R}\boldsymbol{u}\mathrm{d}t \tag{B.2}$$

其中，$\boldsymbol{Q}$ 为半正定矩阵，$\boldsymbol{R}$ 为正定矩阵，可自行调节。矩阵 $\boldsymbol{Q}$、$\boldsymbol{R}$ 是权重矩阵，矩阵 $\boldsymbol{Q}$ 越大，要使得性能指标 J 更小，要求 $\boldsymbol{x}(t)$ 更小，意味着 $\boldsymbol{x}(t)$ 以更快的速度收敛到 0。矩阵 $\boldsymbol{R}$ 越大，要求控制输入 $\boldsymbol{u}(t)$ 越小，意味着状态收敛到 0 的速度将变慢。

将 $\boldsymbol{u} = -\boldsymbol{K}\boldsymbol{x}$ 代入性能指标

$$J = \frac{1}{2}\int_0^\infty \boldsymbol{x}^{\mathrm{T}}(\boldsymbol{Q} + \boldsymbol{K}^{\mathrm{T}}\boldsymbol{R}\boldsymbol{K})\boldsymbol{x}\mathrm{d}t \tag{B.3}$$

假设存在一个常量矩阵 $\boldsymbol{P}$ 使得

$$\frac{\mathrm{d}}{\mathrm{d}t}(\boldsymbol{x}^{\mathrm{T}}\boldsymbol{P}\boldsymbol{x}) = -\boldsymbol{x}^{\mathrm{T}}(\boldsymbol{Q} + \boldsymbol{K}^{\mathrm{T}}\boldsymbol{R}\boldsymbol{K})x \tag{B.4}$$

假设闭环系统式稳定的，有 $\lim\limits_{t \to \infty} \boldsymbol{x}(t) = 0$。代入式(B.3)得

$$J = -\frac{1}{2} \int_0^\infty \frac{\mathrm{d}}{\mathrm{d}t}(\boldsymbol{x}^{\mathrm{T}} \boldsymbol{P} \boldsymbol{x})\mathrm{d}t = \frac{1}{2} \boldsymbol{x}^{\mathrm{T}}(0) \boldsymbol{P} \boldsymbol{x}(0)$$

将式(B.4)左侧的微分展开

$$\dot{\boldsymbol{x}}^{\mathrm{T}} \boldsymbol{P} \boldsymbol{x} + \boldsymbol{x}^{\mathrm{T}} \boldsymbol{P} \dot{\boldsymbol{x}} + \boldsymbol{x}^{\mathrm{T}} \boldsymbol{Q} \boldsymbol{x} + \boldsymbol{x}^{\mathrm{T}} \boldsymbol{K}^{\mathrm{T}} \boldsymbol{R} \boldsymbol{K} \boldsymbol{x} = 0$$
$$\boldsymbol{x}^{\mathrm{T}}(\boldsymbol{A}_c^{\mathrm{T}} \boldsymbol{P} + \boldsymbol{P} \boldsymbol{A}_c + \boldsymbol{Q} + \boldsymbol{K}^{\mathrm{T}} \boldsymbol{R} \boldsymbol{K})\boldsymbol{x} = 0$$

括号中的项必须恒等于 0，上式才能成立，因此有

$$(\boldsymbol{A} - \boldsymbol{B} \boldsymbol{K})^{\mathrm{T}} \boldsymbol{P} + \boldsymbol{P}(\boldsymbol{A} - \boldsymbol{B} \boldsymbol{K}) + \boldsymbol{Q} + \boldsymbol{K}^{\mathrm{T}} \boldsymbol{R} \boldsymbol{K} = 0$$
$$\boldsymbol{A}^{\mathrm{T}} \boldsymbol{P} + \boldsymbol{P} \boldsymbol{A} + \boldsymbol{Q} + \boldsymbol{K}^{\mathrm{T}} \boldsymbol{R} \boldsymbol{K} - \boldsymbol{K}^{\mathrm{T}} \boldsymbol{B}^{\mathrm{T}} \boldsymbol{P} - \boldsymbol{P} \boldsymbol{B} \boldsymbol{K} = 0$$

取 $\boldsymbol{K} = \boldsymbol{R}^{-1} \boldsymbol{B}^{\mathrm{T}} \boldsymbol{P}$，代入上式得

$$\boldsymbol{A}^{\mathrm{T}} \boldsymbol{P} + \boldsymbol{P} \boldsymbol{A} + \boldsymbol{Q} = \boldsymbol{P} \boldsymbol{B} \boldsymbol{R}^{-1} \boldsymbol{B}^{\mathrm{T}} \boldsymbol{P} \tag{B.5}$$

式(B.5)在现代控制理论中极为重要，它就是著名的 Riccati 方程。该方程中，计算 $\boldsymbol{K} = \boldsymbol{R}^{-1} \boldsymbol{B}^{\mathrm{T}} \boldsymbol{P}$，即可得到 LQR 控制律 $\boldsymbol{u} = -\boldsymbol{K} \boldsymbol{x}$。

附录 C

定理8.4的证明

考虑如下李雅普诺夫函数

$$V = \frac{1}{2}\mathbf{e}^{\mathrm{T}}\mathbf{P}\mathbf{e} + \frac{1}{2}\mathrm{tr}\{\tilde{\boldsymbol{W}}^{\mathrm{T}}\boldsymbol{F}^{-1}\tilde{\boldsymbol{W}}\} \tag{C.1}$$

其中，$\boldsymbol{e}(t)$ 是局部邻居协同误差，$0 < \boldsymbol{P} = \boldsymbol{P}^{\mathrm{T}} \in R^{N \times N}$ 是对角阵，$\boldsymbol{F}^{-1}$ 是块对角矩阵，且 $\boldsymbol{F} = \mathrm{diag}\{\boldsymbol{F}_i\}$。然后有

$$\dot{V} = \boldsymbol{e}^{\mathrm{T}}\boldsymbol{P}\dot{\boldsymbol{e}} + \mathrm{tr}\{\tilde{\boldsymbol{W}}^{\mathrm{T}}\boldsymbol{F}^{-1}\dot{\tilde{\boldsymbol{W}}}\} \tag{C.2}$$

进一步有，

$$\begin{aligned}
\dot{V} &= -\boldsymbol{e}^{\mathrm{T}}\boldsymbol{P}(\boldsymbol{L}+\boldsymbol{B})\left[\tilde{\boldsymbol{W}}^{\mathrm{T}}\boldsymbol{\varphi}(\boldsymbol{x}) + c\boldsymbol{e} + \boldsymbol{\varepsilon} + \boldsymbol{w} - \underline{\boldsymbol{f}}(\boldsymbol{x}_0, t)\right] + \mathrm{tr}\{\tilde{\boldsymbol{W}}^{\mathrm{T}}\boldsymbol{F}^{-1}\dot{\tilde{\boldsymbol{W}}}\} \\
&= -c\boldsymbol{e}^{\mathrm{T}}\boldsymbol{P}(\boldsymbol{L}+\boldsymbol{B})\boldsymbol{e} - \boldsymbol{e}^{\mathrm{T}}\boldsymbol{P}(\boldsymbol{L}+\boldsymbol{B})\{\boldsymbol{\varepsilon} + \boldsymbol{w} - \underline{\boldsymbol{f}}(\boldsymbol{x}_0, t)\} \\
&\quad - \boldsymbol{e}^{\mathrm{T}}\boldsymbol{P}(\boldsymbol{L}+\boldsymbol{B})\tilde{\boldsymbol{W}}^{\mathrm{T}}\boldsymbol{\varphi} + \mathrm{tr}\{\tilde{\boldsymbol{W}}^{\mathrm{T}}\boldsymbol{F}^{-1}\dot{\tilde{\boldsymbol{W}}}\} \\
&= -c\boldsymbol{e}^{\mathrm{T}}\boldsymbol{P}(\boldsymbol{L}+\boldsymbol{B})\boldsymbol{e} - \boldsymbol{e}^{\mathrm{T}}\boldsymbol{P}(\boldsymbol{L}+\boldsymbol{B})\{\boldsymbol{\varepsilon} + \boldsymbol{w} - \underline{\boldsymbol{f}}(\boldsymbol{x}_0, t)\} \\
&\quad + \mathrm{tr}\{\tilde{\boldsymbol{W}}^{\mathrm{T}}(\boldsymbol{F}^{-1}\dot{\tilde{\boldsymbol{W}}} - \boldsymbol{\varphi}\boldsymbol{e}^{\mathrm{T}}\boldsymbol{P}(\boldsymbol{D}+\boldsymbol{B}-\boldsymbol{A}))\}
\end{aligned} \tag{C.3}$$

由于 $\boldsymbol{L}$ 不可约并且 $\boldsymbol{B}$ 至少有一个对角元素 $b_i > 0$，然后 $(\boldsymbol{L}+\boldsymbol{B})$ 是一个非奇异 $\boldsymbol{M}$ 矩阵。根据 $\boldsymbol{Q}$ 的定义有

$$\begin{aligned}
\dot{V} &= -\frac{1}{2}c\boldsymbol{e}^{\mathrm{T}}\boldsymbol{Q}\boldsymbol{e} - \boldsymbol{e}^{\mathrm{T}}\boldsymbol{P}(\boldsymbol{L}+\boldsymbol{B})\{\boldsymbol{\varepsilon} + \boldsymbol{w} - \underline{\boldsymbol{f}}(\boldsymbol{x}_0, t)\} \\
&\quad + \mathrm{tr}\{\tilde{\boldsymbol{W}}^{\mathrm{T}}(\boldsymbol{F}^{-1}\dot{\tilde{\boldsymbol{W}}} - \boldsymbol{\varphi}\boldsymbol{e}^{\mathrm{T}}\boldsymbol{P}(\boldsymbol{D}+\boldsymbol{B}))\} + \mathrm{tr}\left\{\tilde{\boldsymbol{W}}^{\mathrm{T}}\boldsymbol{\varphi}\boldsymbol{e}^{\mathrm{T}}\boldsymbol{P}\boldsymbol{A}\right\}
\end{aligned} \tag{C.4}$$

现在采用新的 NN 权重调节律或 $\dot{\hat{\boldsymbol{W}}}_i = \boldsymbol{F}_i\boldsymbol{\varphi}_i\boldsymbol{e}_i^{\mathrm{T}}p_i(d_i+b_i) + \kappa\boldsymbol{F}_i\hat{\boldsymbol{W}}_i$。

因为 $\boldsymbol{P}$ 和 $(\boldsymbol{P}+\boldsymbol{B})$ 是对角的并结合 $\dot{\hat{\boldsymbol{W}}}_i$，有

$$\begin{aligned}
\dot{V} &= -\frac{1}{2}c\boldsymbol{e}^{\mathrm{T}}\boldsymbol{Q}\boldsymbol{e} - \boldsymbol{e}^{\mathrm{T}}\boldsymbol{P}(\boldsymbol{L}+\boldsymbol{B})\{\boldsymbol{\varepsilon} + \boldsymbol{w} - \underline{\boldsymbol{f}}(\boldsymbol{x}_0, t)\} \\
&\quad + \kappa\mathrm{tr}\{\tilde{\boldsymbol{W}}^{\mathrm{T}}(\boldsymbol{W}-\tilde{\boldsymbol{W}})\} + \mathrm{tr}\left\{\tilde{\boldsymbol{W}}^{\mathrm{T}}\boldsymbol{\varphi}\boldsymbol{e}^{\mathrm{T}}\boldsymbol{P}\boldsymbol{A}\right\}
\end{aligned} \tag{C.5}$$

因此，对于固定的 $\epsilon_M > 0$

$$
\begin{aligned}
\dot{V} = &-\frac{1}{2}c\underline{\sigma}(\boldsymbol{Q})\|\boldsymbol{e}\|^2 + \|\boldsymbol{e}\|\,\overline{\sigma}(\boldsymbol{P})\overline{\sigma}(\boldsymbol{L}+\boldsymbol{B})(\varepsilon_M + \boldsymbol{w}_M + \boldsymbol{F}_M) \\
&+ \kappa \boldsymbol{W}_M \left\|\tilde{\boldsymbol{W}}\right\|_F - \kappa \left\|\tilde{\boldsymbol{W}}\right\|_F^2 + \left\|\tilde{\boldsymbol{W}}\right\|_F \|\boldsymbol{e}\|\,\phi_M\overline{\sigma}(\boldsymbol{P})\overline{\sigma}(\boldsymbol{A})
\end{aligned}
\tag{C.6}
$$

然后有

$$
\dot{V} \leqslant -\boldsymbol{z}^{\mathrm{T}}\boldsymbol{R}\boldsymbol{z} + \boldsymbol{r}^{\mathrm{T}}\boldsymbol{z}
\tag{C.7}
$$

如果 $\boldsymbol{R} > 0$，则 $\dot{V} \leqslant 0$ 并且

$$
\|\boldsymbol{z}\| > \frac{\|\boldsymbol{r}\|}{\underline{\sigma}(\boldsymbol{R})}
\tag{C.8}
$$

根据 (C.1) 有

$$
\frac{1}{2}c\underline{\sigma}(\boldsymbol{P})\|\boldsymbol{e}\|^2 + \frac{1}{2\Pi_{\max}}\left\|\tilde{\boldsymbol{W}}\right\|_F^2 \leqslant V \leqslant \frac{1}{2}c\overline{\sigma}(\boldsymbol{P})\|\boldsymbol{e}\|^2 + \frac{1}{2\Pi_{\min}}\left\|\tilde{\boldsymbol{W}}\right\|_F^2
\tag{C.9}
$$

因为 $\frac{1}{2}\boldsymbol{z}^{\mathrm{T}}\underline{\boldsymbol{S}}\boldsymbol{z} \leqslant V \leqslant \frac{1}{2}\boldsymbol{z}^{\mathrm{T}}\bar{\boldsymbol{S}}\boldsymbol{z}$，然后有

$$
\frac{1}{2}\underline{\sigma}(\boldsymbol{S})\|\boldsymbol{z}\|^2 \leqslant V \leqslant \frac{1}{2}\overline{\sigma}(\bar{\boldsymbol{S}})\|\boldsymbol{z}\|^2
\tag{C.10}
$$

因此，

$$
V > \frac{1}{2}\frac{\overline{\sigma}(\bar{\boldsymbol{S}})\|\boldsymbol{r}\|^2}{\underline{\sigma}^2(\boldsymbol{R})}
\tag{C.11}
$$

定义 $\kappa = \frac{1}{2}c\underline{\sigma}(\boldsymbol{Q})$，然后有

$$
\underline{\sigma}(\boldsymbol{R}) = \frac{c\underline{\sigma}(\boldsymbol{Q}) - \frac{1}{2}\varphi_M\overline{\sigma}(\boldsymbol{P})\overline{\sigma}(\boldsymbol{A})}{2}
\tag{C.12}
$$

因此 $\boldsymbol{z}(t)$ 是 UUB 的。

基于这个事实，对于任意的向量 $\boldsymbol{z}$，有 $\|\boldsymbol{z}\|_1 \geqslant \|\boldsymbol{z}\|_2 \geqslant \cdots \geqslant \|\boldsymbol{z}\|_\infty$，则(C.8)的充分条件是

$$
\|\boldsymbol{e}\| > \frac{\boldsymbol{B}_M\overline{\sigma}(\boldsymbol{P})\overline{\sigma}(\boldsymbol{L}+\boldsymbol{B}) + \kappa\boldsymbol{W}_M}{\underline{\sigma}(\boldsymbol{R})}
\tag{C.13}
$$

或

$$
\left\|\tilde{\boldsymbol{W}}\right\| > \frac{\boldsymbol{B}_M\overline{\sigma}(\boldsymbol{P})\overline{\sigma}(\boldsymbol{L}+\boldsymbol{B}) + \kappa\boldsymbol{W}_M}{\underline{\sigma}(\boldsymbol{R})}
\tag{C.14}
$$

则一致性误差 $\boldsymbol{\delta}(t)$ 是 UUB 的，$\boldsymbol{x}_0(t)$ 是 CUUB 的。

根据 (C.7) 和 (C.10)，有

$$
\dot{V} \leqslant -\underline{\sigma}(\boldsymbol{R})\|\boldsymbol{z}\|^2 + \|\boldsymbol{r}\|\,\|\boldsymbol{z}\|
\tag{C.15}
$$

$$
\dot{V} \leqslant -\alpha V + \beta\sqrt{V}
\tag{C.16}
$$

其中 $\alpha \equiv 2\underline{\sigma}(\boldsymbol{R})/\bar{\sigma}(\boldsymbol{S})$，$\beta \equiv \sqrt{2}\,\|\boldsymbol{r}\|/\sqrt{\underline{\sigma}(\boldsymbol{S})}$。然后，

$$\sqrt{V(t)} \leqslant \sqrt{V(0)}e^{-\alpha t/2} + \frac{\beta}{\alpha}(1-e^{-\alpha t/2}) \leqslant \sqrt{V(0)} + \frac{\beta}{\alpha} \tag{C.17}$$

根据 (C.10)，有

$$\|\boldsymbol{e}(t)\| \leqslant \|\boldsymbol{z}(t)\| \leqslant \sqrt{\frac{\overline{\sigma}(\bar{\boldsymbol{S}})}{\underline{\sigma}(\underline{\boldsymbol{S}})}}\sqrt{\|\boldsymbol{e}(0)\|^2 + \left\|\tilde{\boldsymbol{W}}(0)\right\|_F^2} + \frac{\overline{\sigma}(\bar{\boldsymbol{S}})}{\underline{\sigma}(\underline{\boldsymbol{S}})}\frac{\|\boldsymbol{r}\|}{\underline{\sigma}(\boldsymbol{R})} \tag{C.18}$$

然后，

$$\|\boldsymbol{x}(t)\| \leqslant \frac{1}{\underline{\sigma}(\boldsymbol{L}+\boldsymbol{B})}\left[\sqrt{\frac{\overline{\sigma}(\bar{\boldsymbol{S}})}{\underline{\sigma}(\underline{\boldsymbol{S}})}}\sqrt{\|\boldsymbol{e}(0)\|^2 + \left\|\tilde{\boldsymbol{W}}(0)\right\|_F^2} + \frac{\overline{\sigma}(\bar{\boldsymbol{S}})}{\underline{\sigma}(\underline{\boldsymbol{S}})}\frac{\|\boldsymbol{r}\|}{\underline{\sigma}(\boldsymbol{R})}\right] + \sqrt{N}X_0 \equiv r_0 \tag{C.19}$$

其中，$\|\boldsymbol{r}\| \leqslant \boldsymbol{B}_M\overline{\sigma}(\boldsymbol{P})\overline{\sigma}(\boldsymbol{L}+\boldsymbol{B}) + \kappa\boldsymbol{W}_M$。因此对于所有的时间 $\boldsymbol{e} \geqslant 0$，状态包含在一个紧集 $\boldsymbol{\Omega}_0 = \{\boldsymbol{x}(t)|\,\|\boldsymbol{x}(t)\| \leqslant r_0\}$。根据 Weierstrass 逼近定理，给定任意 NN 逼近误差界 ϵ_M，存在神经元 $\bar{v}_i, i=1,N$ 使得 $v_i > \bar{v}_i, \forall i$ 蕴含 $\sup_{x\in\Omega}\|\varepsilon(x)\| < \varepsilon_M$。

附录 D
定理8.6的证明

考虑如下李雅普诺夫函数：

$$V = \frac{1}{2}\boldsymbol{r}^{\mathrm{T}}\boldsymbol{P}\boldsymbol{r} + \frac{1}{2}\tilde{\boldsymbol{W}}^{\mathrm{T}}\boldsymbol{F}^{-1}\tilde{\boldsymbol{W}} + \frac{1}{2}(\boldsymbol{e}^1)^{\mathrm{T}}\boldsymbol{e}^1 \tag{D.1}$$

其中，$\boldsymbol{P} = \boldsymbol{P}^{\mathrm{T}} > 0$（引理 8.12中定义），$\boldsymbol{F}^{-1} = \boldsymbol{F}^{-\mathrm{T}} > 0$ 为一常矩阵。对 Lyapunov 函数求导得

$$\dot{V} = \boldsymbol{r}^{\mathrm{T}}\boldsymbol{P}\dot{\boldsymbol{r}} + \mathrm{tr}(\tilde{\boldsymbol{W}}^{\mathrm{T}}\boldsymbol{F}^{-1}\dot{\tilde{\boldsymbol{W}}}) + (\boldsymbol{e}^1)^{\mathrm{T}}\dot{\boldsymbol{e}}^1 \tag{D.2}$$

联立(8.67)可得

$$\begin{aligned}
\dot{V} = &- \boldsymbol{r}^{\mathrm{T}}\boldsymbol{P}(\boldsymbol{L}+\boldsymbol{B})\left(\tilde{\boldsymbol{W}}^{\mathrm{T}}\boldsymbol{\varphi}(\boldsymbol{x}) + \boldsymbol{\varepsilon} + c\boldsymbol{r} + \boldsymbol{w}\right) + \boldsymbol{r}^{\mathrm{T}}\boldsymbol{P}(\boldsymbol{L}+\boldsymbol{B})\boldsymbol{1}_N\boldsymbol{f}_0(\boldsymbol{x}_0,t) \\
&+ \boldsymbol{r}^{\mathrm{T}}\boldsymbol{P}\boldsymbol{A}(\boldsymbol{D}+\boldsymbol{B})^{-1}\boldsymbol{\Lambda}\boldsymbol{e}^2 + \mathrm{tr}(\tilde{\boldsymbol{W}}^{\mathrm{T}}\boldsymbol{F}^{-1}\dot{\tilde{\boldsymbol{W}}}) + (\boldsymbol{e}^1)^{\mathrm{T}}\boldsymbol{e}^2
\end{aligned} \tag{D.3}$$

展开得

$$\begin{aligned}
\dot{V} = &- c\boldsymbol{r}^{\mathrm{T}}\boldsymbol{P}(\boldsymbol{L}+\boldsymbol{B})\boldsymbol{r} - \boldsymbol{r}^{\mathrm{T}}\boldsymbol{P}(\boldsymbol{L}+\boldsymbol{B})\left\{\boldsymbol{\varepsilon} + \boldsymbol{w} - \boldsymbol{1}_N\boldsymbol{f}_0(\boldsymbol{x}_0,t)\right\} \\
&+ \mathrm{tr}\left[\tilde{\boldsymbol{W}}^{\mathrm{T}}\left(\boldsymbol{F}^{-1}\dot{\tilde{\boldsymbol{W}}} - \boldsymbol{\varphi}(\boldsymbol{x})\boldsymbol{r}^{\mathrm{T}}\boldsymbol{P}(\boldsymbol{D}+\boldsymbol{B})\right)\right] + \mathrm{tr}\left[\tilde{\boldsymbol{W}}^{\mathrm{T}}\boldsymbol{\varphi}(\boldsymbol{x})\boldsymbol{r}^{\mathrm{T}}\boldsymbol{P}\boldsymbol{A}\right] \\
&+ \boldsymbol{r}^{\mathrm{T}}\boldsymbol{P}\boldsymbol{A}(\boldsymbol{D}+\boldsymbol{B})^{-1}\boldsymbol{\Lambda}\boldsymbol{r} - \boldsymbol{r}^{\mathrm{T}}\boldsymbol{P}\boldsymbol{A}(\boldsymbol{D}+\boldsymbol{B})^{-1}\boldsymbol{\Lambda}^2\boldsymbol{e}^1 + (\boldsymbol{e}^1)^{\mathrm{T}}\boldsymbol{r} - (\boldsymbol{e}^1)^{\mathrm{T}}\boldsymbol{\Lambda}\boldsymbol{e}^1
\end{aligned} \tag{D.4}$$

由于 $\boldsymbol{L}$ 是不可约的且 $\boldsymbol{B}$ 至少有一个对角项 $b_i > 0$，则 $(\boldsymbol{L}+\boldsymbol{B})$ 为非奇异 M-矩阵。因此根据引理 8.12，$\dot{V}$ 可写为

$$\begin{aligned}
\dot{V} = &- \frac{1}{2}c\boldsymbol{r}^{\mathrm{T}}\boldsymbol{Q}\boldsymbol{r} - \boldsymbol{r}^{\mathrm{T}}\boldsymbol{P}(\boldsymbol{L}+\boldsymbol{B})\left\{\boldsymbol{\varepsilon} + \boldsymbol{w} - \boldsymbol{1}_N\boldsymbol{f}_0(\boldsymbol{x}_0,t)\right\} \\
&+ \mathrm{tr}\left[\tilde{\boldsymbol{W}}^{\mathrm{T}}\left(\boldsymbol{F}^{-1}\dot{\tilde{\boldsymbol{W}}} - \boldsymbol{\varphi}(\boldsymbol{x})\boldsymbol{r}^{\mathrm{T}}\boldsymbol{P}(\boldsymbol{D}+\boldsymbol{B})\right)\right] + \mathrm{tr}\left[\tilde{\boldsymbol{W}}^{\mathrm{T}}\boldsymbol{\varphi}(\boldsymbol{x})\boldsymbol{r}^{\mathrm{T}}\boldsymbol{P}\boldsymbol{A}\right] \\
&+ \boldsymbol{r}^{\mathrm{T}}\boldsymbol{P}\boldsymbol{A}(\boldsymbol{D}+\boldsymbol{B})^{-1}\boldsymbol{\Lambda}\boldsymbol{r} - \boldsymbol{r}^{\mathrm{T}}\boldsymbol{P}\boldsymbol{A}(\boldsymbol{D}+\boldsymbol{B})^{-1}\boldsymbol{\Lambda}^2\boldsymbol{e}^1 + (\boldsymbol{e}^1)^{\mathrm{T}}\boldsymbol{r} - (\boldsymbol{e}^1)^{\mathrm{T}}\boldsymbol{\Lambda}\boldsymbol{e}^1
\end{aligned} \tag{D.5}$$

其中，$\boldsymbol{Q} = \boldsymbol{Q}^{\mathrm{T}} > 0$。

采用神经网络权值调整律 $\dot{\hat{\boldsymbol{W}}}_i = \boldsymbol{F}_i \boldsymbol{\varphi}_i \boldsymbol{r}_i^{\mathrm{T}} p_i (d_i + b_i) + \kappa \boldsymbol{F}_i \hat{\boldsymbol{W}}_i$，对式(D.5)两边取范数得

$$
\begin{aligned}
\dot{V} \leqslant &-\frac{1}{2} c \underline{\sigma}(\boldsymbol{Q}) \|\boldsymbol{r}\|^2 + \bar{\sigma}(\boldsymbol{P}) \bar{\sigma}(\boldsymbol{L} + \boldsymbol{B}) B_M \|\boldsymbol{r}\| + \kappa W_M \left\| \tilde{\boldsymbol{W}} \right\|_F \\
&- \kappa \left\| \tilde{\boldsymbol{W}} \right\|_F + \phi_M \bar{\sigma}(\boldsymbol{P}) \bar{\sigma}(\boldsymbol{A}) \left\| \tilde{\boldsymbol{W}} \right\|_F \|\boldsymbol{r}\| + \frac{\bar{\sigma}(\boldsymbol{P}) \bar{\sigma}(\boldsymbol{A}) \bar{\sigma}(\boldsymbol{\Lambda})}{\underline{\sigma}(\boldsymbol{D} + \boldsymbol{B})} \|\boldsymbol{r}\|^2 \\
&+ \left(1 + \frac{\bar{\sigma}(\boldsymbol{P}) \bar{\sigma}(\boldsymbol{A}) \bar{\sigma}(\boldsymbol{\Lambda}^2)}{\underline{\sigma}(\boldsymbol{D} + \boldsymbol{B})} \right) \|\boldsymbol{r}\| \|\boldsymbol{e}^1\| - \underline{\sigma}(\boldsymbol{\Lambda}) \|\boldsymbol{e}^1\|^2
\end{aligned} \tag{D.6}
$$

其中，$\boldsymbol{B}_M = (\boldsymbol{\varepsilon}_M + \boldsymbol{w}_M + \boldsymbol{F}_M)$。然后，$\dot{V}$ 可写为

$$
\begin{aligned}
\dot{V} \leqslant &- \begin{bmatrix} \|\boldsymbol{e}^1\| & \|\boldsymbol{r}\| & \left\| \tilde{\boldsymbol{W}} \right\|_F \end{bmatrix} \\
&\begin{bmatrix} \underline{\sigma}(\boldsymbol{\Lambda}) & \frac{1}{2}\left(1 + \frac{\bar{\sigma}(\boldsymbol{P}) \bar{\sigma}(\boldsymbol{A}) \bar{\sigma}(\boldsymbol{\Lambda}^2)}{\underline{\sigma}(\boldsymbol{D} + \boldsymbol{B})}\right) & \cdots & 0 \\ \frac{1}{2}\left(1 + \frac{\bar{\sigma}(\boldsymbol{P}) \bar{\sigma}(\boldsymbol{A}) \bar{\sigma}(\boldsymbol{\Lambda}^2)}{\underline{\sigma}(\boldsymbol{D} + \boldsymbol{B})}\right) & \frac{1}{2}\left(c\underline{\sigma}(\boldsymbol{Q}) - \frac{\bar{\sigma}(\boldsymbol{P}) \bar{\sigma}(\boldsymbol{A}) \bar{\sigma}(\boldsymbol{\Lambda}^2)}{\underline{\sigma}(\boldsymbol{D} + \boldsymbol{B})}\right) & \ddots & \frac{1}{2}\phi_M \bar{\sigma}(\boldsymbol{P}) \bar{\sigma}(\boldsymbol{A}) \\ 0 & \frac{1}{2}\phi_M \bar{\sigma}(\boldsymbol{P}) \bar{\sigma}(\boldsymbol{A}) & \cdots & \kappa \end{bmatrix} \\
&\begin{bmatrix} \|\boldsymbol{e}^1\| \\ \|\boldsymbol{r}\| \\ \left\| \tilde{\boldsymbol{W}} \right\|_F \end{bmatrix} + \begin{bmatrix} 0 & \bar{\sigma}(\boldsymbol{P}) \bar{\sigma}(\boldsymbol{L} + \boldsymbol{B}) B_M & \kappa W_M \end{bmatrix} \begin{bmatrix} \|\boldsymbol{e}^1\| \\ \|\boldsymbol{r}\| \\ \left\| \tilde{\boldsymbol{W}} \right\|_F \end{bmatrix}
\end{aligned} \tag{D.7}
$$

将上式简写为

$$
\dot{V} \leqslant -\boldsymbol{z}^{\mathrm{T}} \boldsymbol{H} \boldsymbol{z} + \boldsymbol{h}^{\mathrm{T}} \boldsymbol{z} \tag{D.8}
$$

因此，当且仅当 $\boldsymbol{H} > 0$ 且

$$
\|\boldsymbol{z}\| \geqslant \frac{\|\boldsymbol{h}\|}{\underline{\sigma}(\boldsymbol{H})} \tag{D.9}
$$

其中，$\dot{V} \leqslant 0$。

根据式(D.1)，有下式成立

$$
\frac{1}{2} \underline{\sigma}(\boldsymbol{P}) \|\boldsymbol{e}\|^2 + \frac{1}{2\Pi_{\max}} \left\| \tilde{\boldsymbol{W}} \right\|_F^2 + \frac{1}{2} \|\boldsymbol{e}^1\|^2 \leqslant V \leqslant \frac{1}{2} \bar{\sigma}(\boldsymbol{P}) \|\boldsymbol{e}\|^2 + \frac{1}{2\Pi_{\min}} \left\| \tilde{\boldsymbol{W}} \right\|_F^2 + \frac{1}{2} \|\boldsymbol{e}^1\|^2
$$

即

$$
\frac{1}{2} \begin{bmatrix} \|\boldsymbol{e}^1\| & \|\boldsymbol{r}\| & \left\| \tilde{\boldsymbol{W}} \right\|_F \end{bmatrix} \underbrace{\begin{bmatrix} \underline{\sigma}(\boldsymbol{P}) & & \\ & \frac{1}{\Pi_{\max}} & \\ & & 1 \end{bmatrix}}_{s_1} \begin{bmatrix} \|\boldsymbol{e}^1\| \\ \|\boldsymbol{r}\| \\ \left\| \tilde{\boldsymbol{W}} \right\|_F \end{bmatrix} \leqslant
$$

$$
\frac{1}{2} \begin{bmatrix} \|\boldsymbol{e}^1\| & \|\boldsymbol{r}\| & \left\| \tilde{\boldsymbol{W}} \right\|_F \end{bmatrix} \underbrace{\begin{bmatrix} \bar{\sigma}(\boldsymbol{P}) & & \\ & \frac{1}{\Pi_{\max}} & \\ & & 1 \end{bmatrix}}_{s_2} \begin{bmatrix} \|\boldsymbol{e}^1\| \\ \|\boldsymbol{r}\| \\ \left\| \tilde{\boldsymbol{W}} \right\|_F \end{bmatrix}
$$

其中，$\Pi_{\max}$ 和 $\Pi_{\min}$ 为 Π_i 的最大值和最小值。将该不等式简写为

$$\frac{1}{2}\boldsymbol{z}^{\mathrm{T}}\underline{\boldsymbol{S}}\boldsymbol{z} \leqslant V \leqslant \frac{1}{2}\boldsymbol{z}^{\mathrm{T}}\bar{\boldsymbol{S}}\boldsymbol{z} \tag{D.10}$$

其中，$\underline{\boldsymbol{S}} = \underline{\sigma}(\boldsymbol{S}_1)$，$\bar{\boldsymbol{S}} = \bar{\sigma}(\boldsymbol{S}_1)$。然后有 $\frac{1}{2}\underline{\sigma}(\boldsymbol{S})\|\boldsymbol{z}\|^2 \leqslant V \leqslant \frac{1}{2}\bar{\sigma}(\bar{\boldsymbol{S}})\|\boldsymbol{z}\|^2$ 成立。

因此，

$$V > \frac{1}{2}\frac{\bar{\sigma}(\bar{\boldsymbol{S}})\|\boldsymbol{h}\|^2}{\underline{\sigma}^2(\boldsymbol{H})} \tag{D.11}$$

这意味着 $\|\boldsymbol{z}\| \geqslant \dfrac{\|\boldsymbol{h}\|}{\sigma(\boldsymbol{H})}$ 成立。

对于对称正定矩阵，其奇异值等于其特征值。定义

$$\boldsymbol{\Lambda} = \lambda\boldsymbol{I}, \ \lambda = \sqrt{\frac{\underline{\sigma}(\boldsymbol{D}+\boldsymbol{B})}{\bar{\sigma}(\boldsymbol{P})\bar{\sigma}(\boldsymbol{A})}}, \ c = \frac{2}{\underline{\sigma}(\boldsymbol{Q})}\left(\frac{1}{\sqrt{\lambda}}+\lambda\right), \ \gamma = \frac{1}{2}\phi_m\bar{\sigma}(\boldsymbol{P})\bar{\sigma}(\boldsymbol{A}) \tag{D.12}$$

则 $\dot{V}$ 可写为

$$\dot{V} \leqslant -\begin{bmatrix} \|\boldsymbol{e}^1\| & \|\boldsymbol{r}\| & \|\tilde{\boldsymbol{W}}\|_F \end{bmatrix} \underbrace{\begin{bmatrix} \lambda & 1 & 0 \\ 1 & \lambda & \gamma \\ 0 & \gamma & \kappa \end{bmatrix}}_{H} \begin{bmatrix} \|\boldsymbol{e}^1\| \\ \|\boldsymbol{r}\|^1 \\ \|\tilde{\boldsymbol{W}}\|_F \end{bmatrix}$$

$$+\begin{bmatrix} 0 & \bar{\sigma}(\boldsymbol{P})\bar{\sigma}(\boldsymbol{L}+\boldsymbol{B})\boldsymbol{B}_M & \kappa\boldsymbol{W}_M \end{bmatrix} \begin{bmatrix} \|\boldsymbol{e}^1\| \\ \|\boldsymbol{r}\| \\ \|\tilde{\boldsymbol{W}}\|_F \end{bmatrix} \tag{D.13}$$

变换后的 $\boldsymbol{H}$ 矩阵在式(8.69)的假设下是对称的正定矩阵。因此，由 Geršgorin 圆准则可知

$$\underline{\sigma}(\boldsymbol{H}) \geqslant \kappa - \gamma \tag{D.14}$$

其中，$0 < \gamma < \kappa < \lambda - 1$。因此 $z(t)$ 是一致最终有界的。

实际上，对于任意向量 $\boldsymbol{z}$，有 $\|\boldsymbol{z}\|_1 \geqslant \|\boldsymbol{z}\|_2 \geqslant \cdots \geqslant \|\boldsymbol{z}\|_\infty$，则式(D.9)的充分条件为

$$\|\boldsymbol{r}\| > \frac{\boldsymbol{B}_M\bar{\sigma}(\boldsymbol{P})\bar{\sigma}(\boldsymbol{L}+\boldsymbol{B})+\kappa\boldsymbol{W}_M}{\kappa-\frac{1}{2}\varphi_m\bar{\sigma}(\boldsymbol{P})\bar{\sigma}(\boldsymbol{A})} \tag{D.15}$$

或者

$$\|\boldsymbol{e}^1\| > \frac{\boldsymbol{B}_M\bar{\sigma}(\boldsymbol{P})\bar{\sigma}(\boldsymbol{L}+\boldsymbol{B})+\kappa\boldsymbol{W}_M}{\kappa-\frac{1}{2}\varphi_m\bar{\sigma}(\boldsymbol{P})\bar{\sigma}(\boldsymbol{A})} \tag{D.16}$$

或者

$$\|\tilde{\boldsymbol{W}}\| > \frac{\boldsymbol{B}_M\bar{\sigma}(\boldsymbol{P})\bar{\sigma}(\boldsymbol{L}+\boldsymbol{B})+\kappa\boldsymbol{W}_M}{\kappa-\frac{1}{2}\varphi_m\bar{\sigma}(\boldsymbol{P})\bar{\sigma}(\boldsymbol{A})} \tag{D.17}$$

因此，由引理 8.14可知，$\boldsymbol{r}$ 和 $\boldsymbol{e}^1$ 的有界性意味着 $\boldsymbol{e}^2$ 有界，一致性误差向量 $\boldsymbol{\delta}(t)$ 是一致最终有界的。

根据式(D.8)得 $\dot{V} \leqslant -\underline{\sigma}(\boldsymbol{H}) \|\boldsymbol{z}\|^2 + \|\boldsymbol{h}\| \|\boldsymbol{z}\|$，由 $\frac{1}{2}\underline{\sigma}(\boldsymbol{S}) \|\boldsymbol{z}\|^2 \leqslant V \leqslant \frac{1}{2}\bar{\sigma}(\bar{\boldsymbol{S}}) \|\boldsymbol{z}\|^2$ 可知

$$\dot{V} \leqslant -\alpha V + \beta \sqrt{V} \tag{D.18}$$

其中，$\alpha \equiv 2\underline{\sigma}(\boldsymbol{H})/\bar{\sigma}(\bar{\boldsymbol{S}})$, $\beta \equiv \sqrt{2}\|\boldsymbol{h}\|/\sqrt{\underline{\sigma}(\underline{\boldsymbol{S}})}$。因此，

$$\sqrt{V(t)} \leqslant \sqrt{V(0)}e^{-\alpha t/2} + \frac{\beta}{\alpha}\left(1 - e^{-\alpha t/2}\right) \leqslant \sqrt{V(0)} + \frac{\beta}{\alpha} \tag{D.19}$$

利用式(D.10)，得到如下不等式

$$\left\|\boldsymbol{e}^1(t)\right\| \leqslant \|\boldsymbol{z}(t)\| \leqslant \sqrt{\frac{\bar{\sigma}(\bar{\boldsymbol{S}})}{\underline{\sigma}(\underline{\boldsymbol{S}})}}\sqrt{\|\boldsymbol{e}(0)\|^2 + \|\tilde{\boldsymbol{W}}(0)\|_F^2 + \|\boldsymbol{e}^1(0)\|^2} + \frac{\bar{\sigma}(\bar{\boldsymbol{S}})}{\underline{\sigma}(\underline{\boldsymbol{S}})}\frac{\|\boldsymbol{h}\|}{\underline{\sigma}(\boldsymbol{H})} \equiv \rho$$

$$\left\|\boldsymbol{e}^1(t)\right\| \leqslant \|\boldsymbol{z}(t)\| \leqslant \sqrt{\frac{\bar{\sigma}(\bar{\boldsymbol{S}})}{\underline{\sigma}(\underline{\boldsymbol{S}})}}\sqrt{\|\boldsymbol{e}(0)\|^2 + \|\tilde{\boldsymbol{W}}(0)\|_F^2 + \|\boldsymbol{e}^1(0)\|^2} + \frac{\bar{\sigma}(\bar{\boldsymbol{S}})}{\underline{\sigma}(\underline{\boldsymbol{S}})}\frac{\|\boldsymbol{h}\|}{\underline{\sigma}(\boldsymbol{H})} \equiv \rho \tag{D.20}$$

由 $\boldsymbol{e}^1$ 的定义可知，

$$\left\|\boldsymbol{x}^1(t)\right\| \leqslant \frac{1}{\underline{\sigma}(\boldsymbol{L}+\boldsymbol{B})}\left\|\boldsymbol{e}^1(t)\right\| + \sqrt{N}\left\|\boldsymbol{x}_0^1(t)\right\|$$

$$\left\|\boldsymbol{x}^1(t)\right\| \leqslant \frac{\rho}{\underline{\sigma}(\boldsymbol{L}+\boldsymbol{B})} + \sqrt{N}X_0^1 \equiv h_0^1 \tag{D.21}$$

类似地，

$$\left\|\boldsymbol{e}^2(t)\right\| \leqslant \lambda \left\|\boldsymbol{e}^1(t)\right\| + \|\boldsymbol{r}(t)\|$$

$$\leqslant \rho(1 + \lambda) \tag{D.22}$$

这就意味着

$$\left\|\boldsymbol{x}^2(t)\right\| \leqslant \frac{\rho(1+\lambda)}{\underline{\sigma}(\boldsymbol{L}+\boldsymbol{B})} + \sqrt{N}X_0^2 \equiv h_0^2 \tag{D.23}$$

其中，$X_0^2 = \|\boldsymbol{x}_0^2(t)\|$，$\|\boldsymbol{h}\| \leqslant B_M\bar{\sigma}(\boldsymbol{P})\bar{\sigma}(\boldsymbol{L}+\boldsymbol{B}) + \kappa W_M$。因此，所有时刻 $t \geqslant 0$ 的状态都被包含在紧集 $\Omega_0 = \{\boldsymbol{x}(t)| \|\boldsymbol{x}^1(t)\| < h_0^1, \|\boldsymbol{x}^2(t)\| < h_0^2\}$ 中。根据 Weierstrass 逼近定理，给定任意神经网络近似误差的界 ε_M，存在若干神经元 $\bar{\eta}_i$, $i = 1, \cdots, N$，使得 $\eta_i > \bar{\eta}_i, \forall i$，即 $\sup_{x\in\Omega}\|\boldsymbol{\varepsilon}(x)\| < \varepsilon_M$。

参 考 文 献

[1]   马洁. 运动系统多层递阶自适应预报与控制 [M]. 北京: 机械工业出版社, 2010.

[2]   龚建伟, 刘凯, 齐建永. 无人驾驶车辆模型预测控制 [M]. 北京: 北京理工大学出版社, 2020.

[3]   刘河, 杨艺. 智能系统 [M]. 北京: 电子工业出版社, 2020.

[4]   中国人工智能 2.0 发展战略研究项目组. 中国人工智能 2.0 发展战略研究 [M]. 杭州: 浙江大学出版社, 2018.

[5]   GERTLER J. US unmanned aerial systems[R]. Library of Congress Washington DC Congressional Research Service: Washington, DC, USA, 2014.

[6]   CHAO H Y, CAO Y C, CHEN Y Q. Autopilots for small unmanned aerial vehicles: A survey[J]. International Journal of Control Automation and Systems, 2010, 8(1): 36-44.

[7]   ABBASS H A, PETRAKI E, MERRICK K. Trusted autonomy and cognitive cyber symbiosis: Open challenges[J]. Cognitive Computation, 2016, 8(3): 385-408.

[8]   ANTSAKLIS P J. The quest for autonomy revisited[R]. Technical Report of the ISIS Group at the University of Notre Dame, 2011.

[9]   ANTSAKLIS P J. Control systems and the quest for autonomy[J]. IEEE Transactions on Automatic Control, 2017, 62(3): 1013-1016.

[10]   ZILBERSTEIN S. Building strong semi-autonomous systems[C]// AAAI Conference on Artificial Intelligence, Canada, 2014: 1-5.

[11]   赵云波, 康宇, 朱进. 人机混合智能系统自主性理论和方法 [M]. 北京: 科学出版社, 2021.

[12]   SHERIDAN T B. Telerobotics, automation, and human supervisory control[M]. American: MIT Press, 1992.

[13]   史忠植, 王文杰. 人工智能 [M]. 北京: 国防工业出版社, 2007.

[14]   王万良. 人工智能导论 [M]. 北京: 高等教育出版社, 2015.

[15]   方浩, 杨庆凯, 陈杰. 复杂运动体系统的分布式协同控制与优化 [M]. 北京: 科学出版社, 2020.

[16]   HE W, LI Z, CHEN C. A survey of human-centered intelligent robots: Issues and challenges [J]. IEEE/CAA Journal of Automatica Sinica, 2017, 4(4): 602-609.

[17]   AJOUDANI A, ZANCHETTIN A M, IVALDI S, et al. Progress and prospects of the human-robot collaboration[J]. Autonomous Robots, 2018, 42(5): 957-975.

[18]   BENI G. The concept of cellular robotic systems[C]// Proceedings IEEE International Symposium on Intelligent Control, Arlington, USA, 1988: 57-62.

[19]   王祝萍, 张皓. 自主智能体系统 [M]. 北京: 人民邮电出版社, 2020.

[20]   张涛, 李清, 张长水, 等. 智能无人自主系统的发展趋势 [J]. 无人系统技术, 2018, 1(1): 11-22.

[21]   SAHOO A, DWIVEDY S, ROBI P S. Advancements in the field of autonomous underwater vehicle[J]. Ocean Engineering, 2019, 181(0): 145-160.

[22]   CHEN J, SUN J, WANG G. From unmanned systems to autonomous intelligent systems[J]. Engineering, 2022, 12(5): 16-19.

[23]   吴澄. 智能无人系统 [M]. 杭州: 浙江大学出版社, 2023.

[24]   杨光红, 王俊生. 无人系统基础 [M]. 北京: 机械工业出版社, 2021.

[25] WANG X, SUN J, WANG G, et al. Data-driven control of distributed event-triggered network systems[J]. IEEE/CAA Journal of Automatica Sinica, 2023, 10(2): 351-364.

[26] CHEN J, CHEN B, SUN J. Complex system and intelligent control: theories and applications[J]. Frontiers of Information Technology and Electronic Engineering, 2019, 20(1): 1-3.

[27] 陈杰, 方浩, 曾宪琳. 面向高危行业的无人平台智能化发展 [J]. 中国科学（信息科学）, 2021, 51(9): 1397-1410.

[28] MIAO Z Q, LIU Y H, WANG Y N, et. al. Distributed Estimation and Control for Leader-Following Formations of Nonholonomic Mobile Robots[J]. IEEE Transactions on Automation Science and Engineering, 2018: 1-9.

[29] 陈增辉. 基于反步法的四旋翼飞行器控制方法研究 [D]. 天津: 天津工业大学, 2017.

[30] 陆大金, 张颢. 随机过程及其应用 [M]. 2 版. 北京: 清华大学出版社, 2012.

[31] MILLER T. Markov decision processes [J/OL]. https://gibberblot.github.io/rl-notes/intro.html. 2022.

[32] 李航. 统计学习方法 [M]. 2 版. 北京: 清华大学出版社, 2019.

[33] 周志华. 机器学习 [M]. 北京: 清华大学出版社, 2016.

[34] EYAL E D, YISHAY M. Learning rates for Q-learning [J]. Journal of Machine Learning Research, 2003, 5(2003): 1-25.

[35] WATKINS C, DAYAN P. Q-learning [J]. Machine Learning, 1992, 8(1992): 279-292.

[36] SUTTON R S, BARTO A G. Reinforcement learning: An introduction [M]. Cambridge, Massachusetts: MIT Press, 1998.

[37] GOODFELLOW I J, POUGET-ABADIE J, MIRZA M, et. al. Generative adversarial networks [J/OL]. https://arxiv.org/abs/1406.2661. 2014.

[38] HOCHREITER S, SCHMIDHUBER J. Long short-term memory [J]. Neural Computation, 1997, 9(8): 1735-1780.

[39] CHO K, MERRIENBOER B V, GULCEHRE C. Learning phrase representations using RNN encoder-decoder for statistical machine translation [J/OL]. https://arxiv.org/abs/1406.1078. 2014.

[40] VASWANI A, SHAZEER N, PARMAR N, et. al. Attention is all you need [J/OL]. https://arxiv.org/abs/1706.03762. 2017.

[41] JIANG X, ZENG X, SUN J, et al. Distributed synchronous and asynchronous algorithms for semi-definite programming with diagonal constraints [J]. IEEE Transactions on Automatic Control, 2023, 68(2): 1007-1022.

[42] JIANG X, ZENG X, SUN J, et al. Distributed stochastic gradient tracking algorithm with variance reduction for nonconvex optimization [J]. IEEE Transactions on Neural Networks and Learning Systems, 2023, 34(9): 5310-5321.

[43] HOU J, ZENG X, WANG G, et al. Distributed momentum-based Frank-Wolfe algorithm for stochastic optimization [J]. IEEE/CAA Journal of Automatica Sinica, 2023, 10(3): 685-6991.

[44] HOU J, ZENG X, WANG G, et al. Distributed Frank-Wolfe solver for stochastic optimization with coupled inequality constraints [J]. IEEE Transactions on Neural Networks and Learning Systems, 2024, doi: 10.1109/TNNLS.2024.3423376.

[45] WANG G, GIANNAKIS G B, CHEN J. Learning ReLU networks on linearly separable data: algorithm, optimality, and generalization [J]. IEEE Transactions on Signal Processing, 2019, 67(9): 2357-2370.

[46] WU C, FANG H, YANG Q, et al. Distributed cooperative control of redundant mobile manipulators with safety constraints [J]. IEEE Transactions on Cybernetics, 2023, 53(2): 1195-1207.

[47] WU C, FANG H, ZENG X, et al. Distributed continuous-time algorithm for time-varying optimization with affine formation constraints [J]. IEEE Transactions on Automatic Control, 2023, 68(4): 2615-2622.

[48] 王耀南, 彭金柱, 等. 移动作业机器人感知、规划与控制 [M]. 北京: 国防工业出版社, 2020.

[49] CAO Q, LI S, ZHAO D, et al. Robust finite-time motion/force control for constrained robots[J]. Australian Journal of Electrical and Electronics Engineering, 2014, 11(3): 297-302.

[50] 易继锴, 侯媛彬. 智能控制技术 [M]. 北京: 北京工业大学出版社, 1999.

[51] 骆德渊, 刘荣, 等. 采用模糊逻辑的移动机器人轨迹跟踪 [J]. 电子科技大学学报, 2008, 37(6): 943-946.

[52] 王耀南. 智能控制系统: 模糊逻辑专家系统神经网络控制 [M]. 长沙: 湖南大学出版社, 1996.

[53] 徐湘元. 自适应控制理论与应用 [M]. 北京: 电子工业出版社, 2007.

[54] 张洪宾. 双足步行机器人的步态规划与神经网络控制 [D]. 广州: 华南理工大学, 2016.

[55] 龚建伟, 姜岩, 等. 无人驾驶车辆模型预测控制 [M]. 北京: 北京理工大学出版社, 2014.

[56] 陈虹. 模型预测控制 [M]. 北京: 科学出版社, 2013.

[57] HEWING L, WABERSICH K P, MENNER M. Learning-based model predictive control: Toward safe learning in control[J]. Annual Review of Control, Robotics, and Autonomous Systems, 2020, 3(1): 269-296.

[58] JAIN A, SMARRA F, MANGHARAM R. Data predictive control using regression trees and ensemble learning[C]// IEEE 56th Annual Conference on Decision and Control (CDC). Melbourne, Australia, 2017: 4446-4451.

[59] ASWANI A, GONZALEZ H. Provably safe and robust learning-based model predictive control[J]. Automatica, 2013, 49(5):1216-1226.

[60] ROSOLIA U, BORRELLI F. Learning model predictive control for iterative tasks. A data-driven control framework[J]. IEEE Transactions on Automatic Control, 2017, 63(7):1883-1896.

[61] GILLULAY J H, TOMLIN C J. Guaranteed safe online learning of a bounded system[C]// 2011 IEEE/RSJ International Conference on Intelligent Robots and Systems. San Francisco, USA, 2011: 2979-2984.

[62] ROKONUZZAMAN M, MOHAJER N. Learning-based model predictive control for path tracking control of autonomous vehicle[C]// 2020 IEEE International Conference on Systems, Man, and Cybernetics (SMC). Toronto, Canada, 2020: 2913-2918.

[63] ZHANG G, CHEN J, LI Z. Identifier-based adaptive robust control for servomechanisms with improved transient performance[J]. IEEE Transactions on Industrial Electronics, 2009, 57(7): 2536-2547.

[64] ZHANG G, CHEN J, LI Z. Adaptive robust control for servo mechanisms with partially unknown states via dynamic surface control approach[J]. IEEE Transactions on Control Systems Technology, 2009, 18(3): 723-731.

[65] LI Z, CHEN J, ZHANG G, et al. Adaptive robust control of servo mechanisms with compensation for nonlinearly parameterized dynamic friction[J]. IEEE Transactions on Control Systems Technology, 2011, 21(1): 194-202.

[66] LI Z, CHEN J, ZHANG G, et al. Adaptive robust control for DC motors with input saturation[J]. IET Control Theory & Applications, 2011, 5(16): 1895-1905.

[67] 方正, 吴成东. 自主导航: 赋予移动机器人智能感知与运动的能力 [J]. 自动化博览,2019,311(8):68-72.

[68] 金学波. Kalman 滤波器理论与应用: 基于 MATLAB 实现 [M]. 北京: 科学出版社, 2016.

[69] 戴亚平, 马俊杰, 王笑涵. 多传感器数据智能融合理论与应用 [M]. 北京: 机械工业出版社, 2021.

[70] 冉陈键. 多传感器加权观测融合 Kalman 滤波理论 [M]. 哈尔滨: 黑龙江大学出版社, 2017.

[71] HASSEN F. 多传感器数据融合: 算法、结构设计与应用 [M]. 孙合敏, 周焰, 吴卫华, 等译. 北京: 国防工业出版社, 2019.

[72] 王耀南, 彭金柱, 卢笑, 等. 移动作业机器人感知、规划与控制 [M]. 北京: 国防工业出版社, 2020.

[73] 韩崇昭, 朱洪艳, 段战胜, 等. 多源信息融合 [M]. 北京: 清华大学出版社, 2010.

[74] 张红, 程传祺, 徐志刚, 等. 基于深度学习的数据融合方法研究综述 [J]. 计算机工程与应用, 2020, 56(24): 1-11.

[75] 张国良, 姚二亮. 移动机器人的 SLAM 与 VSLAM 方法 [M]. 西安: 西安交通大学出版社, 2018.

[76] SEBASTIAN T,WOLFRAM B,DIETER F. 概率机器人 [M]. 曹红玉, 谭志, 史晓霞, 译. 北京: 机械工业出版社, 2017.

[77] 蒂莫西·巴富特. 机器人学中的状态估计 [M]. 高翔, 谢晓佳, 译. 西安: 西安交通大学出版社, 2018.

[78] 林岚. 基于神经网络的多目标跟踪数据融合研究 [D]. 南昌: 江西师范大学,2005.

[79] UAN A M,JOSE L, BLANCO C. 移动机器人同步定位与地图构建 [M]. 石章松, 谢军, 董银文, 等译. 北京: 国防工业出版社, 2017.

[80] 高翔, 张涛, 刘毅, 等. 视觉 SLAM 十四讲: 从理论到实践 [M]. 北京: 电子工业出版社, 2019.

[81] 曲丽萍, 王宏健. 未知环境下智能机器人自主导航定位方法与应用 [M]. 哈尔滨: 哈尔滨工业大学出版社, 2017.

[82] 刘洞波, 李永坚, 刘国荣, 等. 移动机器人粒子滤波定位与地图创建 [M]. 湘潭: 湘潭大学出版社, 2016.

[83] 王殿君, 魏洪兴, 任福君. 移动机器人自主定位技术 [M]. 北京: 机械工业出版社, 2013.

[84] 毕欣. 自主无人系统的智能环境感知技术 [M]. 武汉: 华中科技大学出版社, 2019.

[85] CHOUDHARY S, CARLONE L, NIETO C, et al. Distributed mapping with privacy and communication constraints: Lightweight algorithms and object-based models[J]. The International Journal of Robotics Research, 2017, 36(12): 1286-1311.

[86] 周华任, 张晟, 穆松, 等. 综合评价方法及其军事应用 [M]. 北京: 清华大学出版社, 2015.

[87] 强敏利, 张万绪. IEKF 滤波在移动机器人定位中的应用 [J]. 电子技术应用, 2013,39(02): 74-77.

[88] THRUN S. Probabilistic robotics[J]. Communications of the ACM, 2002, 45(3): 52-57.

[89] HU Z M, FANG H, ZHONG R, et al. GMP-SLAM: A real-time RGB-D SLAM in dynamic environments using GPU dynamic points detection method[J]. IFAC-PapersOnLine, 2023, 56(2): 5033-5040.

[90] ZHANG L, GAO F, DENG F, XI L, CHEN J. Distributed estimation of a layered architecture for collaborative air-ground target geolocation in outdoor environments[J]. IEEE Transactions on Industrial Electronics, 2023, 70(3): 2822-2832.

[91] XIA Y Q, YU C P, JIANG C Y. Exact convex relaxation based sensor network localization using noisy distance measurements[J]. IEEE Transactions on Instrumentation and Measurement, 2023, 72: 1-13.

[92] XIA Y Q, YU C P, He C. An exploratory distributed localization algorithm based on 3D barycentric coordinates[J]. IEEE Transactions on Signal and Information Processing over Networks, 2022, 8: 702-712.

[93] 岳超源. 决策理论与方法 [M]. 北京: 科学出版社,2003.

[94] GERKEY B P, MATARIĆ M J. A formal analysis and taxonomy of task allocation in multi-robot

systems[J]. The International Journal of Robotics Research, 2004, 23(9): 939-954.

[95] 潘峰, 李位星, 高琪. 动态多目标粒子群优化算法及其应用 [M]. 北京: 北京理工大学出版社,2014.

[96] 殷允强, 王杜娟, 余玉刚. 整数规划: 基础、扩展及应用 [M]. 北京: 科学出版社,2022.

[97] HOFFMAN K L, PADBERG M, RINALDI G, et al. Traveling salesman problem[J]. Encyclopedia of Operations Research and Management Science, 2013, 1(1): 1573-1578.

[98] TOTH P, VIGO D.The vehicle routing problem[M]. Philadelphia: SIAM, 2002.

[99] HO S C, HAUGLAND D. A tabu search heuristic for the vehicle routing problem with time windows and split deliveries[J]. Computers & Operations Research, 2004, 31(12): 1947-1964.

[100] 于春田, 李法朝, 惠红旗. 运筹学 [M]. 2 版. 北京: 科学出版社, 2011.

[101] 辛斌, 陈杰. 面向复杂优化问题求解的智能优化方法 [M]. 北京: 北京理工大学出版社, 2017.

[102] BENCE D, GERGÖ L, GERGELY H. Real-time behaviour planning concept for autonomous vehicles[C]//2019 IEEE 17th World Symposium on Applied Machine Intelligence and Informatics (SAMI).Herlany, Slovakia, 2019:385-390.

[103] BELTA C, YORDANOV B, GOL E A. Formal Methods for Discrete-Time Dynamical Systems[M]. Germany:Springer, 2017.

[104] CASSANDRAS C G, LAFORTUNE S. Introduction to discrete event systems[M]. Germany:Springer, 2008.

[105] BAIER C, KATONE J P. Principles of model checking[M]. America:MIT press, 2008.

[106] XIN B, WANG Y, CHEN J. An efficient marginal-return-based constructive heuristic to solve the sensor-weapon-target assignment problem[J]. IEEE Transactions on Systems, Man, and Cybernetics: Systems, 2018, 49(12): 2536-2547.

[107] DING Y, XIN B, DOU L, et al. A memetic algorithm for curvature-constrained path planning of messenger UAV in air-ground coordination[J]. IEEE Transactions on Automation Science and Engineering, 2021, 19(4): 3735-3749.

[108] XIN B, CHEN J, PENG Z, et al. An efficient rule-based constructive heuristic to solve dynamic weapon-target assignment problem[J]. IEEE Transactions on Systems, Man, and Cybernetics - Part A: Systems and Humans, 2011, 41(3): 598-606.

[109] ZHANG H, XIN B, DOU L, et al. A review of cooperative path planning of an unmanned aerial vehicle group[J]. Frontiers of Information Technology & Electronic Engineering, 2020, 21(12):1671-1694.

[110] TIAN D, FANG H, YANG Q, et al. Decentralized motion planning for multiagent collaboration under coupled LTL task specifications[J]. IEEE Transactions on Systems, Man, and Cybernetics: Systems, 2022, 52(6): 3602-3611.

[111] TIAN D, FANG H, YANG Q, et al. Reinforcement learning under temporal logic constraints as a sequence modeling problem[J]. Robotics and Autonomous Systems, 2023, 161: 104351.

[112] TIAN D, FANG H, YANG Q, et al. Two-phase motion planning under signal temporal logic specifications in partially unknown environments[J]. IEEE Transactions on Industrial Electronics, 2023, 70(7): 7113-7121.

[113] PIVTORAIKO M, KNEPPER R A, KELLY A. Differentially constrained mobile robot motion planning in state lattices[J]. Journal of Field Robotics, 2009, 26(3): 308-333.

[114] XU W, WEI J, DOLAN J M, et al. A real-time motion planner with trajectory optimization for autonomous vehicles [C]//2021 IEEE International Conference on Robotics and Automation. Saint

Paul, MN, USA: IEEE, 2012: 2061-2067.

[115] BARNES D, MADDERN W, POSNER I. Find your own way: Weakly-supervised segmentation of path proposals for urban autonomy[C]//2017 IEEE International Conference on Robotics and Automation (ICRA). Singapore: IEEE, 2017: 203-210.

[116] ZIEGLER J, BENDER P, DANG T, et al. Trajectory planning for Bertha: A local, continuous method[C]//2014 IEEE Intelligent Vehicles Symposium Proceedings. Dearborn, MI, USA: IEEE, 2014: 450-457.

[117] CHEN J, LIU T, SHEN S. Online generation of collision-free trajectories for quadrotor flight in unknown cluttered environments[C]//2016 IEEE international conference on robotics and automation (ICRA). Stockholm, Sweden: IEEE, 2016: 1476-1483.

[118] CALTAGIRONE L, BELLONE M, SVENSSON L, et al. LIDAR-based driving path generation using fully convolutional neural networks[C]//IEEE 20th International Conference on Intelligent Transportation Systems (ITSC). Yokohama, Japan: IEEE, 2017: 1-6.

[119] MCNAUGHTON M, URMSON C, DOLAN J M, et al. Motion planning for autonomous driving with a conformal spatiotemporal lattice[C]//2011 IEEE International Conference on Robotics and Automation. Shanghai, China: IEEE, 2011: 4889-4895.

[120] GONZÁLEZ D, PÉREZ J, LATTARULO R, et al. Continuous curvature planning with obstacle avoidance capabilities in urban scenarios[C]//17th International IEEE Conference on Intelligent Transportation Systems (ITSC). Qingdao, China: IEEE, 2014: 1430-1435.

[121] HWAN JEON J, COWLAGI R V, PETERS S C, et al. Optimal motion planning with the half-car dynamical model for autonomous high-speed driving[C]//2013 American Control Conference. Washington, DC, USA: IEEE, 2013: 188-193.

[122] WERLING M, KAMMEL S, ZIEGLER J, et al. Optimal trajectories for time-critical street scenarios using discretized terminal manifolds[J]. The International Journal of Robotics Research, 2012, 31(3): 346-359.

[123] CHENG Z, ZENG X, FANG H, et al. Hierarchical MPC-based motion planning for automated vehicles in parallel autonomy[J]. Unmanned Systems, 2023, 12(1): 1-12.

[124] DING Y, XIN B, DOU L, et al. A memetic algorithm for curvature-constrained path planning of messenger UAV in air-ground coordination[J]. IEEE Transactions on Automation Science and Engineering, 2022, 19(4): 3735-3749.

[125] ZHOU Z, WANG G, SUN J, et al. Efficient and robust time-optimal trajectory planning and control for agile quadrotor flight[J]. IEEE Robotics and Automation Letters, 2023, 8(12): 7913-7920.

[126] LEWIS F L, ZHANG H, HENGSTER-MOVRIC K, et al. Cooperative control of multi-agent systems: Optimal and adaptive design approaches[M]. London: Springer, 2014.

[127] REN W, CAO Y. Distributed coordination of multi-agent networks: Emergent problems, models, and issues[M]. London: Springer, 2011.

[128] 陈杰, 方浩, 辛斌. 多智能体系统的协同群集运动控制 [M]. 科学出版社, 2017.

[129] YANG Q, CAO M, SUN Z, et al. Formation scaling control using the stress matrix[C]//2017 IEEE 56th annual conference on decision and control (CDC). IEEE, 2017: 3449-3454.

[130] YANG Q, CAO M, FANG H, et al. Constructing universally rigid tensegrity frameworks with application in multiagent formation control[J]. IEEE Transactions on Automatic Control, 2018, 64(1): 381-388.

[131] ZHAO S. Affine formation maneuver control of multiagent systems[J]. IEEE Transactions on Automatic Control, 2018, 63(12): 4140-4155.

[132] XIAO F, YANG Q, ZHAO X, et al. A framework for optimized topology design and leader selection in affine formation control[J]. IEEE Robotics and Automation Letters, 2022, 7(4): 8627-8634.

[133] YANG Q, ZHANG X, FANG H, et al. Joint Estimation and Planar Affine Formation Control with Displacement Measurements[J], IEEE Transactions on Control Systems Technology, 2024.

[134] WANG Z, GU D. Distributed leader-follower flocking control[J]. Asian Journal of Control, 2009, 11(4): 396-406.

[135] DU Q, EMELIANENKO M, JU L. Convergence of the Lloyd algorithm for computing centroidal Voronoi tessellations[J]. SIAM journal on numerical analysis, 2006, 44(1): 102-119.

[136] ZUO L, YAN W, YAN M. Efficient coverage algorithm for mobile sensor network with unknown density function[J]. IET Control Theory & Applications, 2017, 11(6): 791-798.

[137] 肖凡, 杨庆凯, 周勃, 等. 面向平均区域覆盖的多机器人分布式控制 [J]. 控制理论与应用, 2023, 40(3): 441-449.

[138] LIU B, CHEN Z, ZHANG H T, et al. Collective dynamics and control for multiple unmanned surface vessels[J]. IEEE Transactions on Control Systems Technology, 2019, 28(6): 2540-2547.

[139] LEJUNE E, SARKAR S. Survey of the multi-agent pathfinding solutions[J/OL], 10.13140/RG.2.2.14030.28486. 2021.

[140] LAVALLE S M. Planning algorithms[M]. America: Cambridge University Press, 2006.

[141] ERDMANN M, LOZANO-PEREZ T. On multiple moving objects[J]. Algorithmica. 1987, 2(1), 477-521.

[142] CAP M, NOVAK P, KlEINER A, et al. Prioritized planning algorithms for trajectory coordination of multiple mobile robots[J]. IEEE Transactions on Automation Science and Engineering, 2015, 12(3): 835-849.

[143] VAN DEN BERG J P, OVERMARS M H. Prioritized motion planning for multiple robots[C]//2005 IEEE/RSJ International Conference on Intelligent Robots and Systems. Edmonton, AB, Canada, 2005: 430-435.

[144] SHARON G, STERN R, FELNER A, et al. Conflict-based search for optimal multi-agent pathfinding[J]. Artificial Intelligence, 219(2015), 2014: 40-66.

[145] LI J, TINKA A, KIESEL S, et al. Lifelong multi-agent path finding in large-scale warehouses[J]. AAAI, 2021, 35(13): 11272-11281.

[146] ZLOT R, STENTZ A. Market-based multirobot coordination for complex tasks[J]. The International Journal of Robotics Research, 2006, 25(1): 73-101.

[147] QUINTON F, GRAND C, LESIRE C. Market approaches to the multi-robot task allocation problem: A survey[J]. Journal of Intelligent & Robotic Systems, 2023, 107(2): 29-60.

[148] DIAS M B, ZLOT R, KALRA N, et al. Market-based multirobot coordination: A survey and analysis[J]. Proceedings of the IEEE, 2006, 94(7): 1257-1270.

[149] KALRA N, MARTINOLI A. Comparative study of market-based and threshold-based task allocation[M]. Tokyo: Springer, 2006.

[150] TKACH I, EDAN Y. Distributed heterogeneous multi sensor task allocation systems[M]. Switzerland: Springer Cham, 2020.

[151] MENG K, CHEN C, WU T, et al. Evolutionary state sstimation-based multi-strategy jellyfish search

algorithm for multi-UAV cooperative path planning[J]. IEEE Transactions on Intelligent Vehicles, 2024, 1-19.

[152] CHEN J, GUO Y, QIU Z, et al. Multiagent dynamic task assignment based on forest fire point model[J]. IEEE Transactions on Automation Science and Engineering, 2022, 19(2): 833-849.

[153] SHI X, DENG F, GUO M, et al. A novel fulfillment-focused simultaneous assignment method for large-scale order picking optimization problem in RMFS[J]. IEEE Transactions on Systems, Man, and Cybernetics: Systems, 2024, 54(2): 1226-1238.

[154] WANG Y, XIN B, CHEN J. An adaptive memetic algorithm for the joint allocation of heterogeneous stochastic resources[J]. IEEE Transactions on Cybernetics, 2021, 52(11): 11526-11538.

[155] GAO G, MEI Y, JIA Y, et al. Adaptive coordination ant colony optimization for multipoint dynamic aggregation[J]. IEEE Transactions on Cybernetics, 2022, 52(8): 7362-7376.

[156] SHOHAM Y, LEYTON-BROWN, K. Multiagent systems: Algorithmic, game-theoretic, and logical foundations[M]. America: Cambridge University Press, 2008.

[157] YI P, LEI J, LI X, et al. A survey on noncooperative games and distributed nash equilibrium seeking over multi-agent networks[J]. CAAI Artificial Intelligence Research, 2022, 1(1): 8-27.

[158] 王树森, 张志华. 深度强化学习 [M]. 北京: 人民邮电出版社, 2021.

[159] VINYALS O, BABUSCHKIN I, CZARNECKI W M, et al. Grandmaster level in StarCraft II using multi-agent reinforcement learning[J]. Nature, 2019, 575(7782): 350-354.